中 国 国 家 标 准 汇 编

2008 年修订-103

中国标准出版社　编

中 国 标 准 出 版 社

北　京

图书在版编目（CIP）数据

中国国家标准汇编：2008年修订.103/中国标准出版社编.—北京：中国标准出版社，2009

ISBN 978-7-5066-5597-2

Ⅰ.中…　Ⅱ.中…　Ⅲ.国家标准-汇编-中国-2008　Ⅳ.T-652.1

中国版本图书馆CIP数据核字（2009）第204334号

中国标准出版社出版发行
北京复兴门外三里河北街16号
邮政编码:100045
网址 www.spc.net.cn
电话:68523946　68517548
中国标准出版社秦皇岛印刷厂印刷
各地新华书店经销
*
开本 880×1230　1/16　印张 37.25　字数 1 102 千字
2009年12月第一版　2009年12月第一次印刷
*
定价 200.00 元

ISBN 978-7-5066-5597-2

出 版 说 明

1.《中国国家标准汇编》是一部大型综合性国家标准全集。自1983年起，按国家标准顺序号以精装本、平装本两种装帧形式陆续分册汇编出版。它在一定程度上反映了我国建国以来标准化事业发展的基本情况和主要成就，是各级标准化管理机构，工矿企事业单位，农林牧副渔系统，科研、设计、教学等部门必不可少的工具书。

2.《中国国家标准汇编》收入我国每年正式发布的全部国家标准，分为"制定"卷和"修订"卷两种编辑版本。

"制定"卷收入上年度我国发布的、新制定的国家标准，顺延前年度标准编号分成若干分册，封面和书脊上注明"20××年制定"字样及分册号，分册号一直连续。各分册中的标准是按照标准编号顺序连续排列的，如有标准顺序号缺号的，除特殊情况注明外，暂为空号。

"修订"卷收入上年度我国发布的、被修订的国家标准，视篇幅分设若干分册，但与"制定"卷分册号无关联，仅在封面和书脊上注明"20××年修订-1,-2,-3,……"字样。"修订"卷各分册中的标准，仍按标准编号顺序排列(但不连续)；如有遗漏的，均在当年最后一分册中补齐。需提请读者注意的是，个别非顺延前年度标准编号的新制定的国家标准没有收入在"制定"卷中，而是收入在"修订"卷中。

读者配套购买《中国国家标准汇编》"制定"卷和"修订"卷则可收齐上一年度我国制定和修订的全部国家标准。

3.由于读者需求的变化，自1996年起，《中国国家标准汇编》仅出版精装本。

4.2008年制修订国家标准共5946项。本分册为"2008年修订-103"，收入新制修订的国家标准38项。

中国标准出版社

2009年10月

目　　录

GB/T 18336.3—2008　信息技术　安全技术　信息技术安全性评估准则　第3部分:安全保证要求 …… 1
GB/T 18337.4—2008　生态公益林建设　检查验收规程 …… 111
GB/T 18348—2008　商品条码　条码符号印制质量的检验 …… 137
GB/T 18353—2008　棉花加工企业基本技术条件 …… 159
GB/T 18357—2008　地理标志产品　宣威火腿 …… 165
GB/T 18362—2008　直燃型溴化锂吸收式冷(温)水机组 …… 177
GB/T 18369—2008　玻璃纤维无捻粗纱 …… 195
GB/T 18371—2008　连续玻璃纤维纱 …… 207
GB/T 18372—2008　玻璃纤维导风筒基布 …… 217
GB/T 18374—2008　增强材料术语及定义 …… 227
GB/T 18376.1—2008　硬质合金牌号　第1部分:切削工具用硬质合金牌号 …… 259
GB/T 18378—2008　防水沥青与防水卷材术语 …… 267
GB/T 18380.11—2008　电缆和光缆在火焰条件下的燃烧试验　第11部分:单根绝缘电线电缆火焰垂直蔓延试验　试验装置 …… 293
GB/T 18380.12—2008　电缆和光缆在火焰条件下的燃烧试验　第12部分:单根绝缘电线电缆火焰垂直蔓延试验　1 kW预混合型火焰试验方法 …… 299
GB/T 18380.13—2008　电缆和光缆在火焰条件下的燃烧试验　第13部分:单根绝缘电线电缆火焰垂直蔓延试验　测定燃烧的滴落(物)/微粒的试验方法 …… 307
GB/T 18380.21—2008　电缆和光缆在火焰条件下的燃烧试验　第21部分:单根绝缘细电线电缆火焰垂直蔓延试验　试验装置 …… 315
GB/T 18380.22—2008　电缆和光缆在火焰条件下的燃烧试验　第22部分:单根绝缘细电线电缆火焰垂直蔓延试验　扩散型火焰试验方法 …… 323
GB/T 18380.31—2008　电缆和光缆在火焰条件下的燃烧试验　第31部分:垂直安装的成束电线电缆火焰垂直蔓延试验　试验装置 …… 332
GB/T 18380.32—2008　电缆和光缆在火焰条件下的燃烧试验　第32部分:垂直安装的成束电线电缆火焰垂直蔓延试验　A F/R类 …… 345
GB/T 18380.33—2008　电缆和光缆在火焰条件下的燃烧试验　第33部分:垂直安装的成束电线电缆火焰垂直蔓延试验　A类 …… 355
GB/T 18380.34—2008　电缆和光缆在火焰条件下的燃烧试验　第34部分:垂直安装的成束电线电缆火焰垂直蔓延试验　B类 …… 365
GB/T 18380.35—2008　电缆和光缆在火焰条件下的燃烧试验　第35部分:垂直安装的成束电线电缆火焰垂直蔓延试验　C类 …… 375
GB/T 18380.36—2008　电缆和光缆在火焰条件下的燃烧试验　第36部分:垂直安装的成束电线电缆火焰垂直蔓延试验　D类 …… 385
GB/T 18387—2008　电动车辆的电磁场发射强度的限值和测量方法,宽带,9 kHz～30 MHz …… 395
GB/T 18396—2008　天然胶乳　环法测定表面张力 …… 407
GB/T 18405—2008　缩微摄影技术　ISO字符和ISO 1号测试图的特征及其使用 …… 414

GB/T 18412.5—2008　纺织品　农药残留量的测定　第5部分:有机氮农药 …… 423
GB/T 18430.2—2008　蒸气压缩循环冷水(热泵)机组　第2部分:户用及类似用途的冷水(热泵)机组 …… 431
GB 18447.1—2008　拖拉机　安全要求　第1部分:轮式拖拉机 …… 449
GB 18447.2—2008　拖拉机　安全要求　第2部分:手扶拖拉机 …… 456
GB 18447.3—2008　拖拉机　安全要求　第3部分:履带拖拉机 …… 462
GB 18447.4—2008　拖拉机　安全要求　第4部分:皮带传动轮式拖拉机 …… 469
GB/T 18448.2—2008　实验动物　弓形虫检测方法 …… 479
GB 18489—2008　管形荧光灯和其他放电灯线路用电容器　一般要求和安全要求 …… 489
GB 18499—2008　家用和类似用途的剩余电流动作保护器(RCD)　电磁兼容性 …… 515
GB/T 18503—2008　缩微摄影技术　A6透明缩微平片　影像的排列 …… 527
GB/T 18512—2008　高炉喷吹用煤技术条件 …… 551
GB 18564.2—2008　道路运输液体危险货物罐式车辆　第2部分:非金属常压罐体技术要求 …… 557

ICS 35.040
L 80

中华人民共和国国家标准

GB/T 18336.3—2008/ISO/IEC 15408-3:2005
代替 GB/T 18336.3—2001

信息技术 安全技术 信息技术安全性评估准则 第3部分:安全保证要求

Information technology—Security techniques—Evaluation criteria for IT security—Part 3:Security assurance requirements

(ISO/IEC 15408-3:2005,IDT)

2008-06-26 发布 2008-11-01 实施

中华人民共和国国家质量监督检验检疫总局
中国国家标准化管理委员会 发布

前　言

GB/T 18336在总标题《信息技术　安全技术　信息技术安全性评估准则》下，由以下几个部分组成：

——第1部分：简介和一般模型

——第2部分：安全功能要求

——第3部分：安全保证要求

本部分是GB/T 18336的第3部分。

本部分等同采用国际标准ISO/IEC 15408-3:2005《信息技术　安全技术　信息技术安全性评估准则　第3部分：安全保障要求》，仅有编辑性修改。

本部分代替GB/T 18336.3—2001《信息技术　安全技术　信息技术安全性评估准则　第3部分：安全保障要求》。

本部分与GB/T 18336.3—2001的主要差异如下：

1. 删除了GB/T 18336.3—2001的“ISO/IEC前言”；

2. 增加了“引言”；

3. 减少了“AMA：保证维护”类；

4. 对GB/T 18336.3—2001附录A中表A.1进行了调整。

本部分的附录A和附录B是资料性附录。

本部分由全国信息安全标准化技术委员会提出和归口。

本部分的主要起草单位：中国信息安全测评中心。

本部分主要起草人：吴世忠、李守鹏、王贵驷、黄元飞、陈晓桦、刘晖、刘春明、李斌、彭勇、付敏、刘楠、徐长醒、简余良、张利。

引　言

本部分定义的安全保证组件是在一个保护轮廓(PP)或安全目标(ST)中表述安全保证要求的基础。

这些要求建立了一种表述评估对象(TOE)保证要求的标准方法。本部分列出了一组保证组件、族和类。本部分还定义了PP和ST的评估准则，提出了定义关于TOE保证等级的预定义GB/T 18336尺度的一些评估保证级别，称为"评估保证级"(EAL)。

本部分的目标读者主要有安全的IT系统和产品的客户、开发者、评估者。GB/T 18336.1第4章提供了关于GB/T 18336目标读者的附加信息，以及目标读者组如何使用GB/T 18336的附加信息。这些读者组可以如下方式使用本部分：

a) 客户，在选取组件来表述保证要求，以满足一个PP或ST提出的安全目的时，使用本部分。GB/T 18336.1的5.4条提供了关于安全目的和安全要求之间关系的更多详细信息；

b) 开发者，在构造TOE时响应实际的或预测的客户安全要求，在解释保证要求陈述和确定TOE的保证方法时参考本部分；

c) 评估者，在确定TOE的保证以及评估PP和ST时，使用本部分所定义的保证要求作为评估准则的强制性陈述。

信息技术　安全技术
信息技术安全性评估准则
第3部分:安全保证要求

1　范围

本部分定义了GB/T 18336的保证要求,包括衡量保证尺度的评估保证级(EAL)、组成保证级的单个保证组件以及PP和ST的评估准则。

2　规范性引用文件

下列文件中的条款通过GB/T 18336的本部分的引用而成为本部分的条款。凡是注日期的引用文件,其随后所有的修改单(不包括勘误的内容)或修订版均不适用于本部分,然而,鼓励根据本部分达成协议的各方研究是否可使用这些文件的最新版本。凡是不注日期的引用文件,其最新版本适用于本部分。

GB/T 18336.1—2008　信息技术　安全技术　信息技术安全性评估准则　第1部分:简介和一般模型(ISO/IEC 15408-1:2005,IDT)

GB/T 18336.2—2008　信息技术　安全技术　信息技术安全性评估准则　第2部分:安全功能要求(ISO/IEC 15408-2:2005,IDT)

3　术语、定义和缩略语

GB/T 18336.1中给出的术语、定义和缩略语适用于本部分。

4　概述

4.1　本部分的结构

第5章描述了在本部分的安全保证要求中使用的范型。

第6章描述了保证类、族、组件和评估保证级的表示结构,以及它们之间的关系。同时还刻画了第12章到第18章可找到的保证类和族的特征。

第7章、第8章和第9章先对PP和ST的评估准则作简要的介绍,然后对评估中要用到的族与组件做了详尽的解释。

第10章给出了评估保证级(EAL)的详尽定义。

第11章对保证类作了简要的介绍,在随后第12章到第18章给出了这些类的详尽定义。

附录A给出了保证组件之间依赖关系的汇总。

附录B给出了评估保证级(EAL)和保证组件之间的交叉引用。

5　GB/T 18336保证范型

本章旨在阐述支撑GB/T 18336保证方法的基本原则。通过对本章的理解将使读者了解隐含在本部分保证要求中的基本原理。

5.1　GB/T 18336基本原则

GB/T 18336的基本原则是安全威胁和组织安全策略承诺应清楚明确地表述,以及所提出的安全措施经证实足以达到所期望的安全目的。

进一步地说，就是应采取一些措施减少可能存在的脆弱性，降低利用(即有意发掘或者无意触发)一个脆弱性的能力，以及减轻因一个脆弱性被利用而导致的破坏程度。另外，还应采取措施，促进后续的脆弱性标识，以及消除、减轻或通告一个已经被发掘或触发的脆弱性。

5.2 保证方法

GB/T 18336 的基本原则是基于对需要被信任的 IT 产品或系统的评估(主动调查)提供保证。评估是提供保证的传统手段，并且是以往的评估准则文档的基础。为了与现行的方法保持一致，GB/T 18336 采用相同的基本原则。GB/T 18336 建议由专业的评估人员在不断强调范围、深度和严格性的基础上，衡量文档和已完成的 IT 产品或系统的有效性。

GB/T 18336 不排斥也不评论用其他方法获得保证的有关优点。有关获得安全保证的其他方法还在研究当中，一旦成熟的、可选择的方法产生，可以考虑把它们吸收到 GB/T 18336 中，因为 GB/T 18336 的结构允许将来引入更新的内容。

5.2.1 脆弱性的意义

假定存在威胁者，他们将积极寻求违反安全策略的可乘之机，无论是为了非法获利还是出于善意，其行为都是不安全的。威胁者也可能偶然触发了脆弱性，造成对系统的伤害。由于需要处理敏感信息和充分可信产品或系统的可用性缺乏，IT 失效将会导致很大的风险。因此，破坏 IT 安全性可能造成重大的损失。

通过脆弱性的有意利用或无意触发，破坏 IT 安全性的事件常发生在商用方面的 IT 应用过程中。

应采取一定的措施防止在 IT 产品和系统中出现脆弱性。在可行的情况下，脆弱性应该被：

a) 消除——应采取积极的措施发现并排除或者抑制所有可利用的脆弱性；

b) 最小化——应采取积极的措施减少任何脆弱性利用造成的潜在影响，使残留的脆弱性达到一个可接受的程度；

c) 监视——应采取积极的措施确保任何利用残余脆弱性的企图都将被察觉，以便采取措施限制带来的损失。

5.2.2 脆弱性产生的原因

在下列过程中，由于失效可产生脆弱性：

a) 要求——IT 产品或者系统可具有所有必需的功能和特征，也仍然可能包含脆弱性，致使产品或系统在安全性方面不适当或者不足；

b) 构造——IT 产品或系统不符合其规范，或者由于不良的构造标准或不正确的设计抉择而引入了脆弱性；

c) 运行——IT 产品或者系统已经正确构造，且符合正确的规范，但是在其运行过程中由于缺乏控制而引入了脆弱性。

5.2.3 GB/T 18336 保证

保证是信任一个 IT 产品或系统符合其安全目的的基础。保证可从诸如未经证实的声明、先前相关经验或者特定经验等有关原始资料中导出。然而，GB/T 18336 通过主动调查来提供保证。主动调查就是对 IT 产品或者系统进行评估，以确定其安全特性。

5.2.4 通过评估获得保证

评估是获取保证的传统手段，并且是 GB/T 18336 方法的基础。评估技术包括但不限于以下这些：

a) 分析并检查过程和步骤；

b) 检查过程和步骤是否正在被使用；

c) 分析 TOE 各设计表示之间的一致性；

d) 对照要求，分析 TOE 的设计表示；

e) 验证证据；

f) 分析指导性文档；

g) 分析所开发的功能测试和所提供的结果；

h) 独立的功能测试；

i) 分析脆弱性(包括缺陷假设)；

j) 穿透性测试。

5.3 GB/T 18336 评估保证尺度

GB/T 18336 的基本原则确信,更好的保证源于更大的评估努力,目标是运用最小的努力来获得必要的保证级。努力程度的增加基于：

a) 范围——因为包含了 IT 产品或者系统的更多部分,所以需要更大的努力；

b) 深度——因为要部署到更细层次上的设计和实现细节,所以需要更大的努力；

c) 严格性——因为要以更结构化、更形式化的方式实施,所以需要更大的努力。

6 安全保证要求

6.1 结构

以下条款描述了用于表示保证类、族、组件和 EAL 的结构以及它们之间关系。

图 1 图示说明了本部分所定义的保证要求。注意,保证要求中最抽象的集合称作一个类。每一个类包含多个保证族,每一个族又包含多个保证组件,每一个组件同样又包含多个保证元素。类和族用于提供对保证要求进行分类的分类法,而组件用来规定 PP/ST 中的保证要求。

6.1.1 类结构

保证类的结构如图 1 所示。

6.1.1.1 类名

每个保证类被分配了一个唯一的名字。名字表明该保证类所涵盖的主题。

还提供了保证类名的一个唯一缩写形式,这是引用保证类的主要手段。这里约定,采取“A”后跟两个与类名有关的字母来表示。

6.1.1.2 类介绍

每个保证类有一段介绍,描述类的组成,并且包含涉及该类意图的支持性文字。

6.1.1.3 保证族

每个保证类至少包含一个保证族。保证族的结构将在以下的条款中介绍。

6.1.2 保证族结构

保证族的结构如图 1 所示。

6.1.2.1 族名

每个保证族被分配了一个唯一的名字。该名字提供了与保证族所涵盖主题相关的描述性信息。每个保证族归属于一个保证类,这个保证类也包括具有相同意图的其它保证族。

保证族名也有一个唯一的缩写形式,这是引用保证族的主要手段。这里约定,其表示方法是所在类名的缩写,紧跟着一个下划线,然后再加上与族名有关的三个字母。

6.1.2.2 目的

保证族的目的条款说明保证族的意图。

该条款描述了该保证族所要对付的目的,特别是那些与 GB/T 18336 保证范型有关的目的。保证族的这部分描述是一般性描述。目的所需的任何特定细节都包含在详细的保证组件中。

6.1.2.3 组件分级

每个保证族包含一个或多个保证组件。保证族的这一条款主要描述可供使用的组件并且解释它们之间的差异。一旦确定该保证族对 PP/ST 保证要求而言是必需或是有用的,就要区分这些保证组件,这是组件分级的主要目的。

含有超过一个组件的保证族将被分级,并提供组件是如何分级的原理性解释。原理是按照范围、深度或严格性三方面来解释的。

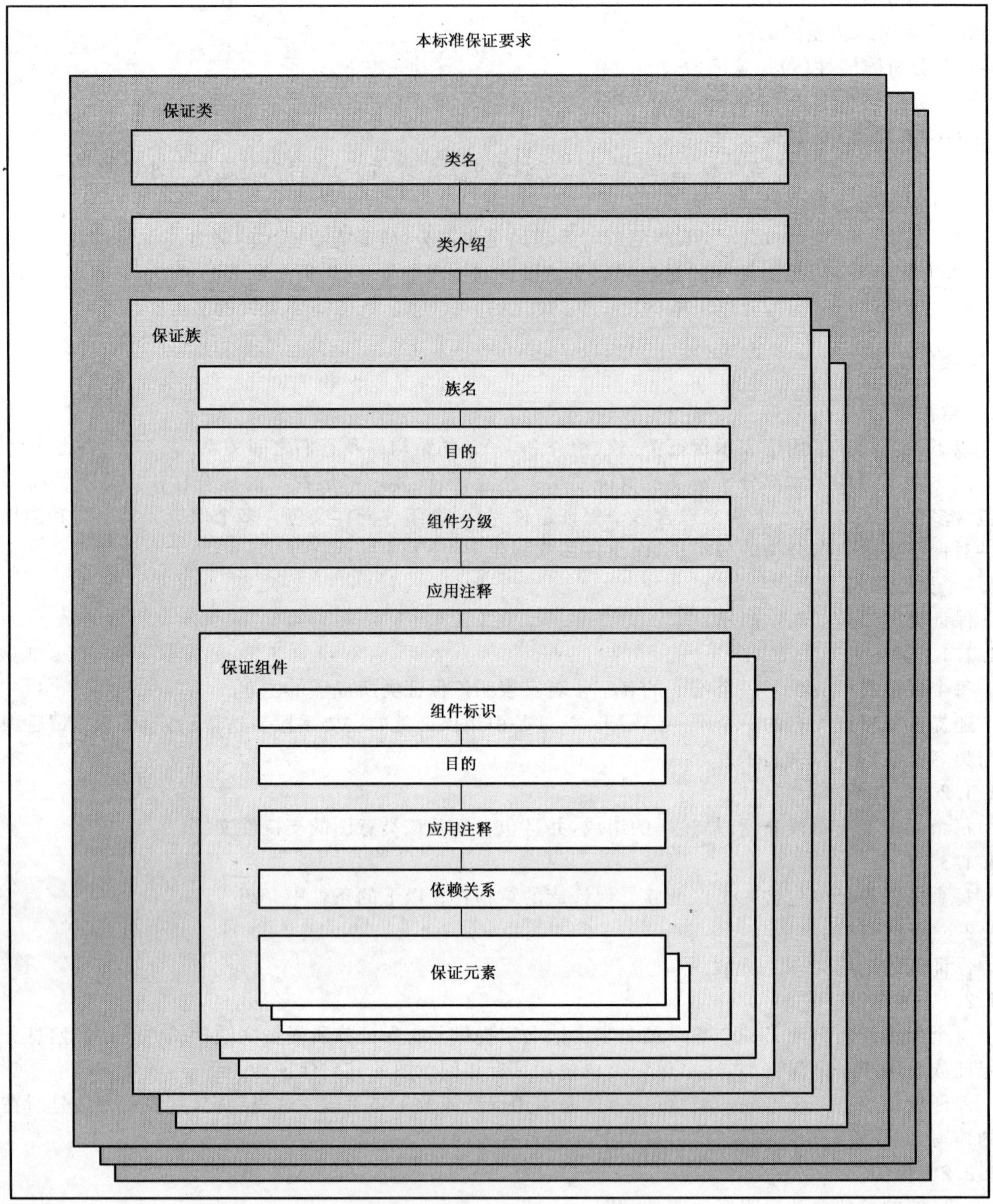

图1 保证类/族/组件/元素的层次

6.1.2.4 应用注释

保证族的应用注释条款，如果有的话；包含该保证族的一些附加信息，这些信息应该是保证族用户(例如PP和ST的作者、TOE的设计者、评估者等等)特别感兴趣的。这部分表述是非正式的，常包括关于使用限制的一些警告和特别需要注意的地方。

6.1.2.5 保证组件

每个保证族至少有一个保证组件。保证组件的结构将在6.1.3条描述。

6.1.3 保证组件结构

保证组件的结构如图 2 所示。

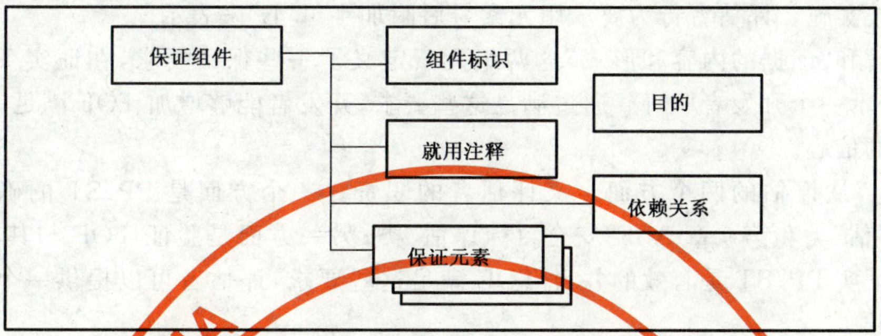

图 2 保证组件结构

这里约定，一个保证族内组件之间的关系用黑体突出表示。要求是新的那些部分，增强或修改了一个分级体系内上一级组件的要求，用黑体突出表示。

6.1.3.1 组件标识

组件标识条款提供了识别、分类、注册和引用一个组件所必要的描述信息。

每个保证组件被分配了一个唯一的名字。该名字提供关于该保证组件所涵盖主题的描述性信息。每个保证组件均被放置在与其共享安全目的的保证族之内。

也提供了保证组件名字的一个唯一缩写形式，这是引用保证组件的主要手段。这里约定，其形式为族名的缩写，后面加一个点，然后是一个数字，这个数字是根据组件在族内的顺序从 1 开始编号的。

6.1.3.2 目的

保证组件的目的条款，如果有的话，包含该特定保证组件的特殊目的。如果保证组件含有这一条款，将提出该组件的特定意图和目的的详尽解释。

6.1.3.3 应用注释

保证组件的应用注释条款，如果有的话，包含一些附加的信息，以便于使用该组件。

6.1.3.4 依赖关系

当一个组件无法自我满足而依赖于另一个组件的存在时，依赖关系就出现在这些保证组件中。

每一个保证组件提供了对其他保证组件的依赖关系的一个完整列表。某些组件可能列出“无依赖关系”，这表明没有确定的依赖关系。被依赖的组件也可能依赖于其他组件。

依赖关系列表标识了所依赖的保证组件的最小集合。在依赖关系列表中，等级比该组件低的那些组件也可以用来满足依赖关系。

在特殊情况下，所指示的依赖关系可能并不适用。PP/ST 作者在提供为什么给定的依赖关系不适用的理由后，可以选择不满足依赖关系。

6.1.3.5 保证元素

为每一个保证组件提供了一组保证元素。一个保证元素就是一个安全要求，如果进一步细分的话，这个安全要求不会产生有意义的评估结果。它是 GB/T 18336 认可的最小的安全要求。

每一个保证元素都被确定为属于以下三组保证元素中的一组：

a) 开发者行为元素：应由开发者实施的活动。这组行为靠随后的一组元素中所引用的证据材料来进一步限制。开发者行为要求用元素号后附加一个字母“D”来标识。

b) 证据的内容和形式元素：所需证据，证据应证实什么和证据应表达哪些信息，以及认为合适时，TOE 或该保证必须拥有的特殊特征。证据的内容和形式要求用元素号后附加字母“C”来表示。

c) 评估者行为元素:应由评估者实施的活动。这组行为明确包含确认在"证据的内容和形式"元素中规定的要求是否都已满足,也包含开发者除已完成的动作之外还须实施的显式行为和分析。隐式评估者行为作为开发者行为元素的结果,虽然没有被"证据的内容和形式"元素涵盖,也应当被实施。评估者行为要求用元素号后附加字母"E"来表示。

"开发者行为"和"证据的内容和形式"这两组元素定义了一些保证要求,在证实 TOE 安全功能中的保证时,用于表示一个开发者职责。通过满足这些要求,开发者能够增加 TOE 满足一个 PP 或 ST 的功能和保证要求的信心。

"评估者行为"从评估的两个方面定义评估者的职责。一个方面是 PP/ST 的确认,依据第 8 章 APE"保护轮廓评估"类和第 9 章 ASE"安全目标评估"类;另一方面是验证 TOE 与其功能和保证要求的一致性。通过证实 PP/ST 是有效的并且 TOE 满足这些要求,评估者可以提供一个确信 TOE 满足其安全目的的基础。

开发者行为元素、证据的内容和形式元素以及显式的评估者行为元素,确定了在验证 TOE 的 ST 所作安全声明时评估者应耗费的精力。

6.1.4 保证元素

每一个元素代表一个需要满足的要求。要求的陈述应当清晰、简洁且无歧义。因此,不能出现复杂句式,即每一可分离的要求将作为单独的元素来说明。

元素在编写上,对于所使用的术语采用常见辞典上的意思,而不采用那些预先规定的术语作简略表述,因为那将导致要求不明确。因此,元素都表述为明确的要求,没有保留说法。

6.1.5 EAL 结构

在本部分中定义的评估保证级(EAL)和相应的结构如图 3 所示。注意,图中显示出保证组件的内容,意图是通过引用 GB/T 18336 中定义的实际组件把这些信息包含到一个 EAL 中。

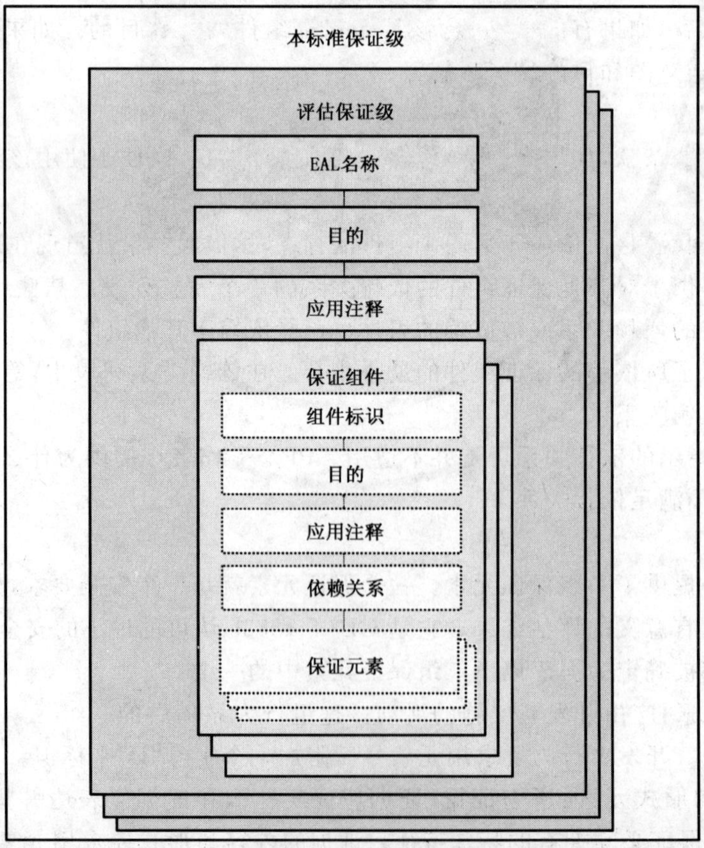

图 3 EAL 结构

6.1.5.1 EAL 名称

每个 EAL 被分配了一个唯一的名称。该名称提供关于该 EAL 意图的描述性信息。

也提供了 EAL 名称的一个唯一缩写形式，这是引用 EAL 的主要手段。

6.1.5.2 目的

EAL 的目的条款提出 EAL 的意图。

6.1.5.3 应用注释

EAL 的应用注释条款，如果有的话，包含 EAL 的使用者(如 PP 和 ST 作者、以该 EAL 为目标的 TOE 的设计者、评估者)特别感兴趣的信息。这部分表述是非正式的，常包括关于使用限制的一些警告和特别需要注意的地方。

6.1.5.3.1 保证组件

已为每一个 EAL 选择了一组保证组件。

可以用以下方法，得到一个比给定的 EAL 更高的保证级别：

a) 包含来自其它保证族的额外的保证组件；

b) 从相同的保证族中用更高级别的保证组件替换保证组件。

6.1.5.4 保证和保证级之间的关系

图 4 说明了 GB/T 18336 定义的保证要求和保证级之间的关系。当保证组件进一步分解为保证元素时，保证元素不能被保证级单独引用。注意，图中的箭头表示一个 EAL 对一个保证组件的引用。

6.2 组件分类法

本部分包含一些族和组件的类，分类以相关保证为基础。在每一个类的开始是一个图表，指出该类中的族和族中的组件。

在图 5 中，所显示的类包含一个单一的族。这个族包含三个线性分级的组件(即组件 2 在特定行为、特定证据、行为或证据的严格性等方面上比组件 1 要求得更多)。在本部分中保证族都是线性分级的，尽管"线性"对以后可能增加的保证族而言，不是一个强制性标准。

6.3 保护轮廓和安全目标评估准则类结构

保护轮廓和安全目标评估的要求被视为保证类一样处理，并且用其他保证类所使用的类似结构来表示，而这些结构将在下面进行描述。值得注意的差异是，相关的族描述中没有组件分级条款，这是因为每一个族仅仅有一个单一的组件，没有分级的情况。

在本部分的第 7 章表 2、表 3、表 4 和表 5 概括了 APE 类和 ASE 类的组成族及其缩写。有关 APE 类中族的叙述性概述见 GB/T 18336.1 附录 A，而有关 ASE 类中族的叙述性概述见 GB/T 18336.1 附录 B。

6.4 本部分中术语的用法

以下是本部分需要准确使用的术语列表，它们并未包含在 GB/T 18336.1 第 2 章的术语表，因为它们只是一般词语，它们的用法尽管被以下的解释所限制，但仍然和词典定义一致。然而，这些术语的解释都曾作为本部分的开发指导并有助于一般性理解。

6.4.1

有条理的　coherent

一个实体是逻辑上有序的并且具有一个可辨别的含意。对于文档，这既处理实际的文本又处理文档的结构，取决于它是否能为目标读者所理解。

6.4.2

完备的　complete

一个实体的所有必需部分都已提供。在文档方面，这意味着所有相关信息都包含在该文档中，且其详细程度达到在此抽象程度上不再需要进一步解释的水平。

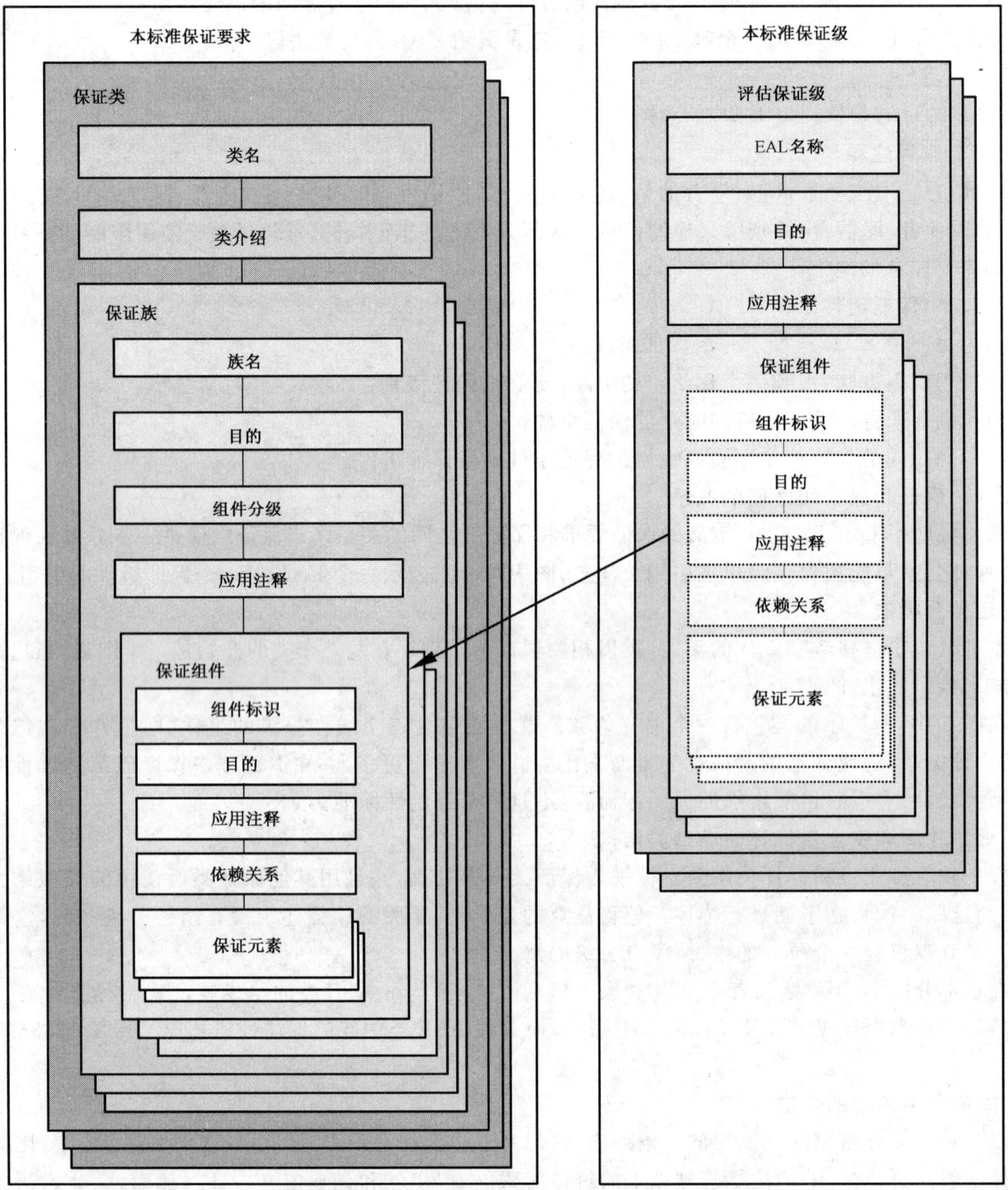

图 4 保证和保证级的关系

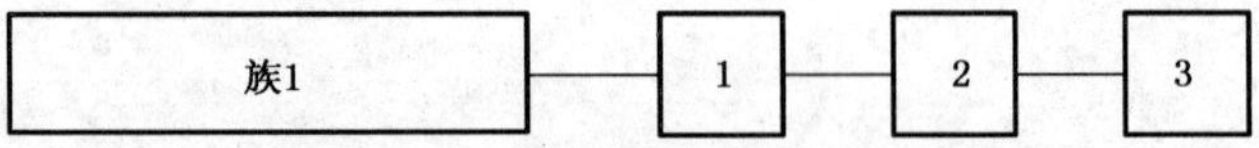

图 5 类分解图的实例

6.4.3

确认　confirm

这个术语用来表明某些事情需要在细节上进行复查,并且需要对其充分性作出独立的判断。所需的严格程度取决于主题的性质。这个术语仅适用于评估者行为。

6.4.4

一致的　consistent

这个术语描述两个或者更多实体之间的关系,表明这些实体之间没有明显的矛盾。

6.4.5

对抗　counter

这个术语主要用在一个特殊威胁的影响被减轻但不必被根除的情况下。

6.4.6

证实　demonstrate

这个术语指一个可得出结论的分析,它不如"证明"严格。

6.4.7

描述　describe

这个术语要求提供一个实体确定的特定细节。

6.4.8

决定　determine

这个术语要求作出一个独立的分析,以获得一个特定的结论。这个术语的用法不同于"确认"或者"验证",因为后两者意味着分析已经完成而只需要复查,而"决定"意味着通常在没有进行任何分析的情况下作出一个真正独立的分析。

6.4.9

确保　ensure

使用这个术语意味着行为和其结果之间有很强的因果关系。通常在该术语前面加"帮助"一词,表明仅仅基于行为,结果不是完全可靠的。

6.4.10

彻底的　exhaustive

在本部分中使用这个术语与分析或者其他活动的引导有关。它与"系统的"有关,但是相对更强一些,它表明不仅要根据一个明确的计划,采取系统化的方法实施分析或其他活动,而且所依据的计划足以保证所有可能的途径都已被运用。

6.4.11

解释　explain

这个术语不同于"描述"和"证实",它旨在回答"为什么?",而不试图争辩所采取的行动方式是必然最佳的。

6.4.12

内在一致的　internally consistent

一个实体的任何方面之间没有明显的矛盾。在文档方面,这意味着文档中的陈述不存在自相矛盾的地方。

6.4.13

证明　justification

这个术语指一个可得出结论的分析,但是比"证实"更严格。这个术语在非常仔细和彻底地解释一个逻辑论点的每一步方面要求十分严格。

6.4.14

相互支持的　mutually supportive

这个术语描述一组实体之间的相互关系，表明实体占有的资源不与其他实体相冲突，甚至可能辅助其他实体完成其任务。并不需要判断每一个独立实体是否直接支持所在组中的其他实体，而是一个更具一般意义的判断。

6.4.15

严格证明　prove

指在数学意义上的一个形式化分析。在各个方面都是非常严格的。典型地讲，“严格证明”主要用于期望在高严格程度上展示两个 TSF 表示之间的对应关系时。

6.4.16

规定　specify

这个术语的使用情况与“描述”一样，但更严格和更准确。它十分类似于“定义”。

6.4.17

追溯　trace

这个术语用来表明在两个实体之间所要求的一种最低严格程度的非形式化对应。

6.4.18

验证　verify

这个术语的用法类似于“确认”，但是有更严格的含义。当这个术语用于评估者行为时，表明要求评估者独立地作出努力。

6.5　保证分类

保证类、族和每一个保证族的缩写都在表1中列出。

表1　保证族细目分类和对应关系

保证类	保证族	缩写名
ACM 类：配置管理	CM 自动化	ACM_AUT
	CM 能力	ACM_CAP
	CM 范围	ACM_SCP
ADO 类：交付和运行	交付	ADO_DEL
	安装、生成和启动	ADO_IGS
ADV 类：开发	功能规范	ADV_FSP
	高层设计	ADV_HLD
	实现表示	ADV_IMP
	TSF 内部	ADV_INT
	低层设计	ADV_LLD
	表示对应性	ADV_RCR
	安全策略模型	ADV_SPM
AGD 类：指导性文档	管理员指南	AGD_ADM
	用户指南	AGD_USR
ALC 类：生命周期支持	开发安全	ALC_DVS
	缺陷纠正	ALC_FLR
	生命周期定义	ALC_LCD
	工具和技术	ALC_TAT

表 1（续）

保证类	保证族	缩写名
ATE 类：测试	测试覆盖	ATE_COV
	测试深度	ATE_DPT
	功能测试	ATE_FUN
	独立测试	ATE_IND
AVA 类：脆弱性评定	隐蔽信道分析	AVA_CCA
	误用	AVA_MSU
	TOE 安全功能强度	AVA_SOF
	脆弱性分析	AVA_VLA

6.6 保证类和族概况

以下是对第 12 章至第 18 章以及第 8 章、第 9 章的保证类和族的概述。这些类和族的概述是按字母顺序排列的。

6.6.1 ACM 类：配置管理

配置管理(Configuration Management,CM)，通过要求在 TOE 和其他相关信息的细化和修改过程中遵守规定和采取控制，帮助确保 TOE 的完整性得到保护。CM 防止对 TOE 进行未授权地修改、添加或删除，从而保证用于评估的 TOE 和文档就是准备分发的那个 TOE 和文档。

6.6.1.1 CM 自动化(ACM_AUT)

配置管理自动化建立用于控制配置项的自动化程度。

6.6.1.2 CM 能力(ACM_CAP)

配置管理能力定义配置管理系统的一些特性。

6.6.1.3 CM 范围(ACM_SCP)

配置管理范围指出需要由配置管理系统控制的 TOE 项目。

6.6.2 ADO 类：交付和运行

保证类 ADO"交付和运行"定义有关安全交付、安装和操作使用 TOE 的措施、程序和标准的一些要求，确保 TOE 提供的安全保护在传递、安装、启动和运行时不会被削弱。

6.6.2.1 交付(ADO_DEL)

"交付"涵盖将 TOE 传递给用户的过程中用以维护其安全性的程序，既包含发起交付时，也包含部分后来的修改。它还包括证实已交付 TOE 真实性必需的一些特殊程序或操作。这些程序和措施是确保 TOE 提供的安全保护没有在传递过程中被削弱的基础。尽管在评估一个 TOE 时，并非总是能够决定其是否遵照了交付要求，但对开发者开发的将 TOE 交付给用户的程序进行评估是可能的。

6.6.2.2 安装、生成和启动(ADO_IGS)

"安装、生成和启动"要求由管理员配置并激活 TOE 拷贝，以表明它与 TOE 的主拷贝有相同的保护特性。安装、生成和启动程序提供管理员明白 TOE 配置参数以及它们可如何影响 TSF 的信心。

6.6.3 ADV 类：开发

保证类 ADV"开发"定义从 ST 中 TOE 概要规范到实际实现，逐步细化 TSF 的一些要求。每一个作为结果的 TSF 表示提供信息，帮助评估者决定 TOE 的功能要求是否已被满足。

6.6.3.1 功能规范(ADV_FSP)

"功能规范"描述 TSF，并且一定是 TOE 安全功能要求的一个完备且正确的实例化。功能规范也详细描述 TOE 的外部接口。TOE 的用户希望通过此接口同 TSF 交互。

6.6.3.2 高层设计(ADV_HLD)

“高层设计”是一个顶层设计规范，它将 TSF 功能规范细化成 TSF 的一些主要组成部分。高层设计识别 TSF 的基本结构和主要的硬件、固件和软件元素。

6.6.3.3 实现表示(ADV_IMP)

“实现表示”是 TSF 的最低抽象表示。它根据可用的源代码、硬件图纸等，捕获 TSF 详细的内部工作方式。

6.6.3.4 TSF 内部(ADV_INT)

“TSF 内部”要求规定 TSF 必备的内部构造。

6.6.3.5 低层设计(ADV_LLD)

“低层设计”是一个详细的设计规范，它将高层设计细化成一定程度的细节，此细节可用作编程或硬件构造的基础。

6.6.3.6 表示对应性(ADV_RCR)

“表示对应性”是所有可用 TSF 表示的相邻对之间映射关系的一个证实，包括从 TOE 概要规范一直到所提供的最低抽象的 TSF 表示。

6.6.3.7 安全策略模型(ADV_SPM)

“安全策略模型”是 TSP 安全策略的结构化表示，且用于提供功能规范符合 TSP 安全策略，并最终符合 TOE 安全功能要求的进一步的信心。这是通过功能规范、安全策略模型和安全策略之间一致性映射都模型化来实现的。

6.6.4 AGD 类:指导性文档

保证类 AGD“指导性文档”定义在开发者所提供操作文档的易懂性、覆盖范围和完备性方面有指导性的一些要求。该文档提供两种类型的信息，一类是针对用户，另一类针对管理员，是 TOE 安全运行的一个重要因素。

6.6.4.1 管理员指南(AGD_ADM)

关于管理员指南的要求有助于确保环境限制都能被 TOE 的管理员和操作员所理解。管理员指南是开发者可用于向 TOE 管理员提供如何安全地管理 TOE 以及如何有效利用 TSF 特许操作和保护功能等方面详细的、正确的信息的主要手段。

6.6.4.2 用户指南(AGD_USR)

关于用户指南的要求有助于确保用户能够以安全的方式操作 TOE(如，必须清楚地解释和举例说明 PP 或 ST 所假设的使用限制)。用户指南是开发者可用于向 TOE 用户提供如何正确使用 TOE 的保护功能的一些必要背景知识和特殊信息的主要手段。用户指南必须包含两方面内容:首先，必须解释用户可见的安全功能干些什么以及如何使用它们，这样用户就能够持续有效地保护他们的信息;其次，需要解释在维护 TOE 的安全时用户所扮演的角色。

6.6.5 ALC 类:生命周期支持

保证类 ALC“生命周期支持”，通过采用一个针对 TOE 开发的所有步骤而明确定义的生命周期模型，定义一些保证要求，包括缺陷纠正程序和策略、工具和技术的正确使用、用于保护开发环境的安全措施。

6.6.5.1 开发安全(ALC_DVS)

“开发安全”涵盖在开发环境中使用的物理的、程序的、人员的和其他方面的安全措施，包括开发场所的物理安全以及对开发人员的选择和雇用的控制。

6.6.5.2 缺陷纠正(ALC_FLR)

“缺陷纠正”确保在开发者对 TOE 提供支持时，将跟踪并纠正 TOE 用户所发现的缺陷。虽然在

TOE 评估时,无法判断将来是否仍遵从缺陷纠正要求,但对开发者用于跟踪和修补缺陷以及分发补丁给用户的程序和策略进行评估是可做到的。

6.6.5.3 生命周期定义(ALC_LCD)

“生命周期定义”设定一些开发者用于生产 TOE 的工程实践,包括在开发过程和运行支持要求中已明确的事项和活动。当安全分析和证据的产生作为开发过程和运行支持活动的一个主要部分,都有规律地执行时,安全要求和 TOE 之间是一致的信心就将更强。本组件的目的不是规定任何特定的开发过程。

6.6.5.4 工具和技术(ALC_TAT)

“工具和技术”要求定义一些用于分析和实现 TOE 的开发工具。它包括关于开发工具和随这些工具的选择而定的实现的一些要求。

6.6.6 APE 类:保护轮廓评估

PP 评估的目的是为了证实 PP 是完备的、一致的、技术合理的,因此适合用作一个或多个可评估 TOE 的要求陈述。这样一个 PP 就有资格加入到 PP 注册表中。

6.6.7 ASE 类:安全目标评估

ST 评估的目的是证实 ST 是完备的、一致的、技术合理的,因此适合用作相应 TOE 评估的基础。

6.6.8 ATE 类:测试

保证类 ATE“测试”说明证实 TSF 满足 TOE 安全功能要求的测试要求。

6.6.8.1 测试覆盖(ATE_COV)

“测试覆盖”处理开发者对 TOE 执行的功能测试的完备性。它提出所要测试的 TOE 安全功能的范围。

6.6.8.2 测试深度(ATE_DPT)

“测试深度”处理开发者测试 TOE 的详细程度。安全功能测试是根据从 TSF 表示的分析中所导出信息的深度不断增加而增加的。

6.6.8.3 功能测试(ATE_FUN)

“功能测试”证实 TSF 展现的特性对满足 ST 要求是必要的。功能测试提供了 TSF 至少满足所选功能组件要求的保证。然而,功能测试并没有规定 TSF 只能干期望的事。本族侧重于开发者所执行的功能测试。

6.6.8.4 独立测试(ATE_IND)

“独立测试”规定 TOE 的功能测试必须由一个不同于开发者的团体(如,第三方)实施。本族通过引入非开发者所进行的测试来提高其使用价值。

6.6.9 AVA 类:脆弱性评定

保证类 AVA“脆弱性评定”定义一些指导可利用脆弱性识别的要求,特别是那些在 TOE 构造、运行、误用或错误配置时引入的脆弱性。

6.6.9.1 隐蔽信道分析(AVA_CCA)

“隐蔽信道分析”主要关注可被用来违反预期 TSP 的未预料到的通信信道的发现和分析。

6.6.9.2 误用(AVA_MSU)

“误用”分析考察不管是管理员还是用户在了解指导性文档后,都能够理性地确定 TOE 是否以不安全的方式被配置和运行。

6.6.9.3 TOE 安全功能强度(AVA_SOF)

“功能强度”分析负责处理由概率或置换机制(如口令字或哈希函数)实现的 TOE 安全功能。即使这样的功能不能被旁路、被解除或被破坏,但仍然可用直接攻击的办法来击败它们。可以对这些功能中每一个的强度声称一个级别或一个特殊的量度。实施功能强度分析就是为了决定这样的功能是否满足或超出了这个声明。例如,口令机制的功能强度分析能够通过说明口令空间是足够大的,证实口令字功能满足强度声明。

6.6.9.4 脆弱性分析(AVA_VLA)

"脆弱性分析"由在开发的不同细化步骤中所引入的潜在缺陷的识别组成。它通过收集以下有关的必要信息来导出穿透性测试的定义:(1)TSF 的完备性(该 TSF 要对付所有假定的威胁?);(2)所有安全功能之间的依赖关系。这些潜在的脆弱性都是通过穿透性测试来评估的,以决定它们在实际应用中是否会被利用来危及 TOE 的安全。

7 保护轮廓与安全目标评估准则

7.1 概述

本章介绍 PP 和 ST 的评估准则。这些评估准则的具体内容将在第 8 章和第 9 章中详细阐述。

这些准则是本部分中提出的第一批要求,因为 PP 和 ST 评估通常是在 TOE 评估之前进行的。在关于评定 TOE 以及评估功能和保证要求的信息中,为了查明 PP 和 ST 对 TOE 评估来说是不是一个有意义的基础,它们扮演了一个特殊的角色。

虽然这些评估准则与第 12 章至第 18 章的要求稍有差异,但它们却十分相似,因为就 PP、ST 和 TOE 评估而言,开发者和评估者的行为是可类比的。

PP 和 ST 类与 TOE 类的不同之处在于,PP 或 ST 类的所有要求在一个 PP 或 ST 评估中都需要被考虑,而 TOE 类的要求由于涉及一个较为广泛的论题,对于一个给定的 TOE 并不需要考虑所有的要求。

PP 和 ST 的评估准则是基于 GB/T 18336.1 附录 A 和附录 B 所提供的信息的。关于 APE 和 ASE 类中要求(在以下的章条中描述)的有用的背景信息可以在那里找到。

7.2 保护轮廓准则概述

7.2.1 保护轮廓评估

PP 评估的目的是为了证实 PP 是完备的、一致的、技术合理的,因此适合用作一个或多个可评估 TOE 的要求陈述。这样一个 PP 就有资格加入到 PP 注册表中。

7.2.2 与安全目标评估准则的关系

正如 GB/T 18336.1 附录 A 和附录 B 所描述的一样,在普通 PP 和特定 TOE 的 ST 之间,有着许多结构和内容上的相似之处。因此,PP 评估准则包含的要求与 ST 评估准则包含的要求之间有许多相似之处,并且二者的表示方式也相似。

7.2.3 评估者任务

7.2.3.1 仅仅基于 GB/T 18336 要求评估的评估者任务

评估者实施一个不包含本部分之外要求的 PP 评估时,应当使用表 2 列出的 APE 类"保护轮廓评估"要求。

表 2 保护轮廓族—— 仅 GB/T 18336 的要求

保证类	保证族	缩写名
APE 类:保护轮廓评估	TOE 描述	APE_DES
	安全环境	APE_ENV
	PP 引言	APE_INT
	安全目的	APE_OBJ
	IT 安全要求	APE_REQ

7.2.3.2 GB/T 18336 扩展评估的评估者任务

评估者实施一个包含本部分之外要求的 PP 评估时,应当使用表 3 列出的 APE 类"保护轮廓评估"要求。

表 3 保护轮廓族——GB/T 18336 扩展的要求

保证类	保证族	缩写名
APE 类:保护轮廓评估	TOE 描述	APE_DES
	安全环境	APE_ENV
	PP 引言	APE_INT
	安全目的	APE_OBJ
	IT 安全要求	APE_REQ
	明确陈述的 IT 安全要求	APE_SRE

注:"明确陈述的"指不是 GB/T 18336 定义的,而是严格遵守 GB/T18336 的表达方式清晰且无歧义地自定义的。

7.3 安全目标准则概述

7.3.1 安全目标评估

ST 评估的目的是为了证实 ST 是完备的、一致的、技术合理的,因此适合用作相应 TOE 评估的基础。

7.3.2 与本部分其他评估准则的关系

TOE 评估有两个明确的阶段:ST 评估和相应的 TOE 评估。ST 评估的要求将在本章和第 9 章讨论,TOE 评估的要求包含在第 12 章至第 18 章中。

一个 ST 评估包括一个 PP 声明评估。如果 ST 没有声明与 PP 的一致性,ST 的 PP 声明部分应包含这样一个陈述:TOE 没有声明遵从任何 PP。

7.3.3 评估者任务

7.3.3.1 仅仅基于 GB/T 18336 要求评估的评估者任务

评估者实施一个不包含本部分之外要求的 ST 评估时,应当使用表 4 列出的 ASE 类"安全目标评估"要求。

表 4 安全目标族——仅 GB/T 18336 的要求

保证类	保证族	缩写名
ASE 类:安全目标评估	TOE 描述	ASE_DES
	安全环境	ASE_ENV
	ST 引言	ASE_INT
	安全目的	ASE_OBJ
	PP 声明	ASE_PPC
	IT 安全要求	ASE_REQ
	TOE 概要规范	ASE_TSS

7.3.3.2 GB/T 18336 扩展评估的评估者任务

评估者实施一个包含本部分之外要求的 ST 评估时,应当使用表 5 列出的 ASE 类"安全目标评估"要求。

表 5 安全目标族——GB/T 18336 扩展的要求

保证类	保证族	缩写名
ASE 类:安全目标评估	TOE 描述	ASE_DES
	安全环境	ASE_ENV
	ST 引言	ASE_INT

表 5（续）

保证类	保证族	缩写名
ASE 类:安全目标评估	安全目的	ASE_OBJ
	PP 声明	ASE_PPC
	IT 安全要求	ASE_REQ
	明确陈述的 IT 安全要求	ASE_SRE
	TOE 概要规范	ASE_TSS

8 APE 类:保护轮廓评估

PP 评估的目的是证实 PP 是完备的、一致的、技术合理的,因此一个评估过的 PP 适合用作 ST 开发的基础。这样的 PP 就有资格加入到 PP 注册表中。

图 6 给出了本类中的族以及族中组件的层次结构。

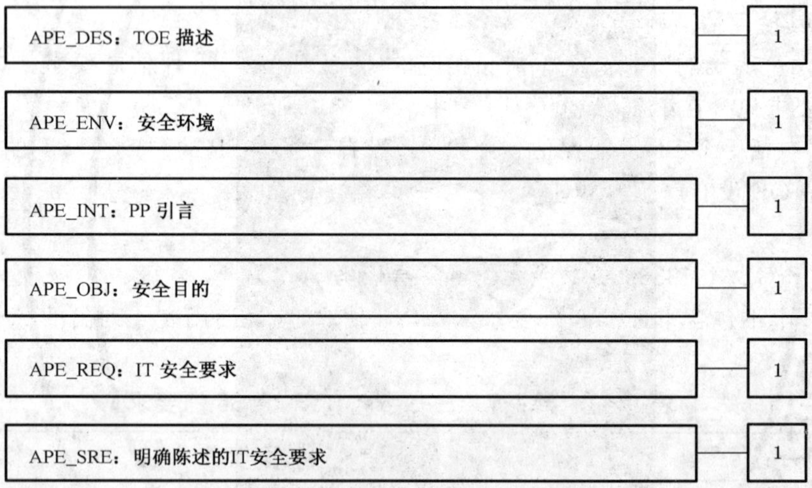

图 6　APE:保护轮廓评估类分解

8.1　TOE 描述(APE_DES)

8.1.1　目的

TOE 描述有助于理解 TOE 的安全要求。对 TOE 描述的评估需要说明它是连贯的、内在一致的并且与 PP 的其他部分是一致的。

8.1.2　APE_DES.1　保护轮廓,TOE 描述,评估要求

依赖关系:APE_ENV.1 保护轮廓,安全环境,评估要求;

APE_INT.1　保护轮廓,PP 引言,评估要求;

APE_OBJ.1　保护轮廓,安全目的,评估要求;

APE_REQ.1　保护轮廓,IT 安全要求,评估要求。

8.1.2.1　开发者行为元素

8.1.2.1.1　APE_DES.1.1D

PP 的开发者应提供一份 TOE 描述以作为 PP 的一部分。

8.1.2.2　证据的内容和形式元素

8.1.2.2.1　APE_DES.1.1C

TOE 描述应描述 TOE 的产品类型和一般 IT 特征。

8.1.2.3 评估者行为元素

8.1.2.3.1 APE_DES.1.1E

评估者应确认所提供的信息满足证据的内容和形式的所有要求。

8.1.2.3.2 APE_DES.1.2E

评估者应确认 TOE 描述是有条理的和内在一致的。

8.1.2.3.3 APE_DES.1.3E

评估者应确认 TOE 描述与 PP 的其他部分是一致的。

8.2 安全环境(APE_ENV)

8.2.1 目的

为了确定 PP 中的 IT 安全要求是否充分，所要解决的安全问题能被评估的所有参与方清楚地理解是很重要的。

8.2.2 APE_ENV.1 保护轮廓，安全环境，评估要求

依赖关系：无依赖关系。

8.2.2.1 开发者行为元素

8.2.2.1.1 APE_ENV.1.1D

PP 开发者应提供一份 TOE 安全环境陈述以作为 PP 的一部分。

8.2.2.2 证据的内容和形式元素

8.2.2.2.1 APE_ENV.1.1C

TOE 安全环境陈述应标识并解释关于 TOE 预期使用和 TOE 使用环境的所有假设。

8.2.2.2.2 APE_ENV.1.2C

TOE 安全环境陈述应标识并解释对 TOE 或其环境保护的资产的任何已知或假定威胁。

8.2.2.2.3 ASE_ENV.1.3C

TOE 安全环境陈述应标识并解释 TOE 必须遵守的所有组织安全策略。

8.2.2.3 评估者行为元素

8.2.2.3.1 APE_ENV.1.1E

评估者应确认所提供的信息满足证据的内容和形式的所有要求。

8.2.2.3.2 APE_DES.1.2E

评估者应确认 TOE 安全环境陈述是有条理的和内在一致的。

8.3 PP 引言(APE_INT)

8.3.1 目的

PP 引言包含文档管理和注册一个 PP 所必需的概括性信息。对 PP 引言的评估需要证实 PP 是已经正确标识的，并且它与 PP 的其他所有部分是一致的。

8.3.2 APE_INT.1 保护轮廓，PP 引言，评估要求

依赖关系：APE_DES.1 保护轮廓，TOE 描述，评估要求；
APE_ENV.1 保护轮廓，安全环境，评估要求；
APE_OBJ.1 保护轮廓，安全目的，评估要求；
APE_REQ.1 保护轮廓，IT 安全要求，评估要求。

8.3.2.1 开发者行为元素

8.3.2.1.1 APE_INT.1.1D

PP 开发者应提供一份 PP 引言以作为 PP 的一部分。

8.3.2.2 证据的内容和形式元素

8.3.2.2.1 APE_INT.1.1C

PP 引言应包含一个 PP 标识，提供识别、编目、注册和交叉引用这个 PP 所必需的标记性和描述性

信息。

8.3.2.2.2 APE_INT.1.2C

PP 引言应包含一个 PP 概述，以叙述形式概括该 PP。

8.3.2.3 评估者行为元素

8.3.2.3.1 APE_INT.1.1E

评估者应确认所提供的信息满足证据的内容和形式的所有要求。

8.3.2.3.2 APE_INT.1.2E

评估者应确认 PP 引言是有条理的和内在一致的。

8.3.2.3.3 APE_INT.1.3E

评估者应确认 PP 引言与 PP 的其他部分是一致的。

8.4 安全目的(APE_OBJ)

8.4.1 目的

安全目的是对安全问题预期答复的一段简明陈述。对安全目的的评估需要证实所规定的目的充分地处理了安全问题。安全目的分为 TOE 安全目的和环境安全目的，必须说明两者都能追溯至需对抗的确定威胁或各自所需满足的策略和假设。

8.4.2 APE_OBJ.1 保护轮廓，安全目的，评估要求

依赖关系：APE_ENV.1 保护轮廓，安全环境，评估要求。

8.4.2.1 开发者行为元素

8.4.2.1.1 APE_OBJ.1.1D

PP 开发者应提供一份安全目的的陈述以作为 PP 的一部分。

8.4.2.1.2 APE_OBJ.1.2D

PP 开发者应提供安全目的的基本原理。

8.4.2.2 证据的内容和形式元素

8.4.2.2.1 APE_OBJ.1.1C

安全目的的陈述应为 TOE 及其环境定义安全目的。

8.4.2.2.2 APE_OBJ.1.2C

TOE 的安全目的应可以追溯至由 TOE 对抗的多方面的确定威胁，或可以追溯至 TOE 所满足的组织安全策略。

8.4.2.2.3 APE_OBJ.1.3C

环境的安全目的应可以追溯至不是完全由 TOE 对抗的多方面的确定威胁，或可以追溯至 TOE 未完全满足的组织安全策略或假设。

8.4.2.2.4 APE_OBJ.1.4C

安全目的基本原理应证实所陈述的安全目的恰好对抗确定的安全威胁。

8.4.2.2.5 APE_OBJ.1.5C

安全目的基本原理应证实所陈述的安全目的恰好覆盖所有确定的组织安全策略和假设。

8.4.2.3 评估者行为元素

8.4.2.3.1 APE_OBJ.1.1E

评估者应确认所提供的信息满足证据的内容和形式的所有要求。

8.4.2.3.2 APE_OBJ.1.2E

评估者应确认安全目的的陈述是完备的、有条理的和内在一致的。

8.5 IT 安全要求(APE_REQ)

8.5.1 目的

需要对为 TOE 选取的和在 PP 中提出或引用的 IT 安全要求进行评估，目的是确认它们是内在一

致的，从而导致 TOE 的开发满足其安全目的。

并不是 PP 所描述的所有安全目的都可以由一个相应的 TOE 来满足，因为有些 TOE 可能依赖于由 IT 环境来满足某些 IT 安全要求。这种情况下，必须在 TOE 要求中清楚地阐述和评估环境方面的 IT 安全要求。

本族提出评估要求，允许评估者决定一个 PP 是否适合作为一个可评估 TOE 的要求陈述。评估明确陈述的要求所必需的附加准则包含在 APE_SRE“明确陈述的 IT 安全要求”族中。

8.5.2 应用注释

术语“IT 安全要求”指的是“TOE 安全要求”，有时还包括“IT 环境的安全要求”。

术语“TOE 安全要求”指的是“TOE 安全功能要求”或“TOE 安全保证要求”。

在 APE_REQ.1“保护轮廓，IT 安全要求，评估要求”组件中，“适当的”一词用来表明在某些情况下某些元素具有可选项。哪个选项可用，取决于在 PP 中给定的上下文环境。关于这方面的具体信息在 GB/T 18336.1 附录 A 中有相应解释。

GB/T 18336 认可在一个给定 TOE 中可能存在多个 SOF 域的情况。一个 SOF 域是 TOE 的一个子集（逻辑或物理的），在预期的环境中每个域对应一个特定的功能强度级别。允许一个 TOE 中某些功能拥有一个比其他功能更高的最低强度要求。对于一个带多个 SOF 域的 TOE，短语“最低功能强度”用于指示由域识别的包含每一个域最低功能强度的集合。另外，要求基本原理必须根据该域如何影响安全目的的满足，考虑每一个域 SOF 级别。

8.5.3 **APE_REQ.1 保护轮廓，IT 安全要求，评估要求**

依赖关系：APE_OBJ.1 保护轮廓，安全目的，评估要求。

8.5.3.1 开发者行为元素

8.5.3.1.1 **APE_REQ.1.1D**

PP 开发者应提供一份 IT 安全要求的陈述以作为 PP 的一部分。

8.5.3.1.2 **APE_REQ.1.2D**

PP 开发者应提供安全要求的基本原理。

8.5.3.2 证据的内容和形式元素

8.5.3.2.1 **APE_REQ.1.1C**

TOE 安全功能要求的陈述应标识从 GB/T 18336.2 功能要求组件中选取的 TOE 安全功能要求。

8.5.3.2.2 **APE_REQ.1.2C**

TOE 安全保证要求的陈述应标识从本部分保证要求组件中选取的 TOE 安全保证要求。

8.5.3.2.3 **APE_REQ.1.3C**

TOE 安全保证要求的陈述应包括一个在本部分中定义的评估保证级(EAL)。

8.5.3.2.4 **APE_REQ.1.4C**

证据应证明 TOE 安全保证要求的陈述是恰当的。

8.5.3.2.5 **APE_REQ.1.5C**

如果适当的话，PP 应标识 IT 环境的所有安全要求。

8.5.3.2.6 **APE_REQ.1.6C**

应标识 PP 中 IT 安全要求的所有已完成操作。

8.5.3.2.7 **APE_REQ.1.7C**

应标识 PP 中 IT 安全要求的任何未完成操作。

8.5.3.2.8 **APE_REQ.1.8C**

必须满足 PP 中 IT 安全要求之间的依赖关系。

8.5.3.2.9 **APE_REQ.1.9C**

证据应证明为何一个未满足的依赖关系却是适当的。

8.5.3.2.10 **APE_REQ.1.10C**

PP 应包含一个关于 TOE 安全功能要求的最低功能强度级别的陈述，可适当选取基本级功能强度、中级功能强度或高级功能强度中的一个。

8.5.3.2.11 **APE_REQ.1.11C**

安全要求的陈述应标识所有需要一个明确的功能强度声明的安全功能要求，连同每一个这种安全功能要求的明确的功能强度声明。

8.5.3.2.12 **APE_REQ.1.12C**

安全要求基本原理应证实 PP 的最低功能强度级别连同任何明确的功能强度声明，与 TOE 的安全目的是一致的。

8.5.3.2.13 **APE_REQ.1.13C**

安全要求基本原理应证实 IT 安全要求正好满足安全目的。

8.5.3.2.14 **APE_REQ.1.14C**

安全要求基本原理应证实这组 IT 安全要求组成了一个相互支持并内在一致的整体。

8.5.3.3 评估者行为元素

8.5.3.3.1 **APE_REQ.1.1E**

评估者应确认所提供的信息满足证据的内容和形式的所有要求。

8.5.3.3.2 **APE_REQ.1.2E**

评估者应确认 IT 安全要求的陈述是完备的、有条理的和内在一致的。

8.6 明确陈述的 IT 安全要求(APE_SRE)

8.6.1 目的

如果经过仔细考虑，觉得 GB/T 18336.2 或本部分中没有一个要求组件适用于所有或部分的 IT 安全要求，PP 的作者可以提出其他非 GB/T 18336 要求，但应证明这种要求的使用是正确的。

本族提出评估要求，允许评估者决定是否清晰且无歧义地表述了明确陈述的要求。对从 GB/T 18336 中选取的要求连同对正确的明确陈述的安全要求的评估由 APE_REQ“IT 安全要求”族负责。

需要评估在一个 PP 中提出或引用的一个 TOE 的明确陈述的 IT 安全要求，以证实其表述是清楚的且无歧义的。

8.6.2 应用注释

明确陈述的要求的表示法在结构上与已有的 GB/T 18336 组件和元素类似，包括选择相似的标记方法、表达方式和详细程度。

用 GB/T 18336 要求作为一个模板，意味着要求可以被明确地标识，并且它们是自包含的，每一个要求的应用都是切实可行的并可基于一个 TOE 遵从声明为该特殊要求产生一个有意义的评估结果。

术语“IT 安全要求”指的是“TOE 安全要求”，有时还包括“IT 环境的安全要求”。

术语“TOE 安全要求”指的是“TOE 安全功能要求”或“TOE 安全保证要求”。

元素 APE_SRE.1.5C 和 APE_SRE.1.6C 要求明确陈述的 IT 安全要求应是可度量的和客观的，且表述是清晰且无歧义的。为了遵从这些要求，已有的 GB/T 18336 功能和保证要求都常作为模板使用。

8.6.3 APE_SRE.1 保护轮廓，明确陈述的 IT 安全要求，评估要求

依赖关系：APE_REQ.1 保护轮廓，IT 安全要求，评估要求。

8.6.3.1 开发者行为元素

8.6.3.1.1 **APE_SRE.1.1D**

PP 开发者应提供一份 IT 安全要求的陈述以作为 PP 的一部分。

8.6.3.1.2 APE_SRE.1.2D

PP 开发者应提供安全要求的基本原理。

8.6.3.2 证据的内容和形式元素

8.6.3.2.1 APE_SRE.1.1C

应标识所有不引用 GB/T 18336 而明确陈述的 TOE 安全要求。

8.6.3.2.2 APE_SRE.1.2C

应标识所有不引用 GB/T 18336 而明确陈述的 IT 环境安全要求。

8.6.3.2.3 APE_SRE.1.3C

证据应证明为何这些安全要求必须被明确陈述。

8.6.3.2.4 APE_SRE.1.4C

明确陈述的 IT 安全要求应以 GB/T 18336 的要求组件、族和类作为表示的模板。

8.6.3.2.5 APE_SRE.1.5C

明确陈述的 IT 安全要求应是可度量的，并陈述了客观的评估要求，这样就可以决定和系统地证实一个 TOE 是否遵从这些要求。

8.6.3.2.6 APE_SRE.1.6C

明确陈述的 IT 安全要求应被清楚且无歧义地表述。

8.6.3.2.7 APE_SRE.1.7C

安全要求基本原理应证实保证要求是适用的，并且适合于支持任何明确陈述的 TOE 安全功能要求。

8.6.3.3 评估者行为元素

8.6.3.3.1 APE_SRE.1.1E

评估者应确认所提供的信息满足证据的内容和形式的所有要求。

8.6.3.3.2 APE_SRE.1.2E

评估者应决定明确陈述的 IT 安全要求的所有依赖关系都被标识。

9 ASE 类：安全目标评估

ST 评估的目的是证实 ST 是完备的、一致的、技术合理的，因而适合作为相应的 TOE 评估的基础。图 7 给出本类中的族以及族中组件的层次结构。

图 7 ASE：安全目标评估类分解

9.1 TOE 描述(ASE_DES)

9.1.1 目的

TOE 的描述有助于理解 TOE 的安全要求。对 TOE 描述的评估,需要能够表明它是连贯的、内在一致的并且与 ST 的其他部分是一致的。

9.1.2 ASE_DES.1 安全目标,TOE 描述,评估要求

依赖关系:ASE_ENV.1 安全目标,安全环境,评估要求;
ASE_INT.1 安全目标,ST 引言,评估要求;
ASE_OBJ.1 安全目标,安全目的,评估要求;
ASE_PPC.1 安全目标,PP 声明,评估要求;
ASE_REQ.1 安全目标,IT 安全要求,评估要求;
ASE_TSS.1 安全目标,TOE 概要规范,评估要求。

9.1.2.1 开发者行为元素

9.1.2.1.1 ASE_DES.1.1D

开发者应提供一份 TOE 描述以作为 ST 的一部分。

9.1.2.2 证据的内容和形式元素

9.1.2.2.1 ASE_DES.1.1C

TOE 描述应描述产品或系统的类型,并从物理和逻辑两方面概括性地描述 TOE 的范围和边界。

9.1.2.3 评估者行为元素

9.1.2.3.1 ASE_DES.1.1E

评估者应确认所提供的信息满足证据的内容和形式的所有要求。

9.1.2.3.2 ASE_DES.1.2E

评估者应确认 TOE 描述是有条理的和内在一致的。

9.1.2.3.3 ASE_DES.1.3E

评估者应确认 TOE 描述与 ST 的其他部分是一致的。

9.2 安全环境(ASE_ENV)

9.2.1 目的

为了确定 ST 中的 IT 安全要求是否充分,所要解决的安全问题能被评估的所有参与方清楚地理解是很重要的。

9.2.2 ASE_ENV.1 安全目标,安全环境,评估要求

依赖关系:无依赖关系。

9.2.2.1 开发者行为元素

9.2.2.1.1 ASE_ENV.1.1D

开发者应提供一份 TOE 安全环境陈述以作为 ST 的一部分。

9.2.2.2 证据的内容和形式元素

9.2.2.2.1 ASE_ENV.1.1C

TOE 安全环境陈述应标识并解释关于 TOE 的预期使用和 TOE 使用环境的所有假设。

9.2.2.2.2 ASE_ENV.1.2C

TOE 安全环境陈述应标识并解释对 TOE 或其环境保护的资产的任何已知或假定威胁。

9.2.2.2.3 ASE_ENV.1.3C

TOE 安全环境陈述应标识并解释 TOE 必须遵守的所有组织安全策略。

9.2.2.3 评估者行为元素

9.2.2.3.1 ASE_ENV.1.1E

评估者应确认所提供的信息满足证据的内容和形式的所有要求。

9.2.2.3.2 ASE_ENV.1.2E

评估者应确认 TOE 安全环境的陈述是有条理的和内在一致的。

9.3 ST 引言(ASE_INT)

9.3.1 目的

ST 引言包含一些标识和引用性材料。对 ST 引言的评估需要证实 ST 是被正确标识的,并且与 ST 的其他所有部分是一致的。

9.3.2 ASE_INT.1 安全目标,ST 引言,评估要求

依赖关系:ASE_DES.1 安全目标,TOE 描述,评估要求;
ASE_ENV.1 安全目标,安全环境,评估要求;
ASE_OBJ.1 安全目标,安全目的,评估要求;
ASE_PPC.1 安全目标,PP 声明,评估要求;
ASE_REQ.1 安全目标,IT 安全要求,评估要求;
ASE_TSS.1 安全目标,TOE 概要规范,评估要求。

9.3.2.1 开发者行为元素

9.3.2.1.1 ASE_INT.1.1D

开发者应提供一份 ST 引言以作为 ST 的一部分。

9.3.2.2 证据的内容和形式元素

9.3.2.2.1 ASE_INT.1.1C

ST 引言应包含一个 ST 标识,提供控制和标识 ST 及其对应的 TOE 所必需的标记性和描述性信息。

9.3.2.2.2 ASE_INT.1.2C

ST 引言应当包含一个 ST 概述,以叙述形式概括该 ST。

9.3.2.2.3 ASE_INT.1.3C

ST 引言应当包含一个 GB/T 18336 一致性声明,该声明陈述该 TOE 与 GB/T 18336 一致性的任何可评估声明。

9.3.2.3 评估者行为元素

9.3.2.3.1 ASE_INT.1.1E

评估者应确认所提供的信息满足证据的内容和形式的所有要求。

9.3.2.3.2 ASE_INT.1.2E

评估者应确认 ST 引言是有条理的和内在一致的。

9.3.2.3.3 ASE_INT.1.3E

评估者应当确认 ST 引言与 ST 的其他部分是一致的。

9.4 安全目的(ASE_OBJ)

9.4.1 目的

安全目的是对安全问题预期答复的一段简明描述。安全目标的评估需要证实所规定的目的充分地处理了安全问题。安全目的分为 TOE 的安全目的和环境的安全目的,必须说明两者都能追溯至需对抗的确定威胁或各自所需满足的策略和假设。

9.4.2 ASE_OBJ.1 安全目标,安全目的,评估要求

依赖关系:ASE_ENV.1 安全目标,安全环境,评估要求。

9.4.2.1 开发者行为元素

9.4.2.1.1 ASE_OBJ.1.1D

开发者应提供一份安全目的的陈述以作为 ST 的一部分。

9.4.2.1.2 ASE_OBJ.1.2D

开发者应提供安全目的的基本原理。

9.4.2.2 证据的内容和形式元素

9.4.2.2.1 ASE_OBJ.1.1C

安全目的的陈述应为TOE及其环境定义安全目的。

9.4.2.2.2 ASE_OBJ.1.2C

TOE的安全目的应可以追溯至由TOE对抗的多方面的确定威胁,或可以追溯至TOE所满足的组织安全策略。

9.4.2.2.3 ASE_OBJ.1.3C

环境的安全目的应可以追溯至不是完全由TOE对抗的多方面的确定威胁,或可以追溯至TOE未完全满足的组织安全策略或假设。

9.4.2.2.4 ASE_OBJ.1.4C

安全目的基本原理应证实所陈述的安全目的恰好对抗确定的安全威胁。

9.4.2.2.5 ASE_OBJ.1.5C

安全目的基本原理应证实所陈述的安全目的恰好覆盖所有确定的组织安全策略和假设。

9.4.2.3 评估者行为元素

9.4.2.3.1 ASE_OBJ.1.1E

评估者应确认所提供的信息满足证据的内容和形式的所有要求。

9.4.2.3.2 ASE_OBJ.1.2E

评估者应确认安全目的陈述是完备的、有条理的和内在一致的。

9.5 PP声明(ASE_PPC)

9.5.1 目的

对安全目标的PP声明进行评估的目的是为了确定ST是不是PP的一个正确的实例化。

9.5.2 应用注释

本族只在ST中有PP声明时适用。在其他情况下,没有开发者行为和没有评估者行为是必需的。

虽然在已作了PP声明时额外的评估活动是必要的,但通常对ST评估所花费的努力比不用PP时要小,因为ST评估可能重复使用PP评估的结果。

9.5.3 ASE_PPC.1 安全目标,PP声明,评估要求

依赖关系:ASE_OBJ.1 安全目标,安全目的,评估要求;

ASE_REQ.1 安全目标,IT安全要求,评估要求。

9.5.3.1 开发者行为元素

9.5.3.1.1 ASE_PPC.1.1D

开发者应提供任何PP声明以作为ST的一部分。

9.5.3.1.2 ASE_PPC.1.2D

开发者应为每一个PP声明提供PP声明的基本原理。

9.5.3.2 证据的内容和形式元素

9.5.3.2.1 ASE_PPC.1.1C

每一个PP声明应标识所声明遵从的PP,包括该声明所需要的一些限制。

9.5.3.2.2 ASE_PPC.1.2C

每一个PP声明应标识那些满足PP许可操作或者进一步限制PP要求的IT安全要求陈述。

9.5.3.2.3 ASE_PPC.1.3C

每一个PP声明应标识那些包含在ST中但不包含在PP中的安全目的和IT安全要求陈述。

9.5.3.3 评估者行为元素

9.5.3.3.1 ASE_PPC.1.1E

评估者应确认所提供的信息满足证据的内容和形式的所有要求。

9.5.3.3.2 ASE_PPC.1.2E

评估者应确认 PP 声明是 PP 的一个正确实例化。

9.6 IT 安全要求(ASE_REQ)

9.6.1 目的

需要对为 TOE 选取的和在 PP 中提出或引用的 IT 安全要求进行评估,目的是确认它们是内在一致的,从而导致 TOE 的开发满足其安全目的。

本族提出评估要求,允许评估者决定一个 ST 是否适合作为一个相应 TOE 的要求陈述。评估明确陈述的要求所必需的附加准则包含在 ASE_SRE“明确陈述的 IT 安全要求”族中。

9.6.2 应用注释

术语“IT 安全要求”指的是“TOE 安全要求”,有时也包含“IT 环境的安全要求”。

术语“TOE 安全要求”指的是“TOE 安全功能要求”或“TOE 安全保证要求”。

在 ASE_REQ.1“安全目标,IT 安全要求,评估要求”组件中,“适当的”一词用来表明在某些情况下某些元素具有可选项。哪个选项可用,取决于在 ST 中给定的上下文环境。关于这方面的具体信息在 GB/T 18336.1 附录 B 中有相应解释。

GB/T 18336 认可在一个给定 TOE 中可能存在多个 SOF 域的情况。一个 SOF 域是 TOE 的一个子集(逻辑或物理的),在预期的环境中每个域对应一个特定的功能强度级别。允许一个 TOE 中某些功能拥有一个比其他功能更高的最低强度要求。对于一个带多个 SOF 域的 TOE,短语“最低功能强度”用于指示由域识别的包含每一个域最低功能强度的集合。另外,要求基本原理必须根据该域如何影响安全目的的满足,考虑每一个域 SOF 级别。

9.6.3 ASE_REQ.1 安全目标,IT 安全要求,评估要求

依赖关系:ASE_OBJ.1 安全目标,安全目的,评估要求。

9.6.3.1 开发者行为元素

9.6.3.1.1 ASE_REQ.1.1D

开发者应提供一份 IT 安全要求的陈述以作为 ST 的一部分。

9.6.3.1.2 ASE_REQ.1.2D

开发者应提供安全要求的基本原理。

9.6.3.2 证据的内容和形式元素

9.6.3.2.1 ASE_REQ.1.1C

TOE 安全功能要求的陈述应标识从 GB/T 18336.2 功能要求组件中选取的 TOE 安全功能要求。

9.6.3.2.2 ASE_REQ.1.2C

TOE 安全保证要求的陈述应标识从本部分保证要求组件中选取的 TOE 安全保证要求。

9.6.3.2.3 ASE_REQ.1.3C

TOE 安全保证要求的陈述应包含一个在本部分定义的评估保证级(EAL)。

9.6.3.2.4 ASE_REQ.1.4C

证据应证明 TOE 安全保证要求的陈述是恰当的。

9.6.3.2.5 ASE_REQ.1.5C

如果适当的话,ST 应标识 IT 环境的所有安全要求。

9.6.3.2.6 ASE_REQ.1.6C

应当标识并完成所有包含在 ST 中的 IT 安全要求的操作。

9.6.3.2.7 ASE_REQ.1.7C

必须满足 ST 中 IT 安全要求之间的依赖关系。

9.6.3.2.8 ASE_REQ.1.8C

证据应证明为何一个未满足的依赖关系却是适当的。

9.6.3.2.9 **ASE_REQ.1.9C**

ST应包含一个关于TOE安全功能要求的最低功能强度级别的陈述，可适当选取基本级功能强度、中级功能强度或高级功能强度中的一个。

9.6.3.2.10 **ASE_REQ.1.10C**

安全要求的陈述应标识所有需要一个明确的功能强度声明的安全功能要求，连同每一个这种安全功能要求的明确的功能强度声明。

9.6.3.2.11 **ASE_REQ.1.11C**

安全要求基本原理应证实ST的最低功能强度级别连同任何明确的功能强度声明，与TOE的安全目的是一致的。

9.6.3.2.12 **ASE_REQ.1.12C**

安全要求基本原理应证实IT安全要求正好满足安全目的。

9.6.3.2.13 **ASE_REQ.1.13C**

安全要求基本原理应证实这组IT的安全要求组成了一个相互支持并内在一致的整体。

9.6.3.3 评估者行为元素

9.6.3.3.1 **ASE_REQ.1.1E**

评估者应确认所提供的信息满足证据的内容和形式的所有要求。

9.6.3.3.2 **ASE_REQ.1.2E**

评估者应当确认IT安全要求陈述是完备的、有条理的和内在一致的。

9.7 明确陈述的IT安全要求(ASE_SRE)

9.7.1 目的

如果经过仔细考虑，觉得GB/T 18336.2或本部分中没有一个要求组件适用于所有或部分的IT安全要求，ST的作者可以提出其他非GB/T 18336要求，但应证明这种要求的使用是正确的。

本族提出评估要求，允许评估者决定是否清晰且没有歧义地表述了明确陈述的要求。对从GB/T 18336中选取的要求连同对正确的明确陈述的安全要求的评估由ASE_REQ"IT安全要求"族负责。

需要评估在一个ST中提出或引用的一个TOE的明确陈述的IT安全要求，以证实其表述是清楚的且无歧义的。

9.7.2 应用注释

明确陈述的要求的表示法在结构上与已有的GB/T 18336组件和元素类似，包括选择相似的标记方法、表达方式和详细程度。

用GB/T 18336要求作为一个模板，意味着要求可以被明确地标识，并且它们是自包含的，每一个要求的应用都是切实可行的并可基于一个TOE遵从声明为该特殊要求产生一个有意义的评估结果。

术语"IT安全要求"指的是"TOE安全要求"，有时还包括"IT环境的安全要求"。

术语"TOE安全要求"指的是"TOE安全功能要求"或"TOE安全保证要求"。

元素ASE_SRE.1.5C和ASE_SRE.1.6C要求明确陈述的IT安全要求应是可度量的和客观的，且表述是清晰且无歧义的。为了遵从这些要求，已有的GB/T 18336功能和保证要求都常作为模板使用。

9.7.3 ASE_SRE.1 安全目标，明确陈述的IT安全要求，评估要求

依赖关系：ASE_REQ.1安全目标，IT安全要求，评估要求。

9.7.3.1 开发者行为元素

9.7.3.1.1 **ASE_SRE.1.1D**

开发者应提供一份IT安全要求的陈述以作为ST的一部分。

9.7.3.1.2 **ASE_SRE.1.2D**

开发者应提供安全要求的基本原理。

9.7.3.2 证据的内容和形式元素

9.7.3.2.1 **ASE_SRE.1.1C**

应标识所有不引用 GB/T 18336 而明确陈述的 TOE 安全要求。

9.7.3.2.2 **ASE_SRE.1.2C**

应标识所有不引用 GB/T 18336 而明确陈述的 IT 环境安全要求。

9.7.3.2.3 **ASE_SRE.1.3C**

证据应证明为何这些安全要求必须被明确陈述。

9.7.3.2.4 **ASE_SRE.1.4C**

明确陈述的 IT 安全要求应以 GB/T 18336 的要求组件、族和类作为表示的模板。

9.7.3.2.5 **ASE_SRE.1.5C**

明确陈述的 IT 安全要求应是可度量的，并陈述了客观的评估要求，这样就可以决定和系统地证实一个 TOE 是否遵照这些要求。

9.7.3.2.6 **ASE_SRE.1.6C**

明确陈述的 IT 安全要求应被清楚且无歧义地表达。

9.7.3.2.7 **ASE_SRE.1.7C**

安全要求基本原理应证实保证要求是适用的，并且适合于支持任何明确陈述的 TOE 安全功能要求。

9.7.3.3 评估者行为元素

9.7.3.3.1 **ASE_SRE.1.1E**

评估者应确认所提供的信息满足证据的内容和形式的所有要求。

9.7.3.3.2 **ASE_SRE.1.2E**

评估者应决定明确陈述的 IT 安全要求的所有依赖关系都被标识。

9.8 TOE 概要规范（ASE_TSS）

9.8.1 目的

TOE 概要规范提供为满足功能要求而声明的安全功能的高层定义和为满足保证要求而采取的保证措施的高层定义。

9.8.2 应用注释

IT 安全功能和 TOE 安全功能要求之间的关系可以是一种“多对多”的关系。然而，为了能够清楚地定义 TSF，每一个安全功能应至少满足一个安全要求。不能满足这种要求的安全功能通常是不必要的。注意，由于“一个安全功能至少满足一个安全要求”这样的要求是以非常一般的方式来表达的，因此应当证明所有确定的安全功能对 TOE 而言都是有用的。

当 ST 中包含了不是从 GB/T 18336 中选取的保证要求时，保证措施的陈述是尤其适用的。如果 ST 中的 TOE 安全保证要求都只是基于 GB/T 18336 评估保证级或本部分其他的保证组件，那么保证措施可以通过引用有关文献来提出，这些文献表明这些保证要求已经得到了满足。

在 ASE_TSS.1“安全目标，TOE 概要规范，评估要求”组件中，“适当的”一词用来表明在某些情况下某些元素具有可选项。哪个选项可用，取决于在 ST 中给定的上下文环境。关于这方面的具体信息在 GB/T 18336.1 附录 B 中有相应解释。

9.8.3 ASE_TSS.1 安全目标，TOE 概要规范，评估要求

依赖关系：ASE_REQ.1 安全目标，IT 安全要求，评估要求。

9.8.3.1 开发者行为元素

9.8.3.1.1 ASE_TSS.1.1D

开发者应提供一份 TOE 概要规范以作为 ST 的一部分。

9.8.3.1.2 ASE_TSS.1.2D

开发者应提供 TOE 概要规范的基本原理。

9.8.3.2 证据的内容和形式元素

9.8.3.2.1 ASE_TSS.1.1C

TOE 概要规范应描述 TOE 的 IT 安全功能和保证措施。

9.8.3.2.2 ASE_TSS.1.2C

TOE 概要规范应把 IT 安全功能追溯到 TOE 安全功能要求，这样就能看出哪个 IT 安全功能满足了哪个 TOE 安全功能要求，以及每个 IT 安全功能是否至少满足一个 TOE 安全功能要求。

9.8.3.2.3 ASE_TSS.1.3C

应用一个非形式化的方式定义 IT 安全功能，其详细程度需达到可以理解其意图的水平。

9.8.3.2.4 ASE_TSS.1.4C

对 ST 中所包含安全机制的所有引用，应追溯到相应的安全功能，这样就能看出在每个功能实现中使用了哪些安全机制。

9.8.3.2.5 ASE_TSS.1.5C

TOE 概要规范的基本原理应证实 IT 安全功能恰好满足 TOE 安全功能要求。

9.8.3.2.6 ASE_TSS.1.6C

TOE 概要规范的基本原理应证实特定的 IT 安全功能组合在一起能够满足 TOE 安全功能要求。

9.8.3.2.7 ASE_TSS.1.7C

TOE 概要规范应把保证措施追溯到保证要求，这样就能看出哪个措施有助于满足哪个要求。

9.8.3.2.8 ASE_TSS.1.8C

TOE 概要规范的基本原理应证实保证措施满足 TOE 所有的保证要求。

9.8.3.2.9 ASE_TSS.1.9C

适当时，TOE 概要规范应标识所有由概率或置换机制实现的 IT 安全功能。

9.8.3.2.10 ASE_TSS.1.10C

TOE 概要规范应对每一个适当的 IT 安全功能提出其功能强度声明，或者为一个特定的尺度，或者为基本级功能强度、中级功能强度、高级功能强度中的一个。

9.8.3.3 评估者行为元素

9.8.3.3.1 ASE_TSS.1.1E

评估者应确认所提供的信息满足证据的内容和形式的所有要求。

9.8.3.3.2 ASE_TSS.1.2E

评估者应确认 TOE 概要规范是完备的、有条理的和内在一致的。

10 评估保证级

10.1 评估保证级(EAL)概述

评估保证级(EAL)提供了一个递增的尺度，该尺度的确定权衡了所获得的保证级与达到该保证程度所需的代价和可行性。GB/T 18336 方法确定了在评估结束时 TOE 中保证的几个不同概念，以及在 TOE 运行使用过程中对这些保证进行维护的几个不同概念。

并非本部分中的所有族和组件都包括在这些 EAL 中，这一点是非常值得注意的。这并不是说这些族和组件不提供有意义的和所需要的保证。相反，期望能把这些族和组件提供的效用作为 PP 和 ST 中的 EAL 增强。

表 6 概括性地描述了这几个 EAL。其中，列表示的是一组按级排序的 EAL，行表示的是保证族。在结果矩阵中的每一个数字标识出了此处适宜的具体保证组件。

表 6 评估保证级汇总

保证类	保证族	评估保证级所包含的保证组件						
		EAL1	EAL2	EAL3	EAL4	EAL5	EAL6	EAL7
配置管理	ACM_AUT CM 自动化				1	1	2	2
	ACM_CAP CM 能力	1	2	3	4	4	5	5
	ACM_SCP CM 范围			1	2	3	3	3
交付和运行	ADO_DEL 交付		1	1	2	2	2	3
	ADO_IGS 安装、生成和启动	1	1	1	1	1	1	1
开发	ADV_FSP 功能规范	1	1	1	2	3	3	4
	ADV_HLD 高层设计		1	2	2	3	4	5
	ADV_IMP 实现表示				1	2	3	3
	ADV_INT TSF 内部					1	2	3
	ADV_LLD 低层设计				1	1	2	3
	ADV_RCR 表示对应性	1	1	1	1	2	2	3
	ADV_SPM 安全策略模型				1	3	3	3
指导性文档	AGD_ADM 管理员指南	1	1	1	1	1	1	1
	AGD_USR 用户指南	1	1	1	1	1	1	1
生命周期支持	ALC_DVS 开发安全			1	1	1	2	2
	ALC_FLR 缺陷纠正							
	ALC_LCD 生命周期定义				1	2	2	3
	ALC_TAT 工具和技术				1	2	3	3
测试	ATE_COV 测试覆盖		1	2	2	2	3	3
	ATE_DPT 测试深度			1	1	2	2	3
	ATE_FUN 功能测试		1	1	1	1	2	2
	ATE_IND 独立测试	1	2	2	2	2	2	3
脆弱性评定	AVA_CCA 隐蔽信道分析					1	2	2
	AVA_MSU 误用			1	2	2	3	3
	AVA_SOF TOE 安全功能强度		1	1	1	1	1	1
	AVA_VLA 脆弱性分析		1	1	2	3	4	4

正如在 10.3～10.9 所总结的那样，GB/T 18336 对 TOE 的保证等级定义了七个评估保证级。它们按级别排序，每一个 EAL 比所有较低的 EAL 表达更多的保证。EAL 保证的增加，是通过替换为同一保证族中更高级别的保证组件（即增加严格性、范围或深度）和添加其他保证族中的保证组件（即添加新的要求）来实现。

正如在本部分第 6 章所阐述的那样，这些 EAL 由保证组件的一个适当组合组成。更确切地说，每个 EAL 最多包含每个保证族中的一个组件,以及每个组件的所有保证依赖关系。

虽然这些 EAL 是在 GB/T 18336 中定义的,但还是可以用来表示保证的其他组合。特别是"增强"这个概念允许(从没有包括在 EAL 中的保证族)向 EAL 中增加保证组件,或允许对一个 EAL (用同一个保证族的其他更高级别的保证组件)替换保证组件。在 GB/T 18336 中定义的保证结构中,只有 EAL 可以增强。"EAL 减去一个组成保证组件"这样的想法在本部分中不认为是一个有效的主张。要求"增强"者有义务证明对 EAL 添加保证组件的实际意义和额外价值。一个 EAL 也可以用明确陈述的保证要求来扩充。

10.2 评估保证级细节

以下各条提供这些 EAL 的定义,用黑体字突出了特定要求之间的区别和这些要求的一般特征。

10.3 评估保证级 1(EAL1)——功能测试

10.3.1 目的

EAL1 适用于需要对正确运行有一定信任但认为对安全的威胁并不严重的场合。它还适用于需要独立的保证以支持认为个人信息或类似信息的保护已经得到了足够重视这一论点的情况。

EAL1 提供了一个 TOE 评估,以便客户使用,包括依据规范进行的独立测试和对所提供指导性文档的检查。意图是在没有 TOE 开发者的帮助下,EAL1 评估也能成功地进行,而且评估所需费用最少。

在这个级别上的评估应当提供这样的证据,即 TOE 的行为与其文档规范一致,并且提供了有效的保护对付已标识的威胁。

10.3.2 保证组件

EAL1(参见表 7)通过利用功能和接口规范以及指导性文档,对安全功能进行分析来提供一种基础级别的保证,以理解安全行为。

这种分析由对 TOE 安全功能的独立测试来支持。

本 EAL 比未经评估的 IT 产品或系统,提供了更多的保证。

表 7 评估保证级 1

保证类	保证组件
ACM:配置管理	**ACM_CAP.1 版本号**
ADO:交付和运行	**ADO_IGS.1 安装、生成和启动程序**
ADV:开发	**ADV_FSP.1 非形式化功能规范**
	ADV_RCR.1 非形式化对应性证实
AGD:指导性文档	**AGD_ADM.1 管理员指南**
	AGD_USR.1 用户指南
ATE:测试	**ATE_IND.1 独立测试——一致性**

10.4 评估保证级 2(EAL2)——结构测试

10.4.1 目的

EAL2 需要开发者在交付设计信息和测试结果方面提供配合,但不应要求开发方付出的努力超出与良好商业实践一致的情形。这样,就不需要增加过多的费用或时间投入。

因此 EAL2 适用于以下这种情况:在缺乏现成可用的完整的开发记录时,开发者或用户需要一种低到中等级别的独立保证的安全性。这种情况可能出现在对原有系统进行安全保护时或者访问开发者受到限制时。

10.4.2 保证组件

EAL2(参见表8)通过利用功能和接口规范、指导性文档和TOE高层设计,对安全功能进行分析来提供保证,以理解安全行为。

这种分析由TOE安全功能的独立测试、开发者基于功能规范进行测试的证据、对开发者测试结果的选择性独立确认、功能强度分析、开发者搜索明显脆弱性(如公开的脆弱性)的证据等来支持。

EAL2也通过TOE的一个配置列表和安全交付程序的证据来提供保证。

本EAL通过要求开发者测试、脆弱性分析和基于更详细TOE规范的独立测试,比EAL1提供了更多的保证。

表8 评估保证级2

保证类	保证组件
ACM:配置管理	**ACM_CAP.2 配置项**
ADO:交付和运行	**ADO_DEL.1 交付程序**
	ADO_IGS.1 安装、生成和启动程序
ADV:开发	ADV_FSP.1 非形式化功能规范
	ADV_HLD.1 描述性高层设计
	ADV_RCR.1 非形式化对应性证实
AGD:指导性文档	AGD_ADM.1 管理员指南
	AGD_USR.1 用户指南
ATE:测试	**ATE_COV.1 覆盖证据**
	ATE_FUN.1 功能测试
	ATE_IND.2 独立测试——抽样
AVA:脆弱性评定	**AVA_SOF.1 TOE安全功能强度评估**
	AVA_VLA.1 开发者脆弱性分析

10.5 评估保证级3(EAL3)——系统地测试和检查

10.5.1 目的

EAL3可使一个尽职尽责的开发者在设计阶段不需要对现有的合理的开发惯例作实质性改造,就能从正确的安全工程中获得最大限度的保证。

EAL3适用于以下这些情况:开发者或用户需要一个中等级别的独立保证的安全性,以及在没有进行实质性再造的情况下,要求对TOE及其开发过程进行彻底地调查。

10.5.2 保证组件

EAL3(参见表9)通过利用功能和接口规范、指导性文档和TOE高层设计,对安全功能进行分析来提供保证,以理解安全行为。

这种分析由TOE安全功能的独立测试、开发者基于功能规范和高层设计进行测试的证据、对开发者测试结果的选择性独立确认、功能强度分析、开发者搜索明显脆弱性(如公开的脆弱性)的证据等来支持。

EAL3还通过使用开发环境控制措施、TOE配置管理和安全交付程序的证据来提供保证。

本EAL通过要求更完备的安全功能测试覆盖,以及提供一定信任的机制或程序,信任TOE在开发过程中不会被篡改,比EAL2提供了更多的保证。

表 9　评估保证级 3

保证类	保证组件
ACM:配置管理	**ACM_CAP.3 授权控制**
	ACM_SCP.1 TOE CM 覆盖
ADO:交付和运行	ADO_DEL.1 交付程序
	ADO_IGS.1 安装、生成和启动程序
ADV:开发	ADV_FSP.1 非形式化功能规范
	ADV_HLD.2 安全加强的高层设计
	ADV_RCR.1 非形式化对应性证实
AGD:指导性文档	AGD_ADM.1 管理员指南
	AGD_USR.1 用户指南
ALD:生命周期支持	**ALD_DVS.1 安全措施标识**
ATE:测试	**ATE_COV.2 覆盖分析**
	ATE_DPT.1 测试:高层设计
	ATE_FUN.1 功能测试
	ATE_IND.2 独立测试——抽样
AVA:脆弱性评定	**AVA_MSU.1 指南审查**
	AVA_SOF.1 TOE 安全功能强度评估
	AVA_VLA.1 开发者脆弱性分析

10.6　评估保证级 4(EAL4)——系统地设计、测试和复查

10.6.1　目的

EAL4 可使开发者基于良好的商业开发惯例,从正确的安全工程中获得最大限度的保证,虽然这种实践很严格,但并不需要大量的专业知识、技巧和其他资源。翻新一个已经存在的生产线很可能是经济上切实可行的,此时 EAL4 是所能达到的最高保证级别。

因此 EAL4 适用于以下这些情况:开发者或用户在传统的商品化 TOE 中需要一个中等到高等级别的独立保证的安全性,并准备负担额外的安全专用工程费用。

10.6.2　保证组件

EAL4(参见表 10)通过利用功能规范和完备的接口规范、指导性文档、TOE 高层设计和低层设计、实现的一个子集,对安全功能进行分析来提供保证,以理解安全行为。也可通过 TOE 安全策略的一个非形式化模型来额外获得保证。

这种分析由 TOE 安全功能的独立测试、开发者基于功能规范和高层设计进行测试的证据、对开发者测试结果的选择性独立确认、功能强度分析、开发者搜索脆弱性的证据以及证实可抵御具有低攻击潜力的穿透性攻击者的独立脆弱性分析等来支持。

EAL4 还通过使用开发环境控制措施、包括自动化在内的额外的 TOE 配置管理和安全交付程序的证据来提供保证。

本 EAL 通过要求更多的设计描述、实现的一个子集,以及提供信任 TOE 在开发或交付过程中不会被篡改的改进机制或程序,比 EAL3 提供了更多的保证。

表 10 评估保证级 4

保证类	保证组件
ACM:配置管理	**ACM_AUT.1 部分 CM 自动化**
	ACM_CAP.4 产生支持和接受程序
	ACM_SCP.2 问题跟踪 CM 覆盖
ADO:交付和运行	**ADO_DEL.2 修改检测**
	ADO_IGS.1 安装、生成和启动程序
ADV:开发	**ADV_FSP.2 充分定义的外部接口**
	ADV_HLD.2 安全加强的高层设计
	ADV_IMP.1 TSF 实现的子集
	ADV_LLD.1 描述性低层设计
	ADV_RCR.1 非形式化对应性证实
	ADV_SPM.1 非形式化 TOE 安全策略模型
AGD:指导性文档	AGD_ADM.1 管理员指南
	AGD_USR.1 用户指南
ALC:生命周期支持	ALC_DVS.1 安全措施标识
	ALC_LCD.1 开发者定义的生命周期模型
	ALC_TAT.1 明确定义的开发工具
ATE:测试	ATE_COV.2 覆盖分析
	ATE_DPT.1 测试:高层设计
	ATE_FUN.1 功能测试
	ATE_IND.2 独立测试——抽样
AVA:脆弱性评定	**AVA_MSU.2 分析确认**
	AVA_SOF.1 TOE 安全功能强度评估
	AVA_VLA.2 独立的脆弱性分析

10.7 评估保证级 5(EAL5)——半形式化设计和测试

10.7.1 目的

EAL5 可使一个开发者基于严格的商业开发惯例,从安全工程中获得最大限度的保证,这种实践靠专业安全工程技术的适度应用来支持。设计和开发这样的 TOE 需要有达到 EAL5 保证的决心。相对于没有应用专门技术的严格开发而言,由 EAL5 要求引起的额外的开销也许不会很大。

因此 EAL5 适用于以下这些情况:开发者和用户在一个有计划的开发中需要一个高级别的独立保证的安全性,以及在没有由专业安全工程技术引起不合理开销的条件下需要一种严格的开发手段。

10.7.2 保证组件

EAL5(参见表 11)通过利用功能规范和完备的接口规范、指导性文档、TOE 高层设计和低层设计以及所有的实现,对安全功能进行分析来提供保证,以理解安全行为。也可以通过以下这些方式额外地获得保证:TOE 安全策略的一个形式化模型、功能规范和高层设计的一个半形式化表示,以及它们之间对应性的一个半形式化证实。此外还需要一个模块化的 TOE 设计。

这种分析由 TOE 安全功能的独立测试,开发者基于功能规范、高层设计和低层设计进行测试的证据,对开发者测试结果的选择性独立确认,功能强度分析,开发者搜索脆弱性的证据,以及证实可抵御中等攻击潜力的穿透性攻击者的独立脆弱性分析等来支持。这种分析也包括对开发者的隐蔽信道分析的确认。

EAL5 还通过使用开发环境控制措施、包括自动化在内的全面 TOE 配置管理和安全交付程序的证据来提供保证。

本 EAL 通过要求半形式化的设计描述、整个实现、更结构化(因而可分析)的体系、隐蔽信道分析以及提供信任 TOE 在开发过程中不会被篡改的改进机制或程序,比 EAL4 提供了更多的保证。

表 11 评估保证级 5

保证类	保证组件
ACM:配置管理	ACM_AUT.1 部分 CM 自动化
	ACM_CAP.4 产生支持和接受程序
	ACM_SCP.3 开发工具 CM 覆盖
ADO:交付和运行	ADO_DEL.2 修改检测
	ADO_IGS.1 安装、生成和启动程序
ADV:开发	**ADV_FSP.3 半形式化功能规范**
	ADV_HLD.3 半形式化高层设计
	ADV_IMP.2 TSF 实现
	ADV_INT.1 模块化
	ADV_LLD.1 描述性低层设计
	ADV_RCR.2 半形式化对应性证实
	ADV_SPM.3 形式化 TOE 安全策略模型
AGD:指导性文档	AGD_ADM.1 管理员指南
	AGD_USR.1 用户指南
ALC:生命周期支持	ALC_DVS.1 安全措施标识
	ALC_LCD.2 标准化的生命周期模型
	ALC_TAT.2 遵从实现标准
ATE:测试	ATE_COV.2 覆盖分析
	ATE_DPT.2 测试:低层设计
	ATE_FUN.1 功能测试
	ATE_IND.2 独立测试——抽样
AVA:脆弱性评定	**AVA_CCA.1 隐蔽信道分析**
	AVA_MSU.2 分析确认
	AVA_SOF.1 TOE 安全功能强度评估
	AVA_VLA.3 中级抵抗力

10.8 评估保证级 6(EAL6)——半形式化验证的设计和测试

10.8.1 目的

EAL6 可使开发者通过把安全工程技术应用于严格的开发环境,获得高级别的保证,以便生产一个优质的 TOE 来保护高价值的资产,避免存在重大的风险。

因此 EAL6 适用于以下情况：为高风险环境下的应用开发安全的 TOE，其中所需的额外开销与受保护资产的价值是相当的。

10.8.2 保证组件

EAL6（参见表 12）通过利用功能规范和完备的接口规范、指导性文档、TOE 高层设计和低层设计以及实现的结构化表示，对安全功能进行分析来提供保证，以理解安全行为。还通过以下这些方式额外地获得保证：TOE 安全策略的一个形式化模型，功能规范、高层设计和低层设计的一个半形式化表示，以及它们之间对应性的一个半形式化证实。此外还需要一个模块化和分层的 TOE 设计。

这种分析由 TOE 安全功能的独立测试，开发者基于功能规范、高层设计和低层设计进行测试的证据，对开发者测试结果的选择性独立确认，功能强度分析，开发者搜索脆弱性的证据，以及证实可抵御高等攻击潜力的穿透性攻击者的独立脆弱性分析等来支持。这种分析也包括对开发者的系统化隐蔽信道分析的确认。

EAL6 还通过使用结构化的开发流程、开发环境控制措施、包括完全自动化在内的全面 TOE 配置管理和安全交付程序的证据等来提供保证。

本 EAL 通过要求更全面的分析、实现的结构化表示、更体系化的结构（如分层）、更全面的独立脆弱性分析、系统的隐蔽信道识别，以及改进的配置管理和开发环境控制，比 EAL5 提供了更多的保证。

表 12 评估保证级 6

保证类	保证组件
ACM：配置管理	**ACM_AUT.2 完全 CM 自动化**
	ACM_CAP.5 高级支持
	ACM_SCP.3 开发工具 CM 覆盖
ADO：交付和运行	ADO_DEL.2 修改检测
	ADO_IGS.1 安装、生成和启动程序
ADV：开发	ADV_FSP.3 半形式化功能规范
	ADV_HLD.4 半形式化高层解释
	ADV_IMP.3 TSF 的结构化实现
	ADV_INT.2 复杂性降低
	ADV_LLD.2 半形式化低层设计
	ADV_RCR.2 半形式化对应性证实
	ADV_SPM.3 形式化 TOE 安全策略模型
AGD：指导性文档	AGD_ADM.1 管理员指南
	AGD_USR.1 用户指南
ALC：生命周期支持	**ALC_DVS.2 安全措施的充分性**
	ALC_LCD.2 标准化的生命周期模型
	ALC_TAT.3 遵从实现标准——所有部分
ATE：测试	**ATE_COV.3 覆盖的严格分析**
	ATE_DPT.2 测试：低层设计
	ATE_FUN.2 顺序的功能测试
	ATE_IND.2 独立测试——抽样
AVA：脆弱性评定	**AVA_CCA.2 系统化隐蔽信道分析**
	AVA_MSU.3 对非安全状态的分析和测试
	AVA_SOF.1 TOE 安全功能强度评估
	AVA_VLA.4 高级抵抗力

10.9 评估保证级7(EAL7)——形式化验证的设计和测试

10.9.1 目的

EAL7 适用于安全 TOE 的开发，该 TOE 将应用到风险非常高的地方或资产价值高、值得更多开销的地方。EAL7 的实际应用目前只局限于一些非常关注安全功能性、经得起全面地形式化分析的 TOE。

10.9.2 保证组件

EAL7（参见表 13）通过利用功能规范和完备的接口规范、指导性文档、TOE 高层设计和低层设计以及实现的结构化表示，对安全功能进行分析来提供保证，以理解安全行为。也可通过以下这些方式额外地获得保证：TOE 安全策略的一个形式化模型，功能规范和高层设计的一个形式化表示，低层设计的一个半形式化表示，以及它们之间对应性的适当形式化和半形式化证实。此外还需要一个模块化的、分层的且简单的 TOE 设计。

这种分析由 TOE 安全功能的独立测试，开发者基于功能规范、高层设计、低层设计和实现表示进行测试的证据，对开发者测试结果的全部独立确认，功能强度分析，开发者搜索脆弱性的证据，以及证实可抵御高等攻击潜力的穿透性攻击者的独立脆弱性分析等来支持。这种分析也包括对开发者的系统化隐蔽信道分析的确认。

EAL7 还通过使用结构化的开发流程、开发环境控制措施、包括完全自动化在内的全面的 TOE 配置管理和安全交付程序的证据等来提供保证。

本 EAL 通过要求利用形式化表示和形式化对应性进行更全面的分析，以及更全面的测试，比 EAL6 提供了更多的保证。

表 13 评估保证级 7

保证类	保证组件
ACM:配置管理	ACM_AUT.2 完全 CM 自动化
	ACM_CAP.5 高级支持
	ACM_SCP.3 开发工具 CM 覆盖
ADO:交付和运行	**ADO_DEL.3 修改预防**
	ADO_IGS.1 安装、生成和启动程序
ADV:开发	**ADV_FSP.4 形式化功能规范**
	ADV_HLD.5 形式化高层设计
	ADV_IMP.3 TSF 的结构化实现
	ADV_INT.3 复杂性最小化
	ADV_LLD.2 半形式化低层设计
	ADV_RCR.3 形式化对应性证实
	ADV_SPM.3 形式化 TOE 安全策略模型
AGD:指导性文档	AGD_ADM.1 管理员指南
	AGD_USR.1 用户指南
ALC:生命周期支持	ALC_DVS.2 安全措施的充分性
	ALC_LCD.3 可测量的生命周期模型
	ALC_TAT.3 遵从实现标准——所有部分

表 13（续）

保证类	保证组件
ATE:测试	ATE_COV.3 覆盖的严格分析
	ATE_DPT.3 测试:实现表示
	ATE_FUN.2 顺序的功能测试
	ATE_IND.3 独立测试——全部
AVA:脆弱性评定	AVA_CCA.2 系统化隐蔽信道分析
	AVA_MSU.3 对非安全状态的分析和测试
	AVA_SOF.1 TOE 安全功能强度评估
	AVA_VLA.4 高级抵抗力

11 保证类、族和组件

下面 7 章按字母顺序，以类和族进行分组，给出了每一个保证组件的详细要求。

12 ACM 类:配置管理

配置管理(CM)是一种确立功能要求和规范在 TOE 中得到实现的方法或方式。CM 通过要求在细化和修改 TOE 和相关信息的过程中遵守一定的规章制度和采取一定的控制措施，以达到其目的。CM 系统通过提供一种跟踪任何变化的方法和确保所有修改都是经过了授权的，确保它们所控制的 TOE 部分的完整性。

图 8 给出了该类中包含的族以及族内组件的层次结构。

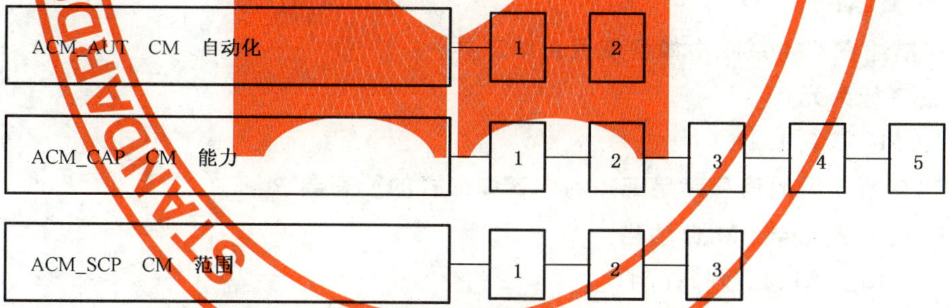

图 8 ACM:配置管理类分解

12.1 CM 自动化(ACM_AUT)

12.1.1 目的

引入自动化的 CM 工具的目的是为了增加 CM 系统的效率。虽然自动的 CM 系统和手动的 CM 系统都能被旁路或忽视，或者不能充分证明其可以防止未授权的修改，但是自动的系统不易受人为错误或疏忽的影响。

12.1.2 组件分级

本族中的组件是基于自动方式所控制的配置项集合而分级的。

12.1.3 应用注释

ACM_AUT.1.1C 引入一个与 TOE 实现表示相关的要求。TOE 实现表示包括组成物理 TOE 的所有硬件、软件和固件。就纯软件 TOE 而言，实现表示可能只包括源代码和目标代码。

ACM_AUT.1.2C 引入一个要求，即由 CM 系统提供一种自动方式来支持 TOE 的生成。要求 CM

系统提供一种自动方式以协助确定在 TOE 的生成中使用了正确的配置项。

ACM_AUT.2.5C 引入一个要求,即由 CM 系统提供一种自动方式来探知 TOE 和它以前版本之间变化情况。如果 TOE 不存在以前版本,开发者仍需要提供一种自动方式来确定 TOE 和它将来版本之间的变化。

12.1.4 ACM_AUT.1 部分 CM 自动化

依赖关系:ACM_CAP.3 授权控制。

12.1.4.1 目的

当实现表示很复杂或由多个开发者合作开发时,在这样的开发环境中不使用自动工具很难控制各种变化。特别地,这些自动工具还必须能够应付在开发过程中出现的多种变化,并确保这些变化都是已授权的。本组件的目的就是确保实现表示是通过自动方式控制的。

12.1.4.2 开发者行为元素

12.1.4.2.1 ACM_AUT.1.1D

开发者应使用一个 CM 系统。

12.1.4.2.2 ACM_AUT.1.2D

开发者应提供一个 CM 计划。

12.1.4.3 证据的内容和形式元素

12.1.4.3.1 ACM_AUT.1.1C

CM 系统应提供一种自动方式,通过该方式确保只能对 TOE 的实现表示进行已授权的改变。

12.1.4.3.2 ACM_AUT.1.2C

CM 系统应提供一种自动方式来支持 TOE 的生成。

12.1.4.3.3 ACM_AUT.1.3C

CM 计划应描述在 CM 系统中所使用的自动工具。

12.1.4.3.4 ACM_AUT.1.4C

CM 计划应描述在 CM 系统中如何使用自动工具。

12.1.4.4 评估者行为元素

12.1.4.4.1 ACM_AUT.1.1E

评估者应确认所提供的信息满足证据的内容和形式的所有要求。

12.1.5 ACM_AUT.2 完全 CM 自动化

依赖关系:ACM_CAP.3 授权控制。

12.1.5.1 目的

当配置项很复杂或由多个开发者合作开发时,在这样的开发环境中不使用自动工具很难控制各种变化。特别地,这些自动工具还必须能够支持在开发过程中出现的多种变化,并确保这些变化都是已授权的。本组件的目的就是确保所有的配置项都是通过自动方式控制的。

提供一种自动方式探知 TOE 版本间的变化,并标识哪些配置项会受其他配置项修改的影响,这就有助于确定 TOE 后继版本间变化的影响。由此可得到一些非常有用的信息,以确定 TOE 改变后所有配置项是否还相互一致。

12.1.5.2 开发者行为元素

12.1.5.2.1 ACM_AUT.2.1D

开发者应使用一个 CM 系统。

12.1.5.2.2 ACM_AUT.2.2D

开发者应提供一个 CM 计划。

12.1.5.3 证据的内容和形式元素

12.1.5.3.1 **ACM_AUT.2.1C**

CM系统应提供一种自动方式,通过该方式确保只能对TOE的实现表示**和所有其他的配置项**进行已授权的改变。

12.1.5.3.2 **ACM_AUT.2.2C**

CM系统应提供一种自动方式来支持TOE的生成。

12.1.5.3.3 **ACM_AUT.2.3C**

CM计划应描述在CM系统中所使用的自动工具。

12.1.5.3.4 **ACM_AUT.2.4C**

CM计划应描述在CM系统中如何使用自动工具。

12.1.5.3.5 **ACM_AUT.2.5C**

CM系统应提供一种自动方式探知TOE和它以前版本之间的变化。

12.1.5.3.6 **ACM_AUT.2.6C**

CM系统应提供一种自动方式识别受到一个给定配置项的修改影响的所有其他配置项。

12.1.5.4 评估者行为元素

12.1.5.4.1 **ACM_AUT.2.1E**

评估者应确认所提供的信息满足证据的内容和形式的所有要求。

12.2 CM能力(ACM_CAP)

12.2.1 目的

CM系统的能力负责处理配置项意外或未授权修改发生的可能性。从早期设计阶段到后继维护整个过程,CM系统都应该确保TOE的完整性。

本族的目的包括以下几个方面:

a) 确保TOE在发送给用户之前是正确的和完备的;

b) 确保在评估过程中没有遗漏配置项;

c) 防止对TOE配置项进行未授权地修改、增加或删除。

当TOE是一个产品的子集时,ACM要求只适用于TOE配置项,而不是整个产品。虽然期望CM从早期设计阶段到将来都适用,但ACM要求至少在评估结束前部署并使用CM。

12.2.2 组件分级

本族中的组件是基于CM系统能力、开发者提供的CM文档范围以及开发者是否证明CM系统满足其安全要求等因素而分级的。

12.2.3 应用注释

ACM_CAP.2“配置项”引入了几个涉及配置项的元素。ACM_SCP“CM范围”族包含一些有关CM系统跟踪配置项的要求。

ACM_CAP.2.3C引入了一个要求,即应提供配置清单。配置清单包括所有由CM系统维护的配置项。

ACM_CAP.2.7C引入了一个要求,即CM系统应唯一标识所有配置项。这也要求给修改后的配置项分配一个新的唯一标识符。

ACM_CAP.3.9C引入了一个要求,即证据应证实CM系统的运行与CM计划是一致的。这些证据的例子可以是诸如屏幕快照、CM系统输出的审计迹或开发者提供的CM系统详细证实等文档。评估者有责任判定该证据是否足以表明CM系统的运行与CM计划是一致的。

ACM_CAP.3.10C引入了一个要求,即提供证据以表明所有的配置项都是在CM系统控制下进行维护的。由于一个配置项即是配置清单上的一项,因此本要求就是规定配置清单中的所有项都是在CM系统控制下进行维护的。

ACM_CAP.4.12CM 引入了一个要求，即 CM 系统支持 TOE 的生成。这就要求 CM 系统提供信息或电子手段来帮助确定在生成 TOE 时使用的是正确的配置项。

ACM_CAP“CM 能力”识别 CM 要求以利用在配置项列表中确定的所有配置项。除了 TOE 本身，ACM_CAP“CM 能力”把配置项列表的内容留给了开发者作决定。（ACM_SCP“CM 范围”能用来识别必须包含在配置项列表中并因此受 CM 控制的特殊配置项。）

12.2.4 **ACM_CAP.1 版本号**

依赖关系：无依赖关系。

12.2.4.1 **目的**

需要一个唯一的参照号，以确保在“哪个 TOE 实例正在被评估”方面没有歧义。给 TOE 标记上其参照号，确保 TOE 用户可以知道他们所使用的是哪一个 TOE 实例。

12.2.4.2 **开发者行为元素**

12.2.4.2.1 **ACM_CAP.1.1D**

开发者应为 TOE 提供一个参照号。

12.2.4.3 **证据的内容和形式元素**

12.2.4.3.1 **ACM_CAP.1.1C**

TOE 参照号对 TOE 的每一个版本应是唯一的。

12.2.4.3.2 **ACM_CAP.1.2C**

应给 TOE 标记上参照号。

12.2.4.4 **评估者行为元素**

12.2.4.4.1 **ACM_CAP.1.1E**

评估者应确认所提供的信息满足证据的内容和形式的所有要求。

12.2.5 **ACM_CAP.2 配置项**

依赖关系：无依赖关系。

12.2.5.1 **目的**

需要一个唯一的参照号，以确保在“哪个 TOE 实例正在被评估”方面没有歧义。给 TOE 标记上其参照号，确保 TOE 用户可以知道他们所使用的是哪一个 TOE 实例。

配置项的唯一标识可以使我们对 TOE 的组成有更清楚的理解，从而有助于确定哪些配置项满足 TOE 评估要求。

12.2.5.2 **开发者行为元素**

12.2.5.2.1 **ACM_CAP.2.1D**

开发者应为 TOE 提供一个参照号。

12.2.5.2.2 **ACM_CAP.2.2D**

开发者应使用一个 CM 系统。

12.2.5.2.3 **ACM_CAP.2.3D**

开发者应提供 CM 文档。

12.2.5.3 **证据的内容和形式元素**

12.2.5.3.1 **ACM_CAP.2.1C**

TOE 参照号对 TOE 的每一个版本应是唯一的。

12.2.5.3.2 **ACM_CAP.2.2C**

应该给 TOE 标记上参照号。

12.2.5.3.3 **ACM_CAP.2.3C**

CM 文档应包括一个配置清单。

12.2.5.3.4 ACM_CAP.2.4C

配置清单应唯一标识组成 TOE 的所有配置项。

12.2.5.3.5 ACM_CAP.2.5C

配置清单应描述组成 TOE 的配置项。

12.2.5.3.6 ACM_CAP.2.6C

CM 文档应描述用于唯一标识 TOE 所包含配置项的方法。

12.2.5.3.7 ACM_CAP.2.7C

CM 系统应唯一标识 TOE 所包含的所有配置项。

12.2.5.4 评估者行为元素

12.2.5.4.1 ACM_CAP.2.1E

评估者应确认所提供的信息满足证据的内容和形式的所有要求。

12.2.6 ACM_CAP.3 授权控制

依赖关系:ALC_DVS.1 安全措施标识。

12.2.6.1 目的

需要一个唯一的参照号,以确保在"哪个 TOE 实例正在被评估"方面没有歧义。给 TOE 标记上其参照号,确保 TOE 用户可以知道他们所使用的是哪一个 TOE 实例。

配置项的唯一标识可以使我们对 TOE 的组成有更清楚的理解,从而有助于确定哪些配置项满足 TOE 评估要求。

提供控制机制以确保不会对 TOE 进行未授权地修改,并保证 CM 系统的正确功能和使用,有助于维护 TOE 的完整性。

12.2.6.2 开发者行为元素

12.2.6.2.1 ACM_CAP.3.1D

开发者应为 TOE 提供一个参照号。

12.2.6.2.2 ACM_CAP.3.2D

开发者应使用一个 CM 系统。

12.2.6.2.3 ACM_CAP.3.3D

开发者应提供 CM 文档。

12.2.6.3 证据的内容和形式元素

12.2.6.3.1 ACM_CAP.3.1C

TOE 参照号对 TOE 的每一个版本应是唯一的。

12.2.6.3.2 ACM_CAP.3.2C

应给 TOE 标记上参照号。

12.2.6.3.3 ACM_CAP.3.3C

CM 文档应包括一个配置清单和一个 CM 计划。

12.2.6.3.4 ACM_CAP.3.4C

配置清单应唯一标识组成 TOE 的所有配置项。

12.2.6.3.5 ACM_CAP.3.5C

配置清单应描述组成 TOE 的配置项。

12.2.6.3.6 ACM_CAP.3.6C

CM 文档应描述用于唯一标识 TOE 所包含配置项的方法。

12.2.6.3.7 ACM_CAP.3.7C

CM 系统应唯一标识 TOE 所包含的所有配置项。

12.2.6.3.8 **ACM_CAP.3.8C**

CM 计划应描述 CM 系统是如何使用的。

12.2.6.3.9 **ACM_CAP.3.9C**

证据应证实 CM 系统的运行与 CM 计划是一致的。

12.2.6.3.10 **ACM_CAP.3.10C**

CM 文档应提供所有配置项都已经和正在 CM 系统下有效地进行维护的证据。

12.2.6.3.11 **ACM_CAP.3.11C**

CM 系统应提供措施使得只能对配置项进行授权改变。

12.2.6.4 **评估者行为元素**

12.2.6.4.1 **ACM_CAP.3.1E**

评估者应确认所提供的信息满足证据的内容和形式的所有要求。

12.2.7 **ACM_CAP.4 产生支持和接受程序**

依赖关系:ALC_DVS.1 安全措施标识。

12.2.7.1 **目的**

需要一个唯一的参照号,以确保在"哪个 TOE 实例正在被评估"方面没有歧义。给 TOE 标记上其参照号,确保 TOE 用户可以知道他们所使用的是哪一个 TOE 实例。

配置项的唯一标识可以使我们对 TOE 的组成有更清楚的理解,从而有助于确定哪些配置项满足 TOE 评估要求。

提供控制机制,以确保不会对 TOE 进行未授权地修改,并保证 CM 系统的正确功能和使用,有助于维护 TOE 的完整性。

接受程序的目的是确认对配置项的任何建立或修改都是已授权的。

12.2.7.2 **开发者行为元素**

12.2.7.2.1 **ACM_CAP.4.1D**

开发者应为 TOE 提供一个参照号。

12.2.7.2.2 **ACM_CAP.4.2D**

开发者应使用一个 CM 系统。

12.2.7.2.3 **ACM_CAP.4.3D**

开发者应提供 CM 文档。

12.2.7.3 **证据的内容和形式元素**

12.2.7.3.1 **ACM_CAP.4.1C**

TOE 参照号对 TOE 的每一个版本应是唯一的。

12.2.7.3.2 **ACM_CAP.4.2C**

应给 TOE 标记上参照号。

12.2.7.3.3 **ACM_CAP.4.3C**

CM 文档应包括一个配置清单、一个 CM 计划**和一个接受计划**。

12.2.7.3.4 **ACM_CAP.4.4C**

配置清单应唯一标识组成 TOE 的所有配置项。

12.2.7.3.5 **ACM_CAP.4.5C**

配置清单应描述组成 TOE 的配置项。

12.2.7.3.6 **ACM_CAP.4.6C**

CM 文档应描述用于唯一标识 TOE 所包含配置项的方法。

12.2.7.3.7 **ACM_CAP.4.7C**

CM 系统应唯一标识 TOE 所包含的所有配置项。

12.2.7.3.8 **ACM_CAP.4.8C**

CM 计划应描述 CM 系统是如何使用的。

12.2.7.3.9 **ACM_CAP.4.9C**

证据应证实 CM 系统的运行与 CM 计划是一致的。

12.2.7.3.10 **ACM_CAP.4.10C**

CM 文档应提供所有配置项都已经和正在 CM 系统下有效地进行维护的证据。

12.2.7.3.11 **ACM_CAP.4.11C**

CM 系统应提供措施使得只能对配置项进行授权改变。

12.2.7.3.12 **ACM_CAP.4.12C**

CM 系统应支持 TOE 的生成。

12.2.7.3.13 **ACM_CAP.4.13C**

接受计划应描述用来接受修改过的或新建的作为 TOE 组成部分的配置项的程序。

12.2.7.4 **评估者行为元素**

12.2.7.4.1 **ACM_CAP.4.1E**

评估者应确认所提供的信息满足证据的内容和形式元素的所有要求。

12.2.8 **ACM_CAP.5 高级支持**

依赖关系:ALC_DVS.2 安全措施充分性。

12.2.8.1 **目的**

需要一个唯一的参照号,以确保在"哪个 TOE 实例正在被评估"方面没有歧义。给 TOE 标记上其参照号,确保 TOE 用户可以知道他们所使用的是哪一个 TOE 实例。

配置项的唯一标识可以使我们对 TOE 的组成有更清楚的理解,从而有助于确定哪些配置项满足 TOE 评估要求。

提供控制机制,以确保不会对 TOE 进行未授权地修改,并保证 CM 系统的正确功能性和使用,有助于维护 TOE 的完整性。

接受程序的目的是确认对配置项的任何建立或修改都是已授权的。

集成程序有助于确保由一组受管理的配置项生成一个 TOE 的过程是以授权的方式正确进行的。

要求 CM 系统有能力标识用于生成 TOE 的材料的主拷贝,这有助于确保这些材料的完整性是受适当的技术、物理和程序上的安全措施保护的。

12.2.8.2 **开发者行为元素**

12.2.8.2.1 **ACM_CAP.5.1D**

开发者应为 TOE 提供一个参照号。

12.2.8.2.2 **ACM_CAP.5.2D**

开发者应使用一个 CM 系统。

12.2.8.2.3 **ACM_CAP.5.3D**

开发者应提供 CM 文档。

12.2.8.3 **证据的内容和形式元素**

12.2.8.3.1 **ACM_CAP.5.1C**

TOE 参照号对 TOE 的每一个版本应是唯一的。

12.2.8.3.2 **ACM_CAP.5.2C**

应给 TOE 标记上参照号。

12.2.8.3.3 **ACM_CAP.5.3C**

CM 文档应包括一个配置清单、一个 CM 计划、一个接受计划和集成程序。

12.2.8.3.4 **ACM_CAP.5.4C**

配置清单应唯一标识组成 TOE 的所有配置项。

12.2.8.3.5 **ACM_CAP.5.5C**

配置清单应描述组成 TOE 的配置项。

12.2.8.3.6 **ACM_CAP.5.6C**

CM 文档应描述用于唯一标识 TOE 所包含配置项的方法。

12.2.8.3.7 **ACM_CAP.5.7C**

CM 系统应唯一标识 TOE 所包含的所有配置项。

12.2.8.3.8 **ACM_CAP.5.8C**

CM 计划应描述 CM 系统是如何使用的。

12.2.8.3.9 **ACM_CAP.5.9C**

证据应证实 CM 系统的运行与 CM 计划是一致的。

12.2.8.3.10 **ACM_CAP.5.10C**

CM 文档应提供所有配置项都已经何正在 CM 系统下有效地进行维护的证据。

12.2.8.3.11 **ACM_CAP.5.11C**

CM 系统应提供措施使得只能对配置项进行授权改变。

12.2.8.3.12 **ACM_CAP.5.12C**

CM 系统应支持 TOE 的生成。

12.2.8.3.13 **ACM_CAP.5.13C**

接受计划应描述用来接受修改过的或新建的作为 TOE 组成部分的配置项的程序。

12.2.8.3.14 **ACM_CAP.5.14C**

集成程序应描述在 TOE 制造过程中如何使用 CM 系统。

12.2.8.3.15 **ACM_CAP.5.15C**

CM 系统应要求负责将某个配置项接受到 CM 中的人不是开发此配置项的人。

12.2.8.3.16 **ACM_CAP.5.16C**

CM 系统应清楚地标识组成 TSF 的配置项。

12.2.8.3.17 **ACM_CAP.5.17C**

CM 系统应支持对 TOE 所有修改的审计，审计迹中要包括源发者、日期、时间等信息。

12.2.8.3.18 **ACM_CAP.5.18C**

CM 系统应能够标识用于生成 TOE 的所有材料的主拷贝。

12.2.8.3.19 **ACM_CAP.5.19C**

CM 文档应证实 CM 系统的使用和开发所使用的安全措施一起，使得只能对 TOE 作授权修改。

12.2.8.3.20 **ACM_CAP.5.20C**

CM 文档应证实集成程序的使用，确保了 TOE 的生成是以授权的方式正确执行的。

12.2.8.3.21 **ACM_CAP.5.21C**

CM 文档应证实 CM 系统足以确保负责将某配置项接受到 CM 中的人不是开发这一配置项的人。

12.2.8.3.22 **ACM_CAP.5.22C**

CM 文档应证明接受程序对所有配置项的变更都提供了充分且适当的复查。

12.2.8.4 评估者行为元素

12.2.8.4.1 **ACM_CAP.5.1E**

评估者应确认所提供的信息满足证据的内容和形式的所有要求。

12.3 **CM 范围(ACM_SCP)**

12.3.1 **目的**

本族的目的是要求将一些项目作为配置项纳入配置管理,并满足 ACM_CAP"CM 能力"提出的 CM 要求。将配置管理应用到这些额外项目提供了 TOE 完整性维护的额外保证。

12.3.2 **组件分级**

本族中的组件是基于要求下列项目中哪一项作为配置项纳入配置管理而分级的:实现表示、ST 中保证组件所要求的评估证据、安全缺陷、开发工具和相关信息。

12.3.3 **应用注释**

虽然 ACM_CAP"CM 能力"强制要求一个配置项列表并且该列表中的每一项都受 CM 控制,但是除了 TOE 本身外,ACM_CAP"CM 能力"将配置项列表的具体内容留给了开发者自行处理。ACM_SCP"CM 范围"通过识别那些必须被包含到配置项列表中因而需满足 ACM_CAP"CM 能力"提出的 CM 要求的项目,限定开发者自行处理的能力。

ACM_SCP.1.1C 引入了将 TOE 实现表示纳入配置项列表的要求。TOE 实现表示指组成物理 TOE 的所有硬件、软件和固件。就纯软件 TOE 而言,实现表示可能只包括源代码和目标代码。

ACM_SCP.1.1C 还引入了将 ST 中其他保证组件所要求的评估证据纳入配置项列表的要求。

ACM_SCP.2.1C 引入了将安全缺陷纳入配置项列表的要求。这就需要维护一些关于已知安全缺陷和其解决方案的信息,以及关于当前安全缺陷的一些详细信息。

ACM_SCP.3.1C 引入了将开发工具和其他相关信息纳入配置项列表的要求。例如,编程语言和编译器都是开发工具。关于 TOE 生成项(诸如编译器选项、安装/生成选项、组装选项)的信息就是开发工具相关信息的例子。

12.3.4 **ACM_SCP.1 TOE CM 覆盖**

依赖关系:ACM_CAP.3 授权控制。

12.3.4.1 **目的**

一个 CM 系统只能控制处于 CM 下的那些项(即在配置项列表中识别的配置项)的改变。将 TOE 实现表示和 ST 中其他保证组件所要求的评估证据置于 CM 之下,可以确保它们的修改是在一个带正确授权的受控方式下进行的。

12.3.4.2 **开发者行为元素**

12.3.4.2.1 **ACM_SCP.1.1D**

开发者应提供一个 TOE 配置项列表。

12.3.4.3 **证据的内容和形式元素**

12.3.4.3.1 **ACM_SCP.1.1C**

配置项列表应包括:实现表示和 ST 中其他保证组件所要求的评估证据。

12.3.4.4 **评估者行为元素**

12.3.4.4.1 **ACM_SCP.1.1E**

评估者应确认所提供的信息满足证据的内容和形式的所有要求。

12.3.5 **ACM_SCP.2 问题跟踪 CM 覆盖**

依赖关系:ACM_CAP.3 授权控制。

12.3.5.1 **目的**

一个 CM 系统只能控制处于 CM 下的那些项(即在配置项列表中识别的配置项)的改变。将 TOE 实现表示和 ST 中其他保证组件所要求的评估证据置于 CM 之下,可以确保它们的修改是在一个带正确授权的受控方式下进行的。

将安全缺陷置于 CM 之下,确保不会丢失或遗忘安全缺陷报告,并允许开发者跟踪安全缺陷,找到其解决办法。

12.3.5.2 开发者行为元素

12.3.5.2.1 ACM_SCP.2.1D

开发者应提一个 TOE 配置项列表。

12.3.5.3 证据的内容和形式元素

12.3.5.3.1 ACM_SCP.2.1C

配置项列表应包括：TOE 实现表示、ST 中其他保证组件所要求的评估证据**和安全缺陷**。

12.3.5.4 评估者行为元素

12.3.5.4.1 ACM_SCP.2.1E

评估者应确认所提供的信息满足证据的内容和形式的所有要求。

12.3.6 ACM_SCP.3 开发工具 CM 覆盖

依赖关系：ACM_CAP.3 授权控制。

12.3.6.1 目的

一个 CM 系统只能控制处于 CM 下的那些项(即在配置项列表中识别的配置项)的改变。将 TOE 实现表示和 ST 中其他保证组件所要求的评估证据置于 CM 之下，可以确保它们的修改是在一个带正确授权的受控方式下进行的。

将安全缺陷置于 CM 之下，确保不会丢失或遗忘安全缺陷报告，并允许开发者跟踪安全缺陷，找到其解决方案办法。

开发工具对于确保产生 TOE 的优质版本十分重要。因此，对这些工具的修改进行控制是很重要的。

12.3.6.2 开发者行为元素

12.3.6.2.1 ACM_SCP.3.1D

开发者应提供一个 TOE 配置项列表。

12.3.6.3 证据的内容和形式元素

12.3.6.3.1 ACM_SCP.3.1C

配置项列表应包括：TOE 实现表示、ST 中其他保证组件所要求的评估证据、安全缺陷以及**开发工具和相关信息**。

12.3.6.4 评估者行为元素

12.3.6.4.1 ACM_SCP.2.1E

评估者应确认所提供的信息满足证据的内容和表述的所有要求。

13 ADO 类：交付和运行

"交付和运行"提供了一些关于 TOE 正确交付、安装、生成和启动的要求。

图 9 给出了该类中包含的族以及族内组件的层次结构。

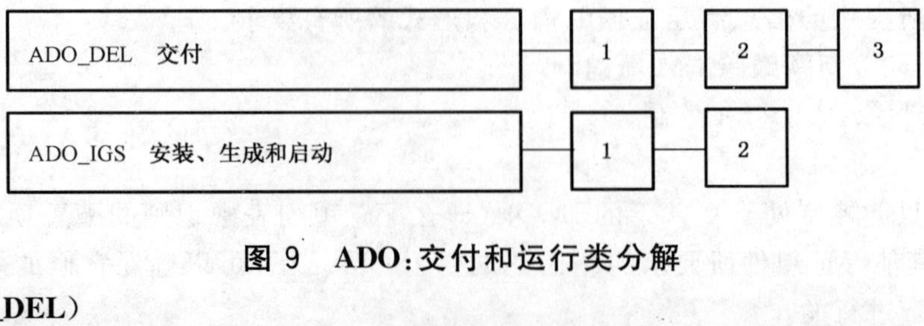

图 9 ADO：交付和运行类分解

13.1 交付(ADO_DEL)

13.1.1 目的

交付要求需要详细说明系统控制、分发工具和程序等必要措施，以保证 TOE 安全性在 TOE 分发过程中得到精心维护。对于 TOE 的一个有效分发,用于分发 TOE 的程序负责处理 PP/ST 中所识别的在交付过程中与 TOE 安全性相关的威胁。

13.1.2 组件分级

本族中的组件是基于对开发者不断提高要求,使其在交付过程中维护 TOE 的安全性而分级的。

13.1.3 应用注释

交付程序可考虑以下几个方面:

a) 确保客户所接收到的 TOE 正好与 TOE 主拷贝一致;

b) 避免/检测对 TOE 现行版本的任何篡改;

c) 防止提交一个错误的 TOE 版本;

d) 避免让客户了解不必要的 TOE 分发知识;

e) 避免/检测 TOE 在交付过程中被中途截取;

f) 避免 TOE 在分发时被延迟或中止。

虽然,程序考虑了保护 TOE 的所有方面(完整性、保密性、可用性),也需要 ADO_DEL.2“修改检测”和 ADO_DEL.3“修改防止”所引入的技术措施来处理完整性问题。

13.1.4 ADO_DEL.1 交付程序

依赖关系:无依赖关系。

13.1.4.1 开发者行为元素

13.1.4.1.1 ADO_DEL.1.1D

开发者应将把 TOE 或其部分交付给用户的程序文档化。

13.1.4.1.2 ADO_DEL.1.2D

开发者应使用交付程序。

13.1.4.2 证据的内容和形式元素

13.1.4.2.1 ADO_DEL.1.1C

交付文档应描述,在向用户方分发 TOE 版本时,用以维护其安全性所必需的所有程序。

13.1.4.3 评估者行为元素

13.1.4.3.1 ADO_DEL.1.1E

评估者应确认所提供的信息满足证据的内容和形式的所有要求。

13.1.5 ADO_DEL.2 修改检测

依赖关系:**ACM_CAP.3 授权控制。**

13.1.5.1 开发者行为元素

13.1.5.1.1 ADO_DEL.2.1D

开发者应将把 TOE 或其部分交付给用户的程序文档化。

13.1.5.1.2 ADO_DEL.2.2D

开发者应使用交付程序。

13.1.5.2 证据的内容和形式元素

13.1.5.2.1 ADO_DEL.2.1C

交付文档应描述,在向用户方分发 TOE 版本时,用以维护其安全性所必需的所有程序。

13.1.5.2.2 ADO_DEL.2.2C

交付文档应描述不同的程序和技术措施如何检测修改,或检测开发者的主拷贝和用户方所收到版本之间的任何差异。

13.1.5.2.3 ADO_DEL.2.3C

交付文档应描述不同的程序如何检测试图伪装成开发者的情况,甚至在开发者没有向用户方发送任何东西的情况下。

13.1.5.3 评估者行为元素

13.1.5.3.1 ADO_DEL.2.1E

评估者应确认所提供的信息满足证据的内容和形式的所有要求。

13.1.6 ADO_DEL.3 修改防止

依赖关系:ACM_CAP.3 授权控制。

13.1.6.1 开发者行为元素

13.1.6.1.1 ADO_DEL.3.1D

开发者应将把 TOE 或其部分交付给用户的程序文档化。

13.1.6.1.2 ADO_DEL.3.2D

开发者应使用交付程序。

13.1.6.2 证据的内容和形式元素

13.1.6.2.1 ADO_DEL.3.1C

交付文档应描述,在向用户方分发 TOE 版本时,用以维护其安全性所必需的所有程序。

13.1.6.2.2 ADO_DEL.3.2C

交付文档应描述不同的程序和技术措施如何防止修改,或检测开发者的主拷贝和用户方所收到版本之间的任何差异。

13.1.6.2.3 ADO_DEL.3.3C

交付文档应描述不同的程序如何检测试图伪装成开发者的情况,甚至在开发者没有向用户端发送任何东西的情况下。

13.1.6.3 评估者行为元素

13.1.6.3.1 ADO_DEL.3.1E

评估者应确认所提供的信息满足证据的内容和形式的所有要求。

13.2 安装、生成和启动(ADO_IGS)

13.2.1 目的

安装、生成和启动程序有助于确保 TOE 以开发者所期望的安全方式进行安装、生成和启动。安装、生成和启动要求将处于配置控制下的 TOE 实现表示安全地转换为用户环境下的初始运行。

13.2.2 组件分级

本族中的组件是基于 TOE 的生成选项是否被记录而分级的。

13.2.3 应用注释

应该承认,本族中这些要求的使用将随以下方面不同而不同,譬如 TOE 是一个 IT 产品还是系统,它是否在一个运行状态下进行交付,它是否必须由 TOE 的拥有者提出等等。对一个给定的 TOE 而言,在关于安装、生成和启动方面,TOE 开发者和 TOE 的拥有者之间通常负有不同的责任,但也有所有的活动都在一方发生的例子。例如,就智能卡而言,所有的安装、生成和启动都可能已在开发者方进行。另一方面,TOE 可作为 IT 系统以软件形式交付,此时,安装、生成和启动都在 TOE 的拥有者方进行。

也可能 TOE 在评估开始之前就已经安装好了,在这种情况下要求并分析安装程序就不合适了。

此外,生成要求也只适用于能够将其实现表示生成为一个可运行 TOE 部分的那些 TOE。

安装、生成和启动程序可以存在于单独的文档中,也可以与其他管理员指南结合在一起。本保证族中的要求都是不同于 AGD_ADM“管理员指南”族中的要求独立进行表述的,这主要是由于安装、生成和启动程序都很少使用,很有可能只用一次。

13.2.4 ADO_IGS.1 安装、生成和启动程序

依赖关系:AGD_ADM.1 管理员指南。

13.2.4.1 开发者行为元素

13.2.4.1.1 ADO_IGS.1.1D

开发者应将 TOE 安全地安装、生成和启动必需的程序文档化。

13.2.4.2 证据的内容和形式元素

13.2.4.2.1 ADO_IGS.1.1C

安装、生成和启动文档应描述 TOE 安全地安装、生成和启动必需的所有步骤。

13.2.4.3 评估者行为元素

13.2.4.3.1 ADO_IGS.1.1E

评估者应确认所提供的信息满足证据的内容和形式的所有要求。

13.2.4.3.2 ADO_IGS.1.2E

评估者应决定安装、生成和启动程序最终产生了一个安全的配置。

13.2.5 ADO_IGS.2 日志生成

依赖关系:AGD_ADM.1 管理员指南。

13.2.5.1 开发者行为元素

13.2.5.1.1 ADO_IGS.2.1D

开发者应将 TOE 安全地安装、生成和启动必需的程序文档化。

13.2.5.2 证据的内容和形式元素

13.2.5.2.1 ADO_IGS.2.1C

安装、生成和启动文档应描述 TOE 安全地安装、生成和启动必需的所有步骤。

13.2.5.2.2 ADO_IGS.2.2C

安装、生成和启动文档应描述能建立一个记录日志的程序,该日志包含用于生成 TOE 的生成选项,这样就有可能正确地确定 TOE 是如何以及何时生成的。

13.2.5.3 评估者行为元素

13.2.5.3.1 ADO_IGS.2.1E

评估者应确认所提供的信息满足证据的内容和形式的所有要求。

13.2.5.3.2 ADO_IGS.2.2E

评估者应决定安装、生成和启动程序最终产生了一个安全的配置。

14 ADV 类:开发

开发类有四个族的要求用于从功能接口到实现表示的不同抽象级别上表示 TSF;有一个族的要求用于在各种 TSF 表示之间建立对应性映射,并最终要求证实从最不抽象的表示,通过所有中间表示,到 ST 所提供的 TOE 概要规范之间的对应性关系;有一个族提出关于 TSP 模型以及 TSP、TSP 模型和功能规范之间对应性映射的要求;有一个族提出关于 TSF 内部结构的要求,包括模块化、层次化以及复杂性最小化等方面要求。

这些族的明显范型是 TSF 的一个功能规范,将 TSF 分解成子系统,再将子系统分解成模块,说明模块的实现,并且把各分解之间对应性的证实作为证据提供。关于各种 TSF 表示的要求都被分散到不同的族中,但仍允许 PP/ST 的作者指明需要 TSF 表示的哪一个子集。

图 10 表明各种 TSF 表示和目的之间的关系,以及它们需要满足的要求。如图所示,APE 和 ASE 两类定义了关于功能要求和安全目的之间对应性的要求,以及安全目的和 TOE 预期环境之间对应性的要求。ASE 类还定义了安全目的和功能要求与 TOE 概要规范之间对应性的要求。

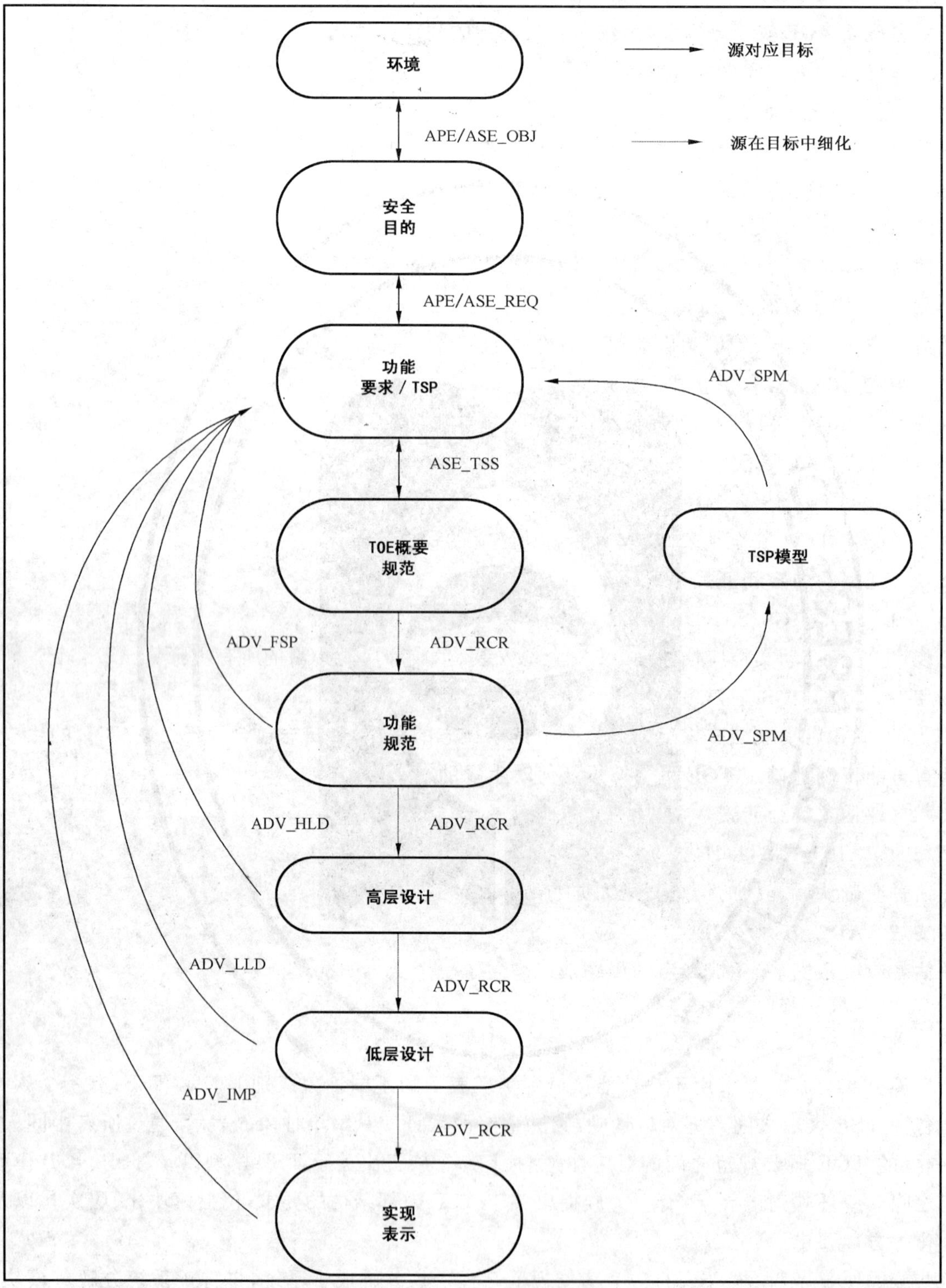

图 10 **TOE** 表示和要求之间的关系

关于图 10 所示的所有其他对应性的要求都在 ADV"开发"类中定义。ADV_SPM"安全策略模型"族定义 TSP 和 TSP 模型之间对应性的要求,以及 TSP 模型和功能规范之间对应性的要求。ADV_RCR"表示对应性"族定义从 TOE 概要规范到实现表示,所有可用的 TSF 表示之间对应性的要求。最后，每个专属于一个TSF表示的保证族（即ADV_FSP“功能规范”、ADV_HLD“高层设计”、ADV_LLD“低层设计”和ADV_IMP“实现表示”）定义将该TSF表示与功能要求关联的一些要求，这些保证结合起来有助于确保TOE安全功能要求都已被处理。从最高层的TSF表示到所提供的每个TSF表示，总要执行可追溯性分析。GB/T 18336通过ADV_RCR“表示对应性”族的依赖关系来获得该可追溯性要求。在图中没有标出ADV_INT“TSF内部”族，因为它与TSF的内部结构相关，并且仅与TSF表示的细化过程间接相关。

TOE安全策略（TSP）是一组规则，它管控在一个TOE内如何管理、保护和分配资源，并由TOE安全功能要求来表述。没有明确地要求开发者提供一个TSP，因为TSP是由TOE的安全功能要求，通过安全功能策略（SFP）和其他一些单独的要求元素的一个组合来表述的。

TOE安全功能（TSF）是指TSP的实施所必须依赖的所有TOE部分。TSF既包括一些直接实施TSP的功能，也包括那些虽然不直接实施TSP，但是以一种间接的方式来实施TSP的功能。

虽然在ASE_TSS“TOE概要规范”族和本类几个族中的要求需要几个不同的TSF表示，但并不一定需要将每一个TSF表示分别放在不同的文档中。事实上，可能是这种情况：单个文档满足多个TSF表示的文档要求，因为需要的是关于每个TSF表示的信息，而不是最终文档结构。当多个TSF表示都在一个文档里时，开发者应该指出哪个文档满足哪个要求。

在这个类中规定了三种类型的规范风格：非形式化、半形式化和形式化。功能规范、高层设计、低层设计和TSP模型都将使用以上一种或多种规范风格来书写。通过使用一个逐渐增加的形式化程度，来减少这些规范的歧义。

非形式化规范就是像散文一样用自然语言来书写。在这里使用自然语言，意味着以任何普通口头语言（如汉语、英语、法语、德语）来沟通。非形式化规范除了使用语言本身需要的一些普通约定（如文法和句法）外，不受任何符号或特殊的限制。虽然没有符号限制，非形式化规范也要求为上下文中的术语定义其意思，除非作为常规用法该术语已被认可。

半形式化规范就是用一种受限制的语法语言来书写，并且通常伴随着支持性的解释（非形式化）语句。这里的受限制的语法语言可以是一种带有受限制的句子结构和具有特殊含义的关键字的自然语言，也可以是图表式的（如数据流图、状态转换图、实体关系图、数据结构图、进程或程序结构图）。不论基于图表还是自然语言的，都必须用一套约定来定义对语法的限制。

形式化规范就是用基于公认的数学概念的符号系统来书写，并且通常伴随着支持性的解释（非形式化）语句。这些数学概念被用来定义符号系统的语法和语义，以及支持逻辑推理的证明规则。支持形式化符号的语法和语义规则应该定义如何明确地识别其结构和确定其含义。这里必须有证据表明不可能有产生矛盾之处，并且支持符号系统的所有规则都必须被定义或者引用。

可以通过以下方式获得有效的保证：确保能够通过TSF的每一个表示来描绘TSF和确保TSP模型与功能规范相互对应。ADV_RCR“表示对应性”族包含了各种TSF表示之间对应性映射的要求，ADV_SPM“安全策略模型”族包含了TSP模型和功能规范之间对应性映射的要求。对应性可以采用非形式化证实、半形式化证实或者形式化证明三种形式来说明。

当需要一个对应性的非形式化证实时，就意味着只需要一个基本的对应性。例如，对应性方法包括使用带有指示对应性条目的二维表格，或者使用适当的设计图符号系统。还可使用对其他文档的指针和引用。

对应性的半形式化证实要求用结构化的处理方法来分析对应性。这种方法应该通过限制在对应性中术语的解释，来减少在非形式化对应性中可能存在的歧义。可使用对其他文档的指针和引用。

对应性的形式化证明要求采用公认的数学概念来定义形式化符号系统的语法和语义，以及一些支持逻辑推理的证明规则。安全属性需要用形式化的规范语言来表述，并且需要说明形式化的规范满足这些安全属性。还可使用对其他文档的指针和引用。

图11给出了该类中包含的族以及族内组件的层次结构。

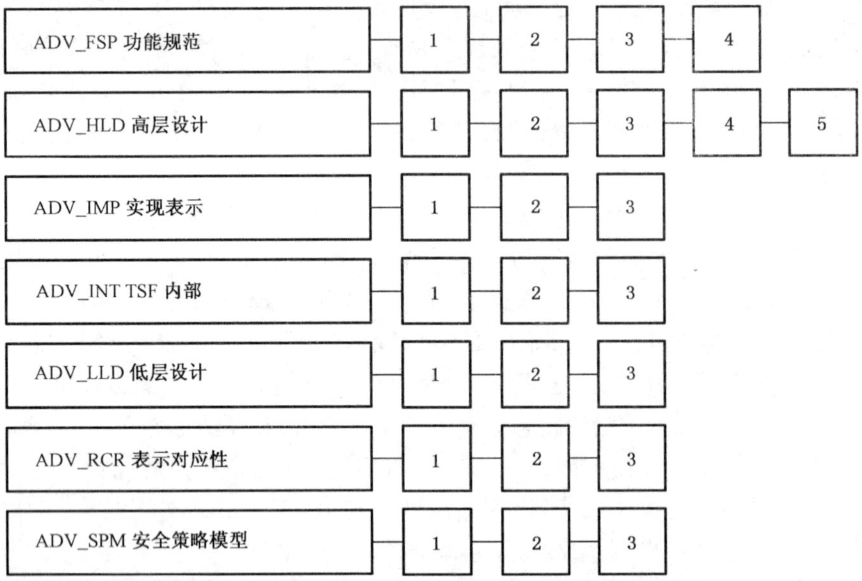

图 11　ADV:开发类分解

ADV_RCR. *.1C 元素要求开发者为每一对相邻的 TSF 表示提供证据,以表明在较为抽象的 TSF 表示中的所有相关安全功能都在较低级抽象的 TSF 表示中被细化。ADV_FSP. *.2E、ADV_HLD. *.2E、ADV_LLD. *.2E 和 ADV_IMP. *.2E 等元素都要求评估者确定由该要求族所描绘的 TSF 是 TOE 安全功能要求的一个准确且完备的实例化。为了确定一个 TSF 表示是 TOE 安全功能要求的一个准确且完备的实例化,希望评估者将开发者在 ADV_RCR. *.1C 中所提供的证据作为该判定的一个输入。通过建立 TOE 安全功能要求与链上每个后继 TSF 表示之间的一个对应性关系,这个渐进的过程将最终提供更多的保证,确保最不抽象的 TSF 表示符合 TOE 安全功能要求,这就是本类的最终目的。如果评估者没有作出将中间级的 TSF 表示回溯到 TOE 的安全功能要求这种对应性判定,那么,试图作出从最不抽象的 TSF 表示回溯到 TOE 的安全功能要求这种对应性判定,就可能会由于表示的跨度太大而无法正确地进行。最后,根据所要求的 TSF 表示集合,低层设计、高层设计、或者甚至功能规范就是所提供的最不抽象的 TSF 表示这是完全可能的。

14.1　功能规范(ADV_FSP)

14.1.1　目的

功能规范是用户可见接口和 TSF 行为的一个高层描述。它是 TOE 安全功能要求的一个实例化。功能规范须说明所有都已被罗列出的 TOE 安全功能要求。

14.1.2　组件分级

本族中的组件是基于功能规范所要求的形式化程度和所提供的 TSF 外部接口的详细程度而分级的。

14.1.3　应用注释

本族中的 ADV_FSP. *.2E 元素定义了这样一个要求,即评估者应决定功能规范是 TOE 安全功能要求的一个准确且完备的实例化。这就提供了 TOE 安全功能要求和功能规范之间的直接对应性,以作为 ADV_RCR“表示对应性”族所要求的成双成对对应性的补充。希望评估者利用在 ADV_RCR 中提供的证据作为该判定的输入,对完备性的要求也将与功能规范的抽象程度有关。

对于 ADV_FSP. 1.3C,企图在功能规范中提供足够的信息,以理解 TOE 安全功能要求是如何被提出来的,并使得测试规范能反映 ST 中的 TOE 安全功能要求。测试不必涵盖在接口所产生的所有可能的返回值和错误信息,但是所提供的信息应该解释在成功的情况下和在常见失败的情况下接口的使用结果。

ADV_FSP.2.3C 引入了一个关于功能接口的完备表示的要求。这将为支持 TOE 的全面测试和脆弱性评定提供必要的细节。

在功能规范形式化程度方面，非形式化、半形式化和形式化三个等级的的划分实际上都是主观的。因此，倘若 ADV_FSP.1.1C 和 ADV_FSP.2.1C 可由非形式化的、适当的解释性条文支持的话，也可以由半形式化或形式化功能规范来满足。此外，ADV_FSP.3.1C 也可由一个形式化的功能规范来满足。

14.1.4　**ADV_FSP.1 非形式化功能规范**

依赖关系：ADV_RCR.1 非形式化对应性证实。

14.1.4.1　**开发者行为元素**

14.1.4.1.1　**ADV_FSP.1.1D**

开发者应提供一个功能规范。

14.1.4.2　**证据的内容和形式元素**

14.1.4.2.1　**ADV_FSP.1.1C**

功能规范应使用非形式化风格来描述 TSF 及其外部接口。

14.1.4.2.2　**ADV_FSP.1.2C**

功能规范应是内在一致的。

14.1.4.2.3　**ADV_FSP.1.3C**

功能规范应描述所有外部 TSF 接口的用途与使用方法，适当时提供效果、例外情况和错误消息的细节。

14.1.4.2.4　**ADV_FSP.1.4C**

功能规范应完备地表示 TSF。

14.1.4.3　**评估者行为元素**

14.1.4.3.1　**ADV_FSP.1.1E**

评估者应确认所提供的信息满足证据的内容和形式的所有要求。

14.1.4.3.2　**ADV_FSP.1.2E**

评估者应决定功能规范是 TOE 安全功能要求的一个准确且完备的实例化。

14.1.5　**ADV_FSP.2 充分定义的外部接口**

依赖关系：ADV_RCR.1 非形式化对应性证实。

14.1.5.1　**开发者行为元素**

14.1.5.1.1　**ADV_FSP.2.1D**

开发者应提供一个功能规范。

14.1.5.2　**证据的内容和形式元素**

14.1.5.2.1　**ADV_FSP.2.1C**

功能规范应使用非形式化风格来描述 TSF 及其外部接口。

14.1.5.2.2　**ADV_FSP.2.2C**

功能规范应是内在一致的。

14.1.5.2.3　**ADV_FSP.2.3C**

功能规范应描述所有外部 TSF 接口的用途与使用方法，提供**所有**的效果、例外情况和错误消息的**全部**细节。

14.1.5.2.4　**ADV_FSP.2.4C**

功能规范应完备地表示 TSF。

14.1.5.2.5　**ADV_FSP.2.5C**

功能规范应包括 TSF 是完备地表示的基本原理。

14.1.5.3 评估者行为元素

14.1.5.3.1 ADV_FSP.2.1E

评估者应确认所提供的信息满足证据的内容和形式的所有要求。

14.1.5.3.2 ADV_FSP.2.2E

评估者应决定功能规范是 TOE 安全功能要求的一个准确且完备的实例化。

14.1.6 ADV_FSP.3 半形式化功能规范

依赖关系:ADV_RCR.1 非形式化对应性证实。

14.1.6.1 开发者行为元素

14.1.6.1.1 ADV_FSP.3.1D

开发者应提供一个功能规范。

14.1.6.2 证据的内容和形式元素

14.1.6.2.1 ADV_FSP.3.1C

功能规范应使用**半形式化**风格来描述 TSF 及其外部接口,**并靠非形式化的、适当的解释性条文来支持**。

14.1.6.2.2 ADV_FSP.3.2C

功能规范应是内在一致的。

14.1.6.2.3 ADV_FSP.3.3C

功能规范应描述所有外部 TSF 接口的用途与使用方法,提供所有的效果、例外情况和错误消息的全部细节。

14.1.6.2.4 ADV_FSP.3.4C

功能规范应完备地表示 TSF。

14.1.6.2.5 ADV_FSP.3.5C

功能规范应包括 TSF 是完备地表示的基本原理。

14.1.6.3 评估者行为元素

14.1.6.3.1 ADV_FSP.3.1E

评估者应确认所提供的信息满足证据的内容和形式的所有要求。

14.1.6.3.2 ADV_FSP.3.2E

评估者应决定功能规范是 TOE 安全功能要求的一个准确且完备的实例化。

14.1.7 ADV_FSP.4 形式化功能规范

依赖关系:ADV_RCR.1 非形式化对应性证实。

14.1.7.1 开发者行为元素

14.1.7.1.1 ADV_FSP.4.1D

开发者应提供一个功能规范。

14.1.7.2 证据的内容和形式元素

14.1.7.2.1 ADV_FSP.4.1C

功能规范应使用**形式化**风格来描述 TSF 与其外部接口,并靠非形式化的、适当的解释性条文来支持。

14.1.7.2.2 ADV_FSP.4.2C

功能规范应是内在一致的。

14.1.7.2.3 ADV_FSP.4.3C

功能规范应描述所有外部 TSF 接口的用途与使用方法,适当时应提供所有的效果、例外情况和错误消息的全部细节。

14.1.7.2.4 **ADV_FSP.4.4C**

功能规范应完备地表示 TSF。

14.1.7.2.5 **ADV_FSP.4.5C**

功能规范应包括 TSF 是完备地表示的基本原理。

14.1.7.3 **评估者行为元素**

14.1.7.3.1 **ADV_FSP.4.1E**

评估者应确认所提供的信息满足证据的内容和形式的所有要求。

14.1.7.3.2 **ADV_FSP.4.2E**

评估者应决定功能规范是 TOE 安全功能要求的一个准确且完备的实例化。

14.2 高层设计(ADV_HLD)

14.2.1 目的

TOE 高层设计按照主要的结构单元(即子系统) 描述 TSF,并将这些单元同所提供的功能相联系。高层设计要求试图提供这样的保证,即 TOE 提供了一个适于实现 TOE 安全功能要求的体系结构。

高层设计将功能规范细化成子系统。对于 TSF 的每一个子系统,高层设计描述其用途和功能,并且标识出包含在子系统中的安全功能。高层设计也定义所有子系统之间的相互关系。这些相互关系将适当地被表示成数据流、控制流等的外部接口。

14.2.2 组件分级

本族中的组件是基于高层设计所要求的形式化程度和接口规范所需的详细程度而分级的。

14.2.3 应用注释

希望开发者按子系统来描述 TSF 的设计。术语"子系统"在这里是指把 TSF 分解成小的几个相关的部分。虽然不要求开发者实际上建立"子系统",但是希望开发者表示出类似的分解级别。例如,一个设计可能类似地用"层"、"域"或"服务"来分解。

术语"安全功能性"用来表示一个子系统执行的一组操作,这些操作有助于 TOE 实现其安全功能。造成这种差别是因为设计构造,如子系统和模块,不一定与具体的安全功能相关。虽然一个给定的子系统可以直接对应于某个或者甚至是几个安全功能,但也有可能多个子系统组合起来才能实现一个单独的安全功能。

术语"TSP-实施子系统"指的是一个直接地或间接地有助于 TSP 实施的子系统。

本族中的 ADV_HLD.*.2E 元素定义了这样的一个要求,即评估者决定高层设计是 TOE 安全功能的一个准确且完备的实例化。这就提供了 TOE 安全功能要求和高层设计之间的直接对应性,这也是对 ADV_RCR"表示对应性"族所要求的成双成对对应性的补充。希望评估者利用在 ADV_RCR 中提供的证据作为该判定的输入,对完备性的要求也将与高层设计的抽象程度有关。

ADV_HLD.3.8C 引入了一个关于子系统接口的完备表示的要求。这将为支持 TOE 的全面测试(利用 ATE_DPT 中的组件)和脆弱性评定提供必要的细节。

在高层设计形式化程度方面,非形式化、半形式化和形式化三个等级的划分实际上都是主观的。因此,ADV_ HLD.1.1C 和 ADV_ HLD.2.1C 也可由半形式化或形式化的高层设计来满足,ADV_ HLD.3.1C 和 ADV_ HLD.4.1C 也可由形式化的高层设计来满足。

在 ADV_HLD.*.5C 中,短语"基础性硬件、固件或软件"关注 TOE 在其上运行的那个虚拟机(若有的话),而不是 TOE 中所包含的机制(这些机制由组件中别的元素来涵盖)。对 IT 环境相关的信息也有同样地要求。

14.2.4 ADV_HLD.1 描述性高层设计

依赖关系:ADV_FSP.1 非形式化功能规范;

ADV_RCR.1 非形式化对应性证实。

14.2.4.1 开发者行为元素

14.2.4.1.1 **ADV_HLD.1.1D**

开发者应提供 TSF 的高层设计。

14.2.4.2 证据的内容和形式元素

14.2.4.2.1 **ADV_HLD.1.1C**

高层设计的表示应是非形式化的。

14.2.4.2.2 **ADV_HLD.1.2C**

高层设计应是内在一致的。

14.2.4.2.3 **ADV_HLD.1.3C**

高层设计应按子系统描述 TSF 的结构。

14.2.4.2.4 **ADV_HLD.1.4C**

高层设计应描述每个 TSF 子系统所提供的安全功能性。

14.2.4.2.5 **ADV_HLD.1.5C**

高层设计应标识 TSF 所要求的任何基础性硬件、固件或软件，以及在这些硬件、固件或软件中实现的支持性保护机制所提供功能的一个表示。

14.2.4.2.6 **ADV_HLD.1.6C**

高层设计应标识 TSF 子系统的所有接口。

14.2.4.2.7 **ADV_HLD.1.7C**

高层设计应标识 TSF 子系统的哪些接口是外部可见的。

14.2.4.3 评估者行为元素

14.2.4.3.1 **ADV_HLD.1.1E**

评估者应确认所提供的信息满足证据的内容和形式的所有要求。

14.2.4.3.2 **ADV_HLD.1.2E**

评估者应决定高层设计是 TOE 安全功能要求的一个准确且完备的实例化。

14.2.5 **ADV_HLD.2** 安全加强的高层设计

依赖关系：ADV_FSP.1 非形式化功能规范；
　　　　　ADV_RCR.1 形式化对应性证实。

14.2.5.1 开发者行为元素

14.2.5.1.1 **ADV_HLD.2.1D**

开发者应提供 TSF 的高层设计。

14.2.5.2 证据的内容和形式元素

14.2.5.2.1 **ADV_HLD.2.1C**

高层设计的表示应是非形式化的。

14.2.5.2.2 **ADV_HLD.2.2C**

高层设计应是内在一致的。

14.2.5.2.3 **ADV_HLD.2.3C**

高层设计应按子系统描述 TSF 的结构。

14.2.5.2.4 **ADV_HLD.2.4C**

高层设计应描述每个 TSF 子系统所提供的安全功能性。

14.2.5.2.5 **ADV_HLD.2.5C**

高层设计应标识 TSF 所要求的任何基础性硬件、固件或软件，以及在这些硬件、固件或软件中实现的支持性保护机制所提供功能的一个表示。

14.2.5.2.6 **ADV_HLD.2.6C**

高层设计应标识 TSF 子系统的所有接口。

14.2.5.2.7 **ADV_HLD.2.7C**

高层设计应标识 TSF 子系统的哪些接口是外部可见的。

14.2.5.2.8 **ADV_HLD.2.8C**

高层设计应描述 TSF 子系统所有接口的用途与使用方法，适当时提供效果、例外情况和错误消息的细节。

14.2.5.2.9 **ADV_HLD.2.9C**

高层设计应把 TOE 分成 TSP-实施和其他子系统来描述。

14.2.5.3 **评估者行为元素**

14.2.5.3.1 **ADV_HLD.2.1E**

评估者应确认所提供的信息满足证据的内容和形式的所有要求。

14.2.5.3.2 **ADV_HLD.2.2E**

评估者应决定高层设计是 TOE 安全功能要求的一个准确且完备的实例化。

14.2.6 **ADV_HLD.3 半形式化高层设计**

依赖关系：ADV_FSP.3 半形式化的功能规范；
ADV_RCR.2 半形式化的对应性证实。

14.2.6.1 **开发者行为元素**

14.2.6.1.1 **ADV_HLD.3.1D**

开发者应提供 TSF 的高层设计。

14.2.6.2 **证据的内容和形式元素**

14.2.6.2.1 **ADV_HLD.3.1C**

高层设计表示应是**半形式化的**。

14.2.6.2.2 **ADV_HLD.3.2C**

高层设计应是内在一致的。

14.2.6.2.3 **ADV_HLD.3.3C**

高层设计应按子系统描述 TSF 的结构。

14.2.6.2.4 **ADV_HLD.3.4C**

高层设计应描述每个 TSF 子系统所提供的安全功能性。

14.2.6.2.5 **ADV_HLD.3.5C**

高层设计应标识 TSF 所要求的任何基础性硬件、固件或软件，以及在这些硬件、固件或软件中实现的支持性保护机制所提供功能的一个表示。

14.2.6.2.6 **ADV_HLD.3.6C**

高层设计应标识 TSF 子系统的所有接口。

14.2.6.2.7 **ADV_HLD.3.7C**

高层设计应标识 TSF 子系统的哪些接口是外部可见的。

14.2.6.2.8 **ADV_HLD.3.8C**

高层设计应描述 TSF 子系统所有接口的用途与使用方法，并提供**所有**的效果、例外情况和错误消息的**全部**细节。

14.2.6.2.9 **ADV_HLD.3.9C**

高层设计应把 TOE 分成 TSP-实施和其他子系统来描述。

14.2.6.3 评估者行为元素

14.2.6.3.1 ADV_HLD.3.1E

评估者应确认所提供的信息满足证据的内容和形式的所有要求。

14.2.6.3.2 ADV_HLD.3.2E

评估者应决定高层设计是TOE安全功能要求的一个准确且完备的实例化。

14.2.7 ADV_HLD.4 半形式化高层解释

依赖关系:ADV_FSP.3 半形式化功能规范;

ADV_RCR.2 半形式化对应性证实。

14.2.7.1 开发者行为元素

14.2.7.1.1 ADV_HLD.4.1D

开发者应提供TSF的高层设计。

14.2.7.2 证据的内容和形式元素

14.2.7.2.1 ADV_HLD.4.1C

高层设计表示应是半形式化的。

14.2.7.2.2 ADV_HLD.4.2C

高层设计应是内在一致的。

14.2.7.2.3 ADV_HLD.4.3C

高层设计应按子系统描述TSF的结构。

14.2.7.2.4 ADV_HLD.4.4C

高层设计应描述每个TSF子系统所提供的安全功能性。

14.2.7.2.5 ADV_HLD.4.5C

高层设计应标识TSF所要求的任何基础性硬件、固件和软件,以及在这些硬件、固件或软件中实现的支持性保护机制所提供功能的一个表示。

14.2.7.2.6 ADV_HLD.4.6C

高层设计应标识TSF子系统的所有接口。

14.2.7.2.7 ADV_HLD.4.7C

高层设计应标识TSF子系统的哪些接口是外部可见的。

14.2.7.2.8 ADV_HLD.4.8C

高层设计应描述TSF子系统所有接口的用途与使用方法,并提供所有的效果、例外情况和错误消息的全部细节。

14.2.7.2.9 ADV_HLD.4.9C

高层设计应把TOE分成TSP-实施和其他子系统来描述。

14.2.7.2.10 ADV_HLD.4.10C

高层设计应证明所标识的实行分离的方法,包括任何保护机制,足以确保清晰且有效地将TSP-实施功能同非TSP-实施功能分开。

14.2.7.2.11 ADV_HLD.4.11C

高层设计应证明TSF机制足以实现在高层设计中所标识的安全功能。

14.2.7.3 评估者行为元素

14.2.7.3.1 ADV_HLD.4.1E

评估者应确认所提供的信息满足证据的内容和形式的所有要求。

14.2.7.3.2 ADV_HLD.4.2E

评估者应决定高层设计是TOE安全功能要求的一个准确且完备的实例化。

14.2.8 **ADV_HLD.5 形式化高层设计**

依赖关系：ADV_FSP.4 形式化功能规范；

ADV_RCR.3 形式化对应性证实。

14.2.8.1 **开发者行为元素**

14.2.8.1.1 **ADV_HLD.5.1D**

开发者应提供 TSF 的高层设计。

14.2.8.2 **证据的内容和形式元素**

14.2.8.2.1 **ADV_HLD.5.1C**

高层设计的表示应是**形式化的**。

14.2.8.2.2 **ADV_HLD.5.2C**

高层设计应是内在一致的。

14.2.8.2.3 **ADV_HLD.5.3C**

高层设计应按子系统描述 TSF 的结构。

14.2.8.2.4 **ADV_HLD.5.4C**

高层设计应描述每个 TSF 子系统所提供的安全功能性。

14.2.8.2.5 **ADV_HLD.5.5C**

高层设计应标识 TSF 所要求的任何基础性硬件、固件和软件，以及在这些硬件、固件或软件中实现的支持性保护机制所提供功能的一个表示。

14.2.8.2.6 **ADV_HLD.5.6C**

高层设计应标识 TSF 子系统的所有接口。

14.2.8.2.7 **ADV_HLD.5.7C**

高层设计应标识 TSF 子系统的哪些接口是外部可见的。

14.2.8.2.8 **ADV_HLD.5.8C**

高层设计应描述 TSF 子系统所有接口的用途与使用方法，并提供所有的效果、例外情况和错误消息的全部细节。

14.2.8.2.9 **ADV_HLD.5.9C**

高层设计应把 TOE 分成 TSP-实施和其他子系统来描述。

14.2.8.2.10 **ADV_HLD.5.10C**

高层设计应证明所标识的实行分离的方法，包括任何保护机制，足以确保清晰且有效地将 TSP-实施功能同非 TSP-实施功能分开。

14.2.8.2.11 **ADV_HLD.5.11C**

高层设计应证明 TSF 机制足以实现在高层设计中所标识的安全功能。

14.2.8.3 **评估者行为元素**

14.2.8.3.1 **ADV_HLD.5.1E**

评估者应确认所提供的信息满足证据的内容和形式的所有要求。

14.2.8.3.2 **ADV_HLD.5.2E**

评估者应决定高层设计是 TOE 安全功能要求的一个准确且完备的实例化。

14.3 实现表示(ADV_IMP)

14.3.1 目的

以源代码、固件或硬件图样等形式描述实现表示，可以获得详细的 TSF 内部工作情况以支持分析。

14.3.2 组件分级

本族中的组件是基于所提供实现表示的完备性和结构而分级的。

14.3.3 应用注释

实现表示用于表达 TSF 的最不抽象表示的概念,尤其是那种不需进一步在设计上细化就可用来建立 TSF 的表示。被编译的源代码或用来建造实际硬件的硬件图样都是部分实现表示的例子。

可能评估者会利用实现表示来直接支持其他评估活动(如脆弱性分析、测试覆盖分析或额外的评估者测试的识别)。希望 PP/ST 的作者会选择这样的组件,要求实现是足够完备和全面的,以至于可处理包含在 PP/ST 中的所有其他要求的需求。

14.3.4 **ADV_IMP.1TSF 实现的子集**

依赖关系:ADV_LLD.1 描述性低层设计;

ADV_RCR.1 非形式化对应性证实;

ALC_TAT.1 明确定义的开发工具。

14.3.4.1 应用注释

ADV_IMP.1.1D 要求开发者提供 TSF 子集的实现表示。其目的是通过对至少 TSF 某一部分的访问,为评估者提供机会来检查 TOE 这些部分的实现表示,其中检查能够对所使用机制增进了解,增加保证。一个实现表示示例的提供,也将允许评估者对可追溯性证据进行抽样,以便获得细化所用方法的保证和评定实现表示本身的陈述。

ADV_IMP.1.2E 元素定义了这样的要求,即评估者决定最不抽象的 TSF 表示是 TOE 安全功能的一个准确且完备的实例化。这就提供了 TOE 安全功能要求和最不抽象 TSF 表示之间的一个直接对应性,这也是对 ADV_RCR“表示对应性”族所要求的成双成对对应性的补充。希望评估者利用 ADV_RCR 所提供的证据作为该判定的输入条件。本组件中最不抽象的 TSF 表示是所提供的实现表示和部分与所提供实现表示不一致的低层设计二者的集合。

14.3.4.2 开发者行为元素

14.3.4.2.1 **ADV_IMP.1.1D**

开发者应为选定的 TSF 子集提供实现表示。

14.3.4.3 证据的内容和形式元素

14.3.4.3.1 **ADV_IMP.1.1C**

实现表示应无歧义地定义 TSF,且详细程度达到无须进一步设计就能生成 TSF 的程度。

14.3.4.3.2 **ADV_IMP.1.2C**

实现表示应是内在一致的。

14.3.4.4 评估者行为元素

14.3.4.4.1 **ADV_IMP.1.1E**

评估者应确认提供的信息满足证据的内容和形式的所有要求。

14.3.4.4.2 **ADV_IMP.1.2E**

评估者应决定所提供的最不抽象的 TSF 表示是 TOE 安全功能要求的一个准确且完备的实例化。

14.3.5 **ADV_IMP.2 TSF 的实现**

依赖关系:ADV_LLD.1 描述性低层设计;

ALC_TAT.1 明确定义的开发工具。

14.3.5.1 应用注释

ADV_IMP.2.2E 元素定义了这样的要求,即评估者决定实现表示是 TOE 安全功能的一个准确且完备的实例化。这就提供了 TOE 安全功能要求和实现表示之间的一个直接对应性,也是对 ADV_RCR“表示对应性”族所要求的成双成对对应性的补充。希望评估者利用 ADV_RCR 所提供的证据作为该判定的输入条件。

14.3.5.2 开发者行为元素

14.3.5.2.1 ADV_IMP.2.1D

开发者应为整个 TSF 提供实现表示。

14.3.5.3 证据的内容和形式元素

14.3.5.3.1 ADV_IMP.2.1C

实现表示应无歧义地定义 TSF，且详细程度达到无须进一步设计就能生成 TSF 的程度。

14.3.5.3.2 ADV_IMP.2.2C

实现表示应是内在一致的。

14.3.5.3.3 ADV_IMP.2.3C

实现表示应描述各部分实现之间的关系。

14.3.5.4 评估者行为元素

14.3.5.4.1 ADV_IMP.2.1E

评估者应确认所提供的信息满足证据的内容和形式的所有要求。

14.3.5.4.2 ADV_IMP.2.2E

评估者应决定实现表示是 TOE 安全功能要求的一个准确且完备的实例化。

14.3.6 ADV_IMP.3 TSF 的结构化实现

依赖关系：ADV_INT.1 模块化；
ADV_LLD.1 描述性低层设计；
ADV_RCR.1 非形式化对应性证实；
ALC_TAT.1 明确定义的开发工具。

14.3.6.1 应用注释

ADV_IMP.3.2E 元素定义了这样的要求，即评估者决定实现表示是 TOE 安全功能的一个准确且完备的实例化。这就提供了 TOE 安全功能要求和实现表示之间的一个直接对应性，也是 ADV_RCR“表示对应性”族所要求的成双成对对应性的补充。希望评估者利用 ADV_RCR 所提供的证据作为该判定的输入条件。

14.3.6.2 开发者行为元素

14.3.6.2.1 ADV_IMP.3.1D

开发者应为整个 TSF 提供实现表示。

14.3.6.3 证据的内容和形式元素

14.3.6.3.1 ADV_IMP.3.1C

实现表示应无歧义地定义 TSF，且详细程度达到无须进一步设计就能生成 TSF 的程度。

14.3.6.3.2 ADV_IMP.3.2C

实现表示应是内在一致的。

14.3.6.3.3 ADV_IMP.3.3C

实现表示应描述各部分实现之间的关系。

14.3.6.3.4 ADV_IMP.3.4C

实现表示应被构造成一些小的且易于理解的条款。

14.3.6.4 评估者行为元素

14.3.6.4.1 ADV_IMP.3.1E

评估者应确认所提供的信息满足证据的内容和形式的所有要求。

14.3.6.4.2 ADV_IMP.3.2E

评估者应决定实现表示是 TOE 安全功能要求的一个准确且完备的实例化。

14.4 TSF 内部(ADV_INT)

14.4.1 目的

本族负责处理 TSF 的内部结构,提出了有关模块化、层次化(抽象性分层和最少循环依赖)、策略实施机制的复杂性最小化、TSF 中非 TSP-实施功能性的数目最小化等方面的要求,这样一个 TSF 就简单到可分析了。

模块化的设计减少了 TSF 各部分之间的相互依赖关系,这样就降低了由于一个模块的改变或错误而影响整个 TOE 的风险。因此,模块化设计提供了确定 TSF 其他元素之间相互作用范围的基础,更加保证了不会产生一些意想不到的结果,并且也提供了设计和评估测试套的基础。

采用层次化设计和 TSP-实施功能性的简化设计,降低了 TSF 的复杂性。从而使得 TSF 更易于理解,更加保证了 TOE 的安全功能要求都在实现中被准确且完备地实例化。

最小化 TSF 中不执行 TSP 的功能性的数目,减小了 TSF 中缺陷存在的可能性。模块化与层次化相结合,就允许评估者仅仅关注那些 TSP 实施必需的功能。

设计复杂性的最小化有助于保证代码可理解——TSF 中的代码越简单,TSF 的设计越容易理解。设计复杂性的最小化是参照确认机制的一个关键特性。

14.4.2 组件分级

本族中的组件是基于结构的数目和所要求的最小化而分级的。

14.4.3 应用注释

术语"TSF 部分"用来表示那些带有不同粒度的 TSF 组成部分,基于可用的 TSF 表示。功能规范允许根据接口来标识,高层设计允许根据子系统来标识,低层设计允许根据模块来标识,实现表示允许根据实现单元来标识。

ADV_INT.2.5C 和 ADV_INT.3.5C 元素处理各层之间相互作用的最小化。然而,在各层之间存在相互作用仍是允许的,但在这种情况下,要求开发者证实这种相互作用是必需的,而且不能合理地避免。

ADV_INT.2.6C 通过要求将实施 TSP 中所标识访问控制或信息流控策略的 TSF 部分的复杂性最小化,引入一个参照监视器的概念。ADV_INT.3.6C 通过要求整个 TSF 复杂性最小化进一步强化了参照监视器这个概念。

本族组件中的几个元素涉及到结构化描述。结构化描述与低层设计在抽象级别上有些相似,因为它与 TSF 的模块密切相关。然而低层设计描述的是 TSF 模型的设计,结构化描述的目的是在适用时提供模块化、层次化和 TSF 复杂性最小化的证据。低层设计和实现表示都要求遵照结构化描述,以保证这些 TSF 表示具有所要求的模块化、层次化和复杂性最小化。

14.4.4 ADV_INT.1 模块化

依赖关系:ADV_IMP.1 TSF 实现的子集;

ADV_LLD.1 描述性低层设计。

14.4.4.1 开发者行为元素

14.4.4.1.1 ADV_INT.1.1D

开发者应以模块方式设计和构建 TSF,避免设计模块之间出现不必要的交互作用。

14.4.4.1.2 ADV_INT.1.2D

开发者应提供一种结构化描述。

14.4.4.2 证据的内容和形式元素

14.4.4.2.1 ADV_INT.1.1C

结构化描述应标识 TSF 的模块。

14.4.4.2.2 ADV_INT.1.2C

结构化描述应描述每一个 TSF 模块的用途、接口、参数和效果。

14.4.4.2.3 ADV_INT.1.3C

结构化描述应描述TSF设计如何提供大量的独立模块，避免不必要的交互作用。

14.4.4.3 评估者行为元素

14.4.4.3.1 ADV_INT.1.1E

评估者应确认所提供的信息满足证据的内容和形式的所有要求。

14.4.4.3.2 ADV_INT.1.2E

评估者应决定低层设计和实现表示都是遵循结构化描述的。

14.4.5 ADV_INT.2 复杂性降低

依赖关系：ADV_IMP.1 TSF实现的子集；

ADV_LLD.1 描述性低层设计。

14.4.5.1 应用注释

这一组件通过要求将实施TSP中所标识访问控制或信息流控策略的TSF部分的复杂性最小化，引入一个参照监视器的概念。

14.4.5.2 开发者行为元素

14.4.5.2.1 ADV_INT.2.1D

开发者应以模块方式设计和构建TSF，避免设计模块之间出现不必要的交互作用。

14.4.5.2.2 ADV_INT.2.2D

开发者应提供一种结构化描述。

14.4.5.2.3 ADV_INT.2.3D

开发者应以分层方式设计和构建TSF，以最小化设计层次之间的交互作用。

14.4.5.2.4 ADV_INT.2.4D

开发者应以一种方式设计和构建TSF，以最小化实施任何访问控制或信息流控制策略的TSF部分的复杂性。

14.4.5.3 证据的内容和形式元素

14.4.5.3.1 ADV_INT.2.1C

结构化描述应标识TSF的模块，并应指明TSF的哪些部分实施访问控制或信息流控策略。

14.4.5.3.2 ADV_INT.2.2C

结构化描述应描述每一个TSF模块的用途、接口、参数和效果。

14.4.5.3.3 ADV_INT.2.3C

结构化描述应描述TSF设计如何提供大量的独立模块，避免不必要的交互作用。

14.4.5.3.4 ADV_INT.2.4C

结构化描述应描述分层结构。

14.4.5.3.5 ADV_INT.2.5C

结构化描述应说明相互作用已最小化，并证明所残留的相互作用是合理的。

14.4.5.3.6 ADV_INT.2.6C

结构化描述应描述如何构建那些实施访问控制或信息流控制策略的TSF部分，从而最小化复杂性。

14.4.5.4 评估者行为元素

14.4.5.4.1 ADV_INT.2.1E

评估者应确认所提供的信息满足证据的内容和形式的所有要求。

14.4.5.4.2 ADV_INT.2.2E

评估者应决定低层设计和实现表示都是遵循结构化描述的。

14.4.6 **ADV_INT.3 复杂性最小化**

依赖关系:ADV_IMP.2 TSF 实现;

ADV_LLD.1 描述性低层设计。

14.4.6.1 **应用注释**

这一组件要求完全满足参照监视器"简单到足以被分析"这一属性。本组件与功能要求组件 FPT_RVM.1 和 FPT_SEP.3 一起,可完全实现参照监视器这一概念。

14.4.6.2 **开发者行为元素**

14.4.6.2.1 **ADV_INT.3.1D**

开发者应以模块方式设计和构建 TSF,避免设计模块之间出现不必要的交互作用。

14.4.6.2.2 **ADV_INT.3.2D**

开发者应提供一种结构化描述。

14.4.6.2.3 **ADV_INT.3.3D**

开发者应以分层的方式设计和构建 TSF,以最小化设计层次之间的交互作用。

14.4.6.2.4 **ADV_INT.3.4D**

开发者应以一种方式设计和构建 TSF,以最小化**整个** TSF 的复杂性。

14.4.6.2.5 **ADV_INT.3.5D**

开发者应把实施访问控制或信息流控策略的 TSF 部分设计和构建得足够简单以至于可以被分析。

14.4.6.2.6 **ADV_INT.3.6.D**

开发者应确保那些目的与 TSF 无关的功能都已从 TSF 模块中被排除。

14.4.6.3 **证据的内容和形式元素**

14.4.6.3.1 **ADV_INT.3.1C**

结构化描述应标识 TSF 的模块,并应指明 TSF 的哪些部分实施访问控制或信息流控策略。

14.4.6.3.2 **ADV_INT.3.2C**

结构化描述应描述每一个 TSF 模块的用途、接口、参数和效果。

14.4.6.3.3 **ADV_INT.3.3C**

结构化描述应描述 TSF 设计是如何提供大量的独立模块,避免不必要的交互作用。

14.4.6.3.4 **ADV_INT.3.4C**

结构化描述应描述分层结构。

14.4.6.3.5 **ADV_INT.3.5C**

结构化描述应说明相互作用已最小化,并证明所残留的相互作用是合理的。

14.4.6.3.6 **ADV_INT.3.6C**

结构化描述应描述如何构建**整个** TSF,从而最小化复杂性。

14.4.6.3.7 **ADV_INT3.7C**

结构化描述应证明 TSF 中包含的所有非 TSP-实施模块都是合理的。

14.4.6.4 **评估者行为元素**

14.4.6.4.1 **ADV_INT.3.1E**

评估者应确认所提供的信息满足证据的内容和形式的所有要求。

14.4.6.4.2 **ADV_INT.3.2E**

评估者应决定低层设计和实现表示都是遵循结构化描述的。

14.4.6.4.3 **ADV_INT3.3E**

评估者应确认实施任何访问控制或信息流控制策略的 TSF 部分都已经足够简单,以至于可以被分析。

14.5 低层设计(ADV_LLD)

14.5.1 目的

TOE 的低层设计提供了一个根据模块及其相互关系和依赖关系对 TSF 内部工作方式的描述。低层设计还保证了 TSF 子系统都已被正确有效地细化。

对于每一个 TSF 模块,低层设计描述了它的用途、功能、接口、依赖关系和任何 TSP-实施功能的实现。

14.5.2 组件分级

本族中的组件是基于低层设计所要求的形式化程度和接口规范所要求的详细程度而分级的。

14.5.3 应用注释

术语"TSP-实施模块"指正确实施 TSP 所必须依赖的任意模块。

术语"安全功能性"用于表示针对由 TOE 实现的一些安全功能,一个模块所执行的一系列操作。这种差别产生的原因是模块不必与特定的安全功能相关。虽然一个特定模块可能直接对应于一个安全功能或多个安全功能,但也可能是许多模块必须组合在一起才能实现一个单一的安全功能。

ADV_LLD. *. 6C 元素要求低层设计描述每一个 TSP-实施功能是如何提供的。这个要求旨在希望低层设计能提供一个预见每个模块如何实现设计意图的描述。

本族的 ADV_LLD. *. 2E 元素定义了这样一个要求,即要求评估者决定低层设计是 TOE 安全功能要求的一个准确且完备的实例化。这就提供了低层设计和 TOE 安全功能要求之间的一个直接对应性,以作为 ADV_RCR"表示对应性"族所要求的成双成对对应性的补充。希望评估者利用 ADV_RCR 中提供的证据作为该判定的输入,并将对完备性的要求与低层设计的抽象程度联系起来。

ADV_LLD. 2. 9C 引入了一个完备地表示模块接口的要求。这将为支持 TOE 彻底测试(利用 ATE_DPT 的组件)和脆弱性评定提供必要的细节。

在低层设计的形式化程度方面,非形式化、半形式化和形式化三个等级的的划分实际上都是主观的。因此,ADV_LLD. 1. 1C 也能够由半形式化或者形式化的低层设计来满足,并且 ADV_LLD. 2. 1C 也能够由形式化的低层设计来满足。

14.5.4 ADV_LLD. 1 描述性低层设计

依赖关系:ADV_HLD. 2 安全加强的高层设计;

　　　　　ADV_RCR. 1 非形式化对应性证实。

14.5.4.1 开发者行为元素

14.5.4.1.1 ADV_LLD. 1. 1D

开发者应提供 TSF 的低层设计。

14.5.4.2 证据的内容和形式元素

14.5.4.2.1 ADV_LLD. 1. 1C

低层设计的表示应是非形式化的。

14.5.4.2.2 ADV_LLD. 1. 2C

低层设计应是内在一致的。

14.5.4.2.3 ADV_LLD. 1. 3C

低层设计应按模块描述 TSF。

14.5.4.2.4 ADV_LLD. 1. 4C

低层设计应描述每一个模块的用途。

14.5.4.2.5 ADV_LLD. 1. 5C

低层设计应根据所提供的安全功能性和对其他模块的依赖关系,定义模块间的相互关系。

14.5.4.2.6 ADV_LLD. 1. 6C

低层设计应描述每一个 TSP 实施功能是如何被提供的。

14.5.4.2.7 **ADV_LLD.1.7C**

低层设计应标识 TSF 模块的所有接口。

14.5.4.2.8 **ADV_LLD.1.8C**

低层设计应标识 TSF 模块的哪些接口是外部可见的。

14.5.4.2.9 **ADV_LLD.1.9C**

低层设计应描述 TSF 模块所有接口的用途和用法，适当时应提供效果、例外情况和错误消息的细节。

14.5.4.2.10 **ADV_LLD.1.10C**

低层设计应把 TOE 分成 TSP-实施模块和其他模块来描述。

14.5.4.3 评估者行为元素

14.5.4.3.1 **ADV_LLD.1.1E**

评估者应确认所提供的信息满足证据的内容和形式的所有要求。

14.5.4.3.2 **ADV_LLD.1.2E**

评估者应决定低层设计是 TOE 安全功能要求的一个准确且完备的实例化。

14.5.5 **ADV_LLD.2 半形式化低层设计**

依赖关系：ADV_HLD.3 半形式化高层设计；

ADV_RCR.2 半形式化对应性证实。

14.5.5.1 开发者行为元素

14.5.5.1.1 **ADV_LLD.2.1D**

开发者应提供 TSF 的低层设计。

14.5.5.2 证据的内容和形式元素

14.5.5.2.1 **ADV_LLD.2.1C**

低层设计的表示应是**半形式化**的。

14.5.5.2.2 **ADV_LLD.2.2C**

低层设计应是内在一致的。

14.5.5.2.3 **ADV_LLD.2.3C**

低层设计应按模块描述 TSF。

14.5.5.2.4 **ADV_LLD.2.4C**

低层设计应描述每一个模块的用途。

14.5.5.2.5 **ADV_LLD.2.5C**

低层设计应根据所提供的安全功能性和对其他模块的依赖关系，定义模块间的相互关系。

14.5.5.2.6 **ADV_LLD.2.6C**

低层设计应描述每一个 TSP 实施功能是如何被提供的。

14.5.5.2.7 **ADV_LLD.2.7C**

低层设计应标识 TSF 模块的所有接口。

14.5.5.2.8 **ADV_LLD.2.8C**

低层设计应标识 TSF 模块的哪些接口是外部可见的。

14.5.5.2.9 **ADV_LLD.2.9C**

低层设计应描述 TSF 模块所有接口的用途和用法，适当时应提供**所有**效果、例外情况和错误消息的**全部**细节。

14.5.5.2.10 **ADV_LLD.2.10C**

低层设计应把 TOE 分成 TSP-实施模块和其他模块来描述。

14.5.5.3 评估者行为元素

14.5.5.3.1 ADV_LLD.2.1E

评估者应确认所提供的信息满足证据的内容和形式的所有要求。

14.5.5.3.2 ADV_LLD.2.2E

评估者应决定低层设计是 TOE 安全功能要求的一个准确且完备的实例化。

14.5.6 ADV_LLD.3 形式化低层设计

依赖关系:ADV_HLD.5 形式化高层设计;
ADV_RCR.3 形式化对应性证实。

14.5.6.1 开发者行为元素

14.5.6.1.1 ADV_LLD.3.1D

开发者应提供 TSF 的低层设计。

14.5.6.2 证据的内容和形式元素

14.5.6.2.1 ADV_LLD.3.1C

低层设计的表示应是**形式化的**。

14.5.6.2.2 ADV_LLD.3.2C

低层设计应是内在一致的。

14.5.6.2.3 ADV_LLD.3.3C

低层设计应按模块描述 TSF。

14.5.6.2.4 ADV_LLD.3.4C

低层设计应描述每一个模块的用途。

14.5.6.2.5 ADV_LLD.3.5C

低层设计应根据所提供的安全功能性和对其他模块的依赖关系,定义模块间的相互关系。

14.5.6.2.6 ADV_LLD.3.6C

低层设计应描述每一个 TSP 实施功能是如何被提供的。

14.5.6.2.7 ADV_LLD.3.7C

低层设计应标识 TSF 模块的所有接口。

14.5.6.2.8 ADV_LLD.3.8C

低层设计应标识 TSF 模块的哪些接口是外部可见的。

14.5.6.2.9 ADV_LLD.3.9C

低层设计应当述 TSF 模块所有接口的用途和用法,适当时应提供所有效果、例外情况和错误消息的全部细节。

14.5.6.2.10 ADV_LLD.3.10C

低层设计应把 TOE 分成 TSP-实施模块和其他模块来描述。

14.5.6.3 评估者行为元素

14.5.6.3.1 ADV_LLD.3.1E

评估者应确认所提供的信息满足证据的内容和形式的所有要求。

14.5.6.3.2 ADV_LLD.3.2E

评估者应决定低层设计是 TOE 安全功能要求的一个准确而完备的实例化。

14.6 表示对应性(ADV_RCR)

14.6.1 目的

各种 TSF 表示(即 TOE 概要规范、功能规范、高层设计、低层设计、实现表示)之间的对应性致力于将所提供的最不抽象的 TSF 表示要求准确且完备的实例化。实例化是准确且完备的这个结论是通过对所有相邻抽象性表示间的对应性判定结果逐步细化和累加而得出的。

14.6.2 组件分级

本族中的组件是基于各种 TSF 表示之间对应性所需的形式化程度而分级的。

14.6.3 应用注释

开发者必须为评估者证实，所提供的最详尽的或最不抽象的 TSF 表示是 ST 中功能要求所表述功能的一个准确的、一致的和完备的实例化。这是通过说明相邻表示之间对应性处于一个相当的严格程度来实现的。

本族的要求不是用来处理与 TSP 模型或 TSP 本身有关的对应性，而是如图 10 所示，是用来处理所提供的各种 TSF 表示(即 TOE 概要规范、功能规范、高层设计、低层设计、实现表示)之间的对应性。

ADV_RCR.*.1C 元素在定义 TSF 表示的相邻对之间必须细化哪些内容时，提到"所有相关的安全功能"。对于 TOE 概要规范和功能规范之间的细化，本元素仅仅要求在 TOE 概要规范中的 TOE 安全功能在功能规范中被细化，而不要求功能规范包含任何有关保证措施的细节(该细节将在 TOE 概要规范中提出)。当仅仅为一个 TSF 子集提供实现表示时(就像在 ADV_IMP.1"TSF 实现的子集"中)，低层设计和实现表示之间所要求的细化则仅限于实现表示所提出的安全功能。在所有其他情况下，本元素要求较为抽象的 TSF 表示的所有部分在较不抽象的 TSF 表示中被细化。

在相邻 TSF 表示间对应性的形式化程度方面，非形式化、半形式化和形式化三个等级的划分实际上都是主观的。因此，ADV_RCR.2.2C 和 ADV_RCR.3.2C 可能由对应性的一个形式化证明来满足，并且在其形式化程度方面没有任何具体要求时，对应性的一个证实可以是非形式化的、半形式化的或者形式化的。

14.6.4 **ADV_RCR.1 非形式化对应性证实**

依赖关系：无依赖关系。

14.6.4.1 开发者行为元素

14.6.4.1.1 **ADV_RCR.1.1D**

开发者应提供一个所提供 TSF 表示的所有相邻对之间对应性的分析。

14.6.4.2 证据的内容和形式元素

14.6.4.2.1 **ADV_RCR.1.1C**

对于所提供 TSF 表示的每个相邻对，分析应证实，较为抽象的 TSF 表示的所有相关安全功能都在较不抽象的 TSF 表示中得到正确且完备地细化。

14.6.4.3 评估者行为元素

14.6.4.3.1 **ADV_RCR.1.1E**

评估者应确认所提供的信息满足证据的内容和形式的所有要求。

14.6.5 **ADV_RCR.2 半形式化对应性证实**

依赖关系：无依赖关系。

14.6.5.1 开发者行为元素

14.6.5.1.1 **ADV_RCR.2.1D**

开发者应提供一个所提供 TSF 表示的所有相邻对之间对应性的分析。

14.6.5.2 证据的内容和形式元素

14.6.5.2.1 **ADV_RCR.2.1C**

对于所提供 TSF 表示的每个相邻对，分析应证实，较为抽象的 TSF 表示的所有相关安全功能都在较不抽象的 TSF 表示中得到正确且完备地细化。

14.6.5.2.2 **ADV_RCR.2.2C**

对于所提供 TSF 表示的每个相邻对，当两个表示的组成部分都至少是半形式化规定的时，这些表示部分之间的对应性证实也应是半形式化的。

14.6.5.3 评估者行为元素

14.6.5.3.1 ADV_RCR.2.1E

评估者应确认所提供的信息满足证据的内容和形式的所有要求。

14.6.6 ADV_RCR.3 形式化对应性证实

依赖关系:无依赖关系。

14.6.6.1 应用注释

开发者必须证实或严格证明对应性,像以下的要求所描述的那样,该对应性是证实还是严格证明应当与陈述风格的严格程度相称。例如,当相应的表示是形式化规定的时侯,对应性必须是严格证明。

14.6.6.2 开发者行为元素

14.6.6.2.1 ADV_RCR.3.1D

开发者应提供一个所提供TSF表示的所有相邻对之间对应性的分析。

14.6.6.3 证据的内容和形式元素

14.6.6.3.1 ADV_RCR.3.2D

对于形式化规定的表示的那些相应部分,开发者应严格证明其对应性。

14.6.6.3.2 ADV_RCR.3.1C

对于所提供TSF表示的每个相邻对,分析应严格证明或证实,较为抽象的TSF表示的所有相关安全功能都在较不抽象的TSF表示中得到正确且完整地细化。

14.6.6.3.3 ADV_RCR.3.2C

对于所提供TSF表示的每个相邻对,**当其中一个表示的某些组成部分是半形式化规定的**,而另一**个表示的对应部分**至少是半形式化规定时,这些表示部分之间的对应性证实也应是半形式化的。

14.6.6.3.4 ADV_RCR.3.3C

对于所提供的TSF表示的每个相邻对,两者的各部分都是形式化规定的,表示部分之间的对应性的证明也应是形式化的。

14.6.6.4 评估者行为元素

14.6.6.4.1 ADV_RCR.3.1E

评估者应确认所提供的信息满足证据的内容和形式的所有要求。

14.6.6.4.2 ADV_RCR.3.2E

评估者应通过选择性地验证那些形式化分析来决定对应性证明的准确性。

14.7 安全策略模型(ADV_SPM)

14.7.1 目的

本族目的是提供额外的保证,即在功能规范中的安全功能实施了TSP中的策略。这是通过开发一个基于TSP策略子集的安全策略模型,并建立功能规范、安全策略模型和TSP的这些策略之间的对应性来实现的。

14.7.2 组件分级

本族中的组件是基于TSP模型所要求的形式化程度,以及TSP模型和功能规范之间对应性所要求的形式化程度而分级的。

14.7.3 应用注释

虽然一个TSP可以包括任何策略,但TSP模型通常仅仅表示了这些策略的某些子集,因为对某些策略进行模型化已超越了当前的技术水平。当前的技术水平可以确定哪些策略可模型化,因此PP/ST作者应标识出能被模型化的一些特定功能和相关策略,于是要求这些功能和策略被模型化。至少,要求访问控制和信息流控策略被模型化(如果它们是TSP的组成部分),因为这两者处于当前技术水平之内。

对于本族中的每个组件,要求描述TSP模型中TSP应用策略的规则和特征,并且确保TSP模型满足 TSP 的相应策略。TSP 模型的“规则”和“特征”是为了提高可开发模型类型(如状态转换、无干扰)的灵活性。例如,规则可表示为“属性”(如简单安全属性),特征可能表示为一些定义,诸如“初始状态”、“安全状态”、“主体”和“客体”。

在 TSP 模型的形式化程度和 TSP 模型与功能规范之间对应性的形式化程度方面,非形式化、半形式化和形式化三个等级的划分实际上都是主观的。因此,ADV_SPM. 1. 1C 也可由一个半形式化或者形式化的 TSP 模型来满足,而 ADV_SPM. 2. 1C 可由一个形式化的 TSP 模型来满足。此外,ADV_SPM. 2. 5C 和 ADV_SPM. 3. 5C 可由对应性的一个形式化证明来满足。最后,在其形式化程度方面没有任何具体要求时,对应性的一个证实可以是非形式化的、半形式化的或者形式化的。

14. 7. 4 ADV_SPM. 1 非形式化 TOE 安全策略模型

依赖关系:ADV_FSP. 1 非形式化功能规范。

14. 7. 4. 1 开发者行为元素

14. 7. 4. 1. 1 ADV_SPM. 1. 1D

开发者应提供一个 TSP 模型。

14. 7. 4. 1. 2 ADV_SPM. 1. 2D

开发者应证实功能规范和 TSP 模型之间的对应性。

14. 7. 4. 2 证据的内容和形式元素

14. 7. 4. 2. 1 ADV_SPM. 1. 1C

TSP 模型应是非形式化的。

14. 7. 4. 2. 2 ADV_SPM. 1. 2C

TSP 模型应描述所有能被模型化的 TSP 策略的规则与特征。

14. 7. 4. 2. 3 ADV_SPM. 1. 3C

TSP 模型应包含一个基本原理,证实该模型相对所有能被模型化的 TSP 策略是一致的和完备的。

14. 7. 4. 2. 4 ADV_SPM. 1. 4C

TSP 模型和功能规范之间对应性的证实应说明所有功能规范中的安全功能相对 TSP 模型是一致的和完备的。

14. 7. 4. 3 评估者行为元素

14. 7. 4. 3. 1 ADV_SPM. 1. 1E

评估者应确认所提供的信息满足证据的内容和形式的所有要求。

14. 7. 5 ADV_SPM. 2 半形式化 TOE 安全策略模型

依赖关系:ADV_FSP. 1 非形式化功能规范。

14. 7. 5. 1 开发者行为元素

14. 7. 5. 1. 1 ADV_SPM. 2. 1D

开发者应提供一个 TSP 模型。

14. 7. 5. 1. 2 ADV_SPM. 2. 2D

开发者应证实功能规范和 TSP 模型之间的对应性。

14. 7. 5. 2 证据的内容和形式元素

14. 7. 5. 2. 1 ADV_SPM. 2. 1C

TSP 模型应当是**半形式化的**。

14. 7. 5. 2. 2 ADV_SPM. 2. 2C

TSP 模型应描述所有能被模型化的 TSP 策略的规则与特征。

14. 7. 5. 2. 3 ADV_SPM. 2. 3C

TSP 模型应包含一个基本原理,证实该模型相对所有可模型化的 TSP 策略是一致的和完备的。

14.7.5.2.4　ADV_SPM.2.4C

TSP 模型和功能规范之间对应性的证实应说明所有功能规范中的安全功能相对 TSP 模型是一致的和完备的。

14.7.5.2.5　ADV_SPM.2.5C

当功能规范至少是半形式化的时候，TSP 模型与功能规范之间对应性的证实也应是半形式化的。

14.7.5.3　评估者行为元素

14.7.5.3.1　ADV_SPM.2.1E

评估者应确认所提供的信息满足证据的内容和形式的所有要求。

14.7.6　ADV_SPM.3　形式化 TOE 安全策略模型

依赖关系：ADV_FSP.1 非形式化功能规范。

14.7.6.1　开发者行为元素

14.7.6.1.1　ADV_SPM.3.1D

开发者应提供一个 TSP 模型。

14.7.6.1.2　ADV_SPM.3.2D

开发者应证实**或适当时严格证明**功能规范和 TSP 模型之间的对应性。

14.7.6.2　证据的内容和形式元素

14.7.6.2.1　ADV_SPM.3.1C

TSP 模型应是**形式化的**。

14.7.6.2.2　ADV_SPM.3.2C

TSP 模型应描述所有能被模型化的 TSP 策略的规则与特征。

14.7.6.2.3　ADV_SPM.3.3C

TSP 模型应包含一个基本原理，证实该模型相对所有可模型化的 TSP 策略是一致的和完备的。

14.7.6.2.4　ADV_SPM.3.4C

TSP 模型和功能规范之间对应性的证实应说明所有功能规范中的安全功能相对 TSP 模型是一致的和完备的。

14.7.6.2.5　ADV_SPM.3.5C

当功能规范是**半形式化的时候**，TSP 模型与功能规范之间对应性的证实也应是半形式化的。

14.7.6.2.6　ADV_SPM.3.6C

当功能规范是形式化的时候，TSP 模型与功能规范之间对应性的证明应是形式化的。

14.7.6.3　评估者行为元素

14.7.6.3.1　ADV_SPM.3.1E

评估者应确认所提供的信息满足证据的内容和形式的所有要求。

15　AGD 类：指导性文档

指导性文档类提供了一些关于用户指南和管理员指南的要求。为了安全地管理和使用 TOE，有必要描述所有有关 TOE 安全应用方面的内容。指导性文档包括用户指南和管理员指南，并且当保证包中包含 ADO“交付和运行”类和 ALC_FLR“缺陷纠正”族时，将需要一些适于用户和管理员的特定指南。

图 12 给出了本类中的族以及族中的各组件之间的层次关系。

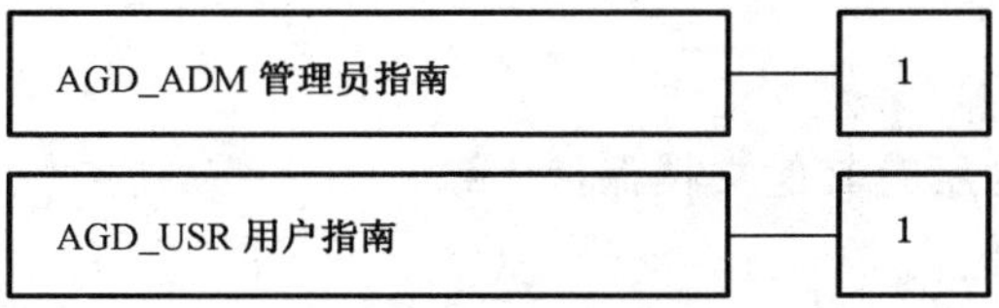

图 12　AGD：指导性文档类分解

15.1 管理员指南(AGD_ADM)

15.1.1 目的

管理员指南指供负责配置、维护和管理 TOE 的人员以正确的方式使用,以最大限度地保证安全的一种书面材料。由于 TOE 的安全运行依赖于 TSF 的正确执行,所以负责执行这些功能的人必须是 TSF 所信任的。管理员指南试图帮助管理员理解 TOE 提供的安全功能,既包括要求管理员执行安全关键动作的那些功能,也包括提供安全关键信息的那些功能。

15.1.2 组件分级

本族仅包含一个组件。

15.1.3 应用注释

AGD_ADM.1.3C 和 AGD_ADM.1.7C 包括对 TOE 用户有关 TOE 安全环境的任何警示信息和 PP/ST 中描述的一些安全目的,这些都适合包含到管理员指南中。

当管理员拥有一些控制安全的参数时,AGD_ADM.1.5C 中所提及的安全值才实用。此时需要提供指南,指导对这些参数进行安全和不安全地设置。这个概念与 GB/T 18336.2 中组件 FMT_MSA.2 的使用有关。

AGD_ADM.1.6C 要求管理员指南描述管理员对所有安全相关事件的适当反应。虽然许多安全相关事件是执行管理员功能的结果,但不总是这样(如审计日志已满、检测到一个入侵)。此外,安全相关事件可以作为一系列特定的管理员功能的结果而发生,相反地,几个安全相关事件也可以被一个功能激发。

15.1.4 AGD_ADM.1 管理员指南

依赖关系:ADV_FSP.1 非形式化功能规范。

15.1.4.1 开发者行为元素

15.1.4.1.1 AGD_ADM.1.1D

开发者应提供针对系统管理员的管理员指南。

15.1.4.2 证据的内容和形式元素

15.1.4.2.1 AGD_ADM.1.1C

管理员指南应描述 TOE 管理员可使用的管理功能和接口。

15.1.4.2.2 AGD_ADM.1.2C

管理员指南应描述如何以安全的方式管理 TOE。

15.1.4.2.3 AGD_ADM.1.3C

管理员指南应包含一些关于安全处理环境中应被控制的功能和特权的警示信息。

15.1.4.2.4 AGD_ADM.1.4C

管理员指南应描述所有关于与 TOE 安全运行有关用户行为的假设。

15.1.4.2.5 AGD_ADM.1.5C

管理员指南应描述所有受管理员控制的安全参数,适当时应指明安全值。

15.1.4.2.6 AGD_ADM.1.6C

管理员指南应描述每一种与需要执行的管理功能有关的安全相关事件,包括改变 TSF 所控制实体的安全特性。

15.1.4.2.7 AGD_ADM.1.7C

管理员指南应与供评估的所有其他文档保持一致。

15.1.4.2.8 AGD_ADM.1.8C

管理员指南应描述所有与管理员有关的 IT 环境安全要求。

15.1.4.3 评估行为元素

15.1.4.3.1 AGD_ADM.1.1E

评估者应确认所提供的信息满足证据的内容和形式的所有要求。

15.2 用户指南(AGD_USR)

15.2.1 目的

用户指南指供 TOE 的非管理员类用户或其他使用 TOE 外部接口的人员(如程序员)使用的材料。用户指南描述 TSF 提供的安全功能,以及提供 TOE 安全使用的一些规程和指导,包括警示信息。

用户指南提供了一个关于 TOE 使用和可信度的基础假设,这样非恶意用户、应用提供者和其他使用 TOE 外部接口的人员都能理解 TOE 的安全运行并自觉执行。

15.2.2 组件分级

本族仅包含一个组件。

15.2.3 应用注释

AGD_USR.1.3C 和 AGD_USR.1.5C 包括对 TOE 用户有关 TOE 安全环境的任何警告,以及 PP/ST 中描述的一些安全目标,这些都适合被包含到用户指南中。

在许多情况之下,指南可以适当地以单独文档的形式提出:一个提供给一般用户,一个提供给使用软硬件接口的应用程序员或硬件设计员。

15.2.4 AGD_USR.1 用户指南

依赖关系:ADV_FSP.1 非形式化功能规范。

15.2.4.1 开发者行为元素

15.2.4.1.1 AGD_USR.1.1D

开发者应提供用户指南。

15.2.4.2 证据的内容和形式元素

15.2.4.2.1 AGD_USR.1.1C

用户指南应描述 TOE 的非管理员用户可使用的功能和接口。

15.2.4.2.2 AGD_USR.1.2C

用户指南应描述 TOE 所提供的用户可访问安全功能的使用。

15.2.4.2.3 AGD_USR.1.3C

用户指南应包含一些关于安全处理环境中应被控制的用户可访问功能和特权的警示信息。

15.2.4.2.4 AGD_USR.1.4C

用户指南应清晰地阐述 TOE 安全运行所必需的所有用户职责,包括与 TOE 安全环境陈述中可找到的与关于用户行为的假设有关的那些职责。

15.2.4.2.5 AGD_USR.1.5C

用户指南应与供评估的所有其他文档保持一致。

15.2.4.2.6 AGD_USR.1.6C

用户指南应描述所有与用户有关的 IT 环境安全要求。

15.2.4.3 评估者行为元素

15.2.4.3.1 AGD_USR.1.1E

评估者应确认所提供的信息满足证据的内容和形式的所有要求。

16 ALC 类:生命周期支持

生命周期支持是在 TOE 开发和维护阶段,建立规则和控制其细化过程的一个方面。如果安全分析和证据产生都是作为开发和维护活动的主要组成部分有规律地进行的,那么 TOE 安全要求和 TOE 之间的对应性将更好。

图 13 给出本类中的族以及族中各组件之间的层次关系。

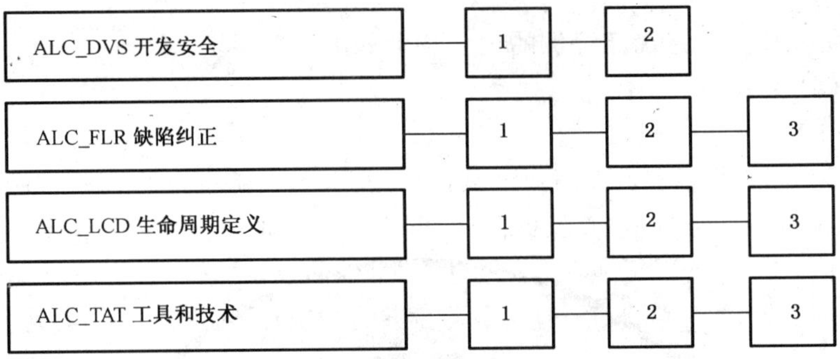

图 13 ALC:生命周期支持类分解

16.1 开发安全(ALC_DVS)

16.1.1 目的

开发安全与物理的、程序的、人员的以及其他的为保护 TOE 而在开发环境中采用的安全措施有关,包括开发场地的物理安全和任何用于选择开发人员的程序。

16.1.2 组件分级

本族中的组件是基于所要求的安全措施的充分性是否需要证明而分级的。

16.1.3 应用注释

本族处理用于去除或降低开发场地存在的威胁的一些措施。相反地,TOE 用户场地所要对抗的威胁通常由 PP 或 ST 的安全环境条款来覆盖。

评估者应决定是否有必要核查开发场地以确认本族的要求得到了满足。

应该承认,在 TOE 的开发环境中保密性并不总是涉及 TOE 保护的问题。“必需的”一词的使用,是考虑到要选择适当的防护措施。

16.1.4 ALC_DVS.1 安全措施标识

依赖关系:无依赖关系。

16.1.4.1 开发者行为元素

16.1.4.1.1 ALC_DVS.1.1D

开发者应提供开发安全文档。

16.1.4.2 证据的内容和形式元素

16.1.4.2.1 ALC_DVS.1.1C

开发安全文档应描述在 TOE 的开发环境中,保护 TOE 设计和实现的保密性和完整性所必需的所有物理的、程序的、人员的和其他方面的安全措施。

16.1.4.2.2 ALC_DVS.1.2C

开发安全文档应提供在 TOE 的开发和维护过程中执行安全措施的证据。

16.1.4.3 评估者行为元素

16.1.4.3.1 ALC_DVS.1.1E

评估者应确认所提供的信息满足证据的内容和形式的所有要求。

16.1.4.3.2 ALC_DVS.1.2E

评估者应确认安全措施正在被使用。

16.1.5 ALC_DVS.2 安全措施的充分性

依赖关系:无依赖关系。

16.1.5.1 开发者行为元素

16.1.5.1.1 ALC_DVS.2.1D

开发者应提供开发安全文档。

16.1.5.2 证据的内容和形式元素

16.1.5.2.1 ALC_DVS.2.1C

开发安全文档应描述在TOE的开发环境中,保护TOE设计和实现的保密性和完整性所必需的所有物理的、程序的、人员的和其他方面的安全措施。

16.1.5.2.2 ALC_DVS.2.2C

开发安全文档应提供在TOE的开发和维护过程中执行安全措施的证据。

16.1.5.2.3 ALC_DVS.2.3C

证据应证明安全措施提供了必需的保护级别以维护TOE的保密性和完整性。

16.1.5.3 评估者行为元素

16.1.5.3.1 ALC_DVS.2.1E

评估者应确认所提供的信息满足证据的内容和形式的所有要求。

16.1.5.3.2 ALC_DVS.2.2E

评估者应确认安全措施正在被使用。

16.2 缺陷纠正(ALC_FLR)

16.2.1 目的

缺陷纠正要求开发者跟踪并纠正已发现的安全缺陷。虽然在TOE评估时不能确定将来是否遵从缺陷纠正程序,但评估开发者为跟踪和纠正缺陷以及发布缺陷信息和纠正措施而采取的策略和程序是可行的。

16.2.2 组件分级

本族中的组件是基于缺陷纠正程序的范围不断扩大和缺陷纠正策略的严格性不断加深而分级的。

16.2.3 应用注释

本族通过要求TOE的开发者跟踪并纠正TOE的缺陷,保证将来将对TOE进行维护和支持。除此以外,还包括一些关于缺陷纠正措施发布的要求。可是,本族并在当前评估之上强加一些评估要求。

认为TOE用户是用户组织中负责接收并实现安全缺陷修复的焦点。TOE用户不必是一个个人用户,可以是一个负责处理安全缺陷的组织代表。术语“TOE用户”的使用认可不同的组织拥有不同的处理缺陷报告的程序,这些程序可以由一个个人用户实施,也可以由一个中心管理机构实施。

缺陷纠正程序应当描述用于处理所有可对抗的缺陷类型的方法。这些缺陷可以由开发者、TOE用户或其他熟悉TOE的团队等报告。某些缺陷可能不能立即被修复。某些情况下,缺陷可能不能被修复,必须采取其他的措施(例如程序措施)来补救。所提供的文档应当包括为运行场所提供缺陷修复的程序,以及当修复被推迟(在过渡期间应采取的措施)或缺陷已不可能修补时提供缺陷信息的程序。

一个TOE的评估一旦已完成,它就不再是评估的对象。而且对此被评估TOE的任何改变将导致最初的评估结果不再适用于改变后的版本。本族中所使用短语“TOE发布版本”指产品或系统的一个版本,它是一个已认证TOE的发布版本,对它的改变都已经被施加。

16.2.4 ALC_FLR.1 基本的缺陷纠正

依赖关系:无依赖关系。

16.2.4.1 开发者行为元素

16.2.4.1.1 ALC_FLR.1.1D

开发者应提供缺陷纠正程序给TOE开发者。

16.2.4.2 证据的内容和形式元素

16.2.4.2.1 ALC_FLR.1.1C

缺陷纠正程序文档应描述用于跟踪每一个TOE发布版本中所有已报告安全缺陷的程序。

16.2.4.2.2 ALC_FLR.1.2C

缺陷纠正程序应要求描述所提供的每个安全缺陷的性质和影响,以及缺陷修正的情况。

16.2.4.2.3 **ALC_FLR.1.3C**

缺陷纠正程序应要求标识对每个安全缺陷所采取的修正动作。

16.2.4.2.4 **ALC_FLR.1.4C**

缺陷纠正程序文档应描述用于提供缺陷信息、修正物和修正动作指南给 TOE 用户的方法。

16.2.4.3 评估者行为元素

16.2.4.3.1 **ALC_FLR.1.1E**

评估者应确认所提供的信息满足证据的内容和形式的所有要求。

16.2.5 **ALC_FLR.2** 缺陷报告程序

依赖关系：无依赖关系。

16.2.5.1 目的

为了让开发者能够对来自 TOE 用户的安全缺陷报告采取适当的动作，和知晓谁发送了修正补丁，TOE 用户需要了解如何将安全缺陷报告递交给开发者。开发者将缺陷纠正指南提供给 TOE 用户，确保 TOE 用户知道这一重要信息。

16.2.5.2 开发者行为元素

16.2.5.2.1 **ALC_FLR.2.1D**

开发者应提供缺陷纠正程序给 TOE 开发者。

16.2.5.2.2 **ALC_FLR.2.2D**

开发者应建立一个程序来接受和处理所有的安全缺陷报告并要求修正这些缺陷。

16.2.5.2.3 **ALC_FLR.2.3D**

开发者应提供缺陷纠正指南给 TOE 用户。

16.2.5.3 证据的内容和形式元素

16.2.5.3.1 **ALC_FLR.2.1C**

缺陷纠正程序文档应描述用于跟踪每一个 TOE 发布版本中所有已报告安全缺陷的程序。

16.2.5.3.2 **ALC_FLR.2.2C**

缺陷纠正程序应要求描述所提供的每个安全缺陷的性质和影响，以及缺陷修正的情况。

16.2.5.3.3 **ALC_FLR.2.3C**

缺陷纠正程序应要求标识对每个安全缺陷所采取的修正动作。

16.2.5.3.4 **ALC_FLR.2.4C**

缺陷纠正程序文档应描述用于提供缺陷信息、修正物和修正动作指南给 TOE 用户的方法。

16.2.5.3.5 **ALC_FLR.2.5C**

缺陷纠正程序应描述开发者接收 TOE 用户报告并询问 TOE 中可疑安全缺陷的手段。

16.2.5.3.6 **ALC_FLR.2.6C**

处理所报告安全缺陷的程序应确保任何已报告的缺陷都已被修正，并且修正物已发布给 TOE 用户。

16.2.5.3.7 **ALC_FLR.2.7C**

处理所报告安全缺陷的程序应提供预防措施，确保对这些安全缺陷的任何修正不会带来任何新的缺陷。

16.2.5.3.8 **ALC_FLR.2.8C**

缺陷纠正指南应描述 TOE 用户将 TOE 中任何可疑安全缺陷报告给开发者的手段。

16.2.5.4 评估者行为元素

16.2.5.4.1 **ALC_FLR.2.1E**

评估者应确认所提供的信息满足证据的内容和形式的所有要求。

16.2.6 **ALC_FLR.3 系统的缺陷纠正**

依赖关系:无依赖关系。

16.2.6.1 目的

为了让开发者能够对来自 TOE 用户的安全缺陷报告采取适当的动作,和知晓谁发送了修正补丁,TOE 用户需要了解如何将安全缺陷报告递交给开发者,以及他们如何向开发者注册,这样他们就可接收到修正补丁。开发者将缺陷纠正指南提供给 TOE 用户,确保 TOE 用户知道这一重要信息。

16.2.6.2 开发者行为元素

16.2.6.2.1 **ALC_FLR.3.1D**

开发者应提供缺陷纠正程序给 TOE 开发者。

16.2.6.2.2 **ALC_FLR.3.2D**

开发者应建立一个程序来接受和处理所有的安全缺陷报告并要求修正这些缺陷。

16.2.6.2.3 **ALC_FLR.3.3D**

开发者应提供缺陷纠正指南给 TOE 用户。

16.2.6.3 证据的内容和形式元素

16.2.6.3.1 **ALC_FLR.3.1C**

缺陷纠正程序文档应描述用于跟踪每一个 TOE 发布版本中所有已报告安全缺陷的程序。

16.2.6.3.2 **ALC_FLR.3.2C**

缺陷纠正程序应要求描述所提供的每个安全缺陷的性质和影响,以及缺陷修正的情况。

16.2.6.3.3 **ALC_FLR.3.3C**

缺陷纠正程序应要求标识对每个安全缺陷所采取的修正动作。

16.2.6.3.4 **ALC_FLR.3.4C**

缺陷纠正程序文档应描述用于提供缺陷信息、修正物和修正动作指南给 TOE 用户的方法。

16.2.6.3.5 **ALC_FLR.3.5C**

缺陷纠正程序应描述开发者接收 TOE 用户报告并询问 TOE 中可疑安全缺陷的手段。

16.2.6.3.6 **ALC_FLR.3.6C**

处理所报告安全缺陷的程序应确保任何已报告的缺陷都已被修正,并且修正物已发布给 TOE 用户。

16.2.6.3.7 **ALC_FLR.3.7C**

处理所报告安全缺陷的程序应提供预防措施,确保对这些安全缺陷的任何修正不会带来任何新的缺陷。

16.2.6.3.8 **ALC_FLR.3.8C**

缺陷纠正指南应描述 TOE 用户将 TOE 中任何可疑安全缺陷报告给开发者的手段。

16.2.6.3.9 **ALC_FLR.3.9C**

缺陷纠正程序应包含一个程序,要求及时对安全缺陷报告和相关修正的自动分发做出响应,将其分发给可能受到安全缺陷影响的注册用户。

16.2.6:3.10 **ALC_FLR.3.10C**

缺陷纠正指南应描述 TOE 用户向开发者注册以便有资格接收安全缺陷报告和修正的手段。

16.2.6.3.11 **ALC_FLR.3.11C**

缺陷纠正指南应标识特定的联系点,以便完全地报告和询问涉及 TOE 的安全问题。

16.2.6.4 评估者行为元素

16.2.6.4.1 **ALC_FLR.3.1E**

评估者应确认所提供的信息满足证据的内容和形式的所有要求。

16.3 生命周期定义(ALC_LCD)

16.3.1 目的

TOE的开发和维护缺乏控制将导致一个有缺陷的TOE实现(或者TOE不能满足它的所有的安全要求),进而导致安全违例。因此,尽早在TOE生命周期内建立TOE开发和维护模型是很重要的。

使用一个TOE开发和维护模型并不能确保TOE不会有缺陷,也不能确保TOE将满足它的所有的安全功能要求。可能所选择的模型是不胜任的或不恰当的,因此无助于提高TOE的质量。使用一个已得到某些专家组(例如理论专家、标准化机构)认可的生命周期模型,将提高开发和维护模型改善TOE整体质量的机会。

16.3.2 组件分级

本族中的组件是基于关于生命周期模型的标准化、可测性以及对模型的遵从性的要求不断增加而分级的。

16.3.3 应用注释

生命周期模型包括用于开发和维护TOE的一些程序、工具和技术。可被这样一个模型涵盖的过程包括设计方法、评审程序、项目管理控制、变化控制程序、测试方法和验收程序。一个有效的生命周期模型将一个在分配职责和监控进程的总体管理结构内,处理开发和维护过程的以上方面。

虽然生命周期定义涉及到TOE的维护并且因而同时涉及评估完成后的相关方面,但TOE的评估通过对评估时所提供的TOE生命周期信息加以分析,增加了保证。

一个标准的生命周期模型是一个已得到某些专家组(例如理论专家、标准化机构)认可的模型。

一个可测量的生命周期模型是一个带有算术参数或测量TOE开发特性的量度(例如源代码复杂性量度)的模型。

如果开发者能够提供信息说明模型适当地降低了TOE中安全违例的危险性,那么该生命周期模型就为TOE的开发和维护提供了必要的控制。ST中给出的关于TOE预期环境和关于TOE安全目的的信息,可用于定义关于TOE交付后部分生命周期的模型。

16.3.4 ALC_LCD.1 开发者定义的生命周期模型

依赖关系:无依赖关系。

16.3.4.1 开发者行为元素

16.3.4.1.1 ALC_LCD.1.1D

开发者应建立一个生命周期模型,用于TOE的开发和维护。

16.3.4.1.2 ALC_LCD.1.2D

开发者应提供生命周期定义文档。

16.3.4.2 证据的内容和形式元素

16.3.4.2.1 ALC_LCD.1.1C

生命周期定义文档应描述用于开发和维护TOE的模型。

16.3.4.2.2 ALC_LCD.1.2C

生命周期模型应提供对TOE的开发和维护进行的必要控制。

16.3.4.3 评估者行为元素

16.3.4.3.1 ALC_LCD.1.1E

评估者应确认所提供的信息满足证据的内容和形式的所有要求。

16.3.5 ALC_LCD.2 标准化的生命周期模型

依赖关系:无依赖关系。

16.3.5.1 开发者行为元素

16.3.5.1.1 ALC_LCD.2.1D

开发者应建立一个生命周期模型,用于TOE的开发和维护。

16.3.5.1.2 ALC_LCD.2.2D

开发者应提供生命周期定义文档。

16.3.5.1.3 ALC_LCD.2.3D

开发者应利用标准化的生命周期模型来开发和维护 TOE。

16.3.5.2 证据的内容和形式元素

16.3.5.2.1 ALC_LCD.2.1C

生命周期定义文档应描述用于开发和维护 TOE 的模型。

16.3.5.2.2 ALC_LCD.2.2C

生命周期模型应提供对 TOE 的开发和维护进行的必要控制。

16.3.5.2.3 ALC_LCD.2.3C

生命周期定义文档应解释为何选择该模型。

16.3.5.2.4 ALC_LCD.2.4C

生命周期定义文档应解释如何用该模型来开发和维护 TOE。

16.3.5.2.5 ALC_LCD.2.5C

生命周期定义文档应证实遵从了标准化的生命周期模型。

16.3.5.3 评估者行为元素

16.3.5.3.1 ALC_LCD.2.1E

评估者应确认所提供的信息满足证据的内容和形式的所有要求。

16.3.6 ALC_LCD.3 可测量的生命周期模型

依赖关系：无依赖关系。

16.3.6.1 开发者行为元素

16.3.6.1.1 ALC_LCD.3.1D

开发者应建立一个生命周期模型，用于开发和维护 TOE。

16.3.6.1.2 ALC_LCD.3.2D

开发者应提供生命周期定义文档。

16.3.6.1.3 ALC_LCD.3.3D

开发者应利用标准化的和**可测量的**生命周期模型来开发和维护 TOE。

16.3.6.1.4 ALC_LCD.3.4D

开发者应利用标准化的和可测量的生命周期模型来测量 TOE 的开发。

16.3.6.2 证据的内容和形式元素

16.3.6.2.1 ALC_LCD.3.1C

生命周期定义文档应描述用于开发和维护 TOE 的模型，**包括依据该模型用于测量 TOE 开发的算术参数或量度的一些细节。**

16.3.6.2.2 ALC_LCD.3.2C

生命周期模型应提供对 TOE 的开发和维护进行的必要控制。

16.3.6.2.3 ALC_LCD.3.3C

生命周期定义文档应解释为何选择该模型。

16.3.6.2.4 ALC_LCD.3.4C

生命周期定义文档应解释如何用该模型来开发和维护 TOE。

16.3.6.2.5 ALC_LCD.3.5C

生命周期定义文档应证实遵从了标准化的和**可测量的**生命周期模型。

16.3.6.2.6 ALC_LCD.3.6C

生命周期文档应提供使用标准化的和可测量的生命周期模型测量 TOE 开发的结果。

16.3.6.3 评估者行为元素

16.3.6.3.1 ALC_LCD.3.1E

评估者应确认所提供的信息满足证据的内容和形式的所有要求。

16.4 工具和技术(ALC_TAT)

16.4.1 目的

工具和技术主要是选择用于开发、分析和实现 TOE 的工具。它包括一些要求,以防止将定义存在问题、不稳定或不正确的开发工具用于开发 TOE。这里包括但不限于,编程语言、文档、实现标准,以及其他的 TOE 部分诸如支持运行时间的程序库。

16.4.2 组件分级

本族中的组件是基于关于实现标准和实现依赖选项文档的描述和范围要求的不断增加而分级的。

16.4.3 应用注释

这里对明确定义的开发工具有一个的要求。已经指出这些工具无需进一步改进就可直接应用。例如,编程语言和计算机辅助设计(CAD)系统如果是基于标准机构公开发布的标准的,就认为是明确定义的。

工具和技术区别开发者使用的实现标准(ALC_TAT.2.3D)和额外包括第三方的软件、硬件或固件的"TOE 的所有部分"的实现标准(ALT_TAT.3.3D)。

ALC_TAT.1.2C 中的要求尤其适用于编程语言,以确保源代码中的所有语句都无歧义。

16.4.4 ALC_TAT.1 明确定义的开发工具

依赖关系:ADV_IMP.1 TSF 实现的子集。

16.4.4.1 开发者行为元素

16.4.4.1.1 ALC_TAT.1.1D

开发者应标识用于开发 TOE 的工具。

16.4.4.1.2 ALC_TAT.1.2D

开发者应文档化所选的、依赖于实现的开发工具选项。

16.4.4.2 证据的内容和形式元素

16.4.4.2.1 ALC_TAT.1.1C

所有用于实现的开发工具应是明确定义的。

16.4.4.2.2 ALC_TAT.1.2C

开发工具文档应无歧义地定义实现中每个语句的含义。

16.4.4.2.3 ALC_TAT 1.3C

开发工具文档应无歧义地定义所有依赖于实现的选项的含义。

16.4.4.3 评估者行为元素

16.4.4.3.1 ALC_TAT.1.1E

评估者应确认所提供的信息满足证据的内容和形式的所有要求。

16.4.5 ALC_TAT.2 遵从实现标准

依赖关系:ADV_IMP.1 TSF 实现的子集。

16.4.5.1 开发者行为元素

16.4.5.1.1 ALC_TAT.2.1D

开发者应标识用于开发 TOE 的工具。

16.4.5.1.2 ALC_TAT.2.2D

开发者应文档化所选的、依赖于实现的开发工具选项。

16.4.5.1.3 ALC_TAT.2.3D

开发者应描述所使用的实现标准。

16.4.5.2 **证据的内容和形式元素**

16.4.5.2.1 **ALC_TAT.2.1C**

所有用于实现的开发工具应是明确定义的。

16.4.5.2.2 **ALC_TAT.2.2C**

开发工具文档应无歧义地定义实现中每个语句的含义。

16.4.5.2.3 **ALC_TAT 2.3C**

开发工具文档应无歧义地定义所有依赖于实现的选项的含义。

16.4.5.3 **评估者行为元素**

16.4.5.3.1 **ALC_TAT.2.1E**

评估者应确认所提供的信息满足证据的内容和形式的所有要求。

16.4.5.3.2 **ALC_TAT.2.2E**

评估者应确认已经采用实现标准。

16.4.6 **ALC_TAT.3 遵从实现标准——所有部分**

依赖关系:ADV_IMP.1 TSF 实现的子集。

16.4.6.1 **开发者行为元素**

16.4.6.1.1 **ALC_TAT.3.1D**

开发者应标识用于开发 TOE 的工具。

16.4.6.1.2 **ALC_TAT.3.2D**

开发者应文档化所选的、依赖于实现的开发工具选项。

16.4.6.1.3 **ALC_TAT.3.3D**

开发者应描述为 **TOE 的所有部分**所使用的实现标准。

16.4.6.2 **证据的内容和形式元素**

16.4.6.2.1 **ALC_TAT.3.1C**

所有用于实现的开发工具应是明确定义的。

16.4.6.2.2 **ALC_TAT.3.2C**

开发工具文档应无歧义地定义实现中每个语句的含义。

16.4.6.2.3 **ALC_TAT.3.3C**

开发工具文档应无歧义地定义所有依赖于实现的选项的含义。

16.4.6.3 **评估者行为元素**

16.4.6.3.1 **ALC_TAT.3.1E**

评估者应确认所提供的信息满足证据的内容和形式的所有要求。

16.4.6.3.2 **ALC_TAT.3.2E**

评估者应确认已经采用实现标准。

17 ATE 类:测试

"测试"类包括四个族:测试覆盖(ATE_COV)、测试深度(ATE_DPT)、独立测试(例如由评估者执行的功能测试)(ATE_IND)和功能测试(ATE_FUN)。测试有助于确定 TOE 的安全功能要求是否得到满足。测试提供这样的保证:尽管不能确定 TOE 是否仅做了规定的事情,但 TOE 至少满足了 TOE 的安全功能要求。测试还可以直接面向 TSF 的内部结构,诸如根据规范对各个子系统和模块进行测试。

为了增加这些族中组件应用的灵活性,已经将"测试覆盖"和"测试深度"与"功能测试"分离开来。然而,这三个族中的要求又往往需要一起应用。

独立测试族依赖于别的族提供必要的信息来支持其要求,但主要与独立的评估者行为有关。

本类的重点在于确认 TSF 依据其规范进行运作。这将包括两种测试:基于功能要求的正面测试和检测是否存在不良行为的反面测试。本类不涉及穿透性测试,即直接寻找使用户能够违反安全策略的脆弱性。穿透性测试是基于 TOE 的一个分析,它专门寻找并确定 TSF 设计和实现中的脆弱性,在 AVA“脆弱性评估”类中将作为脆弱性评估的一个方面单独处理。

图 14 给出本类中的族以及族中的组件层次。

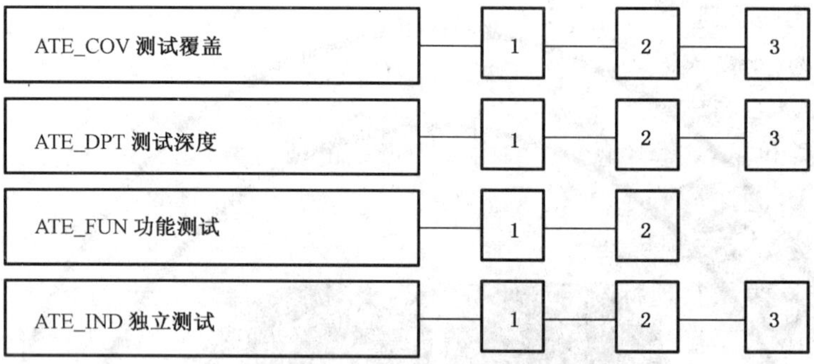

图 14　ATE:测试类分解

17.1　测试覆盖(ATE_COV)

17.1.1　目的

本族负责处理涉及测试覆盖完备性的那些测试方面内容。也就是说,它负责处理 TSF 要被测试的广度,以及测试是否广泛得足以证实 TSF 如规定的那样运行。

17.1.2　组件分级

本族中的组件是基于接口测试的严格性不断增加以及证实 TSF 是根据其功能规范运行的测试充分性分析的严格性不断增加而分级的。

17.1.3　ATE_COV.1　覆盖证据

依赖关系:ADV_FSP.1　非形式化功能规范;

　　　　　ATE_FUN.1　功能测试。

17.1.3.1　目的

本组件的目的是证实已经按照功能规范对 TSF 进行了测试。这是通过检查开发者的对应性证据来实现的。

17.1.3.2　应用注释

当测试目的是要涵盖 TSF 时,除了需要一个从测试到功能规范和测试数据本身的非形式化映射之外,不需要提供任何东西来验证这个断言。

在本组件中,要求开发者表明已标识的测试如何对应功能规范中所描述的 TSF。这可通过一个对应性陈述来实现,可能是使用一张表格来说明。需要这个信息以支持评估者为这次评估准备测试程序。在这个级别上,不需要开发者完全覆盖 TSF 的各个方面,但评估者有必要考虑这个领域的不足之处。

17.1.3.3　开发者行为元素

17.1.3.3.1　ATE_COV.1.1D

开发者应提供测试覆盖的证据。

17.1.3.4　证据的内容和形式元素

17.1.3.4.1　ATE_COV.1.1C

测试覆盖的证据应说明测试文档中所标识的测试与功能规范中所描述的 TSF 之间的对应性。

17.1.3.5 评估者行为元素

17.1.3.5.1 ATE_COV.1.1E

评估者应确认所提供的信息满足证据的内容和形式的所有要求。

17.1.4 ATE_COV.2 覆盖分析

依赖关系:ADV_FSP.1 非形式化功能规范;

ATE_FUN.1 功能测试。

17.1.4.1 目的

本组件的目的是证实已经按照功能规范对 TSF 进行了系统地测试。这是通过检查开发者的对应性分析来实现的。

17.1.4.2 应用注释

要求评估者证实已标识的测试包括在功能规范中所描述的所有安全功能测试。这个分析不能仅仅表明测试和安全功能间的对应性,还应该为评估者提供足够的信息以判定这些功能是如何执行的。这个信息还可被用来设计额外的评估者测试。虽然在这一级别上,开发者必须证实功能规范中的每个功能都已经被测试过了,但是每个功能的测试不必十分彻底。

17.1.4.3 开发者行为元素

17.1.4.3.1 ATE_COV.2.1D

开发者应提供测试覆盖的一个**分析**。

17.1.4.4 证据的内容和形式元素

17.1.4.4.1 ATE_COV.1.1C

测试覆盖的**分析**应**证实**测试文档中所标识的测试与功能规范中所描述的 TSF 之间的对应性。

17.1.4.4.2 ATE_COV.2.2C

测试覆盖的分析应证实功能规范中所描述 TSF 与测试文档所标识的测试之间的对应性是完备的。

17.1.4.5 评估者行为元素

17.1.4.5.1 ATE_COV.2.1E

评估者应确认所提供的信息满足证据的内容和形式的要求。

17.1.5 ATE_COV.3 覆盖的严格分析

依赖关系:ADV_FSP.1 非形式化功能规范;

ATE_FUN.1 功能测试。

17.1.5.1 目的

本组件的目的是证实已经按照功能规范对 TSF 进行了系统且彻底地测试。这是通过检查开发者的对应性分析来实现的。

17.1.5.2 应用注释

要求开发者提供一个令人信服的论据,说明所标识的测试涵盖了所有安全功能,并且对每个安全功能的测试是完备的。评估者几乎没有余地基于功能规范设计额外的 TSF 接口的功能测试,但必须彻底地测试它们。尽管如此,评估者应该努力设计这种测试。

17.1.5.3 开发者行为元素

17.1.5.3.1 ATE_COV.3.1D

开发者应提供测试覆盖的一个分析。

17.1.5.4 证据的内容和形式元素

17.1.5.4.1 ATE_COV.3.1C

测试覆盖的分析应证实测试文档中所标识的测试与功能规范中所描述的 TSF 之间的对应性。

17.1.5.4.2 ATE_COV.3.2C

测试覆盖的分析应证实功能规范中所描述 TSF 与测试文档所标识的测试之间的对应性是完备的。

17.1.5.4.3 ATE_COV.3.3C

测试覆盖的分析应严格地证实功能规范中所标识的所有 TSF 外部接口已经被完备地测试过了。

17.1.5.5 评估者行为元素

17.1.5.5.1 ATE_COV.3.1E

评估者应确认所提供的信息满足证据的内容和形式的要求。

17.2 测试深度(ATE_DPT)

17.2.1 目的

本族中的组件涉及 TSF 测试所能到达的详细程度。安全功能的测试是根据从表示分析中所导出信息的深度不断增加而增加的。

本族的目的是降低在 TOE 的开发中存在错过一个错误的风险。此外,本族中的组件,特别是当测试与 TSF 内部结构的关系越紧密,就越容易发现任何已插入的恶意代码。

执行特定内部接口的测试不仅能保证 TSF 展现了所期望的外部安全行为,而且能保证这种行为来源于正确运作的内部机制。

17.2.2 组件分级

本族中的组件是基于 TSF 表示所提供细节的不断增加,即从高层设计到实现表示而分级的。这个分级反映了 ADV 类所提出的 TSF 表示。

17.2.3 应用注释

一般而言,文档和证据的特定数目和类型将取决于从 ATE_FUN"功能测试"中选取的组件。

功能规范层面的测试由 ATE_COV"测试覆盖"负责。

本族采取了这样的原则:即测试的级别要适合于所寻求的保证级别。当使用更高级的组件时,测试的结果需要证实 TSF 的实现与它的设计是一致的。例如,高层设计应该描述每一个子系统并非常详细地描述这些子系统间的接口。测试的证据必须表明子系统间的接口已完成运用。这可以由通过 TSF 外部接口的测试来完成,或者通过分别对子系统接口的测试来完成,也许还可以使用一个测试套件来实现上述测试。当一个内部接口的某些方面不能通过外部接口进行测试时,应该证明这些方面是不必测试的,或者该内部接口必须直接测试。在后一种情况下,为了能进行直接测试,高层设计必须足够详尽。本族中更高级的组件企图检查随着抽象程度降低而变得可见的内部接口的正确运行。当应用这些组件时,仅用 TSF 的外部接口很难提供测试深度的充足性证据,通常必须进行模块测试。

17.2.4 ATE_DPT.1 测试:高层设计

依赖关系:ADV_HLD.1 描述性高层设计;

ATE_FUN.1 功能测试。

17.2.4.1 目的

TSF 的子系统为该 TSF 的内部工作提供了一个高层描述。为了证实任何缺陷的存在而在子系统级别上进行的测试,确保已正确实现了该 TSF 子系统。

17.2.4.2 应用注释

期望开发者按照"子系统"描述 TSF 高层设计的测试。"子系统"这个术语用来表示把 TSF 分解成数目相对较少的几个部分这一概念。

17.2.4.3 开发者行为元素

17.2.4.3.1 ATE_DPT.1.1D

开发者应提供测试深度的分析。

17.2.4.4 证据的内容和形式元素

17.2.4.4.1 ATE_DPT.1.1C

深度分析应证实测试文档中所标识的测试足以证实该 TSF 是依照其高层设计运行的。

17.2.4.5 评估者行为元素

17.2.4.5.1 ATE_DPT.1.1E

评估者应确认所提供的信息满足证据的内容和形式的要求。

17.2.5 ATE_DPT.2 测试:低层设计

依赖关系:ADV_HLD.2 安全加强的高层设计;
ADV_LLD.1 描述性低层设计;
ATE_FUN.1 功能测试。

17.2.5.1 目的

TSF 的子系统提供这个 TSF 内部工作的一个高层描述。为了证实任何缺陷的存在而在子系统级别上进行的测试,确保已正确实现了这些 TSF 子系统。

TSF 的模块提供 TSF 内部工作的一种描述。为了证实任何缺陷的存在而在模块级别上进行的测试,确保已正确实现了这些 TSF 模块。

17.2.5.2 应用注释

期望开发者按照"子系统"描述 TSF 高层设计的测试。"子系统"这个术语用来表示把 TSF 分解成数目相对较少的几个部分这一概念。

期望开发者按照"模块"描述 TSF 低层设计的测试。"模块"这个术语用来表示把每个 TSF"子系统"分解成数目相对较少的几部分这一概念。

17.2.5.3 开发者行为元素

17.2.5.3.1 ATE_DPT.2.1D

开发者应提供测试深度的分析。

17.2.5.4 证据的内容和形式元素

17.2.5.4.1 ATE_DPT.2.1C

深度分析将证实测试文档中所标识的测试足以证实该 TSF 是依照其高层设计和低层设计运行的。

17.2.5.5 评估者行为元素

17.2.5.5.1 ATE_DPT.2.1E

评估者应确认所提供的信息满足证据的内容和形式的要求。

17.2.6 ATE_DPT.3 测试:实现表示

依赖关系:ADV_HLD.2 安全加强的高层设计;
ADV_IMP.2 TSF 实现;
ADV_LLD.1 描述性低层设计;
ATE_FUN.1 功能测试。

17.2.6.1 目的

TSF 的子系统提供这个 TSF 内部工作的一个高层描述。为了证实任何缺陷的存在而在子系统级别上进行的测试,确保已正确实现了这些 TSF 子系统。

TSF 的模块提供 TSF 内部工作的一种描述。为了证实任何缺陷的存在而在模块级别上进行的测试,确保已正确实现了这些 TSF 模块。

TSF 的实现表示提供 TSF 内部工作的一种详细描述。为了证实任何缺陷的存在而在实现级别上进行的测试,确保已正确实现了这些 TSF 实现。

17.2.6.2 应用注释

期望开发者按照"子系统"描述 TSF 高层设计的测试。"子系统"这个术语用来表示把 TSF 分解成数目相对较少的几个部分这一概念。

期望开发者按照"模块"来描述 TSF 低层设计的测试。"模块"这个术语用来表示把每个 TSF"子系统"分解成数目相对较少的几个部分这一概念。

实现表示是用来产生 TSF 本身的(比如待编译的源码)。

17.2.6.3 **开发者行为元素**

17.2.6.3.1 **ATE_DPT.3.1D**

开发者应提供测试深度的分析。

17.2.6.4 **证据的内容和形式元素**

17.2.6.4.1 **ATE_DPT.3.1C**

深度分析应证实测试文档中所标识的测试足以证实该 TSF 是依照其高层设计、低层设计和**实现表示**运行的。

17.2.6.5 **评估者行为元素**

17.2.6.5.1 **ATE_DPT.3.1E**

评估者应确认所提供的信息满足证据的内容和形式的要求。

17.3 功能测试(ATE_FUN)

17.3.1 **目的**

开发者进行的功能测试设定 TSF 展示的特性必须满足其 PP/ST 的功能要求。尽管不能确定 TSF 仅仅执行了规定的要求,这样的功能测试保证 TSF 至少能够满足安全功能要求。"功能测试"族关注的是所需文档或支持工具的类型和数量,以及哪些方面需要通过开发者的测试来证实。功能测试并不局限于正面确认已提供了必需的安全功能,它还包括为检查是否存在特定的非期望行为而进行的负面测试(通常基于功能要求的反演)。

本族有助于保证未知缺陷出现的可能性相对较小。

ATE_COV"测试覆盖"族、ATE_DPT"测试深度"族和 ATE_FUN"功能测试"族常组合起来定义由开发者提供的测试证据。评估者进行的独立功能测试由 ATE_IND"独立测试"负责规范。

17.3.2 **组件分级**

本族包含两个组件,较高层的组件要求分析顺序依赖性。

17.3.3 **应用注释**

执行测试的程序最好能提供测试程序和测试套的使用说明书,包括测试环境、测试条件、测试数据参数和值。测试程序还应该说明测试结果是如何从测试输入导出的。

本族为所有测试计划、程序和结果的表示规定了要求。因而,必须提出的信息的数量将根据 ATE_COV"测试覆盖"和 ATE_DPT"测试深度"的使用情况而改变。

当某个特定测试的成功执行依赖于某个特定状态的存在时,顺序依赖性就十分重要了。例如:可能要求测试 B 必须紧接在测试 A 之后执行,因为 A 的成功执行是 B 成功执行的必要条件。这样,测试 B 的失败可能与顺序依赖性问题有关。在上面的例子中,测试 B 的失败可能是由于测试 C(而不是测试 A)紧接在它之前被执行而不是测试 A,也可能是与测试 A 的失败有关。

17.3.4 **ATE_FUN.1 功能测试**

依赖关系:无依赖关系。

17.3.4.1 **目的**

本组件的目的是由开发者证实所有的安全功能都按照规定执行。需要开发者执行测试并提供测试文档。

17.3.4.2 **开发者行为元素**

17.3.4.2.1 **ATE_FUN.1.1D**

开发者应测试 TSF,并文档化测试结果。

17.3.4.2.2 **ATE_FUN.1.2D**

开发者应提供测试文档。

17.3.4.3 **证据的内容和形式元素**

17.3.4.3.1 **ATE_FUN.1.1C**

测试文档应包括测试计划、测试程序描述、预期的测试结果和实际的测试结果。

17.3.4.3.2 ATE_FUN.1.2C

测试计划应标识要测试的安全功能和描述要执行的测试的目标。

17.3.4.3.3 ATE_FUN.1.3C

测试程序描述应标识要执行的测试和描述每个安全功能的测试脚本。这些脚本应包括对于其他测试结果的任何顺序依赖性。

17.3.4.3.4 ATE_FUN.1.4C

预期的测试结果应指出测试成功执行后的预期输出。

17.3.4.3.5 ATE_FUN.1.5C

开发者执行测试所得到的测试结果应证实每个被测试的安全性功能都按照规定运转。

17.3.4.4 评估者行为元素

17.3.4.4.1 ATE_FUN.1.1E

评估者应确认所提供的信息满足证据的内容和形式的所有要求。

17.3.5 ATE_FUN.2 顺序的功能测试

依赖关系:无依赖关系。

17.3.5.1 目的

本组件的一个目的是由开发者证实所有的安全功能都按照规定执行。需要开发者执行测试并提供测试文档。

在本组件中,另一个目的是确保测试之间的依赖性都已被标识和理解。这种理解降低了存在以下情况的可能性:由不同的团队执行的或在不同时间执行的测试结果将随测试执行的顺序不同而不同。

17.3.5.2 应用注释

尽管测试程序可以根据测试的顺序规定发起测试的前提条件,但可以不对排序进行基本原理证明。对于测试顺序的分析是决定测试充分性的一个重要因素,因为存在缺陷被测试的顺序掩盖的可能性。

17.3.5.3 开发者行为元素

17.3.5.3.1 ATE_FUN.1.1D

开发者应测试 TSF,并文档化测试结果。

17.3.5.3.2 ATE_FUN.1.2D

开发者应提供测试文档。

17.3.5.4 证据的内容和形式元素

17.3.5.4.1 ATE_FUN.1.1C

测试文档应包括测试计划、测试程序描述、预期的测试结果和实际的测试结果。

17.3.5.4.2 ATE_FUN.1.2C

测试计划应标识要测试的安全功能和描述要执行的测试的目标。

17.3.5.4.3 ATE_FUN.1.3C

测试程序描述应标识要执行的测试和描述每个安全功能的测试脚本。这些脚本包括对于其他测试结果的任何顺序依赖性。

17.3.5.4.4 ATE_FUN.1.4C

预期的测试结果应指出测试成功执行后的预期输出。

17.3.5.4.5 ATE_FUN.1.5C

开发者执行测试所得到的测试结果应证实每个被测试的安全性功能都按照规定运转。

17.3.5.4.6 ATE_FUN.2.6C

测试文档应包含一个测试程序顺序依赖性的分析。

17.3.5.5 评估者行为元素

17.3.5.5.1 ATE_FUN.2.1E

评估者应确认所提供的信息满足证据的内容和形式的所有要求。

17.4 独立测试(ATE_IND)

17.4.1 目的

本组件的一个目的是证实安全功能按照规定执行。

另一个目的是降低开发者一方对测试结果不正确评定的风险,这些不正确评定将导致规范的不正确实现,或者忽略不遵照规范的代码。

17.4.2 组件分级

本族中的组件是基于测试文档的数量、测试支持和评估者测试的数量而分级的。

17.4.3 应用注释

本族中规定的测试能由除评估者之外的具有专业知识的团体来支持(如一个独立的实验室、一个目标客户组织)。测试需要理解 TOE 与其他保证活动执行的一致性,并且评估者有责任确保使用这种支持时,本族的要求都已被正确地处理。

本族涉及 TSF 的独立性功能测试所能达到的程度。独立性功能测试可以采用全部或部分重复开发者的功能测试,也可采用增加开发者的功能测试,拓宽开发者测试的范围或深度,或者是测试可能适用于 TOE 的明显的公共域安全性弱点。这些行为是互补的,并且对于每个 TOE 必须制定一个适当的组合计划,这种组合应考虑测试结果的可用性和适用范围,以及 TSF 功能的复杂度。一个测试计划要开发到这种程度:即与其他保证行为的级别是一致的,并且像更高的保证所要求的那样,应包括更多的重复测试样本和更多的由评估者实施的正面和反面功能测试。

对开发者测试的抽样是为了确认开发者已经开展了他所计划的 TSF 测试程序,并正确记录了结果。抽样的多少受开发者功能测试结果的详细程度和质量的影响。评估者还需要考虑设计额外测试的范围,以及以上两方面所带来的有关好处。我们知道,在某些情况下,重复所有的开发者测试也许是可行的,也是所希望的,但是比较费力而且效率低下。所以本族内的最高级组件应当谨慎使用。抽样将处理测试结果的全部有效范围,包括 ATE_COV"测试覆盖"和 ATE_DPT"测试深度"的要求都满足的那些结果。

在评估中,TOE 的不同配置也是要考虑的。评估者必须评定所提供结果的适用性,并相应地制定他自己的测试计划。

独立性功能测试与穿透性测试不同,后者基于在设计或实现中对脆弱性进行的一个广泛且系统地搜索。穿透性测试将用族 AVA_VLA"脆弱性分析"来规定。

TOE 测试的适宜性基于对 TOE 的访问,以及运行测试所需的支持文档和信息(包括任何测试软件或工具)。这种支持需求由对其他保证族的依赖关系来负责处理。

另外,TOE 测试的适宜性也可基于其他考虑,例如开发者提交的版本不一定是最后版本。

对 TSF 子集的引用旨在允许评估者设计一组适当的测试,这与当前实施的评估的目的是一致的。

17.4.4 ATE_IND.1 独立测试——一致性

依赖关系:ADV_FSP.1 非形式化功能规范;

AGD_ADM.1 管理员指南;

AGD_USR.1 用户指南。

17.4.4.1 目的

本组件的目的是证实安全功能按照规定执行。

17.4.4.2 应用注释

本组件并不处理开发者测试结果的使用。当这些测试结果不可用时,或开发者的测试未经确认就接受时，这个组件也是适用的。要求评估者设计并实施测试，以确认 TOE 的安全功能要求都得到了满足。这样的方法是为了通过有代表性的测试来取得正确运行的信心，而不是实施每一个可能的测试。为了此目的而计划的测试程度是一个方法论的问题，需要考虑一个特定 TOE 的环境以及其他评估活动的平衡。

17.4.4.3 开发者行为元素

17.4.4.3.1 ATE_IND.1.1D

开发者应提供用于测试的 TOE。

17.4.4.4 证据的内容和形式元素

17.4.4.4.1 ATE_IND.1.1C

TOE 应适合测试。

17.4.4.5 评估者行为元素

17.4.4.5.1 ATE_IND.1.1E

评估者应确认所提供的信息满足证据的内容和形式的所有要求。

17.4.4.5.2 ATE_IND.1.2E

评估者应适当地测试 TSF 的一个子集，以确认 TOE 按照规定运行。

17.4.5 ATE_IND.2 独立测试——抽样

依赖关系：ADV_FSP.1 非形式化功能规范；
AGD_ADM.1 管理员指南；
AGD_USR.1 用户指南；
ATE_FUN.1 功能测试。

17.4.5.1 目的

本组件的目的是证实安全功能按照规定执行。评估者测试包括选择和重复一个开发者测试的样本。

17.4.5.2 应用注释

意图是开发者应当为评估者提供必需的材料用于有效地重现开发者的测试。材料可包括机器可读的测试文档、测试程序等。

本组件包含这样一个要求：即评估者应拥有开发者提供的可用测试结果，以补充测试程序。评估者将重复开发者测试的一个样本，以获得对所得到测试结果的信任。在建立上述的信任后，评估者将在开发者测试的基础上，通过执行额外的测试以另一种方式运行 TOE。在给定一个确定的资源水平，通过使用一个验证开发者测试结果的平台，相比仅使用开发者自己的测试而言，评估者能够确信 TOE 可在更大的范围内获得正确运行。在相信开发者已测试 TOE 后，评估者也将拥有更多的自由，适当时可以在文档检查或专业知识判断引起特别关心的某些领域集中测试。

17.4.5.3 开发者行为元素

17.4.5.3.1 ATE_IND.2.1D

开发者应提供用于测试的 TOE。

17.4.5.4 证据的内容和形式元素

17.4.5.4.1 ATE_IND.2.1C

TOE 应适合测试。

17.4.5.4.2 ATE_IND.2.2C

开发者应提供一组相当的资源，用于开发者的 TSF 功能测试。

17.4.5.5 评估者行为元素

17.4.5.5.1 ATE_IND.2.1E

评估者应确认所提供的信息满足证据的内容和形式的所有要求。

17.4.5.5.2 ATE_IND.2.2E

评估者应适当地测试 TSF 的一个子集,以确认 TOE 按照规定运行。

17.4.5.5.3 ATE_IND.2.3E

评估者应执行测试文档中的一个测试样本,以验证开发者的测试结果。

17.4.6 ATE_IND.3 独立测试——全部

依赖关系:ADV_FSP.1 非形式化功能规范;
AGD_ADM.1 管理员指南;
AGD_USR.1 用户指南;
ATE_FUN.1 功能测试。

17.4.6.1 目的

目的是证实所有的安全功能都按照规定执行。评估者测试包括重复所有的开发者测试。

17.4.6.2 应用注释

意图是开发者应当为评估者提供必需的资料用于有效地重现开发者的测试。材料可包括机器可读的测试文档、测试程序等。

在本组件中,评估者必须重复所有的开发者测试,以作为测试程序的一个部分。如前面的组件一样,评估者也将打算用一种不同于开发者所完成的方式来运行 TOE。在开发者测试非常详尽的情况下,仅有极小的余地可以以不同方式运行 TOE。

17.4.6.3 开发者行为元素

17.4.6.3.1 ATE_IND.3.1D

开发者应提供用于测试的 TOE。

17.4.6.4 证据的内容和形式元素

17.4.6.4.1 ATE_IND.3.1C

TOE 应适合测试。

17.4.6.4.2 ATE_IND.3.2C

开发者应提供一组相当的资源,用于开发者的 TSF 功能测试。

17.4.6.5 评估者行为元素

17.4.6.5.1 ATE_IND.3.1E

评估者应确认所提供的信息满足证据的内容和形式的所有要求。

17.4.6.5.2 ATE_IND.3.2E

评估者应适当地测试 TSF 的一个子集,以确认 TOE 按照规定运行。

17.4.6.5.3 ATE_IND.3.3E

评估者应执行测试文档中的**所有**测试,以验证开发者的测试结果。

18 AVA 类:脆弱性评定

本类负责处理可被利用的隐蔽信道的存在性、TOE 的误用或不正确配置的可能性、挫败概率或置换机制的可能性以及在 TOE 的开发或运行中引入可利用脆弱性的可能性。

图 15 给出本类包含的族和族中的组件层次:

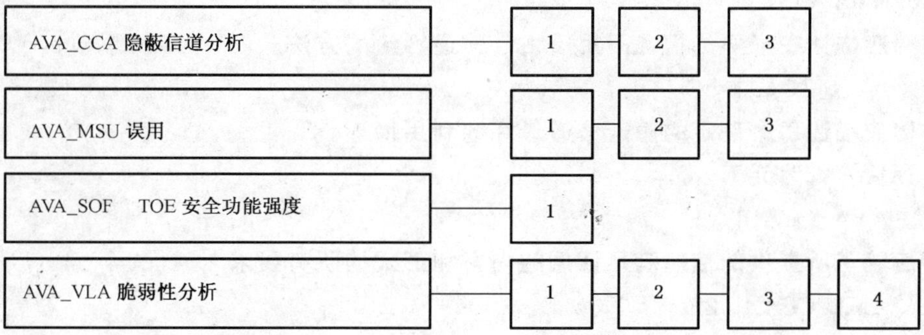

图 15　AVA:脆弱性评定类分解

18.1　隐蔽信道分析(AVA_CCA)

18.1.1　目的

执行隐蔽信道分析是为了确定可被利用的非预期通信信道(即非法信息流)的存在性及其潜在容量。

保证要求处理非预期的并可利用的通信路径存在的威胁,该路径可被用来违反 SFP。

18.1.2　组件分级

本族中的组件是基于隐蔽信道分析的严格程度不断增加而分级的。

18.1.3　应用注释

信道容量的估计基于非形式化的工程测定和实际的测量。

隐蔽信道分析所依据的假设可以包括处理器速度、系统或网络配置、内存大小和缓存大小等。

通过测试而对隐蔽信道分析进行的选择性验证,使得评估者有机会验证隐蔽信道分析的任一方面(例如识别、容量估计、消除、监视和利用等方案)。这里并没有强制要求证实整套隐蔽信道分析结果。

如果在 ST 中没有信息流控制 SFP,本族保证要求就不再适用,因为本族仅仅适用于信息流控制 SFP。

18.1.4　AVA_CCA.1　隐蔽信道分析

依赖关系:ADV_FSP.2　充分定义的外部接口;
ADV_IMP.2　TSF 实现;
AGD_ADM.1　管理员指南;
AGD_USR.1　用户指南。

18.1.4.1　目的

本组件的目的是通过对隐蔽信道的非形式化搜索,标识出可识别的隐蔽信道。

18.1.4.2　开发者行为元素

18.1.4.2.1　AVA_CCA.1.1D

开发者应针对每个信息流控制策略实施隐蔽信道搜索。

18.1.4.2.2　AVA_CCA.1.2D

开发者应提供隐蔽信道分析文档。

18.1.4.3　证据的内容和形式元素

18.1.4.3.1　AVA_CCA.1.1C

分析文档应标识出隐蔽信道并且估计它们的容量。

18.1.4.3.2　AVA_CCA.1.2C

分析文档应描述用于确定隐蔽信道存在性的程序和进行隐蔽信道分析所需的信息。

18.1.4.3.3　AVA_CCA.1.3C

分析文档应描述在隐蔽信道分析期间所作的全部假设。

18.1.4.3.4 AVA_CCA.1.4C

分析文档应描述在最坏的情况下用于估计信道容量的方法。

18.1.4.3.5 AVA_CCA.1.5C

分析文档应描述每个确定的隐蔽信道最坏的利用情形。

18.1.4.4 评估者行为元素

18.1.4.4.1 AVA_CCA.1.1E

评估者应确认所提供的信息满足证据的内容和形式的所有要求。

18.1.4.4.2 AVA_CCA.1.2E

评估者应确认隐蔽信道分析的结果表明TOE满足其功能要求。

18.1.4.4.3 AVA_CCA.1.3E

评估者应通过测试选择性地验证隐蔽信道分析。

18.1.5 AVA_CCA.2 系统化隐蔽信道分析

依赖关系：ADV_FSP.2 充分定义的外部接口；
ADV_IMP.2 TSF实现；
AGD_ADM.1 管理员指南；
AGD_USR.1 用户指南。

18.1.5.1 目的

本组件的目的是通过对隐蔽信道的系统化搜索，标识出可识别的隐蔽信道。

18.1.5.2 应用注释

按系统化方法进行隐蔽信道分析，要求开发者以结构化的、可重复的方式，而不是一种杂乱无章的方式标识出隐蔽信道。

18.1.5.3 开发者行为元素

18.1.5.3.1 AVA_CCA.2.1D

开发者应针对每个信息流控制策略实施隐蔽信道搜索。

18.1.5.3.2 AVA_CCA.2.2D

开发者应提供隐蔽信道分析文档。

18.1.5.4 证据的内容和形式元素

18.1.5.4.1 AVA_CCA.2.1C

分析文档应标识出隐蔽信道并且估计它们的容量。

18.1.5.4.2 AVA_CCA.2.2C

分析文档应描述用于确定隐蔽信道存在性的程序和进行隐蔽信道分析所需的信息。

18.1.5.4.3 AVA_CCA.2.3C

分析文档应描述在隐蔽信道分析期间所作的全部假设。

18.1.5.4.4 AVA_CCA.2.4C

分析文档应描述在最坏的情况下用于估计信道容量的方法。

18.1.5.4.5 AVA_CCA.2.5C

分析文档应描述每个确定的隐蔽信道最坏的利用情形。

18.1.5.4.6 AVA_CCA.2.6C

分析文档应提供证据证明用于标识隐蔽信道的方法是系统化的。

18.1.5.5 评估者行为元素

18.1.5.5.1 AVA_CCA.2.1E

评估者应确认所提供的信息满足证据的内容和形式的所有要求。

18.1.5.5.2 **AVA_CCA.2.2E**

评估者应确认隐蔽信道分析的结果表明 TOE 满足其功能要求。

18.1.5.5.3 **AVA_CCA.2.3E**

评估者应通过测试选择性地验证隐蔽信道分析。

18.1.6 AVA_CCA.3 彻底的隐蔽信道分析

依赖关系:ADV_FSP.2 充分定义的外部接口;

ADV_IMP.2 TSF 实现;

AGD_ADM.1 管理员指南;

AGD_USR.1 用户指南。

18.1.6.1 目的

本组件的目的是通过对隐蔽信道的穷举搜索,标识出可识别的隐蔽信道。

18.1.6.2 应用注释

按穷举法进行隐蔽信道分析要求提供额外的证据,表明标识隐蔽信道的计划足以确保所有可能的隐蔽信道搜索方法都已执行。

18.1.6.3 开发者行为元素

18.1.6.3.1 **AVA_CCA.3.1D**

开发者应针对每个信息流控制策略实施隐蔽信道搜索。

18.1.6.3.2 **AVA_CCA.3.2D**

开发者应提供隐蔽信道分析文档。

18.1.6.4 证据的内容和形式元素

18.1.6.4.1 **AVA_CCA.3.1C**

分析文档应标识出隐蔽信道并且估计它们的容量。

18.1.6.4.2 **AVA_CCA.3.2C**

分析文档应描述用于确定隐蔽信道存在性的程序和进行隐蔽信道分析所需的信息。

18.1.6.4.3 **AVA_CCA.3.3C**

分析文档应描述在隐蔽信道分析期间所作的全部假设。

18.1.6.4.4 **AVA_CCA.3.4C**

分析文档应描述在最坏的情况下用于估计信道容量的方法。

18.1.6.4.5 **AVA_CCA.3.5C**

分析文档应描述每个确定的隐蔽信道最坏的利用情形。

18.1.6.4.6 **AVA_CCA.3.6C**

分析文档应提供证据证明用于标识隐蔽信道的方法是**无遗漏的**。

18.1.6.5 评估者行为元素

18.1.6.5.1 **AVA_CCA.3.1E**

评估者应确认所提供的信息满足证据的内容和形式的所有要求。

18.1.6.5.2 **AVA_CCA.3.2E**

评估者应确认隐蔽信道分析的结果表明 TOE 满足其功能要求。

18.1.6.5.3 **AVA_CCA.3.3E**

评估者应通过测试选择性地验证隐蔽信道分析。

18.2 误用(AVA_MSU)

18.2.1 目的

"误用"考察是否能以一种不安全的方式使用或配置 TOE,而 TOE 管理员或用户却认为是安全的。其目的包括:

a） 减少以一种不安全的方式配置或安装 TOE 而管理员或用户却无法检测到的可能性；

b） 减少运行中人为或其他错误带来的风险，这些错误可能造成安全功能不起作用、不能使用或者无法激活，导致一个未被识破的不安全状态。

18.2.2 组件分级

本族中的组件是基于开发者所提供证据的不断增加和分析严格性不断增加而分级的。

18.2.3 应用注释

前后矛盾的、容易误解的、不完备的或者不切实际的指南都可能导致 TOE 的用户在 TOE 不安全时认为是安全的，从而带来脆弱性。

前后矛盾的指南的一个例子是，在提供相同输入的条件下，两条指南细则意指不同的输出。

容易误解的指南的一个例子是，对某一条指南细则的描述可能有超过一种以上的语法分析，其中一种分析会导致一种不安全状态。

不完备的指南的一个例子是，一个重要的物理安全要求列表中遗漏了某个重要的项目，导致管理员忽视了该项，认为该列表是完备的。

不切实际的指南的一个例子是，建议遵循一个程序，而该程序会带来过度繁重的管理负担。

需要指导性文档，指导性文档可包含在现成的用户或管理员文档内，也可以单独提供。如果单独提供，评估者应确认文档是与 TOE 一起提供的。

18.2.4 AVA_MSU.1 指南审查

依赖关系：ADO_IGS.1 安装、生成和启动过程；
ADV_FSP.1 非形式化功能规范；
AGD_ADM.1 管理员指南；
AGD_USR.1 用户指南。

18.2.4.1 目的

本组件的目的是确保指导性文档中不会存在容易误解的、不切实际的和前后矛盾的指南，而且所有运行模式的安全程序都得到了处理。不安全的状态应是易于检测的。

18.2.4.2 开发者行为元素

18.2.4.2.1 AVA_MSU.1.1D

开发者应提供指导性文档。

18.2.4.3 证据的内容和形式元素

18.2.4.3.1 AVA_MSU.1.1C

指导性文档应标识所有可能的 TOE 运行模式（包括失败或操作失误后的运行）、它们的后果以及对于保持安全运行的意义。

18.2.4.3.2 AVA_MSU.1.2C

指导性文档应是完备的、清晰的、一致的、合理的。

18.2.4.3.3 AVA_MSU.1.3C

指导性文档应列出关于预期使用环境的所有假设。

18.2.4.3.4 AVA_MSU.1.4C

指导性文档应列出对外部安全措施（包括外部程序的、物理的或人员的控制）的所有要求。

18.2.4.4 评估者行为元素

18.2.4.4.1 AVA_MSU.1.1E

评估者应确认所提供的信息满足证据的内容和形式的所有要求。

18.2.4.4.2 AVA_MSU.1.2E

评估者应重复所有的配置和安装程序，以确认只使用所提供的指导性文档就能安全配置和使用 TOE。

18.2.4.4.3 AVA_MSU.1.3E

评估者应决定指导性文档的使用使得所有的不安全状态都能被检测出。

18.2.5 AVA MSU.2 分析确认

依赖关系：ADO_IGS.1 安装、生成和启动过程；
ADV_FSP.1 非形式化功能规范；
AGD_ADM.1 管理员指南；
AGD_USR.1 用户指南。

18.2.5.1 目的

本组件的目的是确保指导性文档中不会存在容易误解的、不切实际的和前后矛盾的指南，而且所有运行模式的安全程序都得到了处理。不安全的状态应是易于检测的。在本组件中，要求开发者分析指导性文档，以额外保证目的都得到了满足。

18.2.5.2 开发者行为元素

18.2.5.2.1 AVA_MSU.2.1D

开发者应提供指导性文档。

18.2.5.2.2 AVA_MSU.2.2D

开发者应文档化对指导性文档的分析。

18.2.5.3 证据的内容和形式元素

18.2.5.3.1 AVA_MSU.2.1C

指导性文档应标识所有可能的 TOE 运行模式（包括失败或操作失误后的运行）、它们的后果以及对于保持安全运行的意义。

18.2.5.3.2 AVA_MSU.2.2C

指导性文档应是完备的、清晰的、一致的、合理的。

18.2.5.3.3 AVA_MSU.2.3C

指导性文档应列出关于预期使用环境的所有假设。

18.2.5.3.4 AVA_MSU.2.4C

指导性文档应列出对外部安全措施（包括外部程序的、物理的或人员的控制）的所有要求。

18.2.5.3.5 AVA_MSU.2.5C

分析文档应证实指导性文档是完备的。

18.2.5.4 评估者行为元素

18.2.5.4.1 AVA_MSU.2.1E

评估者应确认所提供的信息满足证据的内容和形式的所有要求。

18.2.5.4.2 AVA_MSU.2.2E

评估者应重复所有的配置和安装程序，以及**选择性地重复其他的程序**，以确认只使用所提供的指导性文档就能安全配置和使用 TOE。

18.2.5.4.3 AVA_MSU.2.3E

评估者应决定指导性文档的使用使得所有的不安全状态都能被检测出。

18.2.5.4.4 AVA_MSU.2.4E

评估者应确认分析文档说明了为 TOE 的所有运行模式提供了安全运行指南。

18.2.6 AVA_MSU.3 对非安全状态的分析和测试

依赖关系：ADO_IGS.1 安装、生成和启动过程；
ADV_FSP.1 非形式化功能规范；
AGD_ADM.1 管理员指南；
AGD_USR.1 用户指南。

18.2.6.1 目的

本组件的目的是确保指导性文档中不会存在容易误解的、不切实际的和前后矛盾的指南，而且所有运行模式的安全程序都得到了处理。不安全的状态应是易于检测的。在本组件中，要求开发者分析指导性文档，以提供目的都得到了满足的额外保证。而且该分析通过测试的方式得到评估者的验证和确认。

18.2.6.2 应用注释

本组件要求评估者进行测试，以确保万一 TOE 进入了不安全状态，也是容易被检测到的。这一测试可被认为是穿透性测试的一个特例。

18.2.6.3 开发者行为元素

18.2.6.3.1 AVA_MSU.3.1D

开发者应提供指导性文档。

18.2.6.3.2 AVA_MSU.3.2D

开发者应文档化对指导性文档的分析。

18.2.6.4 证据的内容和形式元素

18.2.6.4.1 AVA_MSU.3.1C

指导性文档应标识所有可能的 TOE 运行模式（包括失败和操作失误后的运行）、它们的后果以及对于保持安全运行的意义。

18.2.6.4.2 AVA_MSU.3.2C

指导性文档应是完备的、清晰的、一致的、合理的。

18.2.6.4.3 AVA_MSU.3.3C

指导性文档应列出关于预期使用环境的所有假设。

18.2.6.4.4 AVA_MSU.3.4C

指导性文档应列出对外部安全措施（包括外部程序的、物理的或人员的控制）的所有要求。

18.2.6.4.5 AVA_MSU.3.5C

分析文档应证实指导性文档是完备的。

18.2.6.5 评估者行为元素

18.2.6.5.1 AVA_MSU.3.1E

评估者应确认所提供的信息满足证据的内容和形式的所有要求。

18.2.6.5.2 AVA_MSU.3.2E

评估者应重复所有的配置和安装程序，以及选择性地重复其他的程序，以确认只使用所提供的指导性文档就能安全配置和使用 TOE。

18.2.6.5.3 AVA_MSU.3.3E

评估者应决定指导性文档的使用使得所有的不安全状态都能被检测出。

18.2.6.5.4 AVA_MSU.3.4E

评估者应确认分析文档说明了为 TOE 的所有运行模式提供了安全运行指南。

18.2.6.5.5 AVA_MSU.3.5E

评估者应进行独立测试，以决定管理员或用户在理解指导性文档后，能合理判断 TOE 是否在不安全状态下配置或运行。

18.3 TOE 安全功能强度（AVA_SOF）

18.3.1 目的

即使 TOE 安全功能没有被旁路、被解除或被破坏，它还是可能遭到攻击，因为在其底层安全机制的概念中存在着脆弱性。对于这些安全功能，其安全行为的限制条件可利用对这些机制的安全行为定量分析或统计分析的结果以及为克服脆弱性所付出的努力来作出。该限制条件是以 TOE 安全功能强度声明的形式来作出的。

18.3.2 组件分级

在这个族仅有一个组件。

18.3.3 应用注释

安全功能通过安全机制实现。例如,口令机制可以用在标识和鉴别安全功能的实现中。

TOE 安全功能强度评估是在安全机制这个层面上进行的,但其结果可供了解相关安全功能对抗既定威胁的知识。

TOE 安全功能强度分析至少应当针对目标评估保证级,判断包括 ST 在内的所有 TOE 可交付材料的内容。

18.3.4 AVA_SOF.1 TOE 安全功能强度评估

依赖关系:ADV_FSP.1 非形式化功能规范;
ADV_HLD.1 描述性高层设计。

18.3.4.1 开发者行为元素

18.3.4.1.1 AVA_SOF.1.1D

开发者应对 ST 中所标识的每个具有 TOE 安全功能强度声明的安全机制进行 TOE 安全功能强度分析。

18.3.4.2 证据的内容和形式元素

18.3.4.2.1 AVA_SOF.1.1C

对于每个具有 TOE 安全功能强度声明的安全机制,TOE 安全功能强度分析应说明该机制达到或超过 PP/ST 中定义的最低强度级别。

18.3.4.2.2 AVA_SOF.1.2C

对于每个具有特定 TOE 安全功能强度声明的安全机制,TOE 安全功能强度分析应说明该机制达到或超过 PP/ST 中定义的特定功能强度度量。

18.3.4.3 评估者行为元素

18.3.4.3.1 AVA_SOF.1.1E

评估者应确认所提供的信息满足证据的内容和形式的所有要求。

18.3.4.3.2 AVA_SOF.1.2E

评估者应确认强度声明是正确的。

18.4 脆弱性分析(AVA_VLA)

18.4.1 目的

脆弱性分析是一种评定,用来决定在评估 TOE 的构建和预期运行期间所标识的脆弱性,或通过其他方法(例如缺陷假设)标识的脆弱性,是否允许用户违反 TSP。

脆弱性分析处理用户能发现一些缺陷的威胁,这些缺陷将允许对资源(例如数据)进行未授权访问、允许能够干扰或改变 TSF、或者妨碍其他用户的已授权能力。

18.4.2 组件分级

本族中的组件是基于开发者或评估者进行脆弱性分析时不断增加的严格性而分级的。

18.4.3 应用注释

开发者执行脆弱性分析是为了探知安全脆弱性的存在,并且至少应针对目标评估保证级,判断包括 ST 在内的所有全部 TOE 可交付材料的内容。要求开发者文档化已标识脆弱性的处置,以允许评估者使用那些有用于支持评估者进行独立的脆弱性分析的信息。

开发者分析的意图是确认在 TOE 的预期使用环境中没有已标识的安全脆弱性可以被利用,而且 TOE 可抵抗一些明显的穿透性攻击。

明显的脆弱性通常就是那些只需要对 TOE 极少的了解、极少技能、极小技术复杂度和极少资源就可以利用的脆弱性。这些脆弱性可以由TSF接口描述提出。明显的脆弱性包括那些通过公开渠道可获得的脆弱性,其细节应是开发者已知的或者从评估机构获得的。

对脆弱性进行系统化地搜索,要求开发者按照结构化且可重复的方式标识这些脆弱性,而不是用随意的方式来标识。搜索脆弱性的相关证据是系统化的,应当包括搜索缺陷时所基于的全部TOE文档的识别。

独立的脆弱性分析不限于开发者所标识的脆弱性。评估者分析的主要意图是确定TOE能抵抗具有低等攻击潜力(AVA_VLA.2)、中等攻击潜力(AVA_VLA.3)还是高等攻击潜力(AVA_VLA.4)的攻击者发起的穿透性攻击。为达到这一目的,评估者首先要对所有已标识脆弱性的可利用性进行评估。这是通过执行穿透性测试来完成的。在企图穿透TOE时,评估者应假设攻击者分别具有低等(针对AVA_VLA.2"独立的脆弱性分析")、中等(针对AVA_VLA.3"中级抵抗力")、高等(针对AVA_VLA.4"高级抵抗力")攻击潜力。评估者应认为由这样一个攻击者采取的任何脆弱性利用,都是从AVA_VLA.2到AVA_VLA.4组件中的"明显的穿透性攻击"(关于AVA_VLA.*.2C元素)。

18.4.4 AVA_VLA.1 开发者脆弱性分析

依赖关系:ADV_FSP.1 非形式化功能规范;
ADV_HLD.1 描述性高层设计;
AGD_ADM.1 管理员指南;
AGD_USR.1 用户指南。

18.4.4.1 目的

开发者执行脆弱性分析,以探知明显的安全脆弱性的存在,并确认在TOE的预期使用环境中这些脆弱性不能被利用。

18.4.4.2 应用注释

作为其他部分评估所标识的潜在可利用脆弱性的结果,评估者应当考虑执行附加的测试。

18.4.4.3 开发者行为元素

18.4.4.3.1 AVA_VLA.1.1D

开发者应执行脆弱性分析。

18.4.4.3.2 AVA_VLA.1.2D

开发者应提供脆弱性分析文档。

18.4.4.4 证据的内容和形式元素

18.4.4.4.1 AVA_VLA.1.1C

脆弱性分析文档应描述为搜索用户能违反TSP的明显方法而执行的TOE可交付材料分析。

18.4.4.4.2 AVA_VLA.1.2C

脆弱性分析文档应描述对明显的脆弱性的处置。

18.4.4.4.3 AVA_VLA.1.3C

脆弱性分析文档应针对所有已标识的脆弱性,说明脆弱性不能在TOE的预期使用环境中被利用。

18.4.4.5 评估者行为元素

18.4.4.5.1 AVA_VLA.1.1E

评估者应确认所提供的信息满足证据的内容和形式的所有要求。

18.4.4.5.2 AVA_VLA.1.2E

评估者应在开发者脆弱性分析的基础上实施穿透性测试,以确保明显的脆弱性都已被处理。

18.4.5 AVA_VLA.2 独立的脆弱性分析

依赖关系:ADV_FSP.1 非形式化功能规范;
ADV_HLD.2 安全加强的高层设计;
ADV_IMP.1 TSF实现的子集;

ADV_LLD.1 描述性低层设计；

AGD_ADM.1 管理员指南；

AGD_USR.1 用户指南。

18.4.5.1 **目的**

开发者执行脆弱性分析，以探知安全脆弱性的存在，并确认在TOE的预期使用环境中这些脆弱性不能被利用。

在评估者的独立脆弱性分析的支持下，评估者进行独立的穿透性测试以确定TOE可以抵御拥有低等攻击潜力的攻击者发起的穿透性攻击。

18.4.5.2 **开发者行为元素**

18.4.5.2.1 **AVA_VLA.2.1D**

开发者应执行脆弱性分析。

18.4.5.2.2 **AVA_VLA.2.2D**

开发者应提供脆弱性分析文档。

18.4.5.3 **证据的内容和形式元素**

18.4.5.3.1 **AVA_VLA.2.1C**

脆弱性分析文档应描述为搜索用户能违反TSP的方法而执行的TOE可交付材料分析。

18.4.5.3.2 **AVA_VLA.2.2C**

脆弱性分析文档应描述对已标识的脆弱性的处置。

18.4.5.3.3 **AVA_VLA.2.3C**

脆弱性分析文档应针对所有已标识的脆弱性，说明脆弱性不能在TOE的预期使用环境中被利用。

18.4.5.3.4 **AVA_VLA.2.4C**

脆弱性分析文档应证明存在已标识脆弱性的TOE可以抵御明显的穿透性攻击。

18.4.5.4 **评估者行为元素**

18.4.5.4.1 **AVA_VLA.2.1E**

评估者应确认所提供的信息满足证据的内容和形式的所有要求。

18.4.5.4.2 **AVA_VLA.2.2E**

评估者应在开发者脆弱性分析的基础上实施穿透性测试，以确保已标识的脆弱性都已被处理。

18.4.5.4.3 **AVA_VLA.2.3E**

评估者应执行一个独立的脆弱性分析。

18.4.5.4.4 **AVA_VLA.2.4E**

评估者应基于独立的脆弱性分析，执行独立的穿透性测试，以决定在预期使用环境中额外的已标识脆弱性的可利用性。

18.4.5.4.5 **AVA_VLA.2.5E**

评估者应决定TOE可以抵御拥有低等攻击潜力的攻击者发起的穿透性攻击。

18.4.6 **AVA_VLA.3 中级抵抗力**

依赖关系：ADV_FSP.1 非形式化功能规范；

ADV_HLD.2 安全加强的高层设计；

ADV_IMP.1 TSF实现的子集；

ADV_LLD.1 描述性低层设计；

AGD_ADM.1 管理员指南；

AGD_USR.1 用户指南。

18.4.6.1 **目的**

开发者执行脆弱性分析，以探知安全脆弱性的存在，并确认在TOE的预期使用环境中这些脆弱性不能被利用。

在评估者的独立脆弱性分析的支持下，评估者进行独立的穿透性测试以确定 TOE 可以抵御拥有中等攻击潜力的攻击者发起的穿透性攻击。

18.4.6.2 开发者行为元素

18.4.6.2.1 AVA_VLA.3.1D

开发者应执行脆弱性分析。

18.4.6.2.2 AVA_VLA.3.2D

开发者应提供脆弱性分析文档。

18.4.6.3 证据的内容和形式元素

18.4.6.3.1 AVA_VLA.3.1C

脆弱性分析文档应描述为搜索用户能违反 TSP 的方法而执行的 TOE 可交付材料分析。

18.4.6.3.2 AVA_VLA.3.2C

脆弱性分析文档应描述对已标识的脆弱性的处置。

18.4.6.3.3 AVA_VLA.3.3C

脆弱性分析文档应针对所有已标识的脆弱性，说明脆弱性不能在 TOE 的预期使用环境中被利用。

18.4.6.3.4 AVA_VLA.3.4C

脆弱性分析文档应证明存在已标识脆弱性的 TOE 可以抵御明显的穿透性攻击。

18.4.6.3.5 AVA_VLA.3.5C

证据应说明对脆弱性的搜索是系统化的。

18.4.6.4 评估者行为元素

18.4.6.4.1 AVA_VLA.3.1E

评估者应确认所提供的信息满足证据的内容和形式的所有要求。

18.4.6.4.2 AVA_VLA.3.2E

评估者应在开发者脆弱性分析的基础上实施穿透性测试，以确保已标识的脆弱性都已被处理。

18.4.6.4.3 AVA_VLA.3.3E

评估者应执行一个独立的脆弱性分析。

18.4.6.4.4 AVA_VLA.3.4E

评估者应基于独立的脆弱性分析，执行独立的穿透性测试，以决定在预期使用环境中额外的已标识脆弱性的可利用性。

18.4.6.4.5 AVA_VLA.3.5E

评估者应决定 TOE 可以抵御拥有**中等**攻击潜力的攻击者发起的穿透性攻击。

18.4.7 AVA_VAL.4 高级抵抗力

依赖关系：ADV_FSP.1 非形式化功能规范；
ADV_HLD.2 安全加强的高层设计；
ADV_IMP.1 TSF 实现的子集；
ADV_LLD.1 描述性低层设计；
AGD_ADM.1 管理员指南；
AGD_USR.1 用户指南。

18.4.7.1 目的

开发者执行脆弱性分析，以探知安全脆弱性的存在，并确认在 TOE 的预期使用环境中这些脆弱性不能被利用。

在评估者的独立脆弱性分析的支持下，评估者进行独立的穿透性测试以确定 TOE 可以抵御拥有高等攻击潜力的攻击者发起的穿透性攻击。

18.4.7.2 开发者行为元素

18.4.7.2.1 AVA_VLA.4.1D

开发者应执行脆弱性分析。

18.4.7.2.2 AVA_VLA.4.2D

开发者应提供脆弱性分析文档。

18.4.7.3 证据的内容和形式元素

18.4.7.3.1 AVA_VLA.4.1C

脆弱性分析文档应描述为搜索用户能违反 TSP 的方法而执行的 TOE 可交付材料分析。

18.4.7.3.2 AVA_VLA.4.2C

脆弱性分析文档应描述已标识的脆弱性的处置。

18.4.7.3.3 AVA_VLA.4.3C

脆弱性分析文档应针对所有已标识的脆弱性，说明脆弱性不能在 TOE 的预期使用环境中被利用。

18.4.7.3.4 AVA_VLA.4.4C

脆弱性分析文档应证明存在已标识脆弱性的 TOE 可以抵御明显的穿透性攻击。

18.4.7.3.5 AVA_VLA.4.5C

证据应说明对脆弱性的搜索是系统化的。

18.4.7.3.6 AVA_VLA.4.6C

脆弱性分析文档应提供分析完备地处理了 TOE 可交付材料的证明材料。

18.4.7.4 评估者行为元素

18.4.7.4.1 AVA_VLA.4.1E

评估者应确认所提供的信息满足证据的内容和形式的所有要求。

18.4.7.4.2 AVA_VLA.4.2E

评估者应在开发者脆弱性分析的基础上实施穿透性测试，以确保已标识的脆弱性都已被处理。

18.4.7.4.3 AVA_VLA.4.3E

评估者应执行一个独立的脆弱性分析。

18.4.7.4.4 AVA_VLA.4.4E

评估者应基于独立的脆弱性分析，执行独立的穿透性测试，以决定在预期使用环境中额外的已标识脆弱性的可利用性。

18.4.7.4.5 AVA_VLA.4.5E

评估者应决定 TOE 可以抵御拥有**高等**攻击潜力的攻击者发起的穿透性攻击。

附 录 A
（资料性附录）
保证组件依赖关系的交叉引用

在第8章至第18章的组件中列出的依赖关系是保证组件之间的直接依赖性。

以下的保证组件依赖关系表列出了功能组件之间直接、间接和可选的依赖关系。作为功能组件依赖方的每个组件在表中占据一列，每个功能组件在表中占据一行。表格单元中的值表示行中标的组件直接要求列中标的组件（用“×”表示）或间接要求列中标的组件（用“—”表示）。如果表格单元为空，则该组件不依赖于另一个组件。

表 A.1 ACM:配置管理类的依赖关系表

	ACM_CAP.3	ALC_DVS.1	ALC_DVS.2
ACM_AUT.1	×	—	
ACM_AUT.2	×	—	
ACM_CAP.1			
ACM_CAP.2			
ACM_CAP.3		×	
ACM_CAP.4		×	
ACM_CAP.5			×
ACM_SCP.1	×	—	
ACM_SCP.2	×	—	
ACM_SCP.3	×	—	

表 A.2 ADO:交付和运行类的依赖关系表

	ACM_CAP.3	ADV_FSP.1	ADV_RCR.1	AGD_ADM.1	ALC_DVS.1
ADO_DEL.1					
ADO_DEL.2	×				—
ADO_DEL.3	×				—
ADO_IGS.1		—	—	×	
ADO_IGS.2		—	—	×	

表 A.3 ADV:开发类的依赖关系表

	ADV_FSP.1	ADV_FSP.3	ADV_FSP.4	ADV_HLD.2	ADV_HLD.3	ADV_HLD.5	ADV_IMP.1	ADV_IMP.2	ADV_INT.1	ADV_LLD.1	ADV_RCR.1	ADV_RCR.2	ADV_RCR.3	ALC_TAT.1
ADV_FSP.1											×			
ADV_FSP.2											×			
ADV_FSP.3											×			
ADV_FSP.4											×			
ADV_HLD.1	×										×			
ADV_HLD.2	×										×			
ADV_HLD.3		×									—	×		
ADV_HLD.4		×									—	×		
ADV_HLD.5			×								—		×	
ADV_IMP.1	—			—			—			×	×			×
ADV_IMP.2	—			—			—			×	—			×
ADV_IMP.3	—			—			—		×	×	×			×
ADV_INT.1	—			—			×			×	—			—
ADV_INT.2	—			—			×			×	—			—
ADV_INT.3	—			—			—	×		×	—			—
ADV_LLD.1	—			×							×			
ADV_LLD.2		—			×						—	×		
ADV_LLD.3			—			×					—		×	
ADV_RCR.1														
ADV_RCR.2														
ADV_RCR.3														
ADV_SPM.1	×										—			
ADV_SPM.2	×										—			
ADV_SPM.3	×										—			

表 A.4 AGD:指导性文档类的依赖关系表

	ADV_FSP.1	ADV_RCR.1
AGD_ADM.1	×	—
AGD_USR.1	×	—

表 A.5 ALC:生命周期支持类的依赖关系表

	ADV_FSP.1	ADV_HLD.2	ADV_IMP.1	ADV_LLD.1	ADV_RCR.1	ALC_TAT.1
ALC_DVS.1						
ALC_DVS.2						
ALC_FLR.1						
ALC_FLR.2						
ALC_FLR.3						
ALC_LCD.1						
ALC_LCD.2						
ALC_LCD.3						
ALC_TAT.1	—	—	×	—	—	—
ALC_TAT.2	—	—	×	—	—	—
ALC_TAT.3	—	—	×	—	—	—

表 A.6 APE:保护轮廓评估类的依赖关系表

	APE_DES.1	APE_ENV.1	APE_INT.1	APE_OBJ.1	APE_REQ.1
APE_DES.1	—	×	×	×	×
APE_ENV.1					
APE_INT.1	×	×	—	×	×
APE_OBJ.1		×			
APE_REQ.1		—		×	
APE_SRE.1		—		—	×

表 A.7 ASE:安全目标评估类的依赖关系表

	ASE_DES.1	ASE_ENV.1	ASE_INT.1	ASE_OBJ.1	ASE_PPC.1	ASE_REQ.1	ASE_TSS.1
ASE_DES.1	—	×	×	×	×	×	×
ASE_ENV.1							
ASE_INT.1	×	×	—	×	×	×	×
ASE_OBJ.1		×					
ASE_PPC.1		—		×		×	
ASE_REQ.1		—		×			
ASE_SRE.1		—		—		×	
ASE_TSS.1		—		—		×	

表 A.8 ATE:测试类的依赖关系表

	ADV_FSP.1	ADV_FSP.2	ADV_HLD.1	ADV_HLD.2	ADV_IMP.1	ADV_IMP.2	ADV_LLD.1	ADV_RCR.1	AGD_ADM.1	AGD_USR.1	ALC_TAT.1	ATE_FUN.1
ATE_COV.1	×							—				×
ATE_COV.2	×							—				×
ATE_COV.3		×						—				×
ATE_DPT.1	—		×					—				×
ATE_DPT.2	—			×			×	—				×
ATE_DPT.3	—			×	—	×	×	—			—	×
ATE_FUN.1												
ATE_FUN.2												
ATE_IND.1	×							—	×	×		
ATE_IND.2	×							—	×	×		×
ATE_IND.3	×							—	×	×		×

表 A.9 AVA:脆弱性评定类的依赖关系表

	ADO_IGS.1	ADV_FSP.1	ADV_FSP.2	ADV_HLD.1	ADV_HLD.2	ADV_IMP.1	ADV_IMP.2	ADV_LLD.1	ADV_RCR.1	AGD_ADM.1	AGD_USR.1	ALC_TAT.1
AVA_CCA.1		—	×		—	—	×	—	—	×	×	—
AVA_CCA.2		—	×		—	—	×	—	—	×	×	—
AVA_CCA.3		—	×		—	—	×	—	—	×	×	—
AVA_MSU.1	×	×							—	×	×	
AVA_MSU.2	×	×							—	×	×	
AVA_MSU.3	×	×							—	×	×	
AVA_SOF.1		×		×					—			
AVA_VLA.1		×		×					—	×	×	
AVA_VLA.2		×			×	×		×	—	×	×	—
AVA_VLA.3		×			×	×		×	—	×	×	—
AVA_VLA.4		×			×	×		×	—	×	×	—

附 录 B
（资料性附录）
EAL 和保证组件的交叉引用

表 B.1 给出了评估保证级与评估类、族和组件之间的关系。

表 B.1 评估保证级汇总

保证类	保证族	评估保证级(EAL)依据的保证组件						
		EAL1	EAL2	EAL3	EAL4	EAL5	EAL6	EAL7
配置管理	ACM_AUT				1	1	2	2
	ACM_CAP	1	2	3	4	4	5	5
	ACM_SCP			1	2	3	3	
交付和运行	ADO_DEL		1	1	2	2	2	3
	ADO_IGS	1	1	1	1	1	1	1
开发	ADV_FSP	1	1	1	2	3	3	4
	ADV_HLD		1	2	2	3	4	5
	ADV_IMP				1	2	3	3
	ADV_INT					1	2	3
	ADV_LLD				1	1	2	3
	ADV_RCR	1	1	1	1	2	2	3
	ADV_SPM				1	3	3	3
指导性文档	AGD_ADM	1	1	1	1	1	1	1
	AGD_USR	1	1	1	1	1	1	1
生命周期支持	ALC_DVS			1	1	1	2	2
	ALC_FLR							
	ALC_LCD				1	2	2	3
	ALC_TAT				1	2	3	3
测试	ATE_COV		1	2	2	2	3	3
	ATE_DPT			1	1	2	2	3
	ATE_FUN		1	1	1	1	2	2
	ATE_IND	1	2	2	2	2	2	3
脆弱性评定	AVA_CCA					1	2	2
	AVA_MSU			1	2	2	3	3
	AVA_SOF		1	1	1	1	1	1
	AVA_VLA		1	1	2	3	4	4

ICS 65.020.40
B 65

中华人民共和国国家标准

GB/T 18337.4—2008

生态公益林建设　检查验收规程

Non-commercial forest construction—Verification regulation

2008-09-02 发布　　2009-03-01 实施

中华人民共和国国家质量监督检验检疫总局
中国国家标准化管理委员会　发布

前　言

《生态公益林建设》标准分为《生态公益林建设　导则》、《生态公益林建设　规划设计通则》、《生态公益林建设　技术规程》、《生态公益林建设　检查验收规程》、《生态公益林建设　效益评价指标》5个部分。本标准是其中的第4项标准。

本标准的附录A为规范性附录，附录B为资料性附录。

本标准由国家林业局提出并归口。

本标准负责起草单位：国家林业局调查规划设计院。

本标准主要起草人：李忠平、唐小平、王恩苓、樊喜斌、闫宏伟、张禹、于晓光、蒋爱军、王红春、贺东北、张万林、王吉斌、柯善新、聂祥永。

生态公益林建设　检查验收规程

1　范围

本标准规定了生态公益林建设的检查验收组织、程序、方式与方法、主要内容、技术指标、评价方法等主要技术要求。

本标准适用于全国范围内生态公益林建设的检查验收、质量评价与质量技术监督。

2　规范性引用文件

下列文件中的条款通过本标准的引用而成为本标准的条款。凡是注日期的引用文件，其随后所有的修改单(不包括勘误的内容)或修订版均不适用于本标准，然而，鼓励根据本标准达成协议的各方研究是否可使用这些文件的最新版本。凡是不注日期的引用文件，其最新版本适用于本标准。

GB/T 15163—2004　封山(沙)育林技术规程

GB/T 15776—2006　造林技术规程

GB/T 15162—2005　飞机播种造林技术规程

GB/T 18337.1—2001　生态公益林建设　导则

GB/T 18337.2—2001　生态公益林建设　规划设计通则

GB/T 18337.3—2001　生态公益林建设　技术规程

LY 5141—1999　营造林工程建设项目文件组成及深度要求(试行)

3　术语和定义

下列术语和定义适用于本标准。

3.1

检查总体　investigation population

特指从中抽取检查单位的集合体，抽样检查的总体应与要得到信息、进行评价的总体一致。国家核查的检查总体可以是一个省(自治区、直辖市)、一个工程项目或一个(工程)区域。

3.2

抽检单位　the sampled unit

在检查总体中抽取的单位。抽检单位可以是一个县、一个(工程)小区。

3.3

检查样本　investigation sample

在抽检单位中，抽取的最基本检查单元。检查样本可以是一个小班、一个播区或封育区。

3.4

上报面积　declare area

经自查验收，符合建设项目合格标准，按林业统计年报要求上报的面积。

3.5

核实面积　verify area

经检查核定的实际面积，包括合格面积、不合格面积和损失面积。其中，损失面积指新造林地由于人为或自然原因造成地类转变为非林地的面积。

3.6

有效苗　available seeding

飞播造林播区内飞播、人工造林及天然更新的同一时期(检查时苗龄相差不超过1个人工林龄级)目的树种，生长趋于稳定的健壮苗木。

3.7

管护率 management and protect percent

抽检单位中，检查年度人工造林小班按照作业设计采取除草、松土、施肥、看护等未成林地抚育和管理措施合格的小班面积之和与造林小班总面积之比的百分数。

3.8

育林率 closed area for tree growing percent

抽检单位中，检查年度封山(沙)育林小班(封育区)按作业设计采取人工补植、补播、平茬复壮等人工辅助育林措施合格的小班(封育区)与总封育面积之比的百分数。

3.9

核实率 verify area percent

检查总体或抽检单位内，检查验收核实面积与上报面积之比的百分数。

3.10

核实面积合格率 eligibility percent of verify area

检查总体或抽检单位内，经检查达到合格标准的总面积与核实总面积之比的百分数。

3.11

上报面积合格率 eligibility percent of declare area

检查总体或抽检单位内，经检查达到合格标准的总面积与上报总面积之比的百分数。

4 一般规定

4.1 检查验收对象

检查验收对象为正在建设和已经建成的所有生态公益林项目。

按照事权划分原则，生态公益林建设实行分级管理、分级检查验收。国家投资建设的生态公益林项目和国家管理的重点公益林，在地方检查的基础上，由国家林业主管部门组织检查验收。地方生态公益林，由各级地方林业主管部门组织检查验收。

4.2 检查验收内容

检查验收内容包括作业设计检查、年度检查、成效检查验收和生态公益林质量评价四类。

作业设计检查是对造林、抚育(间伐)、低效林改造、更新采伐等项目的作业设计完成情况和设计质量进行的检查，也可与年度检查结合起来进行检查。

年度检查是对造林、抚育(间伐)、低效林改造、更新采伐等项目当年、次年或某个特定年度的建设任务和质量进行的检查。

成效检查验收是在某一项目所有建设内容完成后，对整个建设项目的成效及管理等进行的检查验收，包括成效检查、成林验收。

生态公益林质量评价是指定期对已经建成的生态公益林质量进行的检查评价。

4.3 检查验收方式

4.3.1 自查

由县级林业主管部门或建设单位按合同或各级政府部门下达的任务计划，完成了某个年度、某个环节的生产作业后，对任务完成情况、监理部门的质量监理情况或申请竣工验收前组织的检查验收。

4.3.2 复查

由省或地、市级林业主管部门组织，分别对所在区域生态公益林项目在自查基础上组织的检查验收。

4.3.3 核查

由国家林业主管部门组织，对国家投资或国家管理的生态公益林进行的检查验收。

4.4 检查验收依据及相关资料

4.4.1 基础数据

收集和了解抽检单位在检查期限内，生态公益林建设项目各项任务的计划数及统计上报完成数。

4.4.2 规划设计文件

各种检查验收均以审批的项目县(市、区)年度作业设计和设计变更批复文件为依据,包括设计说明文件和设计小班调查表、设计表(卡片)、施工设计图等。

4.4.3 相关资料

收集生态公益林建设相关的项目规划、实施方案;各级主管部门相关的检查验收资料;抽检单位自查报告及材料;监理单位提供的工程质量监理报告及报表;以及相关国家、地方标准与技术规程等。

4.5 检查验收组织

4.5.1 自查组织

以县级单位为检查总体,乡或其他建设单位为考评单位,由建设单位或县级林业主管部门自行组织,采用追踪检查或全面检查的方法。

4.5.2 复查与核查组织

4.5.2.1 抽检单位

国家核查以省级单位为检查总体,省级和地(市)级复查分别以省、地级为检查总体,在检查总体内抽取一部分单位进行检查。

核查和复查均以县级为一级抽检单位。国家投资或国家管理的生态公益林项目以乡级为二级抽检单位,在二级抽检单位内全面检查验收。地方生态公益林可在一级抽检单位内按一定原则抽取二级或三级抽检单位,对最后一级抽检单位进行全面检查验收。飞播造林检查应在检查总体内按播区抽取检查样本,封山(沙)育林检查可在检查总体内按封育区抽取检查样本。

4.5.2.2 抽取方法

抽检单位采用随机抽样的方式确定。

一级抽检单位由组织抽查的林业主管部门主持抽取。二级、三级抽检单位由抽(核)检小组在一级抽检单位内现地确定。抽中的单位累计完成面积与一级抽检单位应抽检的面积大致相等(允许误差±5%)。

随着检查层次的增加,抽检单位的比例可适当减少。

4.5.2.3 抽检比例

抽检比例按总体控制。一级抽检单位比例应按照项目实施范围内的任务量和项目重要程度确定。人工造林(更新)检查验收应抽取不少于项目实施单位的10%作为抽检单位,其他项目可抽取实施单位的5%~10%。

检查总体内的抽检面积按抽检单位内检查项目的小班或播区、封育区面积控制,下限一般符合表1的要求。

表1 不同检查项目抽检面积比例表

检查项目		复查	核查	备注
设计检查	文本检查	全面检查	30%	单独检查时采用
	质量检查	10%	5%	
年度与阶段检查	人工造林	5%	2%	
	飞播造林	10%	5%	
	封山(沙)育林	3%	1%	
	抚育(间伐)、低效林改造、更新采伐	2%	1%	
成效检查、成林验收		5%	2%	
质量检查评价		5%	2%	

5 作业设计检查

5.1 检查项目

作业设计检查包括对抽检单位经主管部门审批的造林[人工造林、封山(沙)育林、飞播造林]、抚育(间伐)、低效林改造和更新采伐等作业设计完成率、设计成果的规范性和质量进行检查。作业设计检查项目包括:

文本检查:主要检查作业设计依据是否充分;基础数据是否可靠;设计承担单位的业务范围与资质和主要设计人员是否符合有关规定;设计文本的文件组成是否符合要求;设计成果是否全面等。

质量检查:重点检查生态公益林地区划、作业小班区划与小班面积、营造林施工作业设计、作业组织设计等项目是否符合 LY 5141—1999 等有关规定和科学性、实用性,以及投资预算与采用的主要技术经济指标合理性,规划设计内容是否符合相关标准、技术规程要求。

5.2 检查方法

作业设计文本采用内业查验的方式,在抽检单位内对作业设计说明书、相关附表、附图和附件进行系统检查。

设计成果的质量检查采用外业抽样检查的方法,在抽检单位系统抽取设计小班逐项检查,抽检小班面积之和应符合表 1 的比例要求。检查因子的调查应与设计时采用的调查方法一致;抚育(间伐)、低效林改造和更新采伐等作业小班的蓄积设计检验应在小班内布设样地或样带进行实测,调查方法执行附录 B 的规定。

5.3 质量评定

抽检单位的作业设计应有设计依据,包括主管部门下达的年度建设任务、实施方案,或经审批的建设项目可行性研究报告、总体设计、经营方案、建设规划等文本材料。设计单位的业务范围及资质等级应符合要求,主要设计人员具有相应专业技术水平。如果设计依据或设计单位资质不符合要求,则作业设计不合格。

作业设计质量评定采用百分制评分法。在设计依据和设计单位资质符合要求的情况下,分别按表 2 所列检查项目与评分阈值进行评定。综合评分≥85 分为好,60 分～84 分为中,<60 分的为不合格。

表 2 抽检单位作业设计质量评分表

检查项目	标准分	技 术 要 求	扣分标准
林地区划	10	严格按 GB/T 18337.2—2001 等有关标准执行,以区划小班为单位,小班错划率不大于 1%	每大于 1%扣 1 分
小班面积	10	实测小班测线闭合差在地形复杂的山区应小于 1/150,平缓地区应小于 1/200;调绘小班二次求积相差小于 1/50;GPS 调查应沿小班边界拐点处设点,斑块应闭合(不针对小面积)	不合格小班占抽检小班比例每增加 1%扣 1 分
设计面积	10	小班面积之和与总体面积误差不得大于 1/100	每大于 1%扣 1 分
设计内容与深度	15	作业设计文本符合 GB/T 18337.2—2001 和 LY 5141—1999 的要求	明显缺漏项扣 5 分
设计成果	5	设计说明书、设计表(卡)、设计图齐全,并纳入技术档案管理	文本、图、表卡缺一项不得分
措施设计	20	建设模式、措施类型正确,技术指标或参数合理,符合相关建设与技术标准;抚育(间伐)、低效林改造、更新采伐等小班设计蓄积误差人工林不大于 5%,天然林不大于 10%	不合理设计酌情减分
组织设计	5	作业组织科学,作业顺序合理	不合理设计酌情减分

表 2（续）

检查项目	标准分	技术要求	扣分标准
环境影响评价	5	是否根据 GB/T 18337.1—2001 的要求进行环境影响评价分析，环评项目执行该标准的附录 B	需环评项目未进行环评不得分，根据环评质量酌情减分
技术经济指标	10	概算采用的主要技术经济指标科学合理，依据充分；估算分项合理，准确可靠	不合理估算酌情减分
设计图表质量	10	图、表、卡设计格式与图式符合相关标准要求	按质量、美观情况减分

6 年度检查

6.1 人工造林（更新）检查

6.1.1 质量要求

6.1.1.1 合格标准

——造林（更新）小班必须有经审批且符合表 2 要求的作业设计。

——造林（更新）小班按作业设计要求进行年度施工，包括林地清理、主要造林（更新）树种、整地方式与规格、初植密度、混交配置规格等应与作业设计保持一致，不一致的小班为作业不合格。

——造林（更新）成活率≥85%（年均降水量在 400 mm 以下地区，热带亚热带岩溶地区、干热（干旱）河谷等生态脆弱地带≥70%）的小班为成活率合格；成活率 84%～41%（年均降水量在 400 mm 以下地区，热带亚热带岩溶地区、干热（干旱）河谷等生态脆弱地带 69%～41%）的小班为待补植；成活率≤40%的小班为失败，待补植和失败小班均为成活率不合格。

——造林（更新）小班按设计的方式、次数、强度进行了除草、松土、灌溉、施肥、除萌、定株、补植等抚育措施为未成林抚育合格，否则为未成林抚育不合格。

——造林（更新）小班没有林业检疫性有害生物及林业补充检疫性有害生物，蛀干类有虫株率在 20%（含 20%）以下，感病指数在 50（含 50）以下时为健康状况合格，否则为健康状况不合格。

——造林（更新）小班按设计实施了各项管护措施，达到了管护效果为管护合格，否则为管护不合格。

6.1.1.2 造林（更新）面积允许误差

造林（更新）小班面积按水平面积计算，现地调绘核实的面积与上报面积相差在±5%范围内，承认其上报面积；如二者面积相差超过±5%，以现地调绘求算面积为准。

6.1.2 检查内容与方法

——收集和了解抽检单位在所核查年度，各项生态公益林建设项目中人工造林（更新）的计划数及实际完成数；收集抽检单位近三年各类人工造林（更新）的有关作业设计，自检图、文、表等档案材料，检查核对是否有将其他年度、其他项目人工造林（更新）当作所核查年度生态公益林人工造林（更新）面积而上报的情况。

——通过查询造林（更新）季节、整地方式、种苗来源、苗龄、抽样测定平均高、访问附近居民等方法判断所检查的小班（地块）的造林时间与上报年度是否吻合。

——在一级抽检单位按本标准 4.5.2 的要求确定二、三级抽检单位。在最后一级抽检单位用导线测量、GPS 或图面勾绘等方法对上报所有小班进行核实。当检查小班与上报小班位置及形状基本一致，面积相差在±5%以内时，认可原上报面积；否则以检查时核实面积为准。

——按附录 B 的相关要求核查造林（更新）小班（地块）的作业内容、成活苗木株数和单位面积植苗株数。

6.1.3 质量评定

6.1.3.1 评定指标

以造林（更新）小班为单位，按下列各式计算评定指标：

a） 成活率

$$P_s = \frac{\sum SP_i \times P_i}{S_P} \times 100 \qquad \cdots\cdots (1)$$

$$P_i = \frac{n_i}{N_i} \times 100 \qquad \cdots\cdots (2)$$

式中：

P_s——（小班）造林成活率，%；

SP_i——第 i 样地面积（样行长度）；

P_i——第 i 样地（样行）成活率，%；

S_P——样地总面积（样行总长度）；

n_i——第 i 样地（行）成活株（穴）数；

N_i——第 i 样地（行）栽植总株（穴）数；

$\sum$——对 i 从 1 到 n_s 求和；

n_s——样地数或样行数。

小班样地内总植苗株数在合理初植密度界限以内按实际造林株数计，低于合理初植密度下限按最低合理初植密度计，超过合理初植密度上限按实际造林初植密度计。

b） 未成林抚育率

$$P_w = \frac{\sum S_{nwi}}{\sum S_{Nwi}} \times 100 \qquad \cdots\cdots (3)$$

式中：

P_w——（小班）未成林抚育率，%；

S_{nwi}——第 i 个未成林抚育合格小班的面积，如不合格小班则 S_{nwi} 计为 0；

S_{Nwi}——第 i 个小班的面积；

$\sum$——对 i 从 1 到 n_s 求和；

n_s——被抽检到的未成林小班总数。

c） 管护率

$$P_m = \frac{\sum S_{nmi}}{\sum S_{Nmi}} \times 100 \qquad \cdots\cdots (4)$$

式中：

P_m——（小班）管护率，%；

S_{nmi}——第 i 个管护合格小班的面积，如不合格小班则 S_{nmi} 计为 0；

S_{Nmi}——第 i 个小班的面积；

$\sum$——对 i 从 1 到 n_s 求和；

n_s——被抽检到的管护小班总数。

6.1.3.2 人工造林（更新）核实率

评定抽检单位在检查年度人工造林（更新）核实率。

$$S_v = S_{vh} + S_{vb} + S_{vx} \qquad \cdots\cdots (5)$$

$$P_v = \frac{S_v}{S_d} \times 100 \qquad \cdots\cdots (6)$$

式中：

S_v——核实面积；

S_{vh}——核实合格面积；

S_{vb}——核实不合格面积；

S_{vx}——核实损失面积；

P_v——核实率,%;

S_d——上报面积。

6.1.3.3 人工造林(更新)面积合格率

评定抽检单位在检查年度人工造林(更新)上报面积和核实面积的合格面积和合格率。

$$P_{ed} = \frac{S_{vh}}{S_d} \times 100 \qquad \cdots\cdots(7)$$

$$P_{ev} = \frac{S_{vh}}{S_v} \times 100 \qquad \cdots\cdots(8)$$

式中:

P_{ed}——上报面积合格率,%;

S_{vh}——核实合格面积;

S_d——上报面积;

P_{ev}——核实面积合格率,%;

S_v——核实面积。

6.1.3.4 人工造林(更新)管理质量

评定抽检单位检查年度内人工造林地的管理质量,用管护率评价。

$$P_{mh} = \frac{\sum S_{mvhi}}{S_v} \times 100 \qquad \cdots\cdots(9)$$

式中:

P_{mh}——管护率,%;

S_{mvhi}——第 i 个管护合格小班核实面积,如不合格则 S_{mvhi} 计为 0;

S_v——核实面积;

$\sum$——对 i 从 1 到 n_s 求和;

n_s——被抽检到的小班总数。

6.1.3.5 质量等级

评定抽检单位检查年度人工造林的质量等级的评定因子包括核实率、核实面积合格率和管护率三项指标。采用权重评分法,综合评分≥85 分为好,60 分~84 分为中,60 分以下为不合格。

$$GI = P_v \times 0.3 + P_{ev} \times 0.6 + P_{mh} \times 0.1 \qquad \cdots\cdots(10)$$

式中:

GI——综合评分,%;

P_v——核实率,%;

P_{ev}——核实面积合格率,%;

P_{mh}——管护率,%。

6.2 封山(沙)育林检查

6.2.1 质量要求

6.2.1.1 合格标准

封山(沙)育林年度检查是为掌握上年度实施并统计上报的封山(沙)育林情况而进行的调查,为实绩核查。封山(沙)育林实绩合格标准为:

——封育区有经审批且符合表 2 质量要求的作业设计。

——封育区按作业设计要求组织了年度作业。

——封育区按作业设计设置了固定的封山(沙)育林标志或设施,并注明封山(沙)育林工程名称、封育范围、年限、类型、方式、措施、管护人员等内容;落实了管护机构和人员;制定了封山(沙)育林措施,建立了封山(沙)育林档案。

——封育小班符合 GB/T 15163—2004 规定的封山(沙)育林地条件之一。

6.2.1.2 面积允许误差

以封育小班为单位，现场核对封山(沙)育林小班界线，当两者位置形状基本一致，面积相差±5%时，认可原上报面积；否则，以核实面积为准。

6.2.2 检查内容与方法

——现地检查封育区是否有明显界限及标志，是否有管护机构和人员。
——以封育小班为单位，利用封山(沙)育林规划设计图核实封育小班的位置、范围、界线、形状，如有明显出入或面积相差大于5%时，则用比例尺大于1∶25 000的地形图重新在图上调绘，区划小班，或利用GPS在现地进行校正，以调绘求算、校正的面积为准。
——按附录B的有关要求抽样调查封育小班的母树树种与株数、毛竹株数与杂竹覆盖度、灌木树种丛数与盖度、珍稀树种及株数、幼苗和幼树树种与株数、萌芽树种兜数等因子。
——有人工促进封育措施的封育小班应根据作业设计标准检查育林措施到位情况，调绘求算育林面积。

6.2.3 质量评定

6.2.3.1 封山(沙)育林面积核实率

评定抽检单位检查年度封山(沙)育林面积核实率。

$$P_{\mathrm{v}}=\frac{\sum S_{\mathrm{v}i}}{S_{\mathrm{d}}}\times 100 \qquad \cdots\cdots(11)$$

式中：

P_{v}——封育面积核实率，%；

$S_{\mathrm{v}i}$——第 i 个核实小班的面积；

S_{d}——上报面积；

$\sum$——对 i 从1到 n_{s} 求和；

n_{s}——被抽检到的小班中被核实的小班总数。

6.2.3.2 封山(沙)育林面积合格率

评定抽检单位检查年度封山(沙)育林上报面积和核实面积的合格情况。

$$P_{\mathrm{ed}}=\frac{\sum S_{\mathrm{h}i}}{S_{\mathrm{d}}}\times 100 \qquad \cdots\cdots(12)$$

$$P_{\mathrm{ev}}=\frac{\sum S_{\mathrm{h}i}}{S_{\mathrm{v}}}\times 100 \qquad \cdots\cdots(13)$$

式中：

P_{ed}——上报面积合格率，%；

$S_{\mathrm{h}i}$——第 i 个合格封育小班的面积；

S_{d}——上报面积；

P_{ev}——核实面积合格率，%；

S_{v}——核实面积；

$\sum$——对 i 从1到 n_{s} 求和；

n_{s}——被抽检到的小班中封育合格小班的总数。

6.2.3.3 育林率

评定抽检单位检查年度封山(沙)育林小班人工促进封育措施的实施情况。

$$P_{\mathrm{c}}=\frac{\sum S_{\mathrm{c}i}}{\sum S_{\mathrm{p}i}}\times 100 \qquad \cdots\cdots(14)$$

式中：

P_{c}——育林率，%；

$S_{\mathrm{c}i}$——第 i 个育林合格小班的面积；

S_{pi}——第 i 个育林设计小班的面积；

$\sum$——对 i 从 1 到 n_s 求和；

n_s——被抽检到的封育小班总数。

6.2.3.4 质量等级

评定抽检单位检查年度封山(沙)育林的质量等级的评定因子包括核实率、核实面积合格率和育林率三项指标。采用权重评分法，综合评分≥85 分为好，60 分～84 分为中，60 分以下为不合格。

$$GI = P_v \times 0.3 + P_{ev} \times 0.3 + P_c \times 0.4 \quad \cdots\cdots(15)$$

式中：

GI——综合评分，%；

P_v——核实率，%；

P_{ev}——核实面积合格率，%；

P_c——育林率，%。

6.3 飞播造林检查

6.3.1 质量要求

6.3.1.1 合格标准

飞播造林年度检查是为掌握统计上报的飞播造林地出苗或成效情况而进行的调查，分为成苗调查与成效调查。

a) 成苗调查

为掌握播后播区范围内幼苗密度及生长、分布情况进行的调查，调查时间宜于播后翌年进行，沙区可当年进行。合格标准为：

——飞播区有符合表 2 质量要求的作业设计；

——飞播区按作业设计要求组织年度作业；

——飞播区设置了固定的封育标志或设施，落实了管护机构和人员，制定了封育措施；

——以播区为单位，宜播区平均每公顷有效苗和有苗样方频度符合 GB/T 15162—2005 确定的合格指标。

b) 成效调查

为了确定飞播造(营)林的成效面积，对飞播效果总体评定而进行的调查。调查时间在飞播后南方和北方 5 年，沙区 3 年～5 年。对实施复播的播区，成效调查时间可以顺延，但时限不超过 7 年，沙区不超过 5 年。合格标准执行 GB/T 15162—2005 确定的指标。

6.3.1.2 面积允许误差

对抽中播区的宜播面积进行现地调绘核对，若面积误差在±5%以内，认可原上报面积，否则，以核实面积为准。

6.3.2 检查内容与方法

——现地检查飞播区的界限及标志，是否有管护机构和人员，是否有具体封育制度或办法。

——在现地利用播区设计图，结合卫片、航片和地形图进行调绘，对比飞播区的位置、范围、形状是否与设计有差异；面积误差超过±5%，应重新调绘核实和求算面积。

——成苗调查采用成数抽样调查法(沙区采用路线调查法)；成效调查采用成数抽样调查法或成效面积调绘法。详见附录 B，宜播地块条件执行 GB/T 15162—2005 的有关规定。

——调查内容按附录 B 的有关要求进行。成数调查主要调查飞播区有效苗木的成数，或成数样地的有效苗树种与株数，量测有效苗平均苗高。成效调查按造林小班调查郁闭度、平均每公顷株数、苗高和地径、苗木生长及分布情况等。布设在营林小班的样地只统计飞播的乔木有效苗。

6.3.3 质量评定

6.3.3.1 宜播面积核实率

a) 宜播面积成数(%)

$$P_e = \frac{N_e}{N} \times 100 \quad \cdots\cdots (16)$$

式中：

P_e——飞播区内宜播面积成数,%；

N_e——宜播面积内样地(圆)数；

N——样地(圆)总数。

b) 宜播面积

$$S_e = P_e \times S_t \quad \cdots\cdots (17)$$

式中：

S_e——播区宜播面积；

P_e——播区内宜播面积成数,%；

S_t——播区总面积。

c) 宜播面积核实率

评定抽检单位检查年度飞播区宜播面积的核实率。

$$P_v = \frac{\sum S_{vei}}{S_d} \times 100 \quad \cdots\cdots (18)$$

式中：

P_v——宜播面积核实率,%；

S_{vei}——第 i 个被核实播区的宜播面积；

S_d——上报宜播面积；

$\sum$——对 i 从 1 到 n_s 求和；

n_s——被抽检到的播区总数。

6.3.3.2 宜播面积合格率

评定抽检单位检查年度飞播区上报宜播面积和核实宜播面积的合格情况。

$$P_{ed} = \frac{\sum S_{hi}}{S_d} \times 100 \quad \cdots\cdots (19)$$

$$P_{ev} = \frac{\sum S_{hi}}{S_v} \times 100 \quad \cdots\cdots (20)$$

式中：

P_{ed}——上报宜播面积合格率,%；

S_{hi}——第 i 个出苗合格小班的宜播面积；

S_d——上报宜播面积；

P_{ev}——核实宜播面积合格率,%；

S_v——核实宜播面积；

$\sum$——对 i 从 1 到 n_s 求和；

n_s——被抽检到的小班中出苗合格小班的总数。

6.3.3.3 等级评定

抽检单位检查年度飞播造林的成苗情况和成效情况以播区或小播区群为评定质量等级。成苗质量等级采用宜播面积每公顷株数和有苗样地频度指标,沙区成苗等级评定只按有苗样地频度,评定标准见表 3;成效质量等级采用成效率指标,评定标准见表 4。南方高海拔地区、干热河谷地区、干旱河谷地区成苗等级评定可参照北方的标准执行。

表 3　飞播造林成苗等级评定标准

宜播面积平均每公顷有效苗株数/(株/hm^2)	有苗样地频度/%			效果评定	
	南方	北方	沙区		
≥1 666	≥60	≥50	≥70	优	合格
	50～59	40～49	50～69	良	
	40～49	30～39	40～49	可	
<1 666	<40	<30	<40	差	不合格

表 4　飞播造林成效等级评定标准

成效面积率/%			效果评定	
南方	北方	沙区		
≥51	≥41	≥55	优	合格
41～50	31～40	35～55	良	
31～40	21～30	21～34	可	
≤30	≤20	≤20	差	不合格

6.4　抚育(间伐)作业检查

6.4.1　质量要求

6.4.1.1　合格标准

抚育(间伐)作业检查验收以抚育(间伐)小班为单位,以作业设计为依据,分别小班按表 5 确定的指标与评分阈值判定作业质量,85 分(含 85 分)以上的为合格小班。

表 5　生态公益林抚育(间伐)作业小班质量评分表

检查项目	标准分	技　术　要　求	扣分标准
作业设计	10	有经审批且符合表 2 质量要求的作业设计	没有设计不得分,根据设计质量减分
抚育(间伐)作业面积	10	实际作业面积不超过设计面积的±5%	每超过±1%扣 2 分
抚育采伐强度	20	幼龄林按株数、中龄林按蓄积量计算,实际作业强度不超设计强度的±5%	每超过±1%扣 5 分
保留木	10	应保留而未保留的株数低于 30 株/hm^2,漏伐、错伐不超过 30 株/hm^2	每超过 5 株扣 1 分
郁闭度	10	抚育(间伐)后的林分郁闭度与设计相差不超过±0.1	超过 0.1 扣 10 分
林地清理	10	按设计要求清理,清理面积合格率应达到 95%以上	每减少 1%扣 2 分
林隙或林窗	5	抚育(间伐)作业不造成面积超过 25 m^2 的林中空地	有超过面积的林隙或林窗不得分
伐根(茬高)	5	残留高度不超过 15 cm 的伐根数在 85%以上	每低 1%扣 1 分
幼树保护	10	每公顷损伤或搭压目的树种株数控制在 10 株以内	每多损伤或搭压 1 株扣 2 分,可以计负分
丢弃木	10	丢弃木材在 0.7 m^3/hm^2(2 m 长、小头直径 6 cm)以内	每超过 0.1 m^3 扣 2 分

6.4.1.2　面积允许误差

对抽中的作业小班进行现地调绘核对，若面积误差在±5%以内，认可原上报面积。

6.4.2　检查内容与方法

——抚育(间伐)作业面积核实：对照抚育(间伐)作业设计图和林相图，在现地确定抚育采伐地块，核对地块的边界是否相符。如果面积不符或无设计图的，用地形图及GPS等方法现地勾绘抚育间伐作业小班边界，求算实际抚育面积。

——抚育(间伐)作业质量核查：按附录B的有关要求在核查小班内布设标准地，调查表5各项评分指标。已采伐林木调查伐根并根据根径查相应树种地径表，确定株数与活立木蓄积。

6.4.3　质量评定

6.4.3.1　抚育(间伐)面积核实率

评定抽检单位检查年度生态公益林抚育(间伐)作业上报面积的核实率。

$$P_{\mathrm{v}} = \frac{\sum S_{\mathrm{v}i}}{\sum S_{\mathrm{d}i}} \times 100 \qquad \cdots\cdots(21)$$

式中：

P_{v}——抚育(间伐)面积核实率，%；

$S_{\mathrm{v}i}$——第 i 个核查小班实际抚育面积；

$S_{\mathrm{d}i}$——第 i 个核查小班的上报抚育面积；

$\sum$——对 i 从1到 n_{s} 求和；

n_{s}——被抽检到的核查小班总数。

6.4.3.2　抚育(间伐)核实面积合格率

评定抽检单位检查年度生态公益林抚育间伐作业核实面积的合格情况。

$$P_{\mathrm{ev}} = \frac{\sum S_{\mathrm{ev}i}}{\sum S_{\mathrm{ed}i}} \times 100 \qquad \cdots\cdots(22)$$

式中：

P_{ev}——抚育(间伐)核实面积合格率，%；

$S_{\mathrm{ev}i}$——第 i 个合格作业小班面积，如不合格则 $S_{\mathrm{ev}i}$ 计为0；

$S_{\mathrm{ed}i}$——第 i 个核查小班的核实面积；

$\sum$——对 i 从1到 n_{s} 求和；

n_{s}——被抽检到的核查小班总数。

6.4.3.3　质量等级

评定抽检单位检查年度抚育(间伐)作业的质量等级的评定因子包括核实率、核实面积合格率两项指标。采用权重评分法，综合评分≥85分为好，60分～84分为中，60分以下为不合格。

$$GI = P_{\mathrm{v}} \times 0.4 + P_{\mathrm{ev}} \times 0.6 \qquad \cdots\cdots(23)$$

式中：

GI——综合评分，%；

P_{v}——核实率，%；

P_{ev}——核实面积合格率，%。

6.5　低效林改造作业检查

6.5.1　质量要求

6.5.1.1　合格标准

低效林改造作业检查验收以改造作业小班为单位，以作业设计为依据，分别小班按表6确定的指标与评分阈值判定作业质量，85分(含85分)以上的为合格小班。

表 6 低效林改造作业小班质量评分表

检查项目	标准分	技术要求	扣分标准
作业设计	10	有经审批且符合表 2 质量要求的作业设计	没有设计不得分，根据设计质量减分
改造对象	10	改造对象符合标准要求	不符合扣 10 分
改造方式	10	改造方式符合标准要求	不符合扣 10 分
改造作业面积	10	实际作业面积不超过设计面积的±5%	每超过±1%扣 2 分
改造强度	10	调整林分密度的方式按保留株数、调整树种结构的方式按主要树种株数比例，实际作业强度不超过设计强度	每超过±1%扣 5 分
林地清理	10	按设计要求清理，清理面积合格率应达到 95%	每减少 1%扣 2 分
改造更新	10	按设计要求改造后补植、补播，更新面积合格率应达 95%以上	每减少 1%扣 2 分
林隙或林窗	10	抚育(间伐)作业不造成面积超过 25 m^2 的林中空地	有超过面积的林隙或林窗不得分
伐根(茬高)	10	不超过 10 cm 的伐根在 85%以上	每低 1%扣 1 分
幼树保护	10	每公顷损伤或搭压目的树种株数控制在 10 株以内	多损伤或搭压 1 株扣 2 分，可以计负分

6.5.1.2 面积允许误差

对抽中的作业小班进行现地调绘核对，若面积误差在±5%以内，认可原上报面积。

6.5.2 检查内容与方法

——低效林改造作业面积核实：对照作业设计和林相图，在现地核对改造地块的边界是否相符。如果面积不符或无设计图的，用地形图及 GPS 等方法现地勾绘低效林改造作业小班边界，求算实际作业面积。

——改造作业质量核查：按附录 B 的有关要求在核查小班内布设标准地，调查表 6 各项评分指标，已采伐林木调查伐根确定树种等因子。

6.5.3 质量评定

6.5.3.1 低效林改造作业面积核实率

评定抽检单位检查年度内低效林改造作业上报面积的核实率。

$$P_v = \frac{\sum S_{vi}}{\sum S_{di}} \times 100 \qquad \cdots\cdots(24)$$

式中：

P_v——低效林改造面积核实率，%；

S_{vi}——第 i 个核查小班实际作业面积；

S_{di}——第 i 个核查小班上报作业面积；

$\sum$——对 i 从 1 到 n_s 求和；

n_s——被抽检到的核查小班总数。

6.5.3.2 低效林改造作业面积合格率

评定抽检单位检查年度内低效林改造作业核实面积的合格情况。

$$P_{ev} = \frac{\sum S_{evi}}{\sum S_{edi}} \times 100 \qquad \cdots\cdots(25)$$

式中：

P_{ev}——低效林改造核实面积合格率，%；

S_{evi}——第 i 个合格作业小班面积，如不合格则 S_{evi} 计为 0；

S_{edi}——第 i 个核查小班的核实面积；

$\sum$——对 i 从 1 到 n_s 求和；

n_s——被抽检到的核查小班总数。

6.5.3.3 质量等级

评定抽检单位检查年度改造作业的质量等级的评定因子包括核实率、核实面积合格率两项指标。采用权重评分法，综合评分≥85 分为好，60 分～84 分为中，60 分以下为不合格。

$$GI = P_v \times 0.3 + P_{ev} \times 0.7 \quad \cdots\cdots(26)$$

式中：

GI——综合评分，%；

P_v——核实率，%；

P_{ev}——核实面积合格率，%。

6.6 更新采伐作业检查

6.6.1 质量要求

6.6.1.1 合格标准

生态公益林更新采伐作业检查验收以更新采伐的作业小班为单位，以作业设计为依据，分别小班按表 7 确定的指标与评分阈值判定作业质量，85 分(含 85 分)以上的为合格小班。

表 7 更新采伐作业小班质量评分表

检查项目	标准分	技 术 要 求	扣分标准
作业设计	10	有符合表 2 质量要求的作业设计	没有设计不得分，根据设计质量减分
采伐对象	10	采伐对象符合技术标准要求	不符合扣 10 分
采伐方式	10	采伐方式符合技术标准要求	不符合扣 10 分
采伐面积	10	实际作业面积不超过设计面积的±5%	每超过±1%扣 5 分
采伐强度或蓄积	10	按蓄积量计算，实际采伐强度或采伐蓄积不超过设计	每超过±1%扣 2 分
出材量	5	实际出材量不超过设计的±5%	每超过±1%扣 1 分
保留木	5	应采木漏采或采伐未挂号树木不超过设计蓄积的±2%	每超过 0.1 m^3 扣 1 分
伐根(茬高)	5	不超过 10 cm 的伐根在 85%以上	每低 1%扣 1 分
集材	5	集材机械不下大于 5 m 的集材道	下道不得分
郁闭度	5	采伐后郁闭度与设计相差不超过±0.1	超过 0.1 扣 5 分
幼树保护	5	损伤或搭压目的树种幼树不超过伐区幼树总株数的 30%	超过 1%扣 1 分，可以计负分
伐区清理与场地卫生	5	按设计要求清理采伐剩余物和垃圾、工棚等，清理面积合格率应达到 95%	每减少 1%扣 2 分
丢弃木	5	丢弃木材在 0.7 m^3/hm^2(2 m 长、小头直径 6 cm)以内	每超过 0.1 m^3 扣 2 分
生态公益林更新采伐面积	5	采伐迹地全部及时得到更新	面积每差 1%扣 1 分
生态公益林更新采伐方式	5	迹地更新采伐方式、树种与设计一致	不一致不得分

6.6.1.2 面积允许误差

对抽中的作业小班进行现地调绘核对，若面积误差在±5%以内，认可原上报面积，否则以核实面积为准。

6.6.2 检查内容与方法

——采伐作业面积核实:对照更新采伐作业设计和林相图,在现地核对更新采伐地块的边界是否相符。如果面积不符或无设计图的,用地形图及GPS等方法现地勾绘作业小班边界,求算实际作业面积。

——采伐作业质量核查:按附录A的有关要求在核查小班内布设标准地,调查表7各项评分指标。已采伐林木调查伐根并根据根径查相应树种地径表确定株数与活立木蓄积。

6.6.3 质量评定

6.6.3.1 更新采伐面积核实率

评定抽检单位检查年度内更新采伐作业上报面积的核实率。

$$P_v = \frac{\sum S_{vi}}{\sum S_{di}} \times 100 \qquad \cdots\cdots(27)$$

式中:

P_v——更新采伐面积核实率,%;

S_{vi}——第 i 个核查小班实际采伐面积;

S_{di}——第 i 个核查小班上报面积;

$\sum$——对 i 从1到 n_s 求和;

n_s——被抽检到的核查小班总数。

6.6.3.2 更新采伐核实面积合格率

评定抽检单位检查年度内更新采伐作业核实伐区的合格情况。

$$P_{ev} = \frac{\sum S_{evi}}{\sum S_{edi}} \times 100 \qquad \cdots\cdots(28)$$

式中:

P_{ev}——更新采伐核实面积合格率,%;

S_{evi}——第 i 个合格作业小班面积,如不合格则 S_{evi} 计为0;

S_{edi}——第 i 个核查小班的核实面积;

$\sum$——对 i 从1到 n_s 求和;

n_s——被抽检到的核查小班总数。

6.6.3.3 质量等级

评定抽检单位检查年度更新采伐作业的质量等级评定因子包括核实率、核实面积合格率两项指标。采用权重评分法,综合评分≥85分为好,60分~84分为中,60分以下为不合格。

$$GI = P_v \times 0.3 + P_{ev} \times 0.7 \qquad \cdots\cdots(29)$$

式中:

GI——综合评分,%;

P_v——核实率,%;

P_{ev}——核实面积合格率,%。

7 成效验收与质量评定

7.1 成效验收

7.1.1 成林年限

生态公益林建设达到成林年限时组织进行成林验收,成林年限执行GB/T 18337.1—2001的11.1的要求。

7.1.2 成林标准

生态公益林建设成林验收合格标准执行GB/T 18337.1—2001的11.2的要求。其中:

——有林地选用保存率、郁闭度、混交比和均匀度指标；
——灌木林选用保存率、植被盖度、混交比和均匀度指标；
——林带采用保存率和完整度指标；
——特用林除达到保存率指标外，应满足特种用途要求。

7.1.3 检查验收方法

成林验收自查采用全面检查的方法，抽查和核查采用抽样调查的方法。在抽检单位内，对达到成林年限的小班或林带按照本标准 6.1.2、6.2.2 和 6.3.2 的相关规定和附录 B 的要求进行成林验收。

7.1.4 成效评定

7.1.4.1 人工造林

人工造林成效用造林面积保存率评定，执行 GB/T 15776—2006 的 11.6。

$$P_{ks}=\frac{\sum\sum S_{nksij}}{\sum\sum S_{Nksij}}\times 100 \qquad \cdots\cdots(30)$$

式中：

P_{ks}——造林面积保存率，%；

S_{nksij}——第 i 年度造林的第 j 个被查小班成林的核实面积，如没有成林则 S_{nksi} 计为 0；

S_{Nksij}——第 i 年度造林的第 j 个被查小班的核实面积；

$\sum$——对 i 从 1 到 n_s 求和，对 j 从 1 到 k_s 求和；

n_s——被抽检小班所对应年度的总数；

k_s——在第 i 年度内被抽检小班的总数。

7.1.4.2 封山育林

封山育林成效用核实面积成效率评定。执行 GB/T 15163—2004 的 11.3.4。

7.1.4.3 飞播造林

飞播造林成效用成效面积率评定。执行 GB/T 15162—2005 的 11.3。

7.2 质量评价

7.2.1 质量要求

7.2.1.1 考核指标

防护林林分质量采用物种多样性、郁闭度、群落层次、植被盖度、枯枝落叶层五项因子评定质量，分为三个等级，具体执行 GB/T 18337.1—2001 中 12.1.1.1 的规定；防护林林带质量采用完整度、林带宽度、林带结构三项因子评定质量，分为三个等级，具体执行 GB/T 18337.1—2001 中 12.1.1.2 的规定。

特用林根据用途分为国防林、实验林、种子林、环境保护林、风景林、文化纪念林、自然保存林 7 种类型，分别类型确定三个质量等级，具体执行 GB/T 18337.1—2001 中 12.2.2 的规定。

7.2.1.2 质量标准

防护林采用考核指标分值法，以小班和林带为单位按考核因子逐项计算指标分值，各因子阈值范围执行 GB/T 18337.1—2001 的 12.1.2a)的规定。小班或林带各项考核因子总分值在 85 分以上为好，60 分～84 分为良，60 分以下不合格。

特用林以小班或生态保护小区为考核基本单元，分别类型采用分级定分考核方法。小班或生态保护小区考核分值在 85 分以上为好，60 分～84 分为良，60 分以下为不合格。

7.2.2 检查方法和内容

7.2.2.1 根据防护林和特用林林分的结构复杂程度选择适当的检查方法：

——结构简单、优势种单一的林分，可以通过经验目测加以确定；
——结构较为复杂、多优势种的林分，要采用样方法进行调查，并根据林分的复杂程度采用样线法确定布设样方的大小。

7.2.2.2 通过对防护林和特用林核查区域内群落属性标志和数量标志进行调查，以确定林分质量：

——通过记录样地内动植物种类组成和计算物种的多度确定林分物种多样性；
——通过盖度(郁闭度)、密度、频度调查确定林分防护或特用效益；
——针对不同的群落，认真划分群落层次。不同群落的层次划分见附录B的第B.8章；
——通过植被高度和生活力判断各种植物在群落中的生活是否正常有力，是否能为特用林各类林分提供良好保障。

7.2.3 质量评定

防护林采用权重综合评分方法，总分值在85分以上的小班或林带为好；60分～84分为中；60分以下为不合格。

特用林分别二级林种确定考核因子和三个评分等级，采用分级定分考核方法，85分以上(一级)的小班或林带为好；60分～84分(二级)为中；60分以下(三级)为不合格。具体的考核因子及等级特征、权重与评分标准等执行GB/T 18337.1—2001的12.1。

8 检查验收管理

8.1 对检查验收人员要求

——检查验收队伍要相对稳定，有相应的林业调查规划资质；
——检查验收人员应具备一定的林业理论和林业生产知识，并具有两年以上相关工作经历；
——检查验收人员要有认真严谨、相互协作精神，认真负责地搞好检查工作。

8.2 质量管理

为确保生态公益林核查质量成果管理，检查验收单位应贯彻实施质量管理的各项要求，并针对下列检查验收工作中的关键环节进行质量监控：
——乡级样本的抽取；
——小班区划及样地布设；
——面积的测量、调绘、求算；
——各类因子的调查及外业卡片填写；
——各类指标的统计计算；
——有关报告的内容及质量。

9 检查验收成果

9.1 成果构成

——抽检单位核查的标准数据库文件；
——抽检单位核查的各类统计表；
——检查验收的工作报告。

9.2 检查验收报告

生态公益林建设检查验收报告应该说明：
——检查验收工作的组织、任务量、受检单位数、工作时间、参加人员及构成、任务完成情况等；
——对抽检单位生态公益林建设规划设计文件的质量进行评价；
——用文字和表格的形式对抽检单位生态公益林建设的各个主要环节的实施情况进行评价，内容主要包括人工造林、更新造林、飞播造林、封山(沙)育林、生态公益林抚育(间伐)等施工数量和质量(包括苗木质量、清林整地、栽植、幼林抚育)；
——对抽检单位生态公益林建设规划完成率的高低，规划设计执行好坏的原因，管理措施到位与否的原因客观地作出评价；
——系统总结归纳生态公益林建设的经验，分析存在的问题，并提出今后提高项目施工质量与经营管理水平的具体意见。

附 录 A
（规范性附录）
检查验收成果统计要求

A.1 统计汇总

A.1.1 检查验收的原始记录在统计计算前应进行认真检查，图、表、卡一一对照，正确无误。

A.1.2 所有各类原始记录应建立相应数据库，汇总数据由数据库管理系统完成。

A.1.3 各项统计汇总应分层次从下往上进行。

A.2 数值修约

A.2.1 成活率、保存率、盖度、混交比、合格率、核实率、管护率、抚育率、蓄积量的数值均保留1位小数。

A.2.2 郁闭度保留2位小数，第三位四舍五入。

A.2.3 面积等其他数值保留1位小数，第二位四舍五入。

A.3 计量单位

所有计量都采用法定计量单位。

A.4 检查验收的外业调查卡片、表式和各项统计汇总表格可另行规定。

附 录 B
（资料性附录）
检查验收外业调查方法

B.1 面积核查

退耕地小班采用导线实测或采用GPS系统设控制点与地形图调绘相结合的方法求算面积。其他核查小班用比例尺大于1∶25 000的地形图或航空相片、空间分辨率大于3 m的卫星影像图在现地调绘；或用GPS系统设控制点与地形图勾绘结合的方法求算面积。

当小班面积在1 hm^2 以上时，GPS控制点按以下原则设置：

——当小班全部以山脊、山沟、河流、道路等明显地形地物为界，能在地形图上准确勾绘时，设置1个GPS控制点；

——当小班部分边界以山脊、山沟、河流、道路等明显地形地物为界时，这些边界在地形图上直接勾绘，其余边界用GPS定位控制调绘，适当设置GPS控制点，但不得少于2个；

——小班无明显地形地物标时，按小班面积确定设立GPS控制点个数：当小班面积在1.0 hm^2～6.6 hm^2，设立GPS控制点不少于3个；6.67 hm^2～30 hm^2 应设立GPS控制点不少于5个；30 hm^2 以上GPS控制点不少于7个。

B.2 郁闭度、盖度调查

乔木树种调查郁闭度，灌草植被调查盖度，可以采用目测或测线法调查。测线法是在小班或样地内选取一有代表性地段，量取不定长度测线（＞30 m），沿线机械或随机布点判定是否有树冠垂直投影，用有树冠投影的点数与总点数之比确定小班或样地郁闭度、盖度（百分数）。

盖度调查还可采用样方（圆）法调查，在小班或样地内机械或结合测线布设样方（圆），用样方（圆）的灌木或灌草盖度平均值代表小班或样地盖度。

B.3 人工造林（更新）成活率与保存率调查

B.3.1 调查方法

采用样行、样地和样圆调查法调查造林（更新）小班（地块）成活率、株数保存率。

人工造林（更新）地成林调查时，如小班郁闭度≥0.20（灌木盖度≥30%），则直接采用B.2规定的郁闭度、盖度调查法；否则，仍采用样行或样地调查法。

B.3.2 调查面积比例

当小班（地块）面积在6 hm^2 以下时，样行或样地面积应大于小班（地块）面积的5%；6 hm^2～30 hm^2 应大于小班（地块）面积的3%；30 hm^2 以上大于小班（地块）面积的2%。

B.3.3 样行与样地设置

样行根据小班苗木定植情况，均匀布设在有代表性的地段，样行数按小班应调查的样行面积确定，每个小班不少于3行。

样地设置为带状样地，带宽5 m，机械或随机布设，样地数按小班应调查的样地面积确定，每个小班不少于3条。

B.3.4 林带调查

对林带造林地，应设置样段进行调查，样段长20 m，样段数按小班应调查的样地面积确定，每个林带小班不少于3个样段。

B.3.5 调查项目

在样行或样地内计数总的人工造林株数(包括死苗、缺苗)以及成活株数。按穴造林地块，当每穴造林株数或成活株数多于一株时均按一株计算。

B.4 封山(沙)育林合格率与成效率调查

B.4.1 调查方法

封山(沙)育林地封育条件调查、封育实绩核查和成效调查均采用小班调查法，在抽检小班内布设 10 m^2(半径 1.79 m)样圆进行调查。

封山(沙)育林成效调查时，如小班郁闭度≥0.20(灌木盖度≥30%)，则直接采用第 B.2 章规定的郁闭度、盖度调查法；否则，仍采用样圆调查法。

B.4.2 样圆数量

在小班内机械布设调查样圆，数量按小班面积确定：

——小班面积 5 hm^2 以内，样圆数不少于 6 个；

——小班面积 5 hm^2～10 hm^2 以内，样圆数不少于 8 个；

——小班面积 10 hm^2～20 hm^2 以内，样圆数不少于 10 个；

——小班面积 20 hm^2 以上，样圆数不少于 15 个。

B.4.3 调查项目

记载样地内母树树种、株数；竹类名称、株数及杂竹覆盖度；灌木树种、丛(株)数、盖度；国家重点保护植物树种、株数；幼苗和幼树的树种、株数；萌芽乔木树种、兜数等。

B.5 飞播造林成苗与成效调查

B.5.1 调查方法

飞播造林地检查验收可选用小班调查法或成数样地调查法。一般成苗调查采用成数样地调查法，成效调查根据播区飞播苗木的可视程度，选用小班调查法或成数样地法。

B.5.2 小班调查法

B.5.2.1 成苗调查

采用 2 m^2(半径 0.80 m)样圆调查目的树种苗木株数。样圆可系统或随机设置在区划的宜播小班内，样圆数量按下面规定：

——小班面积 5 hm^2 以内，样圆数不少于 20 个；

——小班面积 5 hm^2～10 hm^2 以内，样圆数不少于 30 个；

——小班面积 10 hm^2～20 hm^2 以内，样圆数不少于 40 个；

——小班面积 20 hm^2 以上，样圆数不少于 50 个。

B.5.2.2 成效调查

当郁闭度≥0.20(灌木盖度≥30%)时，用郁闭度(覆盖度)评价小班，否则采用 10 m^2 样圆调查有效苗株数。

样圆设置：在区划的宜播面积小班内，按下列标准机械布设 10 m^2(半径 1.79 m)样圆：

——小班面积 5 hm^2 以内，样圆数不少于 6 个；

——小班面积 5 hm^2～10 hm^2 以内，样圆数不少于 8 个；

——小班面积 10 hm^2～20 hm^2 以内，样圆数不少于 10 个；

——小班面积 20 hm^2 以上，样圆数不少于 15 个。

B.5.3 成数样地调查法

B.5.3.1 样圆数量

以播区或小播区群为总体，依据自查资料计算(未开展自查的先预估)的出苗(成效)面积占宜播面积的比重作为其面积成数，北方地区不足0.15时按0.15预估，南方地区不足0.20时按0.20预估，然后用式(B.1)计算样圆数量：

$$N = \frac{t^2 \times (1-P)}{E^2 \times P} \times (1 + 10\%) \quad \cdots\cdots(B.1)$$

式中：

N——样圆数量；

t——可靠性指标(采用95%时，$t=1.96$)；

E——允许误差限($E=0.20$)；

P——面积成数。

为保证宜播面积调查精度不低于80%，对最少样圆数规定如下：

——设计宜播面积比重小于播区面积的60%，样圆数不少于80个；

——设计宜播面积比重为播区面积的60%～70%，样圆数不少于65个；

——设计宜播面积比重大于播区面积的70%，样圆数不少于45个。

B.5.3.2 调查线的设置

在地形图上沿飞播作业航线垂直方向等距离设置平行调查线，使之贯穿全播区不同播带。调查线数参照式(B.2)计算，但不应少于3条：

$$调查线数(取整数) = 播区长度 \div 线间距 \quad \cdots\cdots(B.2)$$

其中，线间距一般为1 km，狭长的播区调查线间距可改为2 km～3 km。

第一条调查线及最后一个调查线与播区边界的距离为半个线间距。

B.5.3.3 样圆间距

在调查线上间隔一定距离设置样圆，间距按式(B.3)：

$$样圆间距 = 调查线总长度 \div 样圆数 \quad \cdots\cdots(B.3)$$

B.5.3.4 样圆定位

在地形图上布线后，按调查线和样地间距的计算结果布设样地，由西向东、由北向南逐调查线顺序编号。然后，采用GPS定位或引线测量等方法现地定位，第一个样圆与播区边界的距离为半个样圆间距。

B.5.3.5 样圆大小

出苗调查：依据样圆间距在地面设置面积为2 m^2(半径为0.80 m)的圆形样地。

成效调查：依据样圆间距在地面设置面积为10 m^2(半径为1.79 m)的圆形样地。

B.5.3.6 精度要求

当出苗或成效面积成数北方地区≤0.15、南方地区≤0.20，抽样达不到精度时，不再补点；若其面积成数北方地区>0.15、南方地区>0.20，精度<80%时，应补点达到精度，补点按二分之一调查线间距布设。抽样精度按式(B.4)计算。

$$抽样精度(\%) = \left[1 - 1.96 \times \sqrt{\frac{1-出苗或成效面积比重}{出苗或成效面积比重 \times (样圆总数-1)}}\right] \times 100 \quad \cdots(B.4)$$

B.6 成林验收的混交比与均匀度调查

成林验收的混交比与均匀度调查分别造林方式采用与成效调查相同的调查方法，见B.3、B.4、B.5。

以小班为单位，根据树种株数(丛数)确定树种组成，块状混交小班也可根据面积确定混交比。树种组成比例最大的树种(组)为优势树种或主要树种，其他树种为伴生树种或次要树种。混交比为所有伴生树种株数(面积)占总株数(面积)的百分比。

均匀度可用频度表示，即小班内有目的树种分布的样地与总样地之比的百分数。

B.7 生态公益林经营作业面积与测树因子调查

B.7.1 调查方法

生态公益林抚育、低效林改造和生态公益林更新采伐作业的面积核实采用现地调绘法，对照作业设计和林相图，在现地确定作业区、作业小班的位置、边界，以小班为单位核实实际作业面积。

生态公益林抚育、低效林改造和生态公益林更新采伐作业的小班测树因子调查采用标准地法。

补植改造、伐区更新采伐等检查验收方法同B.3。

B.7.2 标准地设置

在抽检作业小班内选择有代表性的地带均匀布设数块标准地，可设置400 m^2～600 m^2 的圆形、方形或带状标准地，标准地总面积不得少于核查作业小班面积的1%。

B.7.3 标准地调查

——在标准地内分树种全部实测保留木的胸径、株数；分树种实测采伐木的根径、株数；

——查一元材积表、根径材积表，统计计算作业小班的采伐蓄积、保留蓄积和保留株数，实际保留(采伐)蓄积与设计保留(采伐)蓄积的差值、实际采伐强度等；

——用对角线法或目测小班的郁闭度；

——调查记载超高伐根数量，丢弃木数量与材积，林下幼树、幼苗损坏情况，林窗数量与面积大小等因子；

——综合判定是否与设计的抚育方式、改造方式、采伐方式一致，设计的作业对象、方式与强度是否合理；

——设计后没有施工的小班不做标准地，计为不合格小班。

B.8 林分生态质量评价因子调查

B.8.1 评价因子与技术标准

依据GB/T 18337.1—2001，防护林生态质量考核指标包括物种多样性、林分郁闭度、群落层次、植被盖度和枯枝落叶层5个主要指标。

B.8.1.1 物种多样性

小班物种多样性评价采用针阔叶树种组成、混交比指标。

乔木林、疏林小班按蓄积量组成比重，未达到起测胸径的幼龄林、未成林造林地、经济林、灌木林、红树林小班按株数或丛数组成比例，按十分法确定树种组成。组成低于10%高于5%的树种记为“+”，不到5%的树种记载为“-”。

依据树种组成比例确定小班针叶树、阔叶树的组成比重。

小班中组成比重最高的树种为优势树种，其余树种所占比重总和为混交比。

B.8.1.2 群落层次

生态公益林群落可分为乔木层、下木灌木层、草本(小灌木)层、苔藓地衣层四个基本层；灌丛群落可分为灌木层、草本(小灌木)层、苔藓地衣层三个基本层。

小班的乔木树种郁闭度大于0.2时，可构成乔木层；下木灌木树种、草本和苔藓地衣植物盖度分别大于20%时，可相应构成下木灌木层、草本层和苔藓地衣层。根据层次多少确定小班的群落层次结构：

——完整结构：具有乔木层、下木与灌木层、草本层和地被物层4个植被层的小班；

——复杂结构：具有乔木层和其他2个植被层的小班；

——简单结构：只有乔木或灌木1个植被层的小班。

B.8.1.3 枯枝落叶层厚度

指覆盖地表的枯枝落叶层的平均厚度，用厘米(cm)表示。

B.8.2 调查方法

B.8.2.1 小班林分郁闭度和植被盖度调查方法同B.2，物种多样性、群落层次、枯枝落叶层可采用目测法或样地法。

B.8.2.2 胸径超过起测径级的乔木林地、疏林地可以采用目测法。目测调查时，应深入小班内部，选择有代表性的地段进行调查。同时还可利用角规样地或固定面积样地以及其他辅助工具进行实测，用以辅助目测。目测调查点数视小班面积而定：

<3 hm^2	1个～2个
3 hm^2～8 hm^2	2个～3个
8 hm^2～12 hm^2	3个～4个
>12 hm^2	5个～6个

B.8.2.3 其他林地采用样地法，可用圆形、方形、带状等不同样地进行调查。样方面积一般为10 m^2～20 m^2；样地数目根据小班面积或植被复杂程度来确定；布设的样地应符合随机原则（带状样地应与等高线垂直或成一定角度）。

B.9 林带完整度和疏透度调查

B.9.1 技术指标

B.9.1.1 林带完整度

林带完整度是指林带的完整程度。在样带内调查记载缺口个数与长度。缺损长度超过林带宽度3倍时，视为1个缺口；两平行林带的带距≤8 m时按1条林带。所有样带的缺损长度与样带总长度的百分比为该调查林带的完整度。

林带完整度分为完整、较完整、不完整三级：≤5%属完整；6%～15%为较完整；>15%的为不完整。

B.9.1.2 林带疏透度

林带疏透度（透光疏透度）是林带树冠垂直面上透光孔隙的投影面积与该垂直面上林带投影总面积之比，用十分法表示。

根据疏透度大小将林带结构分为三种形式：疏透度<0.3为紧密结构，0.3～0.4为疏透结构，>0.5为通风结构。

B.9.2 调查与计算方法

B.9.2.1 以林带为单位，每公里抽取100 m长的样带。

B.9.2.2 在样带内调查记载缺口个数与长度。缺损长度超过林带宽度3倍时，视为1个缺口；两平行林带的带距≤8 m时按1条林带。所有样带的缺损长度与样带总长度的百分比为该调查林带的完整度。

B.9.2.3 在样带内一般采用野外目测估计法估测样带的疏透度，估测时可以将林带纵断面根据高度分为几部分分别估计透光度，然后加权得到样带疏透度；所有样带疏透度平均得到调查林带的疏透度。也可以采用方格框架法、照相法、图像处理法、回归估测法等其他方法调查疏透度。

参考文献

[1] GB/T 15781—1995 森林抚育规程
[2] LY/T 1607—2003 造林作业设计规程
[3] 森林资源规划设计调查主要技术规定
[4] 全国营造林实绩综合核查办法(2003年修订)
[5] 林业生态工程建设监理实施办法(试行)
[6] 营造林质量考核办法(试行)

ICS 35.040
A 24

GB

中华人民共和国国家标准

GB/T 18348—2008
代替 GB/T 18348—2001

商品条码　条码符号印制质量的检验

Bar code for commodity—Bar code symbol print quality verification

2008-07-28 发布　　　　2009-01-01 实施

中华人民共和国国家质量监督检验检疫总局
中国国家标准化管理委员会　发布

前　言

本标准依据 GB/T 14258—2003《信息技术　自动识别与数据采集技术　条码符号印制质量的检验》，参考《GS1 通用规范》，规定了商品条码符号印制质量的检验方法。

本标准采用了 GB/T 14258—2003 规定的检测方法和质量评价方法；根据商品条码的特点，设置了检验项目；给出了计算可译码度的公式；规定了条码符号质量的判定方法。

本标准代替 GB/T 18348—2001《商品条码符号印制质量的检验》。

本标准与 GB/T 18348—2001 相比主要变化如下：

——标准名称改为“商品条码　条码符号印制质量的检验”；

——删去了第 3 章中的所有术语和定义；增加了“参考译码”和“译码正确性”的术语和定义；

——在“检测条件”(第 5 章)中，把“环境条件”改为：“检测室温度 23 ℃±5 ℃，相对湿度 30%～70%”；增加了“人工测量的照明”和“条码检测仪测量的照明”的条；把“综合特性测量仪器”改为“条码检测仪”；在“测量孔径”一条中增加了“测量孔径的选择”的内容；

——在“检测项目”(第 6 章)中，用“Z 尺寸”项目代替了“放大系数”项目；增加了“宽窄比”一项；

——增加了关于“条/空反射率和条/空尺寸偏差检测方法”的注(第 7 章)，删除了原标准 7.12“参考检验方法”；

——根据商品条码的定义，增加了对 UCC/EAN-128 和 ITF-14 条码符号的检测内容；

——增加了“参考译码”的内容(见 7.3.4)；

——把“光学特性参数值测定”的内容放入附录 B 中；

——把 EAN/UPC 条码可译码度测定的内容放入附录 C 中并增加了 UCC/EAN-128 和 ITF-14 两种类型商品条码可译码度测定的内容，把“条码中各有关部分的尺寸示意图”放在附录 C 的适当位置；

——增加了“商品条码符号 X 尺寸的范围” 的内容(见表 4)；

——增加了“商品条码符号空白区最小宽度要求”的内容(见表 5)；

——增加了对“空白区宽度”项目检测结果进行等级评定并且“空白区宽度”的等级参与符号等级评定的规定(见 7.6.3 和 8.1)；

——增加了“商品条码条高的要求”的内容(见表 7)；

——增加了“商品条码的符号等级要求”的内容(见表 8)；

——把原标准附录 A 的内容移至附录 C 相应的条中；

——把原标准附录 B 的内容放入附录 A 中并增加了“偏差的测量与计算”(见 A.2.1)和“平均条宽偏差的检测方法”(见 A.3)的内容；

——删去了原标准附录 C 的内容；

——对原标准附录 D“检验报告参考格式”的内容进行了修改，放在附录 E 中。

本标准的附录 B、附录 C、附录 D 为规范性附录，附录 A、附录 E 为资料性附录。

本标准由全国物流信息管理标准化技术委员会提出并归口。

本标准起草单位：中国物品编码中心。

本标准主要起草人：熊立勇、赵辰、罗秋科、王迎春、刘伟。

本标准于 2001 年首次发布，本次为第一次修订。

商品条码　条码符号印制质量的检验

1　范围

本标准规定了商品条码符号印制质量的检验方法。

本标准适用于印制的商品条码符号的质量检验。

2　规范性引用文件

下列文件中的条款通过本标准的引用而成为本标准的条款。凡是注日期的引用文件，其随后所有的修改单(不包括勘误的内容)或修订版均不适用于本标准，然而，鼓励根据本标准达成协议的各方研究是否可使用这些文件的最新版本。凡是不注日期的引用文件，其最新版本适用于本标准。

GB/T 2828.1　计数抽样检验程序　第1部分：按接收质量限(AQL)检索的逐批检验抽样计划(GB/T 2828.1—2003,ISO 2859-1:1999,IDT)

GB/T 2829　周期检验计数抽样程序及表(适用于对过程稳定性的检验)

GB 12904—2008　商品条码　零售商品编码与条码表示

GB/T 12905　条码术语

GB/T 13262　不合格品率的计数标准型一次抽样检查程序及抽样表(GB/T 13262—1991,neq JIS Z9002:1975)

GB/T 14257　商品条码符号位置

GB/T 14258—2003　信息技术　自动识别与数据采集技术　条码符号印制质量的检验(ISO/IEC 15416:2000,MOD)

GB/T 14437　产品质量监督计数一次抽样检验程序及抽样方案

GB/T 15425　EAN·UCC系统128条码

GB/T 15482　产品质量监督小总体计数一次抽样检验程序及抽样表

GB/T 16306　产品质量监督复查程序及抽样方案

GB/T 16830　商品条码　储运包装商品的编码与条码表示

ISO/IEC 15426-1　信息技术　自动识别与数据采集技术　条码检测仪一致性规范　第1部分：一维条码

GS1通用规范

3　术语和定义

GB 12904—2008、GB/T 12905、GB/T 14258—2003确立的以及下列术语和定义适用于本标准。

3.1

参考译码　reference decode

按照GB/T 14258—2003规定的方法，用指定的参考译码算法确定条码符号所表示数据过程的参数。

3.2

译码正确性　correctness of decode

用符合条码码制规范的方法对条码符号译码所得到的数据与该条码符号所表示的数据相同的特性。

4 抽样

在商品条码印制质量的检验中，应根据检验的类别和适用的抽样标准制定抽样方案：

a) 连续批的有数个厂商可供选择的购入检查和有确定用户的出厂检验，采用 GB/T 2828.1 来确定抽样方案；

b) 单批的购入、工序和出厂检验，采用 GB/T 13262 来确定抽样方案；

c) 生产过程稳定性的检查，采用 GB/T 2829 来确定抽样方案；

d) 供需双方验收检验，在合同中有抽样约定的，按约定确定抽样方案；

e) 商品条码质量监督检验监督总体量大的场合，采用 GB/T 14437 来确定抽样方案；

f) 商品条码质量监督检验监督总体量小的场合，采用 GB/T 15482 来确定抽样方案；

g) 商品条码质量监督复查，采用 GB/T 16306 来确定抽样方案。

5 检测条件

5.1 环境条件

5.1.1 温度和湿度

检测室温度 23 ℃±5 ℃，相对湿度 30%～70%。

5.1.2 照明

5.1.2.1 人工测量的照明

采用 D65 光源的模拟体(色温 5 500 K～6 500 K)，顶光照明，照度 500 lx～1 500 lx。

5.1.2.2 条码检测仪测量的照明

检测工作区域照度应符合条码检测仪的技术要求，如无要求时检测工作区域的照度不大于 100 lx。

5.2 检测设备

5.2.1 条码检测仪

5.2.1.1 基本功能

条码检测仪应能按 GB/T 14258—2003 的规定测量扫描反射率曲线参数值。

5.2.1.2 一致性

条码检测仪应符合 ISO/IEC 15426-1 中一致性要求的规定。

5.2.1.3 测量光波长

测量光波长为 670 nm±10 nm。

5.2.1.4 测量孔径

测量孔径的选择见表 1。

表 1 测量孔径的选择

被测条码符号类型	X 尺寸/mm	测量孔径的标称值/mm	孔径参考号
EAN-13、EAN-8、UPC-A、UPC-E	0.264≤X≤0.660	0.15	06
ITF-14	0.250≤X<0.635	0.25	10
	0.635≤X≤1.016	0.50	20
UCC/EAN-128	0.250≤X<0.495	0.15	06
	0.495≤X≤1.016	0.25	10
注：在不知道 X 尺寸的情况下，用 Z 尺寸代替 X 尺寸。			

5.2.1.5 测量光路

测量光路应符合 GB/T 14258—2003 中 4.2.1.3 的规定。

5.2.1.6 反射率基准

以氧化镁(MgO)或硫酸钡($BaSO_4$)作为100%反射率的基准。

5.2.2 长度测量仪器

5.2.2.1 空白区宽度测量仪器

最小分度值不大于 0.1 mm 的长度测量仪器或最小分度值不大于 0.01 mm 的条码检测仪。

5.2.2.2 Z 尺寸、条高测量仪器

最小分度值不大于 0.5 mm 的钢板尺，适用于人工测量。

5.3 被检样品

应尽可能使被检条码符号处于设计的被扫描状态对其进行检测。对不能在实物包装形态下被检测的样品，以及标签、标纸、包装材料上的条码符号样品，可以进行适当处理，使样品平整、大小适合于检测，且条码符号四周保留足够的固定尺寸。对于不透明度小于 0.85 的符号印刷载体，检测时应在符号底部衬上反射率小于 5%的暗平面。不透明度的测量见 GB/T 14258—2003 的 D.1。

6 检测项目

6.1 参考译码

6.2 光学特性

6.2.1 最低反射率

6.2.2 符号反差

6.2.3 最小边缘反差

6.2.4 调制比

6.2.5 缺陷度

6.3 可译码度

6.4 Z 尺寸

6.5 宽窄比

注：本项目不适合于(n,k)条码符号。

6.6 空白区宽度

6.7 条高

6.8 印刷位置

6.9 其他(GB 12904—2008、GB/T 15425 或 GB/T 16830 对条码符号质量的其他要求或参数)

7 检测方法

对于 6.1～6.3 和 6.5～6.6 所列检测项目采用 GB/T 14258—2003 中规定的扫描反射率曲线分析—质量分级检测方法。

注：在条码符号印制过程质量控制中需要了解和分析条/空反射率和条/空尺寸的状况、确定改进方法时，可以采用条/空反射率和条/空尺寸偏差检测方法，见附录 A。

7.1 一般要求

7.1.1 检测带

检测带是商品条码符号的条码字符条底部边线以上，条码字符条高的 10%处和 90%处之间的区域(见图 1)。

应该在检测带内对条码符号进行 6.1～6.6 所列项目的检测。

图 1　检测带

7.1.2　扫描测量次数

在检测 6.1～6.3 和 6.5～6.6 所列项目时，对每个被检条码符号扫描测量的次数按检验类别确定：

a)　对条码符号进行质量评价，应在条码符号的 10 个不同条高位置各进行一次扫描测量，10 次扫描的扫描路径宜保持等间距。扫描路径应通过包括空白区在内的整个符号宽度。

b)　在其他情况下，对每一个条码符号扫描测量的次数可以适当减少，参见 GB/T 14258—2003 的附录 G。

7.2　扫描测量

用符合 5.2.1 规定的检测仪，按 7.1 的要求，对条码符号扫描测量反射率，得出扫描反射率曲线。扫描反射率曲线可以是存放在存储器中的数据形式或可供人观察的形式。

7.3　扫描反射率曲线分析和参数值测定

7.3.1　基本方法

通过分析扫描反射率曲线的特征，确定各个参数值。扫描反射率曲线特征示意见图 2。

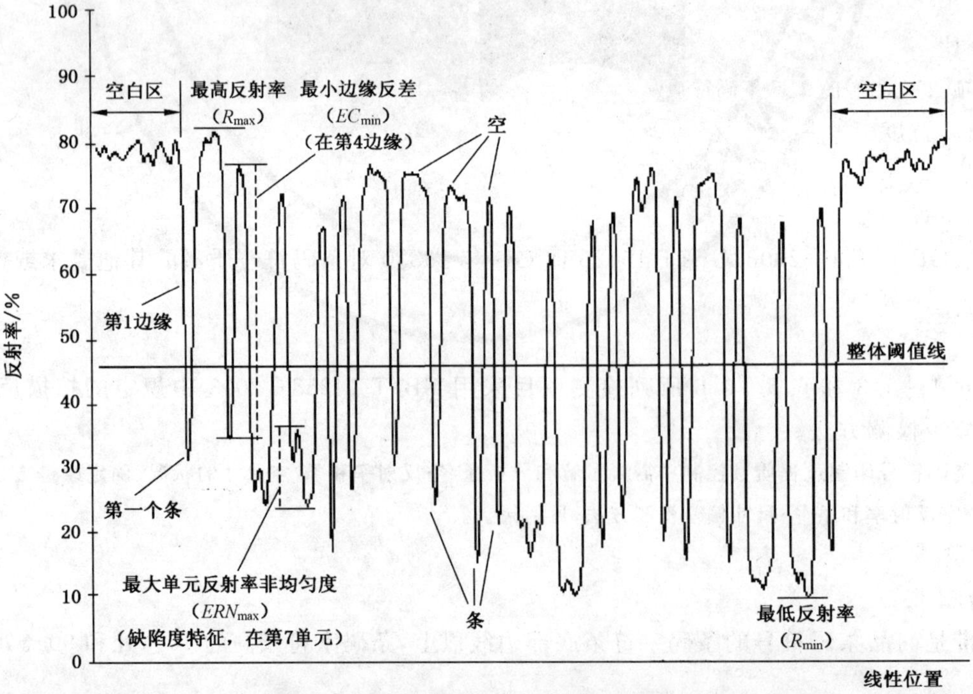

图 2　扫描反射率曲线特征示意图

7.3.2　单元的确定

为了区分条单元和空单元，需要确定一个整体阈值（GT）。整体阈值是等于最高反射率与最低反射率之和的二分之一的反射率界限值，计算见公式(1)。

$$GT = (R_{max} + R_{min})/2 \qquad \cdots\cdots(1)$$

式中：

R_{max}——最高反射率；

R_{min}——最低反射率。

在整体阈值之上的每一个曲线包围区域被确定为空单元，在整体阈值以下的每一个曲线包围区域被确定为条单元。

7.3.3　单元边缘的确定

扫描反射率曲线上两相邻单元（包括空白区）空反射率（R_s）、条反射率（R_b）中间值即（$R_s + R_b$）/2 的点的横坐标即该两相邻单元边缘的位置。

7.3.4　参考译码

7.3.4.1　译码方法

由条码检测仪对扫描反射率曲线，按 7.3.2 规定的单元确定和 7.3.3 规定的单元边缘确定方法确定各单元及单元边缘的位置后，根据被检测条码符号的类型，选择 GB 12904—2008、GB/T 15425 或 GB/T 16830 中适合的参考译码算法对条码符号进行译码。

核对译码的结果与该条码符号所表示的数据是否相同，相同为译码正确，不同为译码错误。得不出译码数据为不能被译码。

7.3.4.2　参考译码的等级确定

译码正确则该扫描反射率曲线参考译码的等级定为 4 级，译码错误或不能被译码则定为 0 级。

7.3.5　光学特性参数

7.3.5.1　参数值测定

测定光学特性参数值的方法应符合附录 B 的规定。通常由条码检测仪测定。

记录条码检测仪每次扫描后给出的最低反射率、符号反差、最小边缘反差、调制比和缺陷度的值。

7.3.5.2　参数的等级确定

光学特性参数的等级确定见表 2。根据值的大小，符号反差、调制比和缺陷度可被定为 4～0 级，最低反射率和最小边缘反差可被定为 4 或 0 级。

表 2　光学特性参数的等级确定

等级	最低反射率（R_{min}）	符号反差（SC）	最小边缘反差（EC_{min}）	调制比（MOD）	缺陷度（Defects）
4	$\leqslant 0.5R_{max}$	$SC \geqslant 70\%$	$\geqslant 15\%$	$MOD \geqslant 0.70$	Defects$\leqslant 0.15$
3	—	$55\% \leqslant SC < 70\%$	—	$0.60 \leqslant MOD < 0.70$	$0.15 <$ Defects $\leqslant 0.20$
2	—	$40\% \leqslant SC < 55\%$	—	$0.50 \leqslant MOD < 0.60$	$0.20 <$ Defects $\leqslant 0.25$
1	—	$20\% \leqslant SC < 40\%$	—	$0.40 \leqslant MOD < 0.50$	$0.25 <$ Defects $\leqslant 0.30$
0	$> 0.5R_{max}$	$SC < 20\%$	$< 15\%$	$MOD < 0.40$	Defects> 0.30

7.3.6　可译码度

7.3.6.1　可译码度的测定

测定可译码度的方法应符合附录 C 的规定。通常由条码检测仪测定。

记录条码检测仪每次扫描后给出的可译码度。

7.3.6.2　可译码度等级的确定

可译码度（V）的等级确定见表 3。

表 3 可译码度的等级确定

可译码度(V)	等级
$V \geqslant 0.62$	4
$0.50 \leqslant V < 0.62$	3
$0.37 \leqslant V < 0.50$	2
$0.25 \leqslant V < 0.37$	1
$V < 0.25$	0

7.4 *Z* 尺寸

按 D.1 规定的方法测量和计算条码符号的 *Z* 尺寸。根据符号规范规定的 *X* 尺寸范围判断 *Z* 尺寸是否符合规定。各种类型商品条码符号 *X* 尺寸的范围见表 4。

表 4 商品条码符号 *X* 尺寸的范围

单位为毫米

条码符号类型	应用对象	*X* 尺寸		
		最小值	首选值	最大值
EAN-13、EAN-8、UPC-A、UPC-E	零售商品	0.264	0.330	0.660
	可零售的储运包装商品	0.495	0.660	0.660
	储运包装商品	0.495	0.660	0.660
ITF-14	储运包装商品	0.495	1.016	1.016
	其他[a]	0.250	0.495	0.495
UCC/EAN-128	储运包装商品	0.495	—	1.016
	物流单元	0.495	0.495	0.940
	其他[a]	0.250	0.495	0.495

a 其他应用对象包括在供应链的供需双方使用的贸易项目，如医疗保健品、纸张、包装材料、电气设备、通讯设备等。

7.5 宽窄比(*N*)

宽窄比的测量方法见 D.2。ITF-14 条码符号的宽窄比(N)的测量值应在 $2.25 \leqslant N \leqslant 3.00$ 范围内，测量值在此范围内则宽窄比评为 4 级，否则评为 0 级。

7.6 空白区宽度

7.6.1 空白区宽度的要求

各种类型商品条码符号空白区最小宽度的要求见表 5。

表 5 商品条码符号空白区最小宽度要求

单位为毫米

条码符号类型	空白区最小宽度	
	左侧空白区	右侧空白区
EAN-13	$11X$	$7X$
EAN-8	$7X$	$7X$
UPC-A	$9X$	$9X$
UPC-E	$9X$	$7X$
ITF-14、UCC/EAN-128	$10X$	$10X$
主符号(EAN-13、UPC-A、UPC-E)加 2 位或 5 位附加符号[a]	同无附加符号时的主符号	$5X$[b]

注：在不知道 *X* 尺寸的情况下，用 *Z* 尺寸代替 *X* 尺寸。把计算得到的空白区宽度数值修约到一位小数。

a 主符号与附加符号的最小间隔与无附加符号时的主符号右侧空白区最小宽度相同；最大间隔为 $12X$。

b 此处指的是附加符号的右侧空白区。

7.6.2 空白区宽度的测量

7.6.2.1 用条码检测仪测量

按7.1的要求,用具有空白区检测功能的条码检测仪扫描测量。检测仪应能按照空白区的定义测量空白区宽度,根据条码符号的 Z 尺寸及表5的要求对空白区宽度是否满足要求做出判断。

7.6.2.2 人工测量

在5.1.2.1规定的照明条件下,用符合5.2.2.1要求的长度测量器具,在检测带内人眼观察的空白区最窄处测量空白区宽度。人工测量的结果可作为各次扫描反射率曲线的空白区宽度参数值使用。根据条码符号的 Z 尺寸及表5的要求对空白区宽度是否满足要求做出判断。

注:在有些情况下,检测仪按照空白区的定义测量的空白区宽度比人眼观察测量的空白区宽度大。如果出现这种差异,建议探讨将二者测量结果统一的可能性;在无法统一时,宜注明界定空白区边界的方法。

7.6.3 空白区宽度的等级确定

空白区宽度的等级确定见表6。

表6 空白区宽度的等级确定

空白区宽度	等级
大于或等于标准要求的最小宽度	4
小于标准要求的最小宽度	0

7.7 条高

在5.1.2.1规定的照明条件下,用符合5.2.2.2要求的长度测量器具测量。

对商品条码条高的要求见表7。

表7 商品条码条高的要求

单位为毫米

条码类型	条高
EAN-13、UPC-A、UPC-E	$\geqslant 69.24X$
EAN-8	$\geqslant 55.24X$
UCC/EAN-128($X<0.495$)	$\geqslant 13$
UCC/EAN-128($X\geqslant 0.495$)	$\geqslant 32$
ITF-14($X<0.495$)	$\geqslant 13$
ITF-14($X\geqslant 0.495$)	$\geqslant 32$
注:在不知道 X 尺寸的情况下,用 Z 尺寸代替 X 尺寸。把计算得到的条高数值修约到整数个位。	

7.8 印刷位置

按GB/T 14257的规定进行目检。

8 检测数据处理

8.1 扫描反射率曲线等级的确定

取单次测量扫描反射率曲线的参考译码、最低反射率、符号反差、最小边缘反差、调制比、缺陷度、可译码度、空白区宽度、宽窄比诸参数等级中的最小值作为该扫描反射率曲线的等级。

注:各参数的等级及扫描反射率曲线的等级用字母表示时,字母等级与数字等级的对应关系是:A—4,B—3,C—2,D—1,F—0。

8.2 符号等级的确定

10次测量中有任何一次出现译码错误,则被检条码符号的符号等级为0。

10次测量中都无译码错误(允许有不译码),以10次测量扫描反射率曲线等级的算术平均值作为被检条码符号的符号等级值。

8.3 符号等级的表示方法

符号等级以 $G/A/W$ 的形式来表示，其中 G 是符号等级值，精确至小数点后一位；A 是测量孔径的参考号；W 是测量光波长以纳米为单位的数值。例如，2.7/06/660 表示，符号等级值为 2.7，测量时使用的是参考号为 06 的、标称直径为 0.15 mm 的孔径，测量光波长为 660 nm。

注：符号等级值也可以用字母 A、B、C、D 或 F 来表示，字母符号等级与数字符号等级的对应关系是：A—($3.5\leqslant G\leqslant 4.0$)，B—($2.5\leqslant G<3.5$)，C—($1.5\leqslant G<2.5$)，D—($0.5\leqslant G<1.5$)，F—($G<0.5$)。

8.4 扫描反射率曲线各单项参数检测结果的表示方法

对于一个条码符号经检测得出的 10 个扫描反射率曲线，可以计算各单项参数(除参考译码外)10 次测量值的平均值并确定平均值的等级；可以计算参考译码参数 10 次测量的等级的平均值，把这些测量值的平均值及其相对应等级或等级的平均值作为检测结果在检测报告中给出。

9 判定

根据检验结果，按照 GB 12904—2008、GB/T 15425、GB/T 16830 或《GS1 通用规范》中关于符号质量的要求，进行单个商品条码符号质量的判定。

对各种类型商品条码的符号等级的要求见表 8。

表 8 商品条码的符号等级要求

条码类型	符号等级
EAN-13、EAN-8、UPC-A、UPC-E	≥1.5/06/670
UCC/EAN-128($X<0.495$ mm)	≥1.5/06/670
UCC/EAN-128($X\geqslant 0.495$ mm)	≥1.5/10/670
ITF-14($X<0.635$ mm)	≥1.5/10/670
ITF-14($X\geqslant 0.635$ mm)	≥0.5/20/670

10 检验报告

检验报告应包括以下内容：

a) 被检条码符号的条码类型；

b) 条码符号的供人识别字符；

c) 条码符号所标识的商品的名称、商标和规格；

d) 条码符号的承印材料；

e) 测量光波长和测量孔径的直径；

f) 检验依据的标准；

g) 各项检验结果；

h) 符号等级；

i) 判定结论；

j) 检验人、报告审核人和报告批准人的签名；

k) 检验单位的印章；

l) 检验日期。

检验报告参考格式见附录 E。

附　录　A
（资料性附录）
条/空反射率、印刷对比度和条/空尺寸偏差的检测方法

A.1　条/空反射率和印刷对比度的检测方法

A.1.1　检测步骤

用分辨率不低于1%（反射率）的反射率测量仪器检测。在条码符号条高方向上均匀取五个测量位置，从起始符到终止符逐一测量各条/空的反射率，每一高度位置的测量重复上述步骤。

A.1.2　数据处理

A.1.2.1　取同一高度位置上各条反射率中的最大值及各空反射率中的最小值，作为这一高度位置上的条/空反射率。

A.1.2.2　取五个不同高度位置上条反射率中的最大值及空的反射率中的最小值，作为该条码符号的条/空反射率。

A.1.2.3　印刷对比度（PCS值）按公式（A.1）计算：

$$PCS = \frac{R_L - R_D}{R_L} \qquad \cdots\cdots(A.1)$$

式中：

R_L——条码符号空的反射率；

R_D——条码符号条的反射率。

A.1.3　判定方法

根据检测结果，EAN/UPC条码依据GB 12904—2008中F.2的规定，UCC/EAN-128和ITF-14条码可参照这个规定，判定条码符号光学特性能否符合要求。

A.2　条/空尺寸偏差的检测方法

A.2.1　偏差的测量与计算

测量条码符号中各条、空及条空组合的实际宽度，计算实际宽度与相应名义宽度尺寸的差即偏差。

对于（n，k）条码，名义宽度尺寸应根据测量的Z尺寸（见D.1）及被测条、空或条空组合所属的条码字符，按照相应的条码码制规范确定；对于两种单元宽度条码，名义宽度尺寸应根据测量的Z尺寸和宽窄比（见D.2），以及被测条、空所属的条码字符，按照相应的条码码制规范确定。

A.2.2　检测步骤

用分辨率不低于0.01 mm的长度测量仪器检测。在条码符号条高方向上均匀取五个测量位置，从起始符到终止符逐一测量各条/空尺寸，每一高度位置的测量重复上述步骤。

A.2.3　数据处理

A.2.3.1　取同一高度位置上各条/空尺寸偏差的最大值和最小值作为这一高度位置上的条/空尺寸偏差的最大、最小值。

A.2.3.2　取五个不同高度位置上各条/空尺寸偏差的最大值和最小值作为该条码符号的条/空尺寸偏差。

A.2.4　判定方法

根据检测结果，EAN/UPC条码依据GB 12904—2008中F.1的规定，UCC/EAN-128和ITF-14条码可参照这个规定，判定条码符号条空尺寸偏差能否符合要求。

A.3　平均条宽偏差的检测方法

测量条码符号中各条的实际宽度，用公式(A.2)计算平均条宽偏差。

$$\overline{D}_{\mathrm{b}} = \frac{\sum_{i=1}^{n}(b_i - B_i)}{n} \qquad \cdots\cdots(\mathrm{A.2})$$

式中：

$\overline{D}_{\mathrm{b}}$——平均条宽偏差；

n——条码符号中条的总数；

i——条的序号；

b_i——第 i 条的实际宽度；

B_i——第 i 条的名义宽度。

注：在有些条码检测仪的检测报告中，平均条宽偏差被称为“平均条宽增量”或“平均条宽增益”。

附 录 B
（规范性附录）
光学特性参数值的测定

B.1 导言

对每条扫描反射率曲线，按照 B.2 至 B.6 规定的方法测定光学特性参数值。

B.2 最低反射率

在扫描反射率曲线上找出最低反射率(R_{min})，最低反射率应不高于最高反射率(R_{max})的二分之一。

注：有些条码检测仪直接给出最低反射率与最高反射率之比，即 R_{min}/R_{max}。

B.3 符号反差

符号反差(*SC*)按公式(B.1)计算：

$$SC = R_{max} - R_{min} \qquad \text{(B.1)}$$

B.4 最小边缘反差

边缘反差(*EC*)按公式(B.2)计算：

$$EC = R_s - R_b \qquad \text{(B.2)}$$

式中：

R_s——相邻单元(包括空白区)空的反射率；

R_b——相邻单元条的反射率。

取扫描反射率曲线所有边缘反差中的最小值作为该扫描反射率曲线的最小边缘反差(EC_{min})。

B.5 调制比

调制比(*MOD*)按公式(B.3)计算：

$$MOD = EC_{min}/SC \qquad \text{(B.3)}$$

式中：

EC_{min}——最小边缘反差；

SC——符号反差。

B.6 缺陷度

计算扫描反射率曲线的各单元(包括空白区)中最高峰反射率与最低谷反射率之差，即单元反射率非均匀度(*ERN*)。条单元中无峰、空单元及空白区中无谷的，其 *ERN* 为 0。取所有 *ERN* 中的最大值作为该扫描反射率曲线的最大单元反射率非均匀度(ERN_{max})。

扫描反射率曲线的缺陷度(Defects)按公式(B.4)计算：

$$\text{Defects} = \frac{ERN_{max}}{SC} \qquad \text{(B.4)}$$

式中：

ERN_{max}——最大单元反射率非均匀度；

SC——符号反差。

附 录 C
（规范性附录）
可译码度的测定

C.1 导言

C.1.1 根据被测条码符号类型，按照C.2、C.3或C.4规定的方法对每条扫描反射率曲线测定可译码度。

C.1.2 对每条扫描反射率曲线，按7.3.3规定的单元边缘确定方法，确定各单元的边界，然后测量相应单元边缘间的距离，确定C.2.1、C.3.1，或C.4.1所描述的条码符号各单元或单元组合的宽度。

C.1.3 所有尺寸测量值的单位与扫描反射率曲线所在坐标系的横坐标（即“线性位置”坐标）采用的单位相同。

C.2 EAN-13、EAN-8、UPC-A、UPC-E条码

C.2.1 尺寸测量

在扫描反射率曲线上测量：

——各条码字符的宽度（p）；

——各条码字符中相邻两条相应的左或右边缘之间的距离（e_1、e_2）；

——起始符、终止符中相邻两条相应的左或右边缘之间的距离（e_1）；

——中间分隔符中相邻两条相应的左或右边缘之间的距离（e_1、e_2、e_3、e_4）；

——表示1、2、7、8的条码字符中条单元宽度的和（b_1+b_2）。

EAN/UPC条码中各部分尺寸的示意图见图C.1。

C.2.2 可译码度的计算

C.2.2.1 各条码字符及起始符、中间分隔符、终止符中相邻两条同侧边缘之间距离相关的可译码度值V_C按公式（C.1）计算。

$$V_C=\frac{\{|e_i-RT_j|\text{的最小值}\}}{p/14} \qquad \cdots\cdots(C.1)$$

式中：

e_i——字符中相邻两条相应的左或右边缘之间距离的测量值，对于条码字符、起始符、终止符：$i=1,2$；对于中间分隔符：$i=1,2,3,4$；

RT_j——参考阈值（$j=1,2,3,4$），其中$RT_1=1.5p/7$、$RT_2=2.5p/7$、$RT_3=3.5p/7$、$RT_4=4.5p/7$；

p——相应条码字符的宽度测量值。

注：对于起始符、终止符的e_1，公式（C.1）中的p取相邻条码字符的宽度；对于中间分隔符的e_1、e_2、e_3，p可取中间分隔符左侧相邻条码字符的宽度；对于中间分隔符的e_2、e_3、e_4，p可取中间分隔符右侧相邻条码字符的宽度。

C.2.2.2 A子集中表示1、2、7、8的条码字符中（b_1+b_2）相关的可译码度值V_1按公式（C.2）计算。

$$V_1=\frac{|(7/p)\times(b_1+b_2)-4|}{15/13} \qquad \cdots\cdots(C.2)$$

式中：

p——相应条码字符的宽度的测量值；

(b_1+b_2)——条码字符中两个条的宽度之和的测量值。

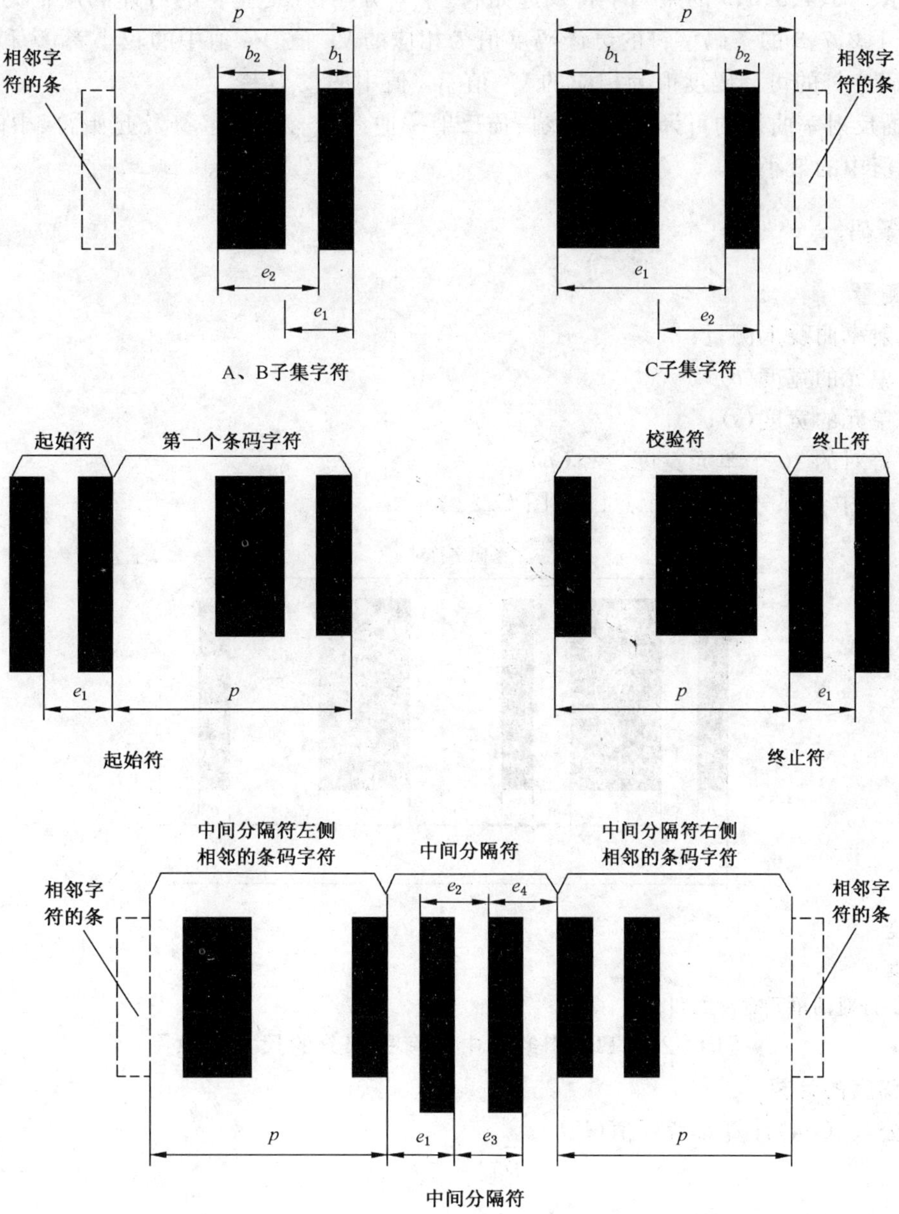

$b_i(i=1,2)$——条码字符中条的宽度；

p——条码字符的宽度；

$e_i(i=1,2,3,4)$——条码符号中相邻两条相应的左或右边缘之间的距离。

图 C.1 EAN/UPC 条码中各有关部分的尺寸示意图

注：计算与 e 尺寸相关的可译码性值 V_1 时，对于起始符、终止符的 e_1，公式中的 p 取相邻条码字符的宽度；对于中间分隔符的 e_1、e_2、e_3，p 可取中间分隔符左侧相邻条码字符的宽度；对于中间分隔符的 e_2、e_3、e_4，p 可取中间分隔符右侧相邻条码字符的宽度。

C.2.2.3 B 和 C 子集中表示 1、2、7、8 的条码字符中 (b_1+b_2) 相关的可译码度值 V_2 按公式(C.3)计算。

$$V_2=\frac{|(7/p)\times(b_1+b_2)-3|}{15/13} \quad \cdots\cdots(C.3)$$

式中：

p——相应条码字符的宽度测量值；

(b_1+b_2)——条码字符中两个条的宽度之和的测量值。

C.2.2.4 表示0、3、4、5、6、9的条码字符及起始符、中间分隔符、终止符的可译码度值为相应的V_C值；A子集中表示1、2、7、8的条码字符的可译码度值为相应的V_C值、V_1值中的较小者；B和C子集中表示1、2、7、8的条码字符的可译码度值为相应的V_C值、V_2值中的较小者。

C.2.2.5 扫描反射率曲线的可译码度为该扫描反射率曲线所有条码字符及起始符、中间分隔符、终止符的可译码度值中的最小值。

C.3 ITF-14 条码

C.3.1 尺寸测量

在扫描反射率曲线上测量：

——各条单元的宽度(b)；

——各空单元的宽度(s)；

——各字符对的10个单元宽度之和(p)。

ITF-14条码中各部分尺寸的示意图见图C.2。

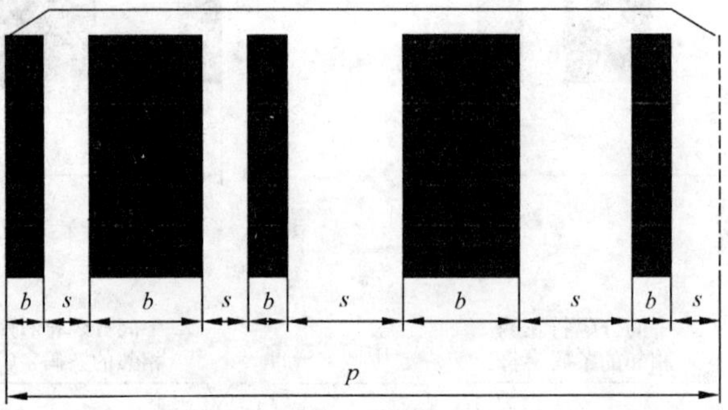

b——条宽度；

s——空宽度；

p——条码字符对的单元宽度之和。

图C.2 ITF-14条码中各有关部分的尺寸示意图

C.3.2 可译码度的计算

C.3.2.1 用公式(C.4)计算参考阈值(RT)。

$$RT = 7p/64 \qquad \text{(C.4)}$$

式中：

p——条码字符对中10个单元的宽度之和的测量值。

注：对于起始符和终止符，公式(C.4)中的p取相邻的条码字符对的10个单元的宽度之和的测量值。

C.3.2.2 各条码字符对、起始符、终止符与窄单元相关的可译码度值V_1按公式(C.5)计算。

$$V_1 = (RT - e)/(RT - Z) \qquad \text{(C.5)}$$

式中：

RT——参考阈值；

e——字符中最宽的窄单元的宽度测量值；

Z——Z尺寸。

注：Z尺寸的测量与计算见D.1.2。

C.3.2.3 各条码字符对、起始符、终止符与宽单元相关的可译码度值V_2按公式(C.6)计算。

$$V_2 = (E - RT)/(N \times Z - RT) \qquad \text{(C.6)}$$

式中：

E——字符中最窄的宽单元的宽度测量值；

RT——参考阈值；

N——宽窄比；

Z——Z 尺寸。

注：Z 尺寸和宽窄比的测量与计算分别见 D.1.2 和 D.2。

C.3.2.4 条码字符对、起始符、终止符的可译码度值为相应的 V_1 值、V_2 值中的较小者。

C.3.2.5 扫描反射率曲线的可译码度为该扫描反射率曲线所有条码字符对及起始符、终止符的可译码度值中的最小值。

注：上述 ITF-14 条码符号可译码度值的计算是采用 GB/T 14258—2003 规定的方法，依据 GB/T 16830 中规定的参考译码算法。有些条码检测仪采用《GS1 通用规范》规定的方法计算 ITF-14 条码符号可译码度值。条码检测仪制造商宜在说明书中说明计算 ITF-14 条码符号可译码度值的方法所依据的标准。

C.4 UCC/EAN-128 条码

C.4.1 尺寸测量

在扫描反射率曲线上测量：

——各条码字符的宽度(p)；

——各条码字符中相邻两条相应的左或右边缘之间的距离(e_1、e_2、e_3、e_4)；

——各条码字符中条单元宽度的总和($b_1+b_2+b_3$)。

UCC/EAN-128 条码中各部分尺寸的示意图见图 C.3。

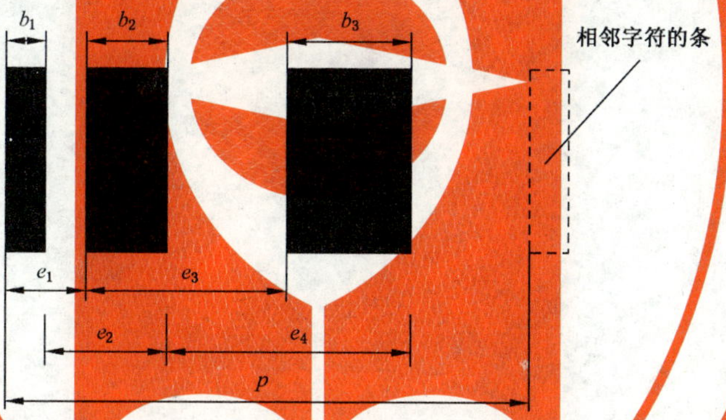

$b_i(i=1,2,3)$——条的宽度；

p——条码字符的宽度；

$e_i(i=1,2,3,4)$——条码字符中相邻两条相应的左或右边缘之间的距离。

图 C.3 UCC/EAN-128 条码中各有关部分的尺寸示意图

C.4.2 可译码度的计算

C.4.2.1 与条码字符中相邻两条同侧边缘之间距离相关的可译码度值 V_1 按公式(C.7)计算。

$$V_1=\frac{\{|e_i-RT_j| \text{的最小值}\}}{p/22} \quad \cdots\cdots\cdots\cdots(C.7)$$

式中：

e_i——条码字符中相邻两条相应的左或右边缘之间距离的测量值($i=1,2,3,4$)；

RT_j——参考阈值($j=1,2,3,4,5,6,7$)，其中 $RT_1=1.5p/11$、$RT_2=2.5p/11$、$RT_3=3.5p/11$、$RT_4=4.5p/11$、$RT_5=5.5p/11$、$RT_6=6.5p/11$、$RT_7=7.5p/11$；

p——相应条码字符的宽度测量值。

注：由于终止符比其他条码字符多一个终止条，终止符的可译码度值 V_1 需要计算两次，第一次使用从左至右的 6 个单元，第二次使用从右至左的 6 个单元，取两次计算值中的较小者作为 V_1。

C.4.2.2 与条码字符中条的宽度总和相关的可译码度值 V_2 按公式(C.8)计算。

$$V_2 = \frac{1.75 - |(W_b \times 11/p) - M|}{1.75} \qquad \text{(C.8)}$$

式中：

W_b——条码字符中条的宽度总和($b_1+b_2+b_3$)的测量值；

p——相应条码字符的宽度测量值；

M——条码字符中条的模块数。

注：终止符的可译码度值 V_2 需要计算两次，第一次使用从左至右的 6 个单元，第二次使用从右至左的 6 个单元，取两次计算值中的较小者作为 V_2。

C.4.2.3 各条码字符的可译码度值为相应的 V_1 值、V_2 值中的较小者。

C.4.2.4 扫描反射率曲线的可译码度为该扫描反射率曲线所有条码字符的可译码度值中的最小值。

附　录　D
（规范性附录）
Z 尺寸和宽窄比的测量

D.1　Z 尺寸的测量

D.1.1　EAN-13、EAN-8、UPC-A、UPC-E、UCC/EAN-128 条码

用条码检测仪或符合 5.2.2.2 要求的测量器具测量条码起始符左边缘到终止符右边缘的长度，用公式(D.1)计算 Z 尺寸。

$$Z = l/M \qquad \text{(D.1)}$$

式中：

Z——Z 尺寸，mm；

l——条码起始符左边缘到终止符右边缘的长度，mm；

M——条码中(不含左、右空白区)所含模块的数目(对于 EAN-13、UPC-A，M=95；对于 EAN-8，M=67；对于 UPC-E，M=51；对于 UCC/EAN-128，M=11×数据符及含在数据中的辅助字符的个数+46)。

D.1.2　ITF-14 条码

通常用条码检测仪测量。

测量条码中所有条、空单元的宽度，单位为 mm。用公式(D.2)计算 Z 尺寸。

$$Z = (\text{窄条宽度的平均值} + \text{窄空宽度的平均值})/2 \qquad \text{(D.2)}$$

式中：

Z——Z 尺寸，mm。

注：在测定可译码度过程中测量 Z 尺寸，条、空单元的宽度测量值及 Z 尺寸的单位与扫描反射率曲线所在坐标系的横坐标选用的单位相同。

D.2　宽窄比的测量

通常用条码检测仪测量。

测量条码中所有条、空单元的宽度，单位为 mm。利用按 D.1.2 方法得出的 Z 尺寸，用公式(D.3)计算 ITF-14 条码的宽窄比。

$$N = (\text{宽条宽度的平均值} + \text{宽空宽度的平均值})/2Z \qquad \text{(D.3)}$$

式中：

N——宽窄比；

Z——Z 尺寸，mm。

注：在测定可译码度过程中测量宽窄比，条、空单元的宽度测量值及 Z 尺寸的单位可以与扫描反射率曲线所在坐标系的横坐标选用的单位相同。

附　录　E
（资料性附录）
检验报告内页参考格式

商品条码符号质量检验报告

第　　页共　　页

<table>
<tr><td rowspan="2">样品名称</td><td colspan="2" rowspan="2">*条码符号印制品</td><td>商标</td><td></td></tr>
<tr><td>规格/包装</td><td></td></tr>
<tr><td rowspan="2">厂　　商</td><td colspan="2" rowspan="2">**</td><td>承印材料</td><td></td></tr>
<tr><td>条码类型</td><td></td></tr>
<tr><td>客户名称</td><td colspan="2">***</td><td>供人识别字符</td><td></td></tr>
<tr><td>客户地址</td><td colspan="2"></td><td>来样日期</td><td></td></tr>
<tr><td>送 样 者</td><td colspan="2"></td><td>检验日期</td><td></td></tr>
<tr><td>检验依据</td><td colspan="4">****</td></tr>
<tr><td rowspan="2">检验条件</td><td>温度</td><td></td><td>相对湿度</td><td></td></tr>
<tr><td>测量孔径</td><td></td><td>测量光波长</td><td></td></tr>
<tr><td>检验结论</td><td colspan="4">*****</td></tr>
<tr><td>备　　注</td><td colspan="4"></td></tr>
</table>

批准：　　　　　　　　　　　审核：　　　　　　　　　　　主检：

注 1：*处填写条码符号所标识的商品的名称。

注 2：**处填写条码符号表示的商品代码中的厂商识别代码所标识的厂商的名称。

注 3：***处填写送检客户的名称。

注 4：****处填写检验依据的标准，如 GB 12904—2008《商品条码　零售商品的编码与条码表示》、GB/T 14257《商品条码符号放置》等。

注 5：*****处填写“经检测和判定，被检样品符号等级为××；其他检测项目结果符合或不符合国家标准”的结论。依据强制性标准检验、监督抽查检验还需给出综合判断合格或不合格的结论。

第　　页 共　　页

检 测 结 果						
序号	检测项目		技术要求[b]	实测值[b]	单项判定	
1	符号等级		≥1.5/06/670±10	3.0/06/660	符合	
2	译码数据		6901234567892	6901234567892	符合	
3	空白区宽度/mm	左侧	≥3.6	3.7	符合	4 级
		右侧	≥2.3	2.4	符合	
4	Z尺寸/mm		0.264～0.660	0.330	符合	
5	条高/mm		≥22	23	符合	
6[a]	宽窄比(ITF-14)					级
7[a]	条码符号宽度(UCC/EAN-128)					
8[a]	商品代码的有效性		厂商识别代码有效	厂商识别代码有效	符合	
9[a]	编码唯一性		一品一码	/[c]	/[c]	
10	条码类型		EAN/UPC 条码	EAN-13	符合	
11[a]	符号位置		GB/T 14257	/[c]	/[c]	
备注						

附 加 测 试[a]			
UCC/EAN-128 条码对应用标识符的编码			

扫描反射率曲线分析(10 次扫描平均值)			
序号	检测项目	平均值	等级
1	参考译码(Reference decode)		/[c]
2[d]	最低反射率/最高反射率(R_{min}/R_{max})		
3	符号反差(SC)		
4	最小边缘反差(EC_{min})		
5	调制比(MOD)		
6	缺陷度(Defects)		
7	可译码度(Decodability)		

a 可根据所检条码类型或实际情况取舍。

b 表中的数据是以零售商品条码为例。

c 符号“/”表示无此项或此项不检。

d 有些条码检测仪给出的是最低反射率与最高反射率之比，即 R_{min}/R_{max}，则可以把最低反射率项目设为 R_{min}/R_{max} 项目。

ICS 59.020
W 05

中华人民共和国国家标准

GB/T 18353—2008
代替 GB/T 18353—2001

棉花加工企业基本技术条件

Basic technical condition of cotton processing enterprise

2008-12-31 发布　　2009-06-01 实施

中华人民共和国国家质量监督检验检疫总局
中国国家标准化管理委员会　发布

前 言

本标准代替 GB/T 18353—2001《棉花加工企业基本技术条件》。

本标准与 GB/T 18353—2001 相比，主要修订内容如下：

——修订了主要技术要求中轧花、打包的技术指标。

——明确了在加工回潮率为 6.5%～8.5%的标准级籽棉时，锯齿轧花机台时皮棉产量不低于 800 kg，皮辊轧花机台时皮棉产量不低于 100 kg，每条轧花生产线的皮棉产量不低于 3 200 kg/h。

——明确了加工后的棉纤维应使用公称力为 4 000 kN 以上的打包机打包。打包机台时产量不低于 4 000 kg。

——明确了皮棉成包时可使用回潮率在线自动检测装置测定回潮率。

——增加了样品保管。

——在棉花加工工艺流程中增加了切取棉样、在线测量回潮率、条码信息管理系统打印条码等环节。

——在技术经济指标中增加了每吨皮棉耗塑料捆扎带、塑料包装袋的经济指标。

——增加了棉花加工企业应具备的其他条件。

——明确了企业皮棉年加工能力应大于 5 000 t。

本标准由中华全国供销合作总社提出。

本标准由全国棉花加工标准化技术委员会归口。

本标准起草单位：中国棉花协会、中国纤维检验局、中国棉花协会棉花加工分会、中华全国供销合作总社郑州棉麻工程技术设计研究所、北京中棉机械成套设备有限公司、邯郸金狮棉机有限公司、南通棉花机械有限公司、山东天鹅棉业机械股份有限公司、伊犁州伊欣棉业有限责任公司。

本标准主要起草人：胡春雷、徐水波、康玉国、杨照良、李槿一、余泳、李久喜、王瑞霞、岳洪壮、苏英杰、季宏斌、杨丙生、李利民、尹青云。

本标准所代替标准的历次版本发布情况为：

——GB/T 18353—2001。

棉花加工企业基本技术条件

1 范围

本标准规定了棉花加工企业的基本技术条件。

本标准适用于棉花加工企业的管理和资格认定。

2 规范性引用文件

下列文件中的条款通过本标准的引用而成为本标准的条款。凡是注日期的引用文件，其随后所有的修改单(不包括勘误的内容)或修订版均不适用于本标准，然而，鼓励根据本标准达成协议的各方研究是否可使用这些文件的最新版本。凡是不注日期的引用文件，其最新版本适用于本标准。

GB 1103 棉花 细绒棉

GB 6975 棉花包装

GB 12801 生产过程安全卫生要求总则

GB/T 13786 棉花分级室的模拟昼光照明(GB/T 13786—1992,eqv ISO 4911:1980)

GB 18399 棉花加工机械安全要求

GB 50016 建筑设计防火规范

3 主要技术要求

3.1 轧花

3.1.1 加工后的皮棉品级应不低于原籽棉品级。

3.1.2 轧工质量应符合 GB 1103 的规定。

3.1.3 当籽棉回潮率超过 8.5%时应进行烘干。

3.1.4 在加工回潮率为 6.5%～8.5%的标准级籽棉时，锯齿轧花机台时皮棉产量不低于 800 kg，皮辊轧花机台时皮棉产量不低于 100 kg，每条轧花生产线的皮棉产量不低于 3 200 kg/h。

3.1.5 加工皮棉过程中，不应混入回收棉、异性纤维和其他危害性杂物。

3.2 打包

3.2.1 打包时应对每包棉花在线测量回潮率，测量结果记录在条码中。

3.2.2 加工后的棉纤维应使用公称力为 4 000 kN 以上的打包机打包。打包机台时产量不低于 4 000 kg，棉花包装应符合 GB 6975 的规定。

3.2.3 打包机应有自动取样装置。每个棉包取两份棉样，一份用于仪器化检验，一份由加工企业留存。每份棉样重量不低于 125 g，每份切割样品长 210 mm～260 mm，宽 105 mm～124 mm。

3.2.4 抽样应按 GB 1103 的有关规定执行。

3.2.5 棉包自动称重后，打码机打印出条码，两个条码标签分别放置在两份棉样内，另外两个条码标签分别固定在棉包包头或放置在棉包套袋内。

3.2.6 棉包成包后应运往指定地点。

3.2.7 打包机周围应保留足够的空间安装辅助设备，便于取样、暂存样品等。

3.3 样品保管

应具备专门的棉样保管室，样品在专用的样品架上摆放整齐。

3.4 棉花加工工艺

3.4.1 手摘棉加工工艺流程见图 1。

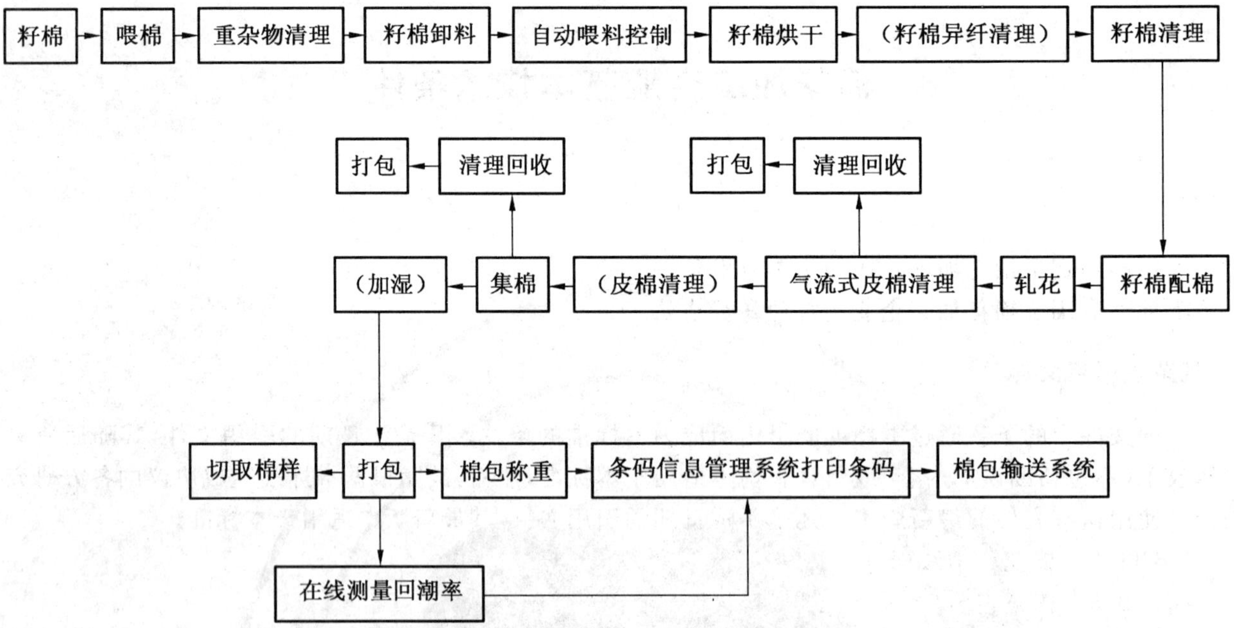

图 1　手摘棉加工工艺流程

3.4.2　机采棉加工工艺流程见图 2。

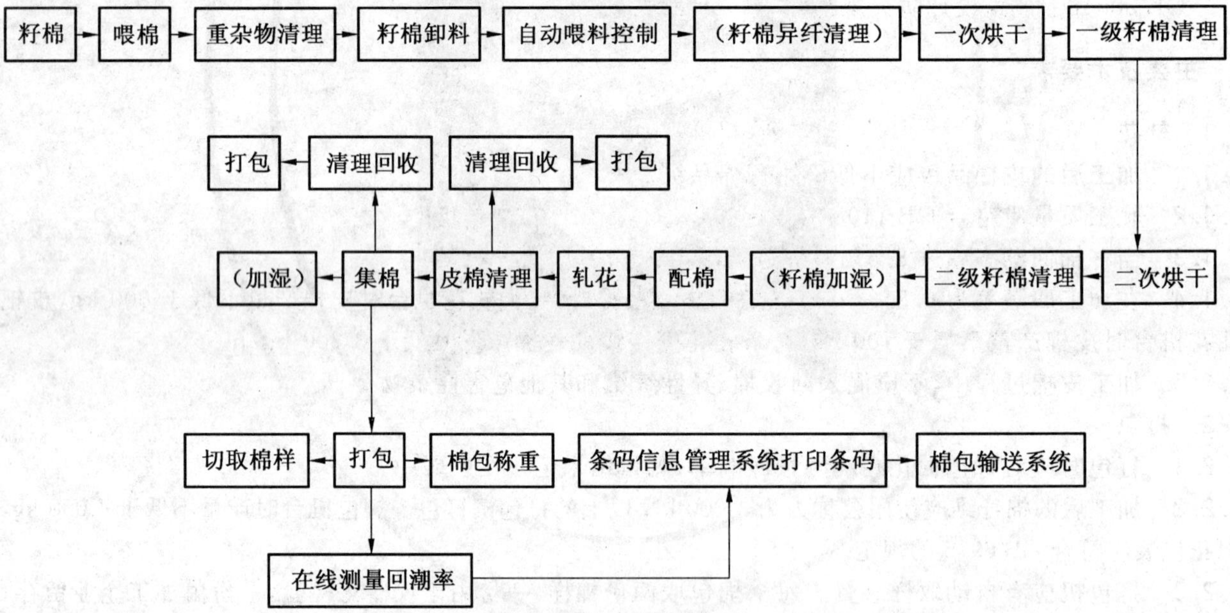

图 2　机采棉加工工艺流程

3.4.3　经预处理的机采棉加工工艺同 3.4.1。

3.4.4　气力输送系统中的含尘空气应集中除尘，并回收有效纤维，不应将回收后的有效纤维混入皮棉。

3.5　技术经济指标

3.5.1　加工 1 t 锯齿棉的耗电量不大于 110 kW·h，皮辊棉的耗电量不大于 150 kW·h。

3.5.2　加工 1 t 机采棉的耗电量不大于 250 kW·h。

3.5.3　打包 1 t 皮棉耗电量小于 18 kW·h。

3.5.4　包装每吨皮棉耗钢丝（钢带、塑料捆扎带）、耗包布（塑料包装袋）见表 1。

表 1 每吨皮棉耗钢丝(钢带、塑料捆扎带)、耗包布(塑料包装袋)

材料类型	钢丝/kg	钢带/kg	包布/m^2	塑料捆扎带/kg	塑料包装袋/m^2
消耗控制指标	≤10	≤12	≤22	2.6±0.3	3.1±0.3

3.6 管理人员、技术人员

3.6.1 企业应有中级及以上职称的生产管理人员。

3.6.2 企业应配备轧花工、打包工、取样员、检验员、信息管理员、专业电工、安装调试工、生产管理员、仓储管理员等专业技术人员,并应具有人事部门或劳动部门颁发的相应执业资格证书或职业资格证书。人员应有计划地进行培训学习,逐步适应现代化管理、生产的要求。

3.7 安全、消防、环保

3.7.1 棉花加工企业的安全、消防应符合 GB 50016 的规定,取得公安消防部门颁发的合格证。

3.7.2 生产过程安全、卫生要求应符合 GB 12801 的规定。

3.7.3 棉花加工机械安全应符合 GB 18399 的规定。

3.7.4 棉花加工企业作业场所空气中粉尘浓度不大于 10 mg/m^3,排向大气的粉尘浓度最高不超过 120 mg/m^3。

3.7.5 作业场所噪声一般不得超过 85 dB(A)。

3.8 加工技术管理

3.8.1 棉花加工企业应有符合 3.4 要求的工艺流程。

3.8.2 应根据主要加工设备和主要配套设备的使用说明书制定相应的设备检修、保养标准和操作规程。

3.8.3 检验仪器和化验设备应有操作规程、维修保养规程和检定计划。

3.8.4 主要加工、配套设备和检验仪器应有技术资料管理档案(如工艺设计图、厂房结构图、设备基础及电缆沟图、消防管网图、说明书、检验记录、使用维修保养记录、计量检定记录和仪器设备事故报告分析处理记录等)。

4 棉花加工企业质量管理

4.1 棉花加工企业应有明确的质量方针、目标和比较完善的质量管理制度。

4.2 加工企业应建立、健全各种规章制度。

a) 棉花进出厂检验制度;
b) 设备检修保养制度及设备档案管理制度;
c) 质量事故报告分析、鉴定处理制度;
d) 文件、记录及档案制度;
e) 质量奖惩制度;
f) 检验、加工、财务统计报表制度;
g) 产品质量信息管理制度;
h) 岗位责任制度;
i) 管理人员和技术人员的培训和考核制度;
j) 主要设备操作人员持证上岗制度;
k) 留样制度。

4.3 质量保证

4.3.1 棉花加工企业应有质量管理机构。

4.3.2 应备有棉花加工、棉花质量相关国家标准或行业标准(文字标准)。

4.3.3 应备有国家棉花品级、长度实物标准。

4.3.4 棉花加工主要工序实行跟班检验。

4.3.5 应备有以下检验设备：电测器、衣分试轧机、水分探测仪、台秤、衣分秤、天平、原棉杂质分析仪和气流仪等。

4.3.6 棉花检验应有试轧室、分级室、留样室、仪器检验室等。

4.3.7 棉花分级室的模拟昼光照明应符合 GB/T 13786 的规定，或具备北窗光线。

4.3.8 加工企业应编制和填写籽棉(皮棉)入库检验单。

4.3.9 棉花加工企业应有完整的“一试五定”记录、跟踪检验记录及出厂记录。

4.3.10 籽棉进厂应分等级堆放。

4.3.11 棉花加工企业应对扦取的棉样妥善保管。

5 棉花加工企业应具备的其他条件

5.1 企业皮棉年加工能力应大于 5 000 t。

5.2 棉花加工厂离居民区最近距离应大于 500 m，加工厂的生活区、生产区、储存区应分开，达到安全的距离，使用的车库、油库应建到厂区外符合相关规定的安全地点。仓库、货场的设置及其他设施应符合消防安全有关规定。

5.3 企业主要加工设备应有“工业产品生产许可证”(不受“工业产品生产许可证”管理的产品除外)。

5.4 具备保证棉花质量所应具有的棉花加工场所。

ICS 67.120.10
X 22

GB

中华人民共和国国家标准

GB/T 18357—2008
代替 GB 18357—2001

地理标志产品 宣威火腿

Product of geographical indication—Xuanwei ham

2008-07-31 发布　　2008-11-01 实施

中华人民共和国国家质量监督检验检疫总局
中国国家标准化管理委员会　发布

前　言

本标准根据《地理标志产品保护规定》与GB/T 17924《地理标志产品标准通用要求》制定。

本标准代替GB 18357—2001《宣威火腿》。

本标准与GB 18357—2001相比主要变化如下：

——将标准属性由强制性改为推荐性；

——根据国家质量监督检验检疫总局颁布的《地理标志产品保护规定》，修改了标准中英文名称及相关表述；

——依据GB 2730—2005《腌腊肉制品卫生标准》修订了过氧化值限量指标；

——将水分限量指标由≤48.0%修订为≤52.0%；

——增加了安全指标的要求，即增加了污染物限量和农药最大残留限量要求及其试验方法。

本标准的附录A、附录B、附录C为规范性附录。

本标准由全国原产地域产品标准化工作组提出并归口。

本标准起草单位：云南省曲靖市质量技术监督局、宣威火腿产业办公室、曲靖市宣威火腿食品质量安全监督检验站、宣威市荣升火腿有限责任公司、宣威市宣泰火腿有限公司、宣威市振宣食品有限公司。

本标准主要起草人：谢吉安、邵廷吉、卢光文、管升阔、张国生、龚兴选。

本标准所代替标准的历次版本发布情况为：

——GB 18357—2001。

地理标志产品　宣威火腿

1　范围

本标准规定了地理标志产品宣威火腿的术语和定义、地理标志产品保护范围、原材料要求、传统工艺要求、产品的分类、分级、技术要求、试验方法、标志、包装、运输、贮存。

本标准适用于国家质量监督检验检疫行政主管部门根据《地理标志产品保护规定》批准保护的地理标志产品宣威火腿的生产加工、产品销售和质量检验。

2　规范性引用文件

下列文件中的条款通过本标准的引用而成为本标准的条款。凡是注日期的引用文件，其随后所有的修改单(不包括勘误的内容)或修订版均不适用于本标准，然而，鼓励根据本标准达成协议的各方研究是否可使用这些文件的最新版本。凡是不注日期的引用文件，其最新版本适用于本标准。

GB/T 191　包装储运图示标志
GB 2707　鲜(冻)畜肉卫生标准
GB 2730　腌腊肉制品卫生标准
GB 2762　食品中污染物限量
GB 2763　食品中农药最大残留限量
GB/T 5009.33　食品中亚硝酸盐与硝酸盐的测定
GB/T 5009.37—2003　食品植物油卫生标准的分析方法
GB/T 5009.179　火腿中三甲胺氮的测定
GB 5461　食用盐
GB/T 6388　运输包装收发货标志
GB 7718　预包装食品标签通则
GB/T 9695.8　肉与肉制品　氯化物含量测定
GB/T 9695.15　肉与肉制品　水分含量测定
GB 12694　肉类加工厂卫生规范
GB 18406.3　农产品安全质量　无公害畜禽肉安全要求
JJF 1070　定量包装商品净含量计量检验规则

3　术语和定义

下列术语和定义适用于本标准。

3.1

宣威火腿　Xuanwei ham

用在地理标志产品范围内饲养的含有乌金猪血统的鲜猪后腿，并在地理标志产品范围内按传统工艺加工制成的具有三签清香、肉色嫣红、香气浓郁的制品及其初加工产品。

3.2

原腿　primary ham

用传统工艺加工成熟，未经修割、包装的火腿。

3.3

精腿　extra ham；refine ham

将优级或一级原腿经洗涮、晾干、修整、包装制成的整支火腿。

3.4

腿心　centre of ham

火腿的股骨部位。

3.5

油头　grease head

火腿分档的一个部位，在近荐骨处。

3.6

签香　spice with small sharp-pointed stick

骨签插入火腿肌肉内拔出后散发的香气。

3.7

金钱腿　cylinder ham

火腿的蹄膀部位。

3.8

皇冠腿　crown ham

火腿的精华部位，胫骨中部至股骨中部，外观呈梯形状。

4　地理标志产品保护范围

地理标志产品宣威火腿限于国家质量监督检验检疫行政主管部门根据《地理标志产品保护规定》批准的地域范围，见附录A。

5　产品的分类、分级

5.1　产品分类

宣威火腿分为原腿、精腿、分割腿；分割腿分为块状火腿、片状火腿、丁状火腿、丝状火腿；块状火腿分类见表1。

表1　块状火腿分类

<table>
<tr><td rowspan="5">块状火腿</td><td rowspan="2">带皮带骨火腿</td><td>金钱腿</td></tr>
<tr><td>皇冠腿</td></tr>
<tr><td colspan="2">带皮去骨火腿</td></tr>
<tr><td colspan="2">去皮去骨火腿</td></tr>
<tr><td colspan="2">纯瘦肉火腿</td></tr>
</table>

5.2　产品分级

原腿按香气、腿心肌肉饱满程度、跨边大小、肥膘厚度、腿脚粗细的差异分为优级品、一级品、合格品；分割腿应用优级品或一级品原腿加工；精腿分为优级品、一级品。

6　技术要求

6.1　原料和辅料

6.1.1　猪种

应选用含有乌金猪血统的配套系杂交和二元、三元杂交商品猪。

6.1.2　猪的饲养

按无公害生产要求，以富含营养成分、适口性好的青绿饲料为主，并以符合饲料卫生标准的多种饲料饲养。饲养期不少于240日龄。

6.1.3 屠宰、检疫

应符合相关国家标准的规定。

6.1.4 鲜腿

6.1.4.1 鲜腿应符合 GB 2707 的规定，其肌肉、脂肪完整不分离，无淤血；表皮白色无伤痕，无粗细毛；油头、跨边小，刀路平整；荐椎骨、尾椎骨、坐骨完好；形似琵琶或柳叶；单只质量 7 kg～18 kg。

6.1.4.2 鲜腿在自然条件下冷凉时间 10 h～12 h，冷凉时应通风、清洁、无污染。

6.1.5 食盐

应符合 GB 5461 的一级食用盐规定。

6.2 传统工艺

6.2.1 传统工艺流程

鲜腿修割定形→腌制→堆码翻压→洗晒整形→上挂风干→发酵成熟→加工→包装。

6.2.2 鲜腿腌制时间

当年霜降到次年立春之前是腌制最佳时间。从腌制到发酵成熟不少于 10 个月。

6.3 工艺卫生

应符合 GB 12694 的规定。

6.4 感官特性

6.4.1 原腿感官特性

应符合表 2 的规定。

表 2 原腿感官特性

项目	优级品	一级品	合格品
外观	形似琵琶或柳叶，脚直伸，腿心肌肉凸现饱满，跨边小，肥膘薄，腿脚细、无损伤	形似琵琶或柳叶，脚直伸，腿心肌肉稍平，跨边、肥膘适中，腿脚细，轻度损伤	形似琵琶或柳叶，脚直伸，腿心肌肉偏平，跨边、肥膘较大，腿脚粗、轻度损伤
色泽	皮面蜡黄色或淡黄色，肉面绿霉色或棕黄色，肌肉切面玫瑰色或桃红色。脂肪切面白色或微红色，有光泽。骨髓桃红色或蜡黄色，有光泽		皮面蜡黄色或淡黄色，肉面绿霉色或棕黄色，肌肉切面深玫瑰色或暗红色。脂肪切面白色或淡黄色，光泽较差。骨髓桃红色或蜡黄色，光泽较差
组织状态	肉面无裂缝，皮与肉不脱离。肌肉干燥致密，脂肪细嫩光滑		
香气	三签清香		上签清香，中签、下签无异味
滋味	滋味鲜美、肉质细嫩、香而回甜		肉质稍粗、盐味偏咸、香气平淡

6.4.2 精腿感官特性

应符合表 3 的规定。

表 3 精腿感官特性

项目	优级品	一级品
外观	形似琵琶或柳叶，脚直伸，腿心肌肉凸现饱满，跨边小，肥膘薄，腿脚细	形似琵琶或柳叶，脚直伸，腿心肌肉稍平，跨边、肥膘适中，腿脚细
色泽	皮面蜡黄色或淡黄色，肉面和肌肉切面玫瑰色或桃红色。脂肪切面白色或微红色，有光泽。骨髓桃红色或蜡黄色，有光泽	
组织状态	肉面无裂缝，皮与肉不脱离。肌肉干燥致密，脂肪细嫩光滑	

表 3（续）

项目	优级品	一级品
香气	三签清香	
滋味	滋味鲜美、肉质细嫩、香而回甜	

6.4.3 **块状火腿感官特性**

应符合表 4 的规定。

表 4 块状火腿感官特性

项目	带皮去骨火腿	去皮去骨火腿	纯瘦肉火腿	金钱腿、皇冠腿
外观	呈整体条形、方形或梯形，最多由 3 块组成，块与块排列一致，组合紧密，整齐美观			呈柱形状或梯形状，外有皮层包裹，上下两端肌肉、脂肪外露、平整
色泽	皮面蜡黄色或淡黄色，肉面和肌肉切面玫瑰色或桃红色，脂肪切面白色或微红色，有光泽	肉面和肌肉切面玫瑰色或桃红色，脂肪切面白色或微红色，有光泽	肉面和肌肉切面玫瑰色或桃红色，脂肪切面白色或微红色，有光泽	皮面蜡黄色或淡黄色，肉面和肌肉切面玫瑰色或桃红色。脂肪切面白色或微红色，有光泽。骨髓桃红色或腊黄色，有光泽
组织状态	肌肉切面紧密，脂肪细嫩光滑		肌肉切面紧密	肌肉切面紧密，脂肪细嫩光滑
香气	具有宣威火腿固有的香气			
滋味	滋味鲜美、肉质细嫩、香而回甜			

6.4.4 **片状火腿、丁状火腿、丝状火腿感官特性**

应符合表 5 的规定。

表 5 片状火腿、丁状火腿、丝状火腿感官特性

项目	片状火腿	丁状火腿	丝状火腿
外观	厚薄均匀，长宽基本一致，排列整齐	大小基本一致，不规则形状	粗细均匀，长短基本一致，排列整齐
色泽	肌肉切面玫瑰色或桃红色，脂肪切面白色或微红色，有光泽	肌肉切面玫瑰色或桃红色	
组织状态	肌肉切面紧密，脂肪细嫩光滑、稍软	肌肉切面紧密	
香气	具有宣威火腿固有的香气		
滋味	滋味鲜美、肉质细嫩、香而回甜		

6.5 **理化指标**

应符合表 6 的规定。

表 6 理化指标

项目		优级品	一级品	合格品
瘦肉比率（以瘦肉计）/% ≥	原腿	60	55	50
	精腿	65	60	—
水分（瘦肉中）/% ≤		52.0		

表 6（续）

项　目		优级品	一级品	合格品
盐分(以瘦肉中的 NaCl 计)/%	≤	12.5		
过氧化值(以脂肪计)/(g/100 g)	≤	0.25		
三甲胺氮/(mg/100 g)	≤	1.3		
亚硝酸盐残留量(以 $NaNO_2$ 计)/(mg/kg)	≤	4		

6.6 安全指标

6.6.1 污染物限量

铅、无机砷、镉、总汞的限量应符合 GB 2730 的规定，铬、硒、氟、N-亚硝胺的限量应符合 GB 2762 的规定。见附录 B。

6.6.2 农药最大残留量

六六六(HCH)、滴滴涕(DDT)、林丹应符合 GB 2763 的规定，蝇毒磷、敌百虫、敌敌畏应符合 GB 18406.3的规定。见附录 B。

6.7 净含量允许短缺量

单件包装净含量允许短缺量应符合表 7 规定，每批平均允许短缺量应大于或等于 0。

表 7　单件净含量负偏差

净　含　量 Q	负偏差(g 或 Q 的百分比)
100 g～200 g	4.5%
200 g～300 g	9 g
300 g～500 g	3%
500 g～1 000 g	15 g
1k g～10 kg	1.5%
10 kg～15 kg	150 g

7 试验方法

7.1 感官特性

7.1.1 外观

在自然光下观察外观质量。

7.1.2 色泽、组织状态

7.1.2.1 原腿、精腿

从腿心部位直刀快落，斩断火腿，在自然光下观察色泽、组织状态。

7.1.2.2 块状火腿、片状火腿、丁状火腿、丝状火腿

在自然光下观察色泽、组织状态。

7.1.3 香气

7.1.3.1 原腿、精腿

用骨签检验。

7.1.3.1.1 打签方法

用骨签插入规定部位的肌肉内，拔出后迅速嗅其气味。骨签拔出后，应用脂肪封住签孔。第二次打签前应先将骨签插入脂肪，擦净骨签。

7.1.3.1.2 **打签部位**

原腿、精腿第一签(上签)在股骨与胫骨骨缝附近,第二签(中签)在耻骨与股骨结合处,第三签(下签)在坐骨的肌腱部位。见附录C。

7.1.3.1.3 **打签深度**

垂直插入火腿厚度的1/3～2/3。

7.1.3.2 **块状火腿、片状火腿、丁状火腿、丝状火腿**

从包装物中取出置于一清洁容器中,嗅其气味。

7.1.4 **滋味**

7.1.4.1 **原腿、精腿**

取部分腿心肌肉切片,水沸后放入蒸锅蒸20 min,入口品尝。

7.1.4.2 **带皮去骨火腿、去皮去骨火腿、纯瘦肉火腿**

取中间肌肉部分切片,水沸后放入蒸锅蒸20 min,入口品尝。

7.1.4.3 **金钱腿、皇冠腿**

取中间肌肉切片,水沸后放入蒸锅蒸20 min,入口品尝。

7.1.4.4 **片状火腿、丁状火腿、丝状火腿**

连包装袋放入沸水中煮20 min,去除包装袋,入口品尝。

7.2 **理化指标**

7.2.1 **瘦肉比率**

将火腿先刮干净,除小爪,去皮、骨,称量瘦肉(包括肉间脂肪)和肥膘的质量,然后计算瘦肉在肥、瘦肉中的比率。

瘦肉比率按式(1)计算:

$$X(\%) = m/(m + m_1) \times 100 \qquad \cdots\cdots\cdots(1)$$

式中:

X——瘦肉在肥、瘦肉中的比率,%;

m——瘦肉质量,单位为克(g);

m_1——肥膘质量,单位为克(g)。

7.2.2 **水分、盐分**

取纯瘦肉部分200 g,用绞肉机绞碎、混匀;水分按GB/T 9695.15测定;盐分按GB/T 9695.8测定。

7.2.3 **亚硝酸盐**

按GB/T 5009.33测定。

7.2.4 **三甲胺氮**

按GB/T 5009.179测定。

7.2.5 **过氧化值**

用肥膘检验、除去表层因氧化发黄的部分,取样200 g,用绞肉机绞碎、混匀;然后取20 g用石油醚(沸程30 ℃～60 ℃)萃取脂肪,除石油醚,烘干后,按GB/T 5009.37—2003中4.2测定。

7.3 **安全指标**

7.3.1 **污染物限量**

铅、无机砷、镉、总汞按GB 2730规定测定。铬、硒、氟、N-亚硝胺的限量按GB 2763规定测定。

7.3.2 **农药最大残留量**

按GB 2763规定测定。

7.4 **净含量允许短缺量**

按JJF 1070检验。

8 标志、包装、运输、贮存

8.1 标志

8.1.1 销售包装标志按 GB 7718 的规定执行，运输包装标志应符合 GB/T 191 和 GB/T 6388 的规定。

8.1.2 获准使用地理标志产品专用标志的生产者，应在醒目位置标明“地理标志产品 宣威火腿”字样，并按地理标志产品专用标志管理办法的规定在其产品上使用防伪专用标志。

8.2 包装

包装材料应符合相关食品卫生标准。

8.3 运输

运输产品应轻装轻放，不能重压，防日晒、雨淋，不得与有毒物质混装。运输工具应清洁、干燥、符合卫生要求。

8.4 贮存

8.4.1 贮存仓库应通风、阴凉、干燥、清洁，无有毒物品、芳香类物品及残留物，并做到防高温、防潮湿、防虫、防鼠。

8.4.2 贮存方法

原腿、精腿采用堆码或悬挂法贮存，经常检查和翻堆。块状火腿、片状火腿、丁状火腿、丝状火腿装入包装箱内，堆码高度以提取方便为宜。

8.4.3 保质期

由生产者根据产品的类型、包装材料和贮存条件等因素自行确定，并在标签上明示。

附 录 A
（规范性附录）
宣威火腿地理标志产品保护范围图

宣威火腿地理标志产品保护范围见图 A.1。

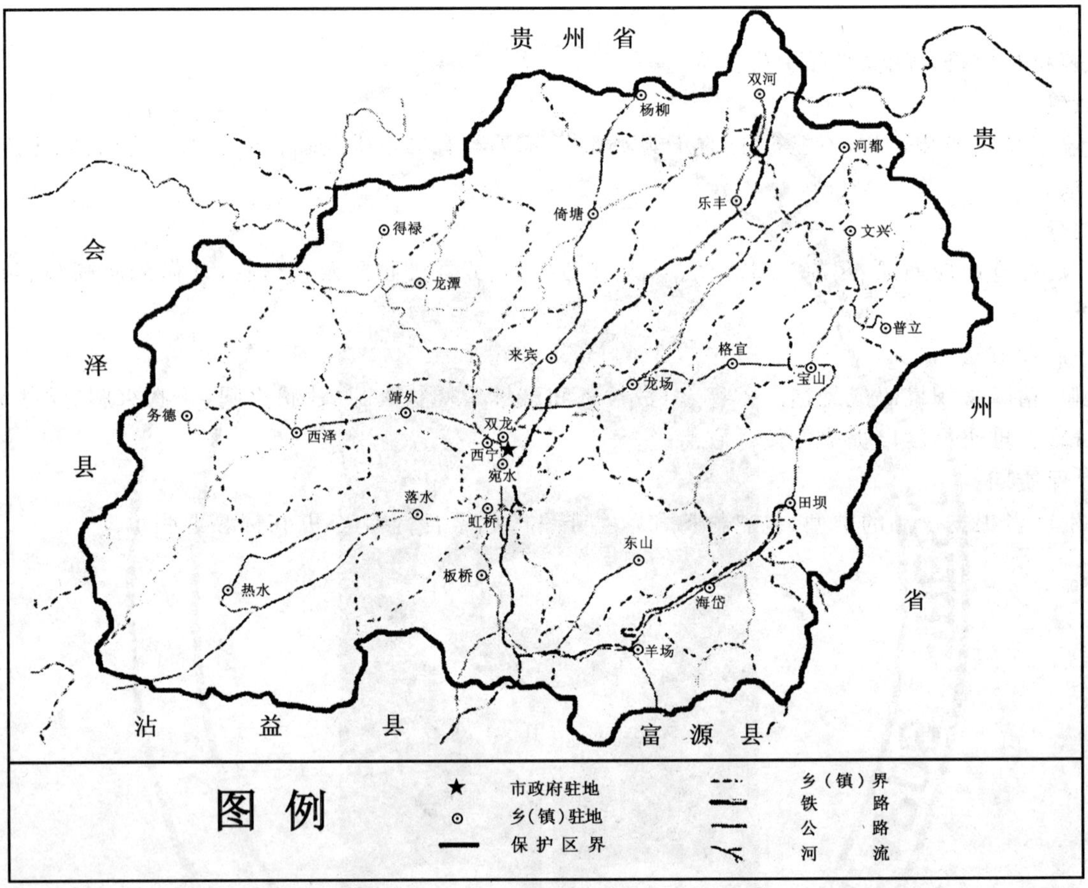

图 A.1 宣威火腿地理标志产品保护范围图

附 录 B

（规范性附录）

污染物限量和农药最大残留限量

污染物限量和农药最大残留限量及试验方法见表 B.1。

表 B.1 污染物限量和农药最大残留限量及试验方法

<table>
<tr><th>标准代号</th><th colspan="2">项　目</th><th>限量/(mg/kg)</th><th>试验方法</th></tr>
<tr><td rowspan="4">GB 2730</td><td colspan="2">铅(Pb)</td><td>0.2</td><td>GB/T 5009.12</td></tr>
<tr><td colspan="2">无机砷</td><td>0.05</td><td>GB/T 5009.11</td></tr>
<tr><td colspan="2">镉(Cd)</td><td>0.1</td><td>GB/T 5009.15</td></tr>
<tr><td colspan="2">总汞(以 Hg 计)</td><td>0.05</td><td>GB/T 5009.17</td></tr>
<tr><td rowspan="5">GB 2762</td><td colspan="2">铬(Cr)</td><td>1.0</td><td>GB/T 5009.123</td></tr>
<tr><td colspan="2">硒(Se)</td><td>0.5</td><td>GB/T 5009.93</td></tr>
<tr><td colspan="2">氟(F)</td><td>2.0</td><td>GB/T 5009.18</td></tr>
<tr><td rowspan="2">N-亚硝胺</td><td>N-二甲基亚硝胺</td><td>3</td><td rowspan="2">GB/T 5009.27</td></tr>
<tr><td>N-二乙基亚硝胺</td><td>4</td></tr>
<tr><td rowspan="6">GB 2763</td><td rowspan="2">六六六(HCH)再残留限量</td><td>脂肪含量 10%以下(以原样计)</td><td>0.2</td><td rowspan="2">GB/T 5009.19</td></tr>
<tr><td>脂肪含量 10%及以上(以脂肪计)</td><td>2</td></tr>
<tr><td rowspan="2">滴滴涕(DDT)再残留限量</td><td>脂肪含量 10%以下(以原样计)</td><td>0.1</td><td rowspan="2">GB/T 5009.19</td></tr>
<tr><td>脂肪含量 10%及以上(以脂肪计)</td><td>1</td></tr>
<tr><td rowspan="2">林丹再残留限量</td><td>脂肪含量 10%以下(以原样计)</td><td>0.1</td><td rowspan="2">GB/T 5009.19</td></tr>
<tr><td>脂肪含量 10%及以上(以脂肪计)</td><td>1</td></tr>
<tr><td rowspan="3">GB 18406.3</td><td colspan="2">敌敌畏最高限量</td><td>0.05</td><td>GB/T 5009.20</td></tr>
<tr><td colspan="2">敌百虫最高限量</td><td>0.1</td><td>GB/T 5009.20</td></tr>
<tr><td colspan="2">蝇毒磷最高限量</td><td>0.5</td><td>SN/T 0124</td></tr>
</table>

附 录 C
（规范性附录）
宣威火腿打签部位示意图

宣威火腿打签部位见图C.1。

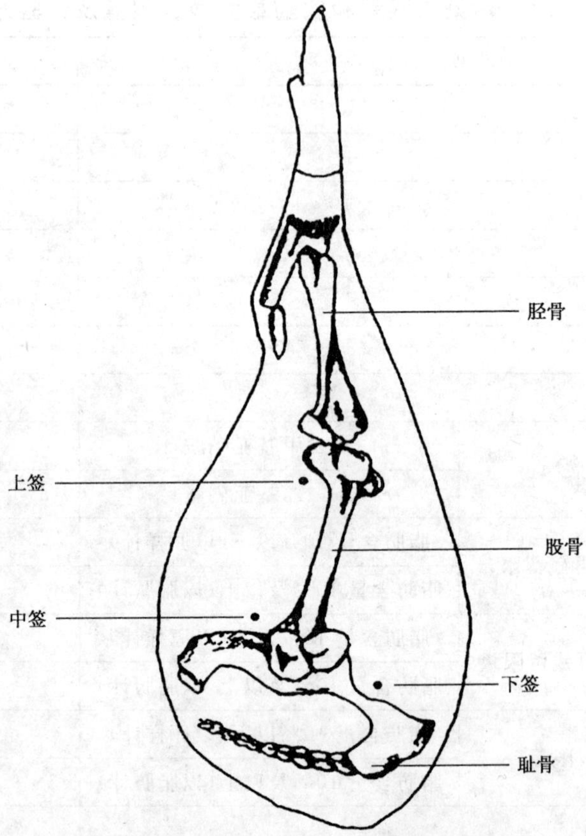

图 C.1 宣威火腿打签部位示意图

ICS 27.200
J 73

中华人民共和国国家标准

GB/T 18362—2008
代替 GB/T 18362—2001

直燃型溴化锂吸收式冷(温)水机组

Direct-fired lithium bromide absorption water chiller (heater)

2008-11-12 发布　　　　2009-05-01 实施

中华人民共和国国家质量监督检验检疫总局
中国国家标准化管理委员会　发布

前　言

本标准是对 GB/T 18362—2001《直燃型溴化锂吸收式冷(温)水机组》的修订,本标准与 GB/T 18362—2001相比,主要变化如下:

——4.1 取消了原按制冷循环分类和按安装场所分类的方法。

——4.2.1 名义工况增加了冷水进口温度 14 ℃的可供选择的参考值。

——4.2.1 名义工况的污垢系数由 0.086 m^2 · ℃/kW 改为:蒸发器水侧 0.018 m^2 · ℃/kW,冷凝器、吸收器水侧 0.044 m^2 · ℃/kW。并参照 GB/T 18430.1—2007 的方法试验和计算。

——6.3.5 性能系数的计算方法转入附录 A。

——6.3.8 水侧耐压性修订为设计压力 1.25 倍的水压试验。

——检验规则,加了抽样检验规定及检测内容。

——表 6 中将电磁兼容性检测从出厂检验调整为型式检验。

——附录 A.11,烟气损失的计算修订为采用 GB 10180 的公式。

本标准自实施之日起代替 GB/T 18362—2001。

本标准的附录 A、附录 B、附录 C 是规范性附录,附录 D 是资料性附录。

本标准由中国机械工业联合会提出。

本标准由全国冷冻空调设备标准化技术委员会归口。

本标准起草单位:远大空调有限公司、合肥通用机械研究院。

本标准主要起草人:张跃、陈伯鲲、王劲东、杨庭旭、谭波、王世国。

本标准所代替标准的历次版本发布情况为:

——GB/T 18362—2001。

直燃型溴化锂吸收式冷(温)水机组

1 范围

本标准规定了直燃型溴化锂吸收式冷(温)水机组(简称:直燃机)的术语和定义、型式与基本参数、技术要求、试验方法、检验规则、标志、包装、运输和贮存。

本标准适用于以燃油、燃气直接燃烧为热源,以水为制冷剂,溴化锂水溶液作吸收液,交替或者同时制取空气调节、工艺冷水、温水及生活热水的机组。其他同类型机组可参照执行。

2 规范性引用文件

下列标准所包含的条文,通过在本标准中引用而成为本标准的条文。凡是注日期的引用文件,其随后所有的修改单(不含勘误内容)或修订版均不适用于本标准,然而,鼓励根据本标准达成协议的各方研究是否可使用这些文件的最新版本。凡是不注日期的引用文件,其最新版本适用于本标准。

GB 252—2000 轻柴油

GB 9969.1—1998 工业产品使用说明书 总则

GB/T 10180—2003 工业锅炉热工性能试验规程

GB 11174—1997 液化石油气

GB/T 13306—1991 标牌

GB 13612—1992 人工煤气

GB 17820—1999 天然气

GB 18361—2001 溴化锂吸收式冷(温)水机组安全要求

GB/T 18430.1—2007 蒸气压缩循环冷水(热泵)机组 第1部分:工业或商业用和类似用途的冷水(热泵)机组

JB/T 4330—1999 制冷和空调设备噪声的测定

JB/T 7249—1994 制冷设备术语

3 术语和定义

JB/T 7249 确立的以及下列术语和定义适用于本标准。

3.1

名义制冷量 rated cooling capacity

机组在6.1试验条件下运行时,由循环冷水带出的热量。单位:kW。

3.2

名义供热量 rated heating capacity

机组在6.1试验条件下运行时,通过循环温水带出的热量。单位:kW。

3.3

名义散热量 rate heat gain

机组在制冷试验运行时,通过循环冷却水所带出的热量。单位:kW。

3.4

烟气损失 exhaust heat loss

通过机组的燃烧产生烟气向机外排放出的热量。单位:kW。

3.5

本体热损失 chiller radiation loss

由于机组的本体表面与环境温差而交换的热量。单位:kW。

3.6

名义流量 rated flowrate

在机组进行制冷量和供热量试验时,水、燃料等的流量。单位:m^3/h、L/h 或 kg/h。

3.7

最高使用压力 maximum application pressure

机组结构强度能保证安全使用的燃气、燃油、水等的最高压力。单位:MPa。

3.8

名义压力损失 rated pressure drop

名义流量的冷水、温水、冷却水等通过机组时所产生的压力损失值。单位:MPa。

3.9

配套设施 supporting facilities

直燃机本体以外附带的燃料系统、水泵、冷却塔、烟道、水配管等设施。

4 型式与基本参数

4.1 型式

4.1.1 按使用性能分类

a) 单冷型:专供冷水的直燃机。

b) 冷暖型:交替或同时兼供冷水、温水的直燃机。

4.1.2 按燃料分类

a) 燃气式:采用人工煤气,液化石油气,天然气等气体燃料的机组。

b) 燃油式:采用轻柴油、重柴油等液体燃料的机组。

4.2 基本参数

4.2.1 机组名义工况和性能参数按表 1 的规定。

4.2.2 机组燃料按表 2 的规定。

表 1 名义工况和性能参数

项目	冷(温)水[a]		冷却水[b]		性能系数 COP
	进口温度	出口温度	进口温度	出口温度	
制冷	12 ℃(14 ℃)	7 ℃	30 ℃(32 ℃)	35 ℃(37.5 ℃)	≥1.10
供热	—	60 ℃	—	—	≥0.90
电源	三相交流,380 V,50 Hz(单相交流,220 V,50 Hz);或用户所在国供电电源。				
污垢系数	蒸发器水侧:0.018 $m^2·℃/kW$,冷凝器、吸收器水侧:0.044 $m^2·℃/kW$。 新机组蒸发器和冷凝器的水侧应被认为是清洁的,测试时污垢系数应考虑为 0 $m^2·℃/kW$,性能测试时应按附录 A 模拟污垢系数。				

a 表中()内数值为可供选择的大温差送冷水的参考值。

b 表中()内数值为可供选择的应用名义工况参考值。

表 2 直燃机燃料标准

热源种类		燃料标准	其他
燃气	人工煤气	GB 13612—1992	燃料种类、热值及压力(燃气)以用户和厂家的协议为准。
	天然气	GB 17820—1999	
	液化石油气	GB 11174—1997	
燃油	轻柴油	GB 252—2000	

5 技术要求

5.1 一般要求

5.1.1 机组应符合本标准的规定,并按经规定程序批准的图样和技术文件制造。

5.1.2 机组燃烧装置、电气装置、安全器件等安全要求应符合 GB 18361—2001 的要求。

5.1.3 机组溴化锂溶液的技术要求见附录 D。

5.1.4 机组冷却水的技术要求见附录 D。

5.2 机组成套设备组成

机组成套设备的组成按表 3 的规定。

表 3 直燃机成套设备组成一览表

	燃气型	燃油型	说明
吸收器	○	○	
蒸发器	○	○	
高压发生器	○	○	
低压发生器	○	○	
冷凝器	○	○	
高温热交换器	○	○	
低温热交换器	○	○	
温水交换器	△	△	高发侧供热机组配备
发生泵	○	○	
吸收泵	△	△	
冷媒泵	△	△	
抽气装置	○	○	
燃烧设备	○	○	
安全器件	○	○	按 GB 18361—2001 配备
操作盘(屏)	○	○	
控制装置	○	○	
铭牌	○	○	
溴化锂溶液	○	○	可与机组分别供货
防护罩壳	△	△	室外型机组配备
烟气热回收器	△	△	
注:○ 表示应有项目;△ 表示根据情况配备。			

5.3 性能

5.3.1 机组实测制冷量不应低于名义制冷量的95%。

5.3.2 机组实测供热量不应低于名义供热量的95%。

5.3.3 机组实测热源消耗量，以单位制冷（供热）量或单位时间量表示，不应高于名义热源消耗量的105%。

5.3.4 机组的电力消耗量不应高于名义电力消耗量的105%。

5.3.5 机组实测性能系数不应低于名义性能系数的95%。

5.3.6 机组冷（温）水、冷却水的压力损失不应大于名义压力损失的110%。

5.3.7 机组泄漏速度不应大于 2.03×10^{-6} Pa·m^3/s。

5.3.8 机组水侧管路应无异常变形或漏水。

5.3.9 机组的噪声应符合环境保护法规和设计要求。

5.3.10 机组涉及安全的性能：燃料配管系统的耐压性、密闭性，绝缘电阻，耐电压强度，电磁兼容性，燃烧设备性能，安全保护器件的动作等，应符合GB 18361—2001的要求。

5.3.11 机组制冷（供热）量控制装置应灵敏、可靠。部分负荷特性符合表4规定。

表4 直燃机部分负荷特性

	冷（温）水	冷却水
制冷工况	出口温度7 ℃； 流量同名义流量	进口温度：100%负荷时30 ℃，0%负荷时22 ℃，中间温度随负荷呈线形变化。流量同名义流量
供热工况	出口温度60 ℃； 流量同名义流量	
注：部分负荷性能数据（制冷量、供热量、热源消耗量）分别以名义工况时负荷性能数据的百分数表示。		

6 试验方法

6.1 试验条件

试验时应达到的条件及误差范围如下。

6.1.1 电源：额定频率±1 Hz，额定电压±10%。

6.1.2 冷水：出口温度7 ℃±0.3 ℃，流量为名义值±5%。

6.1.3 冷却水：入口温度30 ℃±0.3 ℃，流量为名义值±5%。

6.1.4 温水：出口温度60 ℃±0.3 ℃，流量为名义值±5%。

6.1.5 燃料的发热量、压力等实际供应条件。误差范围±1%。

6.1.6 部分负荷特性

a) 制冷时：冷水出口温度7 ℃±0.3 ℃，流量为名义值±5%。冷却水进口温度：100%负荷时30 ℃±0.3 ℃，零负荷时22 ℃±0.3 ℃，中间按负荷比例计算。

b) 供热时：温水出口温度60 ℃±0.3 ℃，流量为名义值±5%。

c) 用替代热源进行试验时，必须与名义热源在热平衡上等同。

6.2 测量仪表

检测用计量仪器须经检定合格，并在有效期内。类型和准确度按表5规定。

表 5 计量仪器的类型和精确度

用 途	类 型	准 确 度
温度测量	玻璃棒温度计、热电偶温度计、电阻温度计、热敏电阻温度计	冷水、温水、冷却水 ±0.1 ℃ 制冷剂、吸收液 ±0.5 ℃(<100 ℃时) 吸收液(≥100 ℃时)、环境 ±1.0 ℃ 烟气 ±2.0 ℃
流量测量	差压式流量计、电磁式流量计、容量式流量计、涡街式流量计	±1.0%
压力测量(含真空)	水柱压力计、电子压力计、弹簧管压力表、膜片压力计	±1.0%
烟气分析	红外线式、氧化锆式、磁气式、电池式气体分析仪,烟浓度计,化学、电化学方法	>1%时,相对误差±2% 0.04%~1%时,相对误差±5% <0.04%时,绝对误差±0.002%;
燃料检测	燃气量热器 燃弹式量热器 气相色谱仪	±0.5%
电气计测	电流表、电压表	±0.5%
	绝缘电阻计	±1%
	电能表	±1%
噪声检测	声级计	Ⅰ型或Ⅰ型以上
真空检漏	氦质谱检漏仪	灵敏度高于 2.03×10^{-8} Pa·m³/s
时间测量	秒表	±0.2%
质量测量	天平、台秤、磅秤	±0.5%

6.3 试验方法

6.3.1 制冷量

按附录 A 所示测定方法及公式计算出制冷量。

6.3.2 供热量

按附录 A 所示测定方法及公式计算出供热量。

6.3.3 热源耗量

在 6.3.1 试验中待制冷量数值稳定时和在 6.3.2 试验中待供热量数值稳定时,按附录 A 的 A.9.1 所示方法及公式计算出直燃机消耗的燃气、燃油等热源的量(以低位热值计)。测定时机组未隔热保温的,按附录 A 的 A.9.2 及附录 B 所示方法求出热源消耗量和本体热损失,再按其计算式进行耗量修正。

6.3.4 电力消耗量

在 6.3.1 试验中待制冷量数值稳定时和在 6.3.2 试验中待供热量数值稳定时,测定名义工况运行时电力消耗的值。

6.3.5 性能系数

按附录 A 所示测定方法及公式计算出性能系数。

6.3.6 水侧压力损失

在 6.3.1 试验中待制冷量数值稳定时和在 6.3.2 试验中待供热量数值稳定时,按附录 C 所示方法及公式求出冷水侧、冷却水侧或温水侧的压力损失。

6.3.7　**本体气密性**

用干燥、洁净空气或氮气发泡检漏和保压试验合格后，再进行氦质谱仪检漏：

a）将机组连接氦质谱仪及辅助真空泵，抽真空至氦质谱仪要求真空度后，直接对机组可能泄漏处（焊缝、密封件等）喷氦气，用氦质谱仪对机组局部检漏；

b）将机组置于气罩中，连接氦质谱仪及辅助真空泵，抽真空至氦质谱仪要求真空度后，关闭辅助真空泵，在气罩中充氦气，用氦质谱仪检测机组整体泄漏率。

6.3.8　**水侧耐压性**

采用清洁的、不低于 5 ℃的水，将水侧排净空气，进行耐压性试验。试验压力为 1.25 倍的设计压力，加压 10 min 以上，进行检查，应符合 5.3.8 的规定。试验完毕应将水排净并吹干。

6.3.9　**噪声**

在 6.3.1 试验中待制冷量数值稳定时，按 JB/T 4330—1999 方法进行测定和计算机组噪声。

6.3.10　**安全性能**

燃料配管系统的耐压性、密闭性，绝缘电阻，耐电压强度，电磁兼容性，燃烧设备性能，安全保护器件动作等试验，按 GB 18361—2001 规定的方法进行。

6.3.11　**部分负荷特性**

a）比例控制时

　1）通过 2 点以上的测定，求最小能力的点（含 1 点）；

　2）按附录 A 的测试方法及计算公式算出制冷量，供热量、热量消耗量。

b）阶段控制时

　1）在各阶段的控制位置上测定；

　2）按附录 A 的测试方法及计算公式算出制冷量，供热量、热量消耗量。

7　检验规则

7.1　出厂检验

每台机组均应做出厂检验。检验项目、技术要求和检验方法按表 6 的规定。

7.2　抽样检验

批量生产的机组应做抽样检验。检验项目、技术要求和检验方法按表 6 的规定。抽样方法、批量、方案由制造厂质量部门自行确定，或与购货方协商确定。

7.3　型式检验

新产品，或定型产品在设计、工艺、材料作重大改进对性能有影响时，应做型式检验。检验项目、技术要求和检验方法按表 6 的规定。

表 6　检验规则

序号	项　目	出厂检验	抽样检验	型式试验	技术要求	检验方法
1	设备成套组成				5.2	视检
2	标志与安全标示				8.1	视检
3	本体气密性				5.3.7	6.3.7
4	水耐压性				5.3.8	6.3.8
5	绝缘电阻	○	○	○		
6	耐电压强度					
7	燃料管路耐压、密闭性				5.3.10 按 GB 18361—2001	6.3.10 按 GB 18361—2001
8	燃烧设备性能					
9	安全保护器件动作					

表 6（续）

序号	项　目	出厂检验	抽样检验	型式试验	技术要求	检验方法
10	制冷量	—	○	○	5.3.1	6.3.1
11	供热量	—	○	○	5.3.2	6.3.2
12	热源消耗量	—	○	○	5.3.3	6.3.3
13	电力消耗	—	○	○	5.3.4	6.3.4
14	性能系数	—	○	○	5.3.5	6.3.5
15	水侧压力损失	—	—	○	5.3.6	6.3.6
16	噪声	—	—	○	5.3.9	6.3.9
17	部分负荷性能	—	—	○	5.3.11	6.3.11
18	电磁兼容性	—	—	○	按 GB 18361—2001	按 GB 18361—2001
注："○"表示应进行项目；"—"表示不需要进行项目。						

8　标志、包装、运输和贮存

8.1　标志

8.1.1　每台机组应在显著位置固定标牌。标牌应符合 GB/T 13306—1991 的要求，标示以下内容：

a)　制造厂名称；

b)　产品型号、名称；

c)　主要技术参数（制冷量、供热量、燃料种类及参数、燃料消耗量、电源及配电量、水侧最高允许压力、运输质量、冷水出口温度、冷水流量、温水出口温度、温水流量、冷却水进口温度、冷却水流量）；

d)　产品出厂编号；

e)　制造日期。

8.1.2　机组相关部位应标明运行状态的标志（如转向，流向等）。对易造成人体伤害的地方（如高温等），应贴显著的安全标示。

8.1.3　灌有吸收液出厂的机组，应有明显的标示。

8.2　包装

8.2.1　机组应采取防锈措施。随机出厂的配件应采取防锈措施并固定在包装箱内。

8.2.2　机组整体出厂的，应在包装前充注 0.01 MPa～0.03 MPa 的氮气或者保持真空。

8.2.3　每台机组出厂包装中应随带下列文件：

8.2.3.1　产品合格证。

8.2.3.2　安装使用说明书。其内容应符合 GB 9969.1—1998 的要求，内容包括：

a)　标牌内容及其他技术参数（水侧压力损失、几何尺寸、溶液灌装量、运行质量等）；

b)　产品运输、贮存、安装的说明、要求和注意事项；

c)　使用、维护保养说明注意事项。其内容参考附录 D。

8.2.3.3　装箱单。

8.3　运输和贮存

8.3.1　机组运输和贮存中应采取防锈措施，存放在有遮盖的场所。

8.3.2　机组与大气连接的阀门，应不容易打开。

8.3.3　机组外露的螺纹接头用螺栓塞堵、法兰孔用盲板封盖，以免杂物进入。

附 录 A
（规范性附录）
制冷及供热试验

A.1 适用范围

本附录规定了直燃机的制冷和供热试验方法

A.2 试验方法

机组制冷量和供热量，通过测定流过表 A.1 所示的机组各部件的流量和出进口温度，进行计算。

表 A.1

试验项目	检测部件
制冷量	蒸发器
供热量	蒸发器、吸收器、冷凝器、温水交换器

A.3 试验装置

直燃机试验装置如图 A.1。

A.3.1 试验装置能连续获得稳定的流量和水温。

A.3.2 在试验装置上配备了必要的测试仪器。仪器的类型及精度按照本标准 6.2 所示。

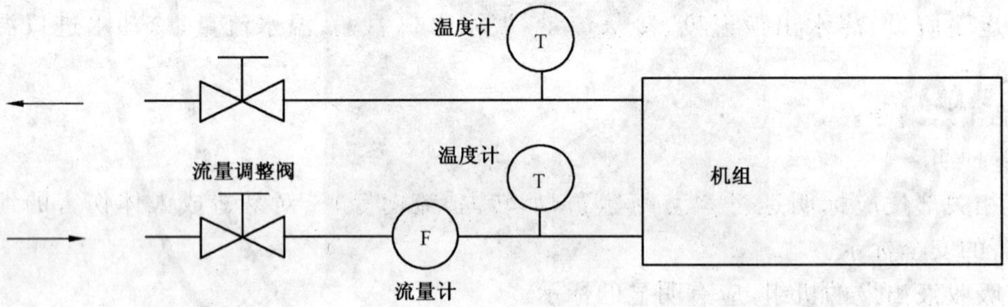

图 A.1 直燃机试验装置图

A.4 试验准备过程

A.4.1 待测机组已安装运转必需的附属装置，并排尽试验装置水管内的空气，并确认已灌满水。

A.4.2 待测机组中装进规定量的溴化锂溶液、添加剂；并抽气达到运行真空度要求。

A.5 试验条件

试验条件按本标准 6.1。

A.6 测试要领

A.6.1 达到并稳定在试验条件的状态后，进行测试。

A.6.2 同次各数据测试同时进行，以减少试验条件波动的影响。

A.6.3 每 15 min 测试一次，取连续记录三次以上符合试验条件的数据的平均值为计算依据。

A.6.4 每次测试的数据应用热平衡法校核，其偏差应在±5%以内。

A.7 试验记录

A.7.1 蒸发器(制冷时)

a) 冷水进口温度,℃;

b) 冷水出口温度,℃;

c) 冷水流量,m^3/h。

A.7.2 蒸发器、吸收器、冷凝器、温水交换器(供热时)

a) 温水进口温度,℃;

b) 温水出口温度,℃;

c) 温水流量,m^3/h。

A.7.3 吸收器、冷凝器(制冷时,散热量)

a) 冷却水进口温度,℃;

b) 冷却水出口温度,℃;

c) 冷却水流量,m^3/h。

A.7.4 高压发生器或发生器(热源消耗量计算)

a) 燃气

1) 燃气流量,m^3/h;

2) 燃气温度,℃;

3) 燃气压力,kPa;

4) 燃气热值低位,kJ/m^3;

5) 排烟温度,℃;

6) 燃气成分及烟气成分。

b) 燃油

1) 燃油流量,L/h 或 kg/h;

2) 燃油温度,℃;

3) 燃油低位热值,kJ/kg;

4) 燃油密度,kg/L;

5) 排烟温度,℃;

6) 燃油成分及烟气成分。

A.8 制冷量及供热量计算方法

A.8.1 制冷量

$$Q_c = W_c C_c \gamma_c (t_{c1} - t_{c2})/3.6 \qquad \text{(A.1)}$$

式中:

Q_c——制冷量,单位为千瓦(kW);

W_c——冷水流量,单位为立方米每小时(m^3/h);

C_c——冷水比热,单位为千焦每千克摄氏度(kJ/kg·℃);

γ_c——冷水密度,单位为千克每升(kg/L);

t_{c1}——冷水进口温度,单位为摄氏度(℃);

t_{c2}——冷水出口温度,单位为摄氏度(℃)。

A.8.2 供热量

$$Q_h = W_h C_h \gamma_h (t_{h2} - t_{h1})/3.6 \qquad \text{(A.2)}$$

式中：

Q_h——供热量，单位为千瓦(kW)；

W_h——温水流量，单位为立方米每小时(m^3/h)；

C_h——温水比热，单位为千焦每千克摄氏度(kJ/kg·℃)；

γ_h——温水密度，单位为千克每升(kg/L)；

t_{h1}——温水进口温度，单位为摄氏度(℃)；

t_{h2}——温水出口温度，单位为摄氏度(℃)。

A.8.3 制冷时散热量

$$Q_w = W_w C_w \gamma_w (t_{w2} - t_{w1})/3.6 \quad \cdots\cdots(A.3)$$

式中：

Q_w——散热量，单位为千瓦(kW)；

W_w——冷却水流量，单位为立方米每小时(m^3/h)；

C_w——冷却水比热，单位为千焦每千克摄氏度(kJ/kg·℃)；

γ_w——冷却水密度，单位为千克每升(kg/L)；

t_{w1}——冷却水进口温度，单位为摄氏度(℃)；

t_{w2}——冷却水出口温度，单位为摄氏度(℃)。

A.9 热源消耗量计算方法

A.9.1 有绝热层情况下

a) 燃气

$$Q_i = W_g q_g/3\,600 \quad \cdots\cdots(A.4)$$

式中：

Q_i——热消耗量，单位为千瓦(kW)；

W_g——燃气流量，单位为立方米每小时(m^3/h)；

q_g——燃气热值，单位为千焦每立方米(kJ/m^3)。

b) 燃油

$$Q_i = W_o q_o/3\,600 \quad \cdots\cdots(A.5)$$

式中：

W_o——燃油流量，单位为千克每小时(kg/h)；

q_o——燃油热值，单位为千焦每千克(kJ/kg)。

A.9.2 无绝热层情况下

a) 燃气

$$Q_i = W_g q_g (1-L)/3\,600 \quad \cdots\cdots(A.6)$$

式中：

L——按附录B求得的本体热损失率。

b) 燃油

$$Q_i = W_o q_o (1-L)/3\,600 \quad \cdots\cdots(A.7)$$

A.10 性能系数(COP)计算方法

A.10.1 制冷时

$$\mathrm{COP} = Q_c/(Q_i + A) \quad \cdots\cdots(A.8)$$

式中：

A——消耗电力，单位为千瓦(kW)。

A.10.2 供热时

$$COP = Q_h/(Q_i + A) \quad \text{(A.9)}$$

A.11 烟气损失

按 GB/T 10180—2003 的公式计算。

A.12 热平衡校核

A.12.1 制冷时

$$\Delta = | Q_w - Q_c - (Q_i + A - Q_f) | / Q_w \times 100\% \quad \text{(A.10)}$$

式中：

Δ——热平衡偏差。

A.12.2 供热时

$$\Delta = | Q_h - (Q_i + A - Q_f) | / Q_h \times 100\% \quad \text{(A.11)}$$

A.13 污垢系数的影响

污垢系数对机组制冷量、供热量测试的温差的修正，按照 GB/T 18430.1—2007 附录 C 进行。

A.14 其他记录事项

机组标牌记录的项目以及试验环境温度、气压，试验地点，试验日期和试验人员。

附　录　B
（规范性附录）
本体热损失率计算

B.1　适用范围

本附录规定了直燃机本体热损失率的计算方法。

B.2　本体热损失量

$$Q_o = (\theta_o - \theta_r) \cdot \alpha \cdot A \qquad \cdots\cdots (B.1)$$

$$Q_i = \frac{(\theta_o - \theta_r) \cdot A}{\frac{1}{\alpha} + \frac{x}{\lambda}} \qquad \cdots\cdots (B.2)$$

式中：

Q_o——绝热施工前热损失量，单位为瓦(W)；

Q_i——绝热施工后热损失量，单位为瓦(W)；

θ_o——本体表面温度，单位为摄氏度(℃)；

θ_r——环境温度，单位为摄氏度(℃)；

α——表面传热系数，单位为瓦每平方米开[W/(m² · K)]；

A——表面积，单位为平方米(m²)；

x——保温材料厚度，单位为米(m)；

λ——保温材料导热率，单位为瓦每米开 W/(m · K)；

[θ_r=20 ℃时，$\alpha \approx$11.63W/(m² · K)]。

B.3　本体热损失率

$$L = \frac{Q_o - Q_i}{Q_t} \qquad \cdots\cdots (B.3)$$

式中：

L——热损失率，%；

Q_t——热源消耗量，单位为瓦(W)。

B.4　本体热损失率参考值

直燃机本体热损失率与机组的结构、制冷(供热)量、隔热材料的厚度、导热系数有关。表 B.1 列出按式(B.3)计算的名义工况时本体热损失率的平均值，作为参考。

表 B.1

制冷(供热)量/kW	350	1 050	1 750
本体热损失率/%	0.07	0.05	0.04

附　录　C
（规范性附录）
水侧压力损失试验

C.1　适用范围

本附录规定直燃机水侧压力损失试验方法。

C.2　试验方法

C.2.1　测压管

a)　在水的进出接口上安装直管，直管长度为接管内径的4倍以上。测压孔设在接管的外圆上，距直燃机机体的距离及距弯管的距离均为接管内径2倍以上。测压孔的轴线垂直于直燃机内部管系和外接管系的弯曲段构成的平面。如图C.1所示。

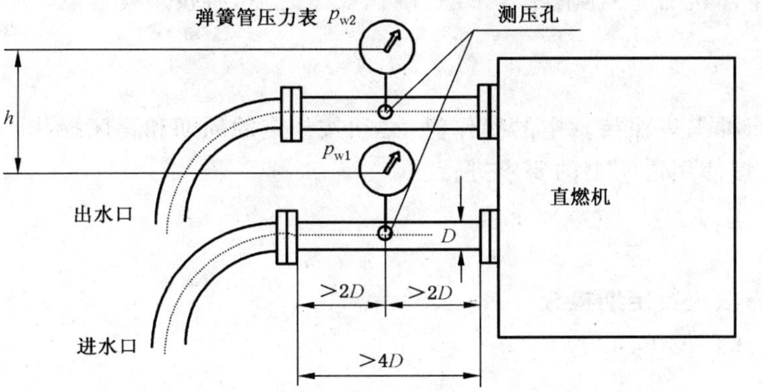

图 C.1　测压管

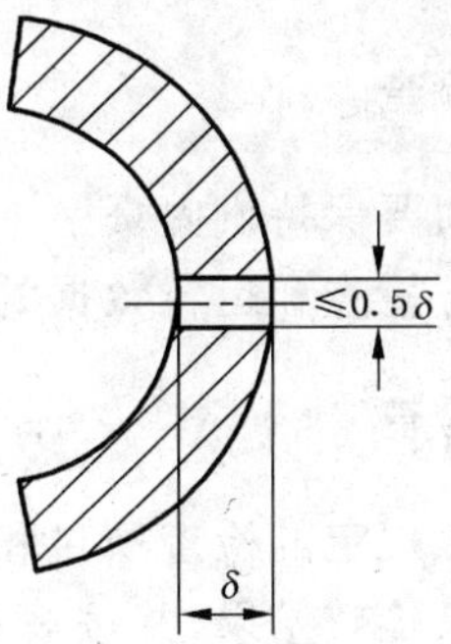

图 C.2　测压孔

b)　测压孔垂直接管内壁(见图C.2)，测压孔直径取2 mm～6 mm，但不得大于接管直径的1/10及测压孔深度的1/2。测压孔所处位置的接管内表面应光滑，且开孔的内缘平整无异物。

C.2.2　水侧压力损失测定方法

将符合本标准6.2规定的弹簧管压力表连接在机组水管接口处的测压管上。彻底排除管路中的空气，并充满清水。在名义流量下，分别测量冷水、冷却水、温水的进口和出口的压力。

C.2.3　水侧压力损失的计算方法：

$$h_w = p_{w1} - p_{w2} - 0.01h \qquad \cdots\cdots\cdots\cdots\cdots\cdots (C.1)$$

式中：

h_w——水侧压力损失，单位为兆帕(MPa)；

p_{w1}——装置进口处压力，单位为兆帕(MPa)；

p_{w2}——装置出口处压力，单位为兆帕(MPa)；

h——两压力表中心之间的垂直高度差，单位为米(m)；出口高取正值，进口高取负值。

附 录 D
（资料性附录）
运转、使用和维护

D.1 一般事项

D.1.1 必须明确了解机组及附属设备的构造、性能，熟知安全装置的功能。

D.1.2 所用燃料必须是说明书和标牌规定的，且符合本标准表 2 的规定。

D.1.3 不允许关闭安全装置运转。燃料压力、风压及安全控制装置设定值等不得擅自变动。

D.2 运转

D.2.1 机组和泵、冷却塔、空调器等附属设备，必须遵照说明书规定运转。

D.2.2 附属设备和机组自动开停预设的时间间隔，不得随意变更。

D.2.3 机组的安全阀、燃料控制阀、空气调节阀等燃烧安全设备不得用手动启闭。

D.2.4 运转时应经常巡视机组。异常停机后，要在消除异常源，确认安全之后，再按规程启动。

D.3 日常检查

D.3.1 必须要保持机内真空。要进行抽气等保持真空的操作时，必须按规定的周期和程序操作。

D.3.2 日常检查和运转数据的记录，按使用说明书的要求进行。

D.4 定期检查

D.4.1 按照规定的检查项目和检查方法进行定期检查。

D.4.2 记录检查结果，并按规定时间保存记录。

D.4.3 水质管理

a) 机器使用的循环或一次性冷却水、循环补给水的水质，以表 D.1 为标准；

表 D.1 冷却水、补给水水质标准

指标（计量单位）	冷却水标准值	补给水标准值	超标可能形成的危害	
			腐 蚀	结 垢
25 ℃时 pH	6.5～8.0	6.0～8.0	○（过低）	○（过高）
25 ℃时电导率（μS/cm）	＜800	＜200	○	—
氯化物 Cl^-（$mgCl^-/L$）	＜200	＜50	○	—
硫酸根 SO_4^{2-}（$mgCaSO_4/L$）	＜200	＜50	○	—
酸消耗量（$pH^{4.8}$）（$mgCaCO_3/L$）	＜100	＜50	—	○
总硬度（$mgCaCO_3/L$）	＜200	＜50	—	○
铁 Fe（mgFe/L）	＜1.0	＜0.3	○	○
硫离子 S^{2-}（mgS^{2-}/L）	不得检出	不得检出	○	—
铵离子 NH_4^+（$mgNH_4^+/L$）	＜1.0	＜0.2	○	—
溶解硅酸 SiO_2（$mgSiO_2/L$）	＜50	＜30	—	○
注：“○”表示超标存在此危害；“—”表示超标不存在此危害。				

b) 为防止冷却水系统的腐蚀、结垢和产生黏液，可适当添加水处理剂；

c) 为防止杂质浓缩，需排放部分冷却水；根据需要也可全部更换冷却水。

d） 冷水、温水的水质，可参照表 D.1。

D.4.4 吸收液管理

a） 直燃机吸收液技术指标按表 D.2。

b） 定期抽取吸收液，检查浓度、pH 或碱度，缓蚀剂含量，杂质等。

c） 根据检查结果，添加缓蚀剂、调整 pH 或碱度、分离除去污物。

表 D.2 吸收液技术指标

项 目	铬酸锂缓蚀剂系列	钼酸锂缓蚀剂系列
溴化锂 LiBr（或氯化锂 LiCl）	50%～55%（可根据需要调整）	
铬酸锂 Li_2CrO_4	0.10～%0.30%	0
钼酸锂 Li_2MoO_4	0	0.05%～0.20%
pH 或碱度	pH 9～10.5	LiOH 0.05 mol/L～0.2 mol/L
硫酸根 SO_4^{2-}	<0.02%	
氯离子 Cl^-	<0.05%（氯化锂或混合溶液无限制）	
钾钠合计 $K^+ + Na^+$	<0.02%	
氨 NH_3	<0.001%	
钙 Ca^{2+}	<0.001%	
镁 Mg^{2+}	<0.001%	
钡 Ba^{2+}	<0.001%	
铜 Cu^{2+}	<0.0001%	
总铁 Fe	<0.0001%	
硫化物 S^{2-} 试验	无反应	
溴酸盐 BrO_3^- 试验	无反应	
有机物试验	无反应（添加剂辛醇等除外）	

D.4.5 燃烧设备管理

a） 定期检查燃烧安全装置的动作及进行燃料系统泄漏试验，如有异常应更换配件或维修；

b） 燃烧系统有可能附着烟垢时，应检查燃烧机和高压发生器并进行清扫。

D.4.6 运转体止期按规定的保养项目及时进行保养。

D.5 维护

为使机组安全经济地运行，机器要定期交替保养、检修。

ICS 59.100.10
Q 36

中华人民共和国国家标准

GB/T 18369—2008
代替 GB/T 18369—2001

玻璃纤维无捻粗纱

Glass fiber roving

2008-05-12 发布 2008-11-01 实施

中华人民共和国国家质量监督检验检疫总局
中国国家标准化管理委员会 发布

前　言

本标准参考了 BS EN 14020《增强材料—玻璃纤维无捻粗纱规范》而修订。

本标准代替 GB/T 18369—2001《玻璃纤维无捻粗纱》。与 GB/T 18369—2001 相比，本标准主要内容变化如下：

——对玻璃纤维无捻粗纱的应用性能进行了细分，按应用性能分为织造、喷射、拉挤、模塑料、缠绕、短切等玻璃纤维无捻粗纱；

——提高了玻璃纤维无捻粗纱断裂强度指标值；

——增加了玻璃纤维无捻粗纱的应用性能的要求。

请注意本标准的某些内容可能涉及专利，本标准发布机构不应承担识别这些专利的责任。

本标准的附录 A 和附录 B 均为规范性附录。

本标准由中国建筑材料工业联合会提出。

本标准由全国玻璃纤维标准化技术委员会（SAC/TC 245）归口。

本标准负责起草单位：南京玻璃纤维研究设计院、巨石集团有限公司、河北金牛能源股份有限公司玻璃纤维分公司。

本标准参加起草单位：丹阳中亚玻璃纤维有限公司。

本标准主要起草人：高旭东、陈尚、王玉梅、李剑杰、刘芝秀、葛敦世、方允伟、陈伟。

本标准所替代标准的历次版本发布情况为：

——GB/T 18369—2001。

玻璃纤维无捻粗纱

1 范围

本标准规定了玻璃纤维无捻粗纱的定义、分类和标记、要求、试验方法、检验规则、标志、包装、运输和贮存。

本标准适用于玻璃纤维原丝、单股或经合股而成的玻璃纤维无捻粗纱。

2 规范性引用文件

下列文件中的条款通过本标准的引用而成为本标准的条款。凡是注日期的引用文件，其随后所有的修改单(不包括勘误的内容)或修订版均不适用于本标准，然而，鼓励根据本标准达成协议的各方研究是否可使用这些文件的最新版本。凡是不注日期的引用文件，其最新版本适用于本标准。

GB/T 191 包装储运图示标志

GB/T 1549 钠钙硅铝硼玻璃化学分析方法

GB/T 4202 玻璃纤维产品代号

GB/T 7690.1—2001 增强材料 纱线试验方法 第1部分:线密度的测定(idt ISO 1889:1997)

GB/T 7690.3—2001 增强材料 纱线试验方法 第3部分:玻璃纤维断裂强力和断裂伸长的测定(idt ISO 3341:2000)

GB/T 7690.4—2001 增强材料 纱线试验方法 第4部分:硬挺度的测定(eqv ISO 3375:1975(1987))

GB/T 9914.1—2001 增强制品试验方法 第1部分:含水率的测定(idt ISO 3344:1997)

GB/T 9914.2—2001 增强制品试验方法 第2部分:可燃物含量的测定(玻璃纤维)(eqv ISO 1887:1995)

GB/T 14208—1993 纺织玻璃纤维 无捻粗纱 棒状复合材料弯曲强度的测定(eqv ISO 3597:1977)

GB/T 18374 增强材料术语及定义

GB/T 20310—2006 玻璃纤维无捻粗纱浸胶纱试样的制作和拉伸强度的测定

ISO 15039:2003 玻璃纤维无捻粗纱—浸润剂溶解度的测定

3 术语和定义

GB/T 18374 确立的以及下列术语和定义适用于本标准。

3.1

短切类粗纱 roving for chopped

指在使用过程中需要经过短切的一类粗纱。例如，喷射用纱、模塑料用纱等。

3.2

非短切类粗纱 roving for unchopped

指在使用过程中不需要短切的一类粗纱。例如，缠绕用纱、拉挤用纱、织造用纱等。

4 分类和标记

4.1 产品分类

按玻璃种类分为无碱玻璃纤维无捻粗纱、ECR 玻璃纤维无捻粗纱和中碱玻璃纤维无捻粗纱；

按制造工艺分为直接无捻粗纱和合股无捻粗纱；

按应用性能分为织造、喷射、拉挤、模塑料、缠绕、短切等。

4.2 产品标记

产品标记由产品名称、产品代号和本标准号三部分组成。

产品名称应标明玻璃成分，即无碱玻璃纤维无捻粗纱或 ECR 玻璃纤维无捻粗纱或中碱玻璃纤维无捻粗纱，必要时应指明直接无捻粗纱或合股无捻粗纱；无捻粗纱的应用如用于织造、喷射、拉挤、模塑料、缠绕、短切等工艺。

产品代号按 GB/T 4202 的规定，在补充要素中增加无捻粗纱的适用工艺。

示例 1：公称纤维直径为 17 μm，线密度为 1 150 tex，采用 T921 浸润剂(制造商标记)，适合缠绕工艺的无碱玻璃纤维直接无捻粗纱，其产品标记为：无碱玻璃纤维直接无捻粗纱 EC17-1150(缠绕 T921) GB/T 18369—2008

示例 2：公称纤维直径为 13 μm，线密度为 4 800 tex(原丝线密度为 300 tex，16 股)的合股纱，采用 SM433 浸润剂，适合 SMC 工艺的中碱玻璃纤维无捻粗纱，其产品标记为：中碱玻璃纤维无捻粗纱 CC13-4800 (SMC SM433，300×16)GB/T 18369—2008

5 要求

5.1 外观

不应有影响使用的污渍、杂质、毛羽等缺陷；其颜色应均匀，纱筒应紧密、规则地卷绕成圆筒状，方便退绕。

5.2 碱金属氧化物含量

——无碱和 ECR 玻璃纤维无捻粗纱应不大于 0.8%；

——中碱玻璃纤维无捻粗纱应为 11.6%～12.4%。

5.3 线密度

常用的线密度为 150 tex、300 tex、600 tex、900 tex、1 200 tex、2 400 tex、3 600 tex、4 800 tex、9 600 tex。线密度平均值相对于公称值的允差为：

——短切类粗纱为±8%，其测定值的变异系数应不大于 6%；

——非短切类粗纱为±5%，其测定值的变异系数应不大于 5%。

5.4 含水率

含水率应不大于 0.2%。

5.5 浸润剂

除非另有商定，应使用塑料型(增强型或偶联型)浸润剂，制造商应标明主要适用树脂。

可燃物含量应为标称值的±0.2 或±20%，取范围较大者。

5.6 断裂强度

断裂强度应不小于 0.30 N/tex。

5.7 硬挺度

短切类无捻粗纱应测定其硬挺度，硬挺度应为 80 mm～200 mm，且测定值的极差应不大于 30 mm。

5.8 短切率、分散率

短切类无捻粗纱的短切率应不小于 95%，分散率应不小于 95%，单束线密度在 15 tex 及以下的其分散率应不小于 80%。

5.9 悬垂度

非短切类合股无捻粗纱，应测定其悬垂度，悬垂度不大于50 mm。

5.10 应用性能

应用性能要求应符合表1的规定。

表1 应用性能

<table>
<tr><th>典型用途</th><th>项　　目</th><th colspan="3">要　　求</th></tr>
<tr><td>喷射，模塑料</td><td>丙酮溶解度/%</td><td colspan="3">标称值的±20%</td></tr>
<tr><td>拉挤，缠绕</td><td>浸胶纱拉伸强度/MPa</td><td colspan="3">≥1 600</td></tr>
<tr><td rowspan="3">织造、拉挤，缠绕</td><td rowspan="3">棒状复合材料弯曲强度/MPa</td><td>基材</td><td>标准状态</td><td>潮湿状态</td></tr>
<tr><td>不饱和聚酯树脂</td><td>≥800</td><td>≥640</td></tr>
<tr><td>环氧树脂</td><td>≥650</td><td>≥450</td></tr>
<tr><td colspan="5">注：潮湿状态指100℃沸水煮2 h。</td></tr>
</table>

6 试验方法

6.1 外观

在正常(光)照度，距离0.5 m，目测法逐个检验。

6.2 碱金属氧化物含量

按GB/T 1549的规定。

6.3 线密度

按GB/T 7690.1—2001的规定，操作时应去除浸润剂，每个样本测定3次，以所有样本测定值的平均数和变异系数作为测定结果。

6.4 含水率

按GB/T 9914.1—2001的规定，每个样本测定3次，以测定值的平均数作为测定结果。

6.5 可燃物含量

按GB/T 9914.2—2001的规定，每个样本测定3次，以测定值的平均数作为测定结果。

6.6 断裂强度

按GB/T 7690.3—2001的规定。

6.7 硬挺度

按GB/T 7690.4—2001的规定。

6.8 短切率、分散率

按附录A的规定。

6.9 悬垂度

按附录B的规定。

6.10 丙酮溶解度

按ISO 15039:2003的规定。

6.11 浸胶纱拉伸强度

按GB/T 20310—2006的规定。

6.12 棒状复合材料弯曲强度

按GB/T 14208—1993的规定。

7 检验规则

7.1 出厂检验和型式检验

7.1.1 出厂检验

产品出厂时,必须进行出厂检验。出厂检验项目应包括外观、线密度、含水率、可燃物含量、断裂强度、硬挺度。

7.1.2 型式检验

有下列情况之一时,应进行型式检验:

a) 新产品投产时;

b) 材料或生产工艺有较大的改变时;

c) 停产时间超过三个月,恢复生产时;

d) 正常生产时,每年至少进行一次;

e) 出厂检验结果与上次型式检验有较大差异时;

f) 根据供需双方合同有要求时;

g) 国家质量监督机构提出型式检验要求时。

型式检验应包括本标准要求中的全部项目。

7.2 抽样与判定

7.2.1 以同一原料、同一生产工艺、同一品种、同一规格、稳定连续生产的一定数量的单位产品为一个检查批。

7.2.2 外观、断裂强度、含水率、可燃物含量、硬挺度、短切率、分散率、悬垂度按表2中第Ⅰ栏的规定进行抽样与判定。

表2 抽样与判定

批量范围	Ⅰ			Ⅱ
	样本大小	接收数 Ac	拒收数 Re	
3～25	3	0	1	1
26～280	13	1	2	2
281～500	20	2	3	
501～1 200	32	3	4	3
1 201～3 200	50	5	6	
3 201～10 000	80	7	8	

7.2.3 碱金属氧化物含量、丙酮溶解度、浸胶纱拉伸强度、棒状复合材料弯曲强度、环形复合材料剪切强度按表2中第Ⅱ栏的规定进行抽样,以测定结果的平均值的修约值进行判定。

7.2.4 线密度按表2中第Ⅰ栏所列样本数抽样,以批样本测定结果的平均值和变异系数进行判定。

7.2.5 所有单项合格,判该批产品合格,否则判该批产品不合格。

8 标志、包装、运输和贮存

8.1 标志

8.1.1 产品标志应包括:

——生产厂名称和厂址;

——产品标记;

——生产日期或批号;

——主要适用树脂；
——可燃物含量的公称值；
——指导使用的必要说明；
——产品质量检验的合格证明；
——包装贮运的图示标志。

8.1.2 标志应当在包装上标明，或者预先向用户提供有关资料。

8.2 包装

8.2.1 每个纱筒需用柔软的材料包装。

8.2.2 将包装好的纱筒装在清洁、干燥的包装箱内，保持纱筒干燥，避免撞击碰伤，包装箱封箱或捆扎应牢固。其他包装要求，由供需双方商定。

8.2.3 包装箱外表面应标明：
——生产厂名称和厂址；
——产品名称和代号；
——净质量；
——生产日期或批号；
——按 GB/T 191 规定标明“怕雨”、“禁止翻滚”和“堆码层数极限”三种图示。

8.3 运输

应采用干燥的遮篷运输工具运输，运输中应避免翻滚。

8.4 贮存

应放置在干燥、通风的室内贮存，堆码层数不得超过包装上标明的堆码层数极限。

附　录　A
（规范性附录）
玻璃纤维无捻粗纱短切率和分散率的测定

A.1　范围

本附录规定了玻璃纤维无捻粗纱短切率和分散率试验方法的原理、设备和试验程序。

本附录适用于短切类玻璃纤维无捻粗纱短切性能的测定。

A.2　原理

玻璃纤维无捻粗纱经短切机短切成 50 mm 长的原丝在切刀下方一定距离收集短切原丝并将其分类称重，用于测定玻璃纤维无捻粗纱的短切率和分散率。计算公式为：

a）　短切率按式（A.1）计算：

$$D = \frac{W - A}{W} \times 100 \qquad \cdots\cdots（A.1）$$

式中：

D——试样短切率，%；

W——试样总质量，单位为克（g）；

A——未切断原丝质量，单位为克（g）。

b）　分散率按式（A.2）计算：

$$E = \frac{W - B}{W} \times 100 \qquad \cdots\cdots（A.2）$$

式中：

E——试样分散率，%；

W——试样总质量，单位为克（g）；

B——未分散原丝质量，单位为克（g）。

A.3　设备

a）　短切机；

b）　黑色检测板，300 mm×500 mm；

c）　镊子；

d）　天平，感量 1 mg，称量 150 g 以上。

A.4　操作

a）　环境要求：温度 23℃±2℃，相对湿度 50%±10%，调制时间至少 4 h。

b）　从被测纱团的外层把纱引出，穿入短切机中，短切成 50 mm 的原丝段，离切刀约 500 mm 的下方，用检查板接取需要的短切原丝，检查板在下边平移，以便能在短切原线下落的区域均匀接收样品 5 g 以上。

c）　将总质量为 W 的短切原丝用镊子加以分类，切割不断的原丝为 A，成团或粘在一起不能分束的分散不良的短切原丝为 B，并分别称量。

d）　每卷试样测定 2 次，以两次测量值的平均值作为测定结果。

A.5 试验报告

试验报告应包括以下内容：

a) 说明按本附录进行试验；

b) 试样的名称和代号；

c) 短切率和分散率；

d) 非标准环境条件下应注明环境温度和相对湿度；

e) 试验结果和试验日期。

附　录　B
（规范性附录）
玻璃纤维无捻粗纱悬垂度的测定

B.1　范围

本附录规定了玻璃纤维无捻粗纱悬垂度试验方法的原理、设备和试验程序。

本附录适用于非短切类合股玻璃纤维无捻粗纱悬垂性能的测定。

B.2　原理

把待测无捻粗纱水平悬挂在间距为 10 m 的支架上，并在一端施加一定的张力(0.009 8 N/tex)。把玻璃纤维原丝最大和最小悬垂度之差作为无捻粗纱悬垂性的量度，称之为悬垂度。计算公式如式(B.1)：

$$h = h_1 - h_2 \qquad \cdots\cdots(B.1)$$

式中：

h——悬垂度，mm；

h_1——原丝的最小下垂度，单位为毫米(mm)；

h_2——原丝的最大下垂度，单位为毫米(mm)。

B.3　设备

a)　悬垂度测定装置，见图 B.1。

b)　钢直尺，精度±1 mm。

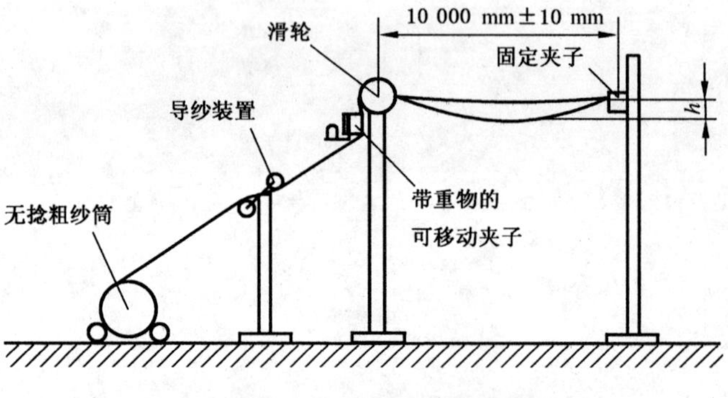

图 B.1　悬垂度测定装置

B.4　操作

a)　把无捻粗纱筒放到左边机架附近，使无捻粗纱退绕。用胶带将无捻粗纱外端粘起来，并使无捻粗纱通过导纱装置固定在右机架的夹头中。然后用胶带粘牢伸出导纱装置的一段粗纱并把它同纱筒剪开，自由地悬挂在机架的小辊上，再用一个挂有重物的悬吊头加载。根据所计算的无捻粗纱公称线密度来确定重物质量，1 g/tex。

b)　在无捻粗纱的试样的中部寻找最短的和最长的原丝。用分度值为 1 mm 的钢直尺测定下垂度 h_1 和 h_2。精确至±1 mm。

c)　对每个试样都要作三次重复测定，以平均值作为测定结果。

B.5 试验报告

试验报告应包括以下内容：

a) 说明按本标准附录进行试验；

b) 试样的名称和代号；

c) 悬垂度；

d) 影响测定的必要说明；

e) 试验者和试验日期。

ICS 59.100.10
Q 36

中华人民共和国国家标准

GB/T 18371—2008
代替 GB/T 18371—2001

连续玻璃纤维纱

Glass filament yarn

2008-05-12 发布 2008-11-01 实施

中华人民共和国国家质量监督检验检疫总局
中国国家标准化管理委员会 发布

前　言

本标准代替 GB/T 18371－2001《连续玻璃纤维纱》。

本标准与 GB/T 18371－2001 相比主要变化如下：

——将连续玻璃纤维纱分为工业级纱和电子级纱，并分别提出要求；

——增加了附录 A“连续玻璃纤维纱硬挺度试验方法”。

请注意本标准的某些内容可能涉及专利，本标准发布机构不应承担识别这些专利的责任。

本标准的附录 A 为资料性附录。

本标准由中国建筑材料工业联合会提出。

本标准由全国玻璃纤维标准化技术委员会（SAC/TC 245）归口。

本标准负责起草单位：南京玻璃纤维研究设计院、泰山玻璃纤维邹城有限公司。

本标准参加起草单位：株洲光明玻璃纤维有限责任公司。

本标准主要起草人：陈彤、王玉梅、葛敦世、陈尚、师卓、高旭东。

本标准所替代标准的历次版本发布情况为：

——GB/T 18371—2001。

连续玻璃纤维纱

1 范围

本标准规定了连续玻璃纤维纱的术语和定义、分类和代号、要求、试验方法、检验规则、标志、包装、运输和贮存。

本标准适用于单纤维直径不大于13 μm、线密度小于600 tex、有捻连续的单股纱和并股纱。不适用于无捻粗纱、定长纤维纱和变形纱。

2 规范性引用文件

下列文件中的条款通过本标准的引用而成为本标准的条款。凡是注日期的引用文件，其随后所有的修改单(不包括勘误的内容)或修订版均不适用于本标准，然而，鼓励根据本标准达成协议的各方研究是否可使用这些文件的最新版本。凡是不注日期的引用文件，其最新版本适用于本标准。

GB/T 191 包装储运图示标志

GB/T 1549 钠钙硅铝硼玻璃化学分析方法

GB/T 4202 玻璃纤维产品代号

GB/T 7690.1 增强材料 纱线试验方法 第1部分：线密度的测定

GB/T 7690.2 增强材料 纱线试验方法 第2部分：捻度的测定

GB/T 7690.3 增强材料 纱线试验方法 第3部分：玻璃纤维拉伸断裂强力和断裂伸长的测定

GB/T 7690.4 增强材料 纱线试验方法 第4部分：硬挺度的测定

GB/T 7690.5 增强材料 纱线试验方法 第5部分：纤维直径的测定

GB/T 7690.6 增强材料 纱线试验方法 第6部分：捻度平衡指数的测定

GB/T 9914.1 增强制品试验方法 第1部分：含水率的测定

GB/T 9914.2 增强制品试验方法 第2部分：玻璃纤维可燃物含量的测定

GB/T 18374 增强材料术语及定义

3 术语和定义

GB/T 18374确定的术语和定义适用于本标准。

4 分类和代号

4.1 产品分类

按玻璃种类分为无碱连续玻璃纤维纱(EC)和中碱连续玻璃纤维纱(CC)。

按用途分为工业级纱和电子级纱(E)。

4.2 产品代号

连续玻璃纤维纱产品代号应符合GB/T 4202的规定，补充要素中用E表示电子级纱。

示例1：公称纤维直径为7.5 μm，原丝线密度22 tex，并股数为2，捻向为S，捻度为100的工业级中碱连续玻璃纤维纱表示为：

CC7.5-22×1×2S100

示例2：公称纤维直径为9 μm，原丝线密度68 tex，并股数为2，捻向为S，捻度为60的电子级无碱连续玻璃纤维纱表示为：

EC9-68×1×2S60(E)

5 要求

5.1 工业级纱要求

5.1.1 外观

不得有影响使用的污渍、碰伤、杂物和泡泡纱，其颜色应均匀。卷绕应紧密，成形良好，保证退绕方便。

5.1.2 碱金属氧化物含量

——无碱连续玻璃纤维纱应≤0.8%；

——中碱连续玻璃纤维纱应为(11.6～12.4)%。

5.1.3 纤维直径

纤维直径允许偏差应为公称值的±15%。

5.1.4 线密度

线密度平均值允许偏差应为公称值的±8.0%；

线密度变异系数应≤5.0%。

5.1.5 断裂强度

断裂强度应符合表1的规定。

表1 断裂强度

公称纤维直径/μm	断裂强度/(N/tex) ≥
≤9	0.45
>9～13	0.40

5.1.6 捻向、捻度

除非另有商定，纱的初捻应为Z捻，终捻应为S捻。捻度由供需双方商定，实际捻度与公称捻度的偏差应符合表2的规定。

表2 捻度允许偏差

公称捻度/(捻/m)	允许偏差/%
捻度≤40	±15
40<捻度≤120	±10
捻度>120	±8

5.1.7 捻度平衡指数

对于捻度大于60捻/m的并股纱，应测定捻度平衡指数，其值应不超过1转。

5.1.8 含水率

除非另有商定，含水率应≤0.5%。

5.1.9 可燃物含量

可燃物含量允许偏差应为±0.2%或公称值的±20%，取范围较大者。

5.2 电子级纱要求

5.2.1 外观

5.2.1.1 管纱应颜色均匀，卷绕紧密，成形良好，保证退绕方便。

注：某些用户对于纱线硬挺度可能会有一定的要求，附录A给出了电子级纱线硬挺度的一种测试方法。

5.2.1.2 每只管纱的外观疵点应符合表3的要求。

表 3　电子级连续玻璃纤维纱外观疵点

疵　点	描　述	要　求
碰伤、磨损	纱表面明显的碰擦与磨损	不允许
成形不良	a 脱圈:纱线局部卷绕松散,或退解时纱线成团退出	不允许
	b 凹凸纱:管纱底部边缘凸起或凹进超过(+3 mm/-2 mm)	不允许
	c 松角纱:管纱底部纱成型松散凸出	不允许
	d 波浪纹:管纱成形表面出现异常阶梯状或波浪状	不允许
	e 葫芦纱:管纱明显形状异常	不允许
毛纱	a 毛羽:单根断裂	<5 根
	b 毛圈:一束丝内的单纤维长短不一致	不允许
	c 泡泡纱:管纱外型出现单纱圈出的现象	不允许
杂物	管纱卷装表面纱层内夹有异物或外来纱	不允许
松纱	管纱表面手指揿下有凹陷现象	不允许
污纱	a 单纱污渍	不允许
	b 管纱表面有污渍或灰尘	不允许
压头纱	管纱纱线被压至内层,使用过程中找不到纱头	不允许
散丝	整条纱集束松散,管纱表面平整异常	不允许
含油不良	a 浸润剂含量偏低,管纱表面发亮	不允许
	b 浸润剂含量异常,管纱表面颜色不均匀	不允许
注:管纱的最小质量一般应有要求,具体由供需双方协商确定。		

5.2.2　**碱金属氧化物含量**

电子级纱应为无碱连续玻璃纤维纱,碱金属氧化物应≤0.8%。

5.2.3　**纤维直径**

纤维直径允许偏差应为公称值的±10%。

5.2.4　**线密度**

线密度单值偏差、平均值偏差和变异系数应符合表 4 的规定。对于批量不大于 1 200 的纱,平均值偏差不作要求。

5.2.5　**断裂强度**

断裂强度应≥0.40 N/tex。

5.2.6　**捻度**

捻度由供需双方商定,实际捻度应不超过公称捻度的±15%。

5.2.7　**含水率**

除非另有商定,含水率应≤0.2%。

5.2.8　**可燃物含量**

可燃物含量允许偏差应为±0.2%或公称值的±20%,取范围较大者。

表 4　线密度单值、平均值和变异系数要求

公称线密度/tex	单值允许偏差/%	平均值允许偏差(批量大于 1 200)/%	变异系数/%
>60	±3.0	±2.0	≤2.0
>20～60	±4.0	±3.0	≤2.5
>10～20	±6.0	±3.5	≤3.5
≤10	±7.0	±4.0	≤4.0

6　试验方法

6.1　外观

在聚光良好，光度均匀的光照下，距离 0.5 m，目测法检验整个管纱。

6.2　碱金属氧化物含量

按 GB/T 1549 的规定。

6.3　纤维直径

按 GB/T 7690.5 的规定。

6.4　线密度

按 GB/T 7690.1 的规定，操作时应去除浸润剂，每个单位产品试样数量为 2。

6.5　断裂强度

按 GB/T 7690.3 的规定。

6.6　捻度、捻向

按 GB/T 7690.2 的规定。

6.7　捻度平衡指数

按 GB/T 7690.6 的规定。

6.8　含水率

按 GB/T 9914.1 的规定，每个单位产品试样数量为 2。

6.9　可燃物含量

按 GB/T 9914.2 的规定，每个单位产品试样数量为 2。

7　检验规则

7.1　出厂检验和型式检验

7.1.1　出厂检验

产品出厂时必须进行出厂检验，出厂检验项目应包括：外观、线密度、断裂强度、捻度、捻度平衡指数、含水率、可燃物含量。

7.1.2　型式检验

有下列情况之一时，应进行型式检验：

a)　新产品投产时；

b)　原材料或生产工艺有较大改变时；

c)　停产时间超过六个月恢复生产时；

d)　正常生产时，每年至少进行一次；

e)　出厂检验结果与上次型式检验有较大差异时；

f)　供需双方合同有要求时；

g） 国家质量监督机构提出型式检验要求时。

型式检验应包括标准要求中的全部检验项目。

7.2 检查批和抽样

7.2.1 检查批

同一规格品种、同一生产工艺稳定连续生产的一定数量的单位产品为一检查批。

从提交的检查批中随机抽取规定数量的单位产品为批样本。

7.2.2 抽样

7.2.2.1 按表5的规定从检查批中随机抽取外观检验用样本。

7.2.2.2 按表6的规定从检查批中随机抽取理化性能检验用样本。

表5 外观检验的抽样方案

批量大小	样本大小	接收数 Ac	拒收数 Re
3～25	3	0	1
26～280	13	1	2
281～500	20	2	3
501～1 200	32	3	4
1 201～3 200	50	5	6
3 201～10 000	80	7	8

表6 理化性能的抽样方案

批量大小	样本大小	批量大小	样本大小
3～25	3	281～500	15
26～50	4	501～1 200	20
51～90	5	1 201～3 200	25
91～150	7	3 201～10 000	35
151～280	10		

7.3 判定规则

7.3.1 外观质量的判定

管纱外观质量应符合5.1.1或5.2.1的规定。批质量的判定按表5的规定，其接收质量限AQL=4.0。

7.3.2 理化性能的判定

7.3.2.1 碱金属氧化物含量、纤维直径、断裂强度、捻度、捻度平衡指数、含水率、可燃物含量以样本测试平均值的修约值判定。

7.3.2.2 线密度：对于工业级纱，线密度平均值偏差以样本测试平均值的修约值判定，线密度变异系数以样本统计量的修约值判定；对于批量不大于1 200的电子级纱，线密度单值偏差以单位产品测试值的修约值判定，线密度变异系数以样本统计量的修约值判定；对于批量大于1 200的电子级纱，线密度单值偏差以单位产品测试值的修约值判定，线密度平均值偏差以样本测试平均值的修约值判定，线密度变异系数以样本统计量的修约值判定。

7.3.3 外观和各项理化性能均合格，判该批产品合格。否则判该批产品不合格。

8 标志、包装、运输和贮存

8.1 标志

8.1.1 产品标志应包括：

a) 产品名称、产品代号、本标准号；

b) 生产厂厂名和厂址；

c) 生产日期(或批号)；

d) 产品质量检验的合格证明；

e) 包装储运的图示标志。

8.1.2 产品标志应在包装上标明，或者预先向用户提供有关资料。

8.2 包装

8.2.1 管纱应妥善包装，放置在清洁干燥的木箱或瓦楞纸箱内。

8.2.2 在包装箱内每个管纱应排放整齐，避免撞击碰伤，包装箱封箱或捆扎必须牢固。其他包装要求由供需双方商定。

8.2.3 包装箱外表面应标明：

a) 产品名称、产品代号、本标准号；

b) 生产厂厂名和厂址；

c) 生产日期(或批号)；

d) 包装内纱净质量；

e) 按 GB/T 191 的规定标明“怕湿”、“禁止滚翻”和“堆码层数极限”三种图示。

8.3 运输

应采用干燥的有遮蓬运输工具运输。运输过程中应避免滚翻。

8.4 贮存

应放置在干燥通风的室内贮存。堆码层数不得超过包装上标明的堆码层数极限。

附　录　A
（资料性附录）
连续玻璃纤维纱硬挺度试验方法

A.1　试验器具

a）缕纱测长仪，符合 GB/T 7690.1 要求；
b）剪刀；
c）硬挺度仪，符合 GB/T 7690.4 要求。

A.2　试样长度

试样长度应符合表 A.1 的规定。

表 A.1　试样长度

公称线密度/tex	试样长度/m
＜25	50±0.5
≥25	30±0.3

A.3　操作

A.3.1　用缕纱测长仪先去掉卷装外层不少于 10 m 的纱线，然后绕取规定长度的试样。
A.3.2　用剪刀将绕取在缕纱测长仪绕线框上的纱线剪断，形成长度为 1 m 的纱线束。用双手分别捏住纱线束的两端。
A.3.3　将纱线束的中点悬挂在硬挺度测定仪的挂钩上，将其两端合拢。用一只手捏住合拢的两端，用另一只手的中指勾起纱线束的中点并由内向外自然加捻 8 次；对于捻度较低的纱线，可以适当减少加捻次数。
A.3.4　将加捻后试样的中点悬挂在硬挺度仪的挂钩上。
A.3.5　站在硬挺度仪正对面，用挂钩下 60 mm 处的滑动标尺，读取滑动标尺顶部与试样两悬垂段中心的交叉点之间的距离。
A.3.6　重复以上步骤，另外测试四个试样。

A.4　结果表示

以五个试样测试值的算术平均值作为连续玻璃纤维纱硬挺度的测定值，单位 mm，保留至整数位。

ICS 59.100.10
Q 36

中华人民共和国国家标准

GB/T 18372—2008
代替 GB/T 18372—2001

玻璃纤维导风筒基布

Glass fibre fabric for ducting

2008-06-30 发布　　　　2009-04-01 实施

中华人民共和国国家质量监督检验检疫总局
中国国家标准化管理委员会　发布

前　言

本标准代替 GB/T 18372—2001《玻璃纤维导风筒基布》。

本标准与 GB/T 18372—2001 相比主要变化如下：

——提高了厚度的要求；

——增加了纤维直径的要求；

——提高了单位面积质量的要求；

——分别规定了不同织物组织的撕裂强力的要求；

——增加了长度的要求。

本标准附录 A 为规范性附录。

本标准由中国建筑材料联合会提出。

本标准由全国玻璃纤维标准化技术委员会(SAC/TC 245)归口。

本标准负责起草单位:南京玻璃纤维研究设计院。

本标准主要起草人:方允伟、王玉梅、葛敦世、陈尚、高旭东。

本标准所代替标准的历次版本发布情况为：

——GB/T 18372—2001。

玻璃纤维导风筒基布

1 范围

本标准规定了玻璃纤维导风筒基布(以下简称导风筒基布)的分类与代号、要求、试验方法、检验规则、标志、包装、运输和贮存。

本标准适用于以连续玻璃纤维纱为原料,经织造、浸渍等工艺而制成的织物,用作以橡胶、塑料或橡塑混合物为涂覆层的导风筒基布。其他类型的织物,如玻璃纤维与棉纱交织布、合成纤维布等也可参照采用。

2 规范性引用文件

下列文件中的条款通过本标准的引用而成为本标准的条款。凡是注日期的引用文件,其随后所有的修改单(不包括勘误的内容)或修订版均不适用于本标准,然而,鼓励根据本标准达成协议的各方研究是否可使用这些文件的最新版本。凡是不注日期的引用文件,其最新版本适用于本标准。

GB/T 191 包装贮运图示标志

GB/T 1549 钠钙硅铝硼玻璃化学分析方法

GB/T 4202 玻璃纤维产品代号

GB/T 7689.2 增强材料 机织物试验方法 第2部分:经、纬密度的测定

GB/T 7689.3 增强材料 机织物试验方法 第3部分:宽度和长度的测定

GB/T 7689.5 增强材料 机织物试验方法 第5部分:玻璃纤维拉伸断裂强力和断裂伸长率的测定

GB/T 7690.5 增强材料 纱线试验方法 第5部分:玻璃纤维直径的测定

GB/T 9914.2 增强制品试验方法 第2部分:玻璃纤维可燃物含量的测定

GB/T 9914.3 增强制品试验方法 第3部分:单位面积质量的测定

JC/T 170—2002 无碱玻璃纤维布

3 分类与代号

3.1 产品分类

产品按玻璃种类分为中碱玻璃纤维导风筒基布和无碱玻璃纤维导风筒基布。

3.2 产品代号

导风筒基布代号应符合 GB/T 4202 的规定,补充要素中用 P 表示平纹组织,T 表示斜纹组织。

代号示例:公称厚度为 0.280 mm,宽度 1 320 mm,织物组织为平纹的中碱玻璃纤维导风筒基布代号表示为:

CWPL 280—132—(P)

4 要求

4.1 碱金属氧化物含量

中碱玻璃纤维导风筒基布碱金属氧化物含量(质量分数)应为(11.6～12.4)%;

无碱玻璃纤维导风筒基布碱金属氧化物含量(质量分数)应不大于 0.8%。

4.2 厚度

除非另有商定,厚度应为(0.280±0.028)mm。

4.3 单位面积质量

除非另有商定，单位面积质量应为(275±22)g/m^2。

4.4 纤维平均直径

应小于等于 9.0 μm。

4.5 织物密度

除非另有商定，织物密度，经向应为(10±1)根/cm；纬向应为(10±1)根/cm。

4.6 断裂强力

应符合表 1 的规定。

4.7 撕裂强力

应符合表 1 的规定。

表 1 断裂强力和撕裂强力

规格型号	织物组织	试样方向	断裂强力/(N/50mm)	撕裂强力/N
CWPL280	斜纹	经向	≥2 200	≥270
		纬向	≥2 200	≥270
CWPL280	平纹	经向	≥2 200	≥250
		纬向	≥2 200	≥250

4.8 可燃物含量

应大于或等于 2.5%。

4.9 宽度

除非另有商定，导风筒基布的宽度应为 915 mm、1 320 mm 和 1 610 mm，宽度允许偏差(−5～+15)mm。

4.10 长度

除非另有商定，导风筒基布的长度应为 100 m、150 m、200 m 和 300 m，实际长度负偏差不超过 0.5%。

4.11 外观

4.11.1 外观疵点

外观疵点的分类见表 2。

表 2 外观疵点分类

序号	疵点名称	疵 点 程 度	主要疵点(⊙)	次要疵点(Δ)
1	断经	(1) 单根断经，经向 0.5 m 内(1～5)cm，每 3 处或每长 10 cm	⊙	
		(2) 双根断经，每长 3 cm	⊙	
2	错经	(1) 错经(包括双经、穿错、号数用错)每长 1 m		Δ
		(2) 多股、缺股纱，每 2 根每长 1 m		Δ
3	缺纬	(1) 双纬、脱纬、百脚，经向 0.5 m 内，每 2 梭(半幅起算)		Δ
		(2) 脱纬，每梭口 3 根及以上(包括连续的，15 cm 起算)的每处	⊙	
		(3) 半幅内连续的断纬或双纬，经向 20 cm 内，每 5 梭	⊙	
		(4) 缺纬半幅以下		Δ
		(5) 缺纬半幅以上	⊙	

表 2（续）

序号	疵点名称	疵　点　程　度	主要疵点(⊙)	次要疵点(Δ)
4	错纬	(1)　经向 1 cm 以内，每个 (2)　经向(1～5)cm，每个 (3)　经向 5 cm 以上	 ⊙ 不允许	Δ
5	接头痕迹	长 7 cm 以上的，每个	⊙	
6	稀路[a]	(1)　经向 1 cm 内，比允许公差少 1 根的 (2)　经向 1 cm 内，比允许公差少 2 根的 (3)　空隙宽度 3 mm 以上	 ⊙ 不允许	Δ
7	破洞	经或纬纱共断 3 根及以上的	不允许	
8	轧梭	(1)　20 根及以下，对接或单面接好的 (2)　20 根以上对接不良	⊙ 不允许	
9	歪斜	纬纱歪斜 5 cm 及以上的	不允许	
10	跳花	(1)　(1～2)cm 的，每处 (2)　2 cm 以上的	⊙ 不允许	
11	反应不良	布面潮湿发粘或布面呈棕红色及紫色	不允许	
12	胶乳疙瘩	(1)　(5～10)mm 的，每个 (2)　10 mm 以上的，每个	 ⊙	Δ
13	脱胶	脱胶露底	不允许	
14	杂质	(1)　1 mm 以上，每个 (2)　5 mm 以上或硬质，每个	 ⊙	Δ
15	污渍	(1)　20 mm^2 以下块状或 50 mm 以下线状，每个 (2)　20 mm^2 以上块状或 50 mm 以上线状，每个	 ⊙	Δ
16	拖纱	布面拖纱 1 cm 以上或布边拖纱 2 cm 以上，每根		Δ

[a] 15 cm 起算。

4.11.2　**质量要求**

a)　凡临近的各类疵点应分别计算，疵点混在一起按主要疵点计算，五个次要疵点计为一个主要疵点。

b)　测量断续或分散的疵点长度时，间距在 1 cm 以下的取其全部长度。

c)　距布边 1 cm 内的错经、松经、双经、穿错等疵点可不计。

d)　每百米主要疵点不得超过 8 个，不得有不允许出现的疵点。

e)　每卷布不得有影响使用的杂物和布面不平等缺陷。

f)　每卷布卷长至少为 100 m，超过 100 m 的允许有一处拼段，但拼段长度至少为 40 m，拼段卷数不得超过交付批总卷数的 5%。

5 试验方法

5.1 碱金属氧化物含量

按 GB/T 1549 的规定。

5.2 厚度

按 JC/T 170—2002 附录 A 的规定。

5.3 单位面积质量

按 GB/T 9914.3 的规定。

5.4 纤维平均直径

按 GB/T 7690.5 的规定。

5.5 织物密度

按 GB/T 7689.2 的规定。

5.6 断裂强力

按 GB/T 7689.5 的规定。

5.7 撕裂强力

按附录 A 的规定。

5.8 可燃物含量

按 GB/T 9914.2 的规定。

5.9 宽度和长度

按 GB/T 7689.3 的规定。

5.10 外观

在聚光良好，光度均匀的光照条件下，距布面 0.5 m 处目测检验。

6 检验规则

6.1 出厂检验和型式检验

6.1.1 出厂检验

产品出厂时必须进行出厂检验，出厂检验项目应包括：单位面积质量、长度、宽度、织物密度、断裂强力、可燃物含量、外观。

6.1.2 型式检验

有下列情况之一时，应进行型式检验：

a) 新产品投产时；

b) 正式生产后，原材料、工艺有了较大改变时；

c) 停产时间超过六个月恢复生产时；

d) 正常生产每年至少进行一次；

e) 出厂检验结果与上次型式检验有较大差异时；

f) 国家质量监督机构提出进行型式检验要求时；

g) 供需双方合同有要求时。

型式检验项目应包括标准要求中的所有项目。

6.2 批与抽样

6.2.1 批

同一品种、同一规格、同一生产工艺，稳定连续生产的一定数量的单位产品为一批。

从提交的检查批中随机抽取的规定数量的单位产品为批样本。

6.2.2 抽样

6.2.2.1 按表3的规定从检查批中随机抽取外观检验用样本。

表3 外观质量检验的抽样与判定

批量	样本大小	接收质量限 AQL=4.0	
		接收数 A_c	拒收数 R_e
≤25	3	0	1
26～90	13	1	2
91～150	20	2	3
151～280	32	3	4
281～500	50	5	6
501～1 200	80	7	8
1 201～3 200	125	10	11
3 201～10 000	200	14	15
≥10 001	315	21	22

6.2.2.2 按表4的规定从检查批中随机抽取理化检验用样本。

表4 理化性能的抽样与判定

批量大小	样本大小	接收常数 k (AQL=4.0)	批量大小	样本大小	接收常数 k (AQL=4.0)
≤15	3	0.958	281～400	20	1.33
16～25	4	1.01	401～500	25	1.35
26～50	5	1.07	501～1 200	35	1.39
51～90	7	1.15	1 201～3 200	50	1.42
91～150	10	1.23	3 201～10 000	75	1.46
151～280	15	1.30	≥10 001	100	1.48

6.3 判定规则

6.3.1 外观应符合4.11的规定，批质量的判定按表3的规定。

6.3.2 理化性能的判定

6.3.2.1 碱金属氧化物含量、断裂强力、织物密度、可燃物含量、单位面积质量、宽度、长度以样本测试平均值的修约值判定。

6.3.2.2 厚度和撕裂强力以质量统计量 Q_U、Q_L 按表4中的接收常数 k 值进行判定。质量统计量 Q_U、Q_L 按式(1)和式(2)进行计算。若 Q_U 和 $Q_L \geqslant k$，判该项性能合格，若 Q_U 或 $Q_L < k$，则判该项性能不合格。

$$Q_U = \frac{U - \bar{x}}{S} \qquad \cdots\cdots (1)$$

$$Q_L = \frac{\bar{x} - L}{S} \qquad \cdots\cdots (2)$$

式中：

Q_U、Q_L——分别为上、下质量统计量；

U、L——分别为上、下规格限；

$\bar{x}$——样本平均值；

S——样本标准差。

6.3.3 外观质量和各项理化性能均合格，判该批产品接收。否则判该批产品拒收。

7 标志、包装、运输和贮存

7.1 标志

7.1.1 产品标志应包括：

a) 产品名称、产品代号、本标准号、商标；

b) 生产厂厂名和厂址；

c) 生产日期(或批号)和贮存期；

d) 产品质量检验的合格证明；

e) 包装贮运的图示标志。

7.1.2 产品标志应在包装上标明或者预先向用户提供有关资料。

7.2 包装

7.2.1 每卷布用塑料薄膜闭封，外加纸板箱或编织袋包装。其他包装要求由供需双方商定。

7.2.2 包装箱外表面应注明：

a) 产品名称、产品代号、本标准号、商标；

b) 生产厂厂名和厂址；

c) 卷长和净质量；

d) 生产日期(或批号)和贮存期；

e) 按 GB/T 191 的规定标明“怕雨”和“堆码层数极限”的两种图示。

7.3 运输

应采用干燥的遮蓬运输工具。运输过程中应避免机械损伤及日光直射。

7.4 贮存

应存放在干燥、通风和无阳光直射的室内。堆码层数不得超过包装上标明的堆码层数极限。贮存期一般为 6 个月。

附 录 A
（规范性附录）
玻璃纤维机织物撕裂强力的测定（双舌法）

A.1 原理

将舌形试样夹入拉伸试验机，使试样切口线在上下夹钳之间成直线，试验机将拉力施加于切口方向，记录撕裂时的最大负荷。

A.2 仪器

A.2.1 等速伸长型试验机（CRE），拉伸速度可控制在 200 mm/min±10 mm/min 的范围内。

A.2.2 夹持装置

a) 两只夹钳的中心点应在拉伸直线内，夹钳端线应与拉伸直线垂直，两夹持面应在同一平面内。

b) 夹钳应保证既能夹持住试样不使其滑移，又不损坏试样。

c) 夹钳的有效宽度至少为 150 mm。

A.3 试样的制备

A.3.1 试样的裁取

整个宽度方向距布边 100 mm 均匀分布地取 5 组试样，每组包括经向撕裂和纬向撕裂各一个试样。试样长边平行于经向称为“纬向撕裂试样”，试样长边平行于纬向称为“经向撕裂试样撕裂”。

A.3.2 试样尺寸

试样为矩形长条双舌试样，尺寸为长 180 mm，宽 150 mm，每个试样在短边切开一个沿长度方向的（100 mm±2 mm）×（50 mm±1 mm）的舌形。双舌试样尺寸见图 1。

单位为毫米

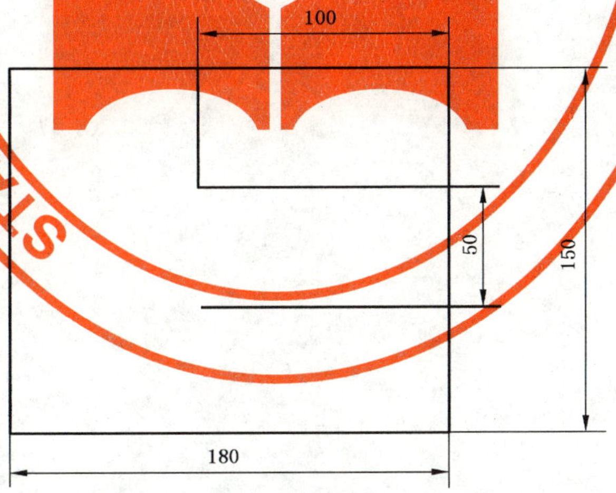

图 1 双舌试样尺寸示意图

A.4 操作

A.4.1 将拉伸试验机的上下夹钳距离调整为 100 mm，设定拉伸速率为 200 mm/min。将试样的舌头夹在上夹钳的中心且对称。将试样的两长条对称地夹入下夹钳中，并使试样的两长条平行于撕裂方向。注意保证每条舌形被固定于夹钳中能使撕裂开始时是平行于撕力所施的方向，不加预张力并避免松弛现象。

A.4.2 启动试验机，使撕裂持续拉至破坏。

A.4.3 记录撕裂时的最大负荷。

A.5 结果计算

分别计算5个经向和5个纬向撕裂试样的撕裂最大负荷的平均值，修约至小数点后一位。

ICS 59.100.10
Q 36

中华人民共和国国家标准

GB/T 18374—2008
代替 GB/T 18374—2001

增强材料术语及定义

Vocabulary—Terms for reinforcements

2008-05-12 发布　　　　2008-11-01 实施

中华人民共和国国家质量监督检验检疫总局
中国国家标准化管理委员会　发布

前言

本标准代替 GB/T 18374—2001《增强材料术语及定义》。

本标准与 GB/T 18374—2001 相比主要变化如下：

——对章条的编排和格式进行了全面修改。

——删除原标准第 2 章内容，将 GB/T 3961 等作为资料性引用文件在本标准的参考文献中列出。

——本标准保留了 GB/T 18374—2001 中的条目 104 条，修改了 84 条，新增了 20 条。

本标准由中国建筑材料工业联合会提出。

本标准由全国玻璃纤维标准化技术委员会(SAC/TC 245)归口。

本标准负责起草单位：南京玻璃纤维研究设计院 。

本标准主要起草人：葛敦世、陈尚、王玉梅、叶鼎全、师卓、陈彤、高旭东。

本标准所替代标准的历次版本的发布情况为：

——GB/T 5434—1985；

——GB/T 18374—2001。

增强材料术语及定义

1 范围

本标准规定了玻璃纤维、碳纤维、树脂、添加剂、模塑料和预浸渍料等增强材料所涉及的术语及其定义。

本标准适用于相关标准的编写和出版，也适用于有关书刊和技术文件的编写和出版。

2 一般术语

2.1

宝塔纱 cone yarn

交叉卷绕在锥形筒管上的纺织纱。

2.2

表面处理 surface treatment

为了改善与基体树脂的结合力对纤维表面所作的处理。

2.3

长纤维束 multifilament

由多根单丝集合成的一类纺织材料。

2.4

单纱 single yarn

由下述之一纺织材料所组成的最简单的连续原丝束：

a) 若干不连续纤维捻合而成的纱称为定长纤维纱；

b) 一根或多根连续纤维原丝一次捻合而成的纱称为连续纤维纱。

注：在玻璃纤维工业中，单纱都是有捻的。

2.5

单丝 filament

一根细而长的纺织单元，它可以是连续的，也可以是不连续的。

2.6

单丝公称直径 nominal diameter of filaments

用于标志玻璃纤维制品中玻璃纤维单丝的直径，其近似等于它的实际平均直径。以 μm 为单位，修约为整数或半整数。

2.7

单位面积质量 mass per unit area

一定大小平板状材料的质量和它的面积之比。

2.8

定长纤维 staple fiber

discontinuous fibre

成型时形成的一种直径细不连续的纺织材料。

2.9

定长纤维纱 staple yarn

由定长纤维纺制而成的纱线。

2.10

断裂伸长 breaking elongation

试样在拉伸试验中,发生断裂时的伸长量。

2.11

多股络纱 multiple wound yarn

二根或多根纱不加捻而络成的纱。

注:单纱、股纱或缆线都可制成多股络纱。

2.12

管纱 bobbin yarn

经捻线机加工,卷绕在筒管上的纱线。

2.13

含水率 moisture content

在规定条件下测得的原丝或制品的含水量。即试样的湿态质量和干态质量的差数与湿态质量的比值,用百分率表示。

2.14

合股纱 plied yarn

股纱

二根或多根纱在一次合股工序中捻合而成的纱。

2.15

混杂制品 hybrid

两种或多种纤维材料组成的集合制品,例如由玻璃纤维和碳纤维集合而成的制品。

2.16

浸润剂 size

在纤维的生产过程中,施加于单丝上的某些化学制剂的混合物。

浸润剂有塑料型、纺织型和纺织塑料型三种类型。

2.16.1

塑料型浸润剂 plastic size

增强型浸润剂 reinforcing size

偶联型浸润剂 coupling size

一种能使纤维表面与基体树脂之间得到良好粘结而配制的浸润剂。包含有利于下步加工或应用(缠绕、切割等)的组分。

2.16.2

纺织型浸润剂 textile size

一种有利于下一步纺织加工(加捻、并股、织造等)而配制的浸润剂。

2.16.3

纺织塑料型浸润剂 textile plastic size

一种既有利于下一步纺织加工,又可增进纤维表面与基体树脂之间粘结而配制的浸润剂。

2.17

经轴纱　beamed yarn

平行卷绕在大圆柱形经轴上的纺织用纱。

2.18

卷装　package

能够退绕和适于搬动、贮存、运输和使用的纱线、无捻粗纱等单元。

注：卷装可以是无支撑的绞纱或丝饼，或在筒管、纬管、锥形管、纡管、线轴、纱管或织轴上以各种卷绕方式而制备的卷装单元。

2.19

拉伸断裂强度　tensile breaking strength

tensile breaking tenacity

在拉伸试验中，试样单位面积或线密度所承受的拉伸断裂强力。单丝以 Pa 为单位，纱线以 N/tex 为单位。

2.20

拉伸断裂强力　tensile breaking force

在拉伸试验中，使试样发生断裂时所施加的最大力，以 N 为单位。

2.21

缆线　cabled yarn

二根或多根股纱(或股纱和单纱交叉)通过一次或多次并捻而成的纱线。

2.22

奶瓶纱　milk bottle bobbin

外形呈奶瓶状的卷绕纱。

2.23

捻度　twist

纱线沿轴向一定长度内的捻回数，一般以捻/米表示。

2.24

捻度平衡指数　twist balance index

纱线经过加捻以后，捻度达到平衡的程度。

2.25

捻回　turn

纱线加捻的每一扭转，即沿轴向纱线截面之间相对回转的角位移。以角位移 360°为一个捻回。

2.26

捻向　direction of twist

加捻后，单纱中的原丝或股纱中的单纱呈现的倾斜方向。从右下角倾向左上角的称为 S 捻，从左下角倾向右上角的称为 Z 捻。

2.27

纱线　yarn

包括由连续纤维和定长纤维所制成的有捻或无捻的各种结构纺织材料的通称。

2.28

商品纱　marketable yarn

工厂生产供销售用的纱。

2.29

绳　cord

连续纤维纱或定长纤维纱通过加捻，合股成缆或编织制成的纱线结构制品。

2.30

丝束　tow

由大量单丝所组成的没有捻度的集合体。

2.31

弹性模量 modulus of elasticity

物体在弹性限度内,应力与其应变的比例数。有拉伸和压缩弹性模量(又称杨氏弹性模量)、剪切和弯曲弹性模量等,以 Pa(帕斯卡)为单位。

2.32

体积密度 bulk density

粉料、粒料等松散体的表观密度。

2.33

脱浆制品 desized product

用合适的溶剂或热清洗等方法去除浸润剂或浆料的纱或织物等。

2.34

纬管纱 cop

纡子 pirn

卷绕在纬管上的单股或多股纺织纱。

2.35

纤维 fibre

fiber

一种长径比很大细丝状的物质单元。

2.36

纤维网 web

借助特定的方法将纤维材料定向或不定向地排布成的网状平面结构,一般系指半成品。

2.37

线密度 linear density

带或不带浸润剂的纱线单位长度的质量,以 tex(特克斯)为单位。

注:在纱线命名中,线密度通常指干燥、去除浸润剂的裸纱线密度。

2.38

原丝 strand

同时拉制的略加粘合的无捻单丝束。

2.39

毡或织物模塑性 mouldability of a mat or fabric

毡或织物附模性

经树脂润湿过的毡或织物稳定地贴附在一定形状模具上的难易程度。

3 玻璃纤维

3.1

AR 玻璃纤维 alkali-resistant glass fibre

耐碱玻璃纤维

能耐碱性物质长期侵蚀主要用于增强硅酸盐水泥的玻璃纤维。

3.2

苯乙烯溶解度 styrene solubility

玻璃纤维短切原丝毡片浸于苯乙烯中,在一定拉伸负荷下,由于粘结剂溶解,毡片破裂所需的时间。

3.3

变形纱 texturized yarn

膨体纱 bulked yarn

连续玻璃纤维纺织纱(单股或合股纱)经变形处理使其中的单丝分散而形成的体积蓬松的纱。

3.4

表面毡 surfacing mat

由玻璃纤维单丝(定长或连续的)粘结而制成的紧密薄片,被用作复合材料的表面层。

参见:覆面毡(3.22)。

3.5

玻璃纤维 glass fibre

fibreglass

一般指硅酸盐熔体制成的玻璃态纤维或丝状物。

3.6

玻璃纤维涂覆制品 coated glass fibre products

涂有塑料或其他物料的玻璃纤维制品。

3.7

成带性 tapability

ribbonization

玻璃纤维无捻粗纱中各平行原丝之间轻微粘结形成带状的能力。

3.8

成膜剂 film-former

浸润剂中的一种主要组分。其作用是能在纤维表面上形成薄膜,防止磨损并有利于单丝的粘结和集束。

3.9

D玻璃纤维 D glass fibre

低介电玻璃纤维

用低介电玻璃拉制而成的玻璃纤维。其介电常数及介电损耗都小于无碱玻璃纤维。

3.10

单丝毡 filament mat

以粘结剂将连续玻璃纤维单丝结合在一起的平面结构材料。

3.11

定长玻璃纤维制品 staple glass fibre products

一种由定长玻璃纤维构成的制品。

3.12

定长纤维纱条 sliver

定长纤维基本平行排列,略加捻而成的连续的纤维束。

3.13

短切性 choppability

玻璃纤维粗纱或原丝在一定短切负荷下被切断的难易程度。

3.14

短切原丝 chopped strands

未经任何形式结合的短切连续纤维原丝段。

3.15

短切原丝毡 chopped strand mat

连续纤维原丝短切后,随机无定向分布,用粘结剂粘合在一起而制成的平面结构材料。

3.16

E 玻璃纤维　E glass fibre

无碱玻璃纤维

碱金属氧化物含量很少，具有良好电绝缘性的玻璃纤维（其碱金属氧化物含量一般小于1%）。

注：目前我国无碱玻璃纤维产品标准中都规定碱金属氧化物含量不大于0.8%。

3.17

纺织玻璃纤维　textile glass

以连续玻璃纤维或和定长玻璃纤维为基材所制成的纺织材料的通称。

3.18

分束效率　splitting efficiency

无捻粗纱短切后分散成单股原丝段的效率。

3.19

缝编毡　stitched mat

knitted mat

用线圈结构缝合而成的玻璃纤维毡片。

注：参见毡(3.48)。

3.20

缝纫线　sewing thread

由连续玻璃纤维制成的高捻、光滑的合股纱，作缝纫之用。

3.21

复合毡　combination mat

若干形式的玻璃纤维增强材料以机械或化学方法粘结而成的平面结构材料。

注：增强材料通常包括短切原丝、连续原丝、无捻粗纱布及其他。

3.22

覆面毡　glass veil

连续的（或短切的）玻璃纤维单丝稍加粘结而制成的平面结构材料。

3.23

高硅氧玻璃纤维　vitreous silica fibre

high silica glass fibre

玻璃拉丝后，经酸处理和烧结而成的玻璃纤维。

注：其二氧化硅含量通常在95%以上。

3.24

割断原丝　cut strands

定长纤维（拒用）

从原丝筒上割取下来并按要求长度切断的玻璃纤维原丝。

参见：定长纤维(2.8)。

3.25

浸润剂残留量　size residue

含纺织型浸润剂的玻璃纤维经热清洗后残存在纤维上的碳含量，以质量分数表示。

3.26

浸润剂迁移　size migration

玻璃纤维浸润剂从丝层内部向外表层移出的现象。

3.27

浸透速率　wet-out rate

衡量玻璃纤维作为增强材料用的一项质量指标。按一定方法测定树脂完全填充到原丝以及单丝间所需的时间。单位以秒表示。

3.28

绝对无捻粗纱　no-twist roving(for over-end unwinding)

在合股时稍加捻所制成的无捻粗纱。这种产品使用时从卷装端部抽纱能退解成没有任何捻度的纱线。

3.29

可燃物含量　combustible matter content

干态玻璃纤维制品的烧失量和干态质量的比值。

3.30

连续玻璃纤维制品　textile glass fibre products

一种由连续玻璃纤维长纤维束构成的制品。

3.31

连续原丝毡　continuous strand mat

用粘结剂将未经切断的连续纤维原丝粘合在一起而制成的平面结构材料。

3.32

帘子线　tire cord

连续纤维纱经浸渍处理多次并捻而成的多股捻线，一般用于增强橡胶制品。

3.33

M 玻璃纤维　M glass fibre

高模量玻璃纤维　high modulus glass fibre

高弹玻璃纤维(拒用)

用高模量玻璃拉制成的玻璃纤维。

注：其弹性模量一般比 E 玻璃纤维高 25%以上。

3.34

毛圈粗纱　spun roving

玻璃纤维原丝自身反复绞动叠合而成的一种粗纱，其中有时由一根或多根直的原丝增强。

3.35

磨碎纤维　milled fibres

经碾磨而制成的极短的纤维。

3.36

粘结剂　binder

binding agent

为使原丝或单丝在要求的分布状态下固定而施加到它们上面的材料。

示例：使用在短切原丝毡和连续原丝毡中的聚酯粉末粘结剂。

3.37

偶联剂　coupling agent

能在树脂基体与增强材料的界面间促进或建立更强结合的一种物质。

注：偶联剂可施加在增强材料上或添加于树脂中或两者兼用。

3.38

偶联处理剂　coupling finish

向玻璃纤维纺织品上施加的某种材料，以使玻璃纤维表面与树脂之间得到良好的结合。

3.39

S 玻璃纤维　S glass fibre

高强玻璃纤维　high strength glass fibre

用硅-铝-镁系统的玻璃拉制的玻璃纤维。

注：其新生态强度一般比无碱玻璃纤维高 25%以上。

3.40

湿法毡　wet-laid mat

以短切的玻璃纤维为原料，添加某些化学助剂使之在水中分散成浆体，经抄取、脱水、施胶、干燥等过程，制成的平面结构材料。

3.41

涂金属玻璃纤维　metal coated glass fibre

单纤维或纤维束表面涂有一层金属膜的玻璃纤维。

3.42

土工格栅　geogrid

一种用于岩土工程和土木工程的玻璃纤维涂塑或涂沥青网布。

3.43

无捻粗纱　roving

平行原丝（合股无捻粗纱）或平行单丝（直接无捻粗纱）不加捻而并合的集束体。

3.44

新生态纤维　virgin fibre

在特定条件下拉制纤维，用机械截取拉丝漏板以下未经任何磨损的新制单丝。

3.45

硬挺度　stiffness

玻璃纤维无捻粗纱或原丝受力而不易改变形状的程度。以规定长度在中心处悬挂时，在悬挂点下一定距离处纱线垂下的间距来表示。

3.46

原丝集束性　strand integrity

原丝中的单丝不易发生散开、断裂、毛丝而保持原丝完整成束状的能力。

3.47

原丝系列　strand system

以连续纤维原丝特克斯的倍数和半倍数关系，归并、排列成一定的系列。

原丝线密度、纤维根数（漏板孔数）和纤维直径之间的关系由式(1)表示：

$$d = 22.46 \times \sqrt{\frac{T}{n}} \qquad (1)$$

式中：

d——纤维直径，单位为微米(μm)；

T——原丝线密度，单位为特克斯(tex)；

n——纤维根数。

3.48

毡　mat

由短切或不短切的连续纤维原丝定向或不定向地结合在一起的平面结构制品。

3.49

针刺毡　needled mat

在针刺机上将各组元勾连在一起而制成的毡，可带有或不带衬底材料。

注：参见毡(3.48)。

3.50

直接无捻粗纱　direct roving

在拉丝漏板下一定数量单丝直接卷绕成的无捻粗纱。

3.51

中碱玻璃纤维　medium-alkali glass fibre

普通玻璃纤维系列中，碱金属氧化物含量居中等水平的一种玻璃纤维。

注：其碱金属氧化物含量在12%左右。

4　碳纤维

4.1

聚丙烯腈基碳纤维　PAN-based carbon fibre

PAN基碳纤维

由聚丙烯腈(PAN)母体所制得的碳纤维。

注：拉伸强度和弹性模量的变化与碳化状况有关。

参见：碳纤维母体(4.7)。

4.2

沥青基碳纤维　pitch-base carbon fibre

由各向异性或各向同性的沥青母体所制得的碳纤维。

注：两种母体相比由各向异性的沥青母体所制得的碳纤维弹性模量较高。

参见：碳纤维母体(4.7)。

4.3

粘胶基碳纤维　viscose-based carbon fibre

由粘胶母体所制得的碳纤维。

注：从粘胶母体制作碳纤维实际上已被中止，仅以粘胶织物进行少量生产。

参见：碳纤维母体(4.7)。

4.4

石墨化　graphitisation

在惰性气氛中通常在碳化后以更高的温度所作的热处理。

注：工业上的“石墨化”其实是对碳化纤维所进行的物理化学性能的改良，而实际上难以找到石墨的结构。

4.5

碳化　carbonisation

在惰性气氛中从碳纤维母体到碳纤维的热处理过程。

4.6

碳纤维　carbon fibre

由有机纤维热解所制得的碳含量超过90%(质量百分数)的纤维。

注：碳纤维一般根据其机械性能尤其是拉伸强度和弹性模量分等级。

4.7

碳纤维母体　carbon fibre precursor

碳纤维先驱体

经热解能转化为碳纤维的有机纤维。

注：母体通常是连续纱，但也有使用机织物、针织物、编织物和毡等。

参见：聚丙烯腈基碳纤维(4.1)，沥青基碳纤维(4.2)，粘胶基碳纤维(4.3)。

4.8

未处理纤维 untreated fibre

未进行表面处理的纤维。

4.9

氧化 oxidation

碳化和石墨化以前，对聚丙烯腈、沥青和粘胶等母体材料在空气中所作的预氧化处理。

5 织物

5.1

壁布 wall covering fabric

贴墙布

用于装饰墙面的平面织物。

5.2

编织 braiding

纱或无捻粗纱交织的一种方法。

5.3

编织物 braid

由若干纺织纱相互倾斜交织而成的织物，其中纱线方向和织物长度方向一般不成0°或90°。

5.4

标志纱 tracer yarn

织物中与增强纱颜色不同和/或组成不同的纱线，用于识别制品或便于在模塑时排列织物。

5.5

处理剂 finish

为使玻璃纤维表面和树脂基体之间的结合而施加于纺织玻璃纤维制品中的物质，通常是织物上的偶联剂。

5.6

单向织物 unidirectional fabric

一种经纬向上纱线数量有明显差别的平面结构。

5.7

定长纤维织物 staple-fibre woven fabric

经纱和纬纱均采用定长玻璃纤维纱的织物。

5.8

缎纹组织 satin weave

一个完全组织内，至少有经纬纱各五根；每一经(纬)上只有一个纬(经)组织点；飞数要大于1而且和组织循环纱线根数不能有公约数的织物组织。经组织点较多的为经面缎纹，纬组织点较多的为纬面缎纹。

5.9

多层织物 multi-layer fabric

两层或两层以上，相同或不同的材料，以缝编或化学粘结的方式所构成的纺织结构，其中有一层或多层是由纱线平行无皱褶地排列而成，各层的纱线可能有不同的取向和不同的线密度，有些产品层结构中还包括材质不同的毡、薄膜、发泡体等。

5.10

非织造稀布　non-woven scrim

二层或多层平行纱线由粘结剂粘合而成的一种网状的非织造组织，其后层中的纱和前层中的纱成一定角度。

5.11

幅宽　width

从布的第一根经纱到最后一根经纱外缘之间的垂直距离。

5.12

弓纬　bow

纬纱呈弧形处于织物宽度方向的一种外观缺陷。

注：弧形经纱的外观缺陷称弓经，其英语对应词同为“bow”。

5.13

管　tubing (in textiles)

一种压扁宽度超过100mm的管状组织。

参见：套管(5.30)。

5.14

过滤袋　filter bag

坯布经过热处理、浸渍、烘焙后，再加工成口袋状物品，用于过滤气体和工业除尘等。

5.15

厚薄段　mark

wavy cloth

由于纬纱过密或过稀造成织物片段偏厚或偏薄的外观缺陷。

5.16

后处理布　post-finished fabric

脱浆布再经偶联处理的织物。

参见：脱浆布(5.35)。

5.17

混纺织物　blended fabric

经纱或纬纱采用两种或两种以上纤维纱并捻成的混合纱织成的布。

5.18

混杂织物　hybrid fabric

由两种以上本质不同的纱线所制成的织物。

5.19

机织物　woven fabric

在织造机械上至少两组纱线彼此垂直或以某特定角度织成的织物。

5.20

胶乳布　latex-coated fabric

乳胶布(拒用)

织物经浸涂天然胶乳或合成胶乳加工而成的制品。

5.21

交织织物　interlaced fabric

经纱和纬纱采用不同材料或不同类型的纱织成的织物。

5.22

绞边纱缺　leno end out

布边上绞边经纱缺失的外观缺陷。

5.23

经密　warp density

经纱密度

织物纬向单位长度内的经纱根数，以根/cm 表示。

5.24

经纱　warp

沿着织物长度方向（即 0°方向）排列的纱线。

5.25

连续纤维机织物　continuous-filament woven fabric

经向和纬向均采用连续纤维织造而成的织物。

5.26

毛边长度　feather length

从织物的最边上一根经纱边缘的外侧延至纬纱边端的距离。

5.27

坯布　gray fabric

由织机落下准备再加工的半成品布。

5.28

平纹组织　plain weave

经纬纱各以一根相互上下交错的织物组织。一个完全组织内，经纬纱各有两根。

5.29

前处理布　pre-finished fabric

以含纺织塑料型浸润剂的玻璃纤维纱为原料的织物。

参见：浸润剂（2.16）。

5.30

套管　sleeving

一种压扁宽度不超过 100 mm 的管状组织。

参见：管（5.13）。

5.31

特形织物　special fabric

表示织物形状的称谓，最普通的有：

——“短袜体”（socks ）；

——“螺旋体”（spirals）；

——“预形体”（preforms）等。

5.32

透气率　air permeability

空气透过织物的性能。以在规定的试验面积和压差的条件下气体垂直透过试样的速率来表示，单位为 cm/s。

5.33

涂塑布　plastic-coated fabric

织物经浸涂聚氯乙烯或其他塑料加工而成的制品。

5.34

涂塑网布　plastic-coated screen

plastic-coated net

由网罗织物经浸涂聚氯乙烯或其他塑料而制成的制品。

5.35

脱浆布　desized fabric

坯布脱浆后而成的织物。

参见:坯布(5.27),脱浆制品(2.33)。

5.36

弯曲硬挺度　flexural stiffness

织物抵抗弯曲变形的刚柔程度。

5.37

纬密　filling density

纬纱密度

织物经向单位长度内的纬纱根数,以根/cm 表示。

5.38

纬纱　weft

filling

与织物长度方向垂直,贯穿于布两边之间的纱线。

5.39

纬斜　bias

织物上的纬纱倾斜,不与经纱相垂直的外观缺陷。

5.40

无捻粗纱布　woven roving

由无捻粗纱织成的一种织物。

5.41

无织边带　tape without selvage

没有织边的纺织玻璃纤维织物,其宽度不超过 100 mm。

参见:无织边窄幅织物(5.42)。

5.42

无织边的窄幅织物　narrow fabric without selvages

幅宽通常小于 600 mm 的无织边的织物。

5.43

斜纹组织　twill weave

经组织点或纬组织点成连续斜向纹路的织物组织。一个完全组织内,至少有经纬纱各三根。

5.44

有织边带　tape with selvage

带有织边的纺织玻璃纤维织物,其宽度不超过 100 mm。

参见:有织边窄幅织物(5.45)。

5.45

有织边的窄幅织物　narrow fabric with selvages

幅宽通常小于 300 mm 的有织边的织物。

5.46

鱼眼 fish eye

织物上阻碍树脂浸渍的小区域，因树脂体系、织物或处理所造成的瑕疵。

5.47

云织 waviness

在不等张力下织成的布，妨碍了纬纱的均匀分布，从而产生交替厚薄段的外观缺陷。

5.48

折痕 crease

玻璃纤维布因翻转叠合或起皱处受压而形成的印迹。

5.49

针织物 knitted fabric

纺织纤维纱的环圈相互串套而制成的平面或管状织物。

5.50

稀松织物 woven scrim

经纱和纬纱都间隔较宽交织而成的平面结构制品。

5.51

织物构造 fabric construction

一般指织物密度，广义上还包括其组织。

5.52

织物厚度 thickness of a fabric

在规定的压力下，所测定的织物两表面间的垂直距离。

5.53

织物密度 fabric count

织物经向和纬向单位长度内的纱线根数，以经纱根数/cm×纬纱根数/cm 表示。

5.54

织物稳定性 fabric stability

表示织物中经纱和纬纱交结点的牢固程度的，以试样条中的纱线从织物结构中抽出时所用的力表示。

5.55

组织类型 type of weave

经纬纱交织方式所组成的有规则的重复花样，如平纹、缎纹和斜纹等类型。

5.56

疵点 defects

织物上呈现的削弱其质量性能及其影响外观的缺陷。

6 树脂及添加剂

6.1

催化剂 catalyst

促进剂 accelerator

一种用量很少就能加快反应速度的物质，理论上本身的量和化学性质直到反应结束都不改变。

6.2

固化 cure

curing

由聚合和/或交联作用使预聚物或聚合物转变成硬化材料的过程。

6.3

后固化 postcure

后烘焙 after-bake

加热使热固性材料模塑的物品至完全固化。

6.4

基体树脂 matrix resin

一种热固性模塑材料。

6.5

交联(动词) crosslink(verb)

使聚合体链间形成分子间共价键或离子键的相联。

6.6

交联 crosslinking

聚合体链间形成分子间相联的共价键或离子键的过程。

6.7

浸渍 impregnation

聚合物或单体以液流、熔融、扩散或溶解等方式沿着细孔或空隙注入物体的过程。

6.8

凝胶时间 gel time

在特定的温度条件下,树脂胶液形成凝胶所需要的时间。

6.9

添加剂 additive

为改良或调整聚合物的某些性能所添加的物质。

6.10

填料 filler

为改善基体强度、使用特性、加工性能等或是为降低成本而加入塑料中,有相对惰性的固体物质。

6.11

颜料 pigment

一种用于施彩着色的物质,通常为细颗粒状和不溶性的。

6.12

有效期 pot life

working life

树脂或粘合剂保留其使用性能的时间周期。

6.13

增稠剂 thickening agent

通过化学反应增加粘度的添加剂。

6.14

贮存期 shelf life

storage life

在规定的条件下,材料仍保留预期特性(如加工性、强度等)所能存放的期限。

7 模塑料及预浸料

7.1

玻璃纤维增强塑料 glass fibre reinforced plastics

玻璃钢 glass reinforced plastics

GRP

以玻璃纤维或其制品作增强材料以塑料作基体的复合材料。

7.2

单向预浸料　unidirectional prepregs

用热固性或热塑性树脂系统浸渍的单向结构。

注：无纬带（unidirectional weftless tape)是单向预浸料的一种。

7.3

低收缩　low shrink

制品系列中，表示固化时线收缩率为0.05%～0.2%的类别。

7.4

电气级　electrical

制品系列中，表示应具备规定的电学性能的类别。

7.5

反应活性　reactivity

指热固性混合料在固化反应时，温度-时间函数的最大斜率，以℃/s为单位。

7.6

固化特性　curing behaviour

热固性混合料模塑成型时的固化时间、热膨胀、固化收缩和净收缩等参数。

7.7

厚片模塑料　thick moulding compound

TMC

厚度大于25mm的片状模塑料。

7.8

混合料　compound

由一种或几种聚合物及其他配料，如填料、增塑剂、催化剂和着色剂所组成均匀的混合物。

7.9

空隙率　void content

复合材料中空隙体积与总体积的比，以百分数表示。

7.10

块状模塑料　bulk moulding compound

BMC

由树脂基体、短切的增强纤维和特定的填料(或不加填料)经充分混合而成的块状半成品，它可以在热压条件下模压或注射成形。

注：以添加化学增稠剂来提高粘稠度。

7.11

拉挤成型　pultrusion

在牵引设备的拉引下，将浸渍树脂胶液的连续纤维或其制品，通过成型模加热使树脂固化，连续生产复合材料型材的成型工艺。

7.12

拉挤型材　pultruded sections

拉挤工艺连续生产的长条形复合制品，通常具有恒定的横截面积和形状。

7.13

零收缩　zero shrink

制品系列中，表示固化时的收缩率为零的类别。

7.14

流动性　flowability

在给定的条件下,热固性混合料流动并充满模具内腔的能力,用时间来衡量。

7.15

模塑料　moulding compound

能用于模塑方法成型的预混料或预浸渍料。

[GB/T 3961-1993,定义 3.256]

7.16

耐蚀　corrosion resistance

制品系列中,表示应具备规定的耐化学介质和抗环境因素破坏作用的类别。

7.17

片状模塑料　sheet moulding compound

SMC

由树脂、短切或未经短切的增强纤维以及细粒状填料(有时不加填料),经充分混合而制成一种厚度一般为 1 mm～25 mm 的薄片状中间制品,能在热压条件下,进行模塑或层压。

注:片状模塑料可以通过化学增稠剂增稠。

7.18

热固性模塑料　thermosetting moulding material

一种以热固性树脂为基体的模塑材料,借助加热或其他方法(如辐射或催化等),使之固化后成为不熔化和不溶解的物质。

7.19

食品级　food

制品系列中,表示可以接触食品的类别。

注:卫生管理部门有相关的规定。

7.20

熟化　maturation

热固性模塑混合料的增稠过程,通过这一过程复合物将达到给定的流动水平且组分没有明显的分散。

7.21

熟态　matured state

热固性模塑料流动性低于给定限度的稠化状态,以满足一定条件下搬运和模塑成型的要求。

7.22

树脂传递模塑　resin transfer moulding

RTM

一种闭模低压成型工艺。将增强材料(通常是毡、织物或预型体)放置在敞开的模具中,关闭模具,加压或辅以真空把被催化的热固性树脂传递到模具内腔使之固化成型。

7.23

通用　general purpose

制品系列中,表示固化时线收缩率为 0.2%～0.5%的类别。

7.24

团状模塑料　dough moulding compound

DMC

不添加化学增稠剂的块状模塑料。

注:以增加填料的含量来提高粘稠度。

7.25

微收缩　low profile(very low shrink)

制品系列中,表示固化时线收缩率小于0.05%的类别。

7.26

纤维体积含量　fibre volume content

纤维体积与复合材料的总体积之比。

[GB/T 3961-1993,定义3.123]

7.27

纤维质量含量　fibre mass content

纤维的质量与复合材料的总质量之比。

7.28

压制时间　pressing time

从合上模具达到所需压力至施压完成的时间段。

7.29

预混料　premix

复合材料成型前预先制备的由树脂、增强材料、填料等组成的混合料。

[GB/T 3961-1993,定义3.156]

7.30

预浸渍料　prepreg

用于制造复合材料的浸渍树脂基体的纤维或其织物经烘干或预聚的一种中间材料。

[GB/T 3961-1993,定义3.155]

7.31

预浸渍无捻粗纱　pre-impregnated roving

经热固性树脂浸渍的连续无捻粗纱,通过预聚和/或蒸发溶剂来实现稠化。

注:预浸渍无捻粗纱以卷绕形式提供,能在热压情况下进行模塑或层压。

7.32

预浸渍毡　pre-impregnated mat

经热固性树脂浸渍的定向或无序纤维毡,它可以有添加剂或填料,通过预聚和/或蒸发溶剂来实现稠化,能在热压条件下模塑或层压。

7.33

预浸渍织物　pre-impregnated fabric

用热固性或热塑性树脂系统浸渍过的机织物。

7.34

增强层　reinforcement layer

由一种纤维形式(如单向的无捻粗纱、毡或织物)组成起增强作用的结构。

7.35

增强填料　reinforcing filler

一种加入树脂基体中改善其一种或几种机械性能的填料。

7.36

总体积收缩量　overall volume shrinkage

模塑料经固化收缩并冷却至室温时其体积收缩的总量。

中 文 索 引

A

AR 玻璃纤维 …………………………………… 3.1

B

宝塔纱…………………………………………… 2.1
苯乙烯溶解度………………………………… 3.2
壁布……………………………………………… 5.1
编织……………………………………………… 5.2
编织物…………………………………………… 5.3
变形纱…………………………………………… 3.3
标志纱…………………………………………… 5.4
表面处理………………………………………… 2.2
表面毡…………………………………………… 3.4
玻璃钢…………………………………………… 7.1
玻璃纤维………………………………………… 3.5
玻璃纤维涂覆制品……………………………… 3.6
玻璃纤维增强塑料……………………………… 7.1

C

长纤维束………………………………………… 2.3
成带性…………………………………………… 3.7
成膜剂…………………………………………… 3.8
处理剂…………………………………………… 5.5
促进剂…………………………………………… 6.1
催化剂…………………………………………… 6.1

D

D 玻璃纤维 …………………………………… 3.9
单纱……………………………………………… 2.4
单丝……………………………………………… 2.5
单丝公称直径…………………………………… 2.6
单丝毡 ………………………………………… 3.10
单位面积质量…………………………………… 2.7
单向预浸料……………………………………… 7.2
单向织物………………………………………… 5.6
低介电玻璃纤维………………………………… 3.9
低缩型…………………………………………… 7.3
电气级…………………………………………… 7.4
定长玻璃纤维制品 …………………………… 3.11
定长纤维………………………………………… 2.8
定长纤维纱……………………………………… 2.9
定长纤维纱条 ………………………………… 3.12
定长纤维织物…………………………………… 5.7
短切性 ………………………………………… 3.13
短切原丝 ……………………………………… 3.14
短切原丝毡 …………………………………… 3.15
断裂伸长 ……………………………………… 2.10
缎纹组织………………………………………… 5.8
多层织物………………………………………… 5.9
多股络纱 ……………………………………… 2.11

E

E 玻璃纤维 …………………………………… 3.16

F

反应活性………………………………………… 7.5
纺织玻璃纤维 ………………………………… 3.17
非织造稀布 …………………………………… 5.10
分束效率 ……………………………………… 3.18
缝编毡 ………………………………………… 3.19
缝纫线 ………………………………………… 3.20
幅宽 …………………………………………… 5.11
复合毡 ………………………………………… 3.21
覆面毡 ………………………………………… 3.22

G

高硅氧玻璃纤维 ……………………………… 3.23
高模量玻璃纤维 ……………………………… 3.33
高强玻璃纤维 ………………………………… 3.39
割断原丝 ……………………………………… 3.24
弓纬 …………………………………………… 5.12
股纱 …………………………………………… 2.14
固化……………………………………………… 6.2
固化特性………………………………………… 7.6
管 ……………………………………………… 5.13

管纱 …………………………………… 2.12
过滤袋 ………………………………… 5.14

H

含水率 ………………………………… 2.13
合股纱 ………………………………… 2.14
厚薄段 ………………………………… 5.15
后处理布 ……………………………… 5.16
后固化………………………………… 6.3
后烘焙………………………………… 6.3
厚片模塑料…………………………… 7.7
混纺织物 ……………………………… 5.17
混合料………………………………… 7.8
混杂制品 ……………………………… 2.15
混杂织物 ……………………………… 5.18

J

基体树脂……………………………… 6.4
机织物 ………………………………… 5.19
交联(动词)…………………………… 6.5
交联…………………………………… 6.6
胶乳布 ………………………………… 5.20
交织织物 ……………………………… 5.21
绞边纱缺 ……………………………… 5.22
浸润剂 ………………………………… 2.16
浸润剂残留量 ………………………… 3.25
浸润剂迁移 …………………………… 3.26
浸透速率 ……………………………… 3.27
浸渍…………………………………… 6.7
经密 …………………………………… 5.23
经纱 …………………………………… 5.24
经纱密度 ……………………………… 5.23
经轴纱 ………………………………… 2.17
聚丙烯腈基碳纤维…………………… 4.1
卷装 …………………………………… 2.18
绝对无捻粗纱 ………………………… 3.28

K

可燃物含量 …………………………… 3.29
空隙率………………………………… 7.9
块状模塑料 …………………………… 7.10

L

拉挤成型 ……………………………… 7.11
拉挤型材 ……………………………… 7.12
拉伸断裂强度 ………………………… 2.19
拉伸断裂强力 ………………………… 2.20
缆线 …………………………………… 2.21
沥青基碳纤维………………………… 4.2
连续纤维机织物 ……………………… 5.25
连续玻璃纤维制品 …………………… 3.30
连续原丝毡 …………………………… 3.31
帘子线 ………………………………… 3.32
零收缩 ………………………………… 7.13
流动性 ………………………………… 7.14

M

M 玻璃纤维 …………………………… 3.33
毛边长度 ……………………………… 5.26
毛圈粗纱 ……………………………… 3.34
模塑料 ………………………………… 7.15
磨碎纤维 ……………………………… 3.35

N

奶瓶纱 ………………………………… 2.22
耐碱玻璃纤维………………………… 3.1
耐蚀 …………………………………… 7.16
粘胶基纤维…………………………… 4.3
粘结剂 ………………………………… 3.36
捻度 …………………………………… 2.23
捻度平衡指数 ………………………… 2.24
捻回 …………………………………… 2.25
捻向 …………………………………… 2.26
凝胶时间……………………………… 6.8

O

偶联剂 ………………………………… 3.37
偶联处理剂 …………………………… 3.38

P

PAN 基碳纤维 ………………………… 4.1
坯布 …………………………………… 5.27

膨体纱……………………………… 3.3
片状模塑料 ……………………………… 7.17
平纹组织 ……………………………… 5.28

Q

前处理布 ……………………………… 5.29

R

热固性模塑料 ……………………………… 7.18

S

S 玻璃纤维 ……………………………… 3.39
纱线 ……………………………… 2.27
商品纱 ……………………………… 2.28
绳 ……………………………… 2.29
湿法毡 ……………………………… 3.40
石墨化……………………………… 4.4
食品级 ……………………………… 7.19
熟化 ……………………………… 7.20
熟态 ……………………………… 7.21
树脂传递模塑 ……………………………… 7.22
丝束 ……………………………… 2.30

T

弹性模量 ……………………………… 2.31
碳化……………………………… 4.5
碳纤维……………………………… 4.6
碳纤维母体……………………………… 4.7
碳纤维先驱体……………………………… 4.7
套管 ……………………………… 5.30
特形织物 ……………………………… 5.31
体积密度 ……………………………… 2.32
添加剂……………………………… 6.9
填料 ……………………………… 6.10
贴墙布……………………………… 5.1
透气率 ……………………………… 5.32
通用 ……………………………… 7.23
涂金属玻璃纤维 ……………………………… 3.41
涂塑布 ……………………………… 5.33
涂塑网布 ……………………………… 5.34
土工格栅 ……………………………… 3.42
团状模塑料 ……………………………… 7.24
脱浆布 ……………………………… 5.35
脱浆制品 ……………………………… 2.33

W

弯曲硬挺度 ……………………………… 5.36
微收缩 ……………………………… 7.25
纬管纱 ……………………………… 2.34
纬密 ……………………………… 5.37
纬纱 ……………………………… 5.38
纬纱密度 ……………………………… 5.37
纬斜 ……………………………… 5.39
未处理纤维……………………………… 4.8
无碱玻璃纤维 ……………………………… 3.16
无捻粗纱 ……………………………… 3.43
无捻粗纱布 ……………………………… 5.40
无织边带 ……………………………… 5.41
无织边的窄幅织物 ……………………………… 5.42

X

纤维 ……………………………… 2.35
纤维体积含量 ……………………………… 7.26
纤维网 ……………………………… 2.36
纤维质量含量 ……………………………… 7.27
线密度 ……………………………… 2.37
斜纹组织 ……………………………… 5.43
新生态纤维 ……………………………… 3.44

Y

压制时间 ……………………………… 7.28
颜料 ……………………………… 6.11
氧化 ……………………………… 4.9
硬挺度 ……………………………… 3.45
有效期 ……………………………… 6.12
有织边带 ……………………………… 5.44
有织边的窄幅织物 ……………………………… 5.45
纡子 ……………………………… 2.34
鱼眼 ……………………………… 5.46
预混料 ……………………………… 7.29
预浸渍料 ……………………………… 7.30
预浸渍无捻粗纱 ……………………………… 7.31

预浸渍毡 …………………………………… 7.32
预浸渍织物 ………………………………… 7.33
原丝 ………………………………………… 2.38
原丝集束性 ………………………………… 3.46
原丝系列 …………………………………… 3.47
云织 ………………………………………… 5.47

Z

增稠剂 ……………………………………… 6.13
增强层 ……………………………………… 7.34
增强填料 …………………………………… 7.35
毡 …………………………………………… 3.48
毡或织物附膜性 …………………………… 2.39
毡或织物模塑性 …………………………… 2.39
针刺毡 ……………………………………… 3.49
折痕 ………………………………………… 5.48
针织物 ……………………………………… 5.49
织物 ………………………………………… 5.50
织物构造 …………………………………… 5.51
织物厚度 …………………………………… 5.52
织物密度 …………………………………… 5.53
织物稳定性 ………………………………… 5.54
直接无捻粗纱 ……………………………… 3.50
中碱玻璃纤维 ……………………………… 3.51
贮存期 ……………………………………… 6.14
总体积收缩量 ……………………………… 7.36
组织类型 …………………………………… 5.55
疵点 ………………………………………… 5.56

英 文 索 引

A

air permeability ······ 5.32
accelerator ······ 6.1
additive ······ 6.9
after-bake ······ 6.3
alkali-resistant glass fibre ······ 3.1

B

beamed yarn ······ 2.17
bias ······ 5.39
binder ······ 3.36
binding agent ······ 3.36
blended fabri ······ 5.17
BMC ······ 7.10
bobbin yarn ······ 2.12
bow ······ 5.12
braid ······ 5.3
braiding ······ 5.2
breaking elongation ······ 2.10
bulk density ······ 2.32
bulked yarn ······ 3.3
bulk moulding compound ······ 7.10

C

cabled yarn ······ 2.21
carbon fibre ······ 4.6
carbon fibre precursor ······ 4.7
carbonisation ······ 4.5
catalyst ······ 6.1
choppability ······ 3.13
chopped strand mat ······ 3.15
chopped strands ······ 3.14
coated glass fibre products ······ 3.6
combination mat ······ 3.21
combustible matter content ······ 3.29
compound ······ 7.8
cone yarn ······ 2.1

continuous-filament woven fabric 5.25
continuous strand mat 3.31
cop 2.34
cord 2.29
corrosion resistance 7.16
coupling agent 3.37
coupling finish 3.38
crease 5.48
crosslink 6.5
crosslinking 6.6
cure 6.2
curing 6.2
curing behaviour 7.6
cut strands 3.24

D

defects 5.56
desized fabric 5.35
desized product 2.33
D glass fibre 3.9
direction of twist 2.26
direct roving 3.50
discontinuous fibre 2.8
dough moulding compound(DMC) 7.24

E

E glass fibre 3.16
electrical 7.4

F

fabric construction 5.51
fabric count 5.53
fabric stability 5.54
feather length 5.26
fiber 2.35
fibre 2.35
fibreglass 3.5
fibre mass content 7.27
fibre volume content 7.26
filament 2.5
filament mat 3.29

filler 6. 10
filling 5. 38
filling density 5. 37
film-former 3. 8
filter bag 5. 14
finish 5. 5
fish eye 5. 46
flexural stiffness 5. 36
flowability 7. 14
food 7. 19

G

gel time 6. 8
general purpose 7. 23
geogrid 3. 42
glass fibre 3. 5
glass fibre reinforced plastics 7. 1
glass reinforced plastics 7. 1
glass veil 3. 22
graphitisation 4. 11
gray fabric 5. 27
GRP 7. 1

H

high modulus glass fibre 3. 33
high silica glass fibre 3. 23
high strength glass fibre 3. 39
hybrid 2. 15
hybrid fabric 5. 18

I

impregnation 6. 7
interlaced fabric 5. 21

K

knitted fabric 5. 49
knitted mat 3. 19

L

latex-coated fabric 5. 20
leno end out 5. 22

linear density ······ 2.37
low profile(very low shrink) ······ 7.25
low shrink ······ 7.3

M

mark ······ 5.15
marketable yarn ······ 2.28
mass per unit area ······ 2.7
mat ······ 3.48
matrix resin ······ 6.4
maturation ······ 7.20
matured state ······ 7.21
medium-alkali glass fibre ······ 3.51
metal coated glass fibre ······ 3.41
M glass fibre ······ 3.33
milk bottle bobbin ······ 2.22
milled fibres ······ 3.35
modulus of elasticth ······ 2.31
moisture content ······ 2.13
mouldability of a mat or fabric ······ 2.39
mounding compound ······ 7.15
multifilament ······ 2.3
multi-layer fabric ······ 5.9
multiple wound yarn ······ 2.11

N

narrow fabric without selvages ······ 5.42
narrow fabric with selvages ······ 5.45
needled mat ······ 3.49
nominal diameter of filaments ······ 2.6
non-woven scrim ······ 5.10
no-twist roving(for over-end unwinding) ······ 3.28

O

overall volume shrinkage ······ 7.36
oxidation ······ 4.9

P

package ······ 2.18
PAN-based carbon fibre ······ 4.1
pigment ······ 6.11

pirn …… 2.34
pitch-base carbon fibre …… 4.2
plain weave …… 5.28
plastic-coated fabric …… 5.33
plastic-coated net …… 5.34
plastic-coated screen …… 5.34
plied yarn …… 2.14
postcure …… 6.3
post-finished fabric …… 5.16
pot life …… 6.12
pre finished fabric …… 5.29
pre-impregnated fabric …… 7.33
pre-impregnated mat …… 7.32
pre-impregnated roving …… 7.31
premix …… 7.29
prepreg …… 7.30
pressing time …… 7.28
pultruded sections …… 7.12
pultrusion …… 7.11

R

reactivity …… 7.5
reinforcement layer …… 7.34
reinforcing filler …… 7.35
resin transfer moulding …… 7.22
ribbonization …… 3.7
roving …… 3.43
RTM …… 7.22

S

satin weave …… 5.8
sewing thread …… 3.20
S glass fibre …… 3.39
sheet moulding compound …… 7.17
shelf life …… 6.14
single yarn …… 2.4
size …… 2.16
size migration …… 3.26
size residue …… 3.25
sleeving …… 5.30
sliver …… 3.11

SMC ························ 7. 17
special fabrics ························ 5. 31
splitting efficiency ························ 3. 18
spun roving ························ 3. 34
staple fiber ························ 2. 8
staple-fibre woven fabric ························ 5. 7
staple glass fibre products ························ 3. 10
staple yarn ························ 2. 9
stiffness ························ 3. 45
stitched mat ························ 3. 19
storage life ························ 6. 14
strand ························ 2. 38
strand integrity ························ 3. 46
strand system ························ 3. 47
styrene solubility ························ 3. 2
surface treatment ························ 2. 2
surfacing mat ························ 3. 4

T

tapability ························ 3. 7
tape without selvage ························ 5. 41
tape with selvage ························ 5. 44
tensile breaking force ························ 2. 20
tensile breaking strength ························ 2. 19
textile glass ························ 3. 17
textile glass fibre products ························ 3. 30
texturized yarn ························ 3. 3
thermosetting mounding material ························ 7. 18
thickening agent ························ 6. 13
thick mounding compound ························ 7. 7
thickness of a fabric ························ 5. 52
tire cord ························ 3. 32
TMC ························ 7. 7
tow ························ 2. 30
tracer yarn ························ 5. 4
tubing (in textile) ························ 5. 13
turn ························ 2. 25
twill weave ························ 5. 43
twist ························ 2. 23
twist balance index ························ 2. 24
type of weave ························ 5. 55

U

unidirectional fabric 5.6
unidirectional prepregs 7.2
untreated fibre 4.8

V

virgin fibre 3.44
viscose-based carbon fibre 4.3
vitreous silica fibre 3.23
void content 7.9

W

wall covering fabric 5.1
warp 5.24
warp density 5.23
waviness 5.47
wavy cloth 5.15
web 2.36
weft 5.38
wet-laid mat 3.40
wet-out rate 3.27
width 5.11
working life 6.12
woven fabric 5.19
woven roving 5.40
woven scrim 5.50

Y

yarn 2.27

Z

zero shrink 7.13

参 考 文 献

[1] 国家建筑材料工业局. GB/T 3961—1993 纤维增强塑料术语[S]. 北京:中国标准出版社,1993.

[2] 国家建筑材料工业局. GB/T 18373—2001 印制板用玻璃纤维布[S]. 北京:中国标准出版社,2001.

[3] 中国建筑材料工业协会 JC/T 173—2005 玻璃纤维防虫网布[S]. 北京:中国建材工业出版社,2005.

[4] 原国家建筑材料工业局 JC/T 170—2002 无碱玻璃纤维布[S]. 北京:中国建材工业出版社,2002.

[5] 原国家建筑材料工业局 JC/T 768—2002 玻璃纤维过滤布[S]. 北京:中国建材工业出版社,2002.

[6] 张耀明,李巨白,姜肇中. 玻璃纤维与矿物棉全书[M]. 北京:化学工业出版社,2001.

ICS 77.160
H 70

中华人民共和国国家标准

GB/T 18376.1—2008
代替 GB/T 18376.1—2001

硬质合金牌号
第1部分:切削工具用硬质合金牌号

Grades of cemented carbide—
Part 1: Grades of cemented carbide for cutting tools

2008-06-09 发布　　2008-12-01 实施

中华人民共和国国家质量监督检验检疫总局
中国国家标准化管理委员会　发布

前　言

GB/T 18376《硬质合金牌号》分为三个部分：

——第1部分：切削工具用硬质合金牌号；

——第2部分：地质、矿山工具用硬质合金牌号；

——第3部分：耐磨零件用硬质合金牌号。

本部分为GB/T 18376的第1部分。

本部分代替GB/T 18376.1—2001《硬质合金牌号　第1部分：切削工具用硬质合金牌号》。

本部分与GB/T 18376.1—2001相比，主要变化如下：

——在切削工具用硬质合金分类中增加了N、S、H三种类别，并相应增加了其主要成分、力学性能基本要求、作业条件推荐等内容；

——修改了切削工具用硬质合金牌号的表示规则；

——修改了切削工具用硬质合金P、M、K等组别的力学性能基本要求；

——提高了切削加工用硬质合金普通级的金相组织结构要求；

——删去了试验方法、检验规则及检验结果的判定等内容；

——修改了切削工具用硬质合金P、M、K等组别的作业条件推荐。

本部分由中国有色金属工业协会提出。

本部分由全国有色金属标准化技术委员会归口。

本部分由株洲硬质合金集团有限公司负责起草。

本部分主要起草人：李竞荣、杨建国、陈莹。

本部分所代替标准的历次版本发布情况为：

——GB/T 18376.1—2001。

硬质合金牌号
第1部分：切削工具用硬质合金牌号

1 范围

本部分规定了切削工具用硬质合金牌号的分类及牌号表示规则、各组别的要求及作业条件推荐等。

本部分适用于切削工具用硬质合金。

2 切削工具用硬质合金的分类及牌号表示规则

2.1 分类

切削工具用硬质合金牌号按使用领域的不同分成P、M、K、N、S、H六类，见表1。各个类别为满足不同的使用要求，以及根据切削工具用硬质合金材料的耐磨性和韧性的不同，分成若干个组，用01、10、20……等两位数字表示组号。必要时，可在两个组号之间插入一个补充组号，用05、15、25……等表示。

表1

类别	使用领域
P	长切屑材料的加工，如钢、铸钢、长切削可锻铸铁等的加工
M	通用合金，用于不锈钢、铸钢、锰钢、可锻铸铁、合金钢、合金铸铁等的加工
K	短切屑材料的加工，如铸铁、冷硬铸铁、短切屑可锻铸铁、灰口铸铁等的加工
N	有色金属、非金属材料的加工，如铝、镁、塑料、木材等的加工
S	耐热和优质合金材料的加工，如耐热钢，含镍、钴、钛的各类合金材料的加工
H	硬切削材料的加工，如淬硬钢、冷硬铸铁等材料的加工

2.2 牌号表示规则

切削工具用硬质合金牌号由类别代码、分组号、细分号(需要时使用)组成，见示例1。

示例1：

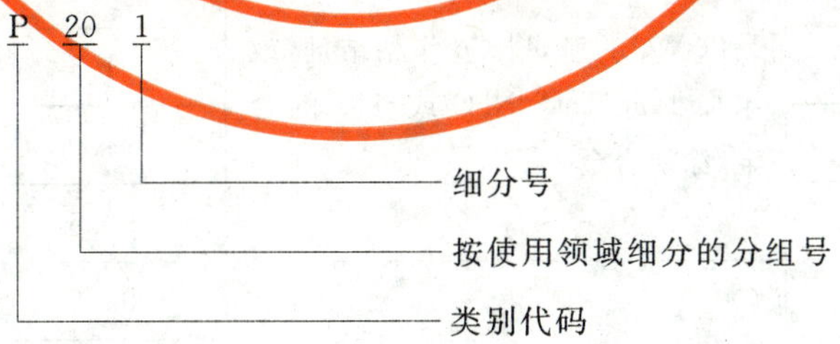

3 切削工具用硬质合金各组别的要求

3.1 切削工具用硬质合金各组别的基本成分及力学性能要求

切削工具用硬质合金各组别的基本成分及力学性能要求如表2所示。

表 2

组别		基本成分	力学性能		
类别	分组号		洛氏硬度 HRA，不小于	维氏硬度 HV_3，不小于	抗弯强度 R_{tr}/MPa，不小于
P	01	以 TiC、WC 为基，以 Co（Ni＋Mo、Ni＋Co）作粘结剂的合金/涂层合金	92.3	1 750	700
	10		91.7	1 680	1 200
	20		91.0	1 600	1 400
	30		90.2	1 500	1 550
	40		89.5	1 400	1 750
M	01	以 WC 为基，以 Co 作粘结剂，添加少量 TiC（TaC、NbC）的合金/涂层合金	92.3	1 730	1 200
	10		91.0	1 600	1 350
	20		90.2	1 500	1 500
	30		89.9	1 450	1 650
	40		88.9	1 300	1 800
K	01	以 WC 为基，以 Co 作粘结剂，或添加少量 TaC、NbC 的合金/涂层合金	92.3	1 750	1 350
	10		91.7	1 680	1 460
	20		91.0	1 600	1 550
	30		89.5	1 400	1 650
	40		88.5	1 250	1 800
N	01	以 WC 为基，以 Co 作粘结剂，或添加少量 TaC、NbC 或 CrC 的合金/涂层合金	92.3	1 750	1 450
	10		91.7	1 680	1 560
	20		91.0	1 600	1 650
	30		90.0	1 450	1 700
S	01	以 WC 为基，以 Co 作粘结剂，或添加少量 TaC、NbC 或 TiC 的合金/涂层合金	92.3	1 730	1 500
	10		91.5	1 650	1 580
	20		91.0	1 600	1 650
	30		90.5	1 550	1 750
H	01	以 WC 为基，以 Co 作粘结剂，或添加少量 TaC、NbC 或 TiC 的合金/涂层合金	92.3	1 730	1 000
	10		91.7	1 680	1 300
	20		91.0	1 600	1 650
	30		90.5	1 520	1 500

注 1：洛氏硬度和维氏硬度中任选一项。

注 2：以上数据为非涂层硬质合金要求，涂层产品可按对应的维氏硬度下降 30～50。

3.2 切削加工用硬质合金的金相组织结构要求

孔隙度、非化合碳及宏观孔洞分档和质量等级应符合表3规定。

表 3

等级	孔隙度 不大于	非化合碳 不大于	宏观孔洞分档				
			＞25 μm～75 μm	＞75 μm～125 μm	＞125 μm～175 μm	＞175 μm～225 μm	＞225 μm
普通级	A04B04	C02	≤5个	≤2个	≤1个	≤1个	0个
较高级	A02B02	C02	≤3个	≤1个	≤1个	≤1个	0个
注：宏观孔洞考核时，允许以等个数的小孔洞代替等个数的大孔洞。							

4 作业条件推荐

切削工具用硬质合金作业条件推荐如表4所示。

表 4

组别	作业条件		性能提高方向	
	被加工材料	适应的加工条件	切削性能	合金性能
P01	钢、铸钢	高切削速度、小切屑截面，无震动条件下精车、精镗	↑切削速度— —进给量↓	↑耐磨性— —韧性↓
P10	钢、铸钢	高切削速度、中、小切屑截面条件下的车削、仿形车削、车螺纹和铣削		
P20	钢、铸钢、长切削可锻铸铁	中等切削速度、中等切屑截面条件下的车削、仿形车削和铣削、小切削截面的刨削		
P30	钢、铸钢、长切削可锻铸铁	中或低等切削速度、中等或大切屑截面条件下的车削、铣削、刨削和不利条件下[a]的加工		
P40	钢、含砂眼和气孔的铸钢件	低切削速度、大切屑角、大切屑截面以及不利条件下[a]的车、刨削、切槽和自动机床上加工		
M01	不锈钢、铁素体钢、铸钢	高切削速度、小载荷，无震动条件下精车、精镗	↑切削速度— —进给量↓	↑耐磨性— —韧性↓
M10	不锈钢、铸钢、锰钢、合金钢、合金铸铁、可锻铸铁	中和高等切削速度、中、小切屑截面条件下的车削		

表 4（续）

组别	作业条件		性能提高方向	
	被加工材料	适应的加工条件	切削性能	合金性能
M20	不锈钢、铸钢、锰钢、合金钢、合金铸铁、可锻铸铁	中等切削速度、中等切屑截面条件下车削、铣削	↑切削速度 进给量↓	↑耐磨性 韧性↓
M30	不锈钢、铸钢、锰钢、合金钢、合金铸铁、可锻铸铁	中和高等切削速度、中等或大切屑截面条件下的车削、铣削、刨削		
M40	不锈钢、铸钢、锰钢、合金钢、合金铸铁、可锻铸铁	车削、切断、强力铣削加工		
K01	铸铁、冷硬铸铁、短屑可锻铸铁	车削、精车、铣削、镗削、刮削	↑切削速度 进给量↓	↑耐磨性 韧性↓
K10	布氏硬度高于 220 的铸铁、短切屑的可锻铸铁	车削、铣削、镗削、刮削、拉削		
K20	布氏硬度低于 220 的灰口铸铁、短切屑的可锻铸铁	用于中等切削速度下、轻载荷粗加工、半精加工的车削、铣削、镗削等		
K30	铸铁、短切屑的可锻铸铁	用于在不利条件下[a]可能采用大切削角的车削、铣削、刨削、切槽加工，对刀片的韧性有一定的要求		
K40	铸铁、短切屑的可锻铸铁	用于在不利条件下[a] 的粗加工，采用较低的切削速度，大的进给量		
N01	有色金色、塑料、木材、玻璃	高切削速度下，有色金属铝、铜、镁、塑料、木材等非金属材料的精加工	↑切削速度 进给量↓	↑耐磨性 韧性↓
N10		较高切削速度下，有色金属铝、铜、镁、塑料、木材等非金属材料的精加工或半精加工		
N20	有色金色、塑料	中等切削速度下，有色金属铝、铜、镁、塑料等的半精加工或粗加工		
N30		中等切削速度下，有色金属铝、铜、镁、塑料等的粗加工		
S01	耐热和优质合金：含镍、钴、钛的各类合金材料	中等切削速度下，耐热钢和钛合金的精加工	↑切削速度 进给量↓	↑耐磨性 韧性↓
S10		低切削速度下，耐热钢和钛合金的半精加工或粗加工		
S20		较低切削速度下，耐热钢和钛合金的半精加工或粗加工		
S30		较低切削速度下，耐热钢和钛合金的断续切削，适于半精加工或粗加工		

表 4（续）

组别	作业条件		性能提高方向	
	被加工材料	适应的加工条件	切削性能	合金性能
H01	淬硬钢、冷硬铸铁	低切削速度下，淬硬钢、冷硬铸铁的连续轻载精加工	↑切削速度— —进给量↓	↑耐磨性— —韧性↓
H10		低切削速度下，淬硬钢、冷硬铸铁的连续轻载精加工、半精加工		
H20		较低切削速度下，淬硬钢、冷硬铸铁的连续轻载半精加工、粗加工		
H30		较低切削速度下，淬硬钢、冷硬铸铁的半精加工、粗加工		

[a] 不利条件系指原材料或铸造、锻造的零件表面硬度不匀，加工时的切削深度不匀，间断切削以及振动等情况。

ICS 91.120.30
Q 17

中华人民共和国国家标准

GB/T 18378—2008
代替 GB/T 18378—2001

防水沥青与防水卷材术语

Terminology for waterproof bitumen and waterproof sheet

2008-06-30 发布 2009-04-01 实施

中华人民共和国国家质量监督检验检疫总局
中国国家标准化管理委员会 发布

前　言

本标准参考了 ASTM D 1079—2007《屋面与防水术语》、ASTM D8—2002《公路与路面材料术语》、EN 13707:2004《柔性防水卷材—屋面防水用增强沥青卷材—定义和要求》、EN 13956:2005《柔性防水卷材—屋面防水用塑料和橡胶卷材—定义和要求》。

本标准代替 GB/T 18378—2001《防水沥青与防水卷材术语》。

本标准与 GB/T 18378—2001 的主要区别是：

——本标准删除了"石棉纸油毡、麻布油毡、矿棉纸油毡、带楞油毡、石棉纸、屋面材料"6 个词目(2001 版的 3.13、3.14、3.15、3.20、3.32、5.2)；

——增加了 29 个词目(本版的 3.3、3.12、3.31、3.32、3.33、3.34、4.37、4.45～4.60、5.2、5.3、5.9、5.10、5.16、5.22)；

——对 34 个词目的释义进行了更动或重新编辑(2001 版的 2.1、2.6、2.13、2.17、2.18、2.21、2.23～2.27、2.43～2.47、3.2～3.5、3.10～3.12、3.24、3.26、3.29、3.30、3.42、4.37、4.38、5.3、5.115.17、5.18，本版的 2.1、26、2.13、2.17、2.18、2.21～2.27、2.43～2.47、3.35、3.2、3.4、3.5、3.11、3.13、3.14、3.22、3.24～3.27、4.38、4.39、5.6、5.16、4.43、4.44)；

——按类别对词序归类重排(2001 版的第 3、4、5 章，本版的第 3、4、5 章)；

——增加了参考文献(本版的参考文献)。

本标准由中国建筑材料联合会提出。

本标准由全国轻质与装饰装修建筑材料标准化技术委员会(SAC/TC 195)归口。

本标准负责起草单位：中国石油大学重质油研究所、中国化学建筑材料公司苏州防水材料研究设计所。

本标准参加起草单位：北京东方雨虹防水技术股份有限公司、武汉理工大学、河南建筑材料研究设计院、中国石化集团公司沥青情报站。

本标准主要起草人：孔宪明、朱志远、朱晓华、余奕帆。

本标准委托中国石油大学重质油研究所负责解释。

本标准于 2001 年首次发布。

防水沥青与防水卷材术语

1 范围

本标准规定了防水沥青与防水卷材的通用术语及定义。

本标准适用于制定、修订有关建筑防水标准及编写翻译有关技术文件、说明和书刊的规范用语。

2 防水沥青术语

2.1

沥青 bitumen

由高分子碳氢化合物及其衍生物组成的、黑色或深褐色、不溶于水而几乎全溶于二硫化碳的一种非晶态有机材料。分地沥青和焦油沥青两大类。

2.2

地沥青 asphalt

天然沥青和石油沥青的总称。

2.3

天然沥青 natural asphalt

由地表或岩石中直接采集、提炼加工后得到的沥青。

2.4

石油沥青 petroleum asphalt

由提炼石油的残留物制得的沥青，其中包含石油中所有的重组分。

2.5

直馏渣油 straight-run residuum

以蒸馏方式将石油中较低沸点的组分馏出后所残留的重组分。

2.6

直馏沥青 straight-run asphalt

残留沥青

原油直接蒸馏后所得的沥青。

2.7

汽提沥青 steam refined asphalt

蒸馏沥青

在渣油或直馏沥青中通入过热蒸汽进行汽提，以改善其技术性能而制得的沥青。

2.8

丙烷脱沥青 propane deasphalted asphalt

用丙烷作溶剂从石油渣油中脱除蜡等油分而得到的沥青。

2.9

湖沥青 lake asphalt

由地表天然形成的沥青湖中取得的沥青，属天然沥青。

2.10

岩沥青 rock asphalt

由含沥青的多孔性岩石中取得的沥青，属天然沥青。

2.11

沥青矿　asphalite

由地下开采得到的一种天然沥青。

2.12

裂化渣油　cracked residuum

直馏渣油经裂化工艺提取轻质组分后所残留的重组分。

2.13

裂化沥青　cracked asphalt

渣油经裂化工艺制取的沥青。

2.14

酸渣沥青　acid-sludge asphalt

酸洗沥青

石油产品经酸洗精制后所剩余的、带酸渣的沥青。

2.15

焦油　tar

由煤、油页岩、木材等有机物干馏过程中挥发的组分冷凝后得到的粘稠液体状混合物。

2.16

焦油沥青　pitch

焦油分馏后的残留物。其芳香烃含量多于地沥青,常温下呈固态或半固态,俗称柏油。

2.17

煤沥青　coal pitch

由煤焦油蒸馏后的残留物制取的焦油沥青。

2.18

页岩沥青　shale pitch

由页岩焦油蒸馏后的残留物制取的焦油沥青。

2.19

调配沥青　blended asphalt

以改善技术性能为目的,将不同的石油馏分与沥青混合后调制的沥青。

2.20

混合沥青　pitch-asphalt

石油沥青与煤焦油或煤沥青掺配制得的沥青。

2.21

氧化沥青　oxidized asphalt

在加热的直馏沥青或渣油中鼓入空气,使其氧化缩聚而制得的沥青。

2.22

催化氧化沥青　catalytic oxidized asphalt

在氧化沥青制得过程中加入催化剂并改变一定的工艺参数而制得的沥青。

2.23

道路石油沥青　paving asphalt;road bitumen

道路沥青

主要用于道路工程的沥青。

2.24

建筑石油沥青　asphalt used in roofing;bitumen for building

建筑沥青

主要用于建筑防水工程的沥青。

2.25

石蜡基沥青　paraffinic base asphalt

由石蜡基原油分馏出的、蜡含量较高的石油沥青。

注：其蜡含量(质量分数)一般大于5%。

2.26

环烷基沥青　naphthenic base asphalt

由环烷基原油分馏出的沥青。

注：其一般含蜡量(质量分数)小于3%。

2.27

混合基沥青　mixed base asphalt

由混合基原油分馏出的沥青。

注：其含蜡量介于石蜡基沥青和环烷基沥青之间，一般为3%～5%(质量分数)。

2.28

改性沥青　modified asphalt

在沥青中均匀混入橡胶、合成树脂等分子量大于沥青本身分子量的有机高分子聚合物而制得的混合物。

2.29

粘稠沥青　asphalt cement

常温下为固态或半固态的沥青，又称低标号沥青。

2.30

稀释沥青　cutback asphalt

以稀释剂降低沥青粘度而制得的液态沥青，又称轻制沥青。

2.31

乳化沥青　emulsified asphalt

利用乳化剂使沥青微滴均匀分散在水中而形成的水包油型(O/W)乳液。

2.32

乳化剂　emulsifier

能降低沥青与水的界面张力，从而使沥青可均匀分散在水中形成乳液的表面活性剂。

2.33

阳离子乳化剂　cationic emulsifier

能在水中电离，生成憎水性阳离子基团的表面活性剂。

2.34

阴离子乳化剂　anionic emulsifier

能在水中电离，生成憎水性阴离子基团的表面活性剂。

2.35

阳离子乳化沥青　cationic emulsified asphalt

用阳离子型乳化剂为助剂制得的乳化沥青。

2.36

阴离子乳化沥青　anionic emulsified asphalt

用阴离子型乳化剂为助剂制得的乳化沥青。

2.37

矿物乳化沥青　mineral powder asphalt emulsion

以石棉、凹凸棒土、膨润土等矿物粉料为乳化剂制得的乳化沥青。

2.38

沥青基防水涂料　asphaltic base waterproof coating

以沥青为主要成分配制而成的水乳型或溶剂型防水涂料。

2.39

聚合物乳液防水涂料　emulsified polymer waterproof coating

以水为连续相，将聚合物成膜物质分散在水中的、水包油型(O/W)防水涂料。

2.40

热塑性弹性体　thermoplastic elastomers

具有热塑性的，又在常温下呈硫化橡胶弹性性质的高分子聚合物。

2.41

弹性体改性沥青　elastomer modified asphalt

沥青与橡胶类弹性体混溶而得到的混合物。

2.42

塑性体改性沥青　plastomer modified asphalt

沥青与塑料类非弹性材料混溶而得到的混合物。

2.43

丁苯橡胶改性沥青　SBR modified asphalt

以丁苯橡胶为改性剂制得的改性沥青。

2.44

SBS 改性沥青　SBS modified asphalt

以热塑性苯乙烯-丁二烯-苯乙烯嵌段聚合物为改性剂制得的一种弹性体改性沥青。

2.45

APP(APAO)改性沥青　APP(APAO)modified asphalt

以无规聚丙烯(或无规聚烯烃)为改性剂制得的一种塑性体改性沥青。

2.46

聚乙烯改性沥青　PE modified asphalt

以聚乙烯为主要为改性剂制得的沥青。

2.47

再生橡胶改性沥青　reclaimed rubber modified asphalt

以再生橡胶为主要为改性剂制得的沥青。

2.48

废橡胶粉改性沥青　crumb rubbe modified asphalt

以废橡胶粉为主要为改性剂制得的沥青。

2.49

沥青玛琋脂　asphalt mastic

一种以细粉或细纤维为填料的热熔型沥青胶粘剂。

3　防水卷材术语

3.1

防水卷材　waterproof sheet;roll

可卷曲成卷状的柔性防水材料。

3.2

沥青防水卷材 bituminous sheet;asphalt sheet

以沥青为主要浸涂材料所制成的卷材,分有胎卷材和无胎卷材两大类。

3.3

油毡 felt

以原纸为胎基增强材料、以沥青为浸涂材料所制成的防水卷材。

注:包含石油沥青纸胎油毡(3.6)和煤沥青纸胎油毡(3.7)两类产品。

3.4

有胎沥青防水卷材 reinforced asphalt sheet

以原纸、纤维毡、纤维布、金属箔、塑料膜等材料中的一种或数种复合为胎基,浸涂沥青、改性沥青或改性焦油,并用隔离材料覆盖其表面所制成的防水卷材。

3.5

无胎沥青防水卷材 non-reinforced asphalt sheet

以橡胶或树脂、沥青、各种配合剂和填料为原料,经热熔混合后成型而制成的无胎基的防水卷材。

3.6

石油沥青纸胎油毡 paper base asphalt felt

用低软化点石油沥青浸渍原纸,然后用高软化点石油沥青涂盖油纸两面,再涂刷或撒布隔离材料所制成的纸胎沥青防水卷材。

3.7

煤沥青纸胎油毡 paper base coal pitch felt

用低软化点煤沥青浸渍原纸,然后用高软化点煤沥青涂盖油纸两面,再涂刷或撒布隔离材料所制成的一种纸胎沥青防水卷材。

3.8

石油沥青油纸 asphalt saturated paper

采用低软化点石油沥青浸渍原纸所制成的一种无涂盖层的纸胎防潮材料。

3.9

改性沥青防水卷材 modified asphalt sheet

用改性沥青作浸涂材料制成的沥青防水卷材。

3.10

塑性体改性沥青防水卷材 atactic polypropylene(APP)modified asphalt sheet

APP 改性沥青防水卷材

用无规聚丙烯(APP)、无规聚烯烃(APAO)类材料改性的沥青作浸涂材料制成的沥青防水卷材。

3.11

弹性体改性沥青防水卷材 styrene butadiene styrene(SBS)modified asphalt sheet

SBS 改性沥青防水卷材

以热塑性苯乙烯-丁二烯-苯乙烯嵌段聚合物(SBS)类材料改性的沥青作浸涂材料制成的沥青防水卷材。

3.12

废橡胶粉改性沥青防水卷材 crumb rubber modified asphalt sheet

用废橡胶粉改性沥青作浸涂材料制成的沥青防水卷材。

3.13

聚酯毡防水卷材 polyester fabric reinforced asphalt sheet

采用聚酯纤维毡为胎基制成的沥青防水卷材。

3.14

玻璃纤维毡防水卷材　glass fiber reinforced asphalt sheet

采用玻璃纤维毡为胎基制成的沥青防水卷材。

3.15

金属箔防水卷材　metal foil surfaced asphalt sheet

表面贴有金属箔的、或以金属箔为胎基所制成的沥青防水卷材。

3.16

砂面防水卷材　sand surfaced asphalt sheet

以砂为隔离材料的沥青防水卷材。

3.17

片毡　flake surfaced asphalt felt

以片状矿物材料为隔离材料的沥青防水卷材。

3.18

粉毡　powder surfaced asphalt felt

以粉状矿质材料为隔离材料的沥青防水卷材。

3.19

带孔油毡　perforated asphalt felt

毡面按照规定的孔径和孔距打孔的沥青防水卷材。此类油毡用于点粘法施工的中间层。

3.20

划线油毡　line marked asphalt felt

毡面按规定的距离划有线条的沥青防水卷材。

3.21

自粘防水卷材　self-adhesive asphalt sheet

具有压敏粘结性能的改性沥青防水卷材。

3.22

阻燃防水卷材　fire-retardant asphalt sheet

延迟着火并具有自熄性的防水卷材。

3.23

复合油毡　composite malthoid

由二种或二种以上不同种类的油毡叠合成的防水卷材。

3.24

热熔防水卷材　torch-applied asphalt sheet

用热熔法施工的沥青防水卷材。

3.25

沥青波形瓦　corrugated bitumen sheets; bituminous tile; asphalt tile

以沥青为粘结料和涂盖料，以纤维类材料为增强层制得的用于防水的波形瓦。

3.26

玻纤胎沥青瓦　asphalt shingle made from glass felt

沥青玻纤瓦

将玻纤毡为胎基、浸涂沥青并在上表面撒布矿物粒料的防水卷材按规定尺寸切成片状后的产品。

注：包含表面有隔离材料可单层使用的平瓦和施工面外露的部分区域粘合一层或多层沥青瓦的叠瓦。

3.27

高分子防水卷材　high polymer waterproof sheet

以合成橡胶、合成树脂或两者共混为基料，加入适量助剂和填料，经混炼压延或挤出等工序加工而成的防水卷材，可制成增强或不增强的。

3.28

塑料防水卷材　plastic waterproof sheet

以合成树脂为基料,加入增塑剂、稳定剂、填料等添加剂,用压延或挤出成型方法加工而成的防水卷材。

3.29

橡胶防水卷材　rubber waterproof sheet

以橡胶或热塑性弹性体为基料,加入增塑剂、防老剂、硫化剂、填料等添加剂,用压延或挤出成型方法加工而成的防水卷材。

3.30

橡塑防水卷材　rubber plastic waterproof sheet

以橡胶、合成树脂为基料,加入填料、增塑剂、硫化剂、防老剂、稳定剂等添加剂,用压延或挤出成型方法加工而成的防水卷材。

3.31

热塑性聚烯烃防水卷材　thermoplastic polyolefin sheet;flexile polyolefin sheet

TPO 防水卷材　TPO sheet

两种以上热塑性聚烯烃共聚或共混制得的、可以热焊接施工的一种高分子防水卷材,又称柔性聚烯烃防水卷材。

3.32

三元乙丙防水卷材　ethylene-propylene-diene monomer rubber sheet; EPDM sheet

以三元的乙烯-丙烯嵌段共聚橡胶为基料制得的一种橡胶防水卷材。

3.33

聚氯乙烯防水卷材　polyvinyl chloride sheet;PVC sheet

以聚氯乙烯为基料,加入添加剂之后制得的一种塑料防水卷材。

3.34

乙烯-醋酸乙烯聚合物防水卷材　ethylene-vinyl acetate copolymer sheet; EVA sheet

以乙烯-醋酸乙烯共聚物为基料,加入添加剂之后制得的一种塑料防水卷材。

3.35

胎基材料　base materials;

增强材料　reinforcement material

用于防水卷材中,作为增强层的材料。

3.36

油毡原纸　paper felt base

以有机纤维为原材料制成的、符合相应标准的油毡胎基用纸。

3.37

玻璃纤维薄毡　glass fiber felt base

将玻璃纤维铺压、并用胶粘剂粘结而制成的、做卷材胎基用的一种无纺织物。

3.38

合成纤维胎基　synthetic fabric base

以合成纤维为原材料制成的作油毡胎基用的布或毡。

3.39

无机纤维胎基　mineral fabric base

以无机纤维为原材料制成的作油毡胎基的布或毡。

3.40

玻纤网格复合胎基　felt base with glass fiber net reinforcement

以玻纤网格布对拉力达不到要求的胎基进行增强而组成的一种复合胎基材料。

3.41

浸渍材料　impregnating

油毡生产过程中浸胎基用的沥青或改性沥青材料的总称。

3.42

涂盖材料　coating

油毡生产过程中涂盖工序用的、加入填充料的沥青或改性沥青材料的总称。

3.43

覆面材料　surfacing

防止油毡在贮运过程中，相互粘结而覆盖在油毡表面的材料，又称隔离材料。

3.44

隔离纸　release paper

为防止自粘结油毡在成卷和贮运时相互粘结而在表面贴的、有隔离作用的纸或薄膜。

4　性能、形态及测试术语

4.1

组分分析法　component analysis

用选择性溶剂及吸附法对沥青的化学成分分类分析的方法，又称组成分析法。

4.2

沥青质　asphaltene

沥青中分子量最大，能溶于苯、二硫化碳，不熔于低沸点烷烃(如正庚烷)的组分。

4.3

树脂质　resin of asphalt

沥青中能熔于低沸点烷烃，吸附于活性氧化铝上，可为苯-乙醇解吸附的组分，又称胶质。

4.4

芳香分　aromatics of asphalt

沥青中可溶于低沸点烷烃，吸附于活性氧化铝上，可为甲苯解吸附的含大量芳香烃的组分。

4.5

饱和分　saturants of asphalt

沥青中熔于低沸点烷烃，吸附于活性氧化铝上，又为低沸点烷烃解吸附，含大量直链烷烃的组分。

4.6

可溶质　maltene;petrolene

沥青中溶于低沸点烷烃的组分，又称软沥青质。

4.7

沥青酸　asphaltic acids

沥青中游离的有机酸。

4.8

沥青酸酐　asphaltic anhydrides

沥青中固有的游离酸酐。

4.9

似碳质　carboids

沥青或焦油中不溶于溶剂的组分，其中大部分为碳。

4.10

恩氏粘度　Engler viscosity

一定体积的液体在某温度下从规定直径的孔中流出的时间，与 20 ℃时同体积的水流出的时间之比。

4.11

沥青标准粘度计　bituminous viscometer

计量某温度下一定体积的沥青从规定直径的孔中流过的时间，以此方式测沥青粘度的仪器。

4.12

闪点　flash point

液面气体与空气的混合物在规定火焰掠过时瞬闪蓝光但不燃的最低温度，以开口杯法测定。

4.13

燃点　fire point

按闪点试验法，液面气体与空气混合物与火焰接触后可以稳定燃烧 5 s 的最低温度。

4.14

弗拉斯脆点　Fraas bursting point

以弗拉斯脆点仪器测定的沥青由粘弹性体转变为脆性体的温度点。

4.15

软化点　softening point

温度升高时，固态或半固态沥青变为粘流态的温度，可用环球法测定。

4.16

针入度　penetration

在规定条件下，用标准针垂直刺入沥青的深度，以 1/10 mm 表示。

4.17

针入度指数　penetration index

衡量沥青感温性的指标，以针入度及软化点组成的函数表示。

4.18

硬化点　hardening point

沥青针入度 1～2 时的温度。

4.19

软化区间　softening range

沥青的软化点与硬化点之间的温度区间。

4.20

延度　ductility

沥青在一定试验条件下可被拉伸的最大长度，以 cm 表示。

4.21

酸值　acid content

中和单位重量沥青中的沥青酸及沥青酸酐所用氢氧化钾的量，以 mg/g 表示。

4.22

液化点　liquidizing point

沥青由半固态转化为液体，从液化点仪测出的温度。

4.23

加热损失　heating loss

以测定沥青加热后质量损失率表示的老化指标。

4.24

氙灯老化　Xenon lamp aging

沥青在氙灯老化仪中按要求周期进行的人工加速老化。

4.25

紫外线老化　ultraviolet ray aging

沥青在紫外线老化仪中按要求周期进行的人工加速老化。

4.26

薄膜烘箱　thin film oven(TFO)

检测沥青加热损失和热老化的仪器。

4.27

热老化试验　heating aging test

在规定条件下比较加热前和加热后沥青主要性能指标变化的老化试验法。

4.28

蜡组分　wax composition

沥青或渣油在冷冻时可结晶析出的、熔点在 25 ℃以上的烃类。

4.29

沥青溶解度　solubility of asphalt

沥青在指定有机溶剂内完全溶解的部分与其初始质量之比的百分数。

4.30

断裂延伸率　elongation at break

防水材料受拉伸至断裂时伸长增量与原长之比的百分数。

4.31

疲劳试验　fatigue test

防水材料在外力作用下反复变形至破坏的试验。

4.32

改性沥青相容性　compatibility of modified asphalt

沥青与改性材料的共混体在易施工粘度的温度下可以稳定存在的性能。

4.33

等粘温度　equal viscosity temperature(E. V. T)

热熔沥青材料具有最佳涂布、施工粘度状态时的温度区间。

4.34

使用寿命　service life

无机械外力条件下防水材料保持其使用功能的期限。

4.35

撕裂强度　tear strength

在一定温度下,侧面有直角形切口的、规定尺寸的防水卷材试件被拉断所需的力。

4.36

拉力　tensile strength

在一定温度下,规定尺寸的防水卷材试件被拉断所需的力。

4.37

钉杆撕裂强度　tear strength by nail shank

在一定温度下,以钉杆穿过防水卷材试件进行拉力试验所测得的破坏拉力。

4.38

低温柔性　low temperature flexibility

防水卷材或片状沥青试样在指定低温条件下经受弯曲时的柔韧性能。以℃表示。

4.39

耐热性　heat resistance

在规定的时间内防水卷材经受持续规定高温不发生变化的能力。以℃表示。

4.40

吸水性　water absorption

油毡的吸水能力。以在规定的试验条件下防水材料浸泡在水中时吸水质量的百分率表示。

4.41

可溶物含量　dissoluble composite of membrane

浸涂材料含量　impregnated and coated asphalt amount

单位面积沥青防水卷材中可被四氯化碳等溶剂溶出的材料的质量，以 g/m^2 表示。

4.42

不透水性　water impermeability

防水材料在一定动水压下抵抗水渗透的能力，以试验时的水压和持续时间表示。

4.43

卷材长边　long edge of sheet

与卷材的卷取方向平行的卷材边缘，即纵边。

4.44

卷材短边　short edge of sheet

与卷材的卷取方向垂直的卷材边缘，即横边。

4.45

留边　selvedge

防水卷材表面预留的无矿物颗粒区域，或类似的帮助重叠粘合的表面层。

4.46

裂缝　crack

裂纹从表面扩展到材料胎基或整个厚度，材料会在裂缝处完全断开。

4.47

疙瘩　pimple

卷材表面的不规则凸起，其下没有空穴。

4.48

气泡　blister

卷材表面的不规则凸起，其下有空穴。

4.49

孔洞　hole

贯穿卷材的整个厚度，能漏过水的穿孔。

4.50

裸露斑　nacked spots

矿物粒料卷材表面的面积大于 100 mm^2 的无矿物粒料覆盖面。

4.51

表面纹理构造　surface texture

在高分子防水卷材一面或两面，对卷材的影响在有效厚度与全厚度之间不大于 0.1 mm 的一种纹理形式。

4.52

明显的表面纹理构造 pronounced surface texture

在高分子防水卷材的一面或两面，影响卷材的厚度大于10%的一种构造形式或凸起。

4.53

背衬 backing

固定在高分子防水卷材的底部的合成纤维或无机纤维或其他材料的纺织或无纺布层。

4.54

密实的纤维背衬 substantial fibrous backing

固定在高分子防水卷材底部，单位面积质量大于80 g/m² 的一层合成纤维纺织或无纺布。

4.55

表面凸起结构 surface profile; surface structure

高分子防水卷材表面规则性高起的区域，对卷材的影响在有效厚度与全厚度之间大于0.1 mm。

4.56

中间织物 internal fabric

在卷材中间的合成纤维和无机纤维的纺织或无纺布层，可具有增强或其他功能。

4.57

全厚度 overall thickness

卷材的厚度，包括任何表面结构。

4.58

有效厚度 effective thickness

卷材提供防水功能的厚度，包括表面纹理构造，不包括表面结构和背衬。

4.59

平直度 straightness

卷材纵向与直线的偏离程度。

4.60

平整度 flatness

卷材展开在平面上，卷材表面最高处与平面的偏离程度。

5 施工与应用术语

5.1

防水层 waterproof layer

具有防水功能的材料层。

5.2

种植屋面系统 green roof system; planted roof system

长期有植物生长的屋面防水系统。

5.3

蓄水屋面系统 hydrostatic roof system

可在盛有一定量水的条件下长期使用的屋面防水系统。

5.4

卷材上表面 top surface

施工和应用时，卷材朝上的暴露面。

5.5

防水基层 base layer; substrate

经过找平处理后待施工防水层的表面，可简称基层。

5.6

冷底子油　cold primer oil

涂刷于防水基层表面，以改善基层与卷材粘结性的沥青涂料。

5.7

冷胶粘剂　cold adhesives

常温下涂刷施工的、具有粘结功能的材料。

5.8

热熔胶粘剂　heat-melting adhesives

需加热熔化施工的、冷却后仍具有粘结功能的材料。

5.9

单层屋面　single-ply roof

防水材料为一层的屋面防水系统。

5.10

叠层屋面　built-up roof

以热沥青粘结，铺设二层以上沥青防水卷材的屋面防水系统。

5.11

倒置式屋面　surface insulating roof；up-side down roof

绝热材料层铺盖在防水层之上的屋面。

5.12

剥离区　peel off area

屋面接缝处，柔性防水层应变量最大，最易剥离和断裂的区域。

5.13

满粘法　fully-adhere method；complete adhesion method

卷材与基层的全部面积粘结的施工法。

5.14

条粘法　stripy adhesion method

卷材与基层仅做条带状粘结的施工法。

5.15

点粘法　point adhesion method

卷材与基层做有规律点状粘结的施工法。

5.16

空铺法　ballasted method；loose-laid method

卷材与基层仅在四周边缘处粘结的施工法。

5.17

热熔法　torch-applied method

将防水卷材底层加热熔化后与基层或卷材之间粘结的施工方法。

5.18

冷粘法　cold adhesion method

以冷胶粘剂将卷材粘于基层上的施工方法。

5.19

热粘法　hot adhesion method

以热熔胶粘剂将卷材与基层相粘的施工方法。

5.20

热风焊接法 hot blast weld method

用热空气焊枪进行防水卷材粘合搭接的方法。

5.21

自粘法 self-adhesion method

将具有压敏粘结功能的卷材直接压粘到基层上的施工方法。

5.22

机械固定法 mechanical fastening method

以螺栓等机械固定件将防水卷材固定在屋面基层上的施工方法。

5.23

直接混溶法 direct blending method

用加热和高剪切力搅拌的方式将改性材料与沥青混合的改性沥青加工工艺。

5.24

溶剂混溶法 solvent mixing method

用溶剂将改性材料溶化或溶胀后与沥青混合的改性沥青加工工艺。

5.25

改性沥青研磨机 modified asphalt mill

利用静磨头与动磨头之间的高剪切力，以直接混溶法将改性材料均匀分散在沥青中的密闭型合设备，又称胶体磨。

中 文 索 引

B

饱和分…………………………………… 4.5
背衬 …………………………………… 4.53
表面纹理构造 ………………………… 4.51
表面凸起结构 ………………………… 4.55
丙烷脱沥青…………………………… 2.8
玻璃纤维薄毡 ………………………… 3.37
玻璃纤维毡防水卷材 ………………… 3.14
玻纤胎沥青瓦 ………………………… 3.26
玻纤网格复合胎基…………………… 3.40
剥离区 ………………………………… 5.12
薄膜烘箱 ……………………………… 4.26
不透水性 ……………………………… 4.42

C

残留沥青……………………………… 2.6
催化氧化沥青 ………………………… 2.22

D

带孔油毡 ……………………………… 3.19
单层屋面 ……………………………… 5.12
单层屋面防水卷材 …………………… 3.27
道路石油沥青 ………………………… 2.23
道路沥青 ……………………………… 2.23
倒置式屋面 …………………………… 5.11
等粘温度 ……………………………… 4.33
地沥青………………………………… 2.2
低温柔性 ……………………………… 4.38
点粘法 ………………………………… 5.15
叠层屋面 ……………………………… 5.10
丁苯橡胶改性沥青 …………………… 2.43
钉杆撕裂强度 ………………………… 4.37
断裂延伸率 …………………………… 4.30

E

恩氏粘度 ……………………………… 4.10

F

防水层………………………………… 5.1
防水基层……………………………… 5.5
防水卷材……………………………… 3.1
芳香分………………………………… 4.4
废橡胶粉改性沥青 …………………… 2.48
废橡胶粉改性沥青防水卷材 ………… 3.12
粉毡 …………………………………… 3.18
复合油毡 ……………………………… 3.23
弗拉斯脆点 …………………………… 4.14
覆面材料 ……………………………… 3.43

G

改性沥青 ……………………………… 2.28
改性沥青防水卷材…………………… 3.9
改性沥青相容性 ……………………… 4.32
改性沥青研磨机 ……………………… 5.25
APP(APAO)改性沥青 ………………… 2.45
APP 改性沥青防水卷材 ……………… 3.10
SBS 改性沥青 ………………………… 2.44
SBS 改性沥青防水卷材 ……………… 3.11
高分子防水卷材 ……………………… 3.27
隔离纸 ………………………………… 3.44
疙瘩 …………………………………… 4.47

H

合成纤维胎基 ………………………… 3.38
湖沥青………………………………… 2.9
划线油毡 ……………………………… 3.20
环烷基沥青 …………………………… 2.26
混合沥青 ……………………………… 2.20
混合基沥青 …………………………… 2.27

J

加热损失 ……………………………… 4.23
建筑石油沥青 ………………………… 2.24
机械固定法 …………………………… 5.22
建筑沥青 ……………………………… 2.24
焦油 …………………………………… 2.15
焦油沥青 ……………………………… 2.16
金属箔油毡 …………………………… 3.15
浸涂材料含量 ………………………… 4.41
浸渍材料 ……………………………… 3.41
聚合物乳液防水涂料 ………………… 2.39

聚氯乙烯防水卷材 …………………………… 3.33
聚乙烯改性沥青 ……………………………… 2.46
聚酯纤维毡防水卷材 ………………………… 3.13
卷材长边 …………………………………… 4.43
卷材短边 …………………………………… 4.44
卷材上表面…………………………………… 5.4

K

可溶质………………………………………… 4.6
可溶物含量 ………………………………… 4.41
空铺法 ……………………………………… 5.19
孔洞 ………………………………………… 4.49
矿物乳化沥青 ……………………………… 2.37

L

拉力 ………………………………………… 4.36
蜡组分 ……………………………………… 4.28
冷胶粘剂……………………………………… 5.7
冷粘法 ……………………………………… 5.18
冷底子油……………………………………… 5.6
沥青…………………………………………… 2.1
沥青矿 ……………………………………… 2.11
沥青标准粘度计 …………………………… 4.11
沥青防水卷材………………………………… 3.2
沥青基防水涂料 …………………………… 2.38
沥青玛瑞脂 ………………………………… 2.49
沥青溶解度 ………………………………… 4.29
沥青酸………………………………………… 4.7
沥青酸酐……………………………………… 4.8
沥青波形瓦 ………………………………… 3.25
沥青玻纤瓦 ………………………………… 3.26
沥青质………………………………………… 4.2
裂缝 ………………………………………… 4.46
裂化沥青 …………………………………… 2.13
裂化渣油 …………………………………… 2.12
留边 ………………………………………… 4.45
裸露斑 ……………………………………… 4.50

M

煤沥青 ……………………………………… 2.17
煤沥青纸胎油毡……………………………… 3.7
满粘法 ……………………………………… 5.13
密实的纤维背衬 …………………………… 4.54

N

耐热性 ……………………………………… 4.39
粘稠沥青 …………………………………… 2.29

P

疲劳试验 …………………………………… 4.31
片毡 ………………………………………… 3.17
平整度 ……………………………………… 4.60
平直度 ……………………………………… 4.59

Q

气泡 ………………………………………… 4.48
汽提沥青……………………………………… 2.7
全厚度 ……………………………………… 4.57

R

燃点 ………………………………………… 4.13
热风焊接法 ………………………………… 5.20
热老化试验 ………………………………… 4.27
热熔防水卷材 ……………………………… 3.24
热熔胶粘剂…………………………………… 5.8
热熔法 ……………………………………… 5.17
热粘法 ……………………………………… 5.19
热塑性聚烯烃防水卷材 …………………… 3.31
热塑性弹性体 ……………………………… 2.40
溶剂混溶法 ………………………………… 5.24
乳化沥青 …………………………………… 2.31
乳化剂 ……………………………………… 2.32
软化点 ……………………………………… 4.15
软化区间 …………………………………… 4.19

S

砂面防水卷材 ……………………………… 3.16
闪点 ………………………………………… 4.12
三元乙丙防水卷材 ………………………… 3.32
石蜡基沥青 ………………………………… 2.25
石油沥青……………………………………… 2.4
石油沥青油纸………………………………… 3.8
石油沥青纸胎油毡…………………………… 3.6
使用寿命 …………………………………… 4.34
树脂质………………………………………… 4.3
撕裂强度 …………………………………… 4.35

似碳质 …… 4.9
塑料防水卷材 …… 3.43
塑性体改性沥青防水卷材 …… 3.10
塑性体改性沥青 …… 2.42
酸洗沥青 …… 2.14
酸渣沥青 …… 2.14
酸值 …… 4.21

T

胎基材料 …… 3.35
弹性体改性沥青 …… 2.41
弹性体改性沥青防水卷材 …… 3.11
天然沥青 …… 2.3
调配沥青 …… 2.19
条粘法 …… 5.14
涂盖材料 …… 3.42

W

无机纤维胎基 …… 3.39
无胎沥青防水卷材 …… 3.5

X

稀释沥青 …… 2.30
吸水性 …… 4.40
氙灯老化 …… 4.24
橡胶防水卷材 …… 3.29
橡塑防水卷材 …… 3.30
蓄水屋面系统 …… 5.3

Y

氧化沥青 …… 2.21
阳离子乳化剂 …… 2.33
阳离子乳化沥青 …… 2.35
岩沥青 …… 2.10
延度 …… 4.20
液化点 …… 4.22
页岩沥青 …… 2.18
阴离子乳化沥青 …… 2.36
阴离子乳化剂 …… 2.34
乙烯-醋酸乙烯聚合物防水卷材 …… 3.34
硬化点 …… 4.18
有胎沥青防水卷材 …… 3.4
有效厚度 …… 4.58
油毡 …… 3.3
油毡原纸 …… 3.36

Z

再生橡胶改性沥青 …… 2.47
针入度 …… 4.16
针入度指数 …… 4.17
蒸馏沥青 …… 2.7
增强材料 …… 3.35
直接混溶法 …… 5.23
直馏渣油 …… 2.5
直馏沥青 …… 2.6
组分分析法 …… 4.1
阻燃防水卷材 …… 3.22
自粘法 …… 5.21
自粘防水卷材 …… 3.21
紫外线老化 …… 4.25
中间织物 …… 4.56
种植屋面系统 …… 5.2

英 文 索 引

A

acid content …… 4.21
acid-sludge asphalt …… 2.14
anionic emulsified asphalt …… 2.36
anionic emulsifier …… 2.34
APP(APAO) modified asphalt …… 2.45
aromatics of asphalt …… 4.4
asphalt …… 2.2
asphalt cement …… 2.29
asphalt sheet …… 3.2
asphalt for traffic road pavement …… 2.23
asphalt mastic …… 2.48
asphalt shingle made from glass felt …… 3.26
asphalt saturated paper …… 3.8
asphalt tile …… 3.25
asphalt used in roofing …… 2.24
asphaltene …… 4.2
asphaltic acids …… 4.7
asphaltic anhydrides …… 4.8
asphaltic base waterproof coating …… 2.38
asphalite …… 2.11
atactic polypropylene(APP)modified asphalt sheet …… 3.9

B

backing …… 4.53
ballasted method …… 5.16
base materials …… 3.35
base layer …… 5.5
bitumen …… 2.1
bitumen for building. …… 2.24
bituminous sheet …… 3.2
bituminous tile …… 3.25
bituminous viscometer …… 4.11
blended asphalt …… 2.19
blister …… 4.48
build-up roofing …… 5.10

C

carboids …… 4.9
catalytic oxidized asphalt …… 2.22
cationic emulsified asphalt …… 2.35
cationic emulsifier …… 2.33

coal pitch ········ 2. 17
coating ········ 3. 42
cold adhesion method ········ 5. 18
cold adhesives ········ 5. 7
cold primer oil ········ 5. 9
compatibility of modified asphalt ········ 4. 32
complete adhesion method ········ 5. 13
component analysis ········ 4. 1
composite malthoid ········ 3. 23
cracked asphalt ········ 2. 13
crack ········ 4. 46
crumb rubber modified asphalt ········ 2. 48
crumb rubber modified asphalt sheet ········ 3. 12
cracked residuum ········ 2. 12
cutback asphalt ········ 2. 30

D

direct blending method ········ 5. 23
dissoluble composite of membrane ········ 4. 41
ductility ········ 4. 20

E

effective thickness ········ 4. 58
elastomers modified asphalt ········ 2. 41
elongation at break ········ 4. 30
emulsified asphalt ········ 2. 31
emulsified polymer waterproof coating ········ 2. 39
emulsifier ········ 2. 32
Engler viscosity ········ 4. 10
EPDM sheet ········ 3. 32
equal viscosity temperature(E. V. T) ········ 4. 33
ethylene-propylene-diene monomer rubber sheet ········ 3. 32
ethylene-vinyl acetate copolymer sheet ········ 3. 34
EVA sheet ········ 3. 34

F

fatigue test ········ 4. 31
felt ········ 3. 3
felt base with glass fiber net reinforcement ········ 3. 40
fire point ········ 4. 13
fire-retardant asphalt felt ········ 3. 22
flake surfaced asphalt felt ········ 3. 17
flash point ········ 4. 12
flexile polyolefin sheet ········ 3. 31
Frass bursting point ········ 4. 14
flatness ········ 4. 60

fully-adhere method ······ 5. 13

G

glass fabric reinforced asphalt sheet ······ 3. 14
glass fiber felt base ······ 3. 37
green roof system ······ 5. 2

H

hardening point ······ 4. 18
heat-melting adhesives ······ 5. 8
heating aging test ······ 4. 27
heating loss ······ 4. 23
heat resistance ······ 4. 39
high polymer waterproof sheet ······ 3. 27
hole ······ 4. 49
hot adhesion method ······ 5. 19
hot blast weld method ······ 5. 20
hydrostatic roof system ······ 5. 3

I

impregnating ······ 3. 41
impregnated and coated asphalt amount ······ 4. 41
internal fabric ······ 4. 56

L

lake asphalt ······ 2. 9
line marked asphalt felt ······ 3. 20
liquidizing point ······ 4. 22
long edge of sheet ······ 4. 43
low temperature flexibility ······ 4. 38
loose-laid method ······ 5. 16

M

mechanical fastening method ······ 5. 22
metal foil surfaced asphalt felt ······ 3. 15
maltene ······ 4. 6
mineral fabric base ······ 3. 39
mixed base asphalt ······ 2. 27
modified asphalt ······ 2. 28
modified asphalt sheet ······ 3. 9
modified asphalt mill ······ 5. 25

N

nacked spots ······ 4. 50
naphthenic base asphalt ······ 2. 26
natural asphalt ······ 2. 3

non-reinforced asphalt sheet …… 3.5

O

overall thickness …… 4.57
oxidized asphalt …… 2.21

P

paper base asphalt felt …… 3.6
paper base coal pitch felt …… 3.7
paper felt base …… 3.36
paraffinic base asphalt …… 2.25
peel off area …… 5.12
PE modified asphalt …… 2.46
penetration …… 4.16
penetration index …… 4.17
perforated asphalt felt …… 3.19
petrolene …… 4.6
petroleum asphalt …… 2.4
pimple …… 4.47
pitch …… 2.16
pitch-asphalt …… 2.20
plastomer modified asphalt …… 2.42
planted roof system …… 5.2
plastic waterproof sheet …… 3.28
point adhesion method …… 5.15
polyester fabric reinforced asphalt sheet …… 3.13
polyvinyl chlorid sheet …… 3.33
powder surfaced asphalt felt …… 3.18
pronounced surface texture …… 4.52
propane deasphalted asphalt …… 2.8
PVC sheet …… 3.33

R

reclaimed rubber modified asphalt …… 2.47
reinforced asphalt sheet …… 3.4
reinforcement material …… 3.35
release paper …… 3.44
resin of asphalt …… 4.3
road bitumen …… 2.23
rock asphalt …… 2.10
roll …… 3.1
rubber plastic waterproof sheet …… 3.30
rubber waterproof sheet …… 3.29

S

sand surfaced asphalt sheet ······ 3.16
saturants of asphalt ······ 4.5
SBR modified asphalt ······ 2.43
SBS modified asphalt ······ 2.44
self-adhesion method ······ 5.21
self-adhesive asphalt sheet ······ 3.21
selvedge ······ 4.45
service life ······ 4.34
shale pitch ······ 2.18
short edge of sheet ······ 4.44
single-ply roofs ······ 5.9
softening point ······ 4.15
softening range ······ 4.19
solubility of asphalt ······ 4.29
solvent mixing method ······ 5.24
steam refined asphalt ······ 2.7
straight-run asphalt ······ 2.6
straight-run residuum ······ 2.5
straightness ······ 4.59
stripy adhesion method ······ 5.14
styrene butadiene styrene(SBS)modified asphalt sheet ······ 3.11
substrate ······ 5.5
substantial fibrous backing ······ 4.54
surface profile ······ 4.55
surface structure ······ 4.55
surface texture ······ 4.51
surfacing ······ 3.43
surfacing insulating roof ······ 5.11
synthetic fabric base ······ 3.34

T

tar ······ 2.15
tear strength ······ 4.35
tear strength by nail shank ······ 4.37
tensile strength ······ 4.36
thermoplastic polyolefin sheet ······ 3.31
thermoplastic elastomers ······ 2.40
thin film oven (TFO) ······ 4.26
torch-applied asphalt sheet ······ 3.24
torch-applied method ······ 5.17
top surface ······ 5.4

TPO sheet ································ 3.31

U

ultraviolet ray aging ································ 4.25
up-side down roof ································ 5.11

W

water absorption ································ 4.40
water impermeability ································ 4.42
waterproof sheet ································ 3.1
waterproof layer ································ 5.1
wax composition ································ 4.28

X

xenon lamp aging ································ 4.24

参 考 文 献

［1］ GB 50345—2004 屋面工程技术规范

［2］ GB/T 328—2007 建筑防水卷材试验方法

［3］ SH/T 0652—1998 石油沥青名词术语

［4］ ASTM D 1079-07 Standard Terminology Relating to Roofing and Waterproofing1

［5］ ASTM D 8-02 Standard Terminology Relating to Materials for Roads and Pavements

［6］ EN 13707：2004 Flexible sheets for waterproofing—Reinforced bitumen sheets for roof waterproofing—Definitions and characteristics

［7］ EN 13956：2005 Flexible sheet for waterproofing—Plastic and rubber sheets for roof waterproofing—Definitions and characteristics

ICS 29.060.20
K 13

中华人民共和国国家标准

GB/T 18380.11—2008/IEC 60332-1-1:2004
代替 GB/T 18380.1—2001

电缆和光缆在火焰条件下的燃烧试验 第11部分:单根绝缘电线电缆火焰垂直蔓延试验 试验装置

Tests on electric and optical fibre cables under fire conditions—Part 11:Test for vertical flame propagation for a single insulated wire or cable—Apparatus

(IEC 60332-1-1:2004,IDT)

2008-06-26 发布 2009-04-01 实施

中华人民共和国国家质量监督检验检疫总局
中国国家标准化管理委员会 发布

前 言

GB/T 18380《电缆和光缆在火焰条件下的燃烧试验》分为11个部分：

——第11部分：单根绝缘电线电缆火焰垂直蔓延试验　试验装置；
——第12部分：单根绝缘电线电缆火焰垂直蔓延试验　1 kW预混合型火焰试验方法；
——第13部分：单根绝缘电线电缆火焰垂直蔓延试验　测定燃烧的滴落(物)/微粒的试验方法；
——第21部分：单根绝缘细电线电缆火焰垂直蔓延试验　试验装置；
——第22部分：单根绝缘细电线电缆火焰垂直蔓延试验　扩散型火焰试验方法；
——第31部分：垂直安装的成束电线电缆火焰垂直蔓延试验　试验装置；
——第32部分：垂直安装的成束电线电缆火焰垂直蔓延试验　A F/R类；
——第33部分：垂直安装的成束电线电缆火焰垂直蔓延试验　A类；
——第34部分：垂直安装的成束电线电缆火焰垂直蔓延试验　B类；
——第35部分：垂直安装的成束电线电缆火焰垂直蔓延试验　C类；
——第36部分：垂直安装的成束电线电缆火焰垂直蔓延试验　D类。

本部分为GB/T 18380的第11部分。

本部分等同采用IEC 60332-1-1:2004《电缆和光缆在火焰条件下的燃烧试验　第1-1部分：单根绝缘电线电缆火焰垂直蔓延试验　试验装置》(英文版)。

IEC 60332-1-1:2004中图1的尺寸标注有误，本部分进行了更正。

为便于使用，本部分作了下列编辑性修改：

a) 删除了国际标准的前言和引言；
b) 增加了国家标准本部分的目次和前言；
c) 用小数点“.”代替作为小数点的逗号“,”；
d) 用“第11部分”代替“第1-1部分”；
e) 本部分第2章引用了采用国际标准的我国国家标准而非国际标准。

本部分代替GB/T 18380.1—2001《电缆在火焰条件下的燃烧试验　第1部分：单根绝缘电线或电缆垂直燃烧试验方法》，GB/T 18380.1—2001中的试验方法内容归入到其他相关部分。

本部分与GB/T 18380.1—2001相比主要变化如下：

——本部分名称修改为：“电缆和光缆在火焰条件下的燃烧试验　第11部分：单根绝缘电线电缆火焰垂直蔓延试验　试验装置”；
——与本部分名称相对应，英文名称修改为：“Tests on electric and optical fibre cables under fire conditions Part 11: Test for vertical flame propagation for a single insulated wire or cable—Apparatus”；
——增加了前言；
——扩大了适用范围(2001版的第1章，本部分的第1章)；
——将“引用标准”改为“规范性引用文件”(2001版的第2章，本部分的第2章)；
——增加了术语和定义；
——将“试验设备”改为“试验装置”(2001版的第5章，本部分的第4章)；
——将“火源”改为“引燃源”(2001版的第7章，本部分的4.3)；
——将燃烧气体修改为纯度超过95%的技术级丙烷(2001版的第7章和附录B，本部分的4.3)；
——2001版第6章相关的试验设备内容归入到本部分的第4章，相关的试验方法内容归入到其他相关部分；

——删除了2001版的第3章、第4章、第8章、第9章、附录A和附录B。

本部分由中国电器工业协会提出。

本部分由全国电线电缆标准化技术委员会归口。

本部分负责起草单位：上海电缆研究所。

本部分参加起草单位：宝胜科技创新股份有限公司、天津金山电线电缆股份有限公司、上海南洋电材有限公司、扬州曙光电缆有限公司、上海亚龙工业集团有限公司。

本部分主要起草人：龚国祥、郭汉洋、唐崇健、郑国俊、曲巍、梁国华、鲁邦秀。

本部分所代替标准的历次版本发布情况为：

——GB 12666.2—1990中的第一种方法(DZ-1法)；

——GB/T 18380.1—2001。

电缆和光缆在火焰条件下的燃烧试验 第11部分:单根绝缘电线电缆火焰垂直蔓延试验 试验装置

1 范围

GB/T 18380 的本部分规定了在火焰条件下,单根电线电缆或光缆火焰垂直蔓延试验的试验装置。

试验方法及推荐性能要求的资料性附录见 GB/T 18380.12—2008。

2 规范性引用文件

下列文件中的条款通过 GB/T 18380 的本部分的引用而成为本部分的条款。凡是注日期的引用文件,其随后所有的修改单(不包括勘误的内容)或修订版均不适用于本部分,然而,鼓励根据本部分达成协议的各方研究是否可使用这些文件的最新版本。凡是不注日期的引用文件,其最新版本适用于本部分。

GB/T 5169.14—2007 电工电子产品着火危险试验 第14部分:试验火焰 1 kW 标称预混合型火焰 设备、确认试验方法和导则(IEC 60695-11-2:2003,IDT)

GB/T 16499—1996 编制电气安全标准的导则(eqv IEC Guide 104:1984)

IEC 60695-4:1993 着火危险试验 第4部分:着火试验术语

3 术语和定义

GB/T 18380 的本部分使用下列术语和定义。

3.1

引燃源 ignition source

引发燃烧的能源。

[IEC 60695-4:1993,定义 2.76]

4 试验装置

4.1 试验装置的组成

试验装置应由如下部分组成:

a) 一个金属罩(4.2);

b) 一个引燃源(4.3);

c) 一个合适的试验箱(4.4)。

4.2 金属罩

金属罩的尺寸为高(1 200±25)mm,宽(300±25)mm,深(450±25)mm,正面敞开,顶部和底部封闭(见图1)。

4.3 引燃源

除了使用纯度超过95%的技术级丙烷进行供火,引燃源应符合 GB/T 5169.14—2007 的规定,该标准提供了对试验火焰进行认可的方法。

4.4 试验箱

金属罩和引燃源应被放置在一个合适的箱子中,试验期间不通风,但可配备能除去燃烧时释出有害气体的装置。试验箱温度应保持在(23±10)℃。

注1：如果要求所用的标准通风柜做到不通风，那么一定是配备了能单独控制的排气扇，并且处在“关闭”的情况下。有些通风柜可能没有配备这样的装置。

注2：如果使用通风柜在不通风的情况下做试验，推荐采取如下安全措施：

a) 关闭排气扇，封闭出口；

b) 拉下通风柜的前门，留下足以操作喷灯到位的一条缝隙；

c) 确保操作人员的安全；

d) 试验期间不要移动通风柜的门；

e) 试验结束时，在打开门之前应充分排空通风柜。

尺寸单位为毫米

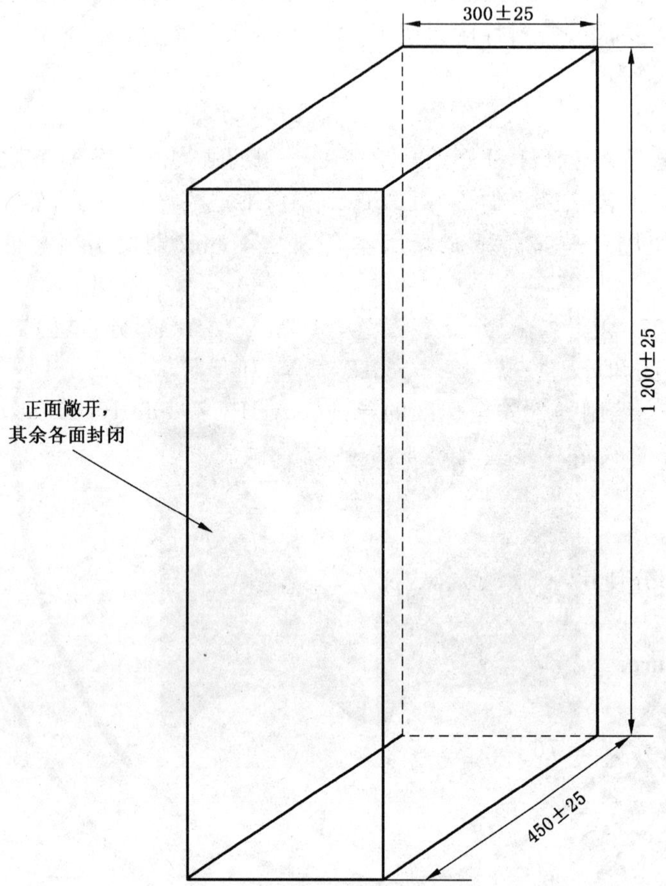

图1 试验设备——金属罩

ICS 29.060.20
K 13

中华人民共和国国家标准

GB/T 18380.12—2008/IEC 60332-1-2:2004

电缆和光缆在火焰条件下的燃烧试验 第12部分:单根绝缘电线电缆火焰垂直蔓延试验 1 kW预混合型火焰试验方法

Test on electric and optical fibre cables under fire conditions—Part 12: Test for vertical flame propagation for a single insulated wire or cable—Procedure for 1 kW pre-mixed flame

(IEC 60332-1-2:2004,IDT)

2008-06-26 发布　　　　2009-04-01 实施

中华人民共和国国家质量监督检验检疫总局
中国国家标准化管理委员会　发布

前　言

GB/T 18380《电缆和光缆在火焰条件下的燃烧试验》分为11个部分：

——第11部分：单根绝缘电线电缆火焰垂直蔓延试验　试验装置；

——第12部分：单根绝缘电线电缆火焰垂直蔓延试验　1 kW预混合型火焰试验方法；

——第13部分：单根绝缘电线电缆火焰垂直蔓延试验　测定燃烧的滴落(物)/微粒的试验方法；

——第21部分：单根绝缘细电线电缆火焰垂直蔓延试验　试验装置；

——第22部分：单根绝缘细电线电缆火焰垂直蔓延试验　扩散型火焰试验方法；

——第31部分：垂直安装的成束电线电缆火焰垂直蔓延试验　试验装置；

——第32部分：垂直安装的成束电线电缆火焰垂直蔓延试验　A F/R类；

——第33部分：垂直安装的成束电线电缆火焰垂直蔓延试验　A类；

——第34部分：垂直安装的成束电线电缆火焰垂直蔓延试验　B类；

——第35部分：垂直安装的成束电线电缆火焰垂直蔓延试验　C类；

——第36部分：垂直安装的成束电线电缆火焰垂直蔓延试验　D类。

本部分为GB/T 18380的第12部分。

本部分等同采用IEC 60332-1-2:2004《电缆和光缆在火焰条件下的燃烧试验　第1-2部分：单根绝缘电线电缆火焰垂直蔓延试验　1 kW预混合型火焰试验方法》(英文版)。

为了便于使用，本部分作了下列编辑性修改：

a)　删除了国际标准的前言和引言；

b)　增加了国家标准本部分的前言；

c)　增加了附录B；

d)　用小数点“.”代替作为小数点的逗号“,”；

e)　用“第12部分”代替“第1-2部分”；

f)　本部分第2章引用了采用国际标准的我国国家标准而非国际标准。

本部分的附录A和附录B为资料性附录。

本部分由中国电器工业协会提出。

本部分由全国电线电缆标准化技术委员会归口。

本部分负责起草单位：上海电缆研究所。

本部分参加起草单位：天津金山电线电缆股份有限公司、宝胜科技创新股份有限公司、上海南洋电材有限公司、上海亚龙工业集团有限公司、安徽华菱电缆集团有限公司。

本部分主要起草人：龚国祥、肖继东、郑国俊、唐崇健、曲巍、鲁邦秀、胡光政。

电缆和光缆在火焰条件下的燃烧试验 第12部分:单根绝缘电线电缆火焰垂直蔓延试验 1 kW预混合型火焰试验方法

1 范围

GB/T 18380的本部分规定了在火焰条件下,单根电线电缆或光缆火焰垂直蔓延试验的方法。试验装置在GB/T 18380.11—2008中规定。

注1:如果需要,GB/T 18380.12—2008的试验可与GB/T 18380.13—2008的试验同时进行。

推荐的性能要求在附录A中给出。

本部分规定了1 kW预混合型火焰的常规用法,不适用于测试总截面小于0.5 mm^2的小规格单根电线电缆,因为其导体在试验结束之前会被熔化,也不适用于细光缆,因为在试验结束前光缆会断裂。在这些情况下,试验方法可参照GB/T 18380.22—2008。

注2:使用能延缓火焰蔓延并符合本标准要求的电线电缆并不足以保证该电线电缆能在所有敷设条件下阻止火焰的蔓延,因此,在一些蔓延危险性高的场合,如成束电缆大长度垂直敷设时,还应采用特殊的装置来预防。不应认为电缆试样符合本标准规定的性能要求,而成束的该种电缆亦会表现出类似的性能(见GB/T 18380.31~18380.36系列标准)。

2 规范性引用文件

下列文件中的条款通过GB/T 18380的本部分的引用而成为本部分的条款。凡是注日期的引用文件,其随后所有的修改单(不包括勘误的内容)或修订版均不适用于本部分,然而,鼓励根据本部分达成协议的各方研究是否可使用这些文件的最新版本。凡是不注日期的引用文件,其最新版本适用于本部分。

GB/T 16499—1996 编制电气安全标准的导则(eqv IEC Guide 104:1984)

GB/T 18380.11—2008 电缆和光缆在火焰条件下的燃烧试验 第11部分:单根绝缘电线电缆火焰垂直蔓延试验 试验装置(IEC 60332-1-1:2004,IDT)

IEC 60695-4:1993 着火危险试验 第4部分:着火试验术语

3 术语和定义

GB/T 18380的本部分使用下列术语和定义。

3.1

引燃源 ignition source

引发燃烧的能源。

[IEC 60695-4:1993,定义2.76]

3.2

炭 char

因热解或不完全燃烧形成的碳残余物。

[IEC 60695-4:1993,定义2.12]

4 试验装置

GB/T 18380.11—2008中规定的试验装置。

5 试验步骤

5.1 试样

试样应是一根长(600±25)mm的电线电缆。

5.2 试样处理

试验前,所有试样应在(23±5)℃、相对湿度为(50±20)%的条件下处理至少16 h。

如果电线电缆表面有涂料或清漆涂层时,试样应在(60±2)℃温度下放置4 h,然后再进行上述处理。

5.3 试样安装

试样应被校直,并用合适的铜丝固定在两个水平的支架上,垂直放置在GB/T 18380.11—2008中4.2描述的金属罩的中间。固定试样的两个水平支架的上支架下缘与下支架上缘之间距离应为(550±5)mm。此外,固定试样时应使试样下端距离金属罩底面约50 mm(见图1)。

试样垂直轴线应处在金属罩的中间位置(也就是距两侧面150 mm,距背面225 mm)。

5.4 供火

安全警告

试验时应采取保护措施以预防操作人员免遭下述伤害:

a) 火灾或爆炸危险;

b) 烟雾和/或有毒产物的吸入,尤其是燃烧含卤材料时;

c) 有毒残渣。

5.4.1 喷灯位置

点燃GB/T 18380.11—2008中4.3所述的喷灯,将燃气和空气调节到推荐的流量。喷灯的位置应使蓝色内锥的尖端正好触及试样表面,接触点距离水平的上支架下缘(475±5)mm,同时喷灯与试样的垂直轴线成(45±2)°的夹角(见图2)。

对于扁电缆,火焰接触点应在电缆扁平部分的中部。

5.4.2 供火时间

供火应连续,且供火时间应根据试样直径符合表1的规定。

表1 供火时间

试样外径[a]/mm	供火时间[b]/s
$D \leqslant 25$	60±2
$25 < D \leqslant 50$	120±2
$50 < D \leqslant 75$	240±2
$D > 75$	480±2

a 对非圆形电缆(例如扁形结构)进行试验,应测量电缆周长并换算成等效直径,如像电缆是圆的那样。

b 对于长短轴之比大于17∶1的扁电缆,供火时间仍在考虑中。

完成规定时间的供火后,将喷灯移开并熄灭喷灯火焰。

6 试验结果评价

所有的燃烧停止后,应擦净试样。

如果原来的表面未损坏,则所有擦得掉的烟灰可忽略不计。非金属材料的软化或任何变形也忽略不计。测量上支架下缘与炭化部分上起始点之间的距离和上支架下缘与炭化部分下起始点之间的距离,精确至毫米。

炭化部分起始点应按如下规定测定：

用锋利的物体，例如小刀的刀刃按压电缆表面，如果弹性表面在某点变为脆性（粉化）表面，则表明该点即是炭化部分起始点。

尺寸单位为毫米

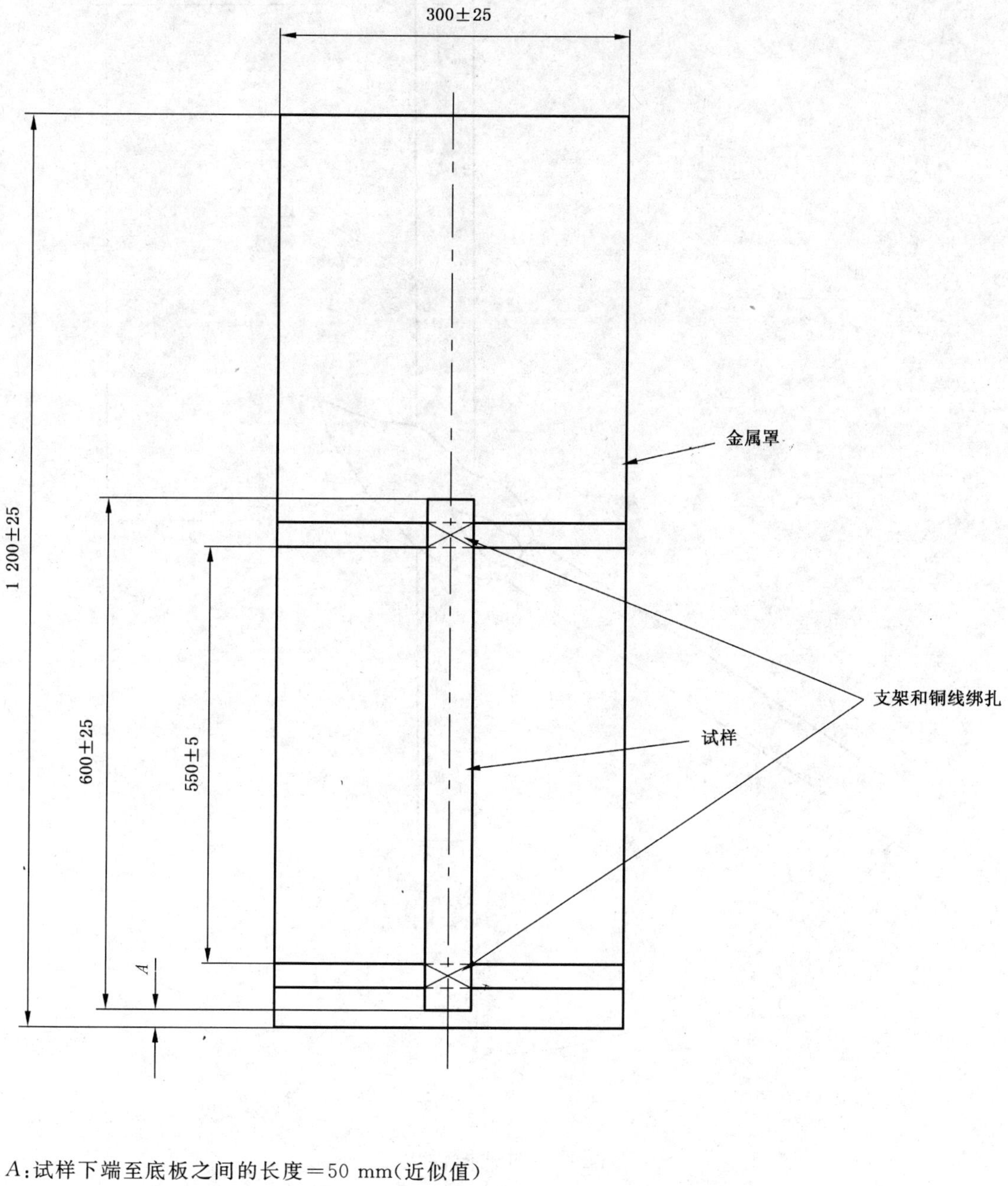

距离 A：试样下端至底板之间的长度＝50 mm（近似值）

图 1　试验设备中的试样位置

尺寸单位为毫米

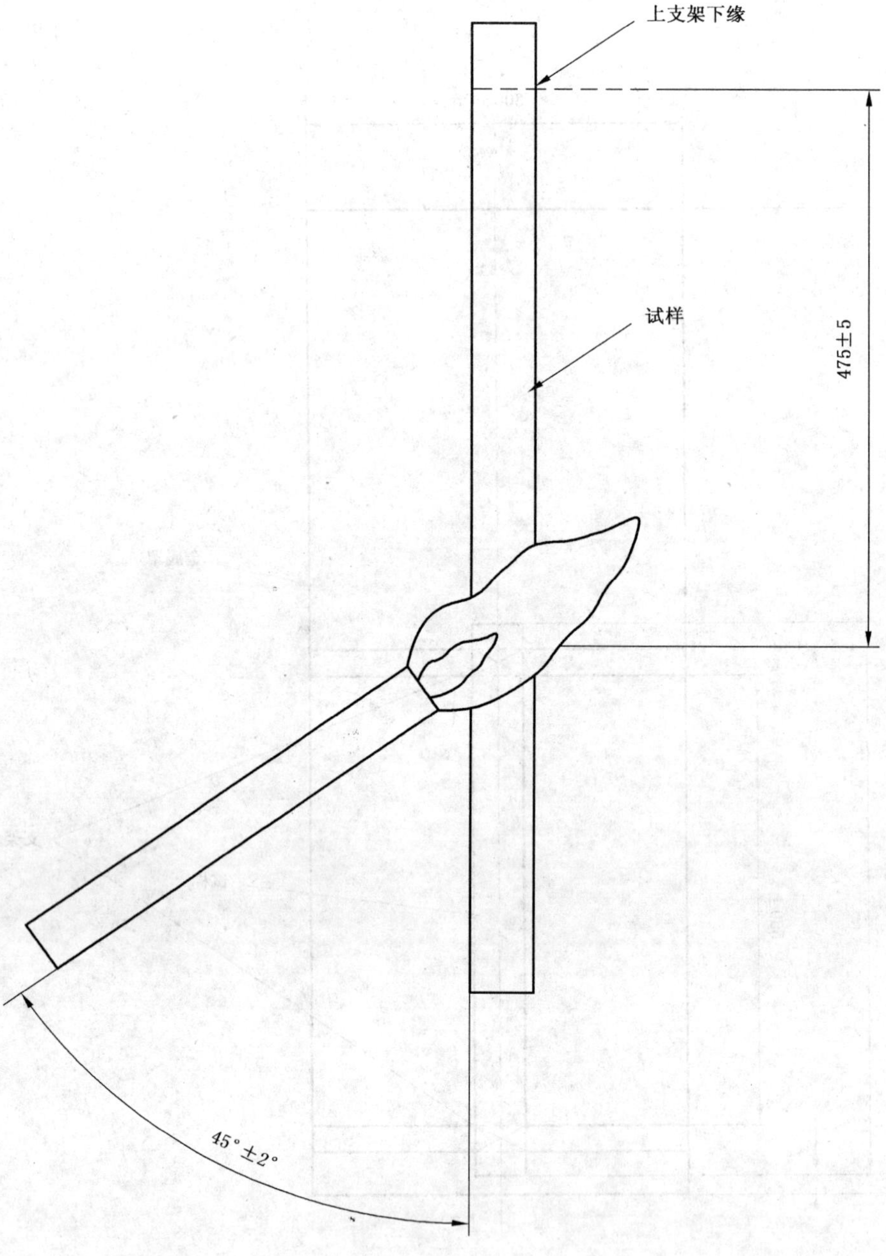

图 2　对试样供火

附 录 A
（资料性附录）
推荐的性能要求

对特定型号或种类的电线电缆的性能要求应在相关电缆产品标准中单独的规定。在没有给定的性能要求时，至少要满足如下要求：

上支架下缘和炭化部分起始点之间的距离大于 50 mm，则电线电缆通过本试验。

另外，如果燃烧向下延伸至距离上支架的下缘大于 540 mm 时，应判为不合格并作记录。

如果试验不合格，则应再进行两次试验。如果两次试验结果均通过，则应认为该电线电缆通过本试验。

附 录 B
（资料性附录）
推荐的燃气和空气流量

1 kW 标准火焰燃气和空气的流量应为：

——在 23 ℃、0.1 MPa 的条件下以 650 mL/min±30 mL/min 的流量供给纯度超过 95%的技术级丙烷[1)]气体。

——在 23 ℃、0.1 MPa 的条件下以 10 L/min±0.5 L/min 的流量供给空气。

1) 纯度超过 95%的技术级丙烷是本部分引用标准 GB/T 18380.11—2008 规定的。

ICS 29.060.20
K 13

中华人民共和国国家标准

GB/T 18380.13—2008/IEC 60332-1-3:2004

电缆和光缆在火焰条件下的燃烧试验 第13部分:单根绝缘电线电缆火焰垂直蔓延试验 测定燃烧的滴落(物)/微粒的试验方法

Tests on electric and optical fibre cables under fire conditions—Part 13:Test for vertical flame propagation for a single insulated wire or cable—Procedure for determination of flaming droplets/particles

(IEC 60332-1-3:2004,IDT)

2008-06-26 发布　　2009-04-01 实施

中华人民共和国国家质量监督检验检疫总局
中国国家标准化管理委员会　发布

前　言

GB/T 18380《电缆和光缆在火焰条件下的燃烧试验》分为11个部分：

——第11部分：单根绝缘电线电缆火焰垂直蔓延试验　试验装置；

——第12部分：单根绝缘电线电缆火焰垂直蔓延试验　1 kW预混合型火焰试验方法；

——第13部分：单根绝缘电线电缆火焰垂直蔓延试验　测定燃烧的滴落(物)/微粒的试验方法；

——第21部分：单根绝缘细电线电缆火焰垂直蔓延试验　试验装置；

——第22部分：单根绝缘细电线电缆火焰垂直蔓延试验　扩散型火焰试验方法；

——第31部分：垂直安装的成束电线电缆火焰垂直蔓延试验　试验装置；

——第32部分：垂直安装的成束电线电缆火焰垂直蔓延试验　A F/R类；

——第33部分：垂直安装的成束电线电缆火焰垂直蔓延试验　A类；

——第34部分：垂直安装的成束电线电缆火焰垂直蔓延试验　B类；

——第35部分：垂直安装的成束电线电缆火焰垂直蔓延试验　C类；

——第36部分：垂直安装的成束电线电缆火焰垂直蔓延试验　D类。

本部分为GB/T 18380的第13部分。

本部分等同采用IEC 60332-1-3:2004《电缆和光缆在火焰条件下的燃烧试验　第1-3部分：单根绝缘电线电缆火焰垂直蔓延试验　测定燃烧的滴落(物)/微粒的试验方法》(英文版)。

为了便于使用，本部分作了下列编辑性修改：

a) 删除了国际标准的前言和引言；

b) 增加了国家标准本部分的前言；

c) 增加了附录B；

d) 用小数点"."代替作为小数点的逗号","；

e) 用"第13部分"代替"第1-3部分"；

f) 本部分第2章引用了采用国际标准的我国国家标准而非国际标准。

本部分的附录A和附录B为资料性附录。

本部分由中国电器工业协会提出。

本部分由全国电线电缆标准化技术委员会归口。

本部分负责起草单位：上海电缆研究所。

本部分参加起草单位：安徽华菱电缆集团有限公司、宝胜科技创新股份有限公司、天津金山电线电缆股份有限公司、上海南洋电材有限公司、扬州曙光电缆有限公司。

本部分主要起草人：龚国祥、肖继东、胡光政、唐崇健、郑国俊、曲巍、梁国华。

电缆和光缆在火焰条件下的燃烧试验 第13部分:单根绝缘电线电缆火焰垂直蔓延试验 测定燃烧的滴落(物)/微粒的试验方法

1 范围

GB/T 18380的本部分规定了评定单根垂直电线电缆或光缆在规定的火焰条件下燃烧的滴落(物)/微粒的试验方法。

注:如果需要,GB/T 18380.13—2008的试验可与GB/T 18380.12—2008的试验同时进行。

推荐的性能要求在附录A中给出。

GB/T 18380本部分规定了1 kW预混合型火焰的常规用法,不适用于测试总截面小于0.5 mm^2的小规格单根电线电缆,因为其导体在试验结束之前会被熔化,也不适用于细光缆,因为在试验结束前光缆会断裂。

2 规范性引用文件

下列文件中的条款通过GB/T 18380的本部分的引用而成为本部分的条款。凡是注日期的引用文件,其随后所有的修改单(不包括勘误的内容)或修订版均不适用于本部分,然而,鼓励根据本部分达成协议的各方研究是否可使用这些文件的最新版本。凡是不注日期的引用文件,其最新版本适用于本部分。

GB/T 10739—2002 纸、纸板和纸浆试样处理和试验的标准大气条件(eqv ISO 187:1990)

GB/T 16499—1996 编制电气安全标准的导则(eqv IEC Guide 104:1984)

GB/T 18380.11—2008 电缆和光缆在火焰条件下的燃烧试验 第11部分:单根绝缘电线电缆火焰垂直蔓延试验 试验装置(IEC 60332-1-1:2004,IDT)

IEC 60695-4:1993 着火危险试验 第4部分:着火试验术语

3 术语和定义

GB/T 18380的本部分使用下列术语和定义。

3.1

引燃源 ignition source

引发燃烧的能源。

[IEC 60695-4:1993,定义2.76]

3.2

燃烧的滴落物 flaming debris

在试验过程中熔融或从试样上分离并落至试样最初的下端以下的物质,在下落的过程中继续燃烧,并点燃试样下方的滤纸。

4 试验装置

4.1 主要试验装置

GB/T 18380.11—2008中规定的试验装置。

4.2 引燃源

引燃源是符合 GB/T 18380.11—2008 中 4.3 的燃气喷灯。

4.3 滤纸

采用未染色的纤维滤纸，定量(80±15)g/m²，灰含量小于 0.1%。滤纸需按 GB/T 10739—2002 进行预处理。

5 试验步骤

5.1 试样

试样应是一根长(600±25)mm 的电线电缆。

5.2 处理条件

试验前，所有试样应在(23±5)℃、相对湿度为(50±20)%的条件下处理至少 16 h。

如果电线电缆表面有涂料或清漆涂层时，试样应在(60±2)℃温度下放置 4 h，然后再进行上述处理。

5.3 试样和滤纸的放置

试样应被校直，并用合适的铜丝固定在两个水平的支架上，垂直放置在 GB/T 18380.11—2008 中 4.2 描述的金属罩的中间。固定试样的两个水平支架的上支架下缘与下支架上缘之间距离应为(550±5)mm。此外，固定试样时应使试样下端距离金属罩底面约 50 mm(见图 1)。

试样垂直轴线应处在金属罩的中间位置(也就是距两侧面 150 mm，距背面 225 mm)。

两张滤纸(300±10)mm×(300±10)mm 重叠放置，试验开始前 3 min 内平放在金属罩的底部。滤纸应置于试样下方正中。

5.4 供火

安全警告

试验时应采取保护措施以预防操作人员免遭下述伤害：

a) 火灾或爆炸危险；

b) 烟雾和/或有毒产物的吸入，尤其是燃烧含卤材料时；

c) 有毒残渣。

5.4.1 喷灯位置

点燃 GB/T 18380.11—2008 中 4.3 所述的喷灯，将燃气和空气调节到推荐的流量。喷灯的位置应使蓝色内锥的尖端正好触及试样表面，接触点距离水平的上支架下缘(475±5)mm，同时喷灯与试样的垂直轴线成(45±2)°的夹角(见图 2)。

对于扁电缆，火焰接触点应在电缆扁平部分的中部。

5.4.2 供火时间

供火应连续，且供火时间应根据试样直径符合表 1 的规定。

表 1 供火时间

试样外径[a]/ mm	供火时间[b]/ s
$D \leq 25$	60±2
$25 < D \leq 50$	120±2
$50 < D \leq 75$	240±2
$D > 75$	480±2

[a] 对非圆形电缆(例如扁形结构)进行试验，应测量电缆周长并换算成等效直径，如像电缆是圆的那样。

[b] 对于长短轴之比大于 17：1 的扁电缆，供火时间仍在考虑中。

完成规定时间的供火后,将喷灯移开并熄灭喷灯火焰。

6 试验结果评价

在试验期间,作如下记录:

a) 滤纸是否被点燃;

b) 若滤纸被点燃,记录从滤纸被点燃到燃烧熄灭的时间。

尺寸单位为毫米

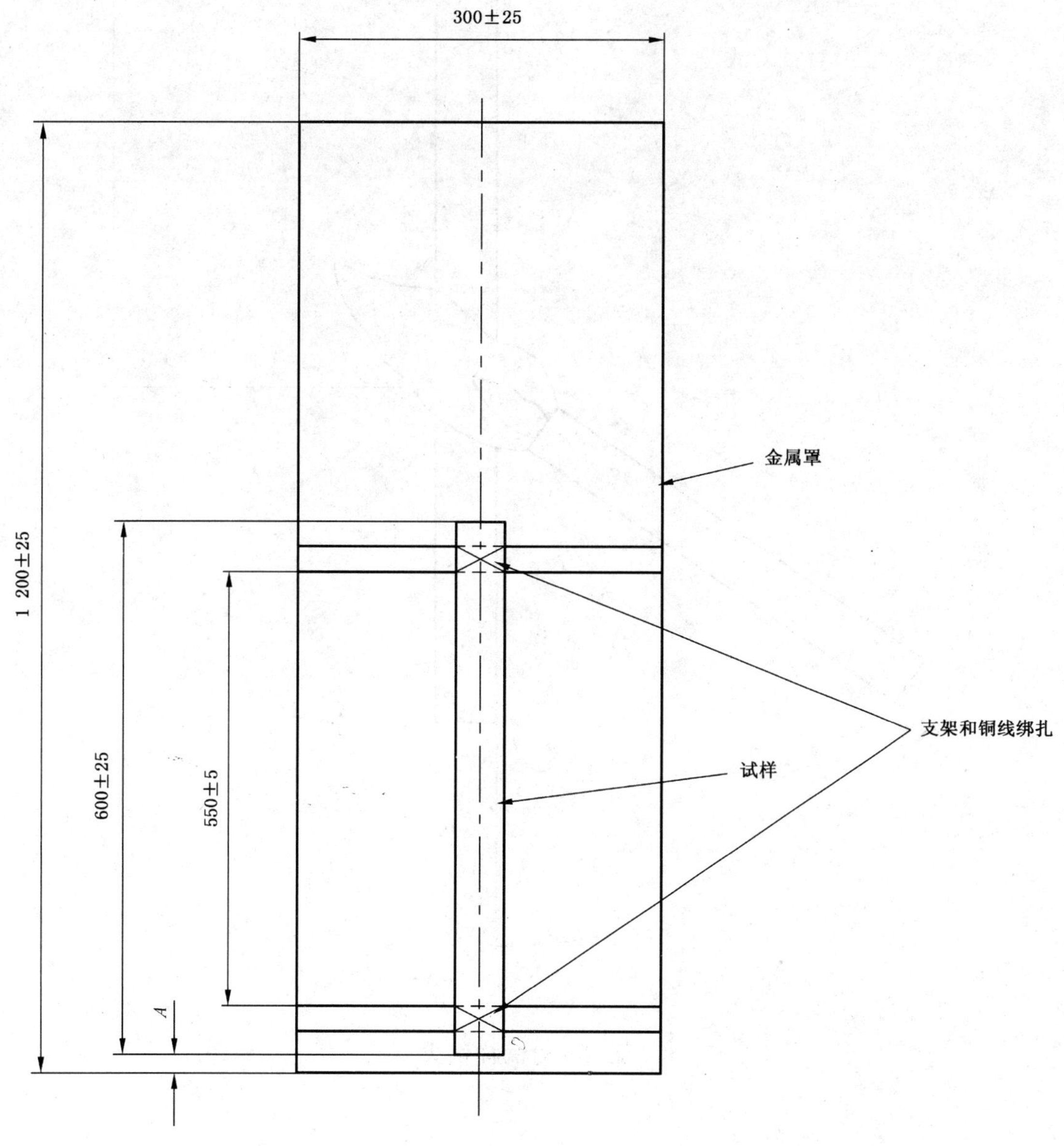

距离 A:试样下端至底板之间的长度=50 mm

图 1 试验设备中的试样位置

尺寸单位为毫米

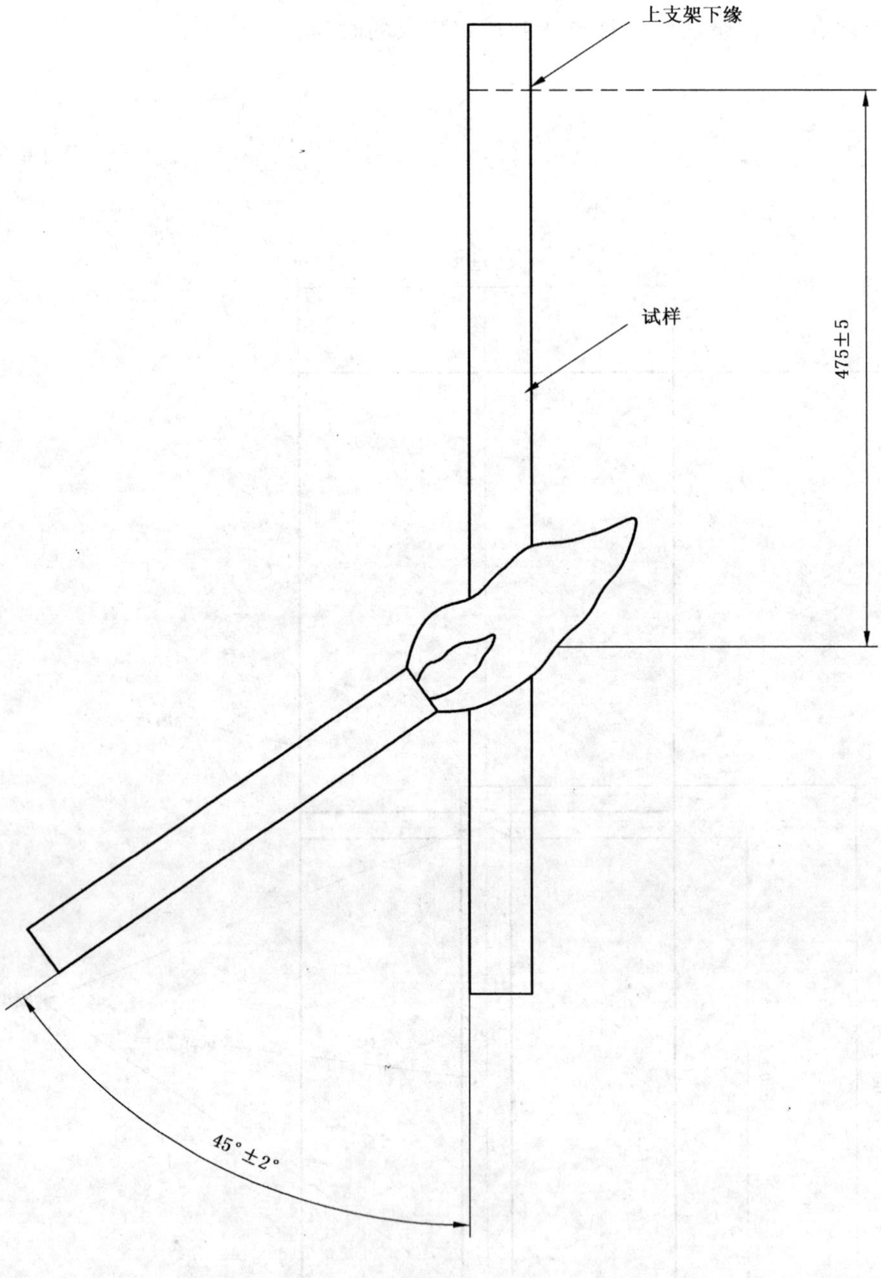

图 2　对试样供火

附 录 A
(资料性附录)
推荐的性能要求

对特定型号或种类的电线电缆的性能要求应在相关电缆产品标准中单独的规定。在没有给定的性能要求时,至少要满足如下要求:

如果在试验过程中滤纸没有被点燃,则电线电缆通过本试验。

如果试验不合格,则应再进行两次试验。如果两次试验结果均通过,则应认为该电线电缆通过本试验。

附　录　B
（资料性附录）
推荐的燃气和空气流量

1 kW 标准火焰燃气和空气的流量应为：

——在 23 ℃、0.1 MPa 的条件下以 650 mL/min±30 mL/min 的流量供给纯度超过 95%的技术级丙烷[1)]气体。

——在 23 ℃、0.1 MPa 的条件下以 10 L/min±0.5 L/min 的流量供给空气。

1）　纯度超过 95%的技术级丙烷是本部分引用标准 GB/T 18380.11—2008 规定的。

ICS 29.060.20
K 13

中华人民共和国国家标准

GB/T 18380.21—2008/IEC 60332-2-1:2004
代替 GB/T 18380.2—2001

电缆和光缆在火焰条件下的燃烧试验 第21部分:单根绝缘细电线电缆火焰垂直蔓延试验　试验装置

Tests on electric and optical fibre cables under fire conditions—Part 21:Test for vertical flame propagation for a single small insulated wire or cable—Apparatus

(IEC 60332-2-1:2004,IDT)

2008-06-26 发布　　2009-04-01 实施

中华人民共和国国家质量监督检验检疫总局
中国国家标准化管理委员会　发布

前　　言

GB/T 18380《电缆和光缆在火焰条件下的燃烧试验》分为11个部分：

——第11部分：单根绝缘电线电缆火焰垂直蔓延试验　试验装置；

——第12部分：单根绝缘电线电缆火焰垂直蔓延试验　1 kW预混合型火焰试验方法；

——第13部分：单根绝缘电线电缆火焰垂直蔓延试验　测定燃烧的滴落(物)/微粒的试验方法；

——第21部分：单根绝缘细电线电缆火焰垂直蔓延试验　试验装置；

——第22部分：单根绝缘细电线电缆火焰垂直蔓延试验　扩散型火焰试验方法；

——第31部分：垂直安装的成束电线电缆火焰垂直蔓延试验　试验装置；

——第32部分：垂直安装的成束电线电缆火焰垂直蔓延试验　A F/R类；

——第33部分：垂直安装的成束电线电缆火焰垂直蔓延试验　A类；

——第34部分：垂直安装的成束电线电缆火焰垂直蔓延试验　B类；

——第35部分：垂直安装的成束电线电缆火焰垂直蔓延试验　C类；

——第36部分：垂直安装的成束电线电缆火焰垂直蔓延试验　D类。

本部分为GB/T 18380的第21部分。

本部分等同采用IEC 60332-2-1:2004《电缆和光缆在火焰条件下的燃烧试验　第2-1部分：单根绝缘细电线电缆火焰垂直蔓延试验　试验装置》(英文版)。

IEC 60332-2-1:2004中图1的尺寸标注有误，本部分进行了修改。

为便于使用，本部分作了下列编辑性修改：

a)　删除了国际标准的前言和引言；

b)　增加了国家标准本部分的前言；

c)　用小数点“.”代替作为小数点的逗号“,”；

d)　用“第21部分”代替“第2-1部分”。

e)　本部分第2章引用了采用国际标准的我国国家标准而非国际标准。

本部分代替GB/T 18380.2—2001《电缆在火焰条件下的燃烧试验　第2部分：单根铜心绝缘细电线或电缆的燃烧试验方法》，GB/T 18380.2—2001的试验方法内容归入到其他相关部分。

本部分与GB/T 18380.2—2001相比主要变化如下：

——本部分名称修改为：“电缆和光缆在火焰条件下的燃烧试验　第21部分：单根绝缘细电线电缆火焰垂直蔓延试验　试验装置”；

——与本部分名称相对应，英文名称修改为：“Tests on electric and optical fibre cables under fire conditions Part 21: Test for vertical flame propagation for a single small insulated wire or cable-Apparatus”；

——增加了前言；

——扩大了适用范围(2001版的第1章，本部分的第1章)；

——增加了“规范性引用文件”；

——增加了术语和定义；

——将“试验设备”改为“试验装置”(2001版的第3章，本部分的第4章)；

——将“火源”改为“引燃源”(2001版的第7章，本部分的4.3)；

——燃烧气体修改为纯度超过95%的技术级丙烷(2001版的第7章，本部分的4.3)；

——删除了2001版的第2章、第4章、第5章、第6章和第8章。

本部分由中国电器工业协会提出。

本部分由全国电线电缆标准化技术委员会归口。

本部分负责起草单位：上海电缆研究所。

本部分参加起草单位：天津金山电线电缆股份有限公司、上海亚龙工业集团有限公司、安徽华菱电缆集团有限公司、宝胜科技创新股份有限公司、扬州曙光电缆有限公司。

本部分主要起草人：龚国祥、刘旌平、郑国俊、鲁邦秀、胡光政、唐崇健、梁国华。

本部分所代替标准的历次版本发布情况为：

——GB 12666.2—1990 中的第二种方法(DZ-2 法)；

——GB/T 18380.2—2001。

电缆和光缆在火焰条件下的燃烧试验 第21部分:单根绝缘细电线电缆火焰垂直蔓延试验 试验装置

1 范围

GB/T 18380的本部分规定了在火焰条件下,单根绝缘细电线电缆或细光缆火焰垂直蔓延试验的设备。

试验方法及推荐性能要求的资料性附录见GB/T 18380.22—2008。

2 规范性引用文件

下列文件中的条款通过GB/T 18380的本部分的引用而成为本部分的条款。凡是注日期的引用文件,其随后所有的修改单(不包括勘误的内容)或修订版均不适用于本部分,然而,鼓励根据本部分达成协议的各方研究是否可使用这些文件的最新版本。凡是不注日期的引用文件,其最新版本适用于本部分。

GB/T 16499—1996 编制电气安全标准的导则(eqv IEC Guide 104:1984)

IEC 60695-4:1993 着火危险试验 第4部分:着火试验术语

3 术语和定义

GB/T 18380的本部分使用下列术语和定义,这一定义取自IEC 60695-4:1993。

3.1

引燃源 ignition source

引发燃烧的能源。

[IEC 60695-4:1993,定义2.76]

4 试验装置

4.1 试验装置的组成

试验装置应由如下部分组成:

a) 一个金属罩(4.2);

b) 一个引燃源(4.3);

c) 一个合适的试验箱(4.4)。

4.2 金属罩

金属罩的尺寸为高(1 200±25) mm,宽(300±25) mm,深(450±25) mm,正面敞开,顶部和底部封闭。

4.3 引燃源

引燃源应为符合图2要求的丙烷喷灯。

注:如果喷灯不完全符合图2的要求,允许在喷灯上加一个连接套使喷口直径达到8 mm。

燃烧气应为纯度超过95%的技术级丙烷,当喷灯处于垂直位置,空气进口关闭的时候,喷灯产生光亮火焰。调整燃气流量使光亮火焰的总长度为(125±25) mm(见图3)。

4.4 试验箱

金属罩和引燃源应被放置在一个合适的箱子里，试验期间不通风，但可配备能除去燃烧时释出有害气体的装置。试验箱温度应保持(23±10)℃。

注 1：如果要求所用的标准通风柜做到不通风，那么一定是配备了能单独控制的排气扇，并且处在“关闭”的情况。有些通风柜可能没有配备这样的装置。

注 2：如果使用通风柜在不通风的情况下做试验，推荐采取如下安全措施：

a) 关闭排气扇，封闭出口；

b) 拉下通风柜的前门，留下足以操作喷灯到位的一条缝隙；

c) 确保操作人员的安全；

d) 试验期间不要移动通风柜的门；

e) 试验结束时，在打开门之前应充分排空通风柜。

尺寸单位为毫米

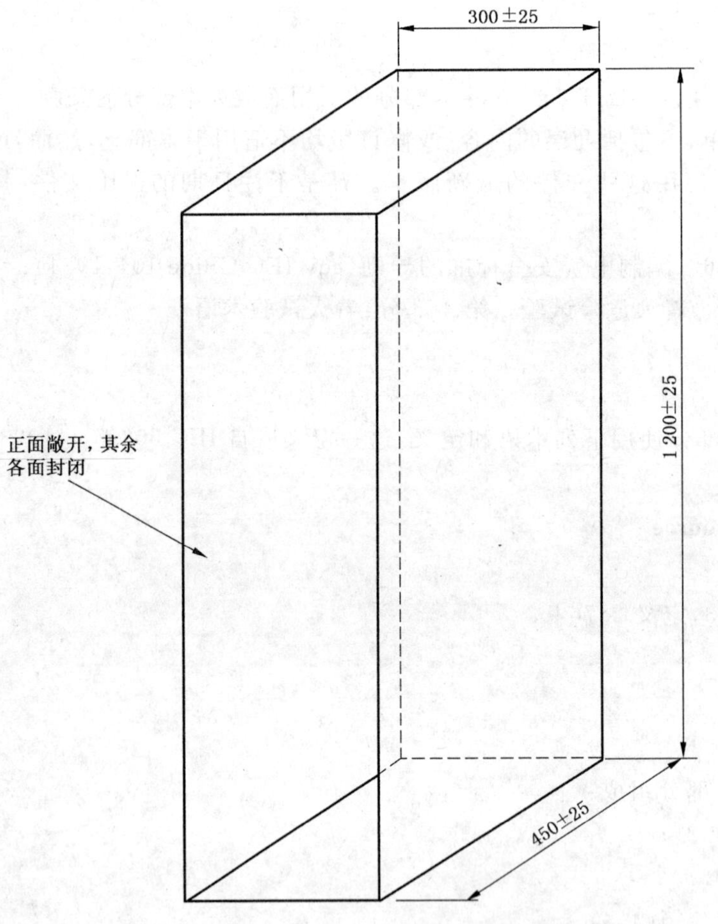

图 1 试验设备——金属罩

尺寸单位为毫米

允差：±5%

图 2　丙烷喷灯(扩散型火焰)

尺寸单位为毫米

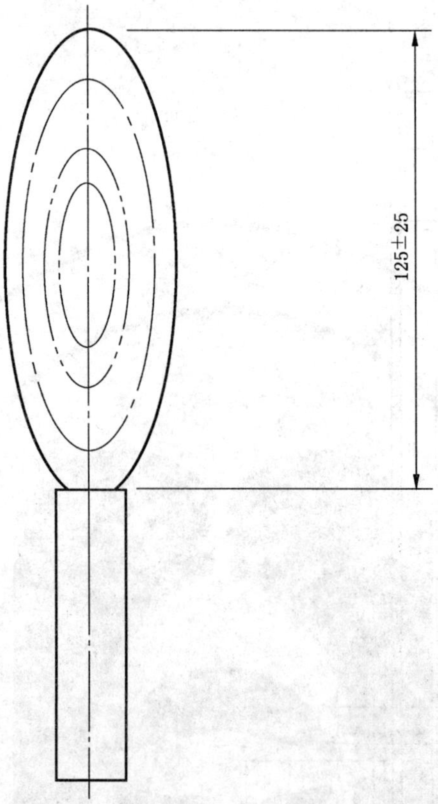

图 3 光亮火焰

ICS 29.060.20
K 13

中华人民共和国国家标准

GB/T 18380.22—2008/IEC 60332-2-2:2004

电缆和光缆在火焰条件下的燃烧试验 第22部分:单根绝缘细电线电缆火焰垂直蔓延试验　扩散型火焰试验方法

Tests on electric and optical fibre cables under fire conditions—Part 22:Test for vertical flame propagation for a single small insulated wire or cable—Procedure for diffusion flame

(IEC 60332-2-2:2004,IDT)

2008-06-26 发布　　　　2009-04-01 实施

中华人民共和国国家质量监督检验检疫总局
中国国家标准化管理委员会　发布

前　言

GB/T 18380《电缆和光缆在火焰条件下的燃烧试验》分为11个部分：

——第11部分：单根绝缘电线电缆火焰垂直蔓延试验　试验装置；

——第12部分：单根绝缘电线电缆火焰垂直蔓延试验　1 kW预混合型火焰试验方法；

——第13部分：单根绝缘电线电缆火焰垂直蔓延试验　测定燃烧的滴落(物)/微粒的试验方法；

——第21部分：单根绝缘细电线电缆火焰垂直蔓延试验　试验装置；

——第22部分：单根绝缘细电线电缆火焰垂直蔓延试验　扩散型火焰试验方法；

——第31部分：垂直安装的成束电线电缆火焰垂直蔓延试验　试验装置；

——第32部分：垂直安装的成束电线电缆火焰垂直蔓延试验　A F/R类；

——第33部分：垂直安装的成束电线电缆火焰垂直蔓延试验　A类；

——第34部分：垂直安装的成束电线电缆火焰垂直蔓延试验　B类；

——第35部分：垂直安装的成束电线电缆火焰垂直蔓延试验　C类；

——第36部分：垂直安装的成束电线电缆火焰垂直蔓延试验　D类。

本部分为GB/T 18380的第22部分。

本部分等同采用IEC 60332-2-2:2004《电缆和光缆在火焰条件下的燃烧试验　第2-2部分：单根绝缘细电线电缆火焰垂直蔓延试验　扩散型火焰试验方法》(英文版)。

为便于使用，本部分作了下列编辑性修改：

a) 删除了国际标准的前言和引言；

b) 增加了国家标准本部分的前言；

c) 用小数点"."代替作为小数点的逗号","；

d) 用"第22部分"代替"第2-2部分"；

e) 本部分第2章引用了采用国际标准的我国国家标准而非国际标准。

本部分的附录A为资料性附录。

本部分由中国电器工业协会提出。

本部分由全国电线电缆标准化技术委员会归口。

本部分负责起草单位：上海电缆研究所。

本部分参加起草单位：宝胜科技创新股份有限公司、上海亚龙工业集团有限公司、扬州曙光电缆有限公司、上海南洋电材有限公司、安徽华菱电缆集团有限公司。

本部分主要起草人：龚国祥、肖继东、唐崇健、鲁邦秀、梁国华、曲巍、胡光政。

电缆和光缆在火焰条件下的燃烧试验 第22部分:单根绝缘细电线电缆火焰垂直蔓延试验 扩散型火焰试验方法

1 范围

GB/T 18380的本部分规定了在火焰条件下,单根绝缘细电线电缆或细光缆火焰垂直蔓延试验的方法。试验设备在GB/T 18380.21—2008中规定。

当GB/T 18380.12—2008规定的试验方法不适用,如在试验供火期间可能断裂的细光缆或导体可能熔断的细电线。本标准建议在测试细光缆,总截面小于0.5 mm^2的绝缘细电线电缆时采用。

注:使用符合本标准的绝缘电线电缆并不足以防止在所有敷设条件下的火焰蔓延。在一些危险性高的场合,如成束电线大长度垂直敷设时,不能认为一根试样符合本标准的性能要求,而成束的该种电线亦会表现出同样的性能(见GB/T 18380.31~36系列标准)。

推荐的性能要求见附录A。

2 规范性引用文件

下列文件中的条款通过GB/T 18380的本部分的引用而成为本部分的条款。凡是注日期的引用文件,其随后所有的修改单(不包括勘误的内容)或修订版均不适用于本部分,然而,鼓励根据本部分达成协议的各方研究是否可使用这些文件的最新版本。凡是不注日期的引用文件,其最新版本适用于本部分。

GB/T 16499—1996 编制电气安全标准的导则(eqv IEC Guide 104:1984)

GB/T 18380.21—2008 电缆和光缆在火焰条件下的燃烧试验 第21部分:单根绝缘细电线电缆火焰垂直蔓延试验 试验装置(IEC 60332-2-1:2004,IDT)

IEC 60695-4:1993 着火危险试验 第4部分:着火试验术语

3 术语和定义

GB/T 18380的本部分使用下列术语和定义。

3.1

引燃源 ignition source

引发燃烧的能源。

[IEC 60695-4:1993,定义2.76]

3.2

炭 char

因热解或不完全燃烧形成的碳残余物。

[IEC 60695-4:1993,定义2.12]

4 试验装置

GB/T 18380.21—2008中规定的试验装置。

5 试验步骤

5.1 试样

试样应是一根长(600±25)mm的电线电缆。

5.2 试验条件

试验前，所有试样应在(23±5)℃、相对湿度为(50±20)%的条件下处理至少 16 h。

如果电线电缆表面有涂料或清漆涂层时，试样应在(60±2)℃温度下放置 4 h，然后再进行上述处理。

5.3 试样安装

5.3.1 金属导体电缆

试样应被校直，并用合适的金属丝垂直固定在 GB/T 18380.21—2008 中 4.2 描述的金属罩的中间。在试样下部按导体截面施加一个 5 N/mm² 的负荷，负荷与试样的连接点到上支架下缘的距离为(550±5)mm(见图 1)。

试样轴线应垂直的处在金属罩内的中间位置(即距两侧面 150 mm，距背面 225 mm)。

5.3.2 光缆

试样应被合适的金属丝固定在两个水平的支架上。固定试样的两个水平支架的上支架下缘与下支架上缘之间距离应为(550±5)mm。此外，固定试样时应使试样下端距离金属罩底面约 50 mm(见图 2)。

试样轴线应垂直的处在金属罩内的中间位置(即距两侧面 150 mm，距背面 225 mm)。

5.4 供火

安全警告

试验时应采取保护措施以预防操作人员免遭下述伤害：

a) 火灾或爆炸危险；

b) 烟雾和/或有毒产物的吸入，尤其是燃烧含卤材料时；

c) 有毒残渣。

5.4.1 喷灯位置

5.4.1.1 金属导体电缆

喷灯应如图 3 放置。喷灯中心线与试样中心线的呈(45±2)°的夹角。喷灯口中点与试样表面的水平距离应为(10±1)mm。喷灯的中心线和试样中心线的交点与施加的 5 N/mm² 负荷之间的距离应为(100±10)mm。喷灯的中心线和试样中心线交点与上支架的下缘距离应不超过 465 mm。

火焰应包围住试样。

5.4.1.2 光缆

喷灯应该如图 4 安放。喷灯的中心线与试样的中心线应该呈(45±2)°的夹角。喷灯口的中心线和试样的水平距离应为(10±1)mm。喷灯的中心线和试样中心线的交点与下支架的上表面的距离应为(100±10)mm。喷灯的中心线和试样中心线的交点与上支架下缘之间的距离应不超过 465 mm。

火焰应包围住试样。

5.4.2 供火时间

5.4.2.1 金属导体电缆

火焰施加在试样上时间的应为(20±1)s。如果试样未损坏，即导体没有熔化，则应按第 6 章评定试验。如果导体在小于(20±1)s 的 T 时间内已熔化，则另取一根试样重复试验，供火时间为(T－2)s。仅以第二次试验为基础进行结果评定。

5.4.2.2 光缆

火焰施加在试样上的时间应为(20±1)s。

6 试验结果评价

所有的燃烧停止后，应擦净试样。

如果原来的表面未损坏，则所有擦得掉的烟灰可忽略不计。非金属材料的软化或任何变形也忽略不计。测量上支架下缘与炭化部分上起始点之间的距离和上支架下缘与炭化部分下起始点之间的距离，精确至毫米。

炭化部分起始点应按如下规定测定：

用锋利的物体，例如小刀的刀刃按压电缆表面，如果弹性表面在某点变为脆性(粉化)表面，则表明该点即是炭化部分起始点。

尺寸单位为毫米

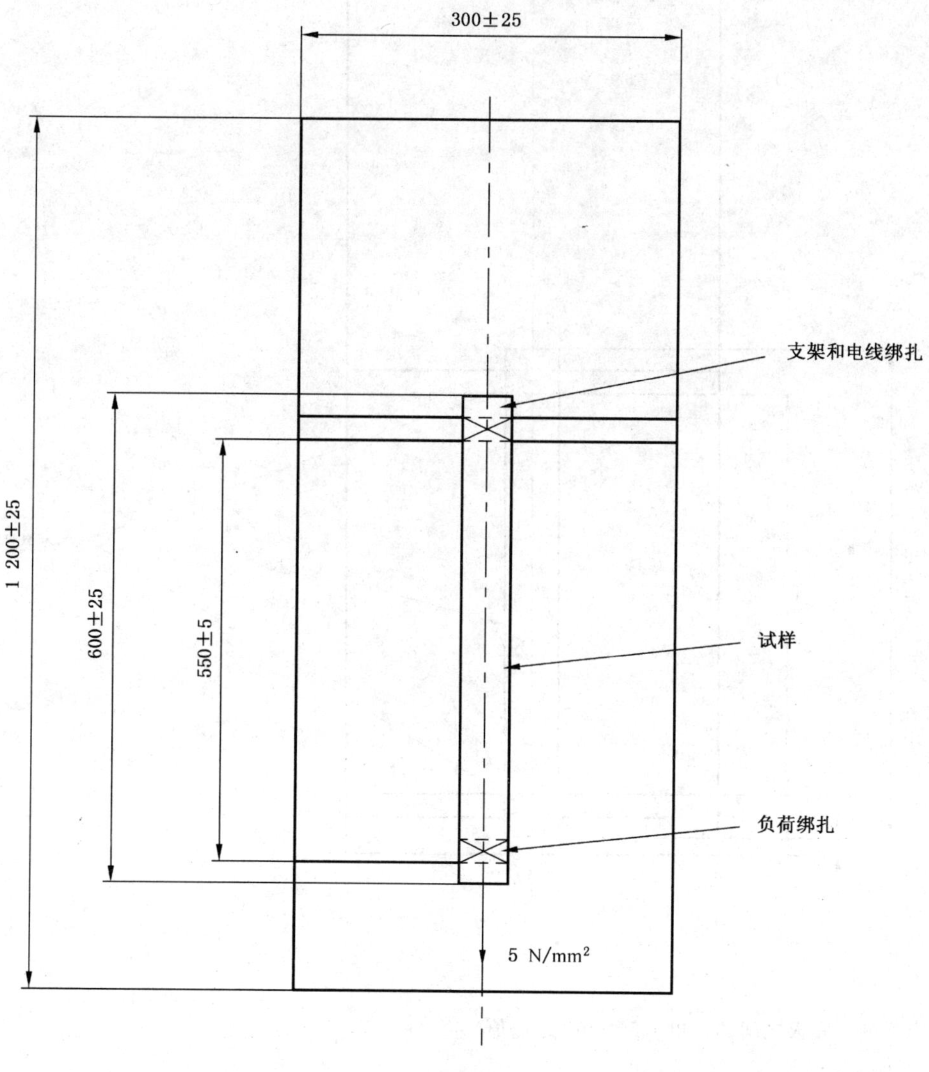

图 1 试样放置(金属导体)

尺寸单位为毫米

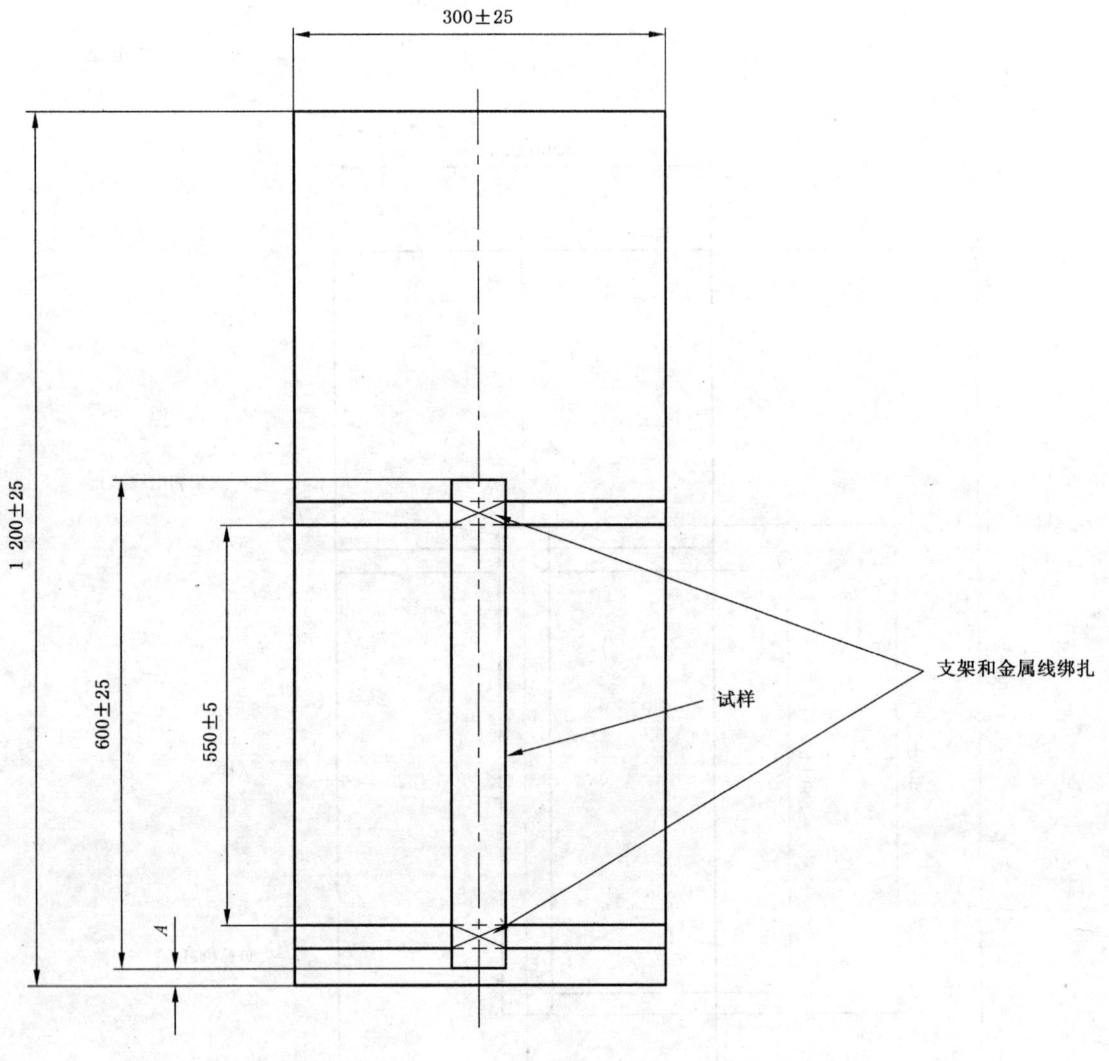

距离 A:试样下端至底板之间的长度=50 mm(近似值)

图 2 试样放置(光缆)

尺寸单位为毫米

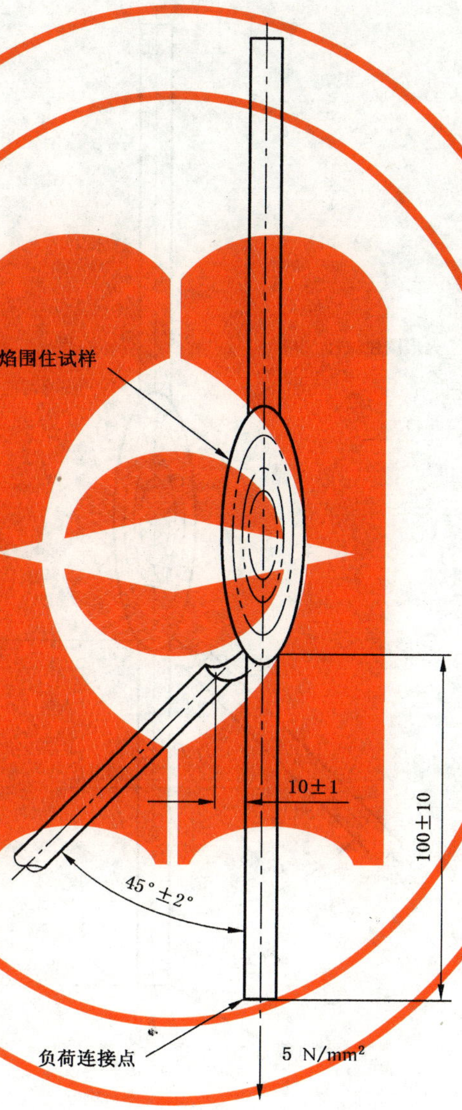

图 3 对试样供火(金属导体)

尺寸单位为毫米

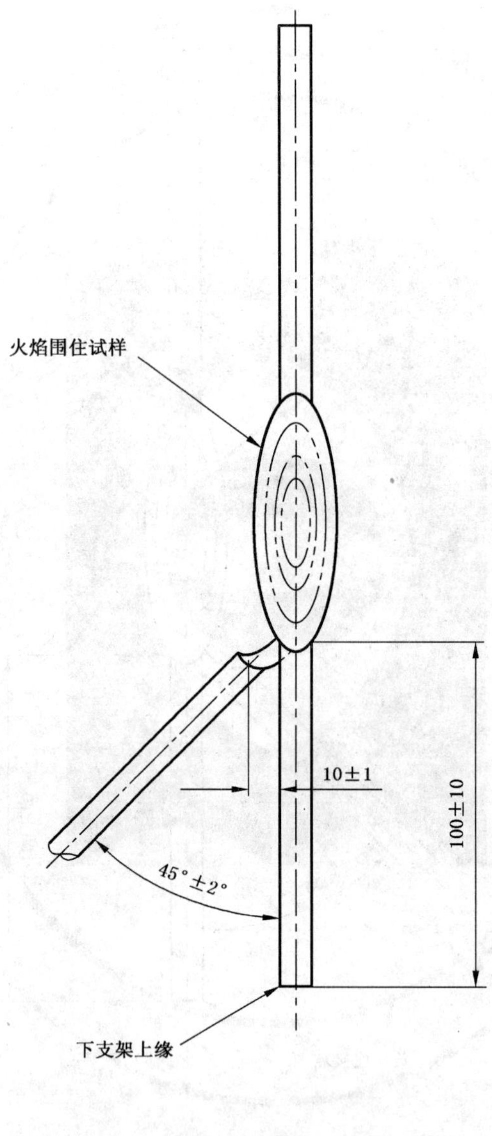

图 4　对试样供火(光缆)

附　录　A
（资料性附录）
推荐的性能要求

对特定型号或种类的电线电缆的性能要求应在相关电缆产品标准中单独的规定。在没有给定的性能要求时，至少要满足如下要求：

上支架下缘和炭化部分起始点之间的距离大于 50 mm，则电线电缆通过本试验。

另外，如果燃烧向下延伸至距离上支架的下缘大于 540 mm 时，应判为不合格并作记录。

如果试验不合格，则应再进行两次试验。如果两次试验结果均通过，则应认为该电线电缆通过本试验。

ICS 29.060.20
K 13

中华人民共和国国家标准

GB/T 18380.31—2008/IEC 60332-3-10:2000
代替 GB/T 18380.3—2001

电缆和光缆在火焰条件下的燃烧试验 第31部分:垂直安装的成束电线电缆火焰垂直蔓延试验 试验装置

Test on electric and optical fibre cables under fire conditions—Part 31: Test for vertical flame spread of vertically-mounted bunched wires or cables—Apparatus

(IEC 60332-3-10:2000,IDT)

2008-06-26 发布　　　　2009-04-01 实施

中华人民共和国国家质量监督检验检疫总局
中国国家标准化管理委员会　发布

前　言

GB/T 18380《电缆和光缆在火焰条件下的燃烧试验》分为11个部分：

——第11部分：单根绝缘电线电缆火焰垂直蔓延试验　试验装置；

——第12部分：单根绝缘电线电缆火焰垂直蔓延试验　1 kW 预混合型火焰试验方法；

——第13部分：单根绝缘电线电缆火焰垂直蔓延试验　测定燃烧的滴落(物)/微粒的试验方法；

——第21部分：单根绝缘细电线电缆火焰垂直蔓延试验　试验装置；

——第22部分：单根绝缘细电线电缆火焰垂直蔓延试验　扩散型火焰试验方法；

——第31部分：垂直安装的成束电线电缆火焰垂直蔓延试验　试验装置；

——第32部分：垂直安装的成束电线电缆火焰垂直蔓延试验　A F/R类；

——第33部分：垂直安装的成束电线电缆火焰垂直蔓延试验　A类；

——第34部分：垂直安装的成束电线电缆火焰垂直蔓延试验　B类；

——第35部分：垂直安装的成束电线电缆火焰垂直蔓延试验　C类；

——第36部分：垂直安装的成束电线电缆火焰垂直蔓延试验　D类。

本部分为GB/T 18380的第31部分。

本部分等同采用IEC 60332-3-10:2000《电缆在火焰条件下的燃烧试验　第3-10部分：垂直安装的成束电线电缆火焰垂直蔓延试验　试验装置》(英文版)。

为便于使用，本部分作了下列编辑性修改：

a) 本部分名称修改为："电缆和光缆在火焰条件下的燃烧试验　第31部分：垂直安装的成束电线电缆火焰垂直蔓延试验　试验装置"；

b) 与本部分名称相对应，英文名称修改为："Test on electric and optical fibre cables under fire conditions—Part 31: Test for vertical flame spread of vertically-mounted bunched wires or cables—Apparatus"；

c) 删除了国际标准的前言和引言；

d) 增加了国家标准本部分的前言；

e) 用小数点"."代替作为小数点的逗号","；

f) 用"第31部分"代替"第3-10部分"；

g) 本部分第2章引用了采用国际标准的我国国家标准而非国际标准。

本部分代替GB/T 18380.3—2001《电缆在火焰条件下的燃烧试验　第3部分：成束电线或电缆燃烧试验方法》，GB/T 18380.3—2001中的试验方法内容归入到其他相关部分。

本部分与GB/T 18380.3—2001相比主要变化如下：

——本部分名称修改为："电缆和光缆在火焰条件下的燃烧试验　第31部分：垂直安装的成束电线电缆火焰垂直蔓延试验　试验装置"；

——与本部分名称相对应，英文名称修改为："Test on electric and optical fibre cables under fire conditions—Part 31: Test for vertical flame spread of vertically-mounted bunched wires or cables—Apparatus"；

——增加了前言；

——将第1章的"概述"中的1.1"范围"和1.2"引用标准"修改为本部分的第1章"范围"和第2章"规范性引用文件"；

——扩大了适用范围(2001版的1.1，本部分的第1章)；

——增加了术语和定义；
——将“火源”改为“引燃源”(2001 版的 2.5,本部分的第 6 章)；
——燃烧气体修改为标称纯度 95%的技术级丙烷(2001 版的 2.5,本部分的 6.1)；
——供给喷灯的空气流量修改为(77.7±4.8) L/min(2001 版的 2.5,本部分的 6.1)；
——2001 版第 2 章相关的试验设备内容归入到本部分的第 5 章“试验装置”,相关的试验方法内容归入到其他相关部分；
——删除了 2001 版的第 3 章、第 4 章、第 5 章。

本部分的附录 A 为资料性附录。

本部分由中国电器工业协会提出。

本部分由全国电线电缆标准化技术委员会归口。

本部分负责起草单位:上海电缆研究所。

本部分参加起草单位:扬州曙光电缆有限公司、安徽华菱电缆集团有限公司、上海亚龙工业集团有限公司、天津金山电线电缆股份有限公司、上海南洋电材有限公司。

本部分主要起草人:肖继东、龚国祥、梁国华、胡光政、鲁邦秀、郑国俊、曲巍。

本部分所代替标准的历次版本发布情况为：
——GB 12666.5—1990；
——GB/T 18380.3—2001。

电缆和光缆在火焰条件下的燃烧试验 第31部分:垂直安装的成束电线电缆火焰垂直蔓延试验 试验装置

1 范围

GB/T 18380 的第 31、32、33、34、35、36 部分规定了一种试验方法,用来评价垂直安装的成束电线电缆或光缆在规定条件下抑制火焰垂直蔓延的能力。

注:本部分中术语"电线电缆"包括所有用于能量或信号传输的金属导体绝缘电缆。

GB/T 18380 的本部分详述了试验装置及其布置和校准。

2 规范性引用文件

下列文件中的条款通过 GB/T 18380 的本部分的引用而成为本部分的条款。凡是注日期的引用文件,其随后所有的修改单(不包括勘误的内容)或修订版均不适用于本部分,然而,鼓励根据本部分达成协议的各方研究是否可使用这些文件的最新版本。凡是不注日期的引用文件,其最新版本适用于本部分。

GB/T 16499—1996 编制电气安全标准的导则(eqv IEC Guide 104:1984)

IEC 60695-4:1993 着火危险试验 第 4 部分:着火试验术语

3 定义

GB/T 18380 的本部分使用下列术语和定义。

3.1

引燃源 ignition source

引发燃烧的能源。

[IEC 60695-4:1993,定义 2.76]

4 试验环境

如果装在试验箱顶部的风速计测得的外部风速大于 8 m/s,则不应进行试验。如果内侧墙的温度低于 5 ℃或高于 40 ℃,也不应进行试验。内侧墙温度在距箱底板上部 1 500 mm、距一侧墙面 50 mm 和距门 1 000 mm 的交点上进行测量。试验期间试验箱的门应始终关上。

5 试验装置

试验装置由下述部分组成:

5.1 试验箱

试验装置(见图 1)应是一个宽(1 000±100) mm、深(2 000±100) mm 和高(4 000±100) mm 的自立箱体。箱底应高出地面。试验箱的周边通常应密封,空气从箱底距前墙(150±10) mm 处打开的一个(800±20) mm×(400±10) mm 的进气口(见图 1)流入箱内。

应在试验箱顶部的后面开一个(300±30) mm×(1 000±100) mm 的出气口。试验箱的后墙和两侧墙应采用传热系数约为 0.7 $W \cdot m^{-2} \cdot K^{-1}$的热绝缘。例如,在(1.5～2.0) mm 厚的钢板上包覆65 mm 厚的矿物纤维再外包一适当的外套即可(见图 2)。钢梯与试验箱后墙之间的距离为(150±10) mm,钢梯最下面的横档距地面(400±5) mm。电缆试样的最低处距地面约 100 mm(见图 3)。

5.2 空气源

应安装一个能控制空气气流通过箱体的空气源。

注 1：推荐采用适当的风扇通过进气口把空气吹入试验箱内。

试验开始之前，恒定控制温度在(20±10)℃，在进气口测量空气流量，并调节为(5 000±500) L/min。在试验过程中空气流速应予以维持，除非电缆停止燃烧，如果停止供火 1 h 后试样仍燃烧不止，应强行熄灭。

注 2：推荐在进入试验箱之前维持空气气流几分钟以除去有害气体。

5.3 钢梯类型

钢梯有两种类型：宽(500±5) mm 的标准钢梯和宽(800±10) mm 的宽型钢梯。两种钢梯的详细情况如图 4a)和图 4b)。

5.4 排放物净化装置

如有必要可在试验箱上安装收集和洗涤烟尘的装置。该装置应不会改变通过试验箱的空气流量。

6 引燃源

6.1 类型

引燃源应包括一个或两个带型丙烷燃气喷灯及其配套流量计和文丘里混合器。丙烷气应为标称纯度为 95%的技术级丙烷。其供火表面应为钻有 242 个直径为 1.32 mm 孔的扁平金属板。这些孔的中心距离为 3.2 mm，分三排交错排列，每排分别为 81、80 和 81 个，分布在标称尺寸 257 mm×4.5 mm 的范围内。由于在喷火板上钻孔可以不用钻模，孔的间距可能有细小的偏差。另外，在喷火板两侧可各开一排小孔，这些导向孔的作用是保持火焰的稳定燃烧。

喷灯如图 5a)和图 5b)所示，其孔的分布如图 6。

每个喷灯应配备精确装置以控制丙烷和空气流入速率。可以采用转子流量计或质量流量计。

注 1：推荐采用易用的质量流量计。

图 7 是一种采用转子流量计系统的例子。

推荐采用下述的预防措施以确保安全操作引燃源。

——供气系统宜配备回火限制器；

——宜使用熄火保护装置；

——点火和熄火宜采用安全的丙烷和空气供气次序。

丙烷和空气转子流量计安装完毕后应进行校准，以确保配管和文丘里混合器对其没有影响。

如有必要，应对根据温度和压力变化对丙烷和空气转子流量计进行修正，详见附录 A。

丙烷和空气流量计应根据下述基准条件进行校准。

基准温度和压力分别为 20℃和 100 kPa(1 bar)。

用于本试验的空气露点温度应不高于 0℃。

在 100 kPa 和 20℃的基准条件下，本试验的气流速率应如下：

空气 (77.7±4.8) L/min

丙烷 (13.5±0.5) L/min

以对每个喷灯提供(73.7±1.68)×10^6 J/h((70 000±1 600) Btu/h)[1)] 的标称热量。

注 2：丙烷流量是按燃烧产生的净热值计算的。

6.2 引燃源位置

喷灯应水平放置，距电缆试样前表面(75±5) mm，距试验箱底部(600±5) mm，并与钢梯轴线对

1) 相当于(20.5±0.5) kW。

称。喷灯供火点应位于钢梯两根横档之间的中心，并且距试样下端至少 500 mm(见图 3 和图 5a))。

试验前可以在远离试验位置处调节空气和丙烷的流量。

采用宽型钢梯时，两个喷灯应大致如图 5b)所示的按钢梯轴线对称的安置。喷灯系统的中心线应与钢梯中心线大致一致。

尺寸单位为毫米

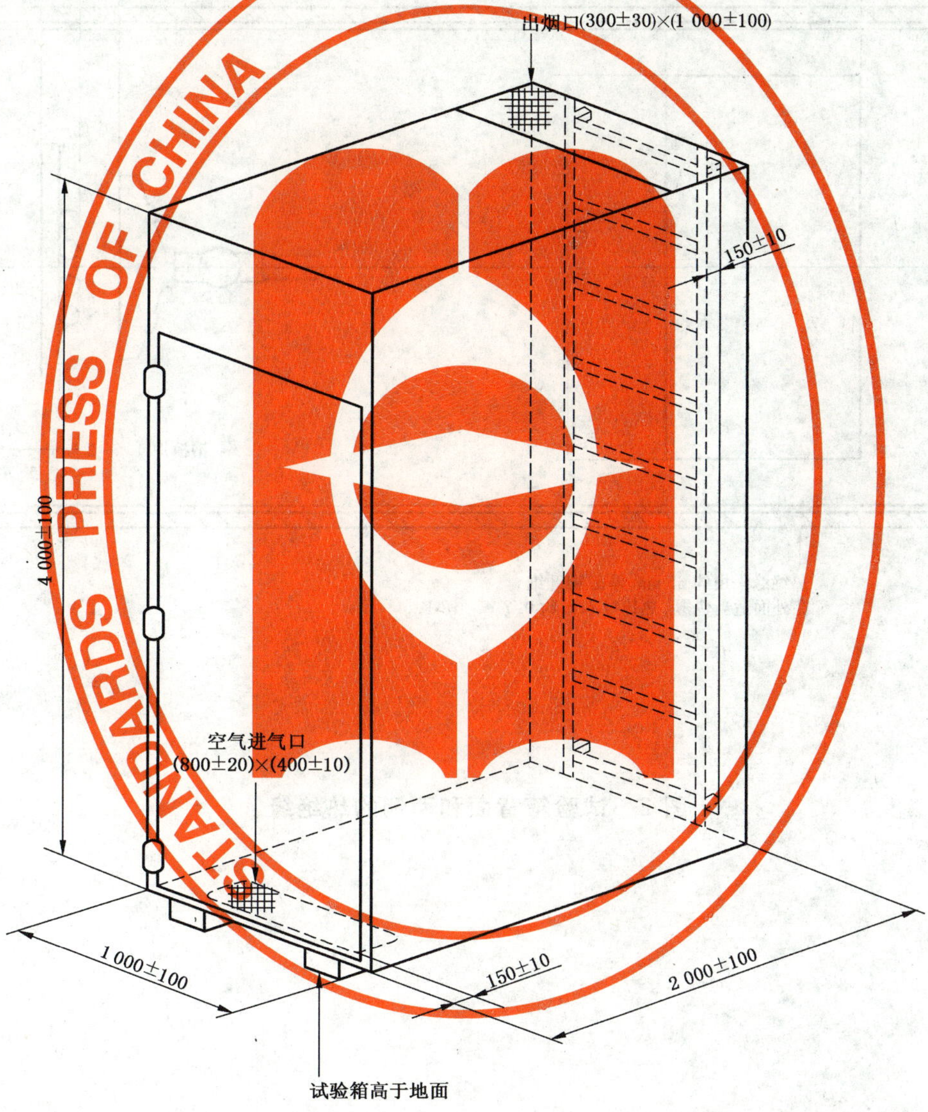

图 1 燃烧试验箱

尺寸单位为毫米

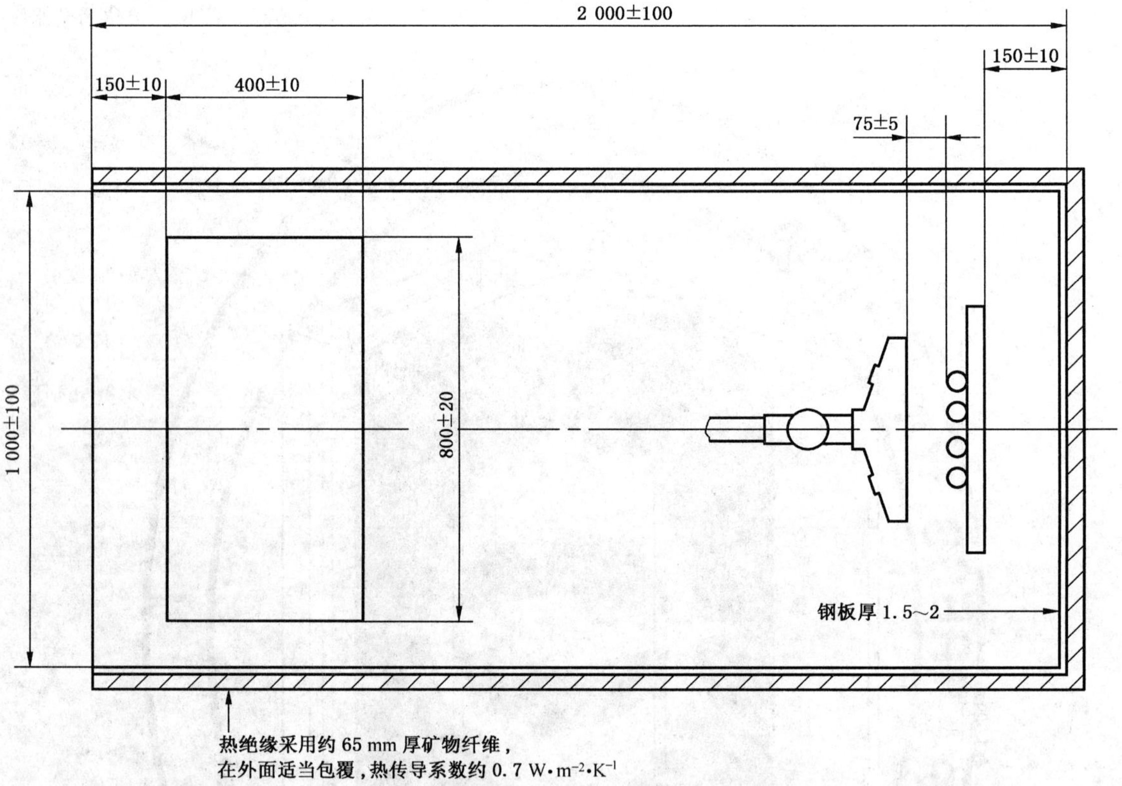

图 2　试验箱背面和两侧的热绝缘

尺寸单位为毫米

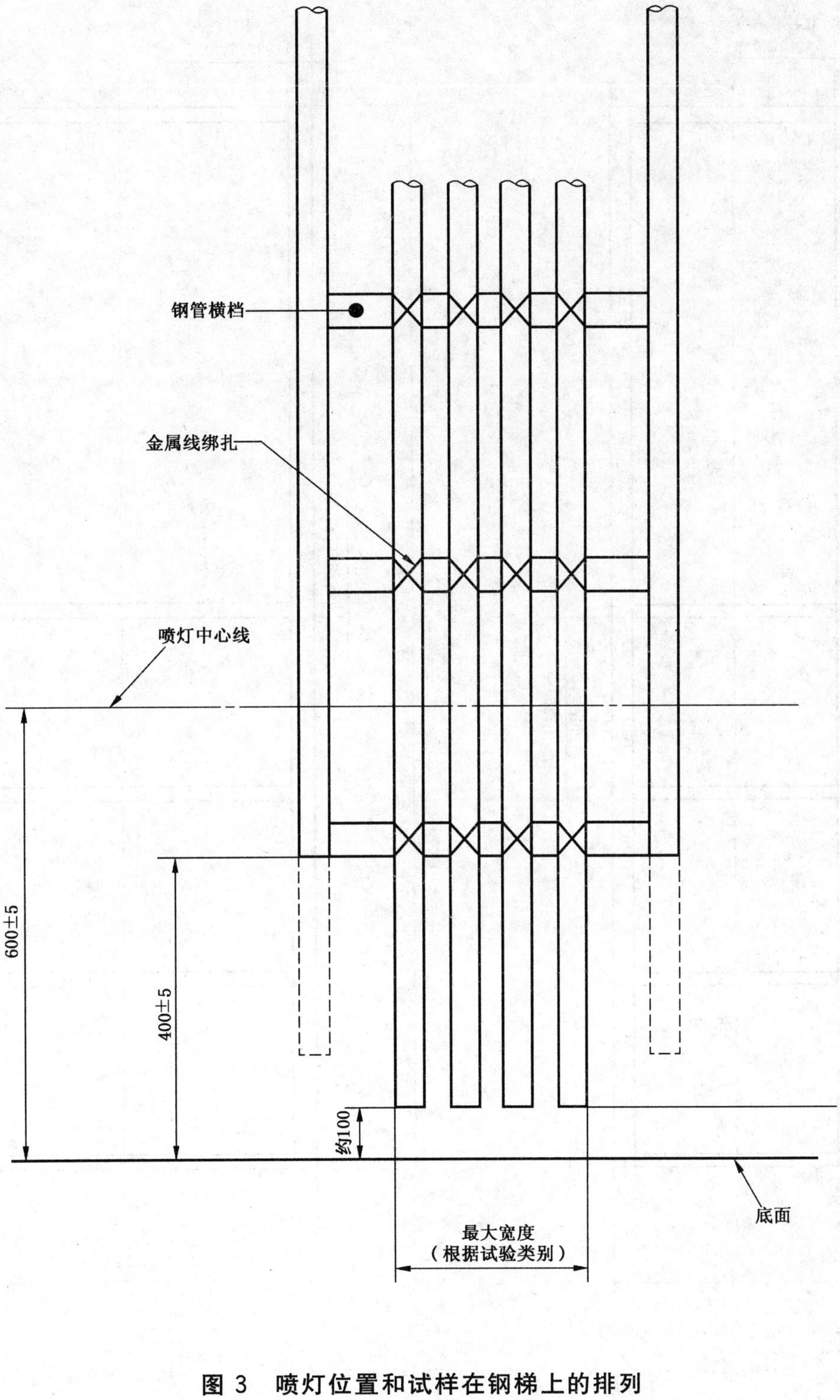

图 3　喷灯位置和试样在钢梯上的排列

尺寸单位为毫米

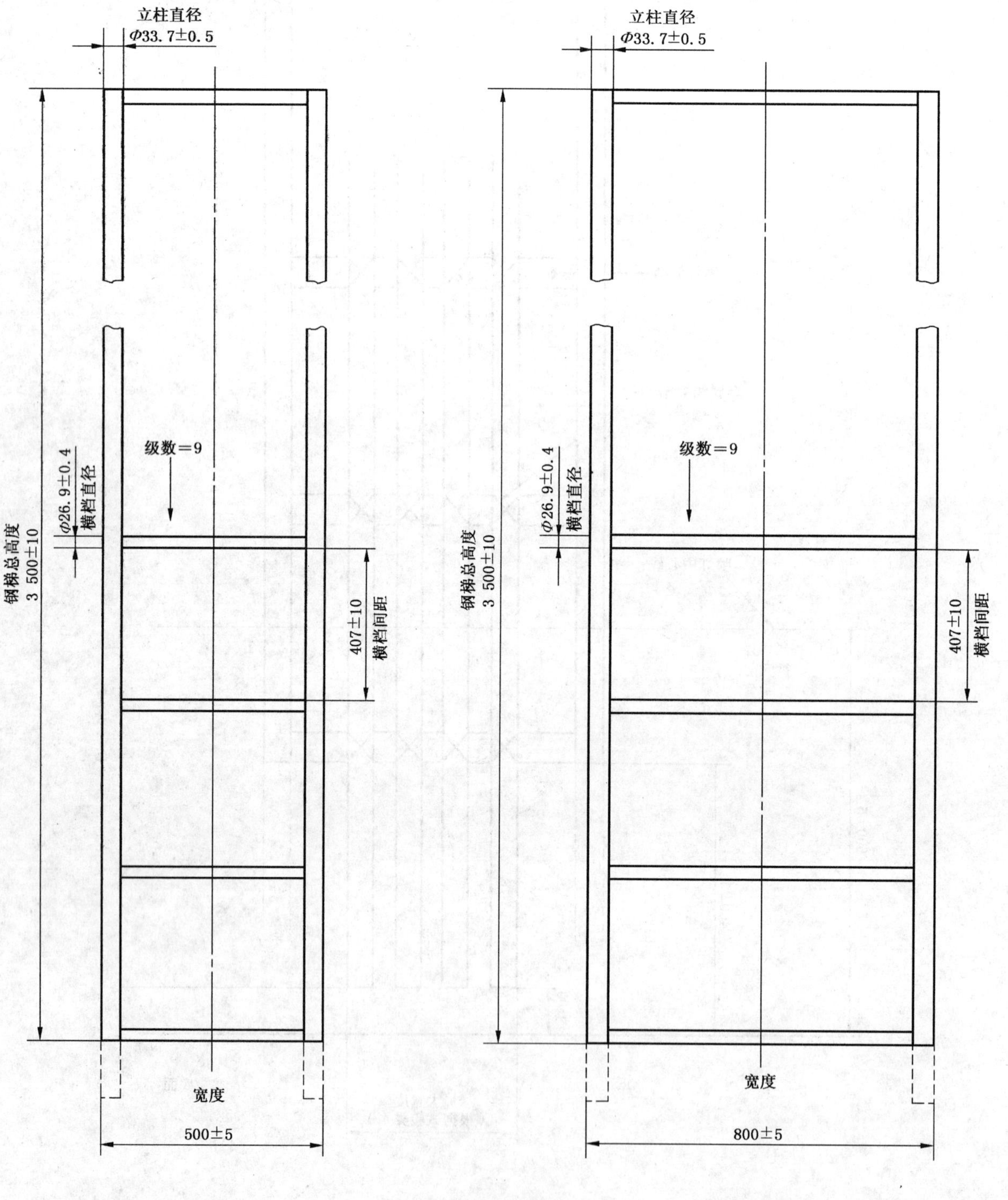

a）标准钢梯　　b）宽型钢梯

图 4　试验用钢梯

尺寸单位为毫米

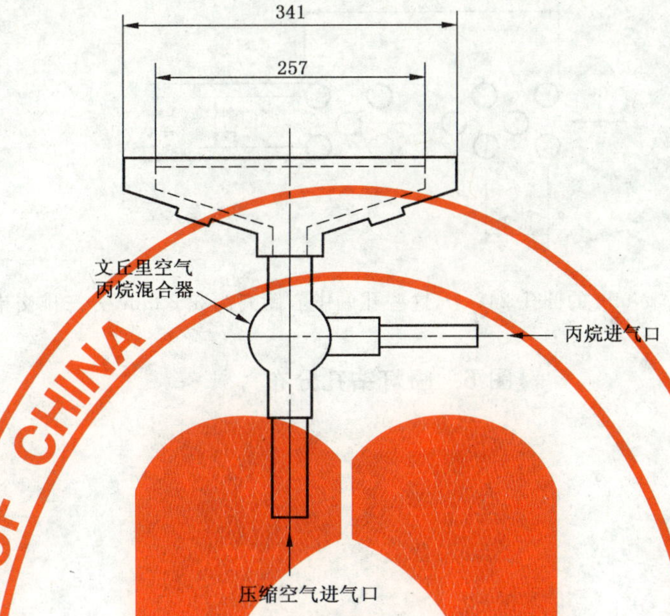

a）标准钢梯用单个喷灯

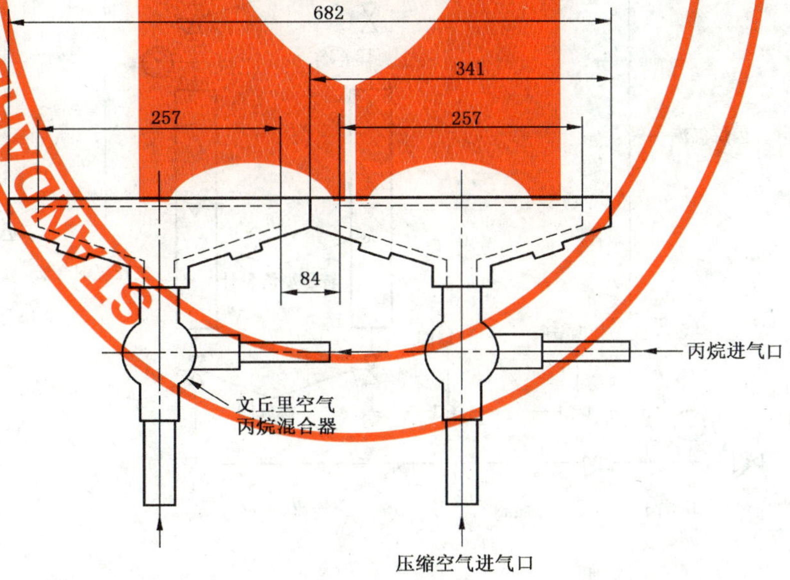

b）宽型钢梯用两个喷灯

图 5　喷灯结构

尺寸单位为毫米(数据为近似值)

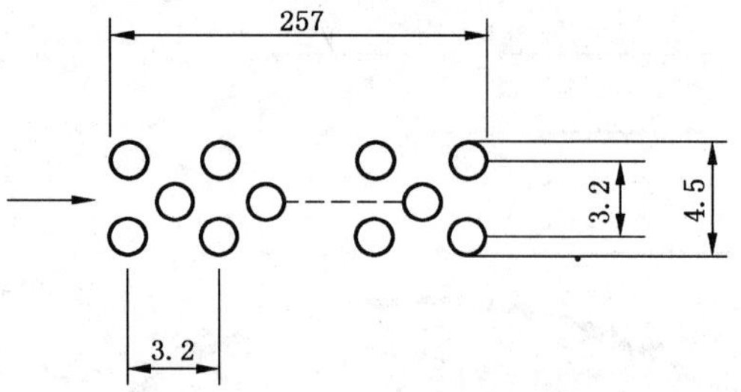

在喷灯表面中心钻直径为 1.32 mm 的圆孔 242 个,这些孔的中心距离为 3.2 mm,分三排交错排列,每排分别为 81、80 和 81 孔。

图 6 喷灯钻孔分布

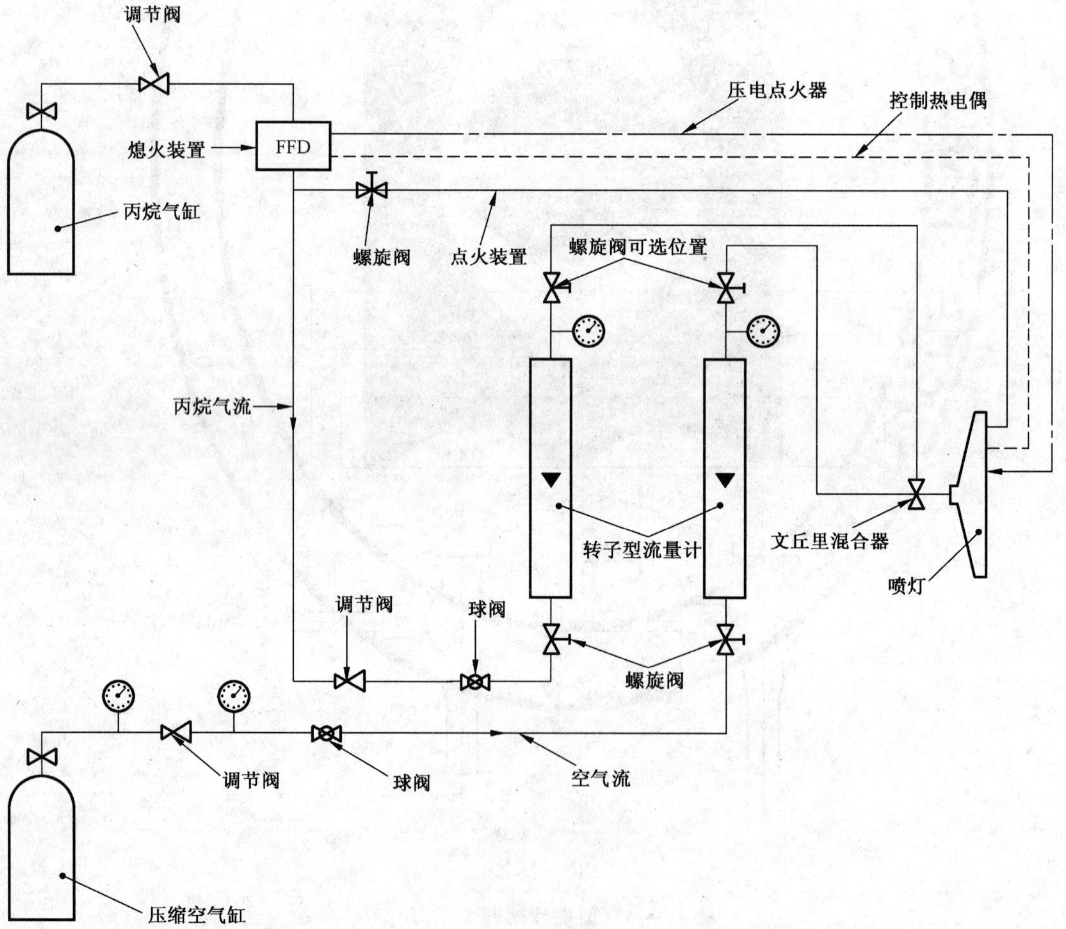

图 7 喷灯控制系统示意图

附 录 A
(资料性附录)
流量计校准时的修正系数

A.1 概述

使用转子型流量计监控气体流量时，要正确使用它们需要考虑两个因素，这很重要。

a) 知道在实际工作条件下流量计指示的含义；

b) 知道流量计校准时的温度和气压条件以及设计使用条件。

对于a)，大多数流量计指示的是在20℃和100 kPa气压下的体积流量。然而，对于b)，不是所有的流量计都校准和设计在相同的温度和压力下使用，使用时要注意确认通过流量计的气流的温度和压力对此种流量计来讲是正确的。当流量计工作时的温度和压力与这些条件不同时，需要使用下文所述的修正系数。

A.2 示例

A.2.1 概述

假设在20℃和100 kPa下，喷灯要求的空气流量为77.7 L/min。

流量计1指定在15℃和240 kPa下工作，但指示的是15℃和100 kPa下的L/min。

流量计2指定在20℃和100 kPa下工作，指示的也是20℃和100 kPa下的L/min。

假设流到流量计的空气压力分别为100 kPa(A.2.2)或240 kPa(A.2.3)，温度为20℃。

校准时的修正系数如下：

$$C=\sqrt{\frac{P_1}{P_2}\times\frac{T_2}{T_1}}$$

式中：

T——绝对温度，单位为开尔文(K)；

P——绝对气压，单位为千帕(kPa)；

P_1，T_1——设计使用条件；

P_2，T_2——实际工作条件。

A.2.2 100 kPa时空气流量

流量计1

由于流量计的实际工作条件与设计使用条件不同，需要进行修正。

$$P_1=240\ \text{kPa}\qquad T_1=15℃=288\ \text{K}$$
$$P_2=100\ \text{kPa}\qquad T_2=20℃=293\ \text{K}$$

代入公式得：

$$C=\sqrt{\frac{240}{100}\times\frac{293}{288}}=1.56$$

因此，为达到基准条件下77.7 L/min的空气流量，流量计的指示值需要达到121.2 L/min(77.7×1.56)。

流量计2

由于流量计在设计使用条件下工作，77.7 L/min的空气流量可直接从流量计上读出，而不需要修正。

A.2.3 240 kPa 时空气流量

流量计 1

流量计在设计气压下工作，只需要对温度进行修正。

$P_1 = 240\ \text{kPa} \qquad T_1 = 15℃ = 288\ \text{K}$

$P_2 = 240\ \text{kPa} \qquad T_2 = 20℃ = 293\ \text{K}$

代入公式得：

$$C = \sqrt{\frac{240}{240} \times \frac{293}{288}} = 1.01$$

因此，为达到基准条件下 77.7 L/min 的空气流速，流量计的指示值需要达到 78.5 L/min(77.7×1.01)。

流量计 2

由于流量计的实际工作条件与设计使用条件不同，需要进行修正。

$P_1 = 100\ \text{kPa} \qquad T_1 = 20℃ = 293\ \text{K}$

$P_2 = 240\ \text{kPa} \qquad T_2 = 20℃ = 293\ \text{K}$

代入公式得：

$$C = \sqrt{\frac{100}{240} \times \frac{293}{293}} = 0.65$$

因此，为达到基准条件下 77.7 L/min 的空气流量，流量计的指示值需要达到 50.5 L/min(77.7×0.65)。

ICS 29.060.20
K 13

中华人民共和国国家标准

GB/T 18380.32—2008/IEC 60332-3-21:2000

电缆和光缆在火焰条件下的燃烧试验 第32部分:垂直安装的成束电线电缆火焰垂直蔓延试验 A F/R类

Tests on electric and optical fibre cables under fire conditions—Part 32:Test for vertical flame spread of vertically-mounted bunched wires or cables—Category A F/R

(IEC 60332-3-21:2000,IDT)

2008-06-26 发布　　2009-04-01 实施

中华人民共和国国家质量监督检验检疫总局
中国国家标准化管理委员会　发布

前 言

GB/T 18380《电缆和光缆在火焰条件下的燃烧试验》分为11个部分：

——第11部分：单根绝缘电线电缆火焰垂直蔓延试验　试验装置；

——第12部分：单根绝缘电线电缆火焰垂直蔓延试验　1 kW 预混合型火焰试验方法；

——第13部分：单根绝缘电线电缆火焰垂直蔓延试验　测定燃烧的滴落(物)/微粒的试验方法；

——第21部分：单根绝缘细电线电缆火焰垂直蔓延试验　试验装置；

——第22部分：单根绝缘细电线电缆火焰垂直蔓延试验　扩散型火焰试验方法；

——第31部分：垂直安装的成束电线电缆火焰垂直蔓延试验　试验装置；

——第32部分：垂直安装的成束电线电缆火焰垂直蔓延试验　A F/R类；

——第33部分：垂直安装的成束电线电缆火焰垂直蔓延试验　A类；

——第34部分：垂直安装的成束电线电缆火焰垂直蔓延试验　B类；

——第35部分：垂直安装的成束电线电缆火焰垂直蔓延试验　C类；

——第36部分：垂直安装的成束电线电缆火焰垂直蔓延试验　D类。

本部分为GB/T 18380的第32部分。

本部分等同采用IEC 60332-3-21:2000《电缆在火焰条件下的燃烧试验　第3-21部分：垂直安装的成束电线电缆火焰垂直蔓延试验　A F/R类》(英文版)。

为便于使用，本部分作了下列编辑性修改：

a) 本部分名称修改为："电缆和光缆在火焰条件下的燃烧试验　第32部分：垂直安装的成束电线电缆火焰垂直蔓延试验　A F/R类"；

b) 与本部分名称相对应，英文名称修改为："Test on electric and optical fibre cables under fire conditions—Part 32: Test for vertical flame spread of vertically-mounted bunched wires or cables—Category A F/R"；

c) 删除了国际标准的前言和引言；

d) 增加了国家标准本部分的前言；

e) 增加了附录C；

f) 用小数点"."代替作为小数点的逗号"，"；

g) 用"第32部分"代替"第3-21部分"；

h) 本部分第2章引用了采用国际标准的我国国家标准而非国际标准。

本部分的附录A为规范性附录，附录B和附录C为资料性附录。

本部分由中国电器工业协会提出。

本部分由全国电线电缆标准化技术委员会归口。

本部分负责起草单位：上海电缆研究所。

本部分参加起草单位：上海南洋电材有限公司、扬州曙光电缆有限公司、上海亚龙工业集团有限公司、天津金山电线电缆股份有限公司、宝胜科技创新股份有限公司。

本部分主要起草人：肖继东、龚国祥、曲巍、梁国华、鲁邦秀、郑国俊、唐崇健。

电缆和光缆在火焰条件下的燃烧试验 第32部分:垂直安装的成束电线电缆 火焰垂直蔓延试验　A F/R类

1　范围

GB/T 18380的第31、32、33、34、35、36部分规定了一种试验方法,用来评价垂直安装的成束电线电缆或光缆在规定条件下抑制火焰垂直蔓延的能力。

注:本部分中术语"电线电缆"包括所有用于能量或信号传输的金属导体绝缘电缆。

本试验用于型式认可试验。试验用电缆的选择要求见附录A。火焰蔓延通过电缆试样的损坏范围来测定。本试验程序可用于验证电缆抑制火焰蔓延的能力。

GB/T 18380的本部分适用于A F/R类,且只适用于导体截面大于35 mm^2的电力电缆,电缆间隔的安装在试验钢梯的前面和后面,以使总体积中试样所含非金属材料为7 L/m。供火时间为40 min。本安装方法用于电缆规范中要求使用在特别装置中的特种电缆。A F/R类不用于普通电缆。

附录B中给出了推荐的性能要求。

2　规范性引用文件

下列文件中的条款通过GB/T 18380的本部分的引用而成为本部分的条款。凡是注日期的引用文件,其随后所有的修改单(不包括勘误的内容)或修订版均不适用于本部分,然而,鼓励根据本部分达成协议的各方研究是否可使用这些文件的最新版本。凡是不注日期的引用文件,其最新版本适用于本部分。

GB/T 2951.13—2008　电缆和光缆绝缘和护套材料通用试验方法　第13部分:通用试验方法——密度测定方法——吸水试验——收缩试验(IEC 60811-1-3:1993,IDT)

GB/T 16499—1996　编制电气安全标准的导则(eqv IEC Guide 104:1984)

GB/T 18380.31—2008　电缆或光缆在火焰条件下的燃烧试验　第31部分:垂直安装的成束电线电缆火焰垂直蔓延试验　试验装置(IEC 60332-3-10:2000,IDT)

IEC 60695-4:1993　着火危险试验　第4部分:着火试验术语

3　定义

GB/T 18380的本部分使用下列术语和定义,这些定义取自IEC 60695-4:1993。

3.1

引燃源　ignition source

引发燃烧的能量源。

[IEC 60695-4:1993,定义2.76]

3.2

炭　char

高温分解或不完全燃烧产生的含碳残渣。

[IEC 60695-4:1993,定义2.12]

3.3

火焰蔓延 flame spread

火焰前沿的传播。

[IEC 60695-4:1993,定义 2.53]

4 试验装置

4.1 概述

应使用 GB/T 18380.31—2008 中规定的设备。

4.2 引燃源

引燃源应采用 GB/T 18380.31—2008 中规定的一个带型丙烷燃气喷灯。

5 试验步骤

5.1 试样

试样应由若干根等长的电缆试样段组成,每根电缆试样段的最小长度为 3.5 m。

电缆试样段的总根数应使总体积中试样所含非金属材料为 7 L/m。

试样应在附录 A 规定的范围内进行选择。

试验前作为试样的电缆试样段应在(20±10)℃下放置至少 16 h。电缆试样段应是干燥的。

5.2 电缆试样段数量的确定

为计算电缆试样段的数量,应确定一根电缆试样段每米所含非金属材料的体积。

小心截取一根不小于 0.3 m 的电缆段,其截面与电缆轴线成直角以便能精确测量其长度。

每种非金属材料(包括发泡材料)的密度应采用适当方法测量,如 GB/T 2951.13—2008,测得的数据修约到小数点后第 2 位。

从电缆段上剥下每一种非金属材料 C_i 并称重。任何小于非金属材料总质量 5%的材料应假定其密度为 1 kg/dm^3。

如果半导电屏蔽不能从绝缘材料上剥离,可以视为一体测量质量和密度。

每种非金属材料 C_i 的体积 V_i(L/m 电缆)按下式计算:

$$V_i = \frac{M_i}{\rho_i \times l}$$

式中:

M_i——材料 C_i 的质量,单位为千克(kg);

ρ_i——材料 C_i 的密度,单位为千克每立方分米(kg/dm^3);

l——电缆试样段的长度,单位为米(m)。

每米电缆所含非金属材料的总体积 V 等于各种非金属材料体积 V_1、V_2 等的总和。

将 5.1 规定的每米体积除以每米电缆非金属材料的总体积 V 得到需要安装的电缆试样段根数,取最接近的整数(0.5 及以上进位至 1)。

5.3 试样安装

每个电缆试样段应使用金属线(钢线或铜线)分别固定在钢梯的各个横档上。直径 50 mm 及以下的电缆采用直径 0.5 mm~1.0 mm 的金属线。直径 50 mm 以上的电缆使用直径 1.0 mm~1.5 mm 的金属线。

应使用标准钢梯,试样应至少包括 4 根电缆试样段。至少两根电缆试样段应安装在钢梯后面。

试样需要4个以上电缆试样段时，相继安装的电缆试样段应交替安装在钢梯的前面和后面。

整个试样应如下安装：

——一层(前面或后面)中电缆试样段间的间隔应为0.5倍电缆直径，但不超过20 mm；

——单层最大宽度应为300 mm；

——试样边缘与钢梯内侧垂面的最小距离应为50 mm；

——安装在钢梯后面的电缆试样段应位于钢梯前面试样段之间间隔的中心；

——全部电缆试样段大致排列在钢梯的中心。

图1图示了这种排列。

5.4 供火时间

供火时间应为40 min，此后应熄灭火焰。通过试验箱的空气流量应维持到电缆停止燃烧或发光，或者维持到最长1 h，此后应强行熄灭电缆的燃烧或发光。

6 试验结果评价

电缆燃烧或发光停止或被熄灭后，应将试样擦干净。

擦干净后，如果原表面未损坏，所有烟灰都可忽略不计。非金属材料软化或任何变形也忽略不计。火焰蔓延应通过损坏范围来测定，损坏范围为喷灯底边到炭化部分起始点间的距离，单位为m，精确到2位小数。炭化部分起始点的定义如下：

用锋利物品，如刀口，按压电缆表面，表面从弹性变成脆性(粉化)的地方表示是炭化部分起始点。

7 性能要求

对特定型号或种类的电线电缆的性能要求应在相关电缆产品标准中单独的规定。在没有给定的性能要求时，采用附录B中推荐的性能要求。

8 复检步骤

有争议时，应按第5章的规定再进行两次试验。如果两次试验结果均符合所述要求，则应认为该电线电缆通过本试验。

9 试验报告

试验报告应包括如下信息：

a) 被试电缆的完整描述；

b) 被试电缆的生产厂家；

c) 执行试验参照的标准部分；

d) 电缆试样段的数量；

e) 每米试样和电缆试样段中非金属材料的总体积；

f) 安装方法，如间隔；

g) 层数和每层电缆试样段数；

h) 供火时间(如40 min)；

i) 喷灯数量(如1个)；

j) 损坏范围；

k) 所有燃烧和发光熄灭时间。

尺寸单位为毫米

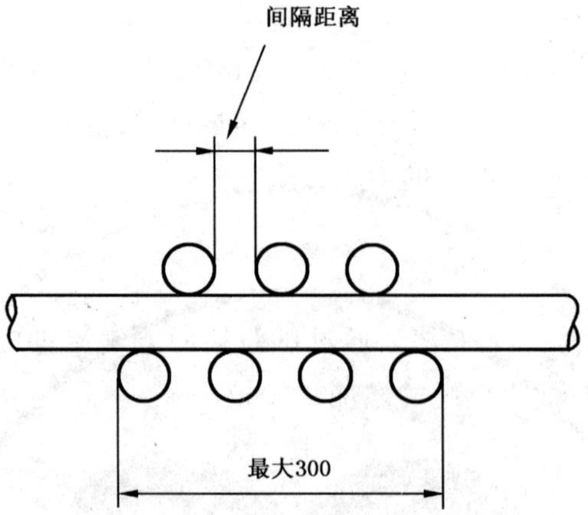

图 1 安装在标准钢梯两侧的电缆典型排列和间隔(A F/R 类)

附 录 A
（规范性附录）
型式认可试验用电缆选择导则

型式认可试验用电缆的型号和导体截面的选择，宜在电缆规范中规定，或由买卖双方协商。

钢梯的容积有限，考虑试验用导体截面选择时要确保非金属材料体积符合前述的安装要求。因此，GB/T 18380 本部分电缆的选择应符合下述规定：

——钢梯任何一侧的电缆数量应不超过如下数量，即在每一侧构成 300 mm 宽的单层，每根电缆之间的间隔等于 0.5 倍电缆直径但不超过 20 mm；

——任何一层电缆试样段最小数量应为 2。

GB/T 18380 本部分型式认可试验的所有条件概要见表 A.1。

表 A.1 试验条件概要

分类及标志	A F/R
导体截面范围/mm^2	>35[a]
每米试样非金属材料体积/L	7
采用标准钢梯，试样最大宽度（钢梯前面和后面）：300 mm ——层数 ——喷灯数	 2[b] 1
电缆试样段定位	间隔
供火时间/min	40

a 至少一根导体截面超过 35 mm^2。

b 每层至少 2 根电缆试样段。

附 录 B
（资料性附录）
推荐性能要求

无论是在钢梯前面还是后面，测得的试样最大炭化范围，都应不高于喷灯底边 2.5 m。

根据试验，本推荐性能要求也符合 GB/T 18380.3—2001《电缆在火焰条件下的燃烧试验　第 3 部分：成束电线或电缆的燃烧试验方法》2.8.1 条给出的值。

附 录 C
（资料性附录）
试样根数的简易计算方法

试样根数根据试样的几何尺寸用下式计算确定：

$$n = \frac{1\ 000V}{S - S_{m}}$$

式中：

n——试样根数（根），取最接近的整数（0.5 及以上进位至 1）；

V——按试验类别确定的每米非金属材料的总体积为 7 L/m；

S——一根试样横截面的总面积，单位为平方毫米（mm^2）；

S_m——一根试样横截面中金属材料的总面积，单位为平方毫米（mm^2）。

ICS 29.060.20
K 13

中华人民共和国国家标准

GB/T 18380.33—2008/IEC 60332-3-22:2000

电缆和光缆在火焰条件下的燃烧试验 第33部分:垂直安装的成束电线电缆火焰垂直蔓延试验 A类

Tests on electric and optical fibre cables under fire conditions—Part 33: Test for vertical flame spread of vertically-mounted bunched wires or cables—Category A

(IEC 60332-3-22:2000,IDT)

2008-06-26 发布　　　　2009-04-01 实施

中华人民共和国国家质量监督检验检疫总局
中国国家标准化管理委员会　发布

前言

GB/T 18380《电缆和光缆在火焰条件下的燃烧试验》分为11个部分：

——第11部分：单根绝缘电线电缆火焰垂直蔓延试验　试验装置；

——第12部分：单根绝缘电线电缆火焰垂直蔓延试验　1 kW预混合型火焰试验方法；

——第13部分：单根绝缘电线电缆火焰垂直蔓延试验　测定燃烧的滴落(物)/微粒的试验方法；

——第21部分：单根绝缘细电线电缆火焰垂直蔓延试验　试验装置；

——第22部分：单根绝缘细电线电缆火焰垂直蔓延试验　扩散型火焰试验方法；

——第31部分：垂直安装的成束电线电缆火焰垂直蔓延试验　试验装置；

——第32部分：垂直安装的成束电线电缆火焰垂直蔓延试验　A F/R类；

——第33部分：垂直安装的成束电线电缆火焰垂直蔓延试验　A类；

——第34部分：垂直安装的成束电线电缆火焰垂直蔓延试验　B类；

——第35部分：垂直安装的成束电线电缆火焰垂直蔓延试验　C类；

——第36部分：垂直安装的成束电线电缆火焰垂直蔓延试验　D类。

本部分为GB/T 18380的第33部分。

本部分等同采用IEC 60332-3-22:2000《电缆在火焰条件下的燃烧试验　第3-22部分：垂直安装的成束电线电缆火焰垂直蔓延试验　A类》(英文版)。

为便于使用，本部分作了下列编辑性修改：

a) 本部分名称修改为："电缆和光缆在火焰条件下的燃烧试验　第33部分：垂直安装的成束电线电缆火焰垂直蔓延试验　A类"；

b) 与本部分名称相对应，英文名称修改为："Test on electric and optical fibre cables under fire conditions—Part 33: Test for vertical flame spread of vertically-mounted bunched wires or cables—Category A"；

c) 删除了国际标准的前言和引言；

d) 增加了国家标准本部分的前言；

e) 增加了附录C；

f) 用小数点"."代替作为小数点的逗号","；

g) 用"第33部分"代替"第3-22部分"；

h) 本部分第2章引用了采用国际标准的我国国家标准而非国际标准。

本部分的附录A为规范性附录，附录B和附录C为资料性附录。

本部分由中国电器工业协会提出。

本部分由全国电线电缆标准化技术委员会归口。

本部分负责起草单位：上海电缆研究所。

本部分参加起草单位：上海亚龙工业集团有限公司、上海南洋电材有限公司、安徽华菱电缆集团有限公司、宝胜科技创新股份有限公司、天津金山电线电缆股份有限公司。

本部分主要起草人：肖继东、龚国祥、鲁邦秀、曲巍、胡光政、唐崇健、郑国俊。

电缆和光缆在火焰条件下的燃烧试验 第 33 部分:垂直安装的成束电线电缆 火焰垂直蔓延试验　A 类

1　范围

GB/T 18380 的第 31、32、33、34、35、36 部分规定了一种试验方法,用来评价垂直安装的成束电线电缆或光缆在规定条件下抑制火焰垂直蔓延的能力。

注:本部分中术语“电线电缆”包括所有用于能量或信号传输的金属导体绝缘电缆。

本试验用于型式认可试验。试验用电缆的选择要求见附录 A。火焰蔓延通过电缆试样的损坏范围来测定。本试验程序可用于验证电缆抑制火焰蔓延的能力。

GB/T 18380 的本部分适用于 A 类,电缆安装在试验钢梯上以使总体积中试样所含非金属材料为 7 L/m。供火时间为 40 min。电缆安装在钢梯前面,导体截面大于 35 mm^2 的电缆根据电缆试样段数量使用标准钢梯或宽型钢梯,导体截面 35 mm^2 及以下的电缆使用标准钢梯。A 类用于评定高非金属材料体积含量的场合。

附录 B 中给出了推荐的性能要求。

2　规范性引用文件

下列文件中的条款通过 GB/T 18380 的本部分的引用而成为本部分的条款。凡是注日期的引用文件,其随后所有的修改单(不包括勘误的内容)或修订版均不适用于本部分,然而,鼓励根据本部分达成协议的各方研究是否可使用这些文件的最新版本。凡是不注日期的引用文件,其最新版本适用于本部分。

GB/T 2951.13—2008　电缆和光缆绝缘和护套材料通用试验方法　第 13 部分:通用试验方法——密度测定方法——吸水试验——收缩试验(IEC 60811-1-3:1993+A1:2001,IDT)

GB/T 16499—1996　编制电气安全标准的导则(eqv IEC Guide 104:1984)

GB/T 18380.31—2008　电缆或光缆在火焰条件下的燃烧试验　第 31 部分:垂直安装的成束电线电缆火焰垂直蔓延试验　试验装置(IEC 60332-3-10:2000,IDT)

IEC 60695-4:1993　着火危险试验　第 4 部分:着火试验术语

3　定义

GB/T 18380 的本部分使用下列术语和定义,这些定义取自 IEC 60695-4:1993。

3.1

引燃源　ignition source

引发燃烧的能量源。

[IEC 60695-4:1993,定义 2.76]

3.2

炭　char

高温分解或不完全燃烧产生的含碳残渣。

[IEC 60695-4:1993,定义 2.12]

3.3

火焰蔓延　flame spread

火焰前沿的传播。

[IEC 60695-4:1993,定义 2.53]

4 试验装置

4.1 概述

应使用 GB/T 18380.31—2008 中规定的设备。

4.2 引燃源

引燃源应采用 GB/T 18380.31—2008 中规定的一个或两个带型丙烷燃气喷灯。

标准钢梯应采用一个喷灯,宽型钢梯应采用两个喷灯。

5 试验步骤

5.1 试样

试样应由若干根等长的电缆试样段组成,每根电缆试样段的最小长度为 3.5 m。

电缆试样段的总根数应使总体积中试样所含非金属材料为 7 L/m。

试样应在附录 A 规定的范围内进行选择。

试验前作为试样的电缆试样段应在(20±10)℃下放置至少 16 h。电缆试样段应是干燥的。

5.2 电缆试样段数量的确定

为计算电缆试样段的数量,应确定一根电缆试样段每米所含非金属材料的体积。

小心截取一根不小于 0.3 m 的电缆段,其截面与电缆轴线成直角以便能精确测量其长度。

每种非金属材料(包括发泡材料)的密度应采用适当方法测量,如 GB/T 2951.13—2008,测得的数据修约到小数点后第 2 位。

从电缆段上剥下每一种非金属材料 C_i 并称重。任何小于非金属材料总质量 5% 的材料应假定其密度为 1 kg/dm^3。

如果半导电屏蔽不能从绝缘材料上剥离,可以视为一体测量质量和密度。

每种非金属材料 C_i 的体积 V_i(L/m 电缆)按下式计算:

$$V_i = \frac{M_i}{\rho_i \times l}$$

其中:

M_i——材料 C_i 的质量,单位为千克(kg);

ρ_i——材料 C_i 的密度,单位为千克每立方分米(kg/dm^3);

l——电缆试样段的长度,单位为米(m)。

每米电缆所含非金属材料的总体积 V 等于各种非金属材料体积 V_1、V_2 等的总和。

将 5.1 规定的每米体积除以每米电缆非金属材料的总体积 V 得到需要安装的电缆试样段根数,取最接近的整数(0.5 及以上进位至 1)。

5.3 试样安装

5.3.1 至少有一根导体截面超过 35 mm^2 的电缆

对于至少有一根导体截面超过 35 mm^2 的电缆,每个电缆试样段应使用金属线(钢线或铜线)分别固定在钢梯的各个横档上。直径 50 mm 及以下的电缆采用直径 0.5 mm～1.0 mm 的金属线。直径 50 mm 以上的电缆使用直径 1.0 mm～1.5 mm 的金属线。

电缆试样段应呈单层安装在钢梯前面,电缆试样段间的间隔应为 0.5 倍电缆直径,但不超过 20 mm。无论采用标准钢梯还是宽型钢梯,试样边缘与钢梯内侧垂面的最小距离应为 50 mm。

标准钢梯上试样的最大宽度应为 300 mm，宽型钢梯上试样的最大宽度应为 600 mm（见图 1 和图 2）。

安装电缆试样段时，第一个电缆试样段应大致位于钢梯中心，其后的电缆试样段在两侧添加，以使全部电缆试样段大致排列在钢梯的中心。

5.3.2 导体截面为 35 mm^2 及以下的电缆

对于所有导体截面不超过 35 mm^2 的电缆，电缆试样段应分别或成组的采用直径 0.5 mm～1.0 mm 的金属线钢线或铜线）固定在钢梯的各个横档上。

电缆试样段应呈相互接触的一层或多层安装在标准钢梯前面，试样的最大宽度应为 300 mm。试样边缘与钢梯内侧垂面的最小距离应为 50 mm。

安装电缆试样段时，第一个电缆试样段（组）应大致位于钢梯中心，其后的电缆试样段（组）在两侧添加，以使全部电缆试样段大致排列在钢梯的中心。

如果第一（或其后）层用完了钢梯的全部宽度，还需要使用第二（或更多）层，第二（或其后）层的第一个电缆试样段（组）应大致位于钢梯中心，其后的电缆试样段（组）在两侧添加，以使第二（或其后）层全部电缆试样段大致排列在钢梯的中心。

如果试样需要使用大量的电缆试样段，可以采用规定的金属线构成平坦的电缆试样段组安装在钢梯横档上，每个电缆试样段组最大宽度为 5 个电缆试样段。为保证一致性，推荐将相邻的电缆试样段组紧贴在一起固定在每根横档上，以确保电缆试样段相互接触（见图 3）。

5.4 供火时间

供火时间应为 40 min，此后应熄灭火焰。通过试验箱的空气流量应维持到电缆停止燃烧或发光，或者维持到最长 1 h，此后应强行熄灭电缆的燃烧或发光。

6 试验结果评价

电缆燃烧或发光停止或被熄灭后，应将试样擦干净。

擦干净后，如果原表面未损坏，所有烟灰都可忽略不计。非金属材料软化或任何变形也忽略不计。火焰蔓延应通过损坏范围来测定，损坏范围为喷灯底边到炭化部分起始点间的距离，单位为 m，精确到 2 位小数。炭化部分起始点的确定如下：

用锋利物品，如刀口，按压电缆表面，表面从弹性变成脆性（粉化）的地方表示是炭化部分起始点。

7 性能要求

对特定型号或种类的电线电缆的性能要求应在相关电缆产品标准中单独的规定。在没有给定的性能要求时，采用附录 B 中推荐的性能要求。

8 复检步骤

试样未通过本试验，有争议时，应按第 5 章的规定再进行两次试验。如果两次试验结果均符合所述要求，则应认为该电线电缆通过本试验。

9 试验报告

试验报告应包括如下信息：

i) 被试电缆的完整描述；

j) 被试电缆的生产厂家；

k) 执行试验参照的标准部分；

l) 电缆试样段的数量；

m) 每米试样和电缆试样段中非金属材料的总体积；

n) 安装方法(如间隔或接触)；

o) 层数和每层电缆试样段数；

p) 供火时间(如 40 min)；

q) 喷灯数量(如 1 个或两个)；

r) 损坏范围；

s) 所有燃烧和发光熄灭时间。

尺寸单位为毫米

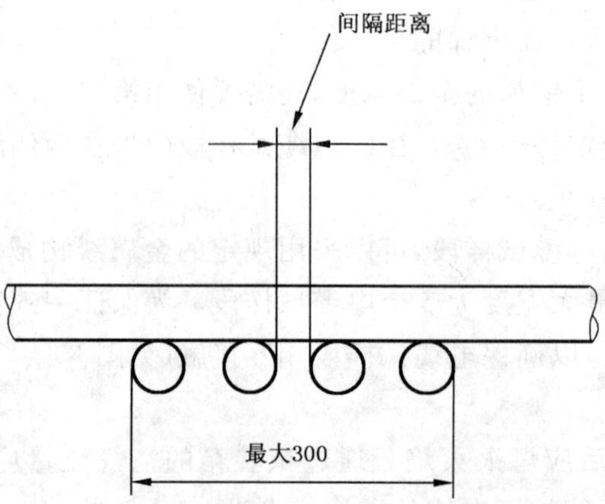

图 1 间隔安装在标准钢梯前面的电缆

尺寸单位为毫米

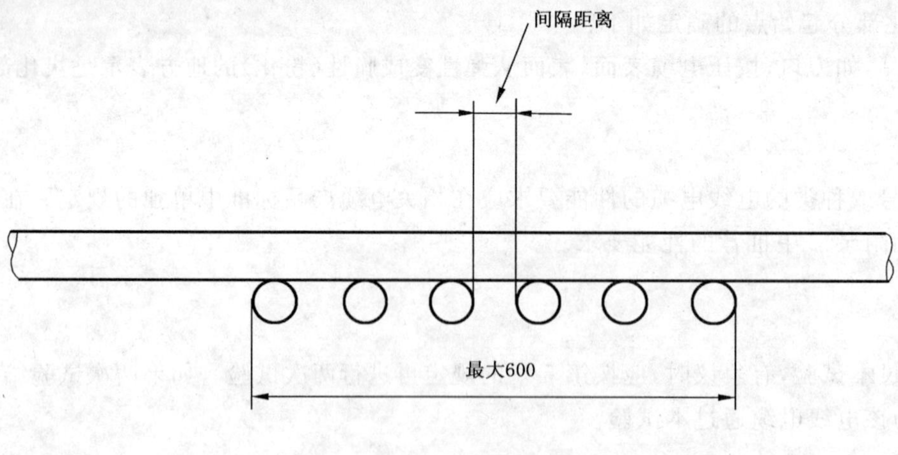

图 2 间隔安装在宽型钢梯前面的电缆

尺寸单位为毫米

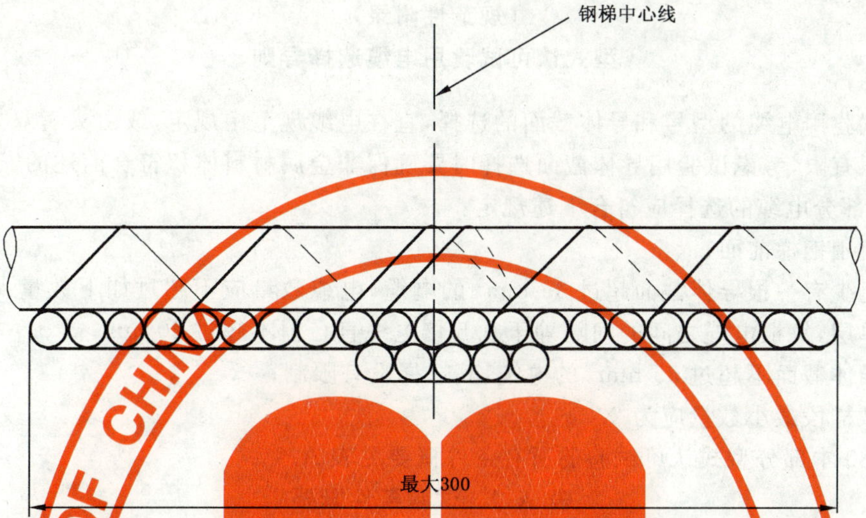

图3　接触安装在标准钢梯前面的电缆(相互接触的电缆试样段组)

附 录 A
（规范性附录）
型式认可试验用电缆选择导则

型式认可试验用电缆的型号和导体截面的选择，宜在电缆规范中规定，或由买卖双方协商。

钢梯的容积有限，考虑试验用导体截面选择时要确保非金属材料体积符合前述的安装要求。因此，GB/T 18380 本部分电缆的选择应符合下述规定：

——应仅使用钢梯前面；

——对于至少有一根导体截面超过 35 mm^2 的电缆，电缆数量应不超过如下数量，即构成 600 mm 宽的单层，每根电缆之间的间隔等于 0.5 倍电缆直径但不超过 20 mm；

——对于导体截面不超过 35 mm^2 的电缆，其选择没有限制；

——电缆试样段最小数量应为 2。

GB/T 18380 本部分型式认可试验的所有条件概要见表 A.1。

表 A.1 试验条件概要

分类及标志	A	
导体截面范围/mm^2	>35[a]	≤35[b]
每米试样非金属材料体积/L	7	7
采用标准钢梯，试样最大宽度：300 mm ——层数 ——喷灯数	 1 1	 ≥1 1
采用宽型钢梯，试样最大宽度：600 mm ——层数 ——喷灯数	 1 2	N/A[c] — —
电缆试样段定位	间隔	接触
供火时间/min	40	40

a 至少一根导体截面超过 35 mm^2。

b 任何导体截面均不超过 35 mm^2。

c N/A=不适用。

附 录 B
（资料性附录）
推荐性能要求

无论是在钢梯前面还是后面，测得的试样最大炭化范围，都应不高于喷灯底边 2.5 m。

根据试验，本推荐性能要求也符合 GB/T 18380.3—2001《电缆在火焰条件下的燃烧试验　第 3 部分：成束电线或电缆的燃烧试验方法》2.8.1 给出的值。

附 录 C
（资料性附录）
试样根数的简易计算方法

试样根数根据试样的几何尺寸用下式计算确定：

$$n = \frac{1\,000\,V}{S - S_m}$$

式中：

n——试样根数(根)，取最接近的整数(0.5 及以上进位至 1)；

V——按试验类别确定的每米非金属材料的总体积为 7 L/m；

S——一根试样横截面的总面积，单位为平方毫米(mm^2)；

S_m——一根试样横截面中金属材料的总面积，单位为平方毫米(mm^2)。

ICS 29.060.20
K 13

中华人民共和国国家标准

GB/T 18380.34—2008/IEC 60332-3-23:2000

电缆和光缆在火焰条件下的燃烧试验 第34部分:垂直安装的成束电线电缆火焰垂直蔓延试验 B类

Tests on electric and optical fibre cables under fire conditions—Part 34:Test for vertical flame spread of vertically-mounted bunched wires or cables—Category B

(IEC 60332-3-23:2000,IDT)

2008-06-26 发布　　2009-04-01 实施

中华人民共和国国家质量监督检验检疫总局
中国国家标准化管理委员会　发布

前　言

GB/T 18380《电缆和光缆在火焰条件下的燃烧试验》分为11个部分：

——第11部分：单根绝缘电线电缆火焰垂直蔓延试验　试验装置；

——第12部分：单根绝缘电线电缆火焰垂直蔓延试验　1 kW预混合型火焰试验方法；

——第13部分：单根绝缘电线电缆火焰垂直蔓延试验　测定燃烧的滴落(物)/微粒的试验方法；

——第21部分：单根绝缘细电线电缆火焰垂直蔓延试验　试验装置；

——第22部分：单根绝缘细电线电缆火焰垂直蔓延试验　扩散型火焰试验方法；

——第31部分：垂直安装的成束电线电缆火焰垂直蔓延试验　试验装置；

——第32部分：垂直安装的成束电线电缆火焰垂直蔓延试验　A F/R类；

——第33部分：垂直安装的成束电线电缆火焰垂直蔓延试验　A类；

——第34部分：垂直安装的成束电线电缆火焰垂直蔓延试验　B类；

——第35部分：垂直安装的成束电线电缆火焰垂直蔓延试验　C类；

——第36部分：垂直安装的成束电线电缆火焰垂直蔓延试验　D类。

本部分为GB/T 18380的第34部分。

本部分等同采用IEC 60332-3-23:2000《电缆在火焰条件下的燃烧试验　第3-23部分：垂直安装的成束电线电缆火焰垂直蔓延试验　B类》(英文版)。

为便于使用，本部分作了下列编辑性修改：

a) 本部分名称修改为："电缆和光缆在火焰条件下的燃烧试验　第34部分：垂直安装的成束电线电缆火焰垂直蔓延试验　B类"；

b) 与本部分名称相对应，英文名称修改为："Test on electric and optical fibre cables under fire conditions—Part 34: Test for vertical flame spread of vertically-mounted bunched wires or cables—Category B"；

c) 删除了国际标准的前言和引言；

d) 增加了国家标准本部分的前言；

e) 增加了附录C；

f) 用小数点"."代替作为小数点的逗号","；

g) 用"第34部分"代替"第3-23部分"；

h) 本部分第2章引用了采用国际标准的我国国家标准而非国际标准。

本部分的附录A为规范性附录，附录B和附录C为资料性附录。

本部分由中国电器工业协会提出。

本部分由全国电线电缆标准化技术委员会归口。

本部分负责起草单位：上海电缆研究所。

本部分参加起草单位：安徽华菱电缆集团有限公司、扬州曙光电缆有限公司、天津金山电线电缆股份有限公司、宝胜科技创新股份有限公司、上海南洋电材有限公司。

本部分主要起草人：肖继东、龚国祥、胡光政、梁国华、郑国俊、唐崇健、曲巍。

电缆和光缆在火焰条件下的燃烧试验 第34部分:垂直安装的成束电线电缆火焰垂直蔓延试验 B类

1 范围

GB/T 18380的第31、32、33、34、35、36部分规定了一种试验方法,用来评价垂直安装的成束电线电缆或光缆在规定条件下抑制火焰垂直蔓延的能力。

注:本部分中术语"电线电缆"包括所有用于能量或信号传输的金属导体绝缘电缆。

本试验用于型式认可试验。试验用电缆的选择要求见附录A。火焰蔓延通过电缆试样的损坏范围来测定。本试验程序可用于验证电缆抑制火焰蔓延的能力。

GB/T 18380的本部分适用于B类,电缆安装在试验钢梯上以使总体积中试样所含非金属材料为3.5 L/m。供火时间为40 min。电缆安装在标准钢梯前面。B类用于评定中等非金属材料体积含量的场合。

附录B中给出了推荐的性能要求。

2 规范性引用文件

下列文件中的条款通过GB/T 18380的本部分的引用而成为本部分的条款。凡是注日期的引用文件,其随后所有的修改单(不包括勘误的内容)或修订版均不适用于本部分,然而,鼓励根据本部分达成协议的各方研究是否可使用这些文件的最新版本。凡是不注日期的引用文件,其最新版本适用于本部分。

GB/T 2951.13—2008 电缆和光缆绝缘和护套材料通用试验方法 第13部分:通用试验方法——密度测定方法——吸水试验——收缩试验(IEC 60811-1-3:1993,IDT)

GB/T 16499—1996 编制电气安全标准的导则(eqv IEC Guide 104:1984)

GB/T 18380.31—2008 电缆在火焰条件下的燃烧试验 第31部分:垂直安装的成束电线电缆火焰垂直蔓延试验 试验装置(IEC 60332-3-10:2000,IDT)

IEC 60695-4:1993 着火危险试验 第4部分:着火试验术语

3 定义

GB/T 18380的本部分使用下列术语和定义,这些定义取自IEC 60695-4:1993。

3.1

引燃源 ignition source

引发燃烧的能量源。

[IEC 60695-4:1993,定义2.76]

3.2

炭 char

高温分解或不完全燃烧产生的含碳残渣。

[IEC 60695-4:1993,定义2.12]

3.3

火焰蔓延　flame spread

火焰前沿的传播。

[IEC 60695-4:1993,定义 2.53]

4　试验装置

4.1　概述

应使用 GB/T 18380.31—2008 中规定的设备。

4.2　引燃源

引燃源应采用 GB/T 18380.31—2008 中规定的一个带型丙烷燃气喷灯。

5　试验步骤

5.1　试样

试样应由若干根等长的电缆试样段组成,每根电缆试样段的最小长度为 3.5 m。

电缆试样段的总根数应使总体积中试样所含非金属材料为 3.5 L/m。

试样应在附录 A 规定的范围内进行选择。

试验前作为试样的电缆试样段应在(20±10)℃下放置至少 16 h。电缆试样段应是干燥的。

5.2　电缆试样段数量的确定

为计算电缆试样段的数量,应确定一根电缆试样段每米所含非金属材料的体积。

小心截取一根不小于 0.3 m 的电缆段,其截面与电缆轴线成直角以便能精确测量其长度。

每种非金属材料(包括发泡材料)的密度应采用适当方法测量,如 GB/T 2951.13—2008,测得的数据修约到小数点后第 2 位。

从电缆段上剥下每一种非金属材料 C_i 并称重。任何小于非金属材料总质量 5% 的材料应假定其密度为 1 kg/dm^3。

如果半导电屏蔽不能从绝缘材料上剥离,可以视为一体测量质量和密度。

每种非金属材料 C_i 的体积 V_i(L/m 电缆)按下式计算:

$$V_i = \frac{M_i}{\rho_i \times l}$$

式中:

M_i——材料 C_i 的质量,单位为千克(kg);

ρ_i——材料 C_i 的密度,单位为千克每立方分米(kg/dm^3);

l——电缆试样段的长度,单位为米(m)。

每米电缆所含非金属材料的总体积 V 等于各种非金属材料体积 V_1、V_2 等的总和。

将 5.1 规定的每米体积除以每米电缆非金属材料的总体积 V 得到需要安装的电缆试样段根数,取最接近的整数(0.5 及以上进位至 1)。

5.3　试样安装

5.3.1　至少有一根导体截面超过 35 mm^2 的电缆

对于至少有一根导体截面超过 35 mm^2 的电缆,每个电缆试样段应使用金属线(钢线或铜线)分别固定在钢梯的各个横档上。直径 50 mm 及以下的电缆采用直径 0.5 mm～1.0 mm 的金属线。直径 50 mm 以上的电缆使用直径 1.0 mm～1.5 mm 的金属线。

电缆试样段应呈单层安装在钢梯前面,试样的最大宽度应为 300 mm,电缆试样段间的间隔应为 0.5 倍电缆直径,但不超过 20 mm(见图 1)。试样边缘与钢梯内侧垂面的最小距离应为 50 mm。

安装电缆试样段时,第一个电缆试样段应大致位于钢梯中心,其后的电缆试样段在两侧添加,以使全部电缆试样段大致排列在钢梯的中心。

5.3.2 导体截面为 35 mm^2 及以下的电缆

对于所有导体截面不超过 35 mm^2 的电缆，电缆试样段应分别或成组的采用直径 0.5 mm～1.0 mm 的金属线钢线或铜线固定在钢梯的各个横档上。

电缆试样段应呈相互接触的一层或多层安装在标准钢梯前面，试样的最大宽度应为 300 mm。试样边缘与钢梯内侧垂面的最小距离应为 50 mm。

安装电缆试样段时，第一个电缆试样段(组)应大致位于钢梯中心，其后的电缆试样段(组)在两侧添加，以使全部电缆试样段大致排列在钢梯的中心。

如果第一(或其后)层用完了钢梯的全部宽度，还需要使用第二(或更多)层，第二(或其后)层的第一个电缆试样段(组)应大致位于钢梯中心，其后的电缆试样段(组)在两侧添加，以使第二(或其后)层全部电缆试样段大致排列在钢梯的中心。

如果试样需要使用大量的电缆试样段，可以采用规定的金属线构成平坦的电缆试样段组安装在钢梯横档上，每个电缆试样段组最大宽度为 5 个电缆试样段。为保证一致性，推荐将相邻的电缆试样段组紧贴在一起固定在每根横档上，以确保电缆试样段相互接触(见图 2)。

5.4 供火时间

供火时间应为 40 min，此后应熄灭火焰。通过试验箱的空气流量应维持到电缆停止燃烧或发光，或者维持到最长 1 h，此后应强行熄灭电缆的燃烧或发光。

6 试验结果评价

电缆燃烧或发光停止或被熄灭后，应将试样擦干净。

擦干净后，如果原表面未损坏，所有烟灰都可忽略不计。非金属材料软化或任何变形也忽略不计。火焰蔓延应通过损坏范围来测定，损坏范围为喷灯底边到炭化部分起始点间的距离，单位为 m，精确到 2 位小数。炭化部分起始点的确定如下：

用锋利物品，如刀口，按压电缆表面，表面从弹性变成脆性(粉化)的地方表示是炭化部分起始点。

7 性能要求

对特定型号或种类的电线电缆的性能要求应在相关电缆产品标准中单独的规定。在没有给定的性能要求时，采用附录 B 中推荐的性能要求。

8 复检步骤

试样未通过本试验，有争议时，应按第 5 章的规定再进行两次试验。如果两次试验结果均符合所述要求，则应认为该电线电缆通过本试验。

9 试验报告

试验报告应包括如下信息：

i) 被试电缆的完整描述；

j) 被试电缆的生产厂家；

k) 执行试验参照的标准部分；

l) 电缆试样段的数量；

m) 每米试样和电缆试样段中非金属材料的总体积；

n) 安装方法(如间隔或接触)；

o） 层数和每层电缆试样段数；

p） 供火时间(如 40 min)；

q） 喷灯数量(如 1 个)；

r） 损坏范围；

s） 所有燃烧和发光熄灭时间。

尺寸单位为毫米

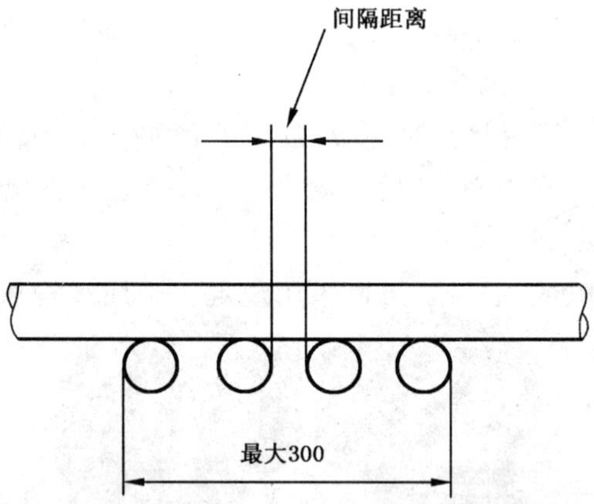

图 1　间隔安装在标准钢梯前面的电缆

尺寸单位为毫米

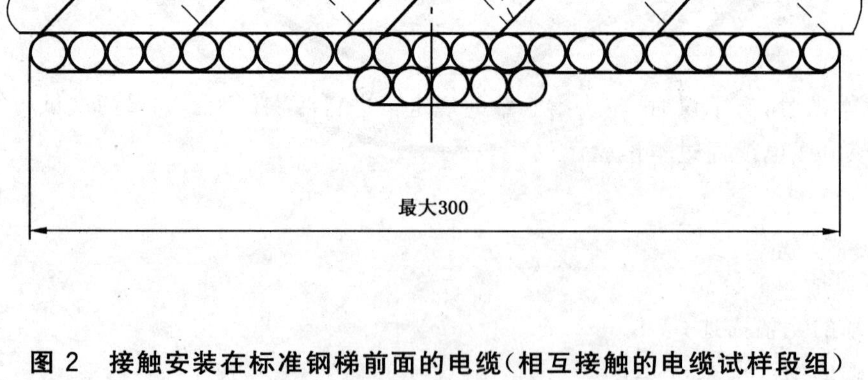

图 2　接触安装在标准钢梯前面的电缆(相互接触的电缆试样段组)

附　录　A
（规范性附录）
型式认可试验用电缆选择导则

型式认可试验用电缆的型号和导体截面的选择，宜在电缆规范中规定，或由买卖双方协商。

钢梯的容积有限，考虑试验用导体截面选择时要确保非金属材料体积符合前述的安装要求。因此，GB/T 18380本部分电缆的选择应符合下述规定：

——应仅使用钢梯前面；

——对于至少有一根导体截面超过35 mm^2的电缆，电缆数量应不超过如下数量，即构成300 mm宽的单层，每根电缆之间的间隔等于0.5倍电缆直径但不超过20 mm；

——对于导体截面不超过35 mm^2的电缆，其选择没有限制；

——电缆试样段最小数量应为2。

GB/T 18380本部分型式认可试验的所有条件概要见表A.1。

表A.1　试验条件概要

分类及标志	B	
导体截面范围/mm^2	＞35[a]	≤35[b]
每米试样非金属材料体积/L	3.5	3.5
采用标准钢梯，试样最大宽度：300 mm ——层数 ——喷灯数	 1 1	 ≥1 1
电缆试样段定位	间隔	接触
供火时间/min	40	40

a 至少一根导体截面超过35 mm^2。

b 任何导体截面均不超过35 mm^2。

附 录 B
（资料性附录）
推荐性能要求

无论是在钢梯前面还是后面，测得的试样最大炭化范围，都应不高于喷灯底边 2.5 m。

根据试验，本推荐性能要求也符合 GB/T 18380.3—2001《电缆在火焰条件下的燃烧试验　第 3 部分：成束电线或电缆的燃烧试验方法》2.8.1 给出的值。

附 录 C
（资料性附录）
试样根数的简易计算方法

试样根数根据试样的几何尺寸用下式计算确定：

$$n=\frac{1\ 000\ V}{S-S_{m}}$$

式中：

n——试样根数（根），取最接近的整数（0.5 及以上进位至 1）；

V——按试验类别确定的每米非金属材料的总体积为 3.5 L/m；

S——一根试样横截面的总面积，单位为平方毫米（mm^2）；

S_m——一根试样横截面中金属材料的总面积，单位为平方毫米（mm^2）。

ICS 29.060.20
K 13

中华人民共和国国家标准

GB/T 18380.35—2008/IEC 60332-3-24:2000

电缆和光缆在火焰条件下的燃烧试验 第35部分:垂直安装的成束电线电缆火焰垂直蔓延试验 C类

Tests on electric and optical fibre cables under fire conditions—Part 35:Test for vertical flame spread of vertically-mounted bunched wires or cables—Category C

(IEC 60332-3-24:2000,IDT)

2008-06-26 发布 2009-04-01 实施

中华人民共和国国家质量监督检验检疫总局
中国国家标准化管理委员会 发布

前　言

GB/T 18380《电缆和光缆在火焰条件下的燃烧试验》分为11个部分：

——第11部分：单根绝缘电线电缆火焰垂直蔓延试验　试验装置；

——第12部分：单根绝缘电线电缆火焰垂直蔓延试验　1 kW预混合型火焰试验方法；

——第13部分：单根绝缘电线电缆火焰垂直蔓延试验　测定燃烧的滴落(物)/微粒的试验方法；

——第21部分：单根绝缘细电线电缆火焰垂直蔓延试验　试验装置；

——第22部分：单根绝缘细电线电缆火焰垂直蔓延试验　扩散型火焰试验方法；

——第31部分：垂直安装的成束电线电缆火焰垂直蔓延试验　试验装置；

——第32部分：垂直安装的成束电线电缆火焰垂直蔓延试验　A F/R类；

——第33部分：垂直安装的成束电线电缆火焰垂直蔓延试验　A类；

——第34部分：垂直安装的成束电线电缆火焰垂直蔓延试验　B类；

——第35部分：垂直安装的成束电线电缆火焰垂直蔓延试验　C类；

——第36部分：垂直安装的成束电线电缆火焰垂直蔓延试验　D类。

本部分为GB/T 18380的第35部分。

本部分等同采用IEC 60332-3-24:2000《电缆在火焰条件下的燃烧试验　第3-24部分：垂直安装的成束电线电缆火焰垂直蔓延试验　C类》(英文版)。

为便于使用，本部分作了下列编辑性修改：

a) 本部分名称修改为："电缆和光缆在火焰条件下的燃烧试验　第35部分：垂直安装的成束电线电缆火焰垂直蔓延试验　C类"；

b) 与本部分名称相对应，英文名称修改为："Test on electric and optical fibre cables under fire conditions—Part 35: Test for vertical flame spread of vertically-mounted bunched wires or cables—Category C"；

c) 删除了国际标准的前言和引言；

d) 增加了国家标准本部分的前言；

e) 增加了附录C；

f) 用小数点"."代替作为小数点的逗号","；

g) 用"第35部分"代替"第3-24部分"；

h) 本部分第2章引用了采用国际标准的我国国家标准而非国际标准。

本部分的附录A为规范性附录，附录B为资料性附录。

本部分由中国电器工业协会提出。

本部分由全国电线电缆标准化技术委员会归口。

本部分负责起草单位：上海电缆研究所。

本部分参加起草单位：上海亚龙工业集团有限公司、天津金山电线电缆股份有限公司、扬州曙光电缆有限公司、安徽华菱电缆集团有限公司、宝胜科技创新股份有限公司。

本部分主要起草人：肖继东、龚国祥、鲁邦秀、郑国俊、梁国华、胡光政、唐崇健。

电缆和光缆在火焰条件下的燃烧试验 第35部分:垂直安装的成束电线电缆火焰垂直蔓延试验 C类

1 范围

GB/T 18380的第31、32、33、34、35、36部分规定了一种试验方法,用来评价垂直安装的成束电线电缆或光缆在规定条件下抑制火焰垂直蔓延的能力。

注:本部分中术语"电线电缆"包括所有用于能量或信号传输的金属导体绝缘电缆。

本试验用于型式认可试验。试验用电缆的选择要求见附录A。火焰蔓延通过电缆试样的损坏范围来测定。本试验程序可用于验证电缆抑制火焰蔓延的能力。

GB/T 18380的本部分适用于C类,电缆安装在试验钢梯上以使总体积中试样所含非金属材料为1.5 L/m。供火时间为20 min。电缆安装在标准钢梯前面。C类用于评定低非金属材料体积含量的场合。

附录B中给出了推荐的性能要求。

2 规范性引用文件

下列文件中的条款通过GB/T 18380的本部分的引用而成为本部分的条款。凡是注日期的引用文件,其随后所有的修改单(不包括勘误的内容)或修订版均不适用于本部分,然而,鼓励根据本部分达成协议的各方研究是否可使用这些文件的最新版本。凡是不注日期的引用文件,其最新版本适用于本部分。

GB/T 2951.13—2008 电缆和光缆绝缘和护套材料通用试验方法 第13部分:通用试验方法 密度测定方法——吸水试验——收缩试验(IEC 60811-1-3:1993,IDT)

GB/T 16499—1996 编制电气安全标准的导则(eqv IEC Guide 104:1984)

GB/T 18380.31—2008 电缆在火焰条件下的燃烧试验 第31部分:垂直安装的成束电线电缆火焰垂直蔓延试验 试验装置(IEC 60332-3-10:2000,IDT)

IEC 60695-4:1993 着火危险试验 第4部分:着火试验术语

3 定义

GB/T 18380的本部分使用下列术语和定义,这些定义取自IEC 60695-4:1993。

3.1

引燃源 ignition source

引发燃烧的能量源。

[IEC 60695-4:1993,定义2.76]

3.2

炭 char

高温分解或不完全燃烧产生的含碳残渣。

[IEC 60695-4:1993,定义2.12]

3.3

火焰蔓延　flame spread

火焰前沿的传播。

[IEC 60695-4:1993,定义 2.53]

4　试验装置

4.1　概述

应使用 GB/T 18380.31—2008 中规定的设备。

4.2　引燃源

引燃源应采用 GB/T 18380.31—2008 中规定的一个带型丙烷燃气喷灯。

5　试验步骤

5.1　试样

试样应由若干根等长的电缆试样段组成,每根电缆试样段的最小长度为 3.5 m。

电缆试样段的总根数应使总体积中试样所含非金属材料为 1.5 L/m。

试样应在附录 A 规定的范围内进行选择。

试验前作为试样的电缆试样段应在(20±10)℃下放置至少 16 h。电缆试样段应是干燥的。

5.2　电缆试样段数量的确定

为计算电缆试样段的数量,应确定一根电缆试样段每米所含非金属材料的体积。

小心截取一根不小于 0.3 m 的电缆段,其截面与电缆轴线成直角以便能精确测量其长度。

每种非金属材料(包括发泡材料)的密度应采用适当方法测量,如 GB/T 2951.13—2008,测得的数据修约到小数点后第 2 位。

从电缆段上剥下每一种非金属材料 C_i 并称重。任何小于非金属材料总质量 5% 的材料应假定其密度为 1 kg/dm^3。

如果半导电屏蔽不能从绝缘材料上剥离,可以视为一体测量质量和密度。

每种非金属材料 C_i 的体积 V_i(L/m 电缆)按下式计算:

$$V_i = \frac{M_i}{\rho_i \times l}$$

式中:

M_i——材料 C_i 的质量,单位为千克(kg);

ρ_i——材料 C_i 的密度,单位为千克每立方分米(kg/dm^3);

l——电缆试样段的长度,单位为米(m)。

每米电缆所含非金属材料的总体积 V 等于各种非金属材料体积 V_1、V_2 等的总和。

将 5.1 规定的每米体积除以每米电缆非金属材料的总体积 V 得到需要安装的电缆试样段根数,取最接近的整数(0.5 及以上进位至 1)。

5.3　试样安装

5.3.1　至少有一根导体截面超过 35 mm^2 的电缆

对于至少有一根导体截面超过 35 mm^2 的电缆,每个电缆试样段应使用金属线(钢线或铜线)分别固定在钢梯的各个横档上。直径 50 mm 及以下的电缆采用直径 0.5 mm～1.0 mm 的金属线。直径 50 mm 以上的电缆使用直径 1.0 mm～1.5 mm 的金属线。

电缆试样段应呈单层安装在钢梯前面,试样的最大宽度应为 300 mm,电缆试样段间的间隔应为

0.5 倍电缆直径,但不超过 20 mm(见图 1)。试样边缘与钢梯内侧垂面的最小距离应为 50 mm。

安装电缆试样段时,第一个电缆试样段应大致位于钢梯中心,其后的电缆试样段在两侧添加,以使全部电缆试样段大致排列在钢梯的中心。

5.3.2 导体截面为 35 mm^2 及以下的电缆

对于所有导体截面不超过 35 mm^2 的电缆,电缆试样段应分别或成组的采用直径 0.5 mm～1.0 mm的金属线钢线或铜线固定在钢梯的各个横档上。

电缆试样段应呈相互接触的一层或多层安装在标准钢梯前面,试样的最大宽度应为 300 mm。试样边缘与钢梯内侧垂面的最小距离应为 50 mm。

安装电缆试样段时,第一个电缆试样段(组)应大致位于钢梯中心,其后的电缆试样段(组)在两侧添加,以使全部电缆试样段大致排列在钢梯的中心。

如果第一(或其后)层用完了钢梯的全部宽度,还需要使用第二(或更多)层,第二(或其后)层的第一个电缆试样段(组)应大致位于钢梯中心,其后的电缆试样段(组)在两侧添加,以使第二(或其后)层全部电缆试样段大致排列在钢梯的中心。

如果试样需要使用大量的电缆试样段,可以采用规定的金属线构成平坦的电缆试样段组安装在钢梯横档上,每个电缆试样段组最大宽度为 5 个电缆试样段。为保证一致性,推荐将相邻的电缆试样段组紧贴在一起固定在每根横档上,以确保电缆试样段相互接触(见图 2)。

5.4 供火时间

供火时间应为 20 min,此后应熄灭火焰。通过试验箱的空气流量应维持到电缆停止燃烧或发光,或者维持到最长 1 h,此后应强行熄灭电缆的燃烧或发光。

6 试验结果评价

电缆燃烧或发光停止或被熄灭后,应将试样擦干净。

擦干净后,如果原表面未损坏,所有烟灰都可忽略不计。非金属材料软化或任何变形也忽略不计。火焰蔓延应通过损坏范围来测定,损坏范围为喷灯底边到炭化部分起始点间的距离,单位为 m,精确到 2 位小数。炭化部分起始点的确定如下:

用锋利物品,如刀口,按压电缆表面,表面从弹性变成脆性(粉化)的地方表示是炭化部分起始点。

7 性能要求

对特定型号或种类的电线电缆的性能要求应在相关电缆产品标准中单独的规定。在没有给定的性能要求时,采用附录 B 中推荐的性能要求。

8 复检步骤

试样未通过本试验,有争议时,应按第 5 章的规定再进行两次试验。如果两次试验结果均符合所述要求,则应认为该电线电缆通过本试验。

9 试验报告

试验报告应包括如下信息:

i) 被试电缆的完整描述;

j) 被试电缆的生产厂家;

k) 执行试验参照的标准部分;

l) 电缆试样段的数量;

m） 每米试样和电缆试样段中非金属材料的总体积；

n） 安装方法（如间隔或接触）；

o） 层数和每层电缆试样段数；

p） 供火时间（如 20 min）；

q） 喷灯数量（如 1 个）；

r） 损坏范围；

s） 所有燃烧和发光熄灭时间。

尺寸单位为毫米

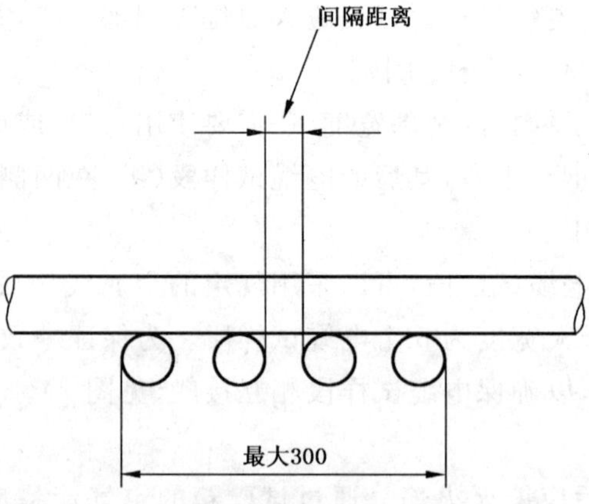

图 1 间隔安装在标准钢梯前面的电缆

尺寸单位为毫米

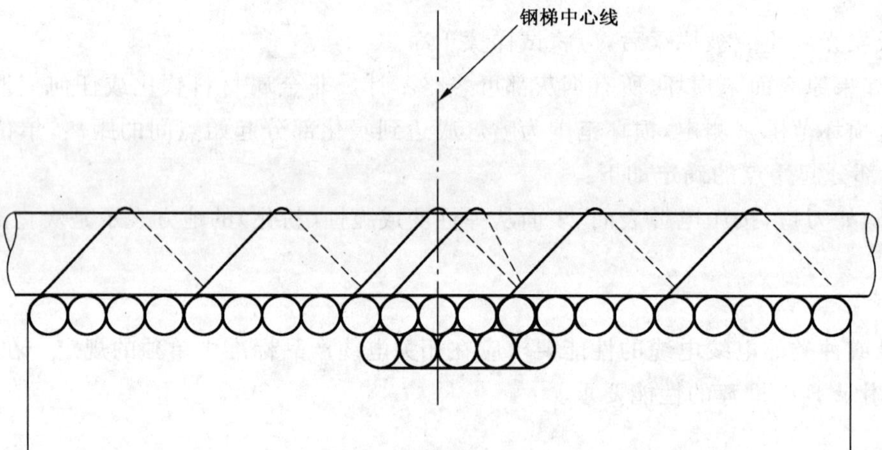

图 2 接触安装在标准钢梯前面的电缆（相互接触的电缆试样段组）

附 录 A
（规范性附录）
型式认可试验用电缆选择导则

型式认可试验用电缆的型号和导体截面的选择，宜在电缆规范中规定，或由买卖双方协商。

钢梯的容积有限，考虑试验用导体截面选择时要确保非金属材料体积符合前述的安装要求。因此，GB/T 18380 本部分电缆的选择应符合下述规定：

——应仅使用钢梯前面；

——对于至少有一根导体截面超过 35 mm^2 的电缆，电缆数量应不超过如下数量，即构成 300 mm 宽的单层，每根电缆之间的间隔等于 0.5 倍电缆直径但不超过 20 mm；

——对于导体截面不超过 35 mm^2 的电缆，其选择没有限制；

——电缆试样段最小数量应为 2。

GB/T 18380 本部分型式认可试验的所有条件概要见表 A.1。

表 A.1 试验条件概要

分类及标志	C	
导体截面范围/mm^2	>35[a]	≤35[b]
每米试样非金属材料体积/L	1.5	1.5
采用标准钢梯，试样最大宽度：300 mm ——层数 ——喷灯数	 1 1	 ≥1 1
电缆试样段定位	间隔	接触
供火时间/min	20	20

a 至少一根导体截面超过 35 mm^2。

b 任何导体截面均不超过 35 mm^2。

附　录　B
（资料性附录）
推荐性能要求

无论是在钢梯前面还是后面，测得的试样最大炭化范围，都应不高于喷灯底边 2.5 m。

根据试验，本推荐性能要求也符合 GB/T 18380.3—2001《电缆在火焰条件下的燃烧试验　第 3 部分：成束电线或电缆的燃烧试验方法》2.8.1 给出的值。

附　录　C
（资料性附录）
试样根数的简易计算方法

试样根数根据试样的几何尺寸用下式计算确定：

$$n = \frac{1\ 000V}{S - S_m}$$

式中：

n——试样根数(根)，取最接近的整数(0.5及以上进位至1)；

V——按试验类别确定的每米非金属材料的总体积为1.5 L/m；

S——一根试样横截面的总面积，单位为平方毫米(mm^2)；

S_m——一根试样横截面中金属材料的总面积，单位为平方毫米(mm^2)。

ICS 29.060.20
K 13

中华人民共和国国家标准

GB/T 18380.36—2008/IEC 60332-3-25:2000

电缆和光缆在火焰条件下的燃烧试验 第36部分:垂直安装的成束电线电缆火焰垂直蔓延试验 D类

Tests on electric and optical fibre cables under fire conditions—Part 36:Test for vertical flame spread of vertically-mounted bunched wires or cables—Category D

(IEC 60332-3-25:2000, IDT)

2008-06-26 发布　　2009-04-01 实施

中华人民共和国国家质量监督检验检疫总局
中国国家标准化管理委员会　发布

前　言

GB/T 18380《电缆和光缆在火焰条件下的燃烧试验》分为11个部分：

——第11部分：单根绝缘电线电缆火焰垂直蔓延试验　试验装置；

——第12部分：单根绝缘电线电缆火焰垂直蔓延试验　1 kW预混合型火焰试验方法；

——第13部分：单根绝缘电线电缆火焰垂直蔓延试验　测定燃烧的滴落(物)/微粒的试验方法；

——第21部分：单根绝缘细电线电缆火焰垂直蔓延试验　试验装置；

——第22部分：单根绝缘细电线电缆火焰垂直蔓延试验　扩散型火焰试验方法；

——第31部分：垂直安装的成束电线电缆火焰垂直蔓延试验　试验装置；

——第32部分：垂直安装的成束电线电缆火焰垂直蔓延试验　A F/R类；

——第33部分：垂直安装的成束电线电缆火焰垂直蔓延试验　A类；

——第34部分：垂直安装的成束电线电缆火焰垂直蔓延试验　B类；

——第35部分：垂直安装的成束电线电缆火焰垂直蔓延试验　C类；

——第36部分：垂直安装的成束电线电缆火焰垂直蔓延试验　D类。

本部分为GB/T 18380的第36部分。

本部分等同采用IEC 60332-3-25:2000《电缆在火焰条件下的燃烧试验　第3-25部分：垂直安装的成束电线电缆火焰垂直蔓延试验　D类》(英文版)。

为便于使用，本部分作了下列编辑性修改：

a) 本部分名称修改为："电缆和光缆在火焰条件下的燃烧试验　第36部分：垂直安装的成束电线电缆火焰垂直蔓延试验　D类"；

b) 与本部分名称相对应，英文名称修改为："Test on electric and optical fibre cables under fire conditions—Part 36: Test for vertical flame spread of vertically-mounted bunched wires or cables—Category D"；

c) 删除了国际标准的前言和引言；

d) 增加了国家标准本部分的前言；

e) 增加了附录C；

f) 用小数点"."代替作为小数点的逗号","；

g) 用"第36部分"代替"第3-25部分"；

h) 本部分第2章引用了采用国际标准的我国国家标准而非国际标准。

本部分的附录A为规范性附录，附录B和附录C为资料性附录。

本部分由中国电器工业协会提出。

本部分由全国电线电缆标准化技术委员会归口。

本部分负责起草单位：上海电缆研究所。

本部分参加起草单位：上海南洋电材有限公司、扬州曙光电缆有限公司、宝胜科技创新股份有限公司、安徽华菱电缆集团有限公司、上海亚龙工业集团有限公司。

本部分主要起草人：肖继东、龚国祥、曲巍、梁国华、唐崇健、胡光政、鲁邦秀。

电缆和光缆在火焰条件下的燃烧试验 第36部分:垂直安装的成束电线电缆 火焰垂直蔓延试验 D类

1 范围

GB/T 18380的第31、32、33、34、35、36部分规定了一种试验方法,用来评价垂直安装的成束电线电缆或光缆在规定条件下抑制火焰垂直蔓延的能力。

注:本部分中术语"电线电缆"包括所有用于能量或信号传输的金属导体绝缘电缆。

本试验用于型式认可试验。试验用电缆的选择要求见附录A。火焰蔓延通过电缆试样的损坏范围来测定。本试验程序可用于验证电缆抑制火焰蔓延的能力。

GB/T 18380的本部分适用于D类,且只适用于外径不超过12 mm的小电缆或截面不超过35 mm^2 电缆,电缆安装在试验钢梯上以使总体积中试样所含非金属材料为0.5 L/m。供火时间为20 min。电缆相互接触地安装在标准钢梯前面。D类用于评定很低非金属材料体积含量的小电缆的场合。

附录B中给出了推荐的性能要求。

2 规范性引用文件

下列文件中的条款通过GB/T 18380的本部分的引用而成为本部分的条款。凡是注日期的引用文件,其随后所有的修改单(不包括勘误的内容)或修订版均不适用于本部分,然而,鼓励根据本部分达成协议的各方研究是否可使用这些文件的最新版本。凡是不注日期的引用文件,其最新版本适用于本部分。

GB/T 2951.13—2008 电缆和光缆绝缘和护套材料通用试验方法 第13部分:通用试验方法——密度测定方法——吸水试验——收缩试验(IEC 60811-1-3:1993,IDT)

GB/T 16499—1996 编制电气安全标准的导则(eqv IEC Guide 104:1984)

GB/T 18380.31—2008 电缆在火焰条件下的燃烧试验 第31部分:垂直安装的成束电线电缆火焰垂直蔓延试验 试验装置(IEC 60332-3-10:2000,IDT)

IEC 60695-4:1993 着火危险试验 第4部分:着火试验术语

3 定义

GB/T 18380的本部分使用下列术语和定义,这些定义取自IEC 60695-4:1993。

3.1

引燃源 ignition source

引发燃烧的能量源。

[IEC 60695-4:1993,定义2.76]

3.2

炭 char

高温分解或不完全燃烧产生的含碳残渣。

[IEC 60695-4:1993,定义2.12]

3.3

火焰蔓延 flame spread

火焰前沿的传播。

[IEC 60695-4:1993,定义 2.53]

4 试验装置

4.1 概述

应使用 GB/T 18380.31—2008 中规定的设备。

4.2 引燃源

引燃源应采用 GB/T 18380.31—2008 中规定的一个带型丙烷燃气喷灯。

5 试验步骤

5.1 试样

试样应由若干根等长的电缆试样段组成,每根电缆试样段的最小长度为 3.5 m。

电缆试样段的总根数应使总体积中试样所含非金属材料为 0.5 L/m。

试样应在附录 A 规定的范围内进行选择。

试验前作为试样的电缆试样段应在(20±10)℃下放置至少 16 h。电缆试样段应是干燥的。

5.2 电缆试样段数量的确定

为计算电缆试样段的数量,应确定一根电缆试样段每米所含非金属材料的体积。

小心截取一根不小于 0.3 m 的电缆段,其截面与电缆轴线成直角以便能精确测量其长度。

每种非金属材料(包括发泡材料)的密度应采用适当方法测量,如 GB/T 2951.13—2008,测得的数据修约到小数点后第 2 位。

从电缆段上剥下每一种非金属材料 C_i 并称重。任何小于非金属材料总质量 5%的材料应假定其密度为 1 kg/dm^3。

如果半导电屏蔽不能从绝缘材料上剥离,可以视为一体测量质量和密度。

每种非金属材料 C_i 的体积 V_i(L/m 电缆)按下式计算:

$$V_i = \frac{M_i}{\rho_i \times l}$$

式中:

M_i——材料 C_i 的质量,单位为千克(kg);

ρ_i——材料 C_i 的密度,单位为千克每立方分米(kg/dm^3);

l——电缆试样段的长度,单位为米(m)。

每米电缆所含非金属材料的总体积 V 等于各种非金属材料体积 V_1、V_2 等的总和。

将 5.1 规定的每米体积除以每米电缆非金属材料的总体积 V 得到需要安装的电缆试样段根数,取最接近的整数(0.5 及以上进位至 1)。

5.3 试样安装

电缆试样段应紧密排列,电缆试样段应分别或成组的采用直径 0.5 mm~1.0 mm 的金属线(钢线或铜线)固定在钢梯的各个横档上。

电缆试样段应呈相互接触的一层或多层安装在标准钢梯前面,试样的最大宽度应为 300 mm。试样边缘与钢梯内侧垂面的最小距离应为 50 mm。

安装电缆试样段时,第一个电缆试样段(组)应大致位于钢梯中心,其后的电缆试样段(组)在两侧添加,以使全部电缆试样段大致排列在钢梯的中心。

如果第一(或其后)层用完了钢梯的全部宽度,还需要使用第二(或更多)层,第二(或其后)层的第一个电缆试样段(组)应大致位于钢梯中心,其后的电缆试样段(组)在两侧添加,以使第二(或其后)层全部电缆试样段大致排列在钢梯的中心。

如果试样需要使用大量的电缆试样段,可以采用规定的金属线构成平坦的电缆试样段组安装在钢梯横档上,每个电缆试样段组最大宽度为 5 个电缆试样段。为保证一致性,推荐将相邻的电缆试样段组紧贴在一起固定在每根横档上,以确保电缆试样段相互接触(见图 1)。

尺寸单位为毫米

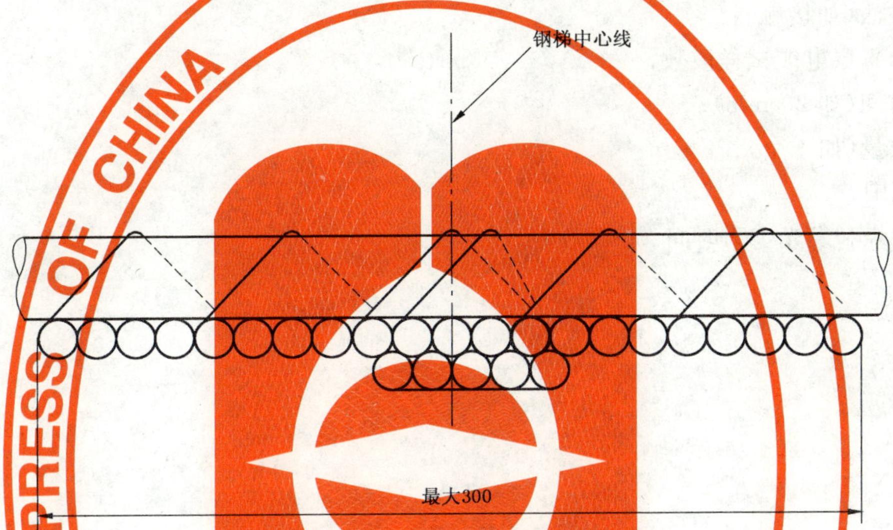

图 1 接触安装在标准钢梯前面的电缆(相互接触的电缆试样段组)

5.4 供火时间

供火时间应为 20 min,此后应熄灭火焰。通过试验箱的空气流量应维持到电缆停止燃烧或发光,或者维持到最长 1 h,此后应强行熄灭电缆的燃烧或发光。

6 试验结果评价

电缆燃烧或发光停止或被熄灭后,应将试样擦干净。

擦干净后,如果原表面未损坏,所有烟灰都可忽略不计。非金属材料软化或任何变形也忽略不计。火焰蔓延应通过损坏范围来测定,损坏范围为喷灯底边到炭化部分起始点间的距离,单位为 m,精确到 2 位小数。炭化部分起始点的确定如下:

用锋利物品,如刀口,按压电缆表面,表面从弹性变成脆性(粉化)的地方表示是炭化部分起始点。

7 性能要求

对特定型号或种类的电线电缆的性能要求应在相关电缆产品标准中单独的规定。在没有给定的性能要求时,采用附录 B 中推荐的性能要求。

8 复检步骤

试样未通过本试验,有争议时,应按第 5 章的规定再进行两次试验。如果两次试验结果均符合所述要求,则应认为该电线电缆通过本试验。

9 试验报告

试验报告应包括如下信息：

i) 被试电缆的完整描述；

j) 被试电缆的生产厂家；

k) 执行试验参照的标准部分；

l) 电缆试样段的数量；

m) 每米试样和电缆试样段中非金属材料的总体积；

n) 安装方法(如接触)；

o) 层数和每层电缆试样段数；

p) 供火时间(如 20 min)；

q) 喷灯数量(如 1 个)；

r) 损坏范围；

s) 所有燃烧和发光熄灭时间。

附　录　A
（规范性附录）
型式认可试验用电缆选择导则

型式认可试验用电缆的型号和导体截面的选择，宜在电缆规范中规定，或由买卖双方协商。

钢梯的容积有限，考虑试验用导体截面选择时要确保非金属材料体积符合前述的安装要求。因此，GB/T 18380 本部分电缆的选择应符合下述规定：

——应仅使用钢梯前面；

——每层电缆试样段最小数量应为 2；

——电缆选择没有其他限制。

GB/T 18380 本部分型式认可试验的所有条件概要见表 A.1。

表 A.1　试验条件概要

分类及标志	*D*
每米试样非金属材料体积 *L*	0.5
采用标准钢梯，试样最大宽度：300 mm ——层数 ——喷灯数	 ≥1 1
电缆试样段定位	接触
供火时间/min	20

附 录 B
（资料性附录）
推荐性能要求

无论是在钢梯前面还是后面，测得的试样最大炭化范围，都应不高于喷灯底边 2.5 m。

附 录 C
（资料性附录）
试样根数的简易计算方法

试样根数根据试样的几何尺寸用下式计算确定：

$$n=\frac{1\ 000V}{S-S_m}$$

式中：

n——试样根数（根），取最接近的整数（0.5 及以上进位至 1）；

V——按试验类别确定的每米非金属材料的总体积为 0.5 L/m；

S——一根试样横截面的总面积，单位为平方毫米（mm^2）；

S_m——一根试样横截面中金属材料的总面积，单位为平方毫米（mm^2）。

ICS 43.020
T 09

中华人民共和国国家标准

GB/T 18387—2008
代替 GB/T 18387—2001

电动车辆的电磁场发射强度的限值和测量方法,宽带,9 kHz～30 MHz

Limits and test method of magnetic and electric field strengh from electric vehicles, broadband, 9 kHz to 30 MHz

2008-01-22 发布　　　　2008-09-01 实施

中华人民共和国国家质量监督检验检疫总局
中国国家标准化管理委员会　发布

前　言

本标准修改采用美国汽车工程师协会标准 SAE J551-5 JAN2004《电动车辆的电场和磁场强度的测量方法及执行电平》。本标准与 SAE J551-5 JAN2004 比较，主要技术差异及原因：

——第 2 章引用文件，本标准引用 GB/T 4365 代替 SAE J551-1 的术语定义，引用 GB/T 14023 代替 SAE J551-2，技术内容相同，可以代替；删除了仅作为参考的出版物“美国联邦 47 号规则——通信；15 部分——无线电频率设备”和 IEEE 出版物“IEEE Std. 291”。

——4.2 传导发射限值，删除了非商业区限值 250 μV 要求。统一限值，不划分商业和非商业区。

——本标准增加附录 A“棒天线校准——等效电容替代法”。此部分为本标准前版内容，指导测量的准确性，与 SAE J551-5 DEC1997 版中附录 A 相同。

本标准与 SAE J551-5 JAN2004 比较，章节的差异：

——本标准将 SAE J551-5 JAN2004 中涉及测量方法的 6，7，8 章合并到本标准的第 5 章，对应章节 5.4，5.5，5.6。

——本标准增加附录 A。

——本标准附录 B 对应 SAE J551-5 JAN2004 附录 A。

本标准规定了电动车辆的发射电场和磁场强度的限值和测量方法，频率范围 9 kHz～30 MHz，与 GB 14023《车辆、机动船和由火花点火发动机驱动的装置的无线电骚扰特性的限值和测量方法》频率范围 30 MHz～1 000 MHz 相协调。

本版标准代替前版 GB/T 18387—2001《电动车辆的电磁场辐射强度的限值和测量方法　宽带 9 kHz～30 MHz》，与前版标准相比，本版标准主要变化如下：

——第 1 章，进一步明确了本标准适用范围；

——第 2 章，增加引用文件 GB 9254，ANSI C63.4，ANSI C63.12；

——第 4 章，辐射发射骚扰限值有重大变化（本版图 1 和图 2 与前版图 1 和图 2 对比）；增加了 4.2 车载充电器的传导发射限值（表 3）；

——第 5 章，5.2 中磁场测量距离由前版标准 1 m±0.2 m 变为本版标准 3 m±0.2 m；增加了 5.3 “传导发射测量场地的要求”；本版 5.4，5.5 对应前版 6，7；增加 5.6“车载充电器测量”；

——附录 A，增加图 A.2；

——增加附录 B“测量距离从 10 m 到 3 m 限值换算的说明”。

本标准附录 A 为规范性附录，附录 B 为资料性附录。

本标准由国家发展与改革委员会提出。

本标准由全国汽车标准化技术委员会归口。

本标准负责起草单位：中国汽车技术研究中心。

本标准主要起草人：徐立。

本标准所代替标准的历次版本发布情况为：

——GB/T 18387—2001。

电动车辆的电磁场发射强度的限值和测量方法,宽带,9 kHz~30 MHz

1 范围

本标准规定了电动车辆在频率范围 9 kHz~30 MHz 的磁场和电场的辐射发射的限值和测量方法,以及在频率范围 450 kHz~30 MHz 的传导发射的限值和测量方法。

本标准中的传导发射测量仅适用于车载电池充电系统,其开关频率应在 9 kHz 以上,能量通过金属导体传输。传导发射的技术要求仅适用于通过交流电源线对电池充电过程期间。

本标准不包含使用电源感应耦合装置的电池充电系统的传导和辐射发射测量。

注:对于频率范围在 30 MHz~1 000 MHz 的电磁骚扰测量,采用 GB 14023。

2 规范性引用文件

下列文件中的条款通过本标准的引用而成为本标准的条款。凡是注日期的引用文件,其随后所有的修改单(不包括勘误的内容)或修订版均不适用于本标准。然而,鼓励根据本标准达成协议的各方研究是否可使用这些文件的最新版本。凡是不注日期的引用文件,其最新版本适用于本标准。

GB/T 4365 电工术语 电磁兼容[GB/T 4365—2003,IEC 60050(161):1990+Amd. 1:1997+Amd. 2:1998,IDT]

GB/T 6113 无线电干扰和抗扰度测量设备规范[GB/T 6113—1995,idt CISPR 16-1:1993]

GB 9254 信息技术设备的无线电骚扰限值和测量方法[GB 9254—1998,idt CISPR 22:1997]

GB 14023 车辆、机动船和由火花点火发动机驱动的装置的无线电骚扰特性的限值和测量方法[GB/T 14023—2006,CISPR 12:2005,IDT]

ANSI C63.4—1992 低压电子电气设备在 9 kHz~40 GHz 的无线电噪声发射测量方法

ANSI C63.12—1987 电磁兼容限值 推荐实施

3 术语和定义

GB/T 4365 中确立的术语和定义适用于本标准。

4 骚扰限值

4.1 辐射发射

表 1 和图 1 给出了电场强度发射限值。

表 2 和图 2 给出了磁场强度发射限值。

表 1 电场强度发射限值

频 率	电平/dB(μV/m/kHz)
9 kHz~4.77 MHz	99.9−20 lg[Freq(MHz)/0.009]
4.77 MHz~15.92 MHz	154.4−40 lg[Freq(MHz)/0.009]
15.92 MHz~20 MHz	89.4−20 lg[Freq(MHz)/0.009]
20 MHz~30 MHz	22.5

表 2　磁场强度发射限值

频　率	电平/dB(μA/m/kHz)
9 kHz～4.77 MHz	48.4－20 lg[Freq(MHz)/0.009]
4.77 MHz～15.92 MHz	102.9－40 lg[Freq(MHz)/0.009]
15.92 MHz～20 MHz	37.9－20 lg[Freq(MHz)/0.009]
20 MHz～30 MHz	－29.0

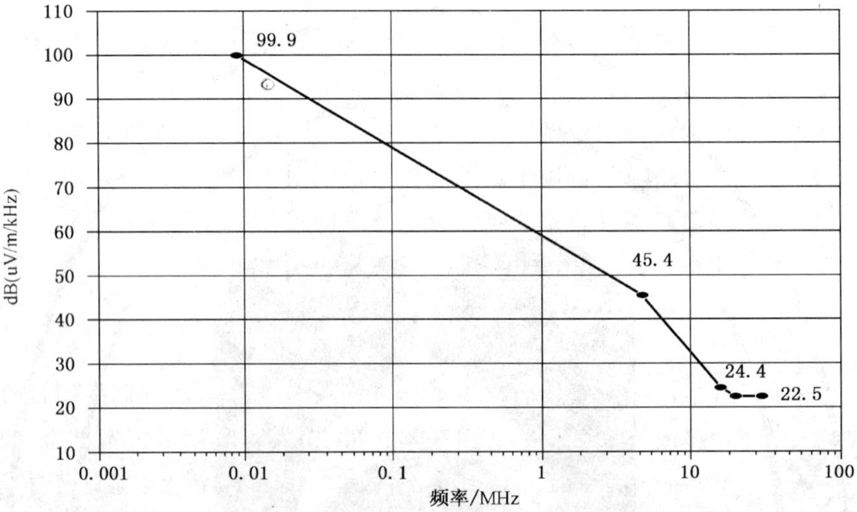

图 1　标准峰值脉冲的电场强度发射限值

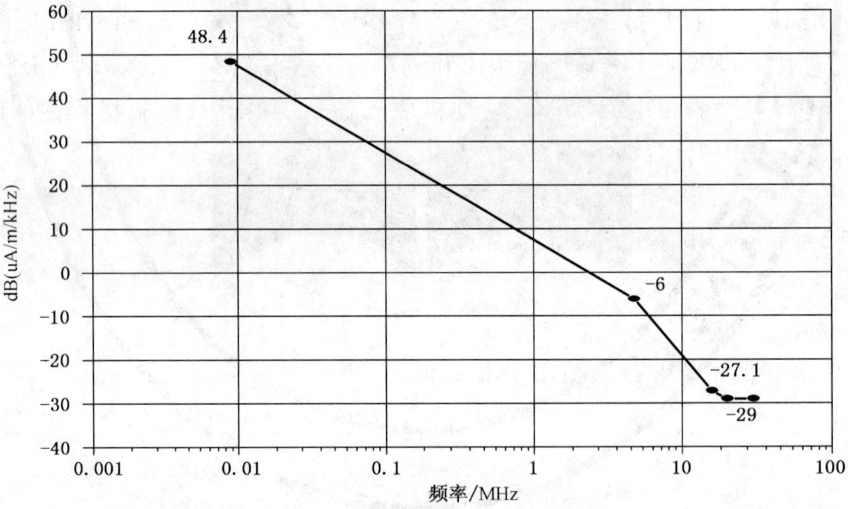

图 2　标准峰值脉冲的磁场强度发射限值

4.2　传导发射

车载充电系统的传导发射限值见表 3，应使用准峰值检波器进行测量。测量仪器带宽为 9 kHz。若使用峰值检波器进行测量且符合准峰值的限值，则认为符合本条款要求。

表 3　传导发射限值

频　率	电　平
450 kHz～1.705 MHz	1 mV
1.705 MHz～30 MHz	3 mV

5 测量方法

5.1 测量仪器要求

5.1.1 测量仪器

5.1.1.1 型式

测量仪器应满足 GB/T 6113 的要求。手动或自动频率扫描均可使用。频谱分析仪和扫描接收机均可用于骚扰测量。对于过载、线性度、选择性和脉冲响应,应给予特别的注意。

5.1.1.2 最小扫描时间

频谱分析仪或扫描接收机的扫描速率应按表 4 调整。

表 4 最小扫描时间

频带		峰值检波器
A	9 kHz～150 kHz	100 ms/kHz
B	0.15 MHz～30 MHz	100 ms/MHz

注 1:频带定义引自 GB/T 6113。

注 2:对某些信号(如低重复率或间歇信号)可能需要更低的扫描速率或多重扫描以确保测到最大值。

5.1.1.3 测量仪器带宽

选择测量仪器带宽时,应确保本底噪声至少比限值曲线低 6 dB。推荐带宽见表 5。

注:当测量仪器的带宽超过窄带信号的带宽时,测得信号的幅度将会受影响。当测量仪器的带宽减少时,脉冲带宽的指示值将会减小。

表 5 测量仪器带宽(6 dB)

频率范围	仪器带宽
9 kHz～0.15 MHz	200 Hz
0.15 MHz～30 MHz	9 kHz

如果频谱分析仪用于峰值测量,视频带宽至少是分辨率带宽的 3 倍。

5.1.2 天线系统

图 1 和图 2 中的测试限值以 dB(μV/m/kHz)和 dB(μA/m/kHz)表示。理论上,只要天线有足够的敏感度,适当的修正系数,并且天线具有 50 Ω 阻抗与测量接收机匹配,可以使用任何天线。下列天线适用于本测试方法:

a) 0.009 MHz～30 MHz 带有天线匹配单元的 1 m 垂直单极子。平衡器由天线制造商推荐。

b) 0.009 MHz～30 MHz 60 cm 静电屏蔽环天线。

市场供应的棒天线和环天线,可以使用其已知的天线校正系数。1 m 单极子棒天线及其相关匹配单元的校准程序可参考 GB/T 6113。电缆损耗系数的定义见 GB 14023—2006 的"附录C 天线和馈线的维护与校准"。

5.1.3 天线匹配单元

在测量的整个频段上,应保证匹配单元和测量接收机之间达到阻抗匹配,最大驻波比(SWR)为 2∶1。从天线到接收机的天线系统的任何衰减或放大都应得到修正。

注:应特别注意,保证输入电压不超过匹配单元的脉冲输入额定值或可能发生的过载。当使用有源匹配单元时,这一点特别重要。

5.1.4 线性阻抗稳定网络(LISN)[人工网络]。

每根电源线都应端接一个 50 μH/50 ΩLISN[1],ANCI C63.4 规定了人工网络。人工网络的额定电

1) 可以参见 GB 18655 规定的人工网络(LISN)。

流应大于车辆充电时的峰值电流，额定电压应与电源电压一致，与所使用频率兼容。人工网络在450 kHz～30 MHz的频率范围内应能满足阻抗要求。

5.2 辐射发射测量场地要求

测试场地应符合开阔试验场地（OATS）的要求，或者符合吸波屏蔽室（ALSE）的要求，见GB 14023—2006。

5.2.1 棒天线置于地面上，距车辆的最近部分为 3 m±0.1 m。

5.2.2 环天线中心置于地面以上 1 m±0.05 m，距车辆的最近部分为 3 m±0.2 m。

注：环天线位于磁场的最大敏感度方向，此时与环天线平面垂直的轴线平行于磁场方向。在环天线的情况下，这类极化适用于轴线方向。严格地说，这类极化用于指示电场的方向；当环天线定位在磁场的最大耦合方向时，电场方向平行于环平面。

5.3 传导发射测量场地的要求

传导发射测试应依据 ANSI C63.4。

注：测试应当在屏蔽室内进行以防止来自环境的发射而影响测试结果。

人工网络与车辆连接的电缆的长度应为 1.5 m±0.05 m。

人工网络应与车辆所处的接地平板使用铜带线搭接，铜带线应尽可能短，并且长宽比最大不能超过 7。

当使用多个人工网络(LISN)时，每个 50 Ω 的端口都应端接测量仪器或 50 Ω 的负载阻抗。

5.4 预扫描过程[2)]

5.4.1 用绝缘的千斤顶举起驱动轮。

注：如果车辆在无负载状态下运行会引起动力系统损害或降低辐射发射电平，那么可以使用测功机。

5.4.2 确定在高速档时车速为 40 km/h 的稳定条件。

5.4.3 对电场的垂直方向和磁场的 3 个正交方向，记录数据。

5.4.4 对车辆的其他 3 个侧面，重复进行 5.4.3。

5.4.5 依据 5.4.3 和 5.4.4 的结果决定最大发射方向。这个决定是基于从车辆的 4 个侧面得到的最高电平。如果车辆的两个不同的侧面的最高电平大致相等，那么选择其中 1 个侧面作为最大辐射方向。

5.4.6 天线的放置和定向为最大接收信号方向，即在 5.4.5 确定的侧面，车辆以 16 km/h 和 64 km/h 的稳定车速运行，重复 5.4.3，测量最大发射。

5.5 车辆测量[3)]

5.5.1 频率范围

测量应在 9 kHz～30 MHz 的频率范围内进行。这个范围也可以分成至少 11 个频段，每个频率倍程为 1 个频段。每个频段既可以手动扫描也可以自动扫描，以确定随频率变化的辐射场强。表 6 给出了一种频段划分的示例。

表 6 频段划分

9 kHz～30 kHz	1.1 MHz～2.4 MHz
30 kHz～60 kHz	2.4 MHz～5.0 MHz
60 kHz～150 kHz	5.0 MHz～10.0 MHz
150 kHz～250 kHz	10.0 MHz～20.0 MHz
250 kHz～500 kHz	20.0 MHz～30.0 MHz
0.5 MHz～1.1 MHz	

2) 不适用于采用交流电源线的电池充电器的发射测量。

3) 不包括电池充电系统的电源线。

本标准未规定测量的特征频率点，选择测量频率点时应充分考虑其分布。每个倍频程至少测量两个频率点，并且连续两个频率点的比不超过1.6。

5.5.2 运行条件

车辆在不带负载的测功机或以定速在轮轴支架上运行。

注：如果车辆在无负载状态下运行会引起动力系统的损坏或导致降低辐射发射电平，那么应把车辆置于测功机上进行测量，按水平道路给车辆加载，以5.4.6规定的速度运行。

在试验的全过程，车辆以5.4.6规定的速度运行。

5.5.3 车辆测量

按适当的带宽和天线系数将数据规范到dB(μV/m/kHz)或dB(μA/m/kHz)。

带宽修正，对于峰值检波测量，可以通过一个修正系数将其他带宽与1 kHz或1 MHz带宽相关联。对1 kHz，修正系数为20 lg[带宽(kHz)/1 kHz]；对1 MHz，修正系数为20 lg[带宽(kHz)/1 MHz]。例如：120 kHz带宽的相关限值，修正系数为20 lg(120 kHz/1 kHz)=42 dB。

5.6 车载充电器的测量[4)]

测量应在最大连续补充充电等级上进行。如果车辆设计有多个充电电源电压，在每个电压上均应对导线进行发射测量。在规定的频率范围，应进行扫频测量，同时记录数据。

如果数字控制电路或开关电路使用的频率超出1.705 MHz时，应再进行充电系统的辐射发射测试，应按照GB 14023进行测量，在频率范围30 MHz～1 000 MHz执行窄带辐射发射限值。

4) 车辆动力系统停止运转。

附　录　A
（规范性附录）
棒天线校准——等效电容替代法

A.1　校准方法

等效电容替代法采用模拟天线代替实际的棒天线辐射单元。模拟天线的主要元件是一个电容器，其电容量等于棒天线或单极子天线的固有电容。这个模拟天线由信号源馈给信号，从耦合器或天线的底部单元输出，采用如图 A.1 所示的试验布置进行测量，天线系数（AF）由公式（A.1）给出，其单位为dB(1/m)。

$$AF = V_D - V_L - C_h \qquad \cdots\cdots\cdots\cdots(A.1)$$

式中：

V_D——测得的信号发生器输出电平，单位为分贝（微伏）[dB(μV)]；

V_L——测得的耦合器输出电平，单位为分贝（微伏）[dB(μV)]；

C_h——高度修正系数（用于有效高度），单位为分贝（米）[dB(m)]。

对于通常用于 EMC 测量的 1 m 棒天线，有效高度（h_e）为 0.5 m 时，高度修正系数（C_h）为 −6 dB(m)，固有电容（C_a）为 10 pF。

注：有效高度、高度修正系数和特殊尺寸棒天线的固有电容的计算方法，见 A.3。

应采用下列两种方法中的一种来校准：网络分析仪法或者信号发生器和无线电噪声仪法。这两种方法采用同一模拟天线。制作模拟天线的指南见 A.2。应在足够数量的频率点上进行测量，以便在天线工作频率范围内或 9 kHz～30 MHz 频率范围内，获得一条天线系数随频率变化的平滑曲线，两者取较小值。

注：网络分析仪法优于无线电噪声仪和信号发生器法，因为前者在全频段有更低的测量不确定度。

a)　网络分析仪法

——用测量中使用的电缆来校准网络分析仪；

——按图 A.1 a）设置被校准的天线和测量设备；

——用试验通道的信号电平 V_D[dB(μV)]减去基准通道的信号电平 V_L[dB(μV)]，再减去 C_h（对于 1 m 的棒天线为−6 dB），即可得到天线的天线系数，单位为 dB(1/m)。

注：因为网络分析仪的通道阻抗非常接近 50 Ω，而网络分析仪在校准中会修正任何误差。因此，用网络分析仪不需要衰减器，如果需要，也可以使用衰减器，但这将使网络分析仪的校准变复杂。

b)　无线电噪声仪和信号发生器法

——按图 A.1 b）设置被校准的天线和测量设备；

——如图所示，设备和端接在 T 型连接器（A）上的 50 Ω 终端负载连接，在射频 RF 端口（B）测量被接收的信号电压 V_L，单位为 dB(μV)；

——保持信号发生器 RF 输出不变，将 50 Ω 终端负载转接到 RF 端口（B）上，再将接收机输入电缆转接到 T 型连接器（A），测量施加的信号电压 V_D，单位为 dB(μV)；

——用 V_D 减去 V_L，再减去 C_h（对于 1 m 的棒天线为 −6 dB），即得到天线系数，单位为dB(1/m)。

50 Ω 终端负载应具有很小的驻波比（SWR）（小于 1.05∶1）。无线电噪声仪应校准并具有小的驻波比（小于 2∶1）。信号发生器的输出具有稳定的频率和幅值。

注：信号发生器不需要校准，因为它被用作传递标准。

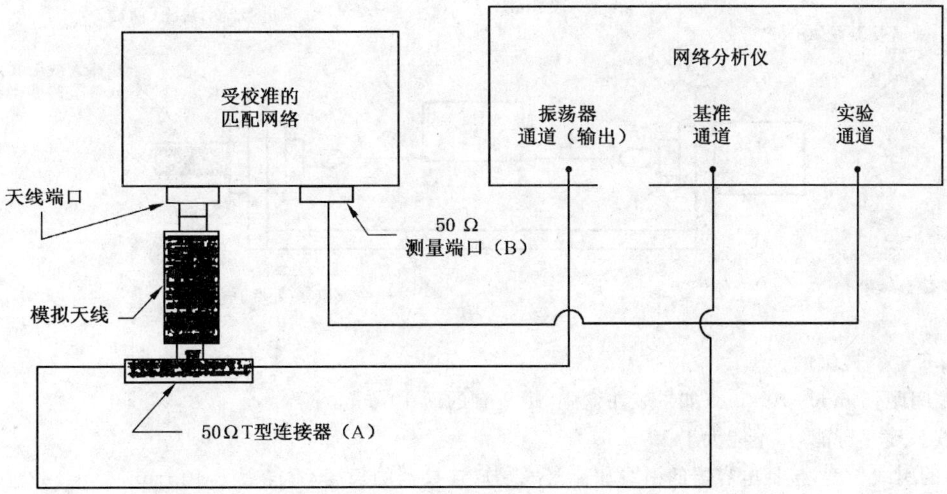

注 1：使模拟天线尽可能靠近 EUT 端口。T 型连接器尽可能接近模拟天线。在 T 型连接器与基准通道输入端之间以及 50 Ω 测量端口(B)与试验通道输入端口之间，应使用相同长度、相同型号的电缆。

注 2：网络分析仪无须使用衰减器，本标准也不推荐使用。

a) 采用网络分析仪的校准方法

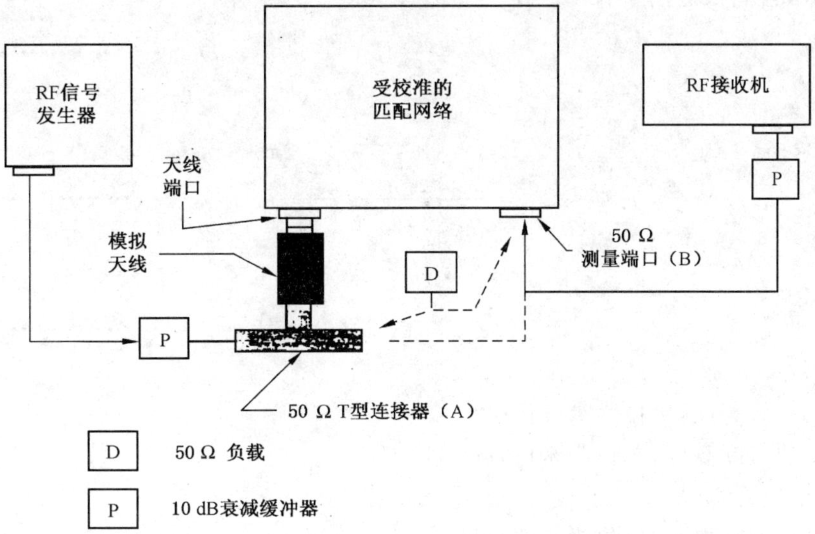

注 1：使模拟天线尽可能接近 EUT 端口。T 型连接器尽可能接近模拟天线。

注 2：如果接收机和信号发生器的电源驻波比（VSWR）较低，则无须使用衰减器。如果使用，其衰减量为 6 dB 或 3 dB。

注 3：模拟天线可以结合其他匹配元件来控制其输入和信号发生器电平测量端口的电压驻波比（VSWR）。

b) 采用无线电噪声仪和信号发生器的校准方法

图 A.1　1 m 单极子天线系数的测量

A.2　模拟天线的一些考虑

注：用作模拟天线的电容器应安装在小金属盒内或金属支架上，引线应尽可能短，但不长于 8 mm，并保持与金属盒或金属架的表面接近。建议的间距为 5 mm～10 mm。

天线系数校准测量装置中使用的 T 型连接器可以装在模拟天线盒内，提供与信号发生器匹配的电阻衰减器也可以装在模拟天线盒内。

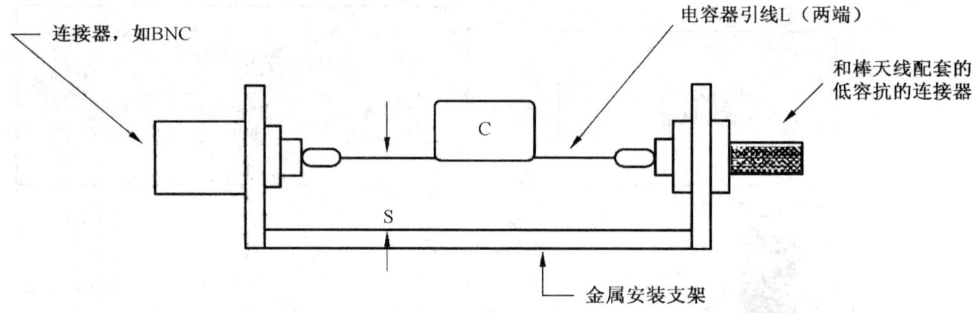

C——10 pF 5%，镀银的云母；

S——引线间距，5 mm～10 mm（如果装在盒中，距所有的面 10 mm）；

L——引线长度尽可能短，不能大于 12 mm。

（总的引线长度，包括电容器的引线和棒天线端口连接器的长度，不能大于 40 mm）

图 A.2 模拟天线上电容器的安装实例

A.3 棒（单极子）天线特性公式

下列式（A.2）、式（A.3）和式（A.4）用于确定特殊尺寸的棒天线或单极子天线的有效高度、固有电容和高度修正系数，它们仅适用于长度小于 $\lambda/4$ 的棒天线。

$$h_e = \frac{\lambda}{2\pi}\tan\frac{\pi h}{\lambda} \quad \cdots\cdots(A.2)$$

$$C_a = \frac{55.6h}{\ln(\frac{2h}{a})-1}\,\frac{\tan\frac{2\pi h}{\lambda}}{\frac{2\pi h}{\lambda}} \quad \cdots\cdots(A.3)$$

$$C_h = 20\ \lg h_e \quad \cdots\cdots(A.4)$$

式中：

h_e——天线的有效高度，单位为米（m）；

h——棒天线的实际高度，单位为米（m）；

λ——波长，单位为米（m）；

C_a——棒天线的固有电容，单位为皮法（pF）；

A——棒天线的平均半径，单位为米（m）；

C_h——高度修正系数，单位为分贝（米）[dB(m)]。

附　录　B
（资料性附录）
测量距离从 10 m 到 3 m 限值换算的说明

B.1　电场限值

峰值脉冲的电场强度的原始推荐限值来自乔治亚理工学院的技术报告，这个限值是以 dB(μV/m/kHz)表示的，测量距离为 10 m：

$$L_{10m}^{E}=75.1-20\lg(f/14) \tag{B.1}$$

式中：

f——单位为千赫(kHz)。

重新规范到当前的最低测量频率 9 kHz：

$$L_{10m}^{E}=78.94-20\lg(f/9) \tag{B.2}$$

利用 ANCI C63.12 中关于近场区域场强限值的换算方法，近场的边界距离为：

$$d=\frac{\lambda}{2\pi}=\frac{150\times10^{3}}{\pi f} \tag{B.3}$$

式中：

f——单位为千赫(kHz)。

因此，在近场区域，原始的(乔治亚理工学院)和新的(SAE)测量位置对应下面的频率范围，见表 B.1。

表 B.1　近场条件

测量距离	近场频率范围
10 m(G.I.T)	$f\leqslant4.77$ MHz
3 m(SAE)	$f\leqslant15.92$ MHz

B.1.1　$f\leqslant4.77$ MHz 时限值换算

由于 3 m 和 10 m 的测量距离均位于近场区，因此限值的换算与距离的平方成比例。

$$\begin{aligned}L_{3m}^{E}&=L_{10m}^{E}+40\lg\left(\frac{10}{3}\right)\\&=99.9-20\lg\left(\frac{f}{9}\right)\end{aligned} \tag{B.4}$$

B.1.2　4.77 MHz$\leqslant f\leqslant$15.92 MHz 时的限值换算

限值从 10 m(远场)到近场边界进行换算时与距离成一定的比例，从近场边界到 3 m(近场)的测试距离进行换算时与距离的平方成比例：

$$\begin{aligned}L_{3m}^{E}&=L_{10m}^{E}+20\lg\left(\frac{10}{150\times10^{3}/\pi f}\right)+40\lg\left(\frac{150\times10^{3}/\pi f}{10}\right)\\&=154.4-40\lg\left(\frac{f}{9}\right)\end{aligned} \tag{B.5}$$

B.1.3　$f>15.92$ MHz 时的距离换算

对于 3 m 和 10 m 的测量距离均是远场，限值的换算与距离成一定的比例：

$$L_{3m}^{E}=L_{10m}^{E}+20\lg\left(\frac{10}{3}\right)$$

$$=89.4-20\lg\left(\frac{f}{9}\right)$$

$$=22.5$$

$$(15.92\ \text{MHz}<f\leqslant 20\ \text{MHz})$$

$$(20\ \text{MHz}<f\leqslant 30\ \text{MHz}) \qquad \cdots\cdots(\text{B.6})$$

B.2 磁场限值

峰值脉冲的磁场强度的原始推荐限值也来自乔治亚理工学院的技术报告，这个限值是以 dB(μA/m/kHz)表示的，测量距离为 10 m：

$$L_{10\text{m}}^{M}=23.6-20\lg\left(\frac{f}{14}\right)$$

$$=L_{10\text{m}}^{E}-20\lg(Z_0) \qquad \cdots\cdots(\text{B.7})$$

式中：

f——单位为千赫(kHz)；

$Z_0=377\ \Omega$。

由于近场/远场的边界距离对于磁场和电场是相同的，3 m 测量距离时，磁场和电场的限值可以通过自由空间的波阻抗关联起来：

$$L_{3\text{m}}^{M}=L_{3\text{m}}^{E}-51.5\ \text{dB}(\Omega) \qquad \cdots\cdots(\text{B.8})$$

ICS 83.060
B 72

中华人民共和国国家标准

GB/T 18396—2008
代替 GB/T 18396—2001

天然胶乳　环法测定表面张力

Natural latex—Determination of surface tension by the ring method

(ISO 1409:2006, Plastics/rubber—
Polymer dispersions and rubber latices (natural and synthetic)—
Determination of surface tension by the ring method, MOD)

2008-05-15 发布　　2008-11-01 实施

中华人民共和国国家质量监督检验检疫总局
中国国家标准化管理委员会　发布

前　言

本标准修改采用ISO 1409:2006《塑料/橡胶——聚合物分散体和胶乳(天然和合成)——用环法进行表面张力的测定》(英文版)。

本标准根据ISO 1409:2006重新起草。

本标准与ISO 1409:2006相比,主要差异如下:

——删去ISO 1409:2006中有关聚合物分散体和合成胶乳的环法测定表面张力部分,只保留天然胶乳环法测定表面张力部分,名称也作了相应的修改,因为本标准仅适用于天然胶乳　环法测定表面张力;

——删去附录A,把附录A的内容放入正文,设为第9章:精密度,使标准结构更加合理;

——原第9章:试验报告,改为第10章,使标准结构更加合理;

——原附录B改为附录A,使标准结构更加合理;

——在第2章规范性引用文件中引用的GB/T 6682与ISO 1409:2006的相应部分没有技术性差异。

本标准代替GB/T 18396—2001《天然胶乳　环法测定表面张力》。

本标准与GB/T 18396—2001相比,主要差异如下:

——增加了第9章:精密度;

——将原第9章的试验报告,改为第10章。

本标准的附录A为资料性附录。

本标准由中国石油和化学工业协会提出。

本标准由全国橡胶与橡胶制品标准化技术委员会天然橡胶分技术委员会归口。

本标准负责起草单位:中国热带农业科学院农产品加工研究所、农业部食品质量监督检验测试中心(湛江)。

本标准主要起草人:张北龙、陈成海。

本标准于2001年7月首次发布。

天然胶乳 环法测定表面张力

警告：使用本标准的人员应有正规实验室的实践经验。本标准并未指出所有可能的安全问题。使用者有责任采取适当的安全和健康措施，并保证符合国家有关法规规定的条件。

1 范围

本标准规定了用环法测定胶乳表面张力的方法。

本标准适用于黏度小于200 mPa·s的胶乳。为此，应将胶乳用水稀释，使其总固体含量（质量分数）为40%。如有必要，总固体含量应进一步减少，以确保其黏度在规定值之内。

本方法也适用于预硫化胶乳和配合胶乳。

2 规范性引用文件

下列文件中的条款通过本标准的引用而成为本标准的条款。凡是注日期的引用文件，其随后所有的修改单（不包括勘误的内容）或修订版均不适用于本标准，然而，鼓励根据本标准达成协议的各方研究是否可使用这些文件的最新版本。凡是不注日期的引用文件，其最新版本适用于本标准。

GB/T 6682 分析实验室用水规格和试验方法（GB/T 6682—1992，neq ISO 3696:1987）

GB/T 8290 天然浓缩胶乳 取样（GB/T 8290—1987，eqv ISO 123:1985）

GB/T 8298 浓缩天然胶乳 总固体含量的测定（GB/T 8298—2008，ISO 124:1997，MOD）

GB/T 17821 胶乳 5℃至40℃密度的测定（GB/T 17821—1999，idt ISO 705:1994）

NY/T 1037 天然胶乳 黏度的测定 旋转黏度计法（NY/T 1037—2006，ISO 1652:2004，MOD）

ISO/TR 9272 橡胶与橡胶制品试验方法标准——精密度的确定（ISO/TR 9272:2004，rubber and rubber products—Determination of precision for test method stamdards）

3 原理

将悬挂在“du Nouy”型张力计上的水平细金属丝环浸入被试验的液体中，然后慢慢拉出来。恰好在环离开液体表面之前，所需要的力最大。这个力可用扭力天平、感应测量仪或其他适当的测量装置测量。

4 试剂

4.1 蒸馏水

无二氧化碳的蒸馏水或纯度与之相当的水（符合GB/T 6682中规定的等级3）

4.2 甲苯

确认的分析纯。

5 仪器

5.1 张力计（du Nouy型）

张力计上配备有公称圆周为60 mm或40 mm（内半径分别相当于9.55 mm或6.37 mm）的白金或铂-铱合金环，制作金属环的金属丝的半径为0.185 mm。

5.2 玻璃器皿

玻璃器皿的容量为50 mL，内半径至少为45 mm。

5.3 恒温浴或其他调温装置

能将试样温度调节到 23℃±1℃(热带地区为 27℃±1℃)。

注：温度范围在 20℃～30℃时,胶乳表面张力的温度系数为每摄氏度 0.1 mN/m。

6 取样

按照 GB/T 8290 规定的方法进行取样。

7 操作程序

7.1 仪器的准备

仔细清洗玻璃器皿(5.2),因为任何污染都可能影响测定结果。清洗张力计环(5.1)的方法是先在水(4.1)中清洗,然后在本生灯或甲醇火焰的氧化焰处加热。拿取张力计环时应特别小心,以避免接触到环或使环变形,确保在测定期间张力计环始终与液体表面平行。否则,会导致测定结果不准确。

7.2 校准

按照制造厂的说明书,用一标准质量或参比液体如蒸馏水(4.1)或甲苯(4.2)相对照,仔细校准张力计的刻度,以便使刻度能读至毫牛顿每米(mN/m)。

注：校准通常用一标准质量对照进行,应注意,结果的计算(见第 8 章)根据不同的校准方式采用不同的校正系数。

7.3 试样的制备

7.3.1 如果胶乳试样的总固体含量未知,可按 GB/T 8298 测定。如果总固体含量(质量分数)大于40%,应用水(4.1)将试样稀释到 40%±1%。如果估计稀释后的试样的黏度仍然大于 200 mPa·s,可视情况按 NY/T 1037 规定的方法进行测定。如有必要,可进一步稀释试样直至黏度小于 200 mPa·s,记下最终固体含量。

注：将总固体含量(质量分数)稀释到 40%,使其对胶乳的表面张力产生很小的影响,在某些情况下,可能要求高固体含量的表面张力。在这种情况下,只要黏度小于 200 mPa·s,即可按规定的方法测量,而对精度几乎没有影响。

如果稀释过的胶乳试样的密度未知,可按 GB/T 17821 测定。

7.3.2 用恒温浴(5.3)时,将稀释试样的温度调节到 23℃±1℃(热带地区调节到 27℃±1℃)。

7.3.3 使用移液管,将其尖端深深置于液体表面以下,取出大约 25 mL 的经稀释的试样,并转移到玻璃器皿(5.2)中。用一张硬的过滤纸擦去试样表面的所有气泡,并立即测量表面张力,以免因表面结皮而造成误差。

7.4 测定

在张力计不受气流影响的情况下,按照制造厂的说明,将盛有经稀释试样的玻璃器皿放到可调节的平台上,使之正好处于张力计环的下方。调节张力计,当环处于干燥且标度读数为 0 时,使张力计的横梁始终处于平衡状态。升起平台,直至液体与白金环接触,并将白金环浸入液体中,深度约为 5 mm。

调节平台螺旋使平台慢慢下降,同时增加金属丝的扭力。协调这两项操作,使张力计横梁处于平衡状态。当附着在环上的薄膜接近破裂时,应非常缓慢地进行调节。

用自动张力计测定时,调节环的深度在液体表面以下大约 5 mm,调节玻璃器皿的移动速度为10 mm/min。

在环与胶乳刚分开前的瞬间,记录最大标度读数(对未稀释的高黏度胶乳,这一点特别重要)。

在薄膜破裂之前,立即再将玻璃器皿升起,再将环浸入液体中。重复测定三次,共测定四次。如果薄膜破裂,按 7.1 所述清洗环,再重新测定。

剔除第一个读数,取后三次读数的平均值。这三次读数应在平均值的±0.5 mN/m 的范围内。

8 结果的表示

8.1 按标准质量校准

通常,如果张力计已经按标准质量进行了校准,读数应用以环的尺寸和液体的密度而定的系数进行

校正,按式(1)计算:

$$\sigma = M \times F \quad \cdots\cdots(1)$$

式中:

σ——胶乳的表面张力,单位为毫牛顿每米(mN/m);

M——张力计标度读数,单位为毫牛顿每米(mN/m);

F——胶乳表面张力系数。

胶乳表面张力系数 F 按式(2)计算:

$$F = 0.725 + \sqrt{\frac{0.036\ 78\ M}{R^2 \rho} + P} \quad \cdots\cdots(2)$$

式中:

R——环的平均半径,单位为毫米(mm);

ρ——液体的密度,单位为兆克每立方米(Mg/m^3);

P——表面张力计环的常数。

表面张力计环的常数 P 按式(3)计算:

$$P = 0.045\ 34 - \frac{1.679\ r}{R} \quad \cdots\cdots(3)$$

式中:

r——白金环金属丝的半径,单位为毫米(mm)。

注 1:某些计算 F 的计算公式包括重力常数 G,本公式已将该数直接并入常数 0.036 78 中,以避免可能出现的混淆。

注 2:对于公称圆周为 60 mm 或 40 mm(内半径分别相当于 R=9.55 mm 或 6.37 mm)的标准环和公称半径为 0.185 mm的金属丝,$P_{60}=+0.012\ 82$,或 $P_{40}=-0.003\ 43$。

注 3:"表面张力"和"表面自由能"是同义的,当分别用毫牛顿每米和毫焦耳每平方米表示有相等的数值。

注 4:由于分别计算每一个试样的系数可能不切合实际,方便的办法是设计出不同金属丝尺寸的校正指数 $\Delta\sigma$ 表(见附录 A)。

8.2 按参比液体校准

如果已经用参比液体校准,以毫牛顿每米表示的表面张力 σ' 由式(4)计算:

$$\sigma' = M' \times F' \quad \cdots\cdots(4)$$

式中:

σ'——胶乳的表面张力,单位为毫牛顿每米(mN/m);

M'——在用参比液体校准的张力计上经稀释试样的读数,单位为毫牛顿每米(mN/m);

F'——校正系数。

校正系数由(5)式计算:

$$F' = F \times \sigma''/M'' \quad \cdots\cdots(5)$$

式中:

F——胶乳表面张力系数(8.1);

σ''——参比液体已知的表面张力,单位为毫牛顿每米(mN/m);

M''——参比液体记录的标度读数,单位为毫牛顿每米(mN/m)。

如果使用本方法,仔细阅读仪器制造厂的说明书是非常重要的,因为一些校正可能已内装仪器中。为此,附录 A 没有给出计算校正值。

9 精密度

通过准确地操作和控制,即严格遵循操作程序,可获得以下精密度:

重复性:1.0 mN/m;

再现性：2.0 mN/m。

该精密度是按ISO/TR 9272确定的。

10 试验报告

试验报告应包括以下内容：

a) 本标准号；

b) 识别样品所需的全部细节；

c) 试验温度；

d) 试样原来的总固体含量及稀释后试验时的总固体含量；

e) 测定结果及其单位；

f) 试验中观察到的异常现象；

g) 测定的日期和地点；

h) 在本标准或引用文件中不包括的，而被认为可以采用的任何操作。

附　录　A
（资料性附录）
校　正　系　数

对每次判断所用校正系数的计算是非常花费时间的。在使用带有电子数据处理的张力计的情况下，其结果可以自动校正。如果不能这样做，建议用从张力计标度读数 M 中减去的校正指数 $\Delta\sigma$ 来表示校正系数 F 更为方便：

即表面张力　　$\sigma = M - \Delta\sigma$

而不用　　　　$\sigma = M \times F$

表 A.1 和表 A.2 给出了公称圆周为 40 mm 和 60 mm，金属丝平均半径为 0.185 mm 的白金环所用的校正指数。

表 A.1　适用于公称圆周为 40 mm 的张力计环的从标度读数 M 中减去的校正指数($\Delta\sigma$)

标度读数(M)	20	30	40	45	50	55	60	65	70	72
密度(ρ)/(Mg/m³)										
0.85	2.8	3.2	3.1	2.9	2.6	2.2	1.7	1.2	0.6	0.3
0.95	3.0	3.5	3.5	3.4	3.2	2.9	2.6	2.1	1.6	1.4
1.05	3.2	3.8	3.9	3.9	3.8	3.6	3.3	3.0	2.5	2.4
1.15	3.3	4.0	4.3	4.3	4.3	4.1	3.9	3.7	3.3	3.2
1.25	3.4	4.2	4.6	4.7	4.7	4.6	4.5	4.3	4.0	3.9

表 A.2　适用于公称圆周为 60 mm 的张力计环的从标度读数 M 中减去的校正指数($\Delta\sigma$)

标度读数(M)	20	30	40	45	50	55	60	65	70	72
密度(ρ)/(Mg/m³)										
0.85	2.5	3.3	3.9	4.1	4.2	4.3	4.3	4.3	4.2	4.2
0.95	2.6	3.5	4.1	4.3	4.5	4.7	4.8	4.8	4.8	4.8
1.05	2.6	3.6	4.3	4.6	4.8	5.0	5.1	5.2	5.3	5.3
1.15	2.7	3.7	4.4	4.8	5.0	5.3	5.5	5.6	5.7	5.8
1.25	2.7	3.8	4.6	4.9	5.2	5.5	5.7	5.9	6.1	6.1

ICS 37.080
A 14

中华人民共和国国家标准

GB/T 18405—2008/ISO 446:2004
代替 GB/T 18405—2001

缩微摄影技术 ISO 字符和 ISO 1 号测试图的特征及其使用

Micrographics—ISO character and ISO test chart No. 1—Description and use

(ISO 446:2004,IDT)

2008-07-16 发布 2009-01-01 实施

中华人民共和国国家质量监督检验检疫总局
中国国家标准化管理委员会 发布

前　言

本标准等同采用 ISO 446:2004《缩微摄影技术　ISO 字符和 ISO 1 号测试图　描述和使用》(英文版)。

本标准与 ISO 446:2004 相比主要编辑性修改如下:

——重新编写了前言;

——用“本标准”代替“本国际标准”;

——用现行有效的国家标准代替对应的国际标准。

本标准代替 GB/T 18405—2001《缩微摄影技术　ISO 字符和 1 号测试图的特征及其使用》。

本标准与 GB/T 18405—2001 相比重大技术变化如下:

——用 ISO 5-2:2001《摄影术　密度测量　第 2 部分:透射密度的几何条件》、ISO 5-3:1995《摄影术　密度测量　第 3 部分:光谱条件》和 ISO 5-4:1995《摄影术　密度测量　第 4 部分:反射密度的几何条件》等三个规范性引用文件代替 GB/T 11500—1989《摄影透射密度测量的几何条件》、GB/T 11501—1989《摄影透射密度测量的光谱条件》和 GB/T 12822—1991《摄影反射密度测量的几何条件》等三个规范性引用文件。

本标准由全国文献影像技术标准化技术委员会(SAC/TC 86)提出并归口。

本标准起草单位:全国文献影像技术标准化技术委员会一分会。

本标准主要起草人:梁婷、王浩、李铭。

本标准所代替标准的历次版本发布情况为:

——GB/T 18405—2001。

引　言

除了扩散转印法以外，多数复制过程都会使影像的质量有所降低。这种质量的降低严重到一定程度后，便会使信息无法阅读。如果可读性质量差，长时间的阅读也会造成视觉疲劳。

影像的可读性能够通过测量极限分辨率即分辨不同方向线条的能力来予以评价。但是，极限分辨率状态下的影像质量水平并不足以保证舒适的阅读，也不保证长时间阅读而不引起视觉疲劳。

于是，需要寻求一种实用的评价标准。一种与印刷业所用字体相类似的常规字符即ISO字符满足这些要求，因为其轮廓和细节识别起来没有困难。

ISO字符的主要实际用途以下述实验性能为基础：

a） 如果一个特定的复制过程从一组具有一定高度的ISO字符生成一个可识别的影像，则可假定相同的复制过程将能够从差不多同样尺寸字体的印刷文本获得满意的影像，尤其是对于阅读者足够清晰、便于阅读，且不会引起过度疲劳的影像；

b） 一般而言，由不同观察者来识别同一组极限分辨的ISO字符，会产生基本一致的结果。

缩微摄影技术 ISO 字符和 ISO 1 号测试图的特征及其使用

1 范围

本标准规定了ISO黑白字符的特征与ISO 1号测试图的特征及其使用方法。

本标准适用于给定缩微系统所生成的缩微影像的质量控制,以及使用该系统制作的缩微品的潜在可读性。

2 规范性引用文件

下列文件中的条款通过本标准的引用而成为本标准的条款。凡是注日期的引用文件,其随后所有的修改单(不包括勘误的内容)或修订版均不适用于本标准,然而,鼓励根据本标准而达成协议的各方研究是否可使用这些文件的最新版本。凡是不注日期的引用文件,其最新版本适用于本标准。

GB/T 321—2005 优先数和优先数系(ISO 3:1973,IDT)

GB/T 1543—2005 纸和纸板 不透明度(纸背衬)的测定(漫反射法)(ISO 2471:1998,MOD)

GB/T 6159.1—2003 缩微摄影技术 词汇 第1部分:一般术语(ISO 6196-1:1993,MOD)

GB/T 6159.3—2003 缩微摄影技术 词汇 第3部分:胶片处理(ISO 6196-3:1997,MOD)

GB/T 6159.4—2003 缩微摄影技术 词汇 第4部分:材料和包装物(ISO 6196-4:1998,MOD)

GB/T 6159.5—2000 缩微摄影技术 词汇 第五部分:影像的质量、可读性和检查(eqv ISO 6196-5:1987)

GB/T 6159.6—2003 缩微摄影技术 词汇 第6部分:设备(ISO 6196-6:1993,MOD)

GB/T 6159.22—2000 缩微摄影技术 词汇 第二部分:影像的布局和记录方法(eqv ISO 6196-2:1993)

GB/T 6160—2003 缩微摄影技术 源文件第一代银—明胶型缩微品 密度规范与测量方法(ISO 6200:1999,MOD)

ISO 5-2:2001 摄影术 密度测量 第2部分:透射密度的几何条件

ISO 5-3:1995 摄影术 密度测量 第3部分:光谱条件

ISO 5-4:1995 摄影术 密度测量 第4部分:反射密度的几何条件

3 术语和定义

GB/T 6159.1—2003、GB/T 6159.3—2003、GB/T 6159.4—2003、GB/T 6159.5—2000、GB/T 6159.6—2003和GB/T 6159.22—2000确立的术语和定义适用于本标准。

4 ISO 字符的描述和使用

4.1 描述

ISO字符是一种类似于印刷字体的常规字符,其形状与尺寸规定如下所述。

它是一个具有给定高度 c 的正八边形。八边形内有两条平行线,线的宽度和间距为 $c/7$(见图1)。c 的允差在5.2.2中作了规定。

图 1　可读性测试用常规 ISO 字符放大图

内线可有四种不同的取向：垂直、水平、右斜 45°和左斜 45°。这些取向及其相应术语规定如下：

垂直	‖
水平	═
右倾斜	⫽
左倾斜	⑊

4.2　使用

在缩微摄影技术中，可用 ISO 字符制作黑白或彩色测试图，用于缩微品制作设备的质量控制，或者制作用于检验缩微品阅读和打印设备的缩微测试图。也可用于控制用其他技术(摄影术、复制术等)制作的影像的质量。

5　ISO 1 号测试图的制作

5.1　底基

测试图应制作在不透明或透明的底基上。

5.1.1　不透明底基

应在白色不透明底基(优选有光泽材料)上制作测试图。依照 ISO 5-3:1995 和 ISO 5-4:1995 测定的漫反射视觉密度应不大于 0.08。依照 GB/T 1543—2005 规定所测定的不透明度应大于 85%。本测试图应为正像。

5.1.2　透明底基

应在无色透明的底基上制作测试图。依照 ISO 5-2:2001 和 ISO 5-3:1995 测定，最大的漫透射视觉密度(底基加灰雾密度)应为 0.08。本测试图可为正像或负像。

5.2　测试图布局

ISO 1 号测试图由一些 ISO 字符组组成，字符组的排列形式如图 2 所示。

5.2.1　字符组

每个字符组都由四个尺寸相同、取向不同的 ISO 字符组成(见 4.1)。

ISO 字符应按图 3 所示排列成正方形，各 ISO 字符的取向应是随机的。

两个 ISO 字符之间的最小间距(在水平方向上和垂直方向上)应为 $2c/7$。

两个字符组之间的最小间距应为两个字符组中最小字符的 $2c/7$。

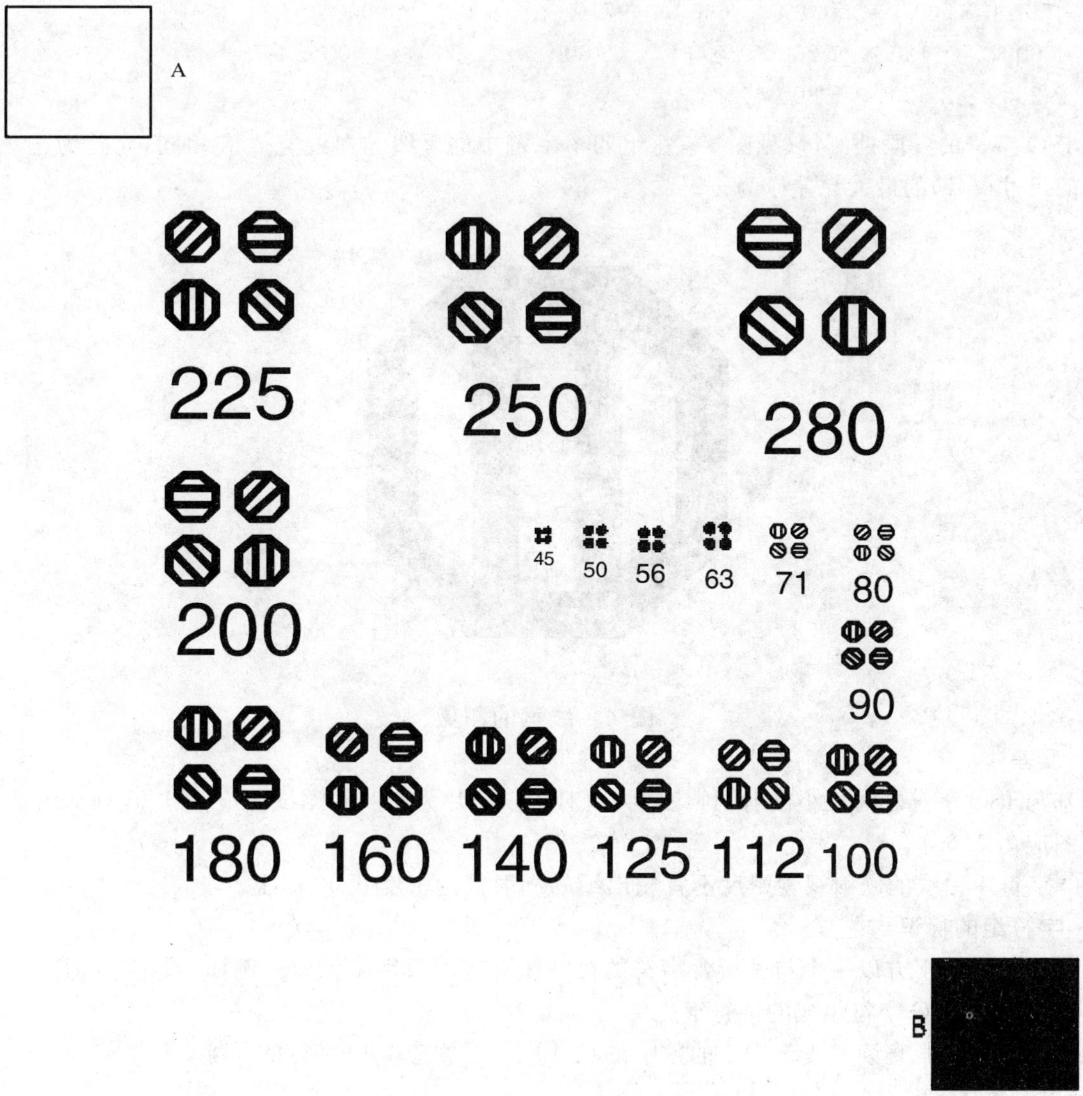

注：图中所示数值等于 5.2.2 中所给出的值除以 10 μm。

本图不用于测试。

图 2 ISO 1 号测试图布局放大样

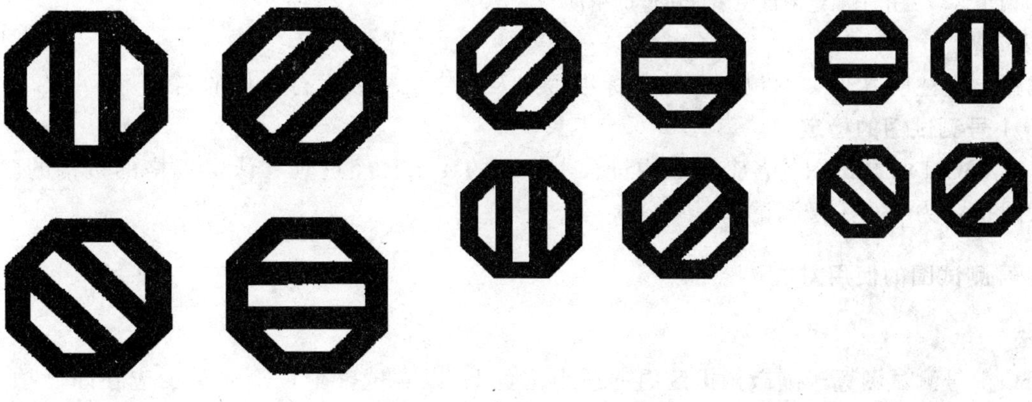

图 3 ISO 字符组示例

5.2.2 ISO 字符的尺寸

每组四个 ISO 字符的高度(单位为微米)应参照 GB/T 321—2005 所规定的 R 20 优先数系列确定：

450	500	560	630	710	800	900
1 000	1 120	1 250	1 400	1 600	1 800	2 000
2 250	2 500	2 800				

在ISO字符的各段处测量(见图4),每组四个字符中的黑线与白线宽度应相同,允差为±7微米。这些线的尺寸(c/7)的最大允差应为±2%。

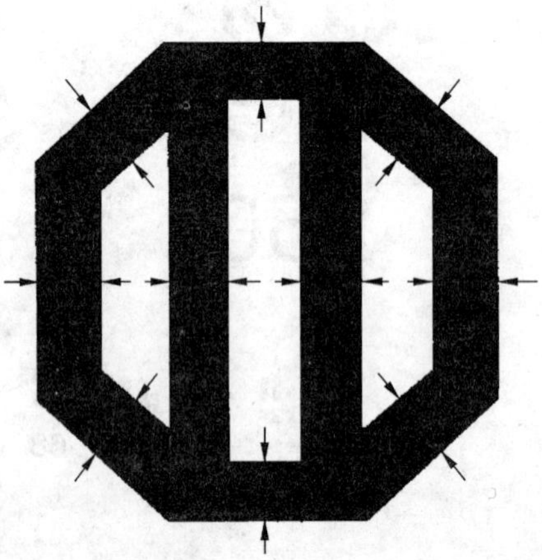

图4　线宽的测量

5.2.3　反差

底基与ISO字符之间最小漫射视觉密度差,对于以胶片为底基的测试图应为3.0,对于以纸为底基的测试图应为1.6。

ISO字符中白线的漫射视觉密度不宜超出纸的漫射视觉密度0.02以上。

5.2.4　字符组的标识

各字符组在其下方以一个与其所含字符的尺寸相对应的数字来标识。例如,数字45对应于以尺寸c为0.45 mm的ISO字符组成的字符组。

数字应可用裸眼直读。小于125的数字的尺寸应大于相应ISO字符的尺寸。

5.3　密度测量区

为检查测试图是否符合5.2.3的要求,测试图应包含两个区域,其中白色(无色)的区域用于检查ISO 1号测试图的背景密度,而黑色区域的密度应视为字符的黑线部分密度。每个区域应不小于10 mm×10 mm。这两个区域在图2中以A和B来标识。

注:这两个区域不用于测定测试图缩微影像的密度。

5.4　标识

测试图上应注明"ISO 1号测试图"、本标准号以及认定机构或发行单位的名称。

5.5　ISO 1号测试图的检定

只有当ISO 1号测试图的各个方面均符合本标准的要求且经过具有认定资格的机构的验证,才能将该测试图指定为ISO 1号测试图

6　ISO 1号测试图的使用方法

6.1　方法

将ISO 1号测试图置于缩微拍摄区内的适当位置上,以测试整个视野。至少应在缩微拍摄区的中心和四角放置。用缩微品制作中所用的同样胶片和处理条件进行测试曝光。

6.2　胶片的密度

依照GB/T 6160—2003对ISO 1号测试图缩微影像的漫透射视觉背景密度进行测量。使用正像

ISO 1 号测试图时，该密度应为 1.60±0.10。

6.3 可读性控制

用一台装有数值孔径不小于 0.1 的镜头，放大倍率为 30 倍～50 倍的显微镜，对 ISO 1 号测试图的缩微影像进行检验。

如果在缩微影像给定尺寸的一组 ISO 字符中，每个字符中所有的黑线和白线都能分辨且无断续现象，那么该字符组便视为“可读”。

图 5 给出了“可读”与“不可读”的示例。

“可读”字符的最小尺寸随使用的缩率而变化。

可读　　不可读

图 5 字符“可读”与“不可读”的示例

ICS 59.080.01
W 04

中华人民共和国国家标准

GB/T 18412.5—2008

纺织品　农药残留量的测定
第5部分:有机氮农药

**Textiles—Determination of the residues of pesticides—
Part 5:Organic nitrogen pesticides**

2008-12-31发布　　2009-08-01实施

中华人民共和国国家质量监督检验检疫总局
中国国家标准化管理委员会　发布

前 言

GB/T 18412《纺织品 农药残留量的测定》包括 7 个部分：

——第 1 部分：77 种农药；

——第 2 部分：有机氯农药；

——第 3 部分：有机磷农药；

——第 4 部分：拟除虫菊酯农药；

——第 5 部分：有机氮农药；

——第 6 部分：苯氧羧酸类农药；

——第 7 部分：毒杀芬。

本部分为 GB/T 18412 的第 5 部分。

本部分的附录 A 为规范性附录，附录 B 和附录 C 为资料性附录。

本部分由中国纺织工业协会提出。

本部分由全国纺织品标准化技术委员会基础分会(SAC/TC 209/SC 1)归口。

本部分起草单位：吉林出入境检验检疫局、纺织工业标准化研究所。

本标准主要起草人：王明泰、牟峻、靳颖、张代辉、周晓。

纺织品　农药残留量的测定
第5部分:有机氮农药

警告——使用GB/T 18412的本部分的人员应有正规实验室工作的实践经验。本部分并未指出所有可能的安全问题。使用者有责任采取适当的安全和健康措施,并保证符合国家有关法规规定的条件。

1　范围

GB/T 18412的本部分规定了采用液相色谱-质谱/质谱(LC-MS/MS)测定纺织品中8种有机氮农药残留量的方法。

本部分适用于纺织材料及其产品。

2　原理

试样用甲醇经超声波方式提取两次,提取液合并浓缩定容后,用液相色谱-质谱/质谱(LC-MS/MS)测定和确证,外标法定量。

3　试剂和材料

除另有规定外,所用试剂均为分析纯。

3.1　水:二次蒸馏水。

3.2　甲醇:高效液相色谱级。

3.3　有机氮农药标准品:纯度≥98%,见附录A中表A.1。

3.4　有机氮农药标准储备溶液:分别准确称取适量的每种有机氮农药标准品,用甲醇分别配制成浓度为100 μg/mL的标准储备液。

3.5　有机氮农药混合标准工作溶液:根据需要再用甲醇逐级稀释成适用浓度的系列混合标准工作溶液。

注:标准储备溶液在0 ℃～4 ℃冰箱中保存,有效期为6个月。混合标准工作溶液在0 ℃～4 ℃冰箱中保存,有效期为1个月。

4　仪器与设备

4.1　液相色谱-质谱/质谱仪:配备电喷雾离子源(ESI)。

4.2　超声波提取器:工作频率40 kHz。

4.3　天平:感量为0.000 1 g和0.01 g。

4.4　旋转蒸发器。

4.5　锥形瓶:具磨口塞,100 mL。

4.6　浓缩瓶:具磨口塞,100 mL。

4.7　0.45 μm滤膜。

5　分析步骤

5.1　提取

取代表性样品,将其剪碎至5 mm×5 mm以下,混匀。称取2.0 g(精确至0.01 g)试样,置于100 mL具塞锥形瓶中,加入20 mL甲醇(3.2),于超声波提取器中提取20 min后过滤,残渣再用10 mL甲醇超声提取5 min,合并滤液,收集于100 mL浓缩瓶中,于40 ℃水浴旋转蒸发浓缩至近干,用甲醇溶解并定容至 2.0 mL，过 0.45 μm 滤膜后，供液相色谱-质谱/质谱测定和确证。

5.2 液相色谱-质谱/质谱测定

由于测试结果取决于所使用仪器，因此不可能给出液相色谱-质谱/质谱分析的通用参数。设定的参数应保证色谱测定时被测组分与其他组分能够得到有效的分离，下面给出的参数证明是可行的。

5.2.1 液相色谱条件

a) 色谱柱：Extend-C18 柱，150 mm×4.6 mm（内径），粒径 5 μm，或相当者；

b) 流速：0.4 mL/min；

c) 进样量：10 μL；

d) 柱温：室温；

e) 流动相及梯度洗脱条件见表 1。

表 1 流动相及梯度洗脱条件

时间/ min	流动相 A(甲醇)/ %	流动相 B(水)/ %
0.00	40	60
3.00	40	60
8.00	80	20
10.00	100	0
18.00	100	0
18.01	40	60
25.00	40	60

5.2.2 质谱条件

参见附录 B。

5.2.3 液相色谱-质谱/质谱测定及确证

根据样液中被测物含量情况，选定浓度相近的标准工作溶液，标准工作溶液和待测样液中 8 种有机氮农药的响应值均应在仪器检测的线性范围内。标准工作溶液与样液等体积参插进样测定。

标准溶液及样液均按 5.2.1 和 5.2.2 规定的条件进行测定，如果样液中与标准溶液相同的保留时间有峰出现，则对其进行确证。经确证分析被测物质量色谱峰保留时间与标准物质相一致，并且在扣除背景后的样品谱图中，所选择的离子均出现；同时所选择离子的丰度比与标准样物质相关离子的相对丰度一致，相似度在允许偏差之内（见表 2），被确证的样品可判定为阳性检出。在上述液相色谱-质谱/质谱条件下，8 种有机氮农药标准物质的液相色谱保留时间参见附录 B 中表 B.1；液相色谱-质谱/质谱总离子流图参见附录 C 中图 C.1。

表 2 定性确证时相对离子丰度的最大允许偏差

相对离子丰度	>50%	>20%～50%	>10%～20%	≤10%
允许的相对偏差	±20%	±25%	±30%	±50%

5.3 空白试验

除不称取试样外，均按上述步骤进行。

6 结果计算

试样中每种有机氮农药残留量按式(1)计算：

$$X_i = \frac{A_i \times c_i \times V \times 1\,000}{A_{is} \times m \times 1\,000} \quad \cdots\cdots(1)$$

式中：

X_i——试样中农药 i 残留量，单位为毫克每千克(mg/kg)；

A_i——样液中农药 i 的峰面积(或峰高)；

A_{is}——标准工作液中农药 i 的峰面积(或峰高)；

c_i——标准工作液中农药 i 的浓度，单位为微克每毫升(μg/mL)；

V——样液最终定容体积，单位为毫升(mL)；

m——最终样液代表的试样量，单位为克(g)。

注：计算结果应扣除空白值。

7 测定低限、回收率及精密度

7.1 测定低限

8 种有机氮农药测定低限均为 0.10 mg/kg。

7.2 回收率

本方法对纺织品中 8 种有机氮农药的回收率为 80%～102%。

7.3 精密度

在同一实验室，由同一操作者使用相同设备，按相同的测试方法，并在短时间内对同一被测对象相互独立进行的测试获得的两次独立测试结果的绝对差值不大于这两个测定值的算术平均值的 20%。以大于这两个测定值的算术平均值的 20% 的情况不超过 5% 为前提。

8 试验报告

试验报告至少应给出以下内容：

a) 试样描述；

b) 使用的标准；

c) 试验结果；

d) 偏离标准的差异；

e) 试验日期。

附　录　A
（规范性附录）
8种有机氮农药种类表

表 A.1

序号	农药名称	英文名称	CAS 编号	化学分子式	相对分子质量
1	克百威	Carbofuran	001563-66-2	$C_{12}H_{15}NO_3$	221
2	甲萘威	Carbaryl	000063-25-2	$C_{12}H_{11}NO_2$	201
3	异丙威	Isoprocarb	002631-40-5	$C_{11}H_{15}NO_2$	193
4	灭多威	Methomyl	16752-77-5	$C_5H_{10}N_2O_2S$	162
5	杀线威	Oxamyl	23135-22-0	$C_7H_{13}N_3O_3S$	219
6	涕灭威	Aldicarb	116-06-3	$C_7H_{14}N_2O_2S$	190
7	地乐酚	Dinoseb	88-85-7	$C_{10}H_{12}N_2O_5$	240
8	敌菌丹	Captafol	2425-06-1	$C_{10}H_9Cl_4NO_2S$	349

附 录 B
（资料性附录）
质 谱 条 件

a) 离子源：电喷雾离子源（ESI）；

b) 扫描方式：正离子扫描（地乐酚为负离子扫描）；

c) 检测方式：多反应监测（MRM）；

d) 电喷雾电压（IS）：5 500 V，地乐酚为 −5 500 V；

e) 雾化气（GS1）：氮气，压力 137.9 kPa（20 psi）；

f) 气帘气（CUR）：氮气，压力 137.9 kPa（20 psi）；

g) 辅助气（GS2）：氮气，压力 206.8 kPa（30psi）；

h) 离子源温度（TEM）：550 ℃；

i) 碰撞气（CAD）：氮气，流速 6 mL/min；

j) 多反应监测（MRM）参数：参见表 B.1。

表 B.1 多反应监测条件

出峰顺序	分析物	保留时间/min	母离子（Q1）m/z	子离子（Q3）m/z	碰撞气能量（CE）/V	去簇电压（DP）/V
1	杀线威	4.66	242.1	121.3*	18	73
				72.3	35	73
				185.0	15	73
2	灭多威	5.73	163.0	106.1*	12	58
				88.1	12	58
				122.3	7	58
3	地乐酚	11.69	239.2	193.0*	−34	−60
				163.0	−43	−60
				134.0	−59	−60
4	涕灭威	12.37	208.1	116.2*	10	55
				191.0	6	55
				89.2	21	55
5	克百威	13.32	222.3	165.0*	16	70
				123.2	30	70
6	甲萘威	13.72	202.2	145.2*	12	55
				127.2	38	55
				115.3	50	55
7	异丙威	14.35	194.2	152.2*	12	70
				137.2	12	70
				95.3	20	70
8	敌菌丹	16.06	364.2	220.2*	18	65
				188.0	26	65

注：加“*”的离子用于定量。

附 录 C
（资料性附录）
8 种有机氮农药标准物液相色谱-质谱/质谱总离子流图

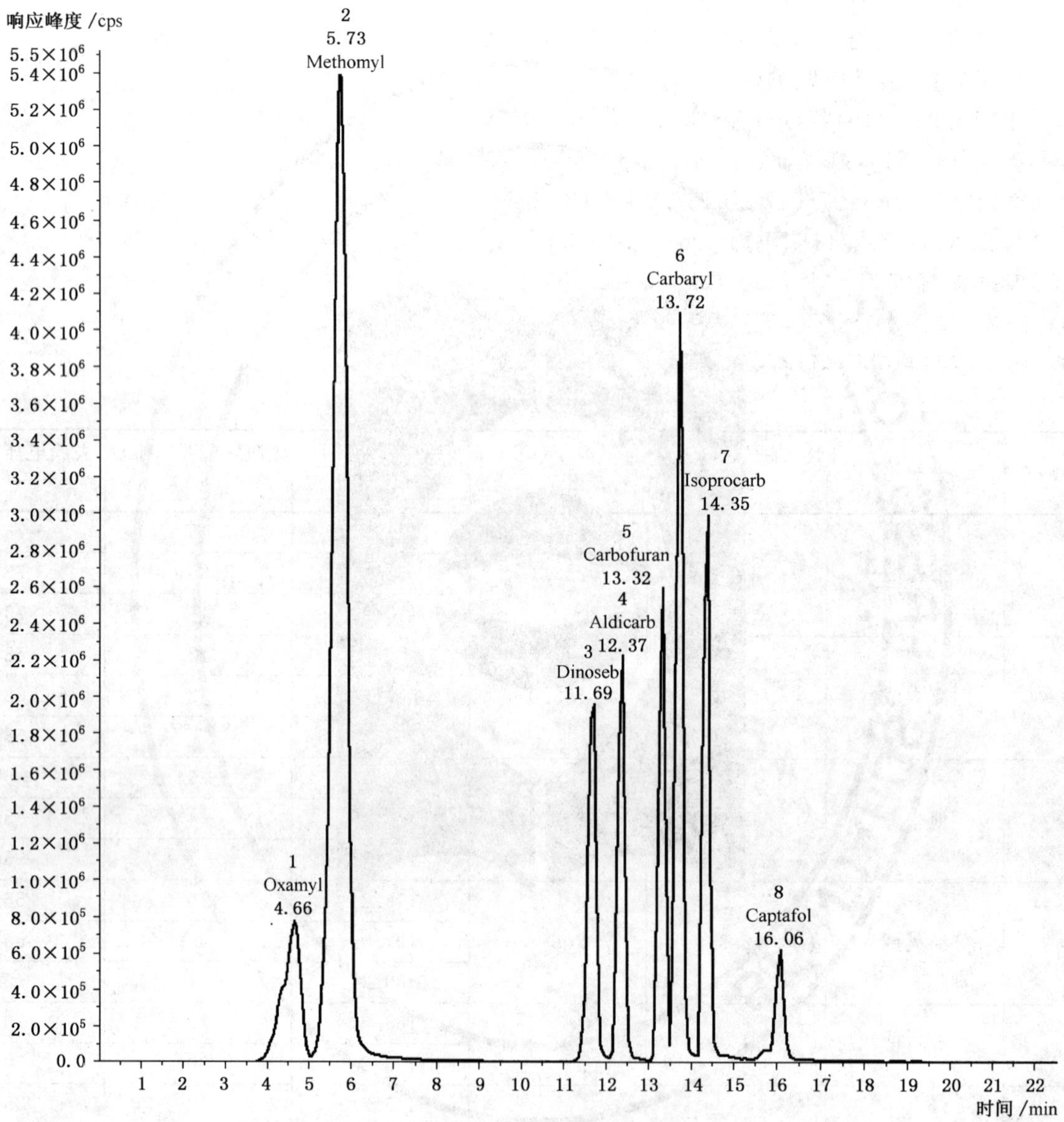

1——杀线威；
2——灭多威；
3——地乐酚；
4——涕灭威；
5——克百威；
6——甲萘威；
7——异丙威；
8——敌菌丹。

图 C.1

ICS 27.200
J 73

中华人民共和国国家标准

GB/T 18430.2—2008
代替 GB/T 18430.2—2001

蒸气压缩循环冷水（热泵）机组 第2部分：户用及类似用途的冷水（热泵）机组

Water chilling (heat pump) packages using the vapor compression cycle—Part 2: Water chilling (heat pump) packages for household and similar application

2008-07-01 发布　　2009-02-01 实施

中华人民共和国国家质量监督检验检疫总局
中国国家标准化管理委员会　发布

前　言

GB/T 18430《蒸气压缩循环冷水(热泵)机组》分为两部分：

——第1部分：工业或商业用及类似用途的冷水(热泵)机组；

——第2部分：户用及类似用途的冷水(热泵)机组。

本部分为GB/T 18430的第2部分。本部分与GB/T 18430.2—2001相比主要变化内容如下：

——增加分体户用机的分类(见4.1.4)；

——名义工况调整为规定蒸发器的出水温度和流量，冷凝器的进水温度和流量(2001年版3.3.1，本版的4.3.1)；

——污垢系数的修订：蒸发器水侧污垢系数调整为0.018 m^2·℃/kW，冷凝器水侧污垢系数调整为0.044 m^2·℃/kW(2001年版3.3.2，本版的4.3.2)；

——增加部分负荷性能系数IPLV/NPLV的定义(见3.2)；

——增加部分负荷工况及综合部分负荷性能系数(见4.3.3、4.3.4)；

——增加部分负荷性能的要求和试验方法(见5.5、6.3.6)；

——机组名义工况性能系数COP改为不低于GB 19577的限定值并增加与机组明示值的关系(2001年版3.3.3，本版的5.4)；

——增加机组总消耗电功率的限定(见5.4)。

本部分自实施之日起代替GB/T 18430.2—2001。

本部分附录A为资料性附录。

本部分由中国机械工业联合会提出。

本部分由全国冷冻空调设备标准化技术委员会(SAC/TC 238)归口。

本部分由全国冷冻空调设备标准化技术委员会负责解释。

本部分主要起草单位：浙江盾安人工环境设备股份有限公司、合肥通用机械研究院。

本部分参加起草单位：珠海格力电器股份有限公司、劳特斯空调(江苏)有限公司、深圳麦克维尔空调有限公司、广东美的商用空调设备有限公司、埃美圣龙(宁波)机械有限公司、青岛海尔空调电子有限公司、合肥通用环境控制技术有限责任公司。

本部分主要起草人：李建军、汪新民、史敏、姜灿华、丁伟、周鸿钧、舒卫民、李苏、周文部。

本部分所代替标准的历次版本发布情况为：

——GB/T 18430.2—2001。

蒸气压缩循环冷水(热泵)机组 第2部分:户用及类似用途的冷水(热泵)机组

1 范围

GB/T 18430 的本部分规定了由电动机驱动的采用蒸气压缩制冷循环的户用及类似用途的冷水(热泵)机组(以下简称"机组")的术语和定义、型式与基本参数、要求、试验方法、检验规则、标志、包装、运输和贮存。

本部分适用于制冷量不大于 50 kW 的户用及类似用途的冷水(热泵)机组。

2 规范性引用文件

下列文件中的条款通过 GB/T 18430 的本部分的引用而成为本部分的条款。凡是注日期的引用文件,其随后所有的修改单(不包括勘误的内容)或修订版均不适用于本部分,然而,鼓励根据本部分达成协议的各方研究是否可使用这些文件的最新版本。凡是不注日期的引用文件,其最新版本适用于本部分。

GB/T 2423.17 电工电子产品基本环境试验 第2部分:试验方法 试验 Ka:盐雾(GB/T 2423.17—2008,IEC 60068-2-11:1981,IDT)

GB/T 10870—2001 容积式和离心式冷水(热泵)机组性能试验方法(neq ASHRAE 30:1995)

GB/T 13306 标牌

GB/T 13384 机电产品包装通用技术条件

GB/T 17758 单元式空气调节机

GB/T 18430.1—2007 蒸气压缩循环冷水(热泵)机组 第1部分:工业或商业及类似用途的冷水(热泵)机组

GB 19577 冷水机组能效限定值及能源效率等级

JB/T 4330—1999 制冷和空调设备噪声的测定

JB/T 7249 制冷设备术语

JB 8654 容积式和离心式冷水(热泵)机组 安全要求

3 术语和定义

JB/T 7249 确立的以及下列术语和定义适用于本部分。

3.1

名义工况性能系数 coefficient of performance(COP)

在本部分表1规定的名义工况下,机组以同一单位表示的制冷(热)量除以总输入电功率得出的比值。

3.2

部分负荷性能系数 part load value(PLV)

用一个单一数值表示的空气调节用冷水机组的部分负荷效率指标,它基于机组部分负荷的性能系数值,按机组在各种负荷下运行时间的加权因素计算得出。

3.2.1

综合部分负荷性能系数 integrated part load value(IPLV)

用一个单一数值表示的空气调节用冷水机组的部分负荷效率指标,基于表2规定的 IPLV 工况下机组部分负荷的性能系数值,按机组在各种负荷下运行时间的加权因素,通过式(1)得出。

$$IPLV(或\ NPLV) = 2.3\% \times A + 41.5\% \times B + 46.1\% \times C + 10.1\% \times D \quad \cdots\cdots(1)$$

式中:

A=100%负荷时的性能系数 COP(kW/ kW);

B=75%负荷时的性能系数 COP(kW/ kW);

C=50%负荷时的性能系数 COP(kW/ kW);

D=25%负荷时的性能系数 COP(kW/ kW)。

注 1:部分负荷百分数计算基准是指名义制冷量。

注 2:部分负荷性能系数 IPLV 代表了平均的单台机组的运行工况,可能不代表一个特有的工程安装实例。

3.2.2

非标准部分负荷性能系数 non-standard part load value(NPLV)

用一个单一数值表示的空气调节用冷水机组的部分负荷效率指标,基于表 2 规定的 NPLV 工况下机组部分负荷的性能系数值,按照机组在各种负荷下运行时间的加权因素,通过式(1)得出。

4 型式与基本参数

4.1 型式

4.1.1 按机组功能分类:

——单冷式机组;

——制冷及热泵制热机组(包括热泵和电加热装置同时或切换使用制热的机组);

——制冷及电加热制热机组。

4.1.2 按机组冷却方式分类:

——风冷式;

——水冷式。

4.1.3 按机组使用电源分类:

——使用单相交流电源;

——使用三相交流电源。

4.1.4 按机组结构形式分类:

——整体式;

——分体式。

4.2 型号

机组型号的编制方法,可由制造商自行编制,但型号中应体现名义工况下机组的制冷量。

4.3 基本参数

4.3.1 机组的名义工况见表 1。

表 1 名义工况时的温度/流量条件

项目	使用侧		热源侧(或放热侧)			
	冷、热水		水冷式		风冷式	
	水流量	出口温度	进口温度	水流量	干球温度	湿球温度
制冷	0.172	7	30	0.215	35	—
热泵制热		45	15	0.134	7	6

注:水流量单位为:$m^3/(h\cdot kW)$;温度单位为:℃。

4.3.2 机组名义工况的其他规定

a) 机组名义工况时的蒸发器水侧污垢系数为 0.018 $m^2 \cdot ℃/kW$,冷凝器水侧污垢系数为 0.044 $m^2 \cdot ℃/kW$。新蒸发器和冷凝器的水侧应被认为是清洁的,测试时污垢系数应考虑为 0.0 $m^2 \cdot ℃/kW$,性能测试时应按 GB/T 18430.1—2007 附录 C 模拟污垢系数进行温差修正。

b) 机组名义工况时的额定电压,单相交流为 220 V、三相交流为 380 V,额定频率均为 50 Hz。

c) 大气压力为 101 kPa。

4.3.3 机组部分负荷工况见表 2。

表 2 部分负荷工况

名称		部分负荷规定工况	
		IPLV	NPLV
蒸发器	100%负荷出水温度/℃	7	选定的出水温度
	0%负荷出水温度/℃		同 100%负荷的出水温度
	流量/[m^3/(h·kW)]	0.172	选定的流量
	污垢系数/[m^2·℃/kW]	0.018	指定的污垢系数
水冷式冷凝器	100%负荷进水温度/℃	30	选定的进水温度
	75%负荷进水温度/℃	26	[a]
	50%负荷进水温度/℃	23	
	25%负荷进水温度/℃	19	19
	流量/[m^3/(h·kW)]	0.215	选定的流量
	污垢系数/[m^2·℃/kW]	0.044	指定的污垢系数
风冷冷凝器	100%负荷干球温度/℃	35	—
	75%负荷干球温度/℃	31.5	
	50%负荷干球温度/℃	28	
	25%负荷干球温度/℃	24.5	
	污垢系数/(m^2·℃/kW)	0	

[a] 75%和 50%负荷的进水温度必须在 15.5 ℃至选定的 100%负荷进水温度之间按负荷百分比线形变化,保留一位小数。

4.3.4 制冷性能系数

机组名义工况时的制冷性能系数和综合部分负荷性能系数不得低于表 3 规定值。

表 3 制冷性能系数

机组类型	性能系数(COP)	综合部分负荷性能系数 IPLV
风冷式	不低于 GB 19577 的限定值	2.6
水冷式		4.1

注:蒸发器和冷凝器水侧的污垢系数按 GB/T 18430.1—2007 附录 C 进行修正。

5 要求

5.1 一般规定

5.1.1 机组应符合本部分的规定,并按经规定程序批准的图样和技术文件(或按用户和制造厂的协议)制造。

5.1.2 机组除配置所有制冷系统组件外，一般还可以包括冷水循环水泵。

5.1.3 机组的黑色金属制件，表面应进行防锈蚀处理。

5.1.4 机组电镀件表面应光滑，色泽均匀，不得有剥落、露底、针孔、明显的花斑和划伤等缺陷。

5.1.5 机组涂装件表面应平整、涂布均匀、色泽均匀，不应有明显的气泡、流痕、漏涂、底漆外露及不应有的皱纹和其他损伤。

5.1.6 机组装饰性塑料件表面应平整光滑、色泽均匀，不得有裂痕、气泡和明显缩孔等缺陷，塑料件应耐老化。

5.1.7 电镀件耐盐雾性

按 6.3.9 方法试验后，机组金属镀层上的每个锈点锈迹面积不应超过 1 mm^2，每 100 cm^2 试件镀层不超过 2 个锈点、锈迹，小于 100 cm^2 时，不应有锈点和锈迹。

5.1.8 涂装件涂层附着力

机组涂装件的涂层应牢固，按 6.3.10 方法试验，漆膜脱落格数不超过 15%。

5.1.9 机组的零部件和材料应符合各有关标准的规定，满足使用性能要求。

5.1.10 机组内与制冷剂和润滑油接触的表面应保持清洁、干燥，机组外表面应清洁。

5.1.11 机组各零部件的安装应牢固、可靠，制冷压缩机应具有防振动措施。

5.1.12 机组的隔热层应有良好的隔热性能，并且无毒、无异味且有自熄性能。

5.1.13 机组的电气控制应包括对水泵、压缩机和风机的控制，一般还应具有电机过载保护、缺相保护(三相电源)，水系统断流保护、防冻保护，制冷系统高、低压保护等功能或器件。

5.1.14 机组可根据用户要求或实际用途配置合适扬程的冷水循环水泵，其流量和扬程应保证机组的正常工作。

5.2 气密性和压力试验

5.2.1 气密性

机组制冷系统各部分应密封，按 6.3.1.1 方法试验时，机组制冷系统各部分不应有制冷剂泄漏现象。

5.2.2 压力试验

按 6.3.1.2 方法试验时，机组水侧各部位及接头处不应有异常变形和水泄漏现象。

5.3 运转

机组出厂前应进行运转试验，运转时机组应无异常。

5.4 名义工况性能

机组在制冷和热泵制热名义工况下进行试验时，其最大偏差应不超过以下规定：

a) 制冷量和热泵制热量应不小于名义值的 95%；

b) 名义工况性能系数 COP 应符合表 3 的要求，并应不低于明示值的 92%(当机组明示值的 92% 高于表 3 规定值时)；

c) 带有电加热的热泵(或非热泵)制热机组的电加热消耗功率应为机组名义电加热消耗电功率的 90%～105%；

d) 机组消耗总电功率不应大于机组名义消耗电功率的 110%(热泵制热消耗总电功率不包括辅助电加热消耗功率)；

e) 冷(热)水、冷却水的压力损失不应大于机组名义值的 115%；

f) 机组应按 6.3.5 规定进行噪声测量，其平均表面声压级应符合表 4 要求，并不高于机组明示值+2dB(A)[当机组明示值+2dB(A)小于表 6 规定值时]。

表 4 噪声限定值(声压级)　　单位为分贝(A 声级)

名义制冷量/kW	整体式		分体式		
			室外机		室内机
	风冷式	水冷式	风冷式	水冷式	
≤8	64	—	62	—	45
>8~16	66		64		50
>16~31.5	68	65	66	63	55
>31.5~50	70	67	68	65	

5.5 部分负荷性能

5.5.1 综合部分负荷性能

5.5.1.1 机组应按表 2 规定的 IPLV 部分负荷工况测定 100%、75%、50%和 25%负荷点的性能系数,并按式(1)计算其综合部分负荷性能系数 IPLV。

5.5.1.2 如机组不能按 5.5.1.1 或表 2 规定的 IPLV 工况正常运行,则可以按以下规定进行。

5.5.1.2.1 如机组不能在 75%、50%或 25%名义制冷量运行时,可以使机组在按表 2 规定的 IPLV 工况条件下的其他部分负荷点运行,测量各个负荷点的性能系数,并在点与点之间用直线连接,绘出部分负荷曲线图。此时可从曲线图上通过内插法计算机组的 75%、50%或 25%负荷效率,但不得使用外插法。

5.5.1.2.2 如机组无法卸载到 75%、50%或 25%:

a) 如机组无法卸载到 25%但低于 50%,则其 75%和 50%的 COP 按 5.5.1.2.1,机组在最小负荷运行,按表 2 规定的 25%的 IPLV 工况条件,测试制冷性能系数,然后按式(2)计算 25%负荷的 COP。

b) 如机组无法卸载到 50%但低于 75%,则其 75%的 COP 按 5.5.1.2.1,机组在最小负荷运行,按表 2 规定的 50%、25%的 IPLV 工况条件,测试制冷性能系数,然后按式(2)计算 50%和 25%负荷的 COP。

$$\mathrm{COP} = \frac{Q_m}{C_D \cdot P_m} \quad \cdots\cdots(2)$$

式中:

Q_m——实测制冷量,单位为千瓦(kW);

P_m——实测输入总功率,单位为千瓦(kW);

C_D——衰减系数,由公式(3)计算。是由于机组无法达到最小负荷,压缩机循环停机引起。

$$C_D = -0.13 \times \mathrm{LF} + 1.13 \quad \cdots\cdots(3)$$

$$\mathrm{LF} = \frac{\left(\frac{\mathrm{LD}}{100}\right) \cdot Q_{FL}}{Q_{PL}} \quad \cdots\cdots(4)$$

式中:

LF——负荷系数;

LD——表 2 中规定的负荷数;

Q_{FL}——满负荷制冷量,单位为千瓦(kW);

Q_{PL}——部分负荷制冷量,单位为千瓦(kW)。

c) 如机组无法卸载到 75%,机组在最小能力运行,按表 2 规定的 75%、50%、25%的 IPLV 工况条件,测试制冷性能系数,然后按按式(2)计算 75%、50%和 25%负荷的 COP。

5.5.1.3 综合部分负荷性能系数与明示值的偏差

综合部分负荷性能系数 IPLV 应符合表 3 的要求，并应不低于明示值的 92%(当机组明示值的 92%高于表 3 规定值时)。

5.5.2 非标准部分负荷性能

必要时应进行非标准部分负荷性能试验。

5.5.2.1 冷水机组应按表 2 规定的 NPLV 部分负荷工况测定 100%、75%、50%和 25%负荷点的性能系数，并按式(1)计算其综合部分负荷性能系数 NPLV。

5.5.2.2 如机组不能按 5.5.2.1 或表 2 规定的 NPLV 工况正常运行，则可以按以下规定进行。

5.5.2.2.1 如机组不能在 75%、50%或 25%名义制冷量运行时，可以使机组在按表 2 规定的 NPLV 工况条件下的其他部分负荷点运行，测量各个负荷点的性能系数，并在点与点之间用直线连接，绘出部分负荷曲线图。此时可从曲线图上通过内插法来计算机组的 75%、50%或 25%负荷效率，但不得使用外插法。

5.5.2.2.2 如机组无法卸载到 75%、50%或 25%：

a) 如机组无法卸载到 25%但低于 50%，则其 75%和 50%的 COP 按 5.5.2.2.1，机组在最小负荷运行，按表 2 规定的 25%的 NPLV 工况条件，测试制冷性能系数，然后按式(2)计算 25%负荷的 COP。

b) 如机组无法卸载到 50%但低于 75%，则其 75%的 COP 按 5.5.2.2.1，机组在最小负荷运行，按表 2 规定的 50%、25%的 NPLV 工况条件，测试制冷性能系数，然后按式(2)计算 50%和 25%负荷的 COP。

c) 如机组无法卸载到 75%，机组在最小能力运行，按表 2 规定的 75%、50%、25%的 IPLV 工况条件，测试制冷性能系数，然后按式(2)计算 75%、50%和 25%负荷的 COP。

5.5.2.3 非标准部分负荷性能系数与明示值的偏差

非标准部分负荷性能系数偏差不得小于明示值的 92%。

5.6 设计和使用条件

机组在表 5 规定条件下应能正常工作。

表 5 机组的设计温度/流量条件

<table>
<tr><th colspan="2" rowspan="3">项 目</th><th colspan="2">使用侧</th><th colspan="4">热源侧(或放热侧)</th></tr>
<tr><th colspan="2">冷、热水</th><th colspan="2">水冷式</th><th colspan="2">风冷式</th></tr>
<tr><th>水流量</th><th>出口水温</th><th>进口水温</th><th>水流量</th><th>干球温度</th><th>湿球温度</th></tr>
<tr><td rowspan="3">制冷</td><td>名义工况</td><td rowspan="6">0.172</td><td>7</td><td>30</td><td rowspan="3">0.215</td><td>35</td><td rowspan="3">—</td></tr>
<tr><td>最大负荷工况</td><td>15</td><td>33</td><td>43</td></tr>
<tr><td>低温工况</td><td>5</td><td>19</td><td>21</td></tr>
<tr><td rowspan="3">热泵制热</td><td>名义工况</td><td>45</td><td>15</td><td rowspan="2">0.134</td><td>7</td><td>6</td></tr>
<tr><td>最大负荷工况</td><td>50</td><td>21</td><td>21</td><td>15.5</td></tr>
<tr><td>融霜工况</td><td>45</td><td>—</td><td>—</td><td>2</td><td>1</td></tr>
<tr><td colspan="8">注：表中温度单位为 ℃，流量单位为 $m^3/(h \cdot kW)$。</td></tr>
</table>

5.6.1 最大负荷工况

机组按表 5 规定的最大负荷工况运行时，电动机、电器元件连接连线和其他部件应能正常工作。

5.6.2 低温工况

机组按表 5 规定的低温工况运行时，机组各部件不应损坏，低压、防冻及过载保护器不应跳开，机组应正常工作。

5.6.3 融霜工况

装有自动融霜机构的空气源热泵机组按表 5 规定的融霜工况运行时，应符合以下要求：

——安全保护元、器件不应动作而停止运行；

——融霜应自动进行、功能正常，融霜彻底，融霜时的融化水应能正常排放；

——在最初融霜结束后的连续运行中，融霜所需时间总和不应超过运行周期时间的 20%；两个以上独立制冷循环的机组，各自循环融霜时间的总和不应超过各独立循环总运转时间的 20%（如共用一个翅片式换热器，则融霜时间总和不超过循环总运转时间的 20%）。

5.6.4 变工况性能

机组变工况性能温度条件如表 6 所示。按 6.3.7.4 方法进行试验并绘制性能曲线图或表。

表 6 变工况性能温度范围

单位为摄氏度

项目	使用侧		热源侧(或放热侧)			
	冷、热水		水冷式		风冷式	
	进口温度	出口温度	进口温度	出口温度	干球温度	湿球温度
制冷	—	5～15	19～33	—	21～43	—
热泵制热		40～50	15～21		−7～21	

5.7 安全性能

机组的安全性能应符合 JB 8654 的规定。

5.8 保用期

在用户遵守机组运输、保管、安装、使用和维护的条件下，从制造厂发货之日起 18 个月内或开机调试运行经用户认可之日起 12 个月内(以两者中先到者为准)。机组因制造质量不良而发生损坏或不能正常工作时，制造厂应免费更换或修理。

6 试验方法

6.1 测量仪表精度及测量规定

6.1.1 测量仪表、仪器精度按 GB/T 10870—2001 中附录 A 的规定并经校验或校准合格。

6.1.2 测量按以下规定进行：

a) 测量仪表的安装和使用按 GB/T 10870—2001 的规定。

b) 风冷机组的空气干、湿球温度的测量按 GB/T 18430.1—2007 附录 A 的要求。

c) 机组冷(热)水和冷却水的压力损失测定按 GB/T 18430.1—2007 附录 B 的要求。

6.2 安装和试验规定

6.2.1 机组的水温和流量以及空气干、湿球偏差应符合表 7 和表 8 规定。

表 7 机组测试温度和流量偏差

项目		使用侧		热源侧(或放热侧)			
		冷、热水		水冷式		风冷式	
		水流量	出口水温	进口水温	水流量	干球温度	湿球温度
制冷	名义工况	±5%	±0.3	±0.3	±5%	±1	—
	最大负荷工况		±0.5	±0.5			
	低温工况						
热泵制热	名义工况		±0.3	±0.3			±0.5
	最大负荷工况		±0.5	±0.5			
	融霜工况[a]			—	—		
注：表中温度单位为℃，流量单位为 $m^3/(h \cdot kW)$。							
[a] 融霜工况为融霜运行前的条件，开始融霜时表 7 和表 8 规定的温度条件均可。							

表 8 融霜时的温度偏差

单位为摄氏度

工　况	使用侧	热源侧
热泵制热融霜	出口水温	干球温度
	±3	±6

6.2.2 机组应在其铭牌规定的额定电压和额定频率下运行。

6.2.3 被试机组应按生产厂规定的方法进行安装，并且不应进行影响制冷量和热泵制热量的构造改装。风冷式机组的环境应符合 GB/T 18430.1—2007 附录 A 的要求。

6.2.4 带冷水循环水泵的机组在试验时，水泵不通电。

6.2.5 分体式机组其室内、外机组的连接管应按制造厂提供的全部管长、或制冷量小于等于 12 500 W 的机组连接管长为 5 m、大于 12 500 W 的机组连接管长为 7.5 m 进行试验(按较长者进行)。连接管在室外部分的长度不少于 3 m，室内部分的隔热和安装要求按产品使用说明书进行。

6.2.6 机组试验的其他要求应符合 GB/T 10870—2001 规定。

6.2.7 机组使用的水质应符合 GB/T 18430.1—2007 附录 D 的规定。

6.3 试验要求

6.3.1 气密性和压力试验

6.3.1.1 气密性试验

机组制冷系统在正常的制冷剂充灌量下，不通电置于环境温度为 16 ℃～35 ℃的室内，用灵敏度为 5×10^{-6} Pa·m^3/s (泄漏量为 7.5 g/a)的检漏仪进行检验，应符合 5.2.1 的规定。

6.3.1.2 压力试验

机组水侧在施加 1.25 倍设计压力(液压)或 1.15 倍设计压力(气压)下，观察各部位及接头处，应符合 5.2.2 的规定。

6.3.2 运转试验

机组进行运转试验，应符合 5.3 规定。

6.3.3 名义工况性能试验

6.3.3.1 制冷量和消耗总功率试验

将机组能量调节置于最大制冷量位置，在表 1 和表 5 规定的制冷名义工况下，按以下规定进行试验测定和计算制冷量和消耗总功率，并应符合 5.4a)和 5.4d)的规定。同时测量运行电流和求出功率因数。

a) 水冷式机组：制冷量按 GB/T 10870—2001 的规定，主要试验采用液体载冷剂法进行试验测定和计算。校核试验采用机组热平衡法。消耗总电功率包括压缩机电动机、油泵电动机和操作控制电路等的输入总电功率(不包括水泵电机输入功率)。

b) 风冷式机组：制冷量按 GB/T 10870—2001 的规定进行试验测定和计算，采用液体载冷剂法进行试验测定和计算。放热侧环境的温、湿度条件可采用 GB/T 17758 的空气焓差法中的空调装置使其达到规定的工况要求，消耗总电功率除 6.3.3.1a)中包括项目外，风冷式还应包括放热侧冷却风机电功率。

6.3.3.2 制热量和消耗总功率试验

将机组能量调节置于最大制热量位置，在表 1 和表 5 规定的热泵制热名义工况下，按以下规定进行试验测定和计算制热量和消耗总功率，并应符合 5.4a)和 5.4d)的规定。同时测量运行电流和求出功率因数。

a) 水冷式机组：制热量按 GB/T 10870—2001 的规定，主要试验采用液体载冷剂法进行试验测定和计算。校核试验采用机组热平衡法。消耗总电功率同 6.3.3.1a)的内容。但制热量和消耗总电功率不包括电加热的制热量和电功率消耗。

b) 风冷式机组:制热量按 GB/T 10870—2001 的规定进行试验测定和计算,采用液体载冷剂法进行试验测定和计算。热源侧同 6.3.3.1b)的规定。制热量和消耗总电功率不包括电加热的制热量和电功率消耗。

6.3.3.3 **电加热消耗的电功率**

带有电加热的机组按 6.3.3.2 进行热泵制热量试验时,当热泵制热量的测定稳定后,给电加热通电,并测定消耗的电功率,应符合 5.4c)的规定。

6.3.3.4 **名义工况性能系数(COP)**

机组的名义工况性能系数(COP)按式(5)计算,计算结果应符合表 3 和 5.4b)的规定。

$$COP = \frac{Q_n}{N_0} \quad \cdots\cdots(5)$$

式中:

Q_n——由 6.3.3.1a)和 6.3.3.2a)确定的制冷量(制热量),单位为千瓦(kW);

N_0——消耗总电功率,单位为千瓦(kW)。

6.3.4 **水侧的压力损失**

在进行名义工况制冷和制热性能试验时,按 GB/T 18430.1—2007 附录 B 的规定测定机组冷(热)水和冷却水的压力损失,其结果应符合 5.4e)的规定。

6.3.5 **噪声**

机组在额定电压和额定频率以及接近制冷名义工况下,带循环水泵的机组,水泵应在接近铭牌标明的流量和扬程条件下进行运转,按 JB/T 4330—1999 中附录 C 的规定测量机组的噪声。其结果应符合 5.4f)的规定。

6.3.6 **部分负荷性能试验**

机组在表 2 规定的部分负荷工况,按以下规定进行试验测定,并按式(5)计算性能系数,按式(1)计算部分负荷性能系数 IPLV/NPLV。IPLV 应符合表 3 和 5.5.1.3 的规定,NPLV 应符合 5.5.2.3 的规定。

a) 水冷式机组:制冷量按 GB/T 10870—2001 的规定,主要试验采用液体载冷剂法进行试验测定和计算。校核试验采用机组热平衡法。消耗总电功率包括压缩机电动机、油泵电动机和操作控制电路等的输入总电功率(不包括水泵电机输入功率)。

  1) 校核试验热平衡偏差不应大于式(6)的计算值。

$$热平衡允许偏差\ \% = 10.5 - (0.07 \times \%FL) + \left(\frac{833.3}{DT_{FL} \times FL}\right) \quad \cdots\cdots(6)$$

  式中:

  DT_{FL}——蒸发器进出水温差,单位为摄氏度(℃);

  FL——负荷百分数。

  2) 部分负荷试验时,75%、50%和 25%负荷点的实测制冷量的偏差在满负荷点名义制冷量的±2%以内有效,否则必须按内插法计算。

b) 风冷式机组:制冷量按 GB/T 10870—2001 的规定进行试验测定和计算,主要试验采用液体载冷剂法进行试验测定和计算。放热侧环境的温、湿度条件可采用 GB/T 17758 的空气焓差法中的空调装置使其达到规定的工况要求,消耗总电功率除 6.3.6a)中包括项目外,风冷式还应包括放热侧冷却风机电功率。

6.3.7 **设计和使用范围试验**

6.3.7.1 **最大负荷工况试验**

机组在额定电压和额定频率及表 5 规定的最大负荷工况下分别进行制冷和制热运行,达到稳定状态后再运行 2 h,应符合 5.6.1 的规定。

6.3.7.2 **低温工况试验**

机组在额定电压和额定频率及表 5 规定的低温工况下运行 6 h，应符合 5.6.2 的规定。

6.3.7.3 **融霜试验**

机组在表 5 规定的融霜工况下，连续进行热泵制热，最初的融霜周期结束后，再继续运行 3 h，应符合 5.6.3 的规定。

6.3.7.4 **变工况试验**

机组按表 6 某一条件改变时，其他条件按名义工况时的流量和温度条件进行试验，测定其制冷量、制热量以及对应的消耗总电功率。该试验应包括表 6 中相应的工况温度条件点。将试验结果绘制成曲线图或编制成表格，每条曲线或每个表格应不少于四个测量点的值。

6.3.8 **安全性能**

机组按 JB 8654 的规定进行安全性能试验，应符合 5.7 规定。

6.3.9 **电镀件耐盐雾试验**

机组的电镀件应按 GB/T 2423.17 进行盐雾试验，试验周期为 24 h。试验前，电镀件表面清洗除油；试验后，用清水冲掉残留在表面上的盐分，检查电镀件腐蚀情况，其结果应符合 5.1.7 的规定。

6.3.10 **涂漆件的涂层附着力试验**

在机组外表面任取长 10 mm、宽 10 mm 的面积，用新刀片纵横各划 11 条间隔 1 mm、深达底材的平行切痕。用氧化锌医用胶布贴牢，然后沿垂直方向快速撕下。按划痕范围内漆膜脱落的格数对 100 的比值评定，每小格漆膜保留不足 70% 的视为脱落。试验后，检查漆膜脱落情况，其结果应符合 5.1.8 的规定。

6.3.11 **试验报告**

根据 6.3.1～6.3.10 各项试验内容，记录测试参数和结果，并根据相应试验标准的规定进行计算，试验报告的内容应符合相应试验标准的规定，并按本标准的要求进行判定是否合格，应由试验操作人员、审核人员签字。

7 检验规则

每台机组应经制造厂质量检验部门检验合格后方能出厂，并附有合格证、使用说明书以及装箱单等。

7.1 出厂检验

每台机组应做出厂检验，检验项目、技术要求和试验方法按表 9 的规定。

表 9 检验项目、要求和试验方法

<table>
<tr><th>序号</th><th>检验项目</th><th>出厂检验</th><th>抽样检验</th><th>型式试验</th><th>技术要求</th><th>试验方法</th></tr>
<tr><td>1</td><td>一般检查</td><td rowspan="9">√</td><td rowspan="9">√</td><td rowspan="9">√</td><td>5.1.2～5.1.6
5.1.9～5.1.11</td><td rowspan="3">视检</td></tr>
<tr><td>2</td><td>标志与安全标识</td><td>8.1、JB 8654</td></tr>
<tr><td>3</td><td>包装</td><td>8.3</td></tr>
<tr><td>4</td><td>泄漏电流</td><td rowspan="3">5.7</td><td rowspan="3">6.3.8</td></tr>
<tr><td>5</td><td>电气强度</td></tr>
<tr><td>6</td><td>接地电阻</td></tr>
<tr><td>7</td><td>气密性试验</td><td>5.2.1</td><td>6.3.1.1</td></tr>
<tr><td>8</td><td>压力实验</td><td>5.2.2</td><td>6.3.1.2</td></tr>
<tr><td>9</td><td>运转试验</td><td>5.3</td><td>6.3.2</td></tr>
</table>

表 9（续）

<table>
<tr><th>序号</th><th>检验项目</th><th>出厂检验</th><th>抽样检验</th><th>型式试验</th><th>技术要求</th><th>试验方法</th></tr>
<tr><td>10</td><td>制冷量</td><td rowspan="21">—</td><td rowspan="9">√</td><td rowspan="21">√</td><td>5.4a)</td><td>6.3.3.1</td></tr>
<tr><td>11</td><td>制热量</td><td>5.4a)</td><td>6.3.3.2</td></tr>
<tr><td>12</td><td>制冷消耗总功率</td><td>5.4d)</td><td>6.3.3.1</td></tr>
<tr><td>13</td><td>制热消耗总功率</td><td>5.4d)</td><td>6.3.3.2</td></tr>
<tr><td>14</td><td>电加热制热消耗功率</td><td>5.4c)</td><td>6.3.3.3</td></tr>
<tr><td>15</td><td>制冷名义工况 COP</td><td>5.4b)</td><td>6.3.3.4</td></tr>
<tr><td>16</td><td>综合部分负荷性能</td><td>5.5.1.3</td><td>6.3.6</td></tr>
<tr><td>17</td><td>水压力损失</td><td>5.4e)</td><td>6.3.4</td></tr>
<tr><td>18</td><td>噪声</td><td>5.4f)</td><td>6.3.5</td></tr>
<tr><td>19</td><td>最大负荷工况</td><td rowspan="12">—</td><td>5.6.1</td><td>6.3.7.1</td></tr>
<tr><td>20</td><td>低温工况</td><td>5.6.2</td><td>6.3.7.2</td></tr>
<tr><td>21</td><td>融霜工况</td><td>5.6.3</td><td>6.3.7.3</td></tr>
<tr><td>22</td><td>变工况性能</td><td>5.6.4</td><td>6.3.7.4</td></tr>
<tr><td>23</td><td>电镀件耐盐雾性</td><td>5.1.7</td><td>6.3.9</td></tr>
<tr><td>24</td><td>涂装件涂层附着力</td><td>5.1.8</td><td>6.3.10</td></tr>
<tr><td>25</td><td>耐潮湿性</td><td rowspan="6">5.7</td><td rowspan="6">6.3.8</td></tr>
<tr><td>26</td><td>防触电保护</td></tr>
<tr><td>27</td><td>电压变化</td></tr>
<tr><td>28</td><td>温度控制</td></tr>
<tr><td>29</td><td>机械安全</td></tr>
<tr><td>30</td><td>电磁兼容性</td></tr>
<tr><td colspan="7">注：“√”应做试验；“—”不做试验。</td></tr>
</table>

7.2 抽样检验

批量生产的机组应进行抽样检验，检验项目、技术要求和试验方法按表 9 的规定。抽样方法、批量、抽样方案、检查水平及合格质量水平等由制造厂质量检验部门自行确定。

7.3 型式检验

7.3.1 机组在下列情况之一时，应进行型式检验：

a) 试制的新产品；

b) 定型产品作重大改进对性能有影响时。

7.3.2 型式检验的项目、技术要求和试验方法按表 9 的规定，型式试验时间不应少于试验方法中规定的时间，其中名义工况运行不少于 12 h，允许中途停车，以检查机组运行情况。运行中如有故障，在故障排除后应重新进行试验，前面的试验无效。

8 标志、包装、运输和贮存

8.1 标志

8.1.1 每台机组应在明显的位置上设置永久性铭牌，铭牌应符合 GB/T 13306 的规定，铭牌内容见表 10。

表 10 铭牌内容

标记名称	机组功能		
	单冷式机组	制冷及热泵制热兼用机组	制冷及电加热制热兼用机组
型号	√	√	√
名称	√	√	√
名义制冷量/kW	√	√	√
名义制热量/kW	—	√	√
额定电压/V;相数;频率/Hz;	√	√	√
最大运行电流	△	△	△
名义制冷消耗总功率/kW	√	√	√
名义制热消耗总功率/kW	√	√	√
COP	√	√	√
IPLV	△	△	△
水侧阻力/kPa	△	△	△
噪声(声压级)	△	△	△
制冷剂名称及充注量/kg	√	√	√
机组外形尺寸/mm	√	√	√
机组总质量/kg	√	√	√
制造厂名称和商标	√	√	√
制造年月及产品编号	√	√	√
注:"√"表示需要;"△"表示"选项";"—"表示"不需要"。			

8.1.2 工作标志

机组相关部位上应设有运行状态的标志(如转向、水流方向、指示仪表以及各控制按钮等)。

8.2 出厂附件及文件

每台机组上应随带下列技术文件。

8.2.1 产品合格证,其内容包括:

a) 产品型号和名称;

b) 产品出厂编号;

c) 检验员、检验负责人签章及日期;

d) 制造厂名称。

8.2.2 产品说明书,其内容包括:

a) 产品型号和名称、工作原理、适用范围、执行标准、主要技术参数[除铭牌标示的主要技术性能参数外,还应包括冷(热)水和冷却水的压力损失、电加热功率、机外扬程、水泵流量及功率、最大运行电流等];

b) 产品的结构示意图、制冷系统图、电气原理图及接线图;

c) 安装说明和要求;

d) 使用说明、维护保养和注意事项。

8.2.3 装箱单。

8.2.4 随机附件。

8.3 包装

8.3.1 机组在包装前应进行清洁处理，各部件应清洁、干燥，易锈部件应涂防锈剂。制冷系统应充入额定量的制冷剂。

8.3.2 机组应外套塑料罩或防潮纸并应固定在包装箱内，其包装应符合 GB/T 13384 的规定。

8.3.3 机组包装箱上应有下列标志：

a） 制造单位名称；

b） 产品型号、名称及编号；

c） 质量(净质量、毛质量)；

d） 包装外形尺寸；

e） “小心轻放”、“向上”和“怕湿”等。

8.4 运输和贮存

8.4.1 机组在运输和贮存过程中不应碰撞、倾斜、雨雪淋袭。

8.4.2 产品应贮存在干燥的通风良好的仓库中，并注意电气系统的防潮。

附 录 A
（资料性附录）
部分负荷性能系数计算示例

A.1 部分负荷性能系数计算示例

一台机组，满负荷名义制冷量为33 kW，其测试数据如表A.1。

表 A.1 部分负荷测试数据

负荷步数	负荷	制冷量/kW	功率/kW	COP
4(100%)	100%	32.8	11.23	2.92
3(50%)[a]	46.8%	15.44	5.51	2.80
2(50%)[b]	48.2%	15.9	5.08	3.13
1(50%)[c]	49.1%	16.2	4.86	3.33

[a] 最小负荷(50%)，按75%负载工况条件运行。

[b] 最小负荷(50%)，按50%负载工况条件运行。

[c] 最小负荷(50%)，按25%负载工况条件运行。

根据5.5.1.1，按表中的数据绘制曲线如下图，用内插法计算B点(75%)的性能系数：

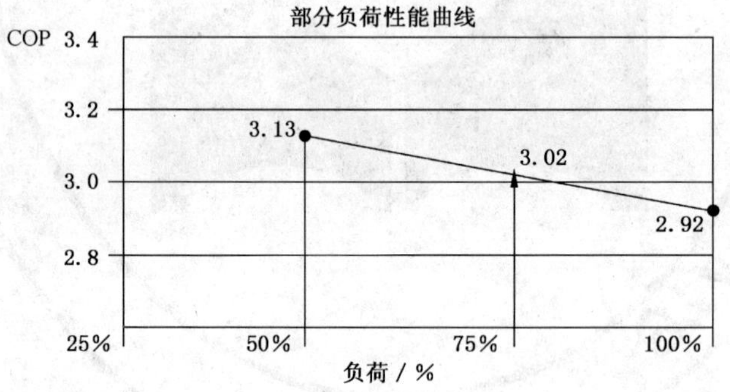

因为机组50%负荷点试验实测制冷量偏差在满负荷点名义制冷量的－2%以内，故该性能系数可作为C点(50%)的性能系数。

因为机组无法卸载到25%，按式(2)计算D点(25%)性能系数：

$$LF = \frac{0.25 \times 32}{16.2} = 0.49$$

$$C_D = -0.13 \times 0.49 + 1.13 = 1.07$$

$$COP = \frac{16.2}{1.07 \times 4.86} = 3.11$$

表 A.2 部分负荷性能计算值

部分负荷点	负荷	制冷量/kW	COP
A	100%	32	2.92
B	75%	24	3.02
C	50%	16	3.13
D	25%	8	3.11

根据A、B、C、D点的性能系数计算部分负荷性能系数如下：

$IPLV=2.3\%\times2.92+41.5\%\times3.02+46.1\%\times3.13+10.1\%\times3.11=3.08$

ICS 65.060.10
T 61

GB

中华人民共和国国家标准

GB 18447.1—2008
部分代替 GB 18447.1—2001

拖拉机 安全要求 第1部分:轮式拖拉机

Safety requirements for tractors—
Part 1: Wheeled tractors

2008-02-26 发布　　　　2008-10-01 实施

中华人民共和国国家质量监督检验检疫总局
中国国家标准化管理委员会　发布

前　　言

本标准的全部技术内容为强制性，并作为安全检验的依据。

GB 18447《拖拉机　安全要求》分为四个部分：

——第 1 部分：轮式拖拉机；

——第 2 部分：手扶拖拉机；

——第 3 部分：履带拖拉机；

——第 4 部分：皮带传动拖拉机。

本部分为 GB 18447 的第 1 部分。

本部分是对 GB 18447.1—2001《农业轮式和履带拖拉机　安全要求》的修订，与 GB 18447.1—2001 相比主要变化如下：

——标准名称的表述方式做了改变，使其更符合 GB/T 1.1 标准的编写原则；

——降低了拖拉机的排气烟度值；

——增加了对拖拉机驾驶室内饰材料阻燃特性的要求；

——增加了最高速度超过 30 km/h 拖拉机制动性能的要求；

——增加了液压管路的承压要求；

——增加了拖拉机燃油箱的要求；

——增加了 4.1.9 驾驶员全身振动指标的要求；

——增加了拖拉机安全防护装置的要求；

——增加了驾驶员视野的要求；

——增加了对拖拉机前照灯发光强度和照射位置的要求，并增加了附录 A；

——增加了拖拉机使用说明书中安全要求的具体内容和用油要求；

——取消了对皮带传动拖拉机和履带拖拉机的要求。

本部分的附录 A 为规范性附录。

本部分自实施之日起代替 GB 18447.1—2001《农业轮式和履带拖拉机　安全要求》中有关轮式拖拉机部分。

本部分由中国机械工业联合会提出。

本部分由全国拖拉机标准化技术委员会归口。

本部分负责起草单位：洛阳拖拉机研究所。

本部分参加起草单位：国家拖拉机质量监督检验中心、中国一拖集团有限公司、福田雷沃国际重工股份有限公司。

本部分主要起草人：李京忠、郭志强、郎志中、朱金光、赵电昭、岳芹、李乐臣、尚项绳。

本部分所代替标准的历次版本发布情况为：

——GB 18447.1—2001。

拖拉机　安全要求
第1部分：轮式拖拉机

0　引言

本部分涉及的是农业轮式拖拉机的安全问题。

本部分涉及到的危险与GB/T 15706.1一致。

1　范围

本部分是从物理性能及预定使用方面对农业轮式拖拉机提出的限制，所规定的安全要求适用于GB/T 15706.1—2007中3.6规定的机器寿命期内各阶段所产生的危险。

本部分适用于在我国使用的直联传动轮式拖拉机（以下简称拖拉机）。

2　规范性引用文件

下列文件中的条款通过GB 18447的本部分的引用而成为本部分的条款。凡是注日期的引用文件，其随后所有的修改单（不包括勘误的内容）或修订版均不适用于本部分，然而，鼓励根据本部分达成协议的各方研究是否可使用这些文件的最新版本。凡是不注日期的引用文件，其最新版本适用于本部分。

GB/T 3871.6　农业拖拉机　试验规程　第6部分：农林车辆制动性能的确定（GB/T 3871.6—2006，ISO 5697：1982，IDT）

GB/T 3871.7　农业拖拉机　试验规程　第7部分：驾驶员的视野（GB/T 3871.7—2006，ISO 5721：1989，MOD）

GB/T 3871.8　农业拖拉机　试验规程　第8部分：噪声测量（GB/T 3871.8—2006，OECD R5：2002，MOD）

GB/T 3871.13　农业拖拉机　试验规程　第13部分：排气烟度测量（GB/T 3871.13—2006，ISO 789-4：1986，MOD）

GB/T 4269.1—2000　农林拖拉机和机械、草坪和园艺动力机械　操作者操纵机构和其他显示装置用符号　第1部分：通用符号（idt ISO 3767-1：1991）

GB/T 4269.2—2000　农林拖拉机和机械、草坪和园艺动力机械　操作者操纵机构和其他显示装置用符号　第2部分：农用拖拉机和机械用符号（idt ISO 3767-2：1991）

GB 6376　拖拉机噪声限值

GB/T 9480　农林拖拉机和机械、草坪和园艺动力机械　使用说明书编写规则（GB/T 9480—2001，eqv ISO 3600：1996）

GB 9656　汽车安全玻璃（GB 9656—2003，ECE R43：2000，NEQ）

GB 10395.1—2001　农林拖拉机和机械　安全技术要求　第1部分：总则（eqv ISO 4254-1：1989）

GB 10396　农林拖拉机和机械、草坪和园艺动力机械　安全标志和危险图形　总则（GB 10396—2006，ISO 11684：1995，MOD）

GB/T 10910　农业轮式拖拉机和田间作业机械　驾驶员全身振动的测量（GB/T 10910—2004，ISO 5008：2001，NEQ）

GB/T 13876　农业轮式拖拉机驾驶员全身振动的评价指标

GB/T 15706.1 机械安全 基本概念与设计通则 第1部分:基本术语和方法(GB/T 15706.1—2007,ISO 12100-1:2003,IDT)

GB/T 19498 农林拖拉机防护装置 静态试验方法和验收技术条件(GB/T 19498—2004,OECD R4:2000,MOD)

GB/T 20948—2007 农林拖拉机 后视镜技术要求

GB/T 20949—2007 农林轮式拖拉机 照明和灯光信号装置的安装规定

GB/T 20953—2007 农业拖拉机和机械 驾驶室内饰材料燃烧特性的测定(ISO 3795:1989,MOD)

JB/T 6701 拖拉机、农用运输车前照灯

JB/T 7325 农林窄轮距轮式拖拉机防护装置强度试验方法和验收条件

JB/T 8303 农业拖拉机 驾驶座安全带(JB/T 8303—1999,eqv ISO 3776:1989)

ISO 500-1:2004 农业拖拉机后置动力输出轴1、2和3型 第1部分:通用要求、安全要求、防护罩尺寸和空隙

3 危险一览表

拖拉机在行走、作业及维修过程中可能产生的危险见表1。

表1 危险一览表

序号	危险	序号	危险
1	挤压危险	7	与热源接触灼伤
2	剪切危险	8	电解液泄露导致的危险
3	旋转件无防护装置	9	照明信号不足
4	机械失灵	10	噪声太大
5	排气烟度过大	11	制动失效
6	通道或其他位置打滑	12	误操作导致的危险

4 安全要求和/或措施及判定

4.1 一般要求

4.1.1 有驾驶室的拖拉机,可设乘员座椅。乘员座椅应固定牢固,其位置不能影响驾驶员操作,且座椅不应增加拖拉机的外廓尺寸。不带驾驶室的拖拉机后挡泥板不允许设乘员座椅。

4.1.2 拖拉机的轮圈轮辋应有足够的强度,以保证在正常工作和维修保养时不致损坏。

4.1.3 拖拉机液压系统应有防止过载的安全保护装置,液压转向系用液压管路的爆破压力至少应能承受系统正常工作压力4倍,其他液压管路爆破压力应至少能承受正常工作压力2.5倍。并在管路上标明承受的正常工作压力。

4.1.4 拖拉机液压管路及电器线路的布置应避免摩擦和接触发热部件。

4.1.5 驾驶室前挡风玻璃应使用安全玻璃,并符合GB 9656的要求;前风窗应配备刮水器,刮水器的起止位置应不影响驾驶员的视野。

4.1.6 拖拉机燃油箱的安装应保证周围不存在突出物和锐边、尖角等。带驾驶室的拖拉机,输油管和加油口必须安装在驾驶室外部。燃油箱自身结构应满足下列要求:

a) 燃油箱通入2倍的燃油箱工作压力或不低于30 kPa压缩空气,10 min内应无渗漏现象;

b) 燃油箱注入额定容量的85%的水,装好燃油箱盖,翻转燃油箱使加注口朝下,燃油箱盖及进排气装置的泄露量应不大于30 g/min。

4.1.7　拖拉机最大不透光排气烟度值不大于 2.5 m^{-1}，按 GB/T 3871.13 规定测量。

4.1.8　拖拉机环境和驾驶员操作位置处噪声限值应符合 GB 6376 的规定，并按 GB/T 3871.8 规定检测。

4.1.9　拖拉机驾驶员全身振动指标应符合 GB/T 13876 的规定，按 GB/T 10910 规定检测。

4.2　安全防护

4.2.1　驾驶员工作和保养时，易产生危险的外露旋转件应有防护装置，防护装置应固定牢靠，耐压、无尖角和锐棱。

4.2.1.1　动力输出轴使用时必须有防护罩，动力输出轴不工作时，应安装安全防护套；其要求应符合 ISO 500-1:2004 中第 6 章和第 7 章的要求。

4.2.1.2　踏板、脚踏板、阶梯应防滑，必要时应有突缘或挡边。尺寸应符合 GB 10395.1—2001 中 10.1.3的规定。

4.2.2　排气管出口位置和方向的布置应使驾驶员或其他操作者尽量减少接触到有害气体和烟雾。消声器及排气管应设置隔热防护装置，穿过防护装置可及的安全距离应符合 GB 10395.1—2001 中 7.1.5 的规定。

4.2.3　蓄电池的布置应避免电解液及其酸雾对驾驶员造成危害。

4.2.4　拖拉机应能配备安全架(或安全驾驶室)及安全带，其强度应符合 GB/T 19498、JB/T 7325 和 JB/T 8303 的规定。

4.2.5　拖拉机驾驶室内饰材料的阻燃特性应符合 GB/T 20953—2007 的规定。

4.2.6　带驾驶室的拖拉机，驾驶员视野应满足下列要求：

a)　在半径为 12 m 的视野半圆上，落在9.5 m 弦长视野扇形区域内的遮蔽阴影数量应不多于 2 个，每个遮蔽阴影的长度应不大于 700 mm；

b)　在视野扇形以外的视野半径上，每边的遮蔽物不能多于 2 个，且其中一个遮蔽阴影长度不能超过 700 mm，另一个遮蔽阴影长度不大于 1 500 mm 或 2 个遮蔽阴影长度均不大于 1 200 mm。

视野的测定按 GB/T 3871.7 的规定测量。

4.3　制动性能

4.3.1　拖拉机在 20% 的干硬坡道上，使用驻车制动装置，应能沿上下坡方向可靠停住，并按 GB/T 3871.6的规定检测。

4.3.2　拖拉机冷态试验的制动平均减速度应不小于 2.5 m/s^2。试验方法按 GB/T 3871.6 的规定测试。

4.4　照明、信号装置

4.4.1　拖拉机应至少有二个前照灯，一个工作灯，一个仪表灯，一个驾驶室顶棚灯；拖拉机还应至少有二个制动灯、前后各二个转向信号灯、危险信号警告装置、前后位灯。18 kW 以下的拖拉机可不安装仪表灯。前照灯应符合 JB/T 6701 要求，灯光信号装置的光色应符合 GB/T 20949—2007 的规定。

4.4.2　标定功率大于 18 kW 的拖拉机每只前照灯的远光光束的发光强度应不小于 8 000 cd；标定功率小于 18 kW 的拖拉机每只前照灯的远光光束的发光强度应不小于 6 000 cd。

4.4.3　拖拉机前照灯近光光束的照射位置检测时，前照灯照射在距离 10 m 远的屏幕上时，光束中点的离地高度不允许大于前照灯安装中心位置离地高度的 0.7 倍。水平位置要求，向右偏移不允许超过 350 mm，不允许向左偏移。前照灯光束照射位置应在拖拉机装满油和水，无配重的状态下按附录 A 的规定检测。

4.4.4　拖拉机应安装非粘贴的后反射器。后反射器应与拖拉机牢固连接，且应能保证夜间在正后方 150 m 处用光照强度为 18 000 cd 的前照灯照射时，在照射位置就能确认其反射光。

4.4.5　带驾驶室的拖拉机应在左、右各设一面后视镜，不带驾驶室的拖拉机应至少设置一个后视镜。后视镜应符合 GB/T 20948—2007 的规定。

4.5 安全操作标识

操纵装置的操纵方向不明显时，应在操纵装置上或其附近用操纵符号标明，操纵符号应符合GB/T 4269.1—2000及GB/T 4269.2—2000的规定。

5 使用信息

5.1 拖拉机在车身前部外表面的易见部位上应安装一个能永久保持的商标或厂标，在车身外表面的易见部位上应装置能识别车型的标志。

5.2 拖拉机应装置能永久保持的产品标牌，标牌标明的内容至少应包括：

——拖拉机名称型号；

——发动机标定功率(12小时)；

——出厂编号及年月；

——制造厂名称及地址；

——产品执行标准编号。

5.3 至少在下列危险部位，应设置安全标志，安全标志应符合GB 10396的规定。

a) 禁止乘坐在非乘员位置上，如拖拉机后挡泥板处禁止乘坐的安全标志；

b) 悬挂装置工作时，禁止靠近的安全标志；

c) 动力输出轴使用的安全标志；

d) 水箱盖处的安全标志。

5.4 每台拖拉机应向用户提供使用说明书，说明书的编写应通俗易懂，拖拉机所用润滑油牌号应有中国润滑油的相应牌号。其安全操作要求应符合GB/T 9480的规定，内容至少应包括：

a) 避免危险的安全操作注意事项；

b) 紧急情况应采取的措施；

c) 禁用要求；

d) 安全标志的说明。

附 录 A
（规范性附录）
前照灯光束照射位置检验方法

A.1 屏幕法:在屏幕上检查

检查用场地应平整,屏幕与场地应垂直。被检验的拖拉机轮胎气压正常、乘坐一名驾驶员的条件下进行。将拖拉机停置于屏幕前,并与屏幕垂直,使前照灯基准中心距屏幕 10 m,在屏幕上确定与前照灯基准中心离地面距离 H 等高的水平基准线及以拖拉机纵向中心平面在屏幕上的投影线为基准确定的左右前照灯基准中心位置线。分别测量左右远近光束的水平和垂直照射方位的偏移值。

A.2 用前照灯检测仪检验

将被检验的拖拉机按规定距离与前照灯检验仪对正(宜使用摆正装置),从前照灯检测仪的显示屏上分别测量左右远、近光束的水平和垂直照射方位的偏移值。

ICS 65.060.10
T 61

中华人民共和国国家标准

GB 18447.2—2008
代替 GB 18447.2—2001

拖拉机　安全要求
第2部分:手扶拖拉机

Safety requirements for tractors—Part 2:Walking tractors

2008-12-31 发布　　2009-10-01 实施

中华人民共和国国家质量监督检验检疫总局
中国国家标准化管理委员会　发布

前　言

本部分的全部技术内容为强制性，并作为安全检验的依据。

GB 18447《拖拉机　安全要求》分为四个部分：

——第1部分：轮式拖拉机；

——第2部分：手扶拖拉机；

——第3部分：履带拖拉机；

——第4部分：皮带传动轮式拖拉机。

本部分为GB 18447的第2部分。

本部分是对GB 18447.2—2001《手扶拖拉机　安全要求》的修订，与GB 18447.2—2001相比主要变化如下：

——标准名称的表述方式做了改变，使其更符合GB/T 1.1标准的编写原则；

——增加了飞轮(含飞轮皮带轮)应有防护装置的要求；

——改变了拖拉机的排气烟度值及其测量方法；

——增加了对燃油箱结构的要求；

——增加了对拖拉机前照灯发光强度的要求；

——细化了对使用说明书中安全注意事项的要求。

自2009年10月1日起，生产企业生产的产品应执行本标准；自2010年1月1日起，市场上应停止销售不符合本标准的产品。

本部分由中国机械工业联合会提出。

本部分由全国拖拉机标准化技术委员会归口。

本部分负责起草单位：洛阳拖拉机研究所。

本部分参加起草单位：常州东风农机集团有限公司、山东常林机械集团股份有限公司。

本部分主要起草人：李京忠、昌茂宏、朱孔贵、郎志中、尚项绳。

本部分所代替标准的历次版本发布情况为：

——GB 18447.2—2001。

引 言

GB 18447 的本部分涉及的是手扶拖拉机的安全问题。

GB 18447 的本部分涉及到的危险与 GB/T 15706.1—2007 一致。

拖拉机　安全要求
第2部分：手扶拖拉机

1　范围

GB 18447的本部分是从物理性能及预定使用方面对手扶拖拉机提出限制，所规定的安全要求适用于GB/T 15706.1—2007中3.6规定的在机器预定使用期内始终存在的危险。

GB 18447的本部分适用于手扶拖拉机（以下简称拖拉机）。

2　规范性引用文件

下列文件中的条款通过GB 18447的本部分的引用而成为本部分的条款。凡是注日期的引用文件，其随后所有的修改单（不包括勘误的内容）或修订版均不适用于本部分，然而，鼓励根据本部分达成协议的各方研究是否可使用这些文件的最新版本。凡是不注日期的引用文件，其最新版本适用于本部分。

GB/T 3871.13　农业拖拉机　试验规程　第13部分：排气烟度测量（GB/T 3871.13—2006，ISO 789-4：1986，MOD）

GB/T 4269.1　农林拖拉机和机械、草坪和园艺动力机械　操作者操纵机构和其他显示装置用符号　第1部分：通用符号（GB/T 4269.1—2000，idt ISO 3767-1：1991）

GB/T 4269.2　农林拖拉机和机械、草坪和园艺动力机械　操作者操纵机构和其他显示装置用符号　第2部分：农用拖拉机和机械用符号（GB/T 4269.2—2000，idt ISO 3767-2：1991）

GB/T 6229　手扶拖拉机　试验方法

GB 6376　拖拉机　噪声限值

GB/T 9480　农林拖拉机和机械、草坪和园艺动力机械　使用说明书编写规则（GB/T 9480—2001，eqv ISO 3600：1996）

GB 10395.1—2001　农林拖拉机和机械　安全技术要求　第1部分：总则（eqv ISO 4254-1：1989）

GB 10396　农林拖拉机和机械、草坪和园艺动力机械　安全标志和危险图形　总则（GB 10396—2006，ISO 11684：1995，MOD）

GB/T 15706.1—2007　机械安全　基本概念与设计通则　第1部分：基本术语和方法（ISO 12100-1：2003，IDT）

3　危险一览表

拖拉机在行走、作业及维修过程中可能产生的危险见表1。

表1　危险一览表

序　号	危　　险	序　号	危　　险
1	外露旋转部件无防护装置	5	噪声太大
2	机械失灵	6	制动失效
3	排气烟度过大	7	照明信号不足
4	与热源接触灼伤	8	误操作导致的危险

4 安全要求和/或措施及判定

4.1 安全防护

操作人员按产品使用说明书操作和维护保养时,危及操作人员健康和安全的危险或潜在危险处应有防护和/或安全警示标志。

下列外露旋转件应有防护,防护罩应固定牢固,耐压、无尖角和锐棱。其强度应符合 GB 10395.1—2001 的规定。具体要求如下:

a) 启动爪应有护缘,轴端不得突出护缘以外。

b) 飞轮、皮带轮(含飞轮皮带轮)应有防护装置。

c) 皮带轮、皮带防护装置至少要将咬合点包入,防护装置边缘距咬合点距离应不小于 120 mm。

d) 排气管出口位置和方向的布置应使驾驶员或其他操作者尽量减少接触到有害气体和烟雾。消声器及排气弯管应设置隔热防护装置,穿过防护装置可及的安全距离应符合 GB 10395.1—2001 中 7.1.5 的规定。

e) 燃油箱注入额定容量 85%的水,装好燃油箱盖,翻转燃油箱使加注口朝下,燃油箱盖的泄漏量应不大于 30 g/min。

4.2 拖拉机最大不透光排气烟度值不大于 3.2 m^{-1},按 GB/T 3871.13 的规定测量。

4.3 拖拉机环境和驾驶员操作位置处噪声限值应符合 GB 6376 的规定,并按 GB/T 6229 规定检测。

4.4 制动性能

拖拉机在 20 %的干硬坡道上,使用驻车制动装置,应能沿上、下坡方向可靠停住,并按 GB/T 6229 的规定检测。

4.5 照明、信号装置

拖拉机应有一个前照灯,其发光强度应不小于 6 000 cd。

4.6 安全操作

操纵装置的操纵方向不明显时,应在操纵装置上或其附近用操纵符号标明,操纵符号应符合 GB/T 4269.1及 GB/T 4269.2 的规定。

5 使用信息

5.1 拖拉机在车身前部外表面的易见部位上应安装一个能永久保持的商标或厂标。

5.2 拖拉机应装置能永久保持的产品标牌,标牌标明的内容至少应包括:

——拖拉机名称型号;

——发动机标定功率(12 小时);

——出厂编号及年月;

——制造厂名称及地址;

——产品执行标准编号。

5.3 至少在下列危险部位,应设置安全标志。安全标志应符合 GB 10396 的规定。

a) 在档位处禁止下坡空档滑行的安全标志;

b) 在机体明显处加停车、驻车制动的安全标志及单机运行限速、下坡转向操作指示等安全警示标志;

c) 蒸发式柴油机加水口的安全警示标志;

d) 加油口防火标志。

5.4 应向用户提供便于用户阅读的使用说明书和维修手册,其安全注意事项应符合 GB/T 9480 的规定,内容至少应包括:

a） 避免危险的安全操作注意事项；

b） 紧急情况应采取的措施；

c） 禁用要求；

d） 安全标志的说明。

ICS 65.060.10
T 61

中华人民共和国国家标准

GB 18447.3—2008
部分代替 GB 18447.1—2001

拖拉机　安全要求
第3部分:履带拖拉机

Safety requirements for tractors—Part 3: Crawler tractors

2008-12-31 发布　　2009-10-01 实施

中华人民共和国国家质量监督检验检疫总局
中国国家标准化管理委员会　发布

前　言

本部分的全部技术内容为强制性,并作为安全检验的依据。

GB 18447《拖拉机　安全要求》分为四个部分:

——第1部分:轮式拖拉机;

——第2部分:手扶拖拉机;

——第3部分:履带拖拉机;

——第4部分:皮带传动轮式拖拉机。

本部分为GB 18447的第3部分。

本部分是对GB 18447.1—2001《农业轮式和履带拖拉机　安全要求》中有关履带拖拉机部分的修订,与GB 18447.1—2001中相关内容相比主要变化如下:

——标准名称的表述方式做了改变,使其更符合GB/T 1.1标准的编写原则;

——改变了拖拉机的排气烟度值及其测量方法;

——增加了对拖拉机驾驶室内饰材料阻燃特性的要求;

——增加了液压管路的承压要求;

——增加了拖拉机燃油箱的要求;

——增加了对拖拉机前照灯发光强度和照射位置的要求,并增加了附录A;

——增加了拖拉机产品标牌内容的要求;

——增加了拖拉机使用说明书中安全要求的具体内容要求;

——取消了对轮式拖拉机的要求。

本部分自实施之日起代替GB 18447.1—2001《农业轮式和履带拖拉机　安全要求》中有关履带拖拉机的部分。

自2009年10月1日起,生产企业生产的产品应执行本标准;自2010年1月1日起,市场上应停止销售不符合本标准的产品。

本部分的附录A为规范性附录。

本部分由中国机械工业联合会提出。

本部分由全国拖拉机标准化技术委员会归口。

本部分负责起草单位:国家拖拉机质量监督检验中心。

本部分参加起草单位:中国一拖集团有限公司。

本部分主要起草人:李京忠、郭志强、李乐臣、尚项绳、徐惠娟、王彬彬。

本部分所代替标准的历次版本发布情况为:

——GB 18447.1—2001部分。

引　言

GB 18447 的本部分涉及的是履带拖拉机的安全问题。

GB 18447 的本部分涉及到的危险与 GB/T 15706.1—2007 一致。

拖拉机　安全要求
第3部分:履带拖拉机

1　范围

GB 18447的本部分是从物理性能及预定使用方面对履带拖拉机提出限制,所规定的安全要求适用于GB/T 15706.1—2007中3.6规定的在机器预定使用期内始终存在的危险。

GB 18447的本部分适用于履带拖拉机(以下简称拖拉机)。

2　规范性引用文件

下列文件中的条款通过GB 18447的本部分的引用而成为本部分的条款。凡是注日期的引用文件,其随后所有的修改单(不包括勘误的内容)或修订版均不适用于本部分,然而,鼓励根据本部分达成协议的各方研究是否可使用这些文件的最新版本。凡是不注日期的引用文件,其最新版本适用于本部分。

GB/T 1592(所有部分)　农业拖拉机后置动力输出轴1、2和3型(GB/T 1592—2008,ISO 500:2004,IDT)

GB/T 3871.6　农业拖拉机　试验规程　第6部分:农林车辆制动性能的确定(GB/T 3871.6—2006,ISO 5697:1982,Agricultural and forestry vehicles—Determination of braking performance,IDT)

GB/T 3871.8　农业拖拉机　试验规程　第8部分:噪声测量(GB/T 3871.8—2006,OECD R5:2002,Noise measurement at the driver's position(s) on agricultural and forestry tractors,MOD)

GB/T 3871.13　农业拖拉机　试验规程　第13部分:排气烟度测量(GB/T 3871.13—2006,ISO 789-4:1986,MOD)

GB/T 4269.1　农林拖拉机和机械、草坪和园艺动力机械　操作者操纵机构和其他显示装置用符号　第1部分:通用符号(GB/T 4269.1—2000,idt ISO 3767-1:1991)

GB/T 4269.2　农林拖拉机和机械、草坪和园艺动力机械　操作者操纵机构和其他显示装置用符号　第2部分:农用拖拉机和机械用符号(GB/T 4269.2—2000,idt ISO 3767-2:1991)

GB 6376　拖拉机　噪声限值

GB/T 9480　农林拖拉机和机械、草坪和园艺动力机械　使用说明书编写规则(GB/T 9480—2001,eqv ISO 3600:1996)

GB 9656　汽车安全玻璃

GB 10395.1—2001　农林拖拉机和机械　安全技术要求　第1部分:总则(eqv ISO 4254-1:1989)

GB 10396　农林拖拉机和机械、草坪和园艺动力机械　安全标志和危险图形　总则(GB 10396—2006,ISO 11684:1995,MOD)

GB/T 15706.1—2007　机械安全　基本概念与设计通则　第1部分:基本术语和方法(ISO 12100-1:2003,IDT)

GB/T 20948　农林拖拉机　后视镜技术要求

GB/T 20949　农林轮式拖拉机　照明和灯光信号装置的安装规定

GB/T 20953　农林拖拉机和机械　驾驶室内饰材料燃烧特性的测定(GB/T 20953—2007,ISO 3795:1989,Road vehicles,and tractors and machinery for agriculture and forestry—Determination of burning behaviour of interior materials,MOD)

JB/T 6701　拖拉机　前照灯

3　危险一览表

拖拉机在行走、作业及维修过程中可能产生的危险见表1。

表1　危险一览表

序号	危　　险	序号	危　　险
1	挤压危险	7	与热源接触灼伤
2	剪切危险	8	电解液泄漏导致的危险
3	旋转件无防护装置	9	照明信号不足
4	机械失灵	10	噪声太大
5	排气烟度过大	11	制动失效
6	通道或其他位置打滑	12	误操作导致的危险

4　安全要求和/或措施及判定

4.1　一般安全要求

4.1.1　有驾驶室的拖拉机，可设乘员座椅，乘员座椅应固定牢固，其位置不能影响驾驶员操作，且座椅不应增加拖拉机的外廓尺寸。

4.1.2　拖拉机最大不透光排气烟度值不大于2.3 m^{-1}，按GB/T 3871.13的规定测量。

4.1.3　带驾驶室的拖拉机应在左、右各设一面后视镜。后视镜应符合GB/T 20948的规定。

4.1.4　驾驶室前挡风玻璃应使用安全玻璃，并符合GB 9656的要求；前风窗应配备刮水器，刮水器的起止位置应不影响驾驶员的视野。

4.1.5　拖拉机液压系统应有防止过载的安全保护装置，液压管路爆破压力应至少能承受正常工作压力的2.5倍，并在管路上标明承受的正常工作压力。

4.1.6　拖拉机电器线路的连接应正确、可靠，导线应捆扎成束，布置整齐，固定卡紧，接头牢固并有绝缘套。导线穿越孔洞时应设绝缘套管。拖拉机液压管路及电器线路的布置应避免摩擦和接触发热部件。

4.1.7　拖拉机燃油箱的安装应保证周围不存在突出物和锐边、尖角等。带驾驶室的拖拉机，输油管和加油口必须安装在驾驶室外部。燃油箱自身结构应满足下列要求：

a)　燃油箱通入2倍的燃油箱工作压力或不低于30 kPa压缩空气，10 min内应无渗漏现象；

b)　燃油箱注入额定容量85%的水，装好燃油箱盖，翻转燃油箱使加注口朝下，燃油箱盖及进排气装置的泄漏量应不大于30 g/min。

4.2　安全防护

4.2.1　操作人员按产品使用说明书操作和维护保养时，危及操作人员健康和安全的危险或潜在危险处应有防护和/或安全警示标志。易产生危险的外露旋转件应有防护装置，防护装置应固定牢靠，耐压、无尖角和锐棱。其强度应符合GB 10395.1—2001的规定。

4.2.2　动力输出轴使用时应有防护罩，其强度应符合GB/T 1592的规定。动力输出轴不工作时，应安装安全防护套。

4.2.3　踏板、脚踏板、阶梯应防滑，必要时应有突缘或挡边。

4.2.4　排气管出口位置和方向应使驾驶员或其他操作者尽量减少接触到有害气体和烟雾。消声器及排气管应设置隔热防护装置，穿过防护装置可及的安全距离应符合GB 10395.1—2001中7.1.5的规定。

4.2.5　蓄电池的布置应避免电解液及其酸雾对驾驶员造成危害。

4.2.6 拖拉机环境和驾驶员操作位置处噪声限值应符合 GB 6376 的规定，并按 GB/T 3871.8 的规定检测。

4.2.7 拖拉机驾驶室内饰材料的阻燃特性应符合 GB/T 20953 的规定。

4.3 制动性能

4.3.1 拖拉机在 30% 坡道的压实土路上，使用驻车制动装置，应能沿上下坡方向可靠停住，并按 GB/T 3871.6 的规定检测。

4.4 照明、信号装置

4.4.1 拖拉机照明信号装置应工作准确、可靠。拖拉机应有二个前照灯、一个工作灯、一个仪表灯、一个驾驶室顶棚灯。前照灯应符合 JB/T 6701 要求，灯光信号装置的光色应符合 GB/T 20949 的规定。

4.4.2 拖拉机每只前照灯的远光光束的发光强度应不小于 8 000 cd。

4.4.3 检测拖拉机前照灯近光光束的照射位置时，前照灯照射在距离 10 m 远的屏幕上，光束中点的离地高度不允许大于前照灯安装中心位置离地高度的 0.7 倍。水平位置要求，向右偏移不允许超过 350 mm，不允许向左偏移。前照灯光束照射位置应在拖拉机装满油和水、无配重的状态下按附录 A 的规定检测。

4.4.4 拖拉机应安装后反射器。后反射器应与拖拉机牢固连接，且应能保证夜间在正后方 150 m 处用光照强度为 18 000 cd 的前照灯照射时，在照射位置就能确认其反射光。

4.5 安全操作

操纵装置的操纵方向不明显时，应在操纵装置上或其附近用操纵符号标明，操纵符号应符合 GB/T 4269.1 及 GB/T 4269.2 的规定。

5 使用信息

5.1 拖拉机在车身前部外表面的易见部位上应安装一个能永久保持的商标或厂标，在车身外表面的易见部位上应装置能识别车型的标志。

5.2 拖拉机应装置能永久保持的产品标牌，标牌标明的内容至少应包括：

——拖拉机名称型号；

——发动机标定功率(12 小时)；

——出厂编号及年月；

——制造厂名称及地址；

——产品执行标准编号。

5.3 至少在下列危险部位，应设置安全标志。安全标志应符合 GB 10396 的规定。

a) 悬挂装置工作时，禁止靠近的安全标志；

b) 动力输出轴使用的安全标志；

c) 水箱盖处的安全标志。

5.4 每台拖拉机应向用户提供便于用户阅读的使用说明书，其安全注意事项应符合 GB/T 9480 的规定。内容至少应包括：

a) 避免危险的安全操作注意事项；

b) 紧急情况应采取的措施；

c) 禁用要求；

d) 安全标志的说明。

附 录 A
（规范性附录）
前照灯光束照射位置检验方法

A.1 屏幕法:在屏幕上检查

检查用场地应平整,屏幕与场地应垂直。被检验的拖拉机在乘坐一名驾驶员的条件下进行。将拖拉机停置于屏幕前,并与屏幕垂直,使前照灯基准中心距屏幕 10 m,在屏幕上确定与前照灯基准中心离地面距离 H 等高的水平基准线及以拖拉机纵向中心平面在屏幕上的投影线为基准确定的左右前照灯基准中心位置线。分别测量左、右、远、近光束的水平和垂直照射方位的偏移值。

A.2 用前照灯检测仪检验

将被检验的拖拉机按规定距离与前照灯检验仪对正(宜使用摆正装置),从前照灯检测仪的显示屏上分别测量左、右、远、近光束的水平和垂直照射方位的偏移值。

ICS 65.060.10
T 61

中华人民共和国国家标准

GB 18447.4—2008

拖拉机　安全要求
第4部分:皮带传动轮式拖拉机

Safety requirements for tractors—
Part 4:Belt-drive wheeled tractors

2008-12-31 发布　　　　2009-10-01 实施

中华人民共和国国家质量监督检验检疫总局
中国国家标准化管理委员会　发布

前　言

本部分的全部技术内容为强制性,并作为安全检验的依据。

GB 18447《拖拉机　安全要求》分为四个部分:

——第 1 部分:轮式拖拉机;

——第 2 部分:手扶拖拉机;

——第 3 部分:履带拖拉机;

——第 4 部分:皮带传动轮式拖拉机。

本部分为 GB 18447 的第 4 部分。

自 2009 年 10 月 1 日起,生产企业生产的产品应执行本标准;自 2010 年 1 月 1 日起,市场上应停止销售不符合本标准的产品。

本部分的附录 A 为规范性附录。

本部分由中国机械工业联合会提出。

本部分由全国拖拉机标准化技术委员会归口。

本部分负责起草单位:国家拖拉机质量监督检验中心。

本部分参加起草单位:中国一拖集团有限公司、山东时风(集团)有限责任公司。

本部分主要起草人:郎志中、田朝阳、林连华、李京忠、杨吉生、徐惠娟、王彬彬、尚项绳。

本部分为首次制定。

引　言

GB 18447 的本部分涉及的是皮带传动轮式拖拉机的安全问题。

GB 18447 的本部分涉及到的危险与 GB/T 15706.1—2007 一致。

拖拉机　安全要求
第4部分：皮带传动轮式拖拉机

1　范围

GB 18447的本部分是从物理性能及预定使用方面对皮带传动轮式拖拉机提出的限制，所规定的安全要求适用于GB/T 15706.1—2007中3.6规定的在机器预定使用期内始终存在的危险。

GB 18447的本部分适用于皮带传动轮式拖拉机(以下简称拖拉机)。

2　规范性引用文件

下列文件中的条款通过GB 18447的本部分的引用而成为本部分的条款。凡是注日期的引用文件，其随后所有的修改单(不包括勘误的内容)或修订版均不适用于本部分，然而，鼓励根据本部分达成协议的各方研究是否可使用这些文件的最新版本。凡是不注日期的引用文件，其最新版本适用于本部分。

GB/T 3871.6　农业拖拉机　试验规程　第6部分：农林车辆制动性能的确定(GB/T 3871.6—2006，ISO 5697：1982，Agricultural and forestry vehicles—Determination of braking performance，IDT)

GB/T 3871.8　农业拖拉机　试验规程　第8部分：噪声测量(GB/T 3871.8—2006，OECD R5：2002，Noise measurement at the driver's position(s) on agricultural and forestry tractors，MOD)

GB/T 3871.13　农业拖拉机　试验规程　第13部分：排气烟度测量(GB/T 3871.13—2006，ISO 789-4：1986，MOD)

GB/T 4269.1　农林拖拉机和机械、草坪和园艺动力机械　操作者操纵机构和其他显示装置用符号　第1部分：通用符号(GB/T 4269.1—2000，idt ISO 3767-1：1991)

GB/T 4269.2　农林拖拉机和机械、草坪和园艺动力机械　操作者操纵机构和其他显示装置用符号　第2部分：农用拖拉机和机械用符号(GB/T 4269.2—2000，idt ISO 3767-2：1991)

GB 6376　拖拉机　噪声限值

GB/T 9480　农林拖拉机和机械、草坪和园艺动力机械　使用说明书编写规则(GB/T 9480—2001，eqv ISO 3600：1996)

GB 9656　汽车安全玻璃

GB 10395.1—2001　农林拖拉机和机械　安全技术要求　第1部分：总则(eqv ISO 4254-1：1989)

GB 10396　农林拖拉机和机械、草坪和园艺动力机械　安全标志和危险图形　总则(GB 10396—2006，ISO 11684：1995，MOD)

GB/T 15706.1—2007　机械安全　基本概念与设计通则　第1部分：基本术语和方法(ISO 12100-1：2003，IDT)

GB/T 20948　农林拖拉机　后视镜技术要求

GB/T 20949　农林轮式拖拉机　照明和灯光信号装置的安装规定

GB/T 21956.1　农林窄轮距轮式拖拉机防护装置强度试验方法和验收条件　第1部分：前置式静态试验方法(GB/T 21956.1—2008，OECD Code 6：2005，Oecd standard CODE for the official testing of front mounted roll-over protective structures on narrow-track wheeled agricultural and forestry tractors，MOD)

GB/T 21956.2　农林窄轮距轮式拖拉机防护装置强度试验方法和验收条件　第2部分：前置式动

态试验方法(GB/T 21956.2—2008,OECD Code 6:2005,Oecd standard CODE for the official testing of front mounted roll-over protective structures on narrow-track wheeled agricultural and forestry tractors,MOD)

GB/T 21956.3 农林窄轮距轮式拖拉机防护装置强度试验方法和验收条件 第3部分:后置式静态试验方法(GB/T 21956.3—2008,OECD Code 7:2005,Oecd standard CODE for the official testing of rear mounted roll-over protective structures on narrow-track wheeled agricultural and forestry tractors,MOD)

JB/T 6701 拖拉机 前照灯

JB/T 8303 农业拖拉机 驾驶座安全带(JB/T 8303—1999,eqv ISO 3776:1989)

3 危险一览表

拖拉机在行走、作业及维修过程中可能产生的危险见表1。

表1 危险一览表

序号	危险	序号	危险
1	挤压危险	7	与热源接触灼伤
2	剪切危险	8	电解液泄漏导致的危险
3	旋转件无防护装置	9	照明信号不足
4	机械失灵	10	噪声太大
5	排气烟度过大	11	制动失效
6	通道或其他位置打滑	12	误操作导致的危险

4 安全要求和/或措施及判定

4.1 一般要求

4.1.1 有驾驶室的拖拉机,可设乘员座椅,乘员座椅应固定牢固,其位置不能影响驾驶员操作,且座椅不应增加拖拉机的外廓尺寸。不带驾驶室的拖拉机后挡泥板不允许设乘员座椅。

4.1.2 拖拉机的轮圈轮辋应有足够的强度,以保证在正常工作和维修保养时不致损坏。

4.1.3 拖拉机液压系统应有防止过载的安全保护装置,液压转向系用液压管路的爆破压力至少应能承受系统正常工作压力的4倍,其他液压管路爆破压力应至少能承受正常工作压力的2.5倍,并在管路上标明承受的正常工作压力。

4.1.4 拖拉机电器线路的连接应正确、可靠,导线应捆扎成束,布置整齐,固定卡紧,接头牢固并有绝缘套。导线穿越孔洞时应设绝缘套管。拖拉机液压管路及电器线路的布置应避免摩擦和接触发热部件。

4.1.5 驾驶室前挡风玻璃应使用安全玻璃,并符合GB 9656的要求;前风窗应配备刮水器,刮水器的起止位置应不影响驾驶员的视野。

4.1.6 拖拉机燃油箱的安装应保证周围不存在突出物和锐边、尖角等。带驾驶室的拖拉机,输油管和加油口必须安装在驾驶室外部。燃油箱自身结构应满足下列要求:

a) 燃油箱通入2倍的燃油箱工作压力或不低于30 kPa压缩空气,10 min内应无渗漏现象;
b) 燃油箱注入额定容量85%的水,装好燃油箱盖,翻转燃油箱使加注口朝下,燃油箱盖及进排气装置的泄漏量应不大于30 g/min。

4.1.7 拖拉机最大不透光排气烟度值不大于2.2 m^{-1},按GB/T 3871.13的规定测量。

4.1.8 拖拉机环境和驾驶员操作位置处噪声限值应符合GB 6376的规定,并按GB/T 3871.8的规定检测。

4.2 安全防护

4.2.1 操作人员按产品使用说明书操作和维护保养时，在危及操作人员健康和安全的危险或潜在危险处应有防护和/或安全警示标志。易产生危险的外露旋转件应有防护装置，防护装置应固定牢靠，耐压、无尖角和锐棱。其他外露结构件应无易使操作人员受到伤害的尖角、锐棱等结构形状。

4.2.1.1 动力输出轴不工作时，应安装安全防护套；动力输出轴使用时必须有防护罩。

4.2.1.2 踏板、脚踏板、阶梯应防滑，必要时应有突缘或挡边。尺寸应符合 GB 10395.1—2001 中 10.1.3的规定。

4.2.1.3 启动爪应有护缘，轴端不得突出护缘以外。

4.2.1.4 风扇、皮带轮（含飞轮皮带轮）、飞轮应有防护装置。

4.2.2 排气管出口位置和方向的布置应使驾驶员或其他操作者尽量减少接触到有害气体和烟雾。消声器及排气弯管应设置隔热防护装置，穿过防护装置可及的安全距离应符合 GB 10395.1—2001 中 7.1.5的规定。

4.2.3 蓄电池的布置应避免电解液及其酸雾对驾驶员造成危害。

4.2.4 拖拉机应能配备安全架及安全带。安全架的强度至少应符合 GB/T 21956.1、GB/T 21956.2、GB/T 21956.3 中一种试验方法和验收条件的要求；安全带的强度应符合 JB/T 8303 的规定。

4.3 制动性能

4.3.1 拖拉机在 20%的干硬坡道上，使用驻车制动装置，应能沿上下坡方向可靠停住，并按 GB/T 3871.6的规定检测。

4.3.2 拖拉机冷态试验的制动平均减速度应不小于 2.5 m/s^2。试验方法按 GB/T 3871.6 的规定测试。

4.4 照明、信号装置

4.4.1 拖拉机照明信号装置应工作准确、可靠。拖拉机应至少有二个前照灯、一个工作灯、二个制动灯、前后各二个转向信号灯。带驾驶室的拖拉机还应至少有一个驾驶室顶棚灯。前照灯应符合 JB/T 6701的要求，灯光信号装置的光色应符合 GB/T 20949 的规定。

4.4.2 拖拉机每只前照灯的远光光束的发光强度应不小于 6 000 cd。

4.4.3 检测拖拉机前照灯近光光束的照射位置时，前照灯照射在距离 10 m 远的屏幕上，光束中点的离地高度不允许大于前照灯安装中心位置离地高度的 0.7 倍。水平位置要求，向右偏移不允许超过 350 mm，不允许向左偏移。前照灯光束照射位置应在拖拉机装满油和水、无配重的状态下按附录 A 的规定检测。

4.4.4 拖拉机应安装非粘贴的后反射器。后反射器应与拖拉机牢固连接，且应能保证夜间在正后方 150 m 处用光照强度为 18 000 cd 的前照灯照射时，在照射位置就能确认其反射光。

4.4.5 带驾驶室的拖拉机应在左、右各设一面后视镜，不带驾驶室的拖拉机应至少设置一面后视镜。后视镜应符合 GB/T 20948 的规定。

4.5 安全操作标识

操纵装置的操纵方向不明显时，应在操纵装置上或其附近用操纵符号标明，操纵符号应符合 GB/T 4269.1及 GB/T 4269.2 的规定。

5 使用信息

5.1 拖拉机在车身前部外表面的易见部位上应安装一个能永久保持的商标或厂标，在车身外表面的易见部位上应装置能识别车型的标志。

5.2 拖拉机应装置能永久保持的产品标牌，标牌标明的内容至少应包括：

——拖拉机名称型号；

——发动机标定功率（12 小时）；

——出厂编号及年月；

——制造厂名称及地址；

——产品执行标准编号。

5.3 至少在下列危险部位，应设置安全标志。安全标志应符合 GB 10396 的规定。

a） 禁止乘坐在非乘员位置上，如拖拉机后挡泥板处禁止乘坐的安全标志；

b） 悬挂装置工作时，禁止靠近的安全标志；

c） 动力输出轴使用的安全标志；

d） 水箱盖处的安全标志。

5.4 每台拖拉机应向用户提供便于用户阅读的使用说明书，说明书中应有拖拉机所用润滑油的中国牌号。说明书的编写应符合 GB/T 9480 的规定，其安全注意事项至少应包括：

a） 避免危险的安全操作注意事项；

b） 紧急情况应采取的措施；

c） 禁用要求；

d） 安全标志的说明。

附　录　A
（规范性附录）
前照灯光束照射位置检验方法

A.1　屏幕法:在屏幕上检查

检查用场地应平整,屏幕与场地应垂直。被检验的拖拉机在轮胎气压正常、乘坐一名驾驶员的条件下进行。将拖拉机停置于屏幕前,并与屏幕垂直,使前照灯基准中心距屏幕 10 m,在屏幕上确定与前照灯基准中心离地面距离 H 等高的水平基准线及以拖拉机纵向中心平面在屏幕上的投影线为基准确定的左右前照灯基准中心位置线。分别测量左、右、远、近光束的水平和垂直照射方位的偏移值。

A.2　用前照灯检测仪检验

将被检验的拖拉机按规定距离与前照灯检验仪对正(宜使用摆正装置),从前照灯检测仪的显示屏上分别测量左、右、远、近光束的水平和垂直照射方位的偏移值。

ICS 65.020.30
B 44

中华人民共和国国家标准

GB/T 18448.2—2008
代替 GB/T 18448.2—2001

实验动物　弓形虫检测方法

Laboratory animal—Method for examination of *Toxoplasma gondii*

2008-12-03 发布　　2009-03-01 实施

中华人民共和国国家质量监督检验检疫总局
中国国家标准化管理委员会　发布

前　言

GB/T 18448《实验动物》由10项实验动物寄生虫检测方法组成。

本部分为GB/T 18448的第2部分《实验动物　弓形虫检测方法》。

本部分自实施之日起代替GB/T 18448.2—2001。

本部分与GB/T 18448.2—2001相比主要技术差异如下：

a) 增加弓形虫酶联免疫吸附试验(ELISA)和免疫酶染色试验(IEA)，将PCR检测方法列入附录内容，保留间接血凝试验(IHA)作为推荐方法之一；

b) 将检测方法所需的“材料与试剂”和“检测步骤”分别叙述。

本部分附录A是规范性附录。

本部分由全国实验动物标准化技术委员会提出并归口。

本部分起草单位：全国实验动物标准化技术委员会。

本部分主要起草人：潘振业、屈霞琴、陈俏梅、李冠民、王彦平。

本部分所代替标准的历次版本发布情况为：

——GB/T 14926.34—1994，GB/T 18448.2—2001。

实验动物　弓形虫检测方法

1　范围

GB/T 18448 的本部分规定了实验动物弓形虫的检测方法和试剂等。

本部分适用于小鼠、大鼠、地鼠、豚鼠、兔、犬及猴等实验动物弓形虫的检测。

2　原理

根据免疫学原理，采用弓形虫抗原检测被检动物血清中的弓形虫抗体。

3　主要试剂和器材

3.1　试剂

3.1.1　ELISA 抗原

3.1.1.1　特异性抗原

弓形虫(RH 株)速殖子腹腔接种清洁级以上实验小鼠(KM、ICR、BALB/c 等均可)，3 d～5 d 后，以无菌生理盐水灌洗被接种小鼠的腹腔，收集含有虫体的小鼠腹腔液，3 000 r/min 离心 10 min，取沉淀，PBS 洗 3 次。沉淀物加适量蒸馏水反复冻融 5 次，或用超声波处理后，10 000 r/min 离心 30 min，取上清液。上清液用葡聚糖凝胶 G200 进行纯化(柱内径×柱高：1.5 cm×60 cm)，流速为 0.2 mL/min。每管收集 2 mL 左右。共收集 60 管以上。分别测定每个收集管中蛋白在 280 nm 下的吸光度值。分离纯化后，出现 2 个蛋白峰；将第一峰各管合并，即为弓形虫特异性抗原(也称弓形虫可溶性抗原)。

3.1.1.2　正常抗原

以无菌生理盐水注射清洁级以上实验小鼠(与制备抗原的小鼠同品种或品系)腹腔，3 d～5 d 后，以无菌生理盐水灌洗被注射小鼠腹腔，收集小鼠腹腔液，3 000 r/min 离心 10 min，取沉淀，PBS 洗 3 次。沉淀物加适量蒸馏水反复冻融 5 次，或用超声波处理后，10 000 r/min 离心 30 min，取上清液，即为正常抗原。

3.1.2　抗原片

弓形虫 RH 株速殖子腹腔接种清洁级以上实验小鼠(KM、ICR、BALB/c 等均可)，3 d～5 d 后处死，收取虫体，胰酶消化，以一定浓度涂片，充分晾干后冷丙酮固定，－20 ℃保存。

3.1.3　弓形虫抗原致敏绵羊红细胞

将绵羊红细胞与一定浓度的鞣酸液反应，制成鞣化红细胞，然后，用弓形虫可溶性抗原在适宜的条件下致敏鞣化红细胞，制成弓形虫抗原致敏绵羊红细胞。

3.1.4　正常对照绵羊红细胞。

3.1.5　阳性对照血清

自然感染弓形虫的相应动物抗体阳性血清，或弓形虫免疫血清。

3.1.6　阴性对照血清

确证无弓形虫感染的动物血清。

3.1.7　酶结合物

辣根过氧化物酶标记的抗小鼠、大鼠、地鼠、豚鼠、兔、犬和猴 IgG 抗体；或辣根过氧化物酶标记葡萄球菌蛋白 A(SPA)。

3.1.8　荧光素结合物

异硫氰氢酸荧光素标记的抗小鼠、大鼠、地鼠、豚鼠、兔、犬和猴 IgG 抗体。

3.1.9　包被液(0.05 mol/L,pH 9.6)

碳酸钠	1.59 g
碳酸氢钠	2.93 g
蒸馏水	加至 1 000 mL

3.1.10　PBS(0.01 mol/L,pH 7.4)

氯化钠	8 g
氯化钾	0.2 g
磷酸氢二钠($Na_2HPO_4 \cdot 12H_2O$)	2.83 g
蒸馏水	加至 1 000 mL

3.1.11　洗涤液

PBS(0.01 mol/L,pH 7.4)	1 000 mL
Tween-20	0.5 mL

3.1.12　稀释液

含 1%牛血清白蛋白的 PBS。

3.1.13　磷酸盐-柠檬酸缓冲液(pH 5.0)

柠檬酸	3.26 g
磷酸氢二钠($Na_2HPO_4 \cdot 12H_2O$)	12.9 g
蒸馏水	700 mL

3.1.14　ELISA 底物溶液

磷酸盐-柠檬酸缓冲液(pH 5.0)	10 mL
邻苯二胺(OPD)	4 mg
30%过氧化氢	2 μL

3.1.15　终止液(2 mol/L 硫酸)

硫酸	58 mL
蒸馏水	442 mL

3.1.16　IEA 底物溶液

3,3-二胺基联苯胺盐酸盐(DAB)	40 mg
PBS(0.01 mol/L,pH 7.4)	100 mL
丙酮	5 mL
30%过氧化氢	0.1 mL

3.2　器材

3.2.1　酶标仪。

3.2.2　荧光显微镜。

3.2.3　常规的光学显微镜。

3.2.4　37 ℃培养箱或水浴箱。

3.2.5　微量血凝反应板(U 型或 V 型)。

3.2.6　震荡器。

3.2.7　微量加样器(5 μL～100 μL)。

4　检测方法

4.1　间接血凝法(IHA)

4.1.1　取样

4.1.1.1　采血约 1 mL(小鼠、大鼠、地鼠眶静脉窦采血;豚鼠心脏采血;兔耳部采血;犬和猴后肢静脉采血)，凝血试管斜放待凝，置4 ℃冰箱2 h。

4.1.1.2 2 h后，从冰箱中取出凝血试管，轻轻吸取血清移入另一试管中。

4.1.1.3 将分离出的血清置56 ℃水浴中灭活30 min，备用。

4.1.2 加样

在微量反应板上，依次对每份血清进行倍比稀释，每份血清稀释两横排，每孔留量为25 μL。同时设阳性对照、阴性对照和空白对照。

4.1.3 加致敏红细胞

第一横排滴加弓形虫致敏红细胞25 μL，第二横排滴加正常对照绵羊红细胞25 μL。将加好样品的微量反应板置震荡器上震荡3 min～5 min，使致敏红细胞与待检的稀释血清充分混合，置15 ℃～28 ℃室温下过夜后判定结果。

4.1.4 结果记录

在对照系统(阴性血清对照、阳性血清对照、空白对照)成立的条件下判定结果。

4.1.4.1 红细胞呈膜状均匀沉于孔底，中央无沉点或沉点小如针尖，记为"＋＋＋＋"。

4.1.4.2 红细胞虽呈膜状沉着，但颗粒较粗，中央沉点较大，记为"＋＋＋"。

4.1.4.3 红细胞部分呈膜状沉着，周围有凝集团点，中央沉点大，记为"＋＋"。

4.1.4.4 红细胞沉集于中心，周围有少量颗粒状沉着物，记为"＋"。

4.1.4.5 红细胞沉集于中心，周围无沉着物，分界清楚，记为"－"。

4.1.5 结果判定

出现"＋＋"孔的血清最高稀释倍数定为本间接血凝试验的凝集效价。小于或等于1∶16判为阴性；1∶32判为可疑；等于或大于1∶64判为阳性。

4.2 酶联免疫吸附试验法(ELISA)

4.2.1 包被抗原

根据滴定的最适工作浓度，将特异性抗原和正常抗原分别用包被液稀释。每孔100 μL，置37 ℃ 2 h，4 ℃过夜。

4.2.2 洗涤液洗5次，每次3 min，叩干。

4.2.3 加样

4.2.3.1 采血样约1 mL/只(小鼠、大鼠、地鼠眶静脉窦采血；豚鼠心脏采血；兔耳部采血；犬和猴后肢静脉采血)，凝血试管斜放待凝，置4 ℃冰箱2 h至过夜。

4.2.3.2 2 h后，从冰箱中取出凝血试管，轻轻吸取血清移入另一试管中。

4.2.3.3 将待检血清用稀释液做1∶20稀释，分别加入两孔(特异性抗原孔和正常抗原孔)，每孔100 μL，同时做阴性、阳性对照血清和空白对照，置37 ℃ 1 h～1.5 h后，洗涤同上。

4.2.4 加酶结合物

用稀释液将酶结合物稀释成适当浓度，每孔加入100 μL，置37 ℃ 1 h～1.5 h，洗涤同上。

4.2.5 加底物溶液

每孔加入新配制的底物溶液100 μL，置室温，避光显色5 min～10 min。

4.2.6 终止反应

每孔加入终止液50 μL。

4.2.7 测 A 值

在酶标仪上，于490 nm处读出各孔 A 值。

4.2.8 结果判定

4.2.8.1 在对照系统(阴性血清对照、阳性血清对照、空白对照)成立的条件下判定结果。

4.2.8.2 同时符合下列3个条件者，判为阳性：

a) 待检血清与正常抗原和特异性抗原反应有明显的颜色区别；

b） 待检血清与特异性抗原反应的 A 值≥0.2；

c） 待检血清与特异性抗原反应的 A 值/阴性血清与特异性抗原反应的 A 值≥2.1。

4.2.8.3 均不符合上述 3 个条件者，判为阴性；仅有 1 条～2 条符合者，判为可疑；需选用同一种方法或另一种方法重试。

4.3 免疫荧光试验法（IFA）

4.3.1 取出抗原片（3.1.2），置室温干燥或冷风吹干。

4.3.2 将待检血清（4.2.3.1～4.2.3.2）用 PBS 按 1：10 稀释后，滴于抗原片上，置湿暗盒内，37 ℃ 45 min。同时做阴性、阳性血清对照和空白对照。

4.3.3 PBS 漂洗 3 次～5 次，每次 3 min，室温干燥或冷风吹干。

4.3.4 将适当稀释的荧光抗体滴加于抗原片上，置湿暗盒内，37 ℃ 45 min。

4.3.5 PBS 漂洗 3 次～5 次，每次 3 min。

4.3.6 50%甘油 PBS 封片，荧光显微镜下观察。

4.3.7 结果判定：在对照系统成立的条件下，即阴性血清和 PBS 与抗原片上的弓形虫虫体反应均无荧光；阳性血清与弓形虫虫体反应有荧光，即可判定结果。

待检血清与弓形虫虫体反应无荧光，判为阴性。

待检血清与弓形虫虫体反应有荧光反应，判为阳性。根据荧光反应的强弱可判为＋～＋＋＋＋。

4.4 免疫酶试验法（IEA）

4.4.1 取出抗原片（3.1.2），置室温干燥或冷风吹干。

4.4.2 将待检血清（4.2.3.1～4.2.3.2）用 PBS 按 1：10 稀释后，滴于抗原片上，置湿暗盒内，37 ℃ 45 min。同时做阴性、阳性血清对照和空白对照。

4.4.3 PBS 漂洗 3 次～5 次，每次 3 min，室温干燥或冷风吹干。

4.4.4 将适当稀释的酶结合物滴加于抗原片上，置湿暗盒内，37 ℃ 45 min。

4.4.5 PBS 漂洗 3 次～5 次，每次 3 min。室温干燥或冷风吹干。

4.4.6 将底物溶液滴加于抗原片上，置室温暗盒内，显色 5 min～10 min。PBS 漂洗 3 次，再用蒸馏水漂洗 1 次。

4.4.7 中性树脂封片，光学显微镜下观察。

4.4.8 结果判定：在对照系统成立的条件下，即阴性血清和 PBS 与抗原片上的弓形虫虫体反应均无色；阳性血清与弓形虫虫体反应呈棕褐色，即可判定结果。

待检血清与弓形虫虫体反应呈无色，判为阴性。

待检血清与弓形虫虫体反应呈棕褐色，判为阳性。根据颜色深浅可判为＋～＋＋＋＋。

4.5 PCR 检测方法

见附录 A。

5 结果判定

待检样品用一种方法检测出现可疑或阳性时，应选用同一种或另一种方法重检，重检阳性则为阳性。

6 结果报告

根据判定结果，作出报告。

附 录 A
(规范性附录)
实验动物 弓形虫检测方法(PCR 法)

A.1 范围

本附录规定了实验动物弓形虫 PCR 检测方法。

本附录适用于小鼠、大鼠、地鼠、豚鼠、兔、犬及猴等实验动物弓形虫的检测。

A.2 原理

虫体 DNA 加热变性后,人工合成的两条特异性引物分别与虫体 DNA 两翼序列特异变性,在合适条件下,由耐热 DNA 聚合酶催化引物引导的虫体 DNA 合成(即延伸),完成热变性——复性——延伸的 PCR 循环,通过 30 次左右的循环扩增,可通过琼脂糖凝胶电泳检查虫体 DNA 特异性条带。

A.3 主要试剂和器材

A.3.1 试剂

A.3.1.1 血细胞洗涤液:若样品为全血,采用 0.83% NH_4Cl 溶液洗涤。

A.3.1.2 DNA 裂解液[10 mmol/L Tris(pH 7.4),10 mmol/L EDTA,150 mmol/L NaCl,0.4% SDS,100 μg/mL 蛋白酶 K]。

A.3.1.3 苯酚-三氯甲烷抽提液(苯酚:三氯甲烷为 1:1)。

A.3.1.4 TE 缓冲溶液(1 mL 1 mol/L Tris-His pH 8.0,0.2 mL 0.5 mol/L EDTA pH 8.0,总体积 100 mL)。

A.3.1.5 TBE 缓冲液。

A.3.1.6 *Taq* DNA 聚合酶。

A.3.1.7 引物

A.3.1.7.1 一次 PCR 引物 按 B1 基因序列设计

1. 上游引物:5'GGAACTGCATCCGTTCATGAG3'(694 bp~714 bp)
2. 下游引物:5'TCTTTAAAGCGTTCGTGGTC3'(887 bp~868 bp)

扩增产物为 194 bp。

A.3.1.7.2 套式 PCR 引物 按 P30 基因序列设计引物

P1 为 5'GCGAATTCATGTCAGATCCCCCT3'

P2 为 5'GTGGATCCTCACGCGACACAAGCT3'

P3 为 5'CGACAGCCGGTCATTCTC3'

P4 为 5'GCAACCAGTCAGCGTCGTCC3'

P1 和 P2 的预扩增产物为 889 bp,P3 和 P4 的预扩增产物为 520 bp。

A.3.1.8 10×PCR 反应缓冲液(含 $MgCl_2$ 15 mmol/L)。

A.3.1.9 dNTP:各为 10 mmol/L。

A.3.1.10 阳性对照(模板 DNA):弓形虫 DNA 片段。

制备方法(有条件的实验室可参考):将 RH 株弓形虫速殖子接种小鼠腹腔,3 d~4 d 后处死。用 NS 洗腹腔,收集腹腔液,离心弃上清,沉淀悬浮于裂解液(含 SDS 和蛋白酶 K)中,55 ℃消化 2 h,再 100 ℃处理 10 min。虫体消化液用苯酚,三氯甲烷抽提数次,70%乙醇沉淀 DNA,再溶解于 TE 溶液内。

A.3.1.11 阴性对照:蒸馏水或 TE 溶液。

A.3.1.12 DNA marker。

A.3.1.13 2%琼脂糖。

A.3.1.14 0.5×TBE 电泳缓冲液。

A.3.1.15 0.5 mg/mL 溴乙锭。

A.3.2 器材

A.3.2.1 DNA 扩增仪。

A.3.2.2 微量移液器。

A.3.2.3 冷冻高速离心机。

A.3.2.4 电泳仪。

A.3.2.5 水浴锅。

A.3.2.6 紫外检测仪。

A.3.2.7 摄影器材。

A.3.2.8 0.5 mL 和 1.5 mL 塑料离心管。

A.4 操作步骤

A.4.1 待检标本的处理

A.4.1.1 抽取待检动物的血液或腹腔液,以及相关组织。

A.4.1.2 全血:取待检动物全血 0.2 mL,加入 5×体积的 0.83% NH_4Cl 中,冰浴 20 min,6 000 r/min 离心 5 min,弃上清,在细胞沉淀中再加入 1 mL 上述溶液,6 000 r/min 离心,重复 1 次~2 次(去除红细胞),在沉淀中加入 250 mL 裂解液。消化,提纯过程同模板 DNA 的制备。

A.4.1.3 腹水:取待检动物腹水离心弃上清,在沉淀中加入 250 mL 裂解液,消化,提纯过程同模板 DNA 的制备。

A.4.1.4 各种组织:取适量待检动物肝、脾、子宫、肾脏等制成匀浆,加入等体积裂解液,消化,提纯过程同模板 DNA 的制备。

A.4.2 PCR 实验

A.4.2.1 一次 PCR

总体积 50 μL,内含 10 mmol/L pH 8.3 Tris-HCl,50 mmol/L KCl ,2 mmol/L $MgCl_2$,0.2 mmol/L dNTPs,样品 3 μL~5 μL,引物 1、引物 2 各 10 pmol。上述反应液先预变性,然后加入 *Taq* 酶 2 U,混匀。覆盖液体石蜡 50 μL,进行扩增。PCR 反应条件:预变性为 94 ℃,3 min;94 ℃,30 s,60 ℃,30 s,72 ℃,30 s,41 个循环,最后 72 ℃,7 min。

A.4.2.2 套式 PCR

第 1 次扩增:总体积 50 μL,内含 10 mmol/L pH 8.3 Tris-HCl ,50 mmol/L KCl_2,2 mmol/L $MgCl_2$,0.2 mmol/L dNTPs,样品 1 μL~2 μL,引物 P1 和 P2 各 10 pmol。上述反应液先预变性,然后加入 *Taq* 酶 2U,混匀,覆盖液体石蜡 50 μL。第 2 次扩增:取第一次扩增产物 1 μL~2 μL,引物 P3 和 P4 各 10 pmol,其他同第 1 次扩增。巢式 PCR 反应参数:预变性为 94 ℃,3 min;94 ℃,1 min,55 ℃,1 min,72 ℃,2 min,30 个循环,最后 72 ℃,8 min。

A.4.3 扩增产物的检定

A.4.3.1 一次 PCR:5 μL 扩增产物经 2%琼脂糖凝胶电泳(含 0.5 mg/mL 溴乙锭)分离,(0.5×TBE 电泳缓冲液电泳,电压 5 V/cm,1 h~1.5 h),在紫外灯检测仪观察是否有 194 bp 扩增条带。

A.4.3.2 套式 PCR:第一次扩增后(同一次 PCR)产物,经第二次扩增后,电泳检测(同一次 PCR),在紫外灯检测仪观察是否有 520 bp 的扩增带。

A.5 结果判断

A.5.1 一次 PCR：在阳性、阴性对照成立的条件下，即模板 DNA 的扩增产物经电泳检测可见到194 bp 扩增条带，阴性对照的扩增产物经电泳检测未见到 194 bp 扩增时，可判定弓形虫检测结果。

琼脂糖凝胶电泳板在紫外灯检测仪上观察到 194 bp 扩增条带，弓形虫检测阳性。

琼脂糖凝胶电泳板在紫外灯检测仪上未观察到 194 bp 扩增条带，弓形虫检测阴性。

A.5.2 套式 PCR：在阳性、阴性对照成立的条件下，即模板 DNA 的第一次扩增产物经第二次扩增后，电泳检测，可以见到有 520 bp 的扩增带；阴性对照未见到相应扩增带，可判定弓形虫检测结果。

第一次扩增后产物经第二次扩增后见到有 520 bp 的扩增带，弓形虫检测阳性。

第一次扩增后产物经第二次扩增后未见到有 520 bp 的扩增带，弓形虫检测阴性。

A.6 注意事项

A.6.1 整个检测工作应遵循 PCR 实验室规范，加强安全防护，应有四个隔开的工作区域，分别从事试剂储存和准备、标本制备、扩增和扩增产物分析，以避免发生潜在的交叉污染。

A.6.2 整个检测工作应加强生物安全防护意识，特别是由虫蛛攻击小鼠产生阳性腹水，并制备模板 DNA 的工作，必须在生物安全防护 2 级的条件下进行。

[illegible]

[illegible]

[illegible]

[illegible]

[illegible]

[illegible] DNA [illegible]

ICS 29.140.30
K 74

GB

中华人民共和国国家标准

GB 18489—2008/IEC 61048:2006
代替 GB 18489—2001

管形荧光灯和其他放电灯线路用电容器 一般要求和安全要求

Capacitors for use in tubular fluorescent and other discharge lamp circuits—General and safety requirements

(IEC 61048:2006,IDT)

2008-12-30 发布 2010-04-01 实施

中华人民共和国国家质量监督检验检疫总局
中国国家标准化管理委员会 发布

前　言

本标准的全部技术内容为强制性。

本标准等同采用IEC 61048:2006《管形荧光灯和其他放电灯线路用电容器　一般要求和安全要求》(英文版)。

为便于使用,本标准做了下列编辑性修改:

a) “IEC 61048”改为“本标准”,“IEC 61048号标准”一词改为“GB 18489”;

b) 删除IEC 61048的前言;

c) 用小数点“.”代替作为小数点的“,”;

d) 对于IEC 61048:2006引用的其他国际标准中有被等同采用为我国标准的,本标准引用我国的这些国家标准或行业标准代替对应的国际标准,其余未有等同采用为我国标准的国际标准,在本标准中均被直接引用(见本标准第2章)。

本标准代替GB 18489—2001《管形荧光灯和其他放电灯线路用电容器　一般要求和安全要求》。

本标准与GB 18489—2001的主要差异如下:

——增加了“引言”;

——在标准目录中增加了参考文献、图以及表的内容提示索引;

——第5章增加了“(附录C除外)”;

——13.2增加了“整个测试期间应没有可见的气泡。”;

——14.1增加了“在日本和北美洲,自愈式电容器应能在室温下承受施加于接线端子之间的,其值为$1.75U_n$,历时10 s的交流试验电压。”;

——15.2将“注:典型线路正在考虑中”替换为“相应的电压和电流波形在图4中给出。典型测试线路在图5中给出。如果要求有波纹,可能会使用并联电路。计算试验设备的方法在附录D中已给出。”;

——15.2增加了“在室温下,”;

——18.1.2增加了“无论如何,初始电压不应超过$1.3\times U_n$,然后连续升压至所选电压值。”和“(如18.1.2.1中的规定)”;

——18.1.2.1增加了“本项目只针对没有达到18.1.2规定的,在所有20只电容器总电流没有降低至初始值的50%或比预计更少的情形。”;

——18.1.3将“注:试验线路正在考虑中”替换为“相应的电压和电流波形在图4中给出。典型测试线路在图5中给出。如果要求有波纹,可能会使用并联电路。计算试验设备的方法在附录D中已给出。”;

——18.2.3.2增加了“注:可在电容器上交替施加直流和交流电压直到电容器失效为止。”;

——增加了“图4　15.2和18.1.3试验的电流和电压波形图”;

——增加了“图5　15.2和18.1.3试验的典型试验电路”;

——附录C.1增加了“(不进行15.1的试验)”;

——增加了“附录D(资料性附录)　15.2和18.1.3试验装备的计算指导”。

——对第18章的章条号进行了调整。

本标准的附录A、附录B和附录C为规范性附录,附录D为资料性附录。

本标准由国家轻工业联合会提出。

本标准由全国照明电器标准化技术委员会(SAC/TC 224)归口。

本标准起草单位:安徽源光电器有限公司、佛山市华全电气照明有限公司、北京电光源研究所。

本标准主要起草人:温海波、王润刚、区志杨、柯柏权、段彦芳。

本标准于 2001 年首次发布,本次为第一次修订。

引　言

此标准包含了管形荧光灯和其他放电灯线路用电容器的一般要求和安全要求。

这些电容器的性能要求请参考GB/T 18504—2001。

注：安全要求是确保了符合这些要求的电气设备在合理安装、维护和使用的情况下，不会产生人员、家畜或财产的安全问题。

管形荧光灯和其他放电灯线路用电容器　一般要求和安全要求

1　范围

本标准规定了额定电压不超过1 000 V、电容量不低于0.1 μF、无功功率不超过2.5 kvar、能持续承受交流电压的自愈式和非自愈式电容器的要求，电容器用于工作频率为50 Hz或60 Hz，海拔不超过3 000 m的放电灯线路。

注：灯和与之匹配的镇流器分别由IEC 60081、IEC 60901、IEC 60188、IEC 60192、IEC 60662、IEC 61167、GB 19510.9和GB 19510.10规定。

本标准包括用于与灯线路并联、串联或串并联组合的电容器。

本标准只包括用纸或塑料膜绝缘或用二者相组合绝缘的浸渍式或非浸渍式电容器，它们经金属化处理或带有金属箔电极。

本标准不包括射频干扰抑制电容器，对于这类电容器的要求，见GB/T 14472。

本标准中的试验属于型式试验，不包括在生产过程中对个别电容器的试验。

2　规范性引用文件

下列文件中的条款通过本标准的引用而成为本标准的条款。凡是注日期的引用文件，其随后所有的修改单(不包括勘误的内容)或修订版均不适用于本标准，然而，鼓励根据本标准达成协议的各方研究是否可使用这些文件的最新版本。凡是不注日期的引用文件，其最新版本适用于本标准。

GB/T 5169.11　电工电子产品着火危险试验　第11部分：灼热丝/热丝基本试验方法　成品的灼热丝可燃性试验方法(GB/T 5169.11—2006，IEC 60695-2-11:2000，IDT)

GB 7000.1—2007　灯具　第1部分：一般要求和试验(IEC 60598-1:2003，IDT)

GB/T 13539(所有部分)　低压熔断器(IEC 60269，IDT)

GB/T 18504—2001　管形荧光灯和其他放电灯线路用电容器　性能要求(IEC 61049:1991，IDT)

IEC 60529:1989　外壳防护等级(IP代码)

IEC 60695-11-5　着火危险试验　第11-5部分：针焰试验方法　设备、证实试验协议和导则

ISO 4046-4:2002　纸、纸板、纸浆及其术语　词汇　纸和纸板的等级和加工产品

3　术语和定义

本标准采用下述术语和定义：

3.1

额定电压　rated voltage

U_n

电容器上所标志的正弦波电压的有效值。

3.2

额定最高温度　rated maximum temperature

t_c

电容器表面最热部分在工作期间不应超过的温度。

注：电容器的内损耗虽然不大，但会使表面温度超过环境温度，因此应为此留出适当的余量。

3.3

额定最低温度　rated minimum temperature

电容器表面任何部分在低于该值时不应给电容器通电的温度。

3.4

放电电阻　discharge resistor

跨接于电容器接线端子之间的电阻，用来降低储存于电容器内的电荷造成冲击的危险。

3.5

损耗角正切值　tangent of loss angle

tanδ

在额定频率正弦波电压下，电容器的功率损耗除以电容器的无功功率所得的值。

3.6

自愈　self-healing

电容器的电特性在发生局部电介质击穿后迅速而基本地恢复到击穿前的值的过程。

3.7

型式试验　type test

对型式试样所进行的一项或一系列试验，其目的在于检验给定产品的设计是否符合有关标准的要求。

3.8

型式试样　type test sample

制造商或销售商为型式试验所提交的由一个或几个相同整件组成的样品。

3.9

A 类电容器　capacitor of type A

无断路装置的自愈式并联电容器。

3.10

B 类电容器　capacitor of type B

有断路装置用于串联照明电路中的自愈式电容器或自愈式并联电容器。

4　一般要求

电容器的设计应使其在正常使用中安全地发挥功能，不致给人员及周围物体带来危害。

所有暴露的金属部件都应采用有色金属制作，或者具有防锈蚀保护。不应发生明显的锈蚀。第 15 章中的试验可表明电容器是否具有充分的防锈蚀保护。

对机械强度的检验方式待定。

对第 4 章～第 11 章要求的检验办法，是通过测量、目视检查并进行本标准中规定的全部试验项目。

在日本，电容器的附加类型是允许的，详细内容见：JIS C 4908。这些电容器的要求包含在本标准中待定。

5　试验中一般注意事项

按本标准进行的试验属于型式试验（附录 C 除外）。

注：本标准所规定的要求和允差，涉及对为此目的而提交的型式试样所进行的试验。型式试样合格不能保证制造商的全部产品符合本安全标准。除型式试验外，制造商有责任确保产品合格，包括采取例行试验和质量保证措施。

电容器应经受第 12 章中规定的试验。

除另有规定者外，试验应在环境温度 20 ℃±5 ℃下进行，并应采用附录 A 中规定的适当电源电压。

各条款中规定的试验温度，允差都为±2 ℃，但另有规定者除外。

除另有规定者外，如某类型的电容器在某条规定的试验中，不合格品数不超过一只，即认为已通过该项试验。如不合格品数为三只或多于三只，则该类型即算不合格。如在某项试验中，不合格品数为两只，则应采用相同数量的电容器重复该项试验以及在这之前进行的对试验结果可能有影响的试验项目，如复试中再出现不合格，则该类型即为不合格。

注：按本标准要求进行的各项要求试验中，只准有一项重复试验。对于第 18 章规定的破坏试验，如发生严重破损，则不允许进行重复试验。

对于结构、额定电压和截面积都相同的一系列电容器，在按第 12 章的要求分组时，每组所包含的具有该系列中最高和最低电容量的电容器数量应尽可能相同。

此外，制造商应提供该系列中每种电容量的外壳的单位总表面积的电容比。如果此项比值超过该系列中最大电容量的 10%，就应对单位表面积电容量最大的电容器也进行试验。同样，如果此项比值小于该系列中的最小电容量的 10%，就应对单位面积电容量最小的电容器进行试验。

“面积”是指电容器外壳的外表的总面积，小的突出部，接线端子及固定柱都忽略不计。

按照这种程序进行试验时，该系列中所有带中间值的电容器都可算通过试验。

注 1：“相同结构”是指相同的电介质材料，相同的电介质厚度，相同的外壳种类（金属的或塑料的），相同的填充物或浸渍剂种类，相同的安全装置，相同的金属化物质（例如：锌或铝）。

注 2：“截面形状”有圆形、矩形、椭圆形等。

6 标志

6.1 必需标志

电容器应具有下列清晰标志：

a） 制造商或销售商的名称或商标；

b） 制造商的产品目录序号和（或）参考型号；

c） 额定电容量和允差；

d） 额定电压；

e） 带有放电电阻时，应标符号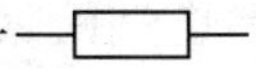；

f） 带有熔断器时，应标符号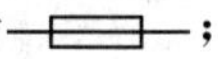；

g） 额定频率或频率范围；

h） 额定最低和最高温度，例如：－10 ℃/70 ℃；

i） 自愈式电容器，应标符号；

j） 串联专用非自愈式电容器，应标符号；

该符号不应出现在带有自愈式符号的电容器上。

注：这类电容器不应跨接于主电源之间。

k） 根据功能标上 A 类或 B 类。

6.2 补充标志

a） 在配备有放电电阻时，应标志其电阻值；

b） 应标明电容器内是否含有在（t_c＋10）℃时将变成液体的物质。

6.3 标志应清晰而耐久

检验办法是用目视检查，并用一块浸水的软布和另一块浸汽油的软布各轻轻擦拭 15 s。擦拭后标志仍应清晰可见。

注：所用汽油的成分应为溶剂乙烷，所含芳香剂最多为 0.1 体积百分比，贝壳松脂丁醇值为 29，初始沸点为 65 ℃，干点为 69 ℃，密度约为 0.68 g/cm³。

7 终端结构

7.1 终端结构可以是电缆(接头)或接线端子(螺纹、无螺纹、焊片或类似元件)。终端结构所采用的导线尺寸及数目应与电容器的额定值及用途相适应。电缆(接头)的截面积应与电容器的额定值相适应，但不应小于 0.5 mm^2，它们的绝缘性能也应符合电容器的额定电压和温度要求。

螺纹接线端子应符合 GB 7000.1—2007 第 14 章。

无螺纹接线端子应符合 GB 7000.1—2007 第 15 章。

7.2 电容器外壳为金属时，应装有接地端子或通过夹线板或固定卡子接地(或与灯具的其他金属部件相连接)。外壳上装有夹线板或卡子的部分不应涂漆或其他非导电涂料，以保证良好的电接触。

通过目视检查和以下试验检验其合格性：

将至少为 10 A 的电流相继施加于接地端子或接地触点与各个可触及的金属部件之间，所用电源的非负载电压不应超过 12 V。测定在外壳与夹具或卡具之间的电压降，并根据电流和电压降计算出电阻值。

在任何情况下，电阻值都不应超过 0.5 Ω。

上面最后一段要求不适用于全部由绝缘材料覆盖的金属外壳电容器，后者应按 14.2 进行试验。

8 爬电距离和电气间隙

接线端子绝缘外表面的爬电距离以及接线端子接线处外表之间或这些带电部分和电容器金属外壳(如有的话)之间电气间隙应不小于表 1 给出的最小值。

这些最小距离只适用于带外接线或不带外接线的接线端子。

它们不适用于内部的爬电距离和电气间隙。

通过测量检验其合格性。

任何小于 1 mm 宽的槽，以其宽度作为爬电距离。

在计算总空气路径时，应忽略任何小于 1 mm 的空气间隙。

爬电距离为在空气中沿绝缘材料表面测得的距离。

表 1 最小爬电距离和电气间隙

额定电压	≤24 V	>24 V～250 V	>250 V～500 V	>500 V～1 000 V
爬电距离				
1. 不同极性带电部件之间	2	3(2)[a]	5	6
2. 带电部件与永久固定于电容器上的可接触金属件之间(包括固定盖子或将电容器固定到架子上的螺钉或装置)	2	4(2)[a] 3[b]	6 3[b]	7
电气间隙				
3. 不同极性带电部件之间	2	3(2)[a]	5	6
4. 带电部件与永久固定于电容器上的可接触金属件之间(包括固定盖子或将电容器固定到架子上的螺钉或装置)	2	4(2)[a] 3[b]	6 3[b]	7
5. 带电部件与平坦支撑面或松动的金属盖子(如有的话)之间，如果在非常不利的条件下，采用上述第 4 条的值而结构不能保证时	2	6	10	12

表 1（续）

[a] 括号中的值适用于无污秽下的爬电距离和电气间隙，对于永久性密封或化合物填充的外壳，不检查爬电距离和电气间隙。 [b] 对漏电痕特性等效的玻璃或其他绝缘物。

9 额定电压

电容器在额定温度范围以内，应能长时间承受不超过110%额定值的电压。

通过第14章规定的试验检验其合格性。

注：此项要求是针对由于电源波动而引起的电压变化。

10 熔断器

当电容器安装有内熔断器时，应予充分的保护、封闭和绝缘，以防止在正常使用中一旦熔断器起作用时造成与金属外壳间的跳电或接触。

检验办法是目视观察和进行14.2和第16章中规定的试验。

注：在设计任何内熔断器时，都应将可能发生在电容器外部的短路因素考虑在内。

11 放电电阻

电容器可以在其接线端子间永久地跨接一个放电电阻。如果装有该放电电阻，通过放电使电容器在1 min内将施加于它的交流电压从峰值降到50 V以下。电阻值还应为超过额定值10%的电压留出余地。

制造商应说明此项电阻值及允差。

通过测量检验其合格性。

注1：在灯具总线路内，必须为所有电容器提供放电通道。本标准推荐采用电容器内电阻的方案，但也可采用其他方案。

注2：在某些情况下，例如用插头连接的灯具，可能不允许电压在1 min内通过放电降至50 V，见GB 7000.1—2007中8.2.7。

12 试验程序

将总数为51只(B类为61只)只自愈式电容器或20只非自愈式电容器按以下要求分成两组。

注：对于无功功率超过1 kvar的电容器，试验样品数量由制造商与检测机构协商决定。

对所有电容器都应按下列顺序进行初始试验：

a) 必要时，按第13章的规定进行密封和加热试验；

b) 按14.1的要求，在接线端子之间进行高电压试验；

c) 按14.2的要求，在接线端子与外壳之间进行高电压试验。

第一组为10只电容器，按第15章依次进行试验，此试验是检查电容器在异常工作条件下，性能的维持是否达到设计要求。再按第16章进行耐热、耐火和耐电痕试验。

第二组为41只(B类为51只)自愈式电容器，用以进行第17章和第18章中的试验。其中10只用于自愈性试验，不再进行以后的试验。其余的用于破坏试验。

13 密封和加热试验

13.1 对A类电容器的密封和加热试验

填充料在(t_c+10)℃时成为液体的电容器应充分密封，并具有充分的耐热性。

通过以下试验检验其合格性。

将未通电的电容器放置于烘箱内，其位置应最易造成浸渍剂或填充料泄漏，并一直加热至高出额定最高温度(t_c)10 ℃，且在该温度下保持 1 h。

在此试验期间，不应出现浸渍剂或填充料泄漏现象。电容器也不应成为开路。

注：此项试验不适用于制造商注明电容器内不含有在(t_c+10)℃时成为液体的填充料的电容器。

13.2 对 B 类电容器的密封和加热试验

电容器的密封是对过压保护装置的安全要求。此项测试是随机试验或型式试验。

填充料在超过温度 t_c 时能成为滴状的电容器及没有填充料的电容器做如下试验；

在电容器去油污后，放置在密封的容器里，容器充入液体，液面超过试样至少 10 mm。

液体可以是在 20 ℃下不含气体的水。将液体放在室温下，容器关闭后进行抽气，在 1 min 内使气压达到 16 000 Pa，并使该状态至少保持 1 min。通过容器的窗口观察试验样品，电容器外壳的泄漏点通过上升的气泡显示。

应注意某些电容器设计时在电容器密封的外部存有空隙。测试开始时从外部空隙冒出来的上升气泡不应计算在内。如果必要的话，则延长对电容器的试验时间。

整个测试期间应没有可见的气泡。

14 高电压试验

电容器应能承受高电压试验。

通过 14.1 和 14.2 的试验检验其合格性。

14.1 接线端子之间的高电压试验

非自愈式电容器应能在室温下承受施加于接线端子之间的，其值为 2.15U_n，历时 60 s 的交流试验电压。

自愈式电容器应能在室温下承受施加于接线端子之间的，其值为 2U_n，历时 60 s 的交流试验电压。

自愈式电容器在试验过程中允许有自愈击穿。

在日本和北美洲，自愈式电容器应能在室温下承受施加于接线端子之间的，其值为 1.75U_n，历时 10 s 的交流试验电压。

最初施加的电压不应超过试验电压的一半，然后将电压逐步提高至规定值。

14.2 接线端子与外壳之间的高电压试验

每只电容器应能承受 50 Hz 或 60 Hz，历时 1 min 的交流试验电压，其值如下：

电容器额定电压	试验电压
≤250 V	2 000 V(有效值)
>250 V	2 500 V(有效值)

最初施加的电压不应超过试验电压的一半，然后将电压逐步提高至规定值。

对于外壳用绝缘材料制作的电容器，试验电压应施加在接线端子与同外壳表面紧密接触的金属箔之间，金属箔与接线端子间的间隙不应小于 4 mm。

15 耐异常工作条件的性能

电容器要有足够的耐异常工作条件的性能。

通过 15.1 和 15.2 检验其合格性。

电容器要求在施加电压情况下做潮湿试验，随后进行电流(放电)试验。这个试验为了证明电容器在潮湿条件下和施加由于非正弦波引起电流冲击的恶劣电压条件下，其工作的可靠性。

如果电容器的设计内部有一个熔断器，则在做 15.1 和 15.2 的试验时熔断器可能会短路。制造商应清楚地注明为此配有备件。熔断器设计直接与电容器绕组连接的电容器,不用因为此项测试而修改、变更。

10只电容器按15.1进行试验,随后按15.2进行试验。

15.1 施加电压的潮湿试验

测量10只电容器的电容量和在1 kHz频率下的损耗角正切值。

在这个试验中,导线或接线端子的长度不超过30 mm。

本试验所用的试验箱温度应能保持在40 ℃±2 ℃,在电容器放置的区域内相对湿度在90%～95%之间,箱内的空气应流通,箱内的设计应使雾珠或水滴不致落在电容器上。

试验样品放置在潮湿箱内并接上交流电源,在潮湿条件达到之后对所有样品施加电压为U_n。

电压和湿度应保持240 h。

试验结束后,取出电容器放在室温下保持1 h～2 h,然后检验其是否符合以下条件:

——电容量变化应小于1%;

——在1 kHz频率下测量损耗角正切值变化应小于50%;

——不允许有不合格品。

15.2 电流(放电)试验

10只同样的电容器完成15.1的试验后,在室温下单独地进行放电试验。试验历时15 min,每种电容器根据下列条件选择不同的放电线路。

电容量	峰值电流
≤10 μF	30 A/μF(30 V/μs)±10%
>10 μF,≤25 μF	25 A/μF(25 V/μs)±10%
>25 μF	20 A/μF(20 V/μs)±10%

——在测试中,电流有效值应为1.5 A/μF或16 A,取其中较小值;

——峰-峰电压600 V±10%。

相应的电压和电流波形在图4中给出。

典型测试线路在图5中给出。

如果要求有波纹,可能会使用并联电路。

计算试验设备的方法在附录D中已给出。

15.1试验后样品是否合格用最后的测量来检验,它也作为15.2试验的预测量。

在室温下,样品应符合以下要求:

——电容量变化应小于1%;

——在1 kHz频率下测量损耗角正切值变化应小于50%;

——不允许有不合格品。

另外,所有电容器应该通过14.2要求的接线端子与外壳之间的高电压试验。

16 耐热、耐火和耐电痕

16.1 固定接线端子用的外部绝缘材料零部件,应具有充分的耐热性能。

除陶瓷以外材料制作的零部件,其合格性的检验办法按GB 7000.1—2007第13章的规定进行球压试验。

16.2 固定接线端子用的外部绝缘材料零部件以及用于提供防电击保护的其他绝缘材料零部件,应具有耐火焰和阻燃性能。

对于除陶瓷以外材料制作的零部件,其合格性的检验方法按16.2.1或16.2.2规定的相应试验进行。

16.2.1 用于提供防电击保护的外部绝缘材料零部件，应按 GB/T 5169.11 进行灼热丝试验，试验条件如下：

——试样数量为一件；

——试样应为一完整的部件；

——灼热丝尖端温度为 650 ℃；

——试样的任何燃烧部分在撤走灼热丝后 30 s 内均应熄灭；而且跌落的火焰不应使平铺于试样下方 200 mm±5 mm 的 ISO 4046-4:2002 中 4.187 规定的五层薄纸燃烧。

制造商应说明试验是在一只完整的电容器上进行，还是在制造商特别为该项试验提供的构成外壳的各个部件上进行。

16.2.2 固定接线端子用的外部绝缘材料零部件，应按 IEC 60695-11-5 进行针焰试验，试验条件如下：

——试样数量为一件；

——试样应为一完整的部件。试验时如有必要拆除电容器的部分零部件，则必须注意确保试验条件与正常使用条件无明显区别；

——试验火焰应施加于待试表面的中心位置；

——施加火焰的时间为 10 s；

——在试验火焰移开后，任何自持性火焰都必须在 30 s 内熄灭，而且跌落的火焰不应使平铺于试样下方 200 mm±5 mm 的 ISO 4046-4:2002 中 4.187 规定的五层薄纸燃烧。

16.3 耐电痕试验

用于非普通型灯具内的电容器，其用以固定带电部件或与带电部件相接触的外部绝缘件，应采用耐电痕材料制作。

注：试验中不符合本项要求的电容器，只允许用于普通型灯具内。

检验其合格性的方法，按 GB 7000.1—2007 第 13 章相关部分所规定的耐电痕试验进行。

17 自愈性试验

凡带有标志“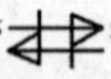”[见 6.1i)]的电容器，应具有自愈性能。

采用以下试验检验其合格性。

制造商应规定电容器是否根据 18.1.1 中耐久性试验进行预处理。

将电容器置于数值为 $1.25U_n$ 的交流电压下，使电压以每分钟不超过 200 V 的速度升高，直至从试验开始发生五次自愈性击穿或者电压已达到 $3.5U_n$ 时为止(制造商可以规定更高的电压)。

然后将电压降低至发生第五次自愈性击穿时电压的 0.8 倍或者 $2.15U_n$ 的 0.8 倍，取较低值并保持 10 s。

在此期间，允许每只电容器可再发生一次自愈性击穿。

从 10 只被试验的电容器中，得到的自愈性击穿总数应为 25 次或 25 次以上。但是，任何发生五次以上自愈性击穿的电容器在计算总数时只按五次计数。

自愈性击穿总数不足时，在与制造商协商后可提高最大电压，并将同批电容器复试一次。

复试中发生的自愈性击穿应加到以前的总数内，但每只电容器最多只能算五次。

如果在测试前后电容量变化不大于 0.5%，则电容器被认作已通过该试验。

如发生的自愈性击穿总数达不到 25 次，该类型判为不合格。

对经过自愈性试验的电容器，不再作别的试验。

注：试验期间发生的自愈性击穿，可用示波器探测，也可用声频或高频探测(见图 3)。

18 破坏试验

电容器应具有足够的耐破坏性能。

自愈式电容器可按 18.1 或 18.2 中的试验程序进行试验。试验程序框图见图 6。对于并联照明电容器，制造商需注明按照哪种试验方法，试验 A 或试验 B。非自愈式电容器应按照 18.3 进行试验。

18.1 试验 A

本试验程序适用于并联照明电容器，此类电容器应属于不需依靠压力断路装置动作的电容器，如 A 类电容器。

18.1.1 耐久性试验

21 只样品按照 GB/T 18504—2001 第 8 章的要求进行试验，电压及时间从表 2 中选取。

表 2 电压和耐久试验持续时间，第一次试验顺序列

电压 U_n	时间/h
1.15	8 500
1.25	4 000
1.3	2 900
1.35	2 000

试验温度 $=t_c$

按照 GB/T 18504—2001 中 8.6 的要求检查其合格性。

注：这个耐久性试验可以由制造商在检验机构的监督下完成。

18.1.2 已完成 18.1.1 的试验并用 ISO 4046-4:2002 中 4.187 规定的薄纸包裹紧密的 20 只样品，需进行以下附加试验。

额定最高温度(t_c)。

电压和时间应由制造商从表 3 中选择。

试验电压由检验机构和制造商协商而定。

无论如何，初始电压不应超过 $1.3\times U_n$，然后连续升压至所选电压值。

表 3 电压和耐久试验持续时间，第二次试验顺序列

电压 U_n	时间/h
1.6	2 500
1.8	850
2.0	330

在所有 20 只电容器总电流没有降低至初始值的 50%的情况下，制造商可以规定较长试验时间来继续破坏电容量。试验时间不应超过 2 500 h。如果电流降至初始值的 50%或比预计更低，试验将终止。

用 ISO 4046-4:2002 中 4.187 规定的薄纸将电容器包裹紧密，置于烘箱内或在室温下的试验箱内。

如果在规定的时间结束时，未获得电流降低，则应检查有多少电容器成为开路(失效的)。所剩的电容器一次一只按以下顺序进行试验；一只在室温下进行，下一只在(t_c+10)℃温度下进行，如此类推(如 18.1.2.1 中的规定)。试验一直进行到获得 10 只失效的电容器为止。

按照 18.1.4 要求检查其合格性。允许 a)、b)和 d)项中有一只不合格，不允许 c)项出现不合格品。

18.1.2.1 试验的准备

本项目只针对没有达到 18.1.2 规定的，在所有 20 只电容器总电流没有降低至初始值的 50%或比预计更少的情形。

用 ISO 4046-4:2002 中 4.187 规定的薄纸将电容器包裹紧密，置于烘箱内或在室温下的试验箱内。

电容器逐个地、连续地连接于图 2 所显示的一个直流试验线路中，该直流电源可提供 50 mA 的电流和 $10U_n$ 直流电压。

还应配备 18.2.2 中提到的大功率交流电源和时间滞后型熔断器，并按图 1 所示连接。

试验程序如下：

a) 按照图 2 所示电路，将开关位置置于“1”，调节直流电源使电压表读数为 $10U_n$；

b) 按照图 2 所示电路，将开关位置置于“2”，调节可变电阻 R，使电流表读数为 50 mA；

c) 按照图 2 所示电路，将开关位置置于“3”，不久读数将处于一个稳定位置，然后将直流电源的电压降至零；

d) 在电容器处于相同的温度下，尽快给电容器施加其值为 $1.3U_n$ 的交流电压，历时 5 min。所用电路见图 1。若熔断器烧毁即说明短路，如电流值低于电流表预计读数的 10%，则说明开路。

18.1.2.2 识别电容器已失效的条件

在 18.1.2.1d)试验过程中，检查电容器是否达到以下要求。如果达到要求，则将电容器冷却至室温，再进行测试看是否达到 18.1.2.3 的要求。

如果不满足以下要求，则重复 18.1.2.1 的所有程序。

如果通过任一电容器的电流低于根据其额定电容量和所施加的试验电压预计的数值的 10%，必然是由于以下原因之一造成的：

a) 电容器短路且熔断器烧毁；

b) 电容器开路或已丧失绝大部分电容量；

c) 由于电容器电气性能发生变化，电容器未短路而熔断器已烧毁。

更换两次熔断器(每只都必须动作)后，可确定电容器是否处于稳定状态，并达到上述 a)或 c)所述的状态。图 1 的电流表显示的电流极低甚至没有，就说明出现条件 b)。然后将已失效的电容器从烘箱中取出冷却至室温，并测试看是否达到 18.1.4 的要求。

18.1.2.3 失效电容器的判定条件

凡是已失效的电容器都应达到 18.1.4 的要求。

18.1.3 大电流(有效值)试验

A 类电容器应满足下列试验要求。

用 10 只样品做试验。

在室温下对电容器元件(已完成的绕组)进行试验。

制造商准备的样品被固定在具有一定截面积的导线上，导线能承受大电流(有效值)。

在进行大电流(有效值)试验前，准备好的样品先应进行第 17 章试验。然后用 ISO 4046-4:2002 中 4.187 规定的薄纸将样品包裹紧密。

样品在下列条件下进行试验：

f=电流波动频率=10 kHz±10%

I_c=峰值电流 15 A/μF±10%

I=有效值电流 3 A/μF±10%

$I \leqslant 48$ A。

持续试验时间=15 min

周期重复频率 F 可从以下等式中算出：

$$\frac{I_c}{I\sqrt{2}} = \sqrt{\frac{f}{F}}$$

试验后样品应符合 18.1.4c)的要求。

相应的电压和电流波形在图 4 中给出。

典型测试线路在图 5 中给出。

如果要求有波纹，可能会使用并联电路。

计算试验设备的方法在附录 D 中已给出。

18.1.4 合格条件

每只电容器应满足以下要求：

a) 渗出的液体材料可以润湿电容器的外壳表面，但不应成滴下落；

b) 试验指（见 IEC 60529:1989 的图 1）不应触及到内部带电部分；

c) 薄纸不应有燃烧或烧焦现象，因这将表明有火焰或火星从开口喷出；

d) 电容器应经受 14.2 的试验，但试验电压降低 500 V。

18.2 试验 B

本试验适用于带有断路装置的用于串联照明电路中的自愈式电容器和自愈式并联电容器，如 B 类电容器。用来证明断路装置功能的可靠性。

检验电容器在破坏试验中的状态变化是用来验证该类电容器出现故障时，而不致产生有害结果，例如使相临部件着火或机械损坏。

B 类电容器的设计应考虑到在电容器受损后，会出现短路或线路中断。

此试验应对已通过第 12 章 a)～c)中的初始试验的电容器进行。另外，在试验之前应测量电容量（见 GB/T 18504—2001 第 6 章）。

18.2.1 试验样品

以下试验应对已完成 GB/T 18504—2001 的耐久性试验有效的 20 只电容器和 20 只尚未经过预处理的新样品进行。

18.2.2 试验安排

电容器应仍用薄纸包紧，并置于烘箱内。

每只电容器都串联一根电特性符合 GB 13539 所提到的时间滞后型熔断器。熔断器规格应为 20 A 或为电容器额定电流的 10 倍，以其中较大值为准。

与电容器相连接的大功率交流电源，可流过的故障电流为 300 A，或为试验线路内额定值最高的熔断器的额定电流的 10 倍。

电容器外壳应通过一个金属壳与电源的一极相连接。

试验线路见图 1。

18.2.3 试验程序

18.2.3.1 试验的准备

用 ISO 4046-4:2002 中 4.187 规定的薄纸将电容器包裹紧密并放置于试验箱内。

准备试验样品，它们应在(t_c+10)℃的温度下加以额定电压 U_n，历时 2 h，不能有开路或短路发生。然后将已通过 GB/T 18504—2001 中耐久性试验的 20 只电容器放入温度为(t_c+10)℃的烘箱，接上高阻直流电压电源(I_{max}<50 mA)，调节电压使电压升高直到击穿为止。20 只新电容器应在室温下作为预处理电容器进行试验。

注：在额定电压(2 h/U_n/(t_c+10)℃)下简短试验证明电容器是否有效。

18.2.3.2 电容器破坏性试验

试验的准备结束后，立即给电容器加上 1.25U_n 的电压，此时还保持直流试验时的温度。

每只试样在加载 20 h 后，根据制造商的规定，再加上直流电压，并提高电压(到 10U_n)，直到击穿为止。

这里的电流应被限制在小于 50 mA，当直流电源断开时，负载也将消失。

随后，对电容器施加 1.25U_n 的电压。

当 1.25U_n 电压施加在电容器上，例如在直流试验时电容器没有被损坏，这个试验过程可以以 4 h 为间隔进行重复试验直到 40 个试样全部失效为止。

注：可在电容器上交替施加直流和交流电压直到电容器失效为止。

18.2.3.3 识别电容器已失效的条件

对于自愈式电容器,保证中断的结构措施应已生效。

通过图1中的电流表来检查,电流表指示为零。当电容器失效后便从烘箱中取出,令它冷却至室温并进行试验,看是否满足18.2.3.4和18.2.3.5的要求。

18.2.3.4 合格条件

每只电容器应符合以下要求:

a) 渗出的液体材料可以湿润电容器外表面,但不应成滴下落;

b) 电容器不应爆炸以及电容器壳体不应熔化;

c) 薄纸不应有烧焦现象,因为这将表明有火焰或火星从开口喷出。

18.2.3.5 失效状态的安全性试验

每只成为失效的电容器应通过以下试验:

a) 室温下,在接线端子之间加上2.0U_n电压进行高电压试验,历时1 min,中断点上没有火花产生。如有异议,制造商应能证明中断的结构措施已生效;

b) 电容器应能承受接线端子和外壳间的高电压试验(见14.2)。

注:在破坏试验之后进行接线端子之间的高电压试验,以获得电流的中断。另外,外壳和接线端子间的高电压试验是检查其安全性。

18.2.3.6 试验评定

所有成为失效的电容器达到18.2.3.4b)和c)的要求。

如果一个试验样品不满足18.2.3.4a)和18.2.3.5a)、b)的要求,则对另外40只样品重新进行试验,但所有的电容器均应通过重复试验。

如果一只以上的电容器不满足18.2.3.4a)和18.2.3.5a)、b)的要求,则认为试验没有通过。

18.3 非自愈式电容器

此项试验,是在10只已经通过第12章a)~c)项中规定的初始试验的电容器上进行。

18.3.1 试验的准备

将已完成18.3规定的试验程序仍有效并用薄纸包裹紧密的10只电容器放置于烘箱内。

如图2所示,将电容器逐个而连续地连接于一个直流可变电源,并串联一电阻,使电流的最大值限制在3 mA。

如18.2.2所述,还应配备一个大功率交流电源和时间滞后型熔断器,连接方式见图1。

将电容器一直加热至(t_c+10)℃,并采用一个稳步增高的直流电源将它们各个击穿,击穿电流不超过3 mA。

当电压表读数有效地降至零时便说明已发生击穿。

试验过程如下:

a) 对于带有标志的电容器

采用图1中的线路施加数值为1.3U_n的交流电压,历时8 h,但应使短路的电容器串联一个扼流圈或一个电阻。所选定的扼流圈或电阻的阻抗,应使线路在施加1.3U_n电压时,流经其间的电流被限制在电容器额定值的1.5倍(1.5$U_n\omega C$)。

b) 对于所有其他类型电容器

在电容器发生击穿后,应在它处于相同温度时,尽快对其施加值为1.3U_n的交流电压,历时5 min,所用线路见图1。

18.3.2 识别电容器是否已失效的条件

所有失效的电容器在冷却后都应达到18.2.2和18.1.4a)~d)的要求。未失效的电容器应按18.3.1规定的全过程重复试验。

复试应多次进行直至全部电容器都失效。

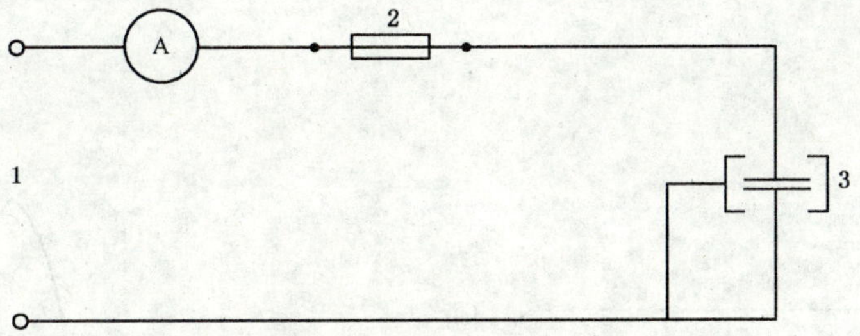

1——交流电源；

2——熔断器；

3——电容器。

图 1 交流试验线路

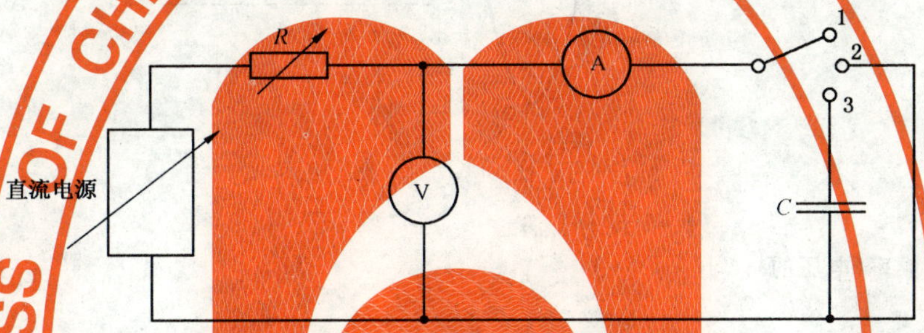

图 2 直流试验线路

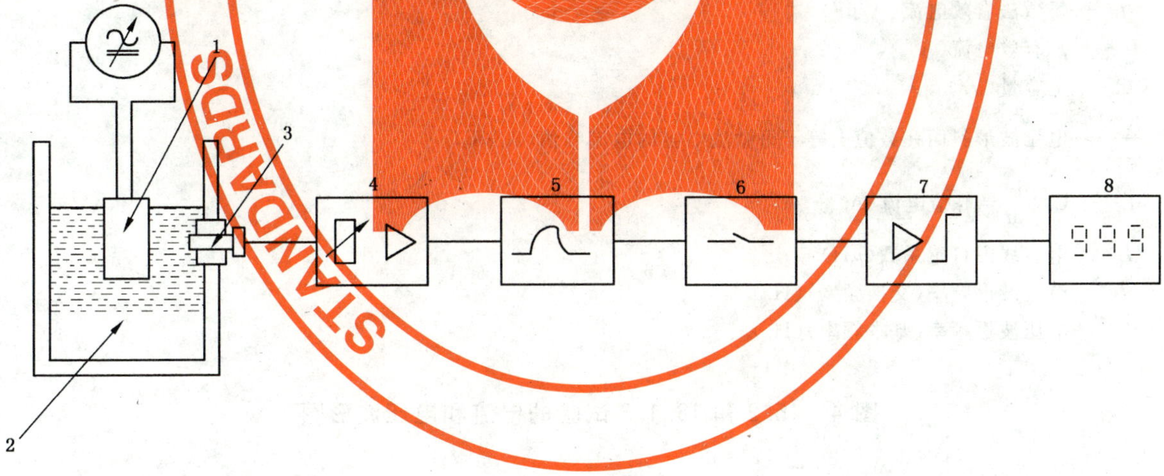

1——试样；

2——水槽；

3——超声波扩音器；灵敏度：80 pc/bar；固有频率：65 kHz；

4——分配器和预放大器最大输入灵敏度≥1 mV(r. m. s.)；输入阻值≈60 kΩ；

5——滤波器输出范围：40 kHz～80 kHz(－3 dB)；

6——可调式空载时间开关从 5 ms～50 ms；

7——放大器和脉冲形成器；

8——电子记数器。

图 3 自愈击穿试验设备

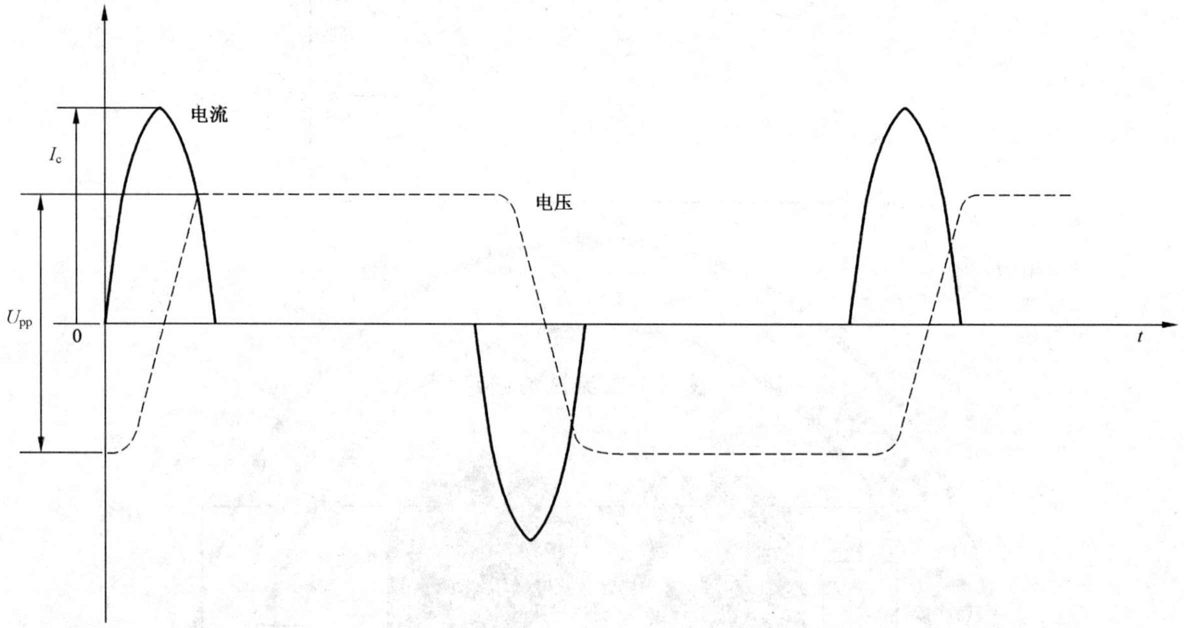

应能调节电压和频率(电压的)

图中：

符号

U_{pp}——峰-峰电压(V)

I_c——峰值电流(A)

I——每微法有效电流(A/μF)

I_T——总有效电流(A)

C——电容量(μF)

$\frac{dV}{dt}$——电压波形斜面在数值上等于每微法电容的电流峰值(A/μF)

I_c——$C\times\frac{dV}{dt}$=峰值电流(A)

L——电容线圈自感系数(μH)

f——电流波形频率(交换频率)(Hz)

F——电压波形频率(基本频率)(Hz)

图4　15.2和18.1.3试验的电流和电压波形图

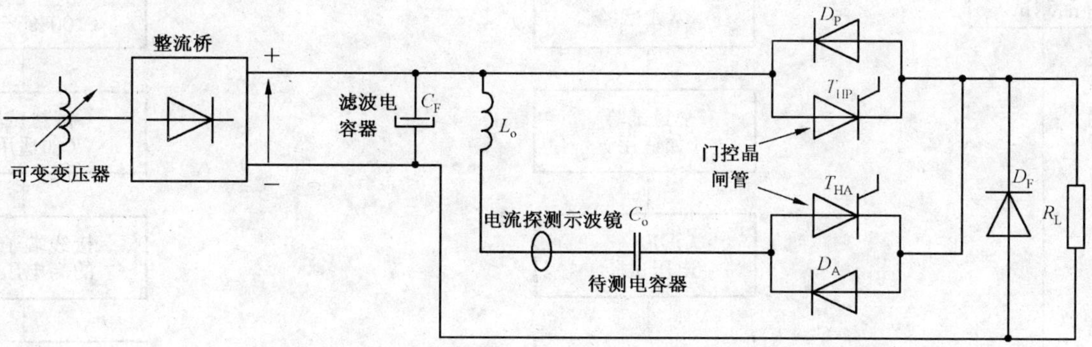

电路组成：

- 可变三相位变压器能使输出电压范围为 0 V～450 V；
- 桥接二极管整流桥；
- 滤波电容器 C_F＝640 μF；
- 2 个快速晶闸管(1 500 V,200 A,t_q＝20 μs)；
- 2 个快速二极管 D_P 和 D_A(1 500 V,200 A)；
- 1 个快速二极管 D_F(1 500 V,50 A)；
- 1 个可调整空气电感 L_o(峰值电流 700 A)；
- 1 个微感应耐受负载(FP＝0.8)在 0.5 Vs 电压下能承受 5 A 电流。

可变变压器允许在待测电容器上调整电压；通过关断频率调整电流。

T——关断时间；

F——关断频率；

F_o——电感电容为 L_o、V_o 的自激振荡器频率。

$$F_o = \frac{1}{T_o} = \frac{1}{2 \cdot \pi \cdot \sqrt{L_o \cdot C_o}}$$

图 5　15.2 和 18.1.3 试验的典型试验电路

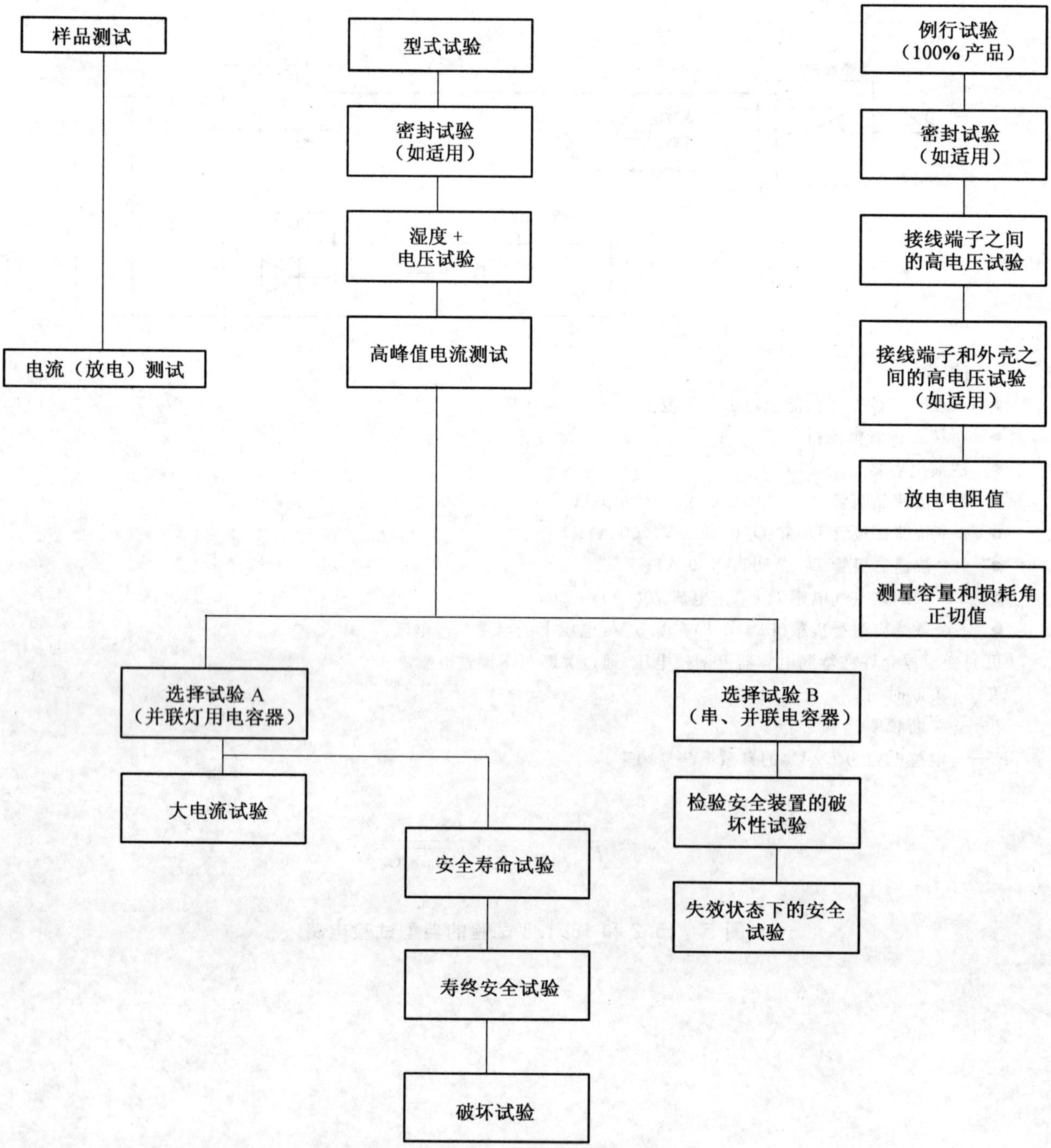
样品测试
电流（放电）测试
型式试验
密封试验（如适用）
湿度+电压试验
高峰值电流测试
例行试验（100%产品）
密封试验（如适用）
接线端子之间的高电压试验
接线端子和外壳之间的高电压试验（如适用）
放电电阻值
测量容量和损耗角正切值
选择试验A（并联灯用电容器）
大电流试验
安全寿命试验
寿终安全试验
破坏试验
选择试验B（串、并联电容器）
检验安全装置的破坏性试验
失效状态下的安全试验

图6　试验程序框图

附　录　A
（规范性附录）
试　验　电　压

电压试验应按有关条款的规定采用交流或直流电源进行。电源应能在任何规定的试验期间内充分保持所需的试验电压，其允差为±2.5%。

交流电压试验用 50 Hz 或 60 Hz 频率进行，电压应尽量不含谐波，以保证当其施加于电容器时，总电流不超过对应于正弦波电压值的 10%。

必要时，在进行接线端子之间的电压试验时，可将放电电阻断开。

附 录 B
（规范性附录）
试验箱的温度调节

电容器放置于空气温度偏差在±2 ℃之内的恒定试验箱中。

试验箱中的空气应不断循环，但也不能过烈，以免引起电容器过分冷却，试验期间，电容器应不受到试验箱中任何加热元件的直接辐射。调节试验箱内空气温度的恒温器的传感元件应放置在热循环空气气流中。

注：空气的加热可在另一分开的试验箱内进行，空气通过阀门进入电容器试验箱，从而使热空气良好地分布于电容器周围。

电容器放置的位置，应最易引起浸渍剂或填充料的泄漏。圆柱形电容器之间的距离不应小于其直径，而矩形电容器之间的距离则不应小于其底部的最短边长度的两倍。

温度记录仪的传感元件应放在损耗角正切最小的电容器外壳侧面的中间部位。

将恒温器设置到比试验温度低 15 ℃，然后对电容器施加规定的试验电压（见附录 A）。在最初的 24 h 内应记下试验温度与温度记录仪所指示的温度之间的差值，并调整试验箱内空气温度，从而保证每只电容器外壳的温度均为试验温度（$_{-5}^{0}$℃）。

然后继续试验直到试验结束，不再调整试验箱的温度，试验时间从电容器开始施加电压算起。

附 录 C
（规范性附录）
制造商的合格性试验

C.1 样品试验

制造商应根据15.2(不进行15.1的试验)试验对电容器绕组进行定期试验。

C.2 产品100%合格试验

建议所有电容器按以下要求进行试验：

a) 符合14.1接线端子间的高电压试验，但试验时间至少2 s；

b) 接线端子和外壳间的有效值为2 000 V或($2U_n$+1 000) V的高电压试验，取其较大值，试验时间至少2 s；

注：如果电容器外壳完全绝缘材料制作，则不需要进行此项试验。

c) 电容量和损耗角正切值是在最低频率为1 kHz时测量的。

损耗角极限由制造商根据需要进行说明。

注：频率的最小值为1 kHz是为了使潜在故障更容易显示出来，这些潜在故障会造成一定的事故。

建议制造商在装配前，对电容器绕组进行损耗角正切值测量，这样可以避免由于电容器线路及结构变化所引起的电阻变化和测量误差。

另外，样品的放电电阻的阻值应符合第11章的要求。

附 录 D
（资料性附录）
15.2和18.1.3试验设备的计算指导

D.1 依据14.2电流（放电）测试试验

D.1.1 输入数据

$\frac{dV}{dt}=(V/\mu s)$；$U_{pp}=600$ V；$I=1.5(A_{rms}/\mu F)$；$C(\mu F)$

D.1.2 特定电容值的计算

$I_T=I\times C$　　　　$I_C=C\times\frac{dV}{dt}$

$L=\left(\frac{U_{pp}}{2\times I_C}\right)^2\times C$　　　　$F=\frac{2\times I_T^2}{\pi\times U_{pp}\times C\times E-6\times I_C}$

D.1.3 举例：

$C=15\ \mu F$

$\frac{dV}{dt}=25\ V/\mu s$　　　　$U_{pp}=600$ V

$I=1.5(A_{rms}/\mu F)$　　　　max16 A

$I_T=1.5\times 15=22.5$ A

22.5>16　因而　$I_T=16$ A

$I_C=C\times\frac{dV}{dt}=15\times 25=375$ A

$L=\left(\frac{600}{2\times 375}\right)^2\times 15=9.6\ \mu H$

$F=\frac{2\times 16^2}{\pi\times 600\times 15\cdot E-6\times 375}=48$ Hz

D.2 18.1.3大电流（有效值）试验

D.2.1 输入数据

$\frac{dV}{dt}(A/\mu F)$；$f(Hz)$；$I=3(A_{rms}/\mu F)$；$C(\mu F)$

D.2.2 计算

$I_T=C\times I$

$I_C=C\times\frac{dV}{dt}$　　　　$U_{pp}=\frac{I_C}{\pi\times f\times C\times E-6}$

$F=2\times f\times\left(\frac{I_T}{I_C}\right)^2$　　　　$L=\left(\frac{U_{pp}}{2\times I_C}\right)^2\times C\times E-6$

D.2.3 举例

$C=15\ \mu F$　　$f=10$ kHz　　$\frac{dV}{dt}=15\ V/\mu s$

$I=3(A_{rms}/\mu F)$

$I_T=3\times 15=45$ A

$I_C=15\times 15=225$ A

$$U_{pp}=\frac{225}{\pi\times 10\ 000\times 15\times E-6}=477.5\ \text{V}$$

$$F=2\times 10\ 000\times\left(\frac{45}{225}\right)^2=800\ \text{Hz}$$

$$L=\left(\frac{477.5}{2\times 225}\right)^2\times 15\times E-6=17\ \mu\text{H}$$

参 考 文 献

[1] GB/T 2423.3 电工电子产品环境试验 第2部分:试验方法 试验Cab:恒定湿热试验(GB/T 2423.3—2006,IEC 60068-2-78:2001,IDT)

[2] GB/T 14472 电子设备用固定电容器 第14部分:分规范 抑制电源电磁干扰用固定电容器(GB 14472—1998,IEC 60384-14:2005,IDT)

[3] GB 19510.10 灯的控制装置 第10部分:放电灯(荧光灯除外)用镇流器的特殊要求(GB 19510.10—2008,IEC 61347-2-9:2006,IDT)

[4] IEC 60081 双端荧光灯 性能要求

[5] IEC 60901 单端荧光灯 性能要求

[6] IEC 60188 高压汞灯 性能要求

[7] IEC 60192 低压钠灯 性能要求

[8] IEC 60410 计数检查抽样程序和方案

[9] IEC 60662 高压钠灯

[10] IEC 61167 金属卤化物灯

[11] IEC 61347-2-8:2006 灯的控制装置 第9部分:荧光灯用镇流器的特殊要求

[12] JIS C 4908:1995 电气设备用电容器

ICS 29.120.50
K 31

中华人民共和国国家标准

GB 18499—2008/IEC 61543:1995
代替 GB 18499—2001

家用和类似用途的剩余电流动作保护器(RCD) 电磁兼容性

Residual current operated protective devices (RCD) for household and similar use—Electromagnetic compatibility

(IEC 61543:1995,IDT)

2008-03-24 发布　　2009-01-01 实施

中华人民共和国国家质量监督检验检疫总局
中国国家标准化管理委员会 发布

前言

本标准的全部技术内容为强制性。

本标准等同采用IEC 61543:1995《家用和类似用途的剩余电流动作保护器(RCD) 电磁兼容性》(英文版),以及2004年8月的第一次修订(修订件1)和2005年11月的第二次修订(修订件2)。

本标准在技术内容和编写格式上与IEC 61543:1995以及二次修订件的内容完全一致。

本标准代替GB 18499—2001,两者的主要差异如下:

——在引言中明确了:产品的EMC特性一般与设计有关,而不受制造过程影响,因此,本标准的试验在验证设计时进行,只有当产品的修改影响其EMC性能时才重复进行试验;

——增加了传导正弦波电压和电流的抗扰度试验;

——增加了浪涌抗扰度试验;

——增加了射频电磁场抗扰度试验;

——增加了频率为150 kHz以下的高频电流的干扰试验。

本标准由中国电器工业协会提出。

本标准由全国低压电器标准化技术委员会(SAC/TC 189)归口。

本标准由上海电器科学研究所(集团)有限公司负责起草。

本标准参加起草单位:施耐德电气(中国)投资有限公司、北京ABB低压电器有限公司、浙江正泰电器股份有限公司、浙江德力西电器股份有限公司。

本标准主要起草人:周积刚、陈颖。

本标准参与起草人:张萍、刘丽萍、王先锋、黄蓉蓉。

本标准代替标准的历次版本发布情况为:

——GB 18499—2001。

引　言

本标准包括定义、标准电磁条件、使用中的运行条件和剩余电流保护器必需的电磁试验。

当产品标准有要求时，本标准适用并与产品标准一起使用，目前适用的标准：

——适用 RCCB 的 GB 16916；

——适用 RCBO 的 GB 16917；

——适用 PRCD 的 GB 20044[1)]。

本标准与将出版的相应国家标准一起也适用于不带过电流保护的装入固定插座的或与固定插座组装的剩余电流装置(SRCD)(目前正在考虑中)，以及其他带过电流保护的 RCD。

产品的 EMC 特性一般与设计有关，而不受制造过程影响，因此，本标准的试验在验证设计时进行，只有在设计修改影响其 EMC 性能时才重复进行试验。

1) IEC 61543:1995 出版时，移动式剩余电流保护装置(PRCD)的 IEC 标准及相应的国家标准正在制定，IEC 61543:1995的原文中没有列入适用于 PRCD 的标准。现在 IEC 61540:1997 及 CB 20044—2005《电气附件 家用和类似用途的不带过电流保护的移动式剩余电流装置(PRCD)》已批准发布和实施，因此采标时在适用标准中列入了:“适用于 PRCD 的 GB 20044 标准”，下文的描述也相应做了修改。

家用和类似用途的剩余电流动作保护器(RCD) 电磁兼容性

1 范围

本标准是用来确保额定电压不超过交流440 V,主要用作保护人体防止电击的剩余电流保护装置的电磁兼容性(EMC)。

本标准适用于与低压公共电网或类似线路设施连接的设备中发生的环境条件。本标准也可为确保用作安全用途的其他产品,或包含电子线路并有高度工作连续性要求的产品的EMC性能提供指导。

对没有包括在产品标准中的EMC试验要求,应参照本产品族标准。

2 规范性引用文件

下列文件中的条款通过本标准的引用而成为本标准的条款。凡是注日期的引用文件,其随后所有的修改单(不包括勘误的内容)或修订版均不适用于本标准,然而,鼓励根据本标准达成协议的各方研究是否可使用这些文件的最新版本。凡是不注日期的引用文件,其最新版本适用于本标准。

GB 4343.1—2003　电磁兼容　家用电器、电动工具和类似器具的要求　第1部分:发射(IEC/CISPR 14-1:2000,IDT)

GB 16916.1—2003　家用和类似用途的不带过电流保护的剩余电流动作断路器(RCCB)　第1部分:一般规则(IEC 61008-1:1996,MOD)

GB 16917.1—2003　家用和类似用途的带过电流保护的剩余电流动作断路器(RCBO)　第1部分:一般规则(IEC 61009-1:1996,IDT)

GB/T 17626.1—2006　电磁兼容　试验和测量技术　抗扰度试验总论(IEC 61000-4-1:2000,IDT)

GB/T 17626.2—2006　电磁兼容　试验和测量技术　静电放电抗扰度试验(IEC 61000-4-2:2001,IDT)

GB/T 17626.3—2006　电磁兼容　试验和测量技术　射频电磁场辐射抗扰度试验(IEC 61000-4-3:2002,IDT)

GB/T 17626.4—1998　电磁兼容　试验和测量技术　电快速瞬变脉冲群抗扰度试验(idt IEC 61000-4-4:1995)

GB/T 17626.5—1999　电磁兼容　试验和测量技术　浪涌(冲击)抗扰度试验(idt IEC 61000-4-5:1995)

GB/T 17626.6—1998　电磁兼容　试验和测量技术　射频场感应的传导骚扰抗扰度(idt IEC 61000-4-6:1995)

IEC 61000-2-2:2002　电磁兼容性(EMC)　第2-2部分:环境　在公用低压供电系统中低频传导骚扰和信号的兼容性电平

IEC 61000-4-16:2002　电磁兼容性(EMC)　第4-16部分:试验和测量技术　对频率在0 Hz~150 kHz范围内的传导共模骚扰的抗扰度试验[2)]

---

2) IEC原文中没有列入引用文件IEC 61000-4-16,但在表5的T2.6的试验中引用了该标准,因此在规范性引用文件中增加了该引用标准。

3 标准电磁环境条件

标准电磁环境条件是指与低压公共电网或类似线路设施连接的设备中发生的电磁条件。

3.1 低频电磁现象

表1列出了在所述的环境条件下考虑的低频电磁现象。

表1 标准低频环境条件

序号	电磁现象	电磁条件
T1.1	谐波,谐间波	根据 IEC 61000-2-2 的谐波和谐间波电平
T1.2	信号传输电压	存在信号传输电压(无谐振)[b]
T1.3	电压幅度变化	在 $0.85U_n$ 和 $1.1U_n$ 之间及可能的短时电压下降或电压中断[a]
T1.4	电压不平衡	参考 IEC 61000-2-2
T1.5	电源频率变化	在正常频率偏差范围±5%内
T1.6	感应低频电压	不适用
T1.7	交流电网中的直流电流	没有明显的直流分量
T1.8	辐射磁场	低压电力线路的附近

[a] 电压跌落是大于 $15\%U_n$ 和小于 $100\%U_n$ 的偶尔电压降落,电压下降的典型数值是 $30\%U_n \sim 50\%U_n$。短时电压断开是 $100\%U_n$ 电压降落。上述电压下降和短时中断的持续时间可以在大于半个周波至约1 s之间。

[b] 除非在 IEC 60364-4-44 规定的特定条件下,共模条件下不允许叠加电源信号电压。

3.2 高频电磁现象

表2列出了所述环境条件下考虑的高频电磁现象,即连续的或者瞬变的传导,感应或者辐射高频电磁现象。

表2 标准高频环境条件

序号	电磁现象	电磁条件
T2.1	传导振荡电压或电流	参考 T2.5
T2.2	ns 级单向传导瞬变(脉冲群)	低电压装置
T2.3	μs 级和 ms 级单向传导瞬变	架空线和在距离设备小于1 km 处的地下电网可能受到的雷击
T2.4	瞬变振荡电流	开闭操作过电压或间接雷击
T2.5	高频辐射现象	小于 10 V/m(例如无线电台,距离超过1 km 的电视台,距离大于1 m 的移动式收发报机)
T2.6	低于 150 kHz 频率范围内的共模传导骚扰	直接与低压电网连接

3.3 静电放电

表3列出了所述的环境条件下考虑的静电放电现象。

表3 标准静电环境条件

序号	电磁现象	电磁条件
T3.1	静电放电	低湿度时,可能存在带静电材料(例如人造毛毯)

4 RCD 的电磁发射

仅对含有一个连续工作振荡器的 RCD 要求进行发射试验,发射试验按 GB 4343.1—2003 进行。

注1:除了包含一个连续工作振荡器的 RCD 外,除非在开闭操作过程中,其他 RCD 通常不会产生连续的或瞬变的骚扰。在开闭过程中发射的频率、电平和影响可看作是低压设备正常电磁环境的一部分。

注2:本标准不考虑包含有微处理器的 RCD。

5 RCD的电磁抗扰性

除非另有规定，试验时不带负载。

5.1 性能判断准则

对本标准的用途来讲，GB/T 17626的性能判断准则用5.1.1、5.1.2、5.1.3和5.1.4代替。为了安全起见，某些试验的电平和试验规范的选择高于GB/T 17626所要求的电平和规范。

5.1.1 参考本条性能判断准则的试验过程中，RCD在持续施加0.3 $I_{\Delta n}$的剩余电流时应保持闭合，在施加1.25 $I_{\Delta n}$时应脱扣。

5.1.2 参考本条性能判断准则的试验过程中，RCD不应脱扣。试验后，RCD应符合GB 16916.1—2003中9.9.2.3项a）的要求，但仅在$I_{\Delta n}$下进行检验。

5.1.3 参考本条性能判断准则的试验过程中，RCD可以脱扣。试验后，RCD应符合GB 16916.1—2003中9.9.2.3项a）的要求，但仅在$I_{\Delta n}$下进行检验。

5.1.4 其他性能判断准则包含在产品标准的条款中，例如GB 16916.1和/或GB 16917.1。

5.2 低频抗扰度试验

表4给出了进行低频抗扰度试验的试验参数。

表4 低频抗扰度试验条件

参考条款（见表1）	电磁现象	有关试验描述的基本标准	试验电平和试验规范	性能判断准则的条款
T1.1	谐波，谐间波	没有要求[a]		
T1.2	信号电压	[b]		
T1.3	电压幅度变化[c]			
	电压波动[c]	GB 16916.1—2003的9.9.5和9.17 GB 16917.1—2003的9.9.1.5和9.17	从0.85U_n～1.1U_n[d]	GB 16916.1—2003和GB 16917.1—2003的9.16和9.17
	电压下降[c]	GB 16916.1—2003和GB 16917.1—2003的9.17		
	电压中断[c]	GB 16916.1—2003和GB 16917.1—2003的9.17		
T1.4	电压不平衡	参考T1.3		
T1.5	电源频率变化	[e]		
T1.8	磁场[b]	GB 16916.1—2003的9.11和9.18/(RCCB) GB 16917.1—2003的9.12和9.18/(RCBO)		

[a] 正在研究在将来的修订中可能包括的要求。

[b] 对本标准来讲，产品标准的有关试验已包括了EMC的要求，产品标准中规定的试验不需重复。

[c] 动作功能与线路电压无关的RCD，其动作功能不受电压幅度变化的影响。本标准的试验仅适用于与线路电压有关的RCD。

[d] 对PRCD，用0.7U_n代替0.85U_n。

[e] 装置所有性能试验均在额定频率可能发生±5%变化的范围内进行（见GB 16916.1—2003和GB 16917.1—2003中的9.2）。因此，确保了电源频率变化的抗扰度。

5.3 高频抗扰度试验

表 5 给出了进行高频抗扰度试验的试验参数。

表 5 高频抗扰度试验条件

参考条款 (见表 2)	电磁现象	有关试验描述 的基本标准	试验电平和 试验规范	性能判断准则 的条款
T2.1	传导正弦波电压或电流	GB/T 17626.6 [e,i]	0.15 MHz～80 MHz $Z=150\ \Omega$ 3 V {$I_{\Delta n}\geqslant 30$ mA} 1 V {$I_{\Delta n}<30$ mA}	5.1.1
T2.2	快速瞬变 (脉冲群) 共模	GB/T 17626.4 [b]	RCCB/RCBO:试验等级 4:4 kV(峰值) Tr/Th: 5/50 ns 重复频率:2.5 kHz SRCD/PRCD:试验等级 3:2 kV(峰值) Tr/Th: 5/50 ns 重复频率:5 kHz	5.1.2 [c]
T2.3 a	浪涌	GB/T 17626.5	Tr/Th:1.2/50 μs RCCB 和 RCBO:共模,5 kV(峰值)[a]/12 Ω 差模,4 kV(峰值)[a]/2 Ω	5.1.3 [g,h] 5.1.2 [g,h]
			Tr/Th :1.2/50 μs SRCD 和 PRCD:共模,4 kV(峰值)[a]/12 Ω 差模,2 kV(峰值)[a]/2 Ω	5.1.3
T2.3 b			Tr/Th :1.2/50 μs RCCB 和 RCBO:共模,4 kV(峰值)[a]/12 Ω 差模,2 kV(峰值)[a]/2 Ω	5.1.2 [h]
T2.4	瞬变振荡电流 (振铃波)	GB 16916.1—2003 和 GB 16917.1—2003 的 9.19	Tr/Th:0.5 μs /100 kHz 200 A(峰值)[d]	5.1.4
T2.5	辐射电磁场	GB/T 17626.3 [e,f]	3 V/m	5.1.1
T2.6	低于 150 kHz 频率 范围内的共模 传导骚扰	试验值取自 IEC 61000-4-16	试验等级 2[j]($I_{\Delta n}<30$ mA) 试验等级 3[j]($I_{\Delta n}\geqslant 30$ mA)	5.1.1

[a] 不需要用比本表规定值较低的电压进行试验(说明原因:因为 GB/T 17626.5—1999 的 8.2 要求在所选电压水平及以下每个电压进行试验)。应在 RCD 处于闭合位置进行本试验,依次在下列条件下施加脉冲:

——金属支架与预期接地的部件(PE 导线,接地端子)连接在一起(如果有时),依次与每一根带电导线之间施加 5 kV(对 SRCD 和 PRCD 为 4 kV)冲击电压,阻抗为 12 Ω;

——依次在每根相线与中性线之间,以及依次在每两个极之间施加 4 kV(对 SRCD 和 PRCD 为 2 kV)冲击电压,阻抗为 2 Ω。

[b] 此外,试品应按正常使用安装在一块距离接地平面 10 cm 的扁平绝缘支撑上。

[c] 对每个试品的任选一极进行单相试验,应提供三个新的试品进行试验。如果在试验过程中,有 1 台试品因脱扣而不符合判断准则,则应再提供三台试品进行试验,重复试验时应完全符合 5.1.2 判断准则的要求。

[d] 对 SRCD 和 PRCD,现在的试验电流为 25A。

[e] 制造商同意时,T2.1 的传导试验可从 80 MHz 延伸到 230 MHz。如果这样,T2.5 的试验将从 230 MHz 开始,而不是从 80 MHz 开始试验。

表 5（续）

f 在验证 0.3$I_{\Delta n}$电流不脱扣时(5.1.1 的性能判断准则)，应在规定的频率范围内扫描。在验证 1.25$I_{\Delta n}$电流脱扣时(5.1.1 的性能判断准则)，每个试品仅在规定频率范围内随机选取的 5 个不同的频率点进行试验，每个试品选择的频率点应不同，但 450 MHz 和 900 MHz 应进行试验。

g T2.3b 的试验应仅施加于在进行 T2.3a 试验时没有满足 5.1.2 判断准则的 RCCB 和 RCBO。此时，仅对在 T2.3a 试验中发生脱扣的试验组合在 T2.3b 规定的冲击电压下重复试验。

h 试品处在闭合位置，施加额定电压 U_n，每个试品按下列方式进行试验：

1) 首先进行差模试验：依次在每个负载电流回路与其他负载电流回路之间；

2) 接着进行共模试验：依次在每个负载电路回路与连接在一起的金属支架和预期接地的部件(PE 导线，FE 端子，接地端子)(如果有时)之间。

每种情况下，试品在正半周期承受 5 次正脉冲，接着在负半周期承受 5 次负脉冲。

以每分钟 1 次的重复频率在电压波形的任选的点连续地施加所有的脉冲。

对 T2.3a 的试验，按上述程序总的脉冲次数为：

	差模试验	共模试验
1 极和 2 极 RCD	10 次	20 次
3 极 RCD	30 次	30 次
4 极 RCD	60 次	40 次

在 T2.3a 试验时 RCD 允许脱扣(性能判断准则 5.1.3)，如果在试验过程中 RCD 脱扣，应在下一次施加脉冲前重新闭合 RCD。

对 T2.3b 试验，总的施加脉冲次数与 T2.3a 相同(适用时)。

i 在验证 0.3$I_{\Delta n}$电流不脱扣时(5.1.1 的性能判断准则)，应在规定的频率范围内扫描。

在验证 1.25$I_{\Delta n}$电流脱扣时(5.1.1 的性能判断准则)，每个试品仅在规定频率范围内随机选取的 5 个不同的频率点进行试验，每个试品选择的频率点应不同。

j ——电流值如表 5a 规定，这些电流值取自于 IEC 61000-4-16，共模阻抗考虑为 150 Ω。按图 1 施加约定的试验电流；

——试验电路如图 1 规定；

——为简化试验：

用额定频率 0.3$I_{\Delta n}$的剩余电流试验一次，按 IEC 61000-4-16:2002 的 6.1.3 规定的速率从 1 kHz 扫描至 150 kHz，RCD 不应脱扣；

对每个试品用额定频率 1.25$I_{\Delta n}$的剩余电流在规定频率范围内任选的 5 个不同的频率点进行脱扣试验，每个试品应在不同的频率点进行试验。RCD 应脱扣。

表 5a　对 T2.6 的试验按频率和 RCD 的灵敏度规定的试验电流

频率范围	试验等级 2 ($I_{\Delta n}$<30 mA)的试验电流(有效值)	试验等级 3($I_{\Delta n}$≥30 mA)的试验电流(有效值)
1 kHz～1.5 kHz	2 mA[a]	6.6 mA[a]
1 .5kHz～15 kHz	2 mA～20 mA[b]	6.6 mA～66 mA[b]
15 kHz～150 kHz	20 mA[a]	66 mA[a]

a 在整个范围内试验电流值恒定。

b 从 1.5 kHz 至 15 kHz 试验电流值以每十进位 20 dB 的速率增加。

5.4 静电放电

表 6 给出了进行静电放电试验的试验参数。

表 6　静电放电试验条件

参考条款（见表 3）	电磁现象	有关试验描述的基本标准	试验电平和试验规范	性能判断准则的条款
T3.1	静电放电	GB/T 17626.2	严酷等级 3:空气放电:8 kV 接触放电:6 kV	5.1.3 [a]

[a] 用三台试品进行试验，三台试品都应通过试验。
RCD 按正常使用进行安装，探查可接近的表面选择应施加静电放电的点，以每秒 20 次放电的速率选择。
对所选择的点用 10 次正极性和 10 次负极性放电进行试验，相邻二次放电之间的时间间隔至少 1 s。

除非在相关标准中另有规定，应在三个最小 $I_{\Delta n}$ 和任何 I_n 的试品上，按图 1 对每个试品的一极进行单相试验。如果有一台试品不符合判断准则，应再用三个新的试品进行试验。

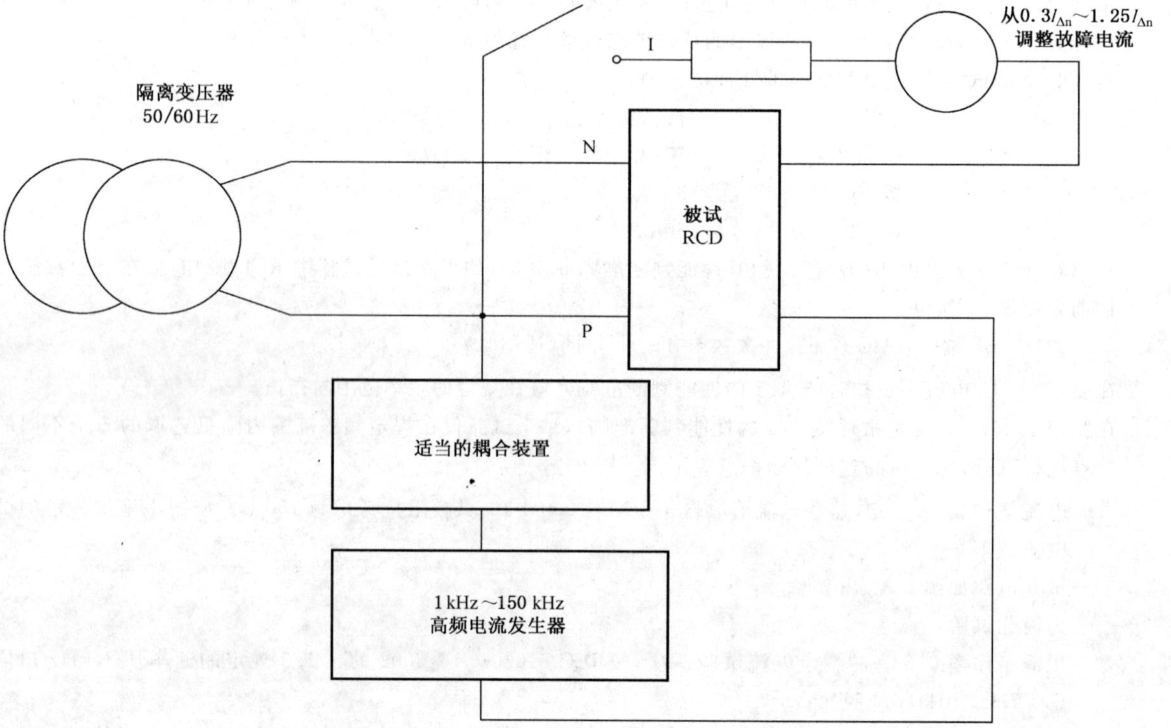

高频发生器的特性应符合 IEC 61000-4-16。

如果 RCD 有接地端子应连接至中性线端子（如果有时），如果 RCD 上有接至相线端的标志或没有该标志，则接至任何相线端子。

图 1　合适的试验电路示例

参考文献

[1] IEC 60364-4-44:2001 Electrical installations of buildings—Part 4-44: Protection for safety-protection against voltage disturbances and electromagnetic disturbances.

ICS 37.080
A 14

中华人民共和国国家标准

GB/T 18503—2008
代替 GB/T 18503—2001

缩微摄影技术
A6 透明缩微平片　影像的排列

Micrographics—Transparent A6 microfiche—Image arrangements

(ISO 9923:1994,MOD)

2008-07-16 发布　　　　2009-01-01 实施

中华人民共和国国家质量监督检验检疫总局
中国国家标准化管理委员会　发布

前　言

本标准修改采用 ISO 9923:1994《缩微摄影技术　A6 透明缩微平片　影像的排列》(英文版)。

本标准与国际标准 ISO 9923:1994 在技术内容上基本相同,但做了以下修改:

——将第九章的悬置段改为 9.1 概述,原 9.1、9.2 相应变为 9.2、9.3;

——用小数点符号“.”代替小数点符号“,”;

——将图 A.6 左边的数码 48 改为 49;图 A1 下边的数码“77”改为“77.5”;

——将 ISO 9923:1994 规范性引用文件中的有关国际标准改为相应的国家标准或国际标准;

——删除 ISO 9923:1994 中的 9.1 中关于“发行拷贝”的叙述和图 A.6 中的“注 5”。

本标准代替 GB/T 18503—2001《缩微摄影技术　A6 透明缩微平片　影像的排列》。

本标准与 GB/T 18503—2001 相比有如下变化:

——删除了 GB/T 18503—2001 的目录、前言和“ISO 前言”;

——重新编写了本标准的“前言”;

——附录 A、附录 B 和附录 C 由“提示的附录”改为“资料性附录”;

——更正 GB/T 18503—2001 中对 ISO 9923:1994 翻译不准确及错误处:将图 4 注中 297 mm 改为 279 mm;图 A.4 注中 1∶24 改为 1∶20;图 A.5 注中的 1∶24 改为 1∶42,297 mm 改为 279 mm;附录 B.3 中纤维素酯片基将产生“0.002%的变化”改为“0.006%的变化”;

——补充了 GB/T 18503—2001 翻译 ISO 9923:1994 过程中遗漏处。如:附录 B.3 中“聚酯片基胶片产生约 0.002%的变化”等。

本标准的附录 A、附录 B 和附录 C 为资料性附录。

本标准由全国文献影像技术标准化技术委员会(SAC/TC 86)提出并归口。

本标准起草单位:全国文献影像技术标准化技术委员会第七分技术委员会。

本标准起草人:张美芳、肖建萍、李伯富。

本标准所代替标准的历次版本发布情况为:

——GB/T 18503—2001。

缩微摄影技术
A6 透明缩微平片　影像的排列

1　范围

本标准规定了由源文件和 COM 系统制作的 A6 幅面透明缩微平片的特征，以保证信息的交换和缩微品的发行。

本标准适用于均匀分格排列的 49、98、270 和 420 个画幅的缩微平片及单一画幅的缩微平片。

根据使用的需要，缩微平片的影像可以是正像或负像。

在附录中阐述了均匀分格排列的 30、60、63、84、208、210 和 325 个画幅的缩微平片的特征，阐述了专用的非均匀分格排列的 2、4、8、16、32 和 64 个画幅的缩微平片的特征。

2　规范性引用文件

下列文件中的条款通过本标准的引用而成为本标准的条款。凡是注日期的引用文件，其随后所有的修改单(不包括勘误的内容)或修订版均不适用于本标准，然而，鼓励根据本标准达成协议的各方研究是否可使用这些文件的最新版本。凡是不注日期的引用文件，其最新版本适用于本标准。

GB/T 6159.1—2003　缩微摄影技术　词汇　第 1 部分：一般术语(ISO 6196-1:1993，MOD)

GB/T 6159.3—2003　缩微摄影技术　词汇　第 3 部分：胶片处理(ISO 6196-3:1997，MOD)

GB/T 6159.4—2003　缩微摄影技术　词汇　第 4 部分：材料和包装物(ISO 6196-4:1998，MOD)

GB/T 6159.5—2000　缩微摄影技术　词汇　第五部分：影像的质量、可读性和检查(eqv ISO 6196-5:1987)

GB/T 6159.6—2003　缩微摄影技术　词汇　第 6 部分：设备(ISO 6196-6:1992，MOD)

GB/T 6159.7—2000　缩微摄影技术　词汇　第七部分：计算机缩微摄影技术(eqv ISO 6196-7:1992)

GB/T 6159.22—2000　缩微摄影技术　词汇　第二部分：影像的布局和记录方法(eqv ISO 6196-2:1993)

GB/T 6160—2003　缩微摄影技术　源文件第一代银-明胶型缩微品密度规范与测量方法(ISO 6200:1999，MOD)

GB/T 6161—2008　缩微摄影技术　ISO 2 号解像力测试图的描述及其应用(ISO 3334:2006，IDT)

GB/T 7516—1996　缩微摄影技术　图形符号(eqv ISO 9878:1990)

GB/T 13984—2005　缩微摄影技术　银盐、重氮和微泡拷贝片　视觉密度　技术规范和测量(ISO 8126:2000，MOD)

GB/T 15737—2005　缩微摄影技术　银-明胶型缩微品的冲洗与保存

GB/T 16573—1996　缩微摄影技术　在 16 mm 和 35 mm 银-明胶型缩微卷片上拍摄文献的操作程序(eqv ISO 6199:1991)

GB/T 17294.1—2008　缩微摄影技术　字母数字计算机输出缩微品　质量控制　第 1 部分：测试幻灯片和测试数据的特征(ISO 8514-1:2000，IDT)

GB/T 17294.2—2008　缩微摄影技术　字母数字计算机输出缩微品　质量控制　第 2 部分：方法(ISO 8514-2:2000，IDT)

GB/T 18405—2008　缩微摄影技术　ISO 字符和 ISO 1 号测试图的特征及其使用(ISO 446:

2004,IDT)

ISO 5123:1984　文献学　单张和连续的缩微平片的标题

ISO 6148:2001　摄影术　缩微摄影胶片,片盘和芯轴　尺寸

ISO 10196:2003　文献影像应用　对源文件制作的建议

ISO 18901:2003　成像材料　加工成像后的黑白银-明胶型胶片　稳定性规范

ISO 18906:2000　成像材料　摄影胶片　安全胶片的特征

ISO 18910:2000　成像材料　摄影胶片和相纸　卷曲的测定

ISO 18911:2000　成像材料　加工成像后的安全摄影胶片　储存实践

3　术语和定义

GB/T 6159.1—2003、GB/T 6159.3—2003、GB/T 6159.4—2003、GB/T 6159.5—2000、GB/T 6159.6—2003、GB/T 6159.7—2000 和 GB/T 6159.22—2000 确立的术语和定义适用于本标准。

4　缩微平片的基本特征

4.1　物理特征

4.1.1　生片

拍摄和拷贝所使用的胶片是按缩微平片尺寸裁切的卷片或者是单页胶片。它应符合 ISO 18906:2000、ISO 6148:2001 和 ISO 18901:2003 的规定。

4.1.2　缩微平片的尺寸

从缩微平片基准角测量,经处理后的缩微平片的外形尺寸应为:$105_{-0.75}^{\ 0}$ mm×$148_{-1}^{\ 0}$ mm。

缩微平片的尺寸是胶片经过处理后,使该缩微平片在温度为 23 ℃±2 ℃和相对湿度为 45%～55%的环境中,达到平衡状态时测量的尺寸。

尺寸的误差来源于因裁切生片而产生的尺寸的偏差、胶片老化引起尺寸的变化,纤维素酯片基胶片尤为如此。温度和湿度的改变也可以引起胶片尺寸的暂时变化(见附录 B 和 ISO 6148:2001)。

由于胶片处理时的高温可以引起胶片的延展或卷曲,因此,在处理之前裁切出的 A6 尺寸缩微平片可以超出经过处理之后缩微平片的公差值。

4.1.3　平片感光面的识别

为便于进行从缩微平片至缩微平片的拷贝操作,可以利用切口或切角鉴别缩微平片的感光面,其方法为:

手持一张缩微平片或生片,使它的长边为垂直状态,且切口或切角位于右上角,则感光面应朝向观察者。

若使用切口识别一张平片的感光面,则应将切口开在该张平片的短边上,且靠近该平片一个相应的角。切口可以呈任意形状,但是切口距缩微平片边缘的纵向深度不得超过 1.6 mm。

若使用切角识别感光面,切角的位置只能在标头区的一个角上。切角在缩微平片长边和短边上的裁切长度的名义尺寸均为 4 mm。

4.1.4　垂直度

经处理后,裁切成 A6 幅面缩微平片的垂直度和边线平直度的偏差,应受到由本标准所规定的最小公差尺寸和最大公差尺寸所形成的两个各自完整矩形的限定。缩微平片边缘上的任意一点不得进入小矩形之内,也不得超出大矩形之外(尺寸见 4.1.2)。

注:某些复制处理(如热法处理)的胶片可能不满足上述要求。在这种情况下,该缩微平片将不适用于自动设备。

4.1.5　厚度

缩微平片的厚度不得大于 0.22 mm,且不得小于 0.10 mm。

4.1.6 圆角

除了一个角被裁切为切角之外，缩微平片的其他各角都可制作成圆角。制作圆角时，形成该角的被裁切部分边长不得超过 3 mm。

4.1.7 卷曲与弯曲

将经过成像处理的缩微平片裁切为规定尺寸，放在温度为 23 ℃±2 ℃和相对湿度为 50%±5%的环境中，使其凸面向下放在一个平面上，至少放置 6 h 之后，缩微平片的各部分不得高于该平面 6.5 mm（见 ISO 18910:2000）。

4.2 标头

4.2.1 标头区

在影像区的上方应留出缩微平片标头区，用于涂布标头区的检索涂层和记录可直接目视的识别信息和参考资料。表 1 和表 A.1 规定了各种格式的缩微平片标头区的尺寸。

若标头区需要更大区域，则该标头使用的区域允许占据下面整行的影像位置。在此情况下，剩余画幅部分的识别方法应按照 4.3 的要求保持不变。

表 1 缩微平片的布局

单位为毫米

画幅数	影像区[a]	画幅尺寸[b]	行数	列数	标头区最大宽度	底边空白区	左边空白区	图示编号
49	87.5×140	12.5×20	7	7	12.25	4±0.5	4±0.5	3
98	87.5×140	10×12.5	7	14	12.25	4±0.5	4±0.5	3
270	93.75×139.5	6.25×7.75	15	18	6	4±0.5	4±0.5	4
420	93.75×140	5×6.25	15	28	6	4±0.5	4±0.5	5
1	95×133	95×133	—	—	8.25	$0.5^{+0.2}_{0}$	7.5±0.25	6

[a] 影像区不包括标题。

[b] 在同一张缩微平片上可以同时使用单幅和双幅。

4.2.2 标头的排列

标头区按图 1 所示依次分为三个不同的部分，每个部分的区域长度不固定，可由制作者确定（见 ISO 5123:1984）

标识区	著录区	序号区

图 1 标头区的格式

4.2.2.1 标识区

该区域的标示用于缩微平片的识别和明确其与缩微平片的关系。

4.2.2.2 著录区

该区域用于标注与缩微平片内容相关的著录信息。

若因其他目的而需要记录更为详细的信息（如分类和编目）时，可使用该缩微平片的第一个画幅。

该区域的底部应包括详细的版权陈述。

4.2.2.3 序号区

机读字符和光学代码应放在该区域的右上端，它们的长度不得超出表 1 中（见图 3～图 6）所规定的标头区的最大宽度。

一组连续的缩微平片的序号应记录在该区域内。当使用机读字符和光学代码时，序号应记录在该区域的左上部分。

一组连续的缩微平片应使用序号记录方式。序号可以是分数形式，分子代表这张缩微平片在本组连续的缩微平片中的排列位置，分母代表这组缩微平片的总数（如 1/5、2/5……5/5）。若一组缩微平片的总数未确定时，可以使用横线“—”代替分母。

当一组连续的缩微平片的最后一张拍摄完成时，序号的分母应由这组连续的缩微平片所包含的缩微平片总数确定（如 1/—、2/—、…… 12/12）。分母也可以用字母“F”代替，“F”表示“完”，系英文“finish”或法文“fin”的第一个字母（如 12/F）。

4.2.3 标头字符

标头区的字符可以是正像，也可以是负像。

标头区的所有文字都应正立、正常阅读，并可直接目视辨读。字符的最小高度应为 1.6 mm。

4.2.4 色标

标头区的背面可以使用色标。如使用色标，缩微平片增加的厚度不得超过 0.01 mm。

注：彩色标识条会妨碍标头的复制。

4.3 影像画幅的识别

当用坐标识别缩微影像的位置时，用字母识别行，用数字识别列。

从标头区下方的最上一行影像画幅开始，第一行标记为“A”，如果第一行被拓宽的标头区所占据，则标头区下的第一行应标记为“B”，依次类推。从影像画幅区左侧开始，第一列应标记为“1”，第二列应标记为“2”，依次类推（见图 3～图 5）。

可将坐标标注在缩微平片上。若这样做，坐标应标注在平片边缘的空白区（字母位于缩微平片的左侧空白区，数字位于缩微平片的底边空白区），或者将坐标标注在标头区的下方。坐标也可标注在影像区内或影像区下端。

注：若坐标标注在影像区的底边空白区，它会影响自动切片机和拷贝机的操作。

4.4 裁切标记

当缩微平片上具有将卷片自动裁切为缩微平片的正方形裁切标记时，正方形的边长最小为 3 mm，其中心与被裁切平片的基准角的距离为 32 mm±0.2 mm，正方形的底边与缩微平片的底边的距离不超过 0.2 mm（见图 3～图 5）。

5 49 和 98 个画幅格式（常用于源文件）

5.1 尺寸与影像排列

表 1 和图 3 中列出了 49 和 98 个画幅格式的尺寸与影像排列。

5.2 底边和侧边的空白区

缩微平片的底边和左侧边空白区的宽度应为 4 mm±0.5 mm，见表 1。

5.3 缩微影像布置和排列取向

第一个缩微影像画幅应位于影像区的左上角，对横向排列的源文件，拍摄在胶片上的影像画幅应按照从左至右、从上一行至下一行的顺序依次排列；对纵向编码的连续画幅，应按照从上至下、从左一列至右一列的顺序依次排列。当以横向或纵向编码拍摄时，可以同时缩微拍摄以横向或纵向放置两页或者更多页的原件。

制作源文件的缩微平片必要时可以使用纵向编码。然而，在通常情况下不推荐使用纵向标码。遇到从右向左阅读的语言文字或东方语言文体时，第一个缩微影像应位于影像区的右上角。

手持缩微平片，使标题为正常阅读、直立时，缩微影像宜为正读的方式。若不能使文献影像以正立的方位记录时，应将正立方位的原件影像逆时针方向旋转 90°记录在缩微平片上。

影像信息区与画幅的边缘之间应保留至少 0.12 mm 的空白区。

5.4 缩率

缩微拍摄源文件时，使用的缩率宜为 1∶24。然而，如果利用高质量的拍摄机和拷贝机复制适宜的文件时，使用 1∶48 的缩率正在逐步地增多。另外，根据源文件的尺寸、字符的大小和源文件的总体质量，也可以选择其他缩率。

5.5　技术标板

每张源文件的缩微平片应含一个测试标板，但要避免因使用该标板而造成需要增加一张缩微平片的现象。测试标板应包括：

——一张符合 GB/T 6161—2008 的 2 号测试图或符合 GB/T 18405—2008 的 1 号测试图；

——缩微拍摄使用的缩率标识符号(如 1∶24)，其缩微影像宜满足目视直接辨读的要求。

测试标板还可包括：

——米制刻度尺；

——反射率为 90%、50% 和 6%的密度识别区，其影像面积至少为 2 mm×2 mm；

——任何有效信息。

测试标板应记录在最后一个记录文件的缩微影像画幅之后或者记录在缩微平片的第一个影像画幅中。

5.6　索引

若缩微平片备有索引，索引首页应位于缩微平片右下角的第一个画幅中。若需要增加索引页，应依据影像画幅标注序号方式，从右下角画幅向左侧或上方排列，按顺序记录。

注：这种标注索引页的方法是当前普遍使用的方法。

5.7　缩微拍摄大幅面原件

若原件尺寸太大，使用一个单幅画幅拍摄容纳不下时，可以采用双幅画幅拍摄。

若一页原件幅面太大，利用一次曝光不能完整拍摄该图像时，可以按照图 2 所示的 a)、b)和 c)方法按顺序进行分幅拍摄，在分幅处保留宽度约为 25 mm 的重叠区。

5.8　图形符号

图形符号用于原件的准备工作，以说明源文件或缩微平片中的异常情况及给出必要的提示。图形符号的使用应符合 GB/T 7516—1996 的规定。

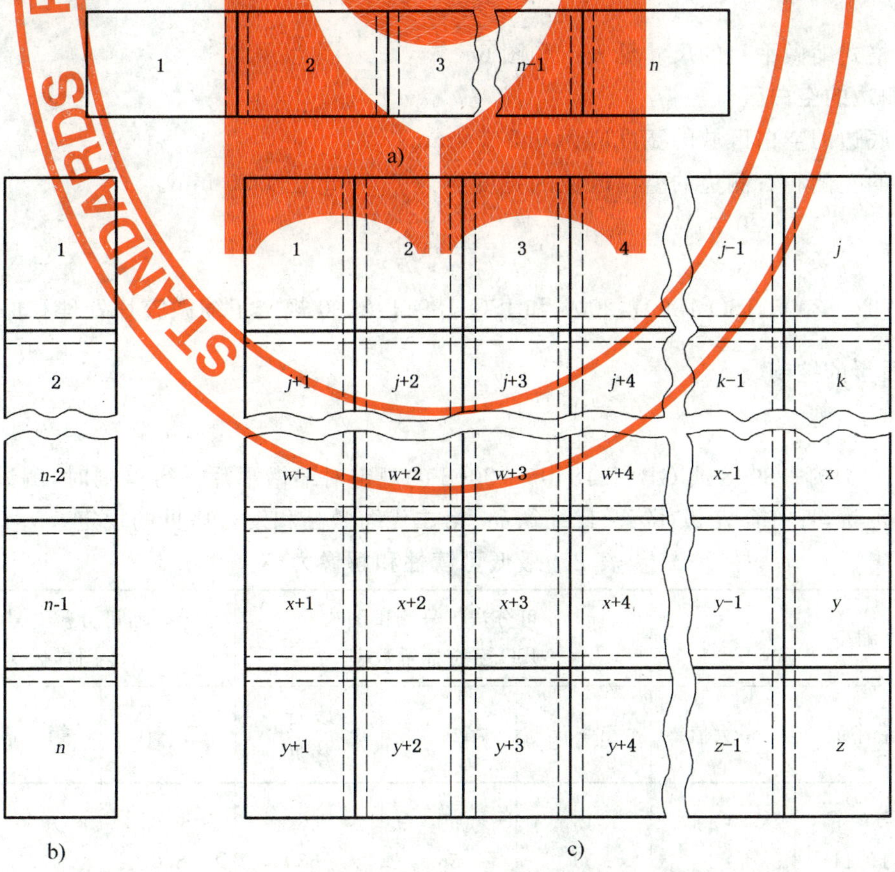

图 2　分幅缩微拍摄大幅面文件的标准排序

6 270和420个画幅格式(常用于COM)

6.1 尺寸与影像排列

在表1、图4和图5中给出了270和420个画幅格式的幅面尺寸与影像排列。对于增加画幅数量的平片格式,参见附录A。

6.2 底边和侧边的空白区

表1和图5中规定了缩微平片底边空白区和左侧空白区的宽度应为4 mm±0.5 mm。

6.3 缩微影像布置和排列取向

第一个缩微影像画幅应位于影像区的左上角。对于画幅以横向标注序号的缩微平片,后续的影像画幅应按照从左至右、从上一行至下一行的顺序依次排列;而对于画幅以纵向标注序号的缩微平片,后续的影像画幅应按照从上至下、从左一列至右一列的顺序依次排列。纵向标注画幅序号的排列是专门应用于计算机输出缩微摄影技术。

手持缩微平片,使标题为正常阅读、正立时,缩微影像应为正读的、正立的方式。

影像信息区与画幅的边缘之间至少应保留0.12 mm的页边空白区。

6.4 缩率

用于COM技术的270和420个画幅格式的有效缩率应为1∶48(见附录C)。

6.5 索引

若缩微平片含有索引,索引首页应位于缩微平片右下角的画幅中。需要增加的索引页,应依据画幅标注序号方式,从右下角画幅向左侧或上方按顺序记录。

7 单一画幅格式(常用于地图或大幅面图样)

7.1 尺寸

单一画幅格式缩微平片的尺寸见表1和图6。

7.2 底边和侧边的空白区

缩微平片底边的空白区域的宽度应为$0.5^{+0.2}_{0}$ mm。

缩微平片的左侧和右侧边的空白区域的宽度应为7.5 mm±0.25 mm。

8 处理和保存

GB/T 15737—2005、ISO 18901:2003和ISO 18911:2000规定了缩微胶片处理和保存的条件。

9 缩微影像质量的控制

9.1 概述

当按GB/T 6161—2008或GB/T 18405—2008的规定对缩微平片进行检测时,测试标板中的测试图字符应清晰可辨,且符合表2对第一代缩微品、第二代缩微品和发行拷贝的规定。

表2 最低可读性和解像力值

单位为毫米

缩率			可分辨1号测试图 ISO字符标示数字			可分辨2号测试图 图样标示数码		
名义值	最小值	最大值	第一代	第二代	发行拷贝	第一代	第二代	发行拷贝
1∶10	1∶9	1∶11	45	50	56	9.0	8.0	7.1
1∶12	1∶11	1∶14	50	56	63	8.0	7.1	6.3

表 2（续）

单位为毫米

缩率			可分辨 1 号测试图 ISO 字符标示数字			可分辨 2 号测试图 图样标示数码		
名义值	最小值	最大值	第一代	第二代	发行拷贝	第一代	第二代	发行拷贝
1∶16	1∶14	1∶17	56	63	71	7.1	6.3	5.6
1∶18	1∶17	1∶20	63	71	80	6.3	5.6	5.0
1∶22	1∶20	1∶23	71	80	90	5.6	5.0	4.5
1∶24	1∶23	1∶28	80	90	100	5.0	4.5	4.0
1∶30	1∶28	1∶33	90	100	112	4.5	4.0	3.6
1∶36	1∶33	1∶38	100	112	125	4.0	3.6	3.2
1∶40	1∶38	1∶44	112	125	140	3.6	3.2	2.8
1∶48	1∶44	1∶52	125	140	160	3.2	2.8	2.5

9.2 源文件的缩微平片

GB/T 16573—1996 的附录 C 和附录 D 在关于确定缩微摄影系统影像质量因数方法和字符质量的光学等级的描述中，规定了确定原件的缩微影像信息最低可读性和解像力的方法。

缩微影像质量与源文件质量是相关联的。ISO 10196:2003 提出了关于源文件制作的建议。

9.3 COM 缩微平片

GB/T 17294.1—2008 和 GB/T 17294.2—2008 规定了检测 COM 缩微平片质量的操作规范。

10 密度

GB/T 6160—2003 和 GB/T 13984—2005 规定了缩微平片的密度范围。

单位为毫米

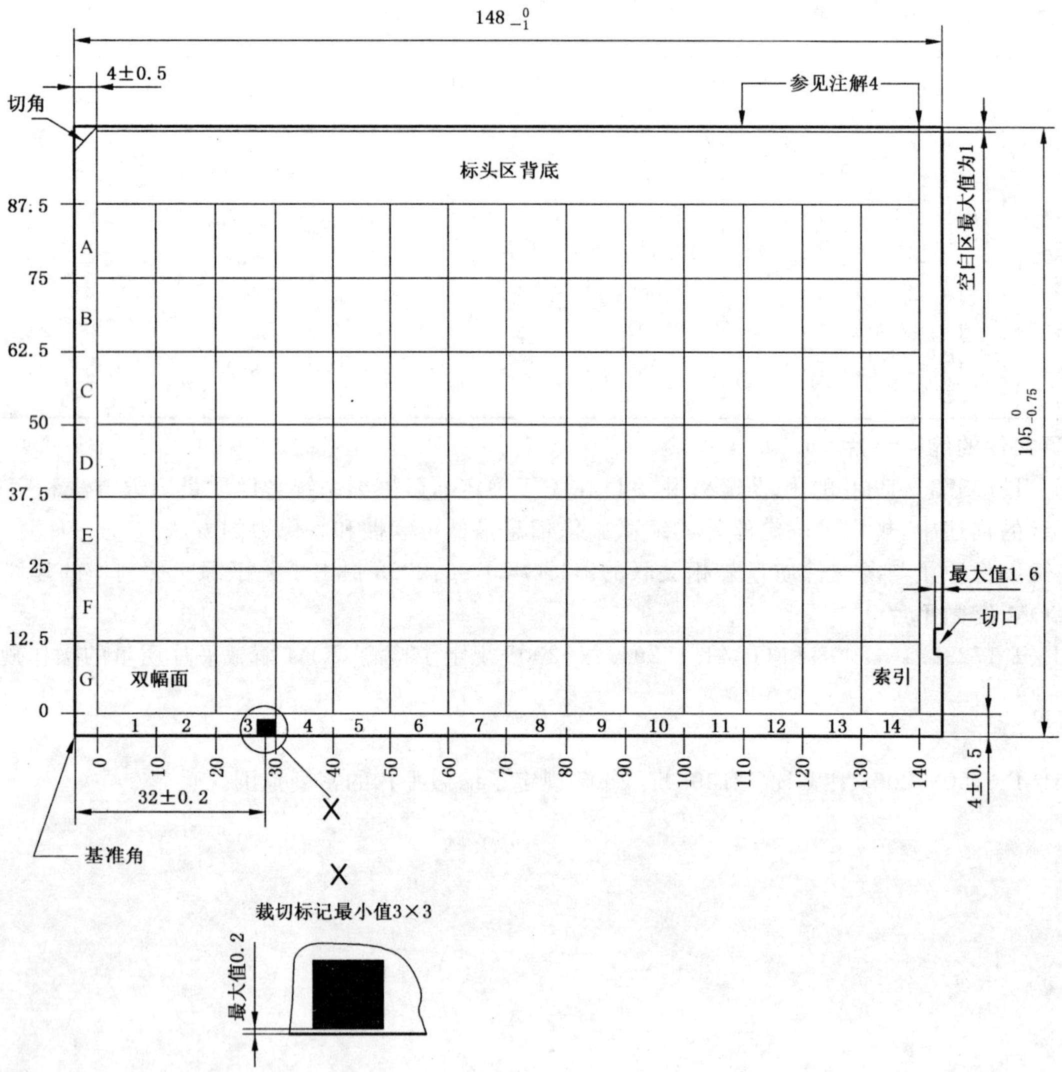

1——缩微平片不显现网格线。

2——缩微平片的轮廓尺寸是处理后测量的尺寸(见 4.1.2)。

3——画幅尺寸用于曝光过程。

4——为机读字符或光学代码保留区域(见 4.2.2.3)。

5——这种影像排列方式推荐用于 1∶24 缩率缩微拍摄 210 mm×297 mm 幅面的原件和用于 COM。

6——第一代和奇数代的复制片的切角位于右上角,切口位于左侧边。偶数代复制片的切角位于左上角,切口位于右侧边(见 4.1.3)。

图 3　49 和 98 个画幅格式的影像排列

单位为毫米

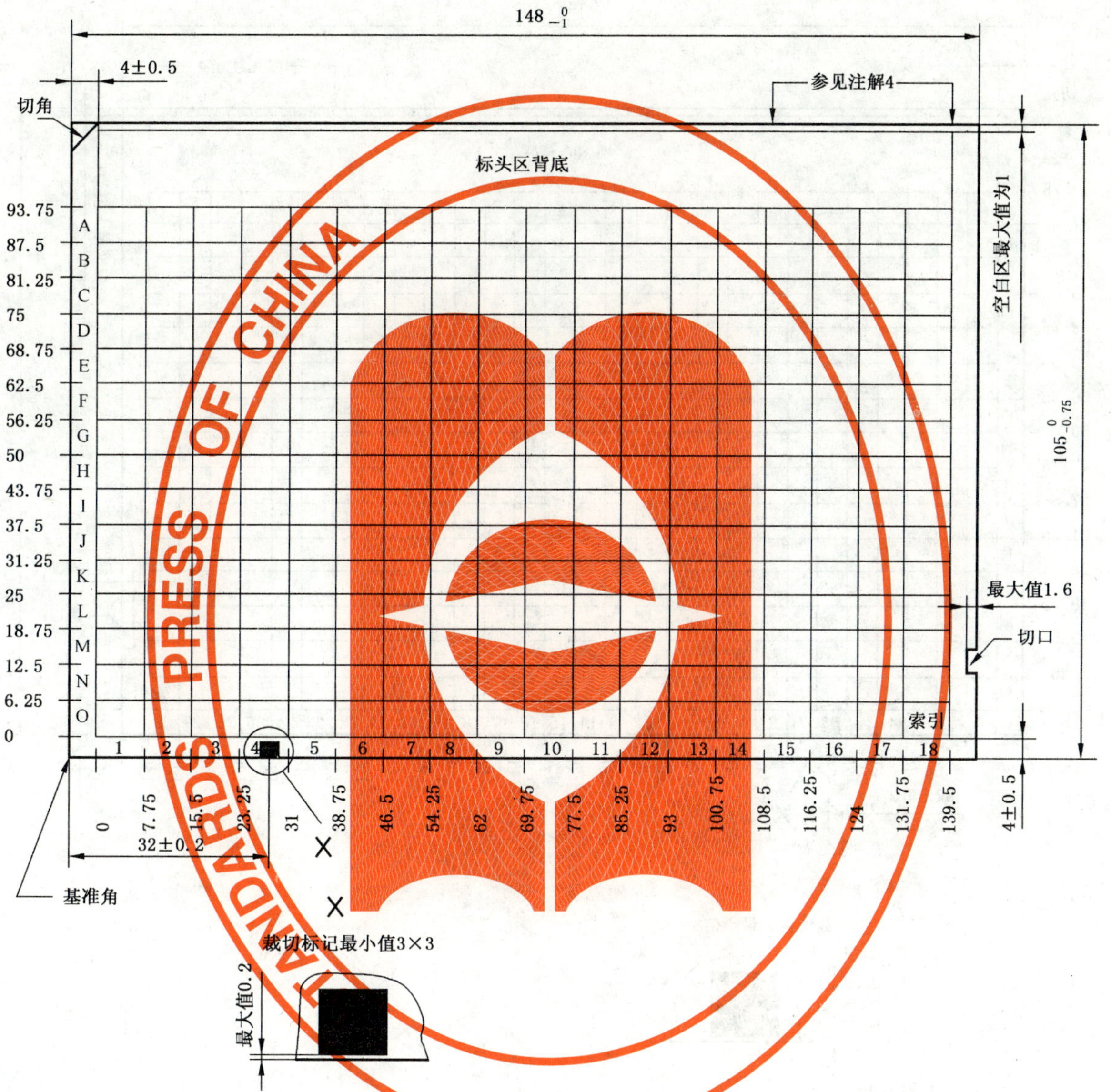

1——缩微平片不显现网格线。

2——缩微平片的轮廓尺寸是处理后测量的尺寸(见 4.1.2)。

3——画幅尺寸用于曝光过程。

4——为机读字符或光学代码保留区域(见 4.2.2.3)。

5——如果 A 行用于标头区，则行数的标注应是从 B 至 O(不可将 B 改为 A)。

6——这种影像排列方式推荐用于 1：48 缩率缩微拍摄 279 mm×355 mm 幅面的原件和用于 COM。

7——第一代和奇数代的复制片的切角位于右上角，切口位于左侧边。偶数代复制片的切角位于左上角，切口位于右侧边(见 4.1.3)。

图 4　270 个画幅格式的影像排列

单位为毫米

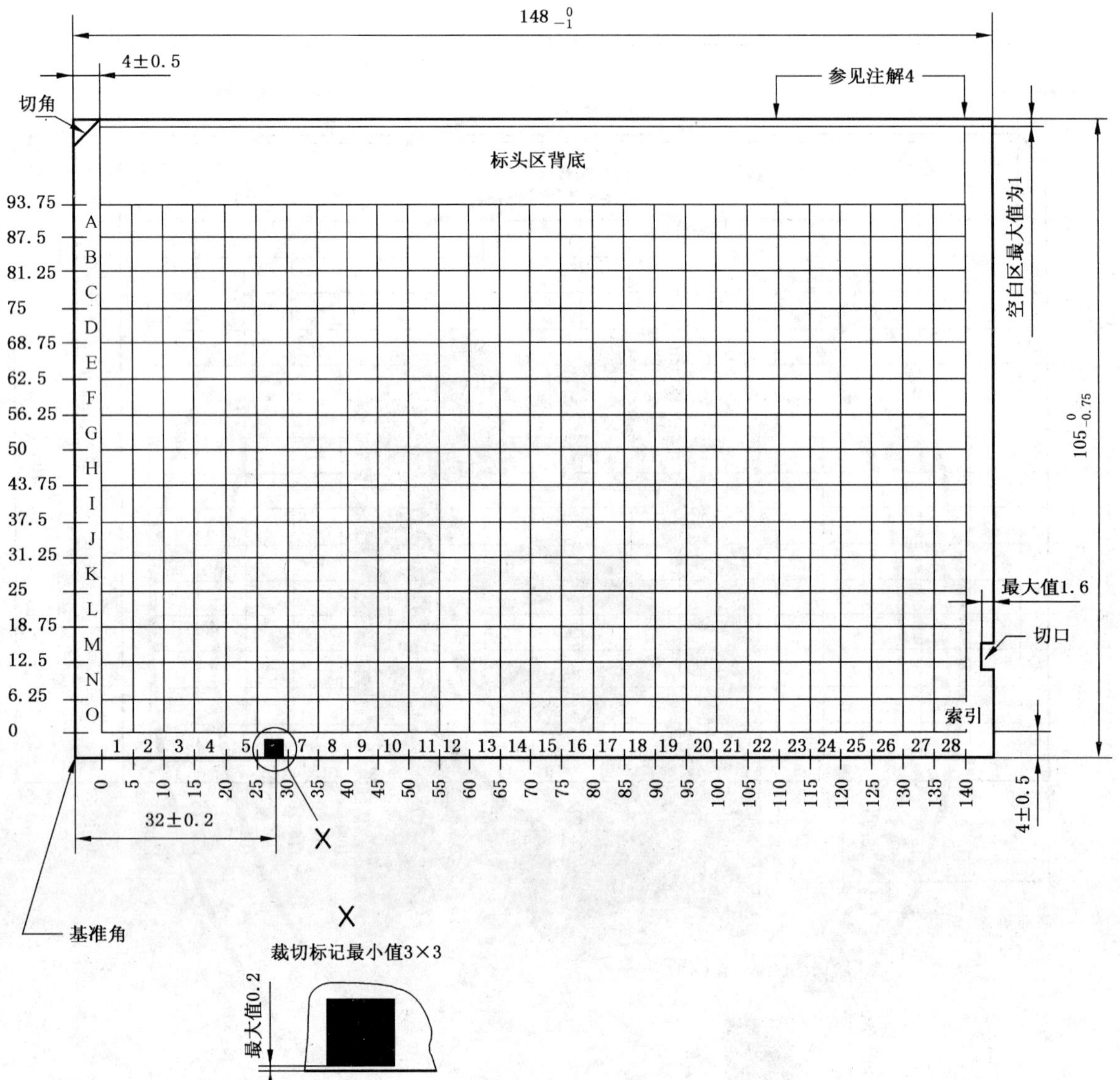

1——缩微平片不显现网格线。

2——缩微平片的轮廓尺寸是处理后测量的尺寸(见 4.1.2)。

3——画幅尺寸用于曝光过程。

4——为机读字符或光学代码保留区域(见 4.2.2.3)。

5——如果 A 行用于标头区,则行数的标注应是从 B 至 O(不可将 B 改为 A)。

6——这种影像排列方式推荐用于 1∶48 缩率缩微拍摄 210 mm×297 mm 幅面的原件和用于 COM。

7——第一代和奇数代的复制片的切角位于右上角,切口位于左侧边。偶数代复制片的切角位于左上角,切口位于右侧边(见 4.1.3)。

图 5　420 个画幅格式的影像排列

单位为毫米

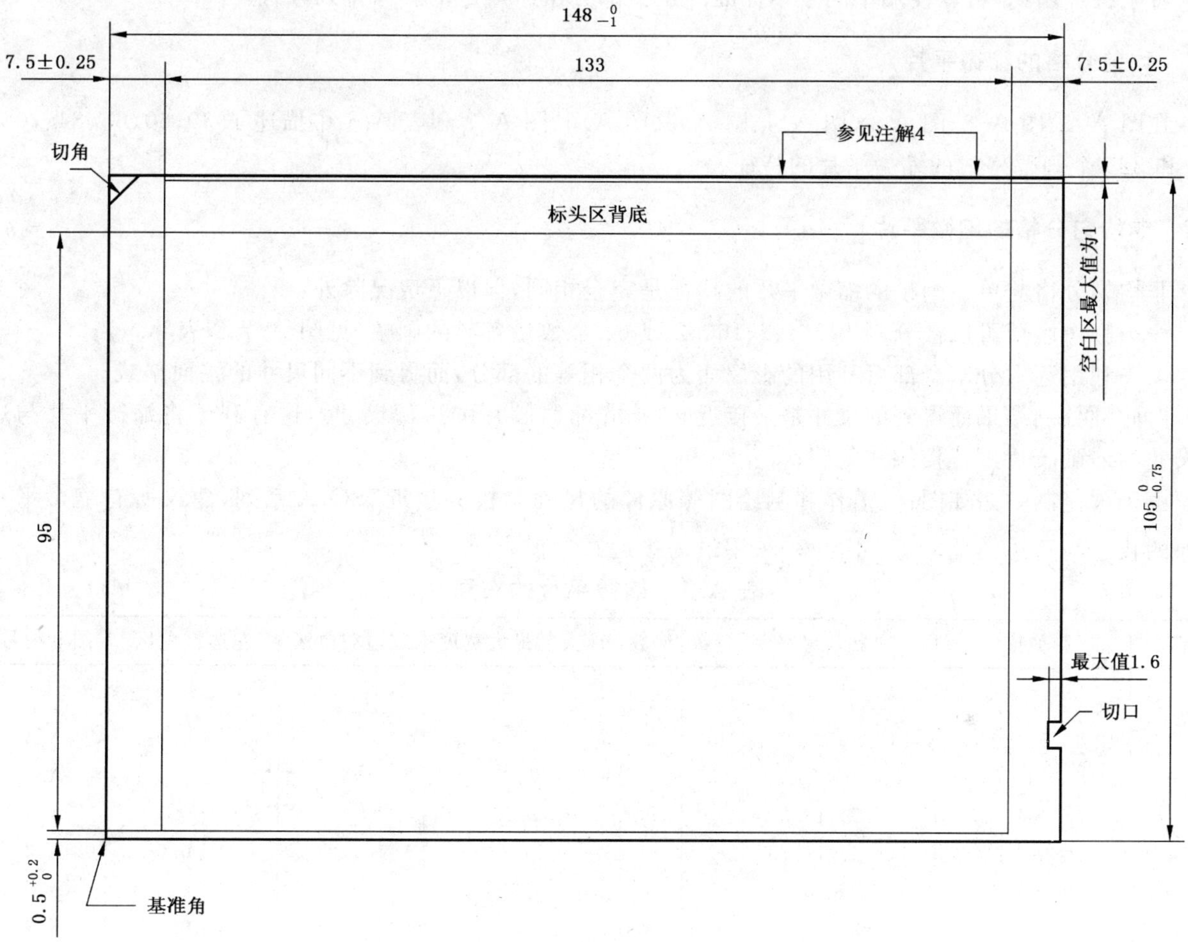

1——缩微平片的轮廓尺寸是处理后测量的尺寸(见 4.1.2)。

2——画幅尺寸用于曝光过程。

3——为机读字符或光学代码保留区域(见 4.2.2.3)。

4——第一代和奇数代的复制片的切角位于右上角,切口位于左侧边。偶数代复制片的切角位于左上角,切口位于右侧边。

图 6 单一画幅格式的缩微平片

附 录 A
（资料性附录）
其他均匀和非均匀分格的缩微平片

对于特殊用途，可以使用不同于本标准的正文部分中所规定的影像排列方式。

A.1 均匀分格的缩微平片

在图 A.1、图 A.2、图 A.3、图 A.4、图 A.5、图 A.6、图 A.7 和表 A.1 中描述了 30、60、63、84、208、210 和 325 个画幅格式的缩微平片的特征。

A.2 非均匀分格的缩微平片

非均匀分格与单一画幅的缩微平片的特征是完全相同，但以下情况除外：

——影像区域可以被分割为 2、4、8、16、32 或 64 个数量各异的画幅（见图 A.7 和表 A.1）；

——利用逐次分割全部可利用的影像面为两个相等的部分，而得到不同尺寸的幅面格式。

由此种分割结果而得到的尺寸是最接近 35 mm 缩微胶片的影像尺寸。这有利于将缩微平片与这种尺寸的缩微胶片进行接触式复制；

由于被复制的诸如图样、著作和测绘图等原件的尺寸是极为接近 ISO A 系列，建议所有缩微平片影像的长边与短边的比率（尺寸比率）采用最为接近$\sqrt{2}$的值。

表 A.1 缩微平片的布局

单位为毫米

画幅数	影像区[a]	画幅尺寸[b]	行数	列数	标头区最大宽度	底边空白区	左边空白区	图示编号
30	82.5×141	16.5×23.5	5	6	17.25	4±0.5	4±0.5	A.4
60	82.5×141	11.75×16.5	5	12	17.25	4±0.5	4±0.5	A.4
63	87.5×139.5	12.5×15.5	7	9	12.25	4±0.5	4±0.5	A.1
84	82.25×141	11.75×11.75	7	12	17.5	4±0.5	4±0.5	A.2
208	91×140	7×8.75	13	16	8.75	4±0.5	4±0.5	A.5
210	93.75×140	6.25×10	15	14	6	4±0.5	4±0.5	A.3
325	91×137.5	5.5×7	13	25	8.75	4±0.5	4±0.5	A.6
2	95×133	66×95	—	—	8.25	$0.5^{+0.2}_{0}$	7.5±0.25	A.7
4	95×133	47×66	—	—	8.25	$0.5^{+0.2}_{0}$	7.5±0.25	A.7
8	95×133	33×47	—	—	8.25	$0.5^{+0.2}_{0}$	7.5±0.25	A.7
16	95×133	23.5×33	—	—	8.25	$0.5^{+0.2}_{0}$	7.5±0.25	A.7
32	95×133	16.5×23.5	—	—	8.25	$0.5^{+0.2}_{0}$	7.5±0.25	A.7
64	95×133	11.75×16.5	—	—	8.25	$0.5^{+0.2}_{0}$	7.5±0.25	A.7

[a] 影像区不包括标头。

[b] 在同一张缩微平片上可以同时使用单幅和双幅。

单位为毫米

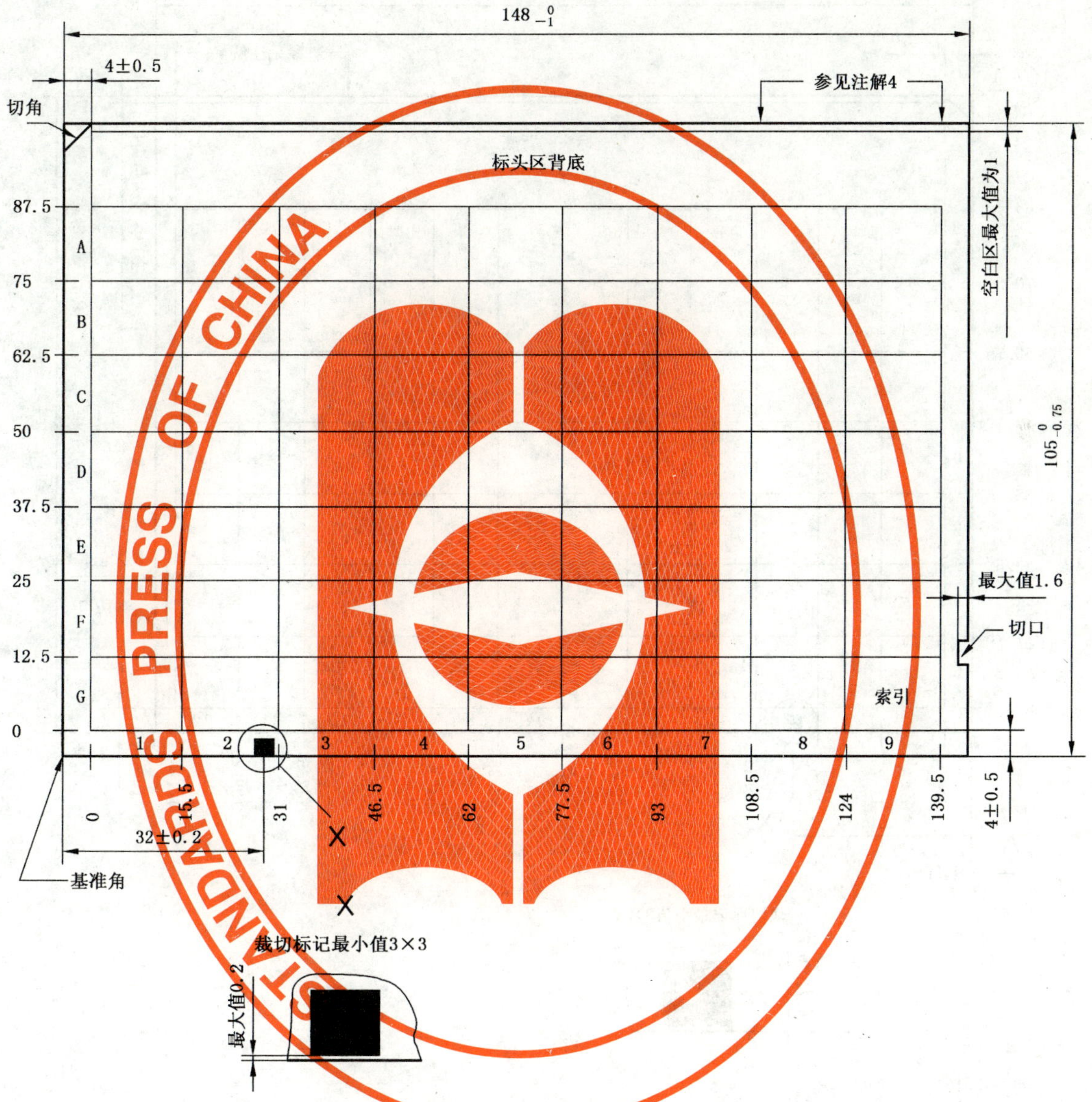

1——缩微平片不显现网格线。

2——缩微平片的轮廓尺寸是处理后测量的尺寸(见 4.1.2)。

3——画幅尺寸用于曝光过程。

4——为机读字符或光学代码保留区域(见 4.2.2.3)。

5——这种影像排列方式推荐用于 1∶24 缩率缩微拍摄原件。

6——第一代和奇数代的复制片的切角位于右上角,切口位于左侧边。偶数代复制片的切角位于左上角,切口位于右侧边。

图 A.1　63 个画幅格式的影像排列

单位为毫米

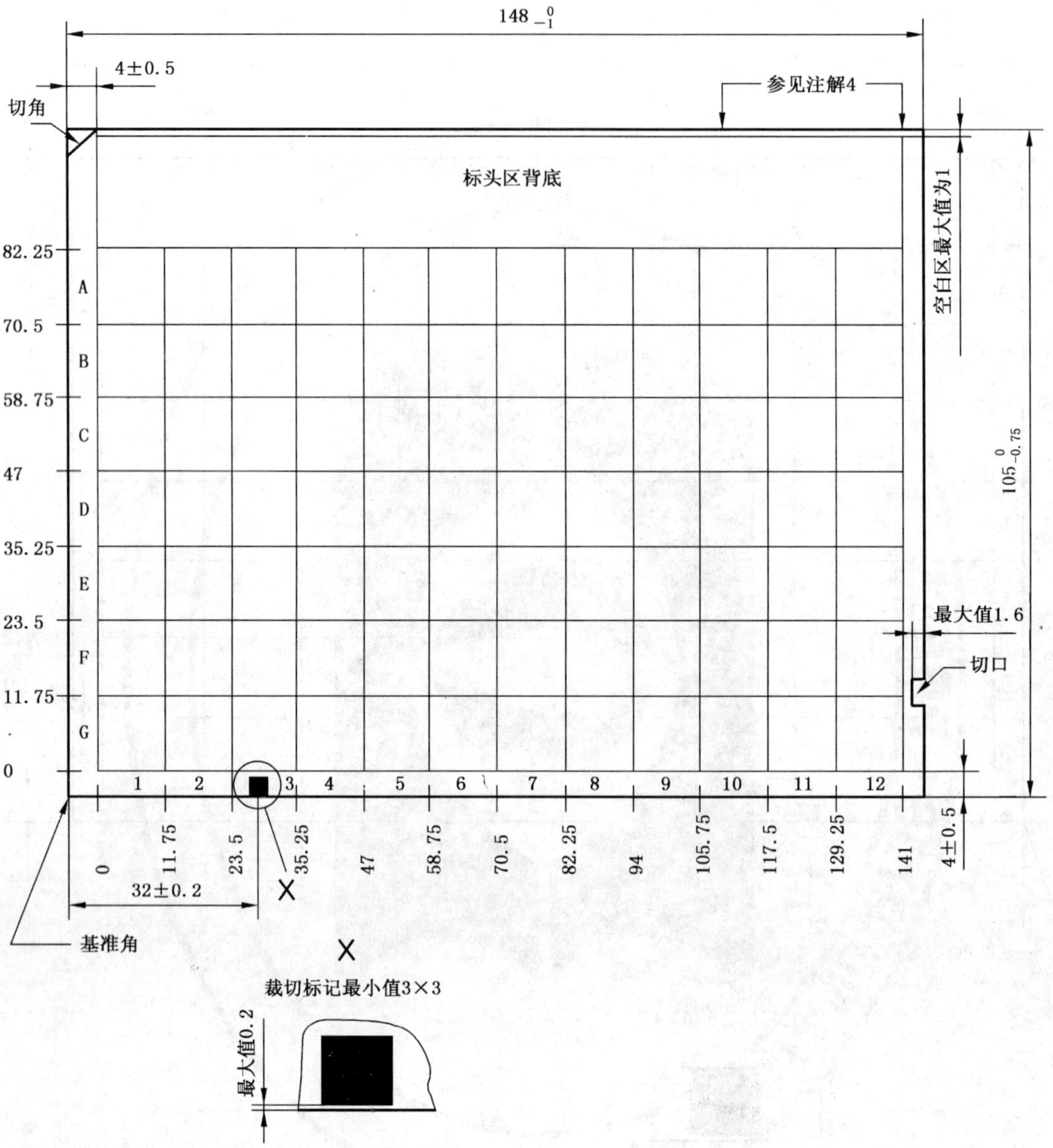

1——缩微平片不显现网格线。

2——缩微平片的轮廓尺寸是处理后测量的尺寸(见 4.1.2)。

3——画幅尺寸用于曝光过程。

4——为机读字符或光学代码保留区域(见 4.2.2.3)。

5——第一代和奇数代的复制片的切角位于右上角,切口位于左侧边。偶数代复制片的切角位于左上角,切口位于右侧边。

图 A.2 84 个画幅格式的影像排列

单位为毫米

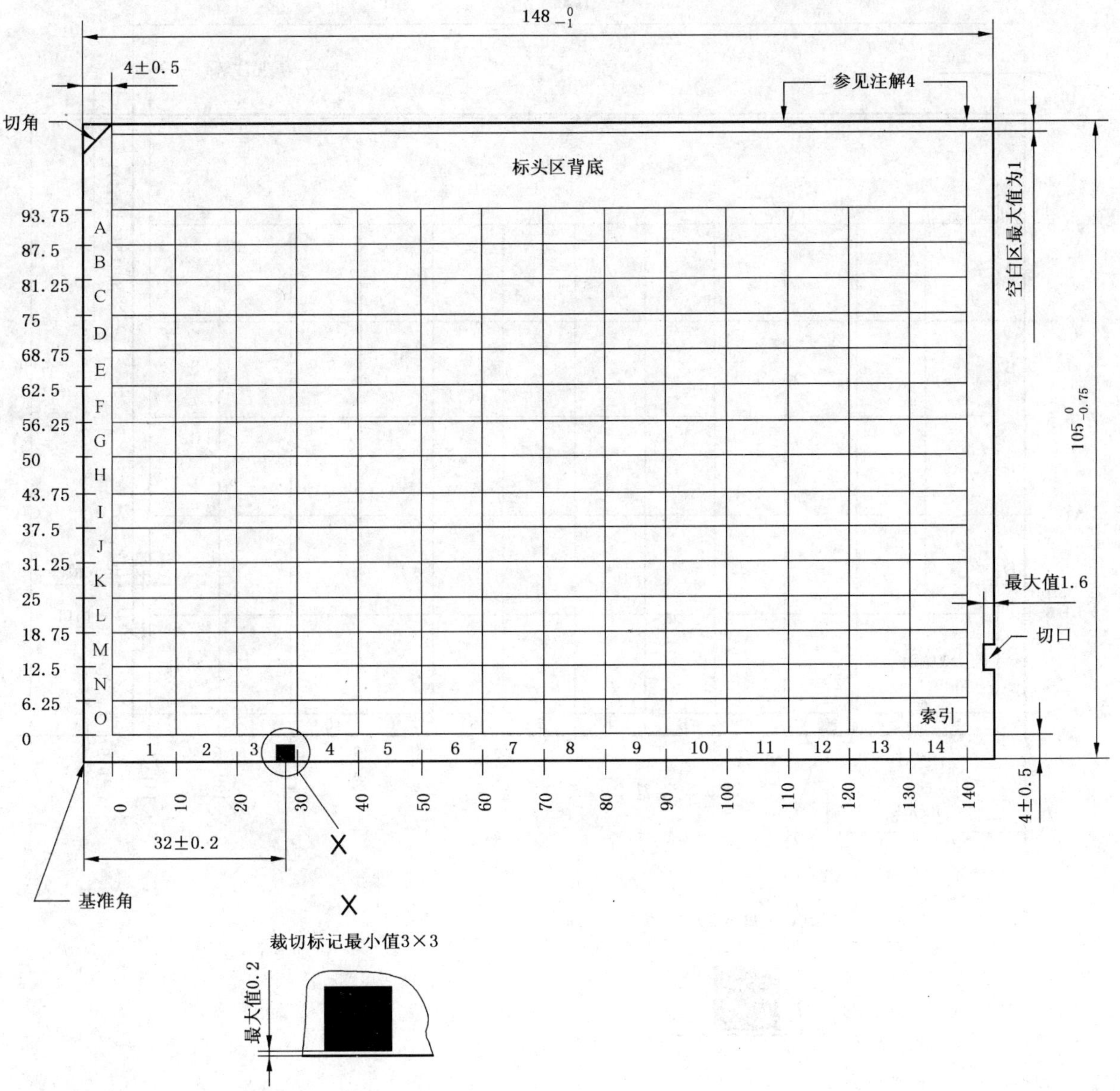

1——缩微平片不显现网格线。

2——缩微平片的轮廓尺寸是处理后测量的尺寸(见 4.1.2)。

3——画幅尺寸用于曝光过程。

4——为机读字符或光学代码保留区域(见 4.2.2.3)。

5——第一代和奇数代的复制片的切角位于右上角,切口位于左侧边。偶数代复制片的切角位于左上角,切口位于右侧边。

图 A.3　210 个画幅格式的影像排列

单位为毫米

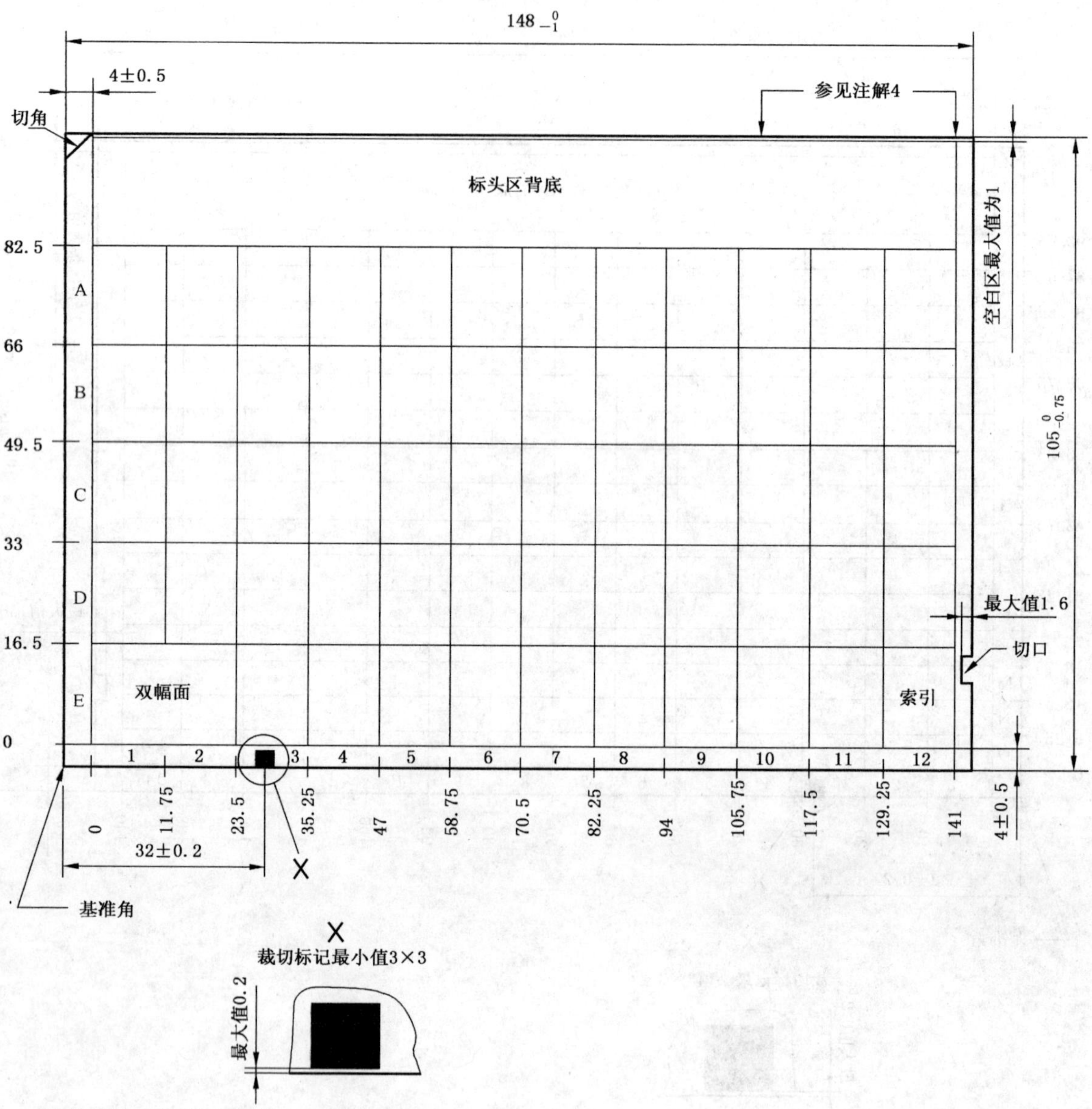

1——缩微平片不显现网格线。

2——缩微平片的轮廓尺寸是处理后测量的尺寸(见4.1.2)。

3——画幅尺寸用于曝光过程。

4——为机读字符或光学代码保留区域(见4.2.2.3)。

5——这种影像排列方式推荐使用1：20缩率缩微拍摄原件。

6——第一代和奇数代的复制片的切角位于右上角,切口位于左侧边。偶数代复制片的切角位于左上角,切口位于右侧边(见4.1.3)。

图 A.4　30和60个画幅格式的影像排列

单位为毫米

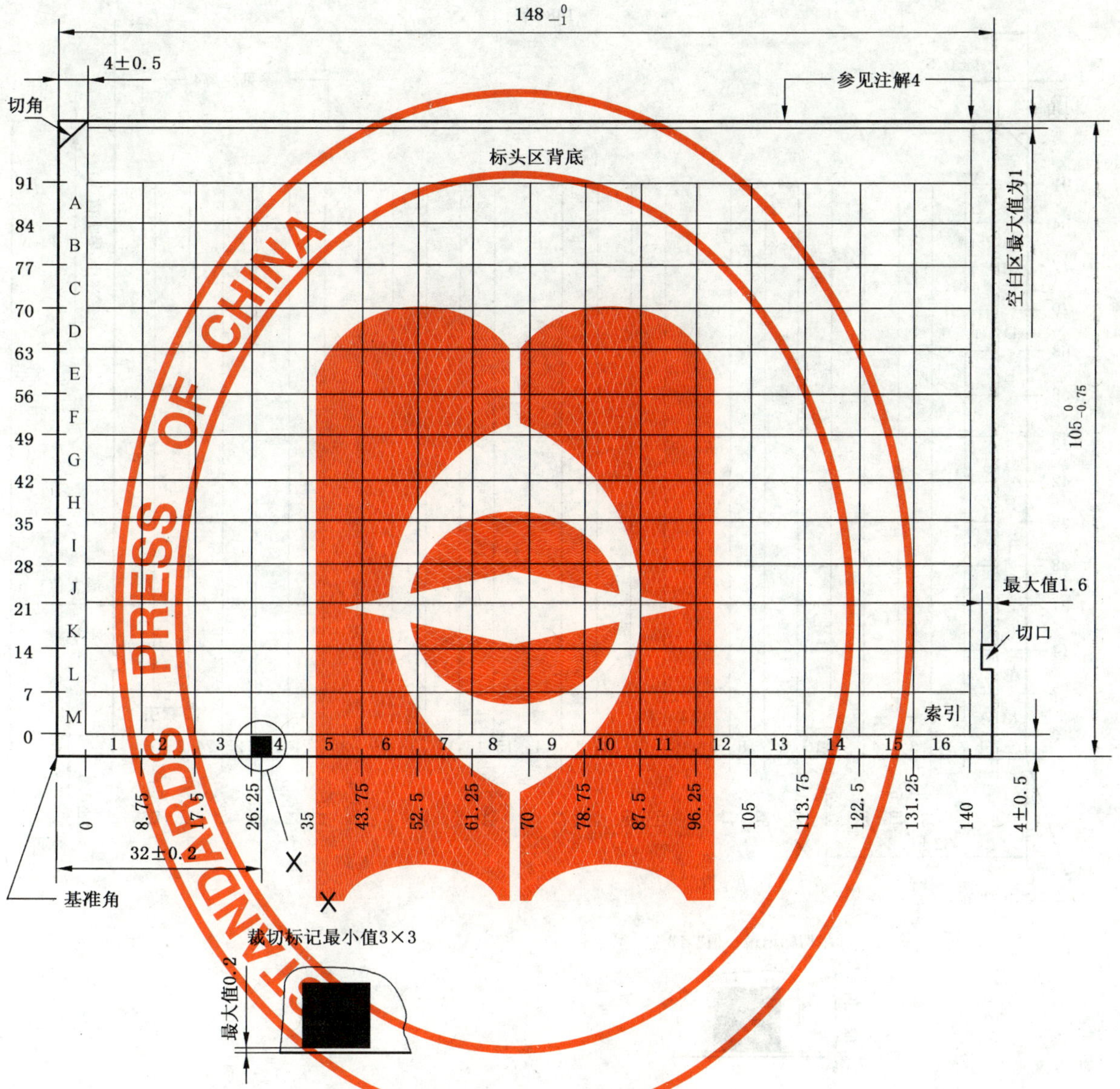

1——缩微平片不显现网格线。

2——缩微平片的轮廓尺寸是处理后测量的尺寸(见 4.1.2)。

3——画幅尺寸用于曝光过程。

4——为机读字符或光学代码保留区域(见 4.2.2.3)。

5——这种影像排列方式推荐使用 1∶42 缩率缩微拍摄 279 mm×355 mm 幅面的原件。

6——第一代和奇数代的复制片的切角位于右上角,切口位于左侧边。偶数代复制片的切角位于左上角,切口位于右侧边(见 4.1.3)。

图 A.5　208 个画幅格式的影像排列

单位为毫米

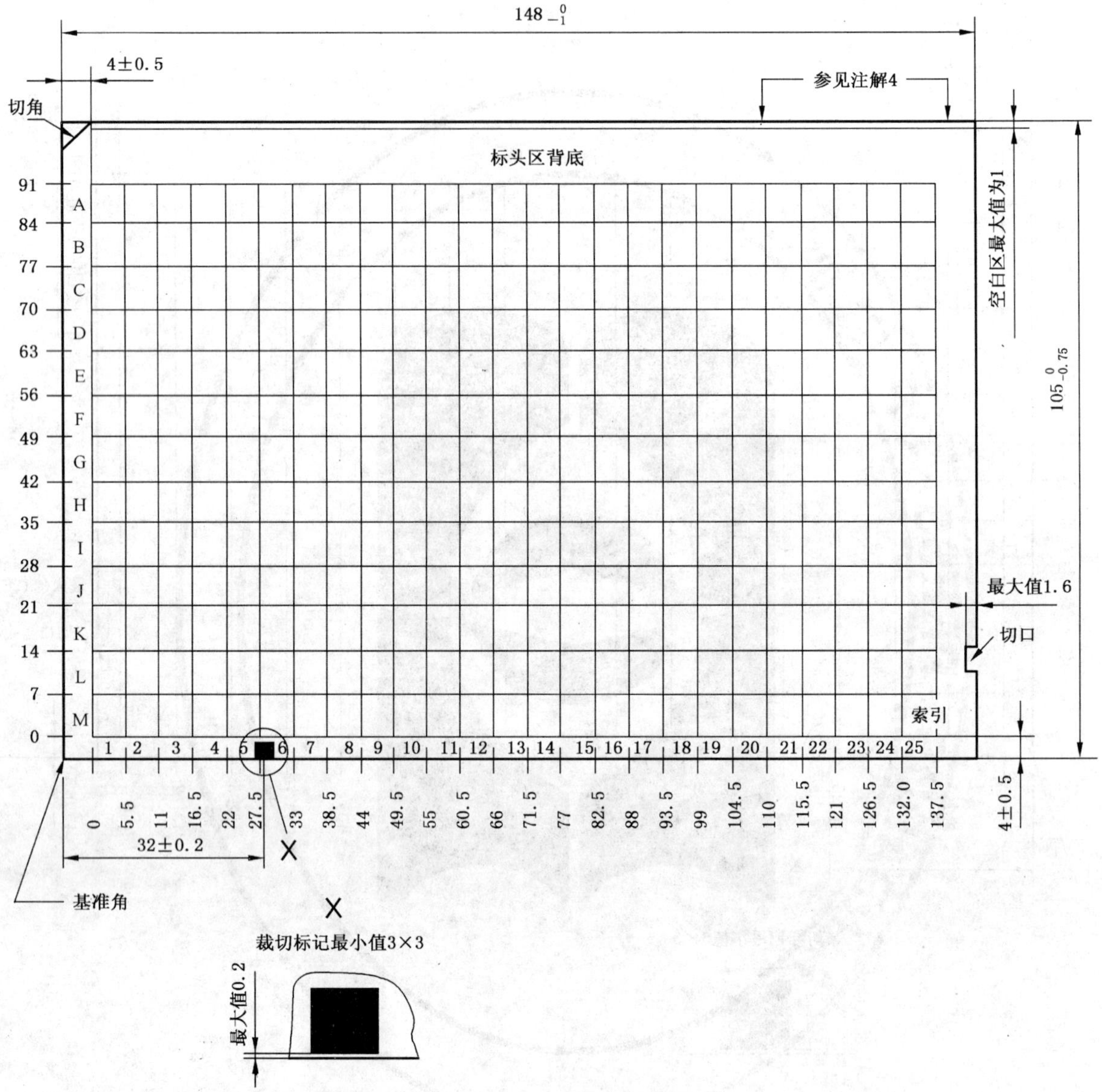

1——缩微平片不显现网格线。

2——缩微平片的轮廓尺寸是处理后测量的尺寸(见 4.1.2)。

3——画幅尺寸用于曝光过程。

4——为机读字符或光学代码保留区域(见 4.2.2.3)。

5——这种影像排列方式推荐使用 1∶42 缩率缩微拍摄 210 mm×297 mm 幅面的原件。

6——第一代和奇数代的复制片的切角位于右上角,切口位于左侧边。偶数代复制片的切角位于左上角,切口位于右侧边(见 4.1.3)。

图 A.6　325 个画幅格式的影像排列

单位为毫米

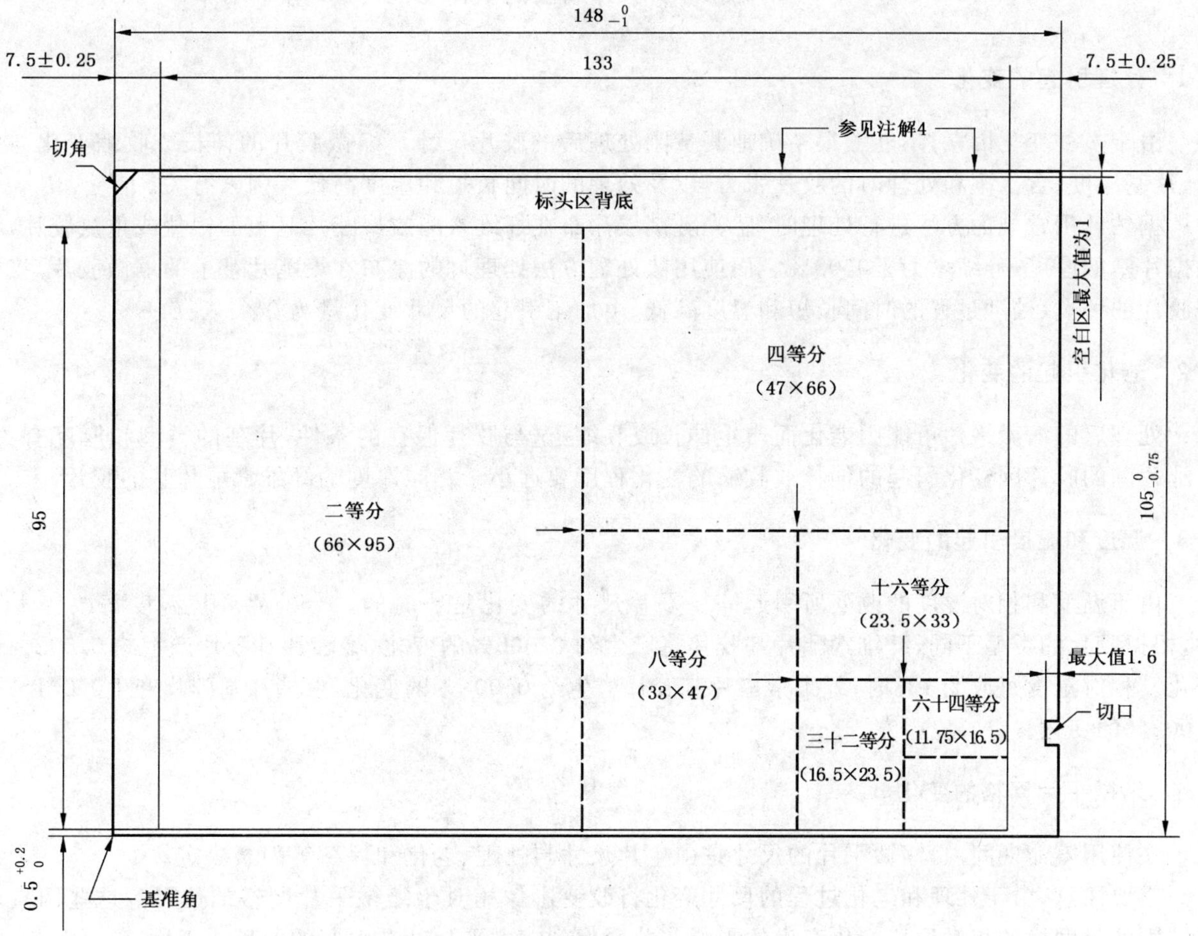

1——缩微平片不显现网格线。

2——缩微平片的轮廓尺寸是处理后测量的尺寸(见 4.1.2)。

3——画幅尺寸用于曝光过程。

4——为机读字符或光学代码保留区域(见 4.2.2.3)。

5——第一代和奇数代的复制片的切角位于右上角,切口位于左侧边。偶数代复制片的切角位于左上角,切口位于右侧边(见 4.1.3)。

图 A.7　2、4、8、16、32 和 64 个非均匀分布画幅格式的影像排列

附 录 B
（资料性附录）
缩微平片尺寸特性的变化

B.1 处理引起的变化

由于多种变化因素，不能够很精确地测量刚处理后的胶片尺寸。缩微胶片的伸长或收缩变化与乳剂、片基厚度、含水率和处理时的胶片张力，以及处理的时间长短和温度高低等因素有关。

据估计用常规的方法进行处理时，感光乳剂层涂布在纤维素酯或聚酯片基上的银盐或重氮胶片，将根据片基的厚度，伸缩率为±0.03％。而使用热处理方法处理过的涂布在聚酯片基上的缩微胶片，将根据胶片的种类、处理过程的时间长短和温度高低，由加工引起的尺寸变化量为0％～±0.5％。

B.2 老化引起的变化

处理后的缩微平片可能因老化而产生伸长或收缩，这与胶片保存的条件、片基的类型和厚度有关。聚酯片基的胶片因老化引起的伸长或收缩的变化程度要远小于相同厚度的纤维素酯片基的胶片。

B.3 温度和湿度引起的变化

由于温度和相对湿度的改变所引起缩微平片尺寸的变化是暂时的。当外界环境温度每改变1 ℃时，根据胶片的类型不同，纤维素酯片基胶片将产生约0.006％的变化，聚酯片基胶片产生约0.002％的变化。相对湿度每改变1％时，纤维素酯片基胶片产生约0.004％的变化，聚酯片基胶片产生0.001％～0.002％的变化。

B.4 缩微平片网格的变化

在使用寿命期间内，缩微平片的尺寸是由生片尺寸与处理、老化和保存等因素决定。

需要注意，由于处理和老化过程的尺寸变化将改变影像相对于缩微平片网格的位置。这些因素对特定影像与网格的相对位置变化产生的影响与此影像到缩微平片基准角间的距离成正比。

附　录　C
（资料性附录）
关于计算机输出缩微平片的说明

C.1　格式幻灯片设计

COM格式幻灯片的布局通常是由源程序设计软件确定。依据每行的字符数和每页的行数确定选用一组字符的尺寸。无论字符的大小，及使用纵向或横向格式线，格式线宜平均分割各字符成像的位置区。这种作法有助于防止产生动态字符与格式重叠。宜避免格式或字符的过度曝光，以免相互的“渗入”。

C.2　缩率

在GB/T 6159.1—2003中缩率的意思为小于源文件的复制。缩微拍摄纸文献时，由于这项工作只涉及到简单的数学乘法和除法，则缩率是很容易理解的概念。然而，COM涉及的是不能打印在纸张上的电子数据的缩微影像。但是，对大多数的COM影像，由系统设计员或程序员以与影像相同的每行字符数和每页行数模拟设定在打印纸张上来表示。因此，COM影像（画幅）的缩率与等效纸张的尺寸有关。

ICS 73.040
D 24

中华人民共和国国家标准

GB/T 18512—2008
代替 GB/T 18512—2001,GB/T 18817—2002

高炉喷吹用煤技术条件

Specifications of coal used in pulverized coal injection (PCI)

2008-07-29 发布　　2009-05-01 实施

中华人民共和国国家质量监督检验检疫总局
中国国家标准化管理委员会　发布

前　言

本标准代替 GB/T 18512《高炉喷吹用无烟煤技术条件》和 GB/T 18817《高炉喷吹用烟煤技术条件》，将 2 个标准合并为《高炉喷吹用煤技术条件》。

本标准与 GB/T 18512 和 GB/T 18817 相比，主要修改如下：

——标准正文第 2 章“规范性引用文件”中将 GB/T 189 改为 GB/T 17608，同时增加对 GB/T 479、GB/T 19494.1 和 GB/T 19494.2 的引用；

——按煤炭类别将原 2 项标准中的技术条件分别改为“高炉喷吹用无烟煤的技术要求和试验方法”(4.1)、“高炉喷吹用贫煤、贫瘦煤的技术要求和试验方法”(4.2)和“高炉喷吹用其他烟煤技术要求和试验方法”(4.3)；同时将气煤划分至“其他烟煤”一类；

——在表 1“高炉喷吹用无烟煤的技术要求和试验方法”中对灰分的技术要求改为“Ⅰ级≤8.00，Ⅱ级>8.00～10.00，Ⅲ级>10.00～12.00，Ⅳ级>12.00～14.00”；

——在表 1 中增加对“钾和钠总量”的技术要求；

——在表 2“高炉喷吹用贫煤、贫瘦煤的技术要求和试验方法”中对全硫的技术要求第Ⅲ级改为“>0.75～1.00”；

——在表 3“高炉喷吹用其他烟煤的技术要求和试验方法”中对灰分的技术要求改为“Ⅰ级≤6.00，Ⅱ级>6.00～8.00，Ⅲ级>8.00～10.00，Ⅳ级>10.00～12.00”；

——在表 3 中增加黏结性要求。

本标准由中国煤炭工业协会提出。

本标准由全国煤炭标准化技术委员会归口。

本标准起草单位：煤炭科学研究总院北京煤化工研究分院、山西潞安矿业（集团）有限责任公司、武汉钢铁股份有限公司、山西国阳新能股份有限公司。

本标准主要起草人：姜英、刘仁生、梁尚国、任玉明、罗陨飞、王东飞、丁自安、李文华、吕劲、吴宽鸿。

本标准所代替标准的历次版本发布情况为：

——GB/T 18512—2001；

——GB/T 18817—2002。

高炉喷吹用煤技术条件

1 范围

本标准规定了高炉喷吹用煤的类别、技术要求、试验方法和检验验收依据。

本标准适用于高炉的喷吹用煤。

2 规范性引用文件

下列文件中的条款通过本标准的引用而成为本标准的条款。凡是注日期的引用文件，其随后所有的修改单(不包括勘误的内容)或修订版均不适用于本标准，然而，鼓励根据本标准达成协议的各方研究是否可使用这些文件的最新版本。凡是不注日期的引用文件，其最新版本适用于本标准。

GB/T 211 煤中全水分的测定方法(GB/T 211—2007,ISO 589:2003, Hard coal—Determination of total moisture,NEQ)

GB/T 212 煤的工业分析方法(GB/T 212—2008,ISO 11722:1999,Solid mineral fuels—Hard coal—Determination of moisture in the general analysis test sample by drying in nitrogen, ISO 1171:1997,Solid mineral fuels—Determination of ash,ISO 562:1998,Hard coal and coke—Determination of volatile matter,NEQ)

GB/T 214 煤中全硫的测定方法(GB/T 214—2007,ISO 334:1992,Solid mineral fuels—Determination of total sulfur—Eschka method,ISO 351:1996,Solid mineral fuels—Determination of total sulfur—High temperature combustion method,NEQ)

GB/T 216 煤中磷的测定方法(GB/T 216—2003,ISO 622:1981,Solid mineral fuels—Determination of phorphorus content—Reduced molybdophosphate photometric method,NEQ)

GB 474 煤样的制备方法(GB 474—1996,eqv ISO 1988:1975,Hard coal—Sampling)

GB 475 商品煤样采取方法(GB 475—1996,eqv ISO 1988:1975,Hard coal—Sampling)

GB/T 479 烟煤胶质层指数测定方法

GB/T 1574 煤灰成分分析方法

GB/T 2565 煤的可磨性指数测定方法(哈德格罗夫法)(GB/T 2565—1998,neq ISO 5074:1980, Hard coal—Determination of Hardgrove grindability index)

GB 5751 中国煤炭分类

GB/T 17608 煤炭产品品种和等级划分

GB/T 18666 商品煤质量抽查和验收方法

GB/T 19494.1 煤炭机械化采样 第1部分:采样方法(GB/T 19494.1—2004,ISO 13909-1:2001 Hard coal and coke—Mechanical sampling—Part 1: General introduction,ISO 13909-2:2001 Hard coal and coke—Mechanical sampling—Part 2: Coal—Sampling from moving streams,ISO 13909-3:2001 Hard coal and coke—Mechanical sampling—Part 3: Coal—Sampling from stationary lots,NEQ)

GB/T 19494.2 煤炭机械化采样 第2部分:煤样的制备(GB/T 19494.2—2004,ISO 13909-1:2001 Hard coal and coke—Mechanical sampling—Part 1: General introduction,ISO 13909-4:2001 Hard coal and coke—Mechanical sampling—Part 4: Coal—Preparation of test samples,NEQ)

3 煤炭类别

无烟煤、贫煤、贫瘦煤、气煤、长焰煤、不黏煤和弱黏煤。煤炭类别按GB 5751确定。

4 技术要求和试验方法

4.1 高炉喷吹用无烟煤的技术要求和试验方法应符合表1的规定。

表1 高炉喷吹用无烟煤的技术要求和试验方法

项目	符号	单位	级别	技术要求	试验方法
粒度	—	mm		0～13 0～25	GB/T 17608
灰分	A_d	%	Ⅰ级 Ⅱ级 Ⅲ级 Ⅳ级	≤8.00 ＞8.00～10.00 ＞10.00～12.00 ＞12.00～14.00	GB/T 212
全硫	$S_{t,d}$	%	Ⅰ级 Ⅱ级 Ⅲ级	≤0.30 ＞0.30～0.50 ＞0.50～1.00	GB/T 214
哈氏可磨性指数	HGI	—	Ⅰ级 Ⅱ级 Ⅲ级	＞70 ＞50～70 ＞40～50	GB/T 2565
磷分	P_d	%	Ⅰ级 Ⅱ级 Ⅲ级	≤0.010 ＞0.010～0.030 ＞0.030～0.050	GB/T 216
钾和钠总量[a]	$w(K)+w(Na)$	%	Ⅰ级 Ⅱ级	＜0.12 ＞0.12～0.20	GB/T 1574
全水分	M_t	%	Ⅰ级 Ⅱ级 Ⅲ级	≤8.0 ＞8.0～10.0 ＞10.0～12.0	GB/T 211

[a] 煤中钾和钠总量的计算方法：

$$w(K)+w(Na)=[0.830w(K_2O)+0.742w(Na_2O)]\times A_d\div 100$$

式中：

$w(K)+w(Na)$——煤中钾和钠总量，%；

0.830——钾占氧化钾的系数；

$w(K_2O)$——煤灰中氧化钾的含量，%；

0.742——钠占氧化钠的系数；

$w(Na_2O)$——煤灰中氧化钠的含量，%；

A_d——煤的干燥基灰分，%。

4.2 高炉喷吹用贫煤、贫瘦煤的技术要求和试验方法应符合表2的规定。

表2 高炉喷吹用贫煤、贫瘦煤的技术要求和试验方法

项目	符号	单位	级别	技术要求	试验方法
粒度	—	mm		＜50	GB/T 17608
灰分	A_d	%	Ⅰ级 Ⅱ级 Ⅲ级 Ⅳ级	≤8.00 ＞8.00～10.00 ＞10.00～12.00 ＞12.00～13.50	GB/T 212

表 2（续）

项目	符号	单位	级别	技术要求	试验方法
全硫	$S_{t,d}$	%	Ⅰ级 Ⅱ级 Ⅲ级	≤0.50 >0.50～0.75 >0.75～1.00	GB/T 214
哈氏可磨性指数	HGI	—	Ⅰ级 Ⅱ级	>70 >50～70	GB/T 2565
磷分	P_d	%	Ⅰ级 Ⅱ级 Ⅲ级	≤0.010 >0.010～0.030 >0.030～0.050	GB/T 216
钾和钠总量[a]	$w(K)+w(Na)$	%	Ⅰ级 Ⅱ级	<0.12 >0.12～0.20	GB/T 1574
全水分	M_t	%	Ⅰ级 Ⅱ级 Ⅲ级	≤8.0 >8.0～10.0 >10.0～12.0	GB/T 211

[a] 煤中钾和钠总量的计算方法同表 1。

4.3 高炉喷吹用其他烟煤的技术要求和试验方法应符合表 3 的规定。

表 3 高炉喷吹用其他烟煤的技术要求和试验方法

项目	符号	单位	级别	技术要求	试验方法
粒度	—	mm		<50	GB/T 17608
灰分	A_d	%	Ⅰ级 Ⅱ级 Ⅲ级 Ⅳ级	≤6.00 >6.00～8.00 >8.00～10.00 >10.00～12.00	GB/T 212
全硫	$S_{t,d}$	%	Ⅰ级 Ⅱ级 Ⅲ级	≤0.50 >0.50～0.75 >0.75～1.00	GB/T 214
哈氏可磨性指数	HGI	—	Ⅰ级 Ⅱ级	>70 >50～70	GB/T 2565
烟煤胶质层指数	Y	mm		<10	GB/T 479
磷分	P_d	%	Ⅰ级 Ⅱ级 Ⅲ级	≤0.010 >0.010～0.030 >0.030～0.050	GB/T 216
钾和钠总量[a]	$w(K)+w(Na)$	%	Ⅰ级 Ⅱ级	≤0.12 >0.12～0.20	GB/T 1574
发热量	$Q_{net,ar}$	MJ/kg		≥23.50	GB/T 213
全水分	M_t	%	Ⅰ级 Ⅱ级 Ⅲ级	≤12.0 >12.0～14.0 >14.0～16.0	GB/T 211

[a] 煤中钾和钠总量的计算方法同表 1。

5 质量检验和验收

5.1 煤样的采取和制备

煤样按 GB 475 或 GB/T 19494.1 的规定采取，按 GB 474 或 GB/T 19494.2 的规定制备。

5.2 每批产品应附有质量证明书。

5.3 产品质量的检验和验收按 GB/T 18666 的规定执行。

ICS 43.160
T 59

中华人民共和国国家标准

GB 18564.2—2008
部分代替 GB 18564—2001

道路运输液体危险货物罐式车辆
第2部分：非金属常压罐体技术要求

Road tanker for dangerous liquid goods transportation—
Part 2: Technical requirements of atmospheric pressure non-metal tank

2008-12-11 发布　　2009-07-01 实施

中华人民共和国国家质量监督检验检疫总局
中国国家标准化管理委员会　发布

前　言

本部分的全部技术内容为强制性。

GB 18564《道路运输液体危险货物罐式车辆》分为2个部分：

——第1部分：金属常压罐体技术要求；

——第2部分：非金属常压罐体技术要求。

本部分为GB 18564《道路运输液体危险货物罐式车辆》的第2部分。

本部分代替GB 18564—2001《汽车运输液体危险货物常压容器(罐体)通用技术条件》的非金属罐体部分。

本部分与GB 18564—2001相比较，主要变化如下：

——标准名称由“汽车运输液体危险货物常压容器(罐体)通用技术条件”改为“道路运输液体危险货物罐式车辆 第2部分：非金属常压罐体技术要求”；

——工作压力上限由“0.072 MPa”修改为“小于0.1 MPa”；

——增加了术语和定义一章；

——增加了材料一章，规定了罐体用玻璃纤维增强塑料及塑料材料的技术要求；

——增加了设计一章，规定了罐体载荷、设计参数的确定和结构等设计要求；

——制造一章中，增加了罐体成型及偏差的要求；

——修改了原出厂检验要求；

——增加了罐体定期检验一章，规定了基本的检验项目和内容；

——增加了附录A“非金属罐体适用的常见液体危险货物介质”、附录C“玻璃纤维增强塑料罐体粘接工艺评定”、附录D“塑料焊接罐体焊接工艺评定”和附录E“射线、超声与渗透检测验收规范”；

——原附录A“液体危险货物与罐体材质的相容性”改为附录B“常见液体危险货物介质与罐体材料的相容性”；

——取消了原附录B“危险货物常压罐体年检结果登记表”(提示的附录)。

本部分的附录A、附录B、附录C、附录D、附录E为资料性附录。

本部分由全国锅炉压力容器标准化技术委员会(SAC/TC 262)提出并归口。

本部分由全国锅炉压力容器标准化技术委员会移动式压力容器分技术委员会(SAC/TC 262/SC4)组织起草。

本部分起草单位：杭州萧山南方化工设备厂、同济大学航空航天与力学学院、上海市气体工业协会、无锡市海溪防腐设备厂、上海化工装备有限公司、昊华中意玻璃钢有限公司、上海沪光客车厂、上海特种设备监督检验技术研究院、上海市化工物品汽车运输公司、扬州中集通华专用车股份有限公司、广东东莞永强汽车制造有限公司。

本部分主要起草人：周仕刚、倪永泉、许子平、陈晓宇、周伟明、寿比南、王为国、付新兰、吴刚、魏勇彪、夏秋春、张希成、孙家星、丁建勋、王虎群、刘洪庆、沈碧霞。

本部分所代替标准的历次版本发布情况为：

——GB 18564—2001。

道路运输液体危险货物罐式车辆 第2部分：非金属常压罐体技术要求

1 范围

1.1 本部分规定了道路运输液体危险货物罐式车辆非金属常压罐体(以下简称罐体)的设计、制造、试验方法、出厂检验、涂装与标记标识以及定期检验项目的技术要求。

1.2 本部分适用于装运介质为液体危险货物，工作压力小于0.1 MPa，罐体材料为聚乙烯塑料、聚氯乙烯塑料、聚丙烯塑料、玻璃纤维增强塑料等，且与定型汽车底盘或半挂车车架为永久性连接的非金属罐体。

1.3 本部分罐体用非金属材料允许的使用温度范围应符合下列要求：

a) 聚氯乙烯、聚丙烯塑料：－10 ℃～50 ℃；

b) 聚乙烯塑料、玻璃纤维增强塑料：－20 ℃～50 ℃。

任何情况下，罐体元件的表面温度不应超过材料的允许使用温度范围。

1.4 本部分适用于附录A中的介质。对超出附录A范围以外的液体危险货物，其罐体设计可参照本部分执行，但需经国家主管机构认可的单位进行技术评审。

1.5 本部分不适用于金属材料的罐体、真空绝热结构的罐体、有特殊要求军事装备用的罐体、容积大于20 m^3 的罐体，以及装运易燃、易爆或毒性程度为极度或高度危害类介质的罐体。

1.6 对不能采用本部分进行设计的罐体，允许采用以下方法设计，但需经国家主管机构认可的单位评定、认可：

a) 包括有限元法在内的应力分析；

b) 验证性实验分析(如实验应力分析、验证性液压试验)；

c) 用可比的已投入使用的结构进行对比经验设计。

2 规范性引用文件

下列文件中的条款，通过GB 18564的本部分的引用而成为本部分的条款。凡是注日期的引用文件，其随后所有的修改单(不包括勘误的内容)或修订版均不适用于本部分。然而，鼓励根据本部分达成协议的各方研究是否可使用这些文件的最新版本。凡是不注日期的引用文件，其最新版本适用于本部分。

GB/T 1033—1986 塑料密度和相对密度试验方法

GB/T 1040.2—2006 塑料 拉伸性能的测定 第2部分：模塑和挤塑塑料的试验条件(ISO 527-2:1993,IDT)

GB/T 1043—1993 硬质塑料简支梁冲击试验方法(neq ISO 179:1982)

GB/T 1447—2005 纤维增强塑料拉伸性能试验方法(ISO 527-4:1997,Test condition for isotropic and orthotropic fiber-reinforced plastics composites,NEQ)

GB 1589 道路车辆外廓尺寸、轴荷及质量限值

GB/T 1633—2000 热塑性塑料维卡软化温度(VST)的测定(idt ISO 306:1994)

GB/T 1634.1—2004 塑料 负荷变形温度的测定 第1部分：通用试验方法(ISO 75-1:2003,IDT)

GB/T 2035—1996 塑料术语及其定义

GB/T 2568—1995　树脂浇铸体拉伸性能试验方法

GB/T 3682—2000　热塑性塑料熔体质量流动速率和熔体体积流动速率的测定(idt ISO 1133:1997)

GB/T 3730.1—2001　汽车和挂车类型的术语和定义

GB/T 3730.2—1996　道路车辆　质量　词汇和代码(idt ISO 1176:1990)

GB/T 3961—1993　纤维增强塑料术语

GB/T 4454—1996　硬质聚氯乙烯层压板材

GB 6944—2005　危险货物分类和品名编号

GB 7258　机动车运行安全技术条件

GB/T 8237—2005　纤维增强塑料用液体不饱和聚酯树脂

GB/T 9445—2005　无损检测　人员资格鉴定与认证(ISO 9712:1999,IDT)

GB 9969.1—1998　工业产品使用说明书　总则

GB 12268—2005　危险货物品名表

GB 13392—2005　道路运输危险货物车辆标志

GB/T 13657—1992　双酚-A 型环氧树脂

GB 16735—2004　道路车辆　车辆识别代号(VIN)

GB/T 18369—2008　玻璃纤维无捻粗纱

GB/T 18411—2001　道路车辆　产品标牌

GB 18564.1　道路运输液体危险货物罐式车辆　第 1 部分:金属常压罐体技术要求

JB/T 4730.1　承压设备无损检测　第 1 部分:通用要求

JB/T 4730.2　承压设备无损检测　第 2 部分:射线检测

JB/T 4730.3　承压设备无损检测　第 3 部分:超声检测

JB/T 4730.5　承压设备无损检测　第 5 部分:渗透检测

GA 406—2002　车身反光标识

HG/T 20640—1997　塑料设备

HG 20660—2000　压力容器中化学介质毒性危害和爆炸危险程度分类

HG/T 20696—1999　玻璃钢化工设备设计规定

3　术语和定义

GB/T 2035、GB/T 3730.1、GB/T 3730.2、GB/T 3961 及 GB 18564.1 确立的以及下列术语和定义适用于本部分。

3.1

工作压力　operating pressure

系指在正常工作情况下,罐体顶部可能达到的最高压力。

3.2

设计压力　design pressure

系指设定的罐体顶部的最高压力,与相应的设计温度一起作为罐体的设计载荷条件,其值不低于工作压力。

3.3

设计温度　design temperature

系指在正常工作情况下,设定的非金属元件的温度(沿非金属元件截面的温度平均值)。设计温度与设计压力一起作为设计载荷条件。

3.4

计算厚度　calculated thickness

系指按本部分第6章公式计算得到的厚度。需要时，尚应计入其他载荷所需厚度。

3.5

设计厚度　design thickness

系指计算厚度与腐蚀裕量之和或最小厚度与腐蚀裕量之和两者中的较大值。

3.6

名义厚度　nominal thickness

系指设计厚度圆整至材料标准规格的厚度，即设计图样上标注的厚度。

3.7

安全附件　safety attachments

系指安装于罐体上的通气装置、紧急切断装置、液位测量装置等能起安全保护作用的附件的总称。

3.8

旋转模塑，滚塑　rotational moulding

系指将塑料粉末加入模具中，然后加热模具并使之沿两相互垂直的轴连续旋转，模具内塑料粉末在离心力、重力和热量的作用下逐渐均匀地涂布、熔融黏附于模具内表面上，形成所需要的形状。然后冷却模具，脱模得到罐体的一种塑料加工工艺。

4　总论

4.1　总则

4.1.1　除应符合本部分的规定外，罐体的设计、制造、试验方法、出厂检验、涂装与标志标识及定期检验项目等安全技术要求还应符合国家有关法律、法规和规章的规定。

4.1.2　设计、制造单位应按国家有关规定取得相应资质后，方可进行罐体的设计和制造。

4.1.3　配装符合本部分要求的罐体的罐车应符合GB 7258的有关规定。

4.2　职责

4.2.1　设计单位

4.2.1.1　设计单位应对设计文件的正确性和完整性负责。

4.2.1.2　罐体的设计文件至少应包括下列内容：

a)　设计计算书(包括罐体强度计算、罐体容积计算、支座局部应力计算等)；

b)　设计图样(包括总图、罐体图、管路图等)；

c)　设计说明书；

d)　使用说明书。

4.2.1.3　设计总图至少应注明下列内容：

a)　产品名称、型号；

b)　底盘型号、发动机功率、满载总质量、整备质量、轴载质量、最大允许充装质量、罐车外廓尺寸、罐体尺寸、罐体设计总容积、有效容积及分仓容积等主要技术特性参数；

c)　罐体设计压力、设计温度、充装介质及危险特性、焊接接头系数、腐蚀裕量和单位容积充装量等主要设计参数；

d)　罐体安全附件的规格和性能要求；

e)　罐体气密性试验要求；

f)　罐车产品铭牌的位置。

4.2.1.4　罐体图至少应注明下列内容：

a)　产品名称；

b) 设计压力、设计温度、充装介质及危险特性、焊接接头系数、腐蚀裕量和单位容积充装量等设计参数；

c) 罐体主体材料牌号、规格及要求；

d) 几何尺寸、设计总容积及分仓容积；

e) 封头和筒体设计厚度；

f) 制造要求；

g) 热处理要求；

h) 无损检测要求；

i) 防腐蚀处理要求；

j) 耐压试验要求。

4.2.2 制造单位

4.2.2.1 制造单位应按经规定程序批准的设计图样进行制造，如需对原设计进行修改，应取得原设计单位同意修改的书面证明文件，且对改动部位作详细记录。

4.2.2.2 制造单位在制造过程中和完工后，应按本部分和设计图样的规定对罐体（车）进行各项检验、检测和试验，出具检验、检测和试验报告，并对报告的正确性和完整性负责。

4.2.2.3 制造单位至少应保存下列文件备查，且保存期一般不应少于7年。

a) 制造工艺图或制造工艺卡；

b) 材料证明文件及材料表；

c) 焊接和热处理工艺记录；

d) 安全附件的检验记录；

e) 标准中规定制造厂应检验项目的检验记录；

f) 射线检测底片和报告、其他无损检测报告；

g) 制造过程中及完工后的检验、检测和试验报告；

h) 设计图和竣工图（至少包括总图、罐体图和管路图等）；

i) 产品使用说明书；

j) 产品质量证明书。

5 材料

5.1 一般要求

5.1.1 罐体用材料（包括衬里材料）应当具有良好的耐腐蚀性能、力学性能及相应的工艺性能，并能满足罐体的制造、检验及安全使用等基本要求。

5.1.2 罐体及罐体用管材、焊材等材料应符合相应国家标准或行业标准的规定，并应有相应的质量证明文件。

5.1.3 罐体用材料应与罐内装运介质相容，与介质接触的罐体材料（包括衬里材料）不应与装运介质发生化学反应，从而避免降低材料强度或污染装运的介质，且满足罐车在使用中所遇到的各种工作和环境条件。

5.1.4 装运附录A中介质的罐体，其材料可参考附录B选用。

5.1.5 罐体用材料均应进行进厂资料验收和检验，并应达到本章规定的技术要求。

5.1.6 罐体用材料有以下情况之一的，应当进行复验：

a) 设计图样要求的；

b) 用户要求的；

c) 材料质量证明书中有缺项的；

d) 焊接罐体用塑料板材存放时间超过两年或存放时间不清的；

e) 制造单位不能确定材料真实性或对材料的性能和成分有怀疑的。

5.2 滚塑罐体用材料

5.2.1 当罐体采用滚塑工艺制造时，罐体用聚乙烯的材料性能应满足表1的要求。

5.2.2 罐体用聚乙烯树脂粉末颗粒应在30目～100目之间，小于30目的不超过1%，大于100目的不超过15%。

5.3 焊接罐体用板材

5.3.1 硬聚氯乙烯板材

硬聚氯乙烯板材应符合GB/T 4454—1996中工业用—A类的规定。

5.3.2 聚丙烯板材

聚丙烯板材的材料性能应满足表2的要求。

表1 罐体用聚乙烯的材料性能

项　目		指标值	试验方法
密度	g/cm^3	≥0.934	GB/T 1033
熔体流动速率	g/10 min	4±3	GB/T 3682
拉伸屈服应力	MPa	≥15	GB/T 1040.2
屈服拉伸应变	%	≥25	
断裂拉伸应变	%	≥200	
维卡软化温度	℃	≥80	GB/T 1633

表2 聚丙烯板材的材料性能

项　目		指标值	试验方法
密度	g/cm^3	≥0.934	GB/T 1033
拉伸屈服应力	MPa	≥25	GB/T 1040.2
屈服拉伸应变	%	≥8	
拉伸弹性模量	MPa	≥1 100	
缺口试样简支梁冲击强度	kJ/m^2	≥15	GB/T 1043
维卡软化温度	℃	≥80	GB/T 1633

5.4 玻璃纤维增强塑料罐体用材料

5.4.1 增强材料

5.4.1.1 增强材料应采用无碱玻璃纤维及其织物。无碱无捻玻璃纤维纱应符合GB/T 18369的规定；无碱玻璃纤维织物应符合相应国家标准或行业标准的规定。

5.4.1.2 有特殊要求的，可采用其他材质的增强材料作为内衬层用增强材料。

5.4.2 热固性树脂

5.4.2.1 热固性树脂应符合下列要求：

a) 不饱和聚酯树脂应符合GB/T 8237的规定；

b) 环氧树脂应符合GB/T 13657的规定；

c) 乙烯基酯树脂和酚醛树脂等其他树脂应符合相应国家标准或行业标准的规定。

5.4.2.2 内衬层树脂可采用间苯型不饱和聚酯树脂、乙烯基酯树脂、双酚-A型树脂等性能与装运介质相容的树脂。

5.4.2.3 不饱和树脂的力学性能应满足表3或表4的要求。

表 3　内衬层树脂的力学性能要求

项　目		指标值	试验方法
拉伸强度	MPa	≥60	GB/T 2568
拉伸弹性模量	MPa	≥2 500	
破坏伸长率	%	≥3.5	

表 4　结构层树脂的力学性能要求

项　目		指标值	试验方法
拉伸强度	MPa	≥60	GB/T 2568
拉伸弹性模量	MPa	≥3 000	
破坏伸长率	%	≥2.5	
热变形温度	℃	≥70	GB/T 1634.1(A 法)

5.4.3　玻璃纤维增强塑料罐体材料的力学性能

玻璃纤维增强塑料罐体结构层材料的力学性能应满足表 5 或表 6 的要求。

表 5　筒体结构层材料的力学性能

层板方向	拉伸强度 MPa	试验方法
环向	≥120	GB/T 1447
轴向	≥60	

表 6　封头结构层材料的力学性能

层板厚度 mm	拉伸强度 MPa	试验方法
<5.0	≥60	GB/T 1447
5.0～6.5	≥83	
6.5～10.0	≥93	
>10.0	≥108	

5.5　罐体采用国外材料时，应满足下列要求：

a)　应选用国外有关标准或规范允许使用的，且国外已有使用实例的材料，其使用范围应符合材料生产国相应标准或规范的规定，并有该材料的质量证明书；

b)　制造单位首次使用前，应按相关标准或规范对材料的化学成分、力学性能进行复验，满足使用要求后，才能投料制造；

c)　技术要求应不低于本部分及国内相应材料的技术指标；当不符合要求时，应通过国家主管机构认可的单位进行技术评审。

5.6　罐体采用新研制的材料时，材料的研制生产单位应将试验验证材料和第三方的检测报告提交国家主管机构认可的单位进行技术评审，通过后方可用于罐体的设计和制造。

6　设计

6.1　基本要求

6.1.1　应选用国家主管部门批准的定型底盘，定型底盘应符合相应国家标准、行业标准的规定，且有必要的技术资料和产品合格证等质量证明文件。

6.1.2 罐体(车)用外购件应符合有关国家标准、行业标准的规定,并有供应商提供的产品合格证明,装配时应选用经检验合格的零部件。

6.1.3 车辆的轴荷和质量参数应符合 GB 1589 的规定。

6.1.4 车辆的结构安全要求应符合 GB 7258 的规定。

6.1.5 车辆驾驶室内应配备一个干粉灭火器,在车辆两侧应配备与装运介质性能相适应的灭火器或有效的灭火装置各一个。灭火器或灭火装置应固定牢靠、取用方便。

6.2 罐体设计

6.2.1 一般规定

6.2.1.1 罐体的横截面一般采用圆形。

6.2.1.2 封头采用凹面受压的标准椭圆形或碟形,碟形封头球面部分的内半径应不大于封头的内直径,转角内半径应不小于封头内直径的 10%,且不小于封头名义厚度的 3 倍。

6.2.1.3 罐体的设计压力应不小于最高工作压力。

6.2.1.4 罐体的计算压力除应考虑罐体所装运介质的工作压力外,还应考虑罐体在正常的运输和装卸时所产生的静态、动态和热负荷等最大综合载荷。

6.2.1.5 塑料焊接罐体的对接焊接接头应采用双面焊或相当于双面焊的全焊透结构,封头与筒体的连接应采用全焊透对接结构。

6.2.2 罐壁结构要求

6.2.2.1 塑料制罐体的罐壁应是同种材料。

6.2.2.2 玻璃纤维增强塑料制罐体的罐壁应是层合结构,且符合以下规定:

a) 从内到外依次为内表面层、次内层、强度层和外表面层 4 层组成,其中内表面层和次内层总称为内衬层;

b) 内表面层厚度为 0.25 mm～0.5 mm,次内层厚度不小于 2 mm,内衬层总厚度不小于 2.5 mm;

c) 强度层厚度由设计计算确定;

d) 外表面层厚度为 0.2 mm～0.5 mm;

e) 内表面层由玻璃纤维表面毡和热固性树脂制成,其树脂质量含量为 80%～90%;

f) 次内层由切断的玻璃纤维原丝或其织物和热固性树脂制成,其树脂质量含量为 68%～78%;

g) 强度层由玻璃纤维及其织物和热固性树脂制成,其树脂质量含量为 25%～50%;

h) 外表面层由玻璃纤维表面毡和热固性树脂制成,其树脂质量含量应不低于 70%;

i) 罐壁中的内衬层也可以采用热塑性塑料板材制成,其厚度应在 2.5 mm～4.0 mm 之间。

6.2.3 载荷

6.2.3.1 罐体的设计应考虑下列载荷:

a) 内压、外压或最大压差;

b) 装载量达到最大装运质量时的液柱静压力;

c) 运输时的惯性力;

d) 支座与罐体连接部位或支承部位的作用力;

e) 连接管道和其他部件的作用力;

f) 罐体自重及正常工作条件下或试验条件下装运介质的重力载荷;

g) 附件及管道、平台等的重力载荷;

h) 温度梯度或热膨胀量不同引起的作用力;

i) 冲击力,如由流体冲击引起的作用力等。

6.2.3.2 设计时,罐体在运输工况中所承受的静态力按下列原则确定:

a) 运动方向:最大充装质量的两倍乘以重力加速度;

b) 与运动方向垂直的水平方向：最大充装质量乘以重力加速度；

c) 垂直向上：最大充装质量乘以重力加速度；

d) 垂直向下：最大充装质量（包括重力在内的总载荷）的两倍乘以重力加速度。

注：上述载荷施加于罐体的形心，且不造成罐内气相空间压力的升高。

6.2.4 设计压力和计算压力

6.2.4.1 设计压力应不小于下列压力的较高值：

a) 设计温度时介质的饱和蒸气压；

b) 运输工况中有惰性气体（如氮气等）封罐保护时，封罐压力与设计温度时介质饱和蒸气压之和；

c) 充装、卸料时的最大工作压力。

6.2.4.2 计算压力应不小于下列压力的较高值：

a) 设计温度时介质饱和蒸气压与封罐压力，以及由于 6.2.3.2 所列静态力而产生的等效压力之和，等效压力应不小于 0.035 MPa；

b) 重力卸料的，罐体底部装运介质最大充装质量时的两倍静态压力或两倍静态水压力的较大值；

c) 压力充装或压力卸料的，充装压力或卸料压力较大值的 1.3 倍。

6.2.5 外压校核

罐体外压稳定性校核压力至少应高出罐体内压力 0.04 MPa。

6.2.6 设计温度

罐体的设计温度应按下列要求确定：

a) 罐体结构为裸式或带遮阳罩的，其设计温度为 50 ℃；

b) 罐体结构有保温层的，设计温度应不小于非金属元件可能达到的最高温度，对于 0 ℃以下的情况，设计温度应不大于非金属元件可能达到的最低温度；

c) 罐体设计温度的确定应考虑环境温度的影响。

6.2.7 许用应力

6.2.7.1 塑料板材不同温度下的许用应力按表 7 选取。

表 7 塑料板材许用应力

塑料板材种类	在下列温度下的许用应力 MPa					
	≤23 ℃	30 ℃	35 ℃	40 ℃	45 ℃	50 ℃
聚乙烯	2.14	2.13	2.12	1.96	1.81	1.66
聚氯乙烯	7.01	6.99	6.95	6.44	5.93	5.45
聚丙烯	3.51	3.49	3.48	3.22	2.97	2.73
注：中间温度的许用应力，可按本表的数值用内插法求得。						

6.2.7.2 塑料管材不同温度下的许用应力按 HG/T 20640 的规定选取。

6.2.7.3 玻璃纤维增强塑料许用应力

应分别根据罐体环向、轴向和封头的拉伸性能取下列 a）和 b）规定的较小值，对应作为玻璃纤维增强塑料罐体环向$[\sigma_\theta]$、轴向$[\sigma_x]$和封头的许用应力$[\sigma]$：

a) $0.001E_\theta$：

E_θ——玻璃纤维增强塑料板的环向拉伸弹性模量，单位为兆帕（MPa）。

b) $0.1[\sigma_\theta]$：

$[\sigma_\theta]$——为玻璃纤维增强塑料板的环向拉伸强度，单位为兆帕（MPa）。

6.2.7.4 封头铺层设计应确定两个方向拉伸强度有明显差异时，应分别确定两个方向的强度和许用应力，且分别确定计算厚度。

6.2.8 **焊接接头系数**

塑料焊接罐体的焊接接头系数 ϕ 应根据焊接接头型式确定：

a) 双面焊对接接头，$\phi=0.5$；

b) 单面焊对接接头，$\phi=0.4$。

6.2.9 **腐蚀裕量**

材料的腐蚀裕量应由设计单位确定或由用户提供，且满足下列要求：

a) 有腐蚀或磨损的材料，应根据罐体设计寿命和介质对材料的腐蚀速率确定；

b) 罐体各组件的腐蚀程度不同时，可采用不同的腐蚀裕量。

6.2.10 **介质**

6.2.10.1 介质的分类应符合 GB 6944 的规定；

6.2.10.2 介质的品名及编号应符合 GB 12268 的规定；

6.2.10.3 介质的毒性危害的划分应符合 HG 20660 的规定；

6.2.10.4 本部分适用的介质见附录 A。

6.2.11 **罐体允许最大充装质量**

6.2.11.1 罐体允许最大充装质量按式(1)计算：

$$W = \phi_v V \qquad \cdots\cdots(1)$$

式中：

W——罐体允许最大充装质量，单位为吨(t)；

ϕ_v——单位容积充装量，单位为吨每立方米(t/m³)，按以下原则确定：

应按罐体设计温度下，其罐内至少留有 5%，且不大于 10%的气相空间及该温度下的介质密度来确定。

V——罐体设计容积，单位为立方米(m³)。

6.2.11.2 罐体允许最大充装量应不大于罐车的额定载质量。

6.2.12 **罐体计算厚度**

6.2.12.1 罐体计算厚度按式(2)计算：

$$\delta = \frac{p_c D_i}{2[\sigma]^t \phi} \qquad \cdots\cdots(2)$$

式中：

δ——罐体计算厚度，单位为毫米(mm)；

p_c——计算压力，单位为兆帕(MPa)；

D_i——罐体内直径，单位为毫米(mm)；

$[\sigma]^t$——设计温度下罐体材料许用应力，单位为兆帕(MPa)；

ϕ——焊接接头系数，若采用非焊接工艺制造罐体时，取 $\phi=1.0$。

6.2.12.2 玻璃纤维增强塑料制罐体，其罐体计算厚度除按上述式(2)计算外，还应按式(3)计算，并取其式(2)和式(3)的较大值作为罐体的计算厚度：

$$\delta = \frac{p_c D_i}{4[\sigma_x]^t} \qquad \cdots\cdots(3)$$

式中：

δ——罐体计算厚度，单位为毫米(mm)；

$[\sigma_x]^t$——设计温度下玻璃纤维增强塑料筒体材料轴向许用应力，单位为兆帕(MPa)；

其余符号意义及单位同式(2)。

6.2.13　**罐体最小厚度**

6.2.13.1　最小厚度应符合表8的规定。

表8　罐体最小厚度

单位为毫米

罐体直径DN	最小厚度[a]			
	聚乙烯	聚氯乙烯	聚丙烯[b]	玻璃纤维增强塑料[c]
600≤DN≤900	8.3	5.9	9.7	4.8
900<DN≤1 200	11.5	7.8	13.5	4.8
1 200<DN≤1 500	14.6	9.7	17.4	4.8
1 500<DN≤1 800	17.8	11.6	21.2	4.8
1 800<DN≤2 100	21.5	13.9	25.7	6.4
DN>2 100	28.6	18.2	—	6.4

[a] 表中给出的罐体最小厚度是基于聚乙烯采用滚塑工艺制造，聚氯乙烯和聚丙烯是采用焊接工艺制造而得出的。

[b] 聚丙烯罐体最大公称直径应不大于2 100 mm。

[c] 玻璃纤维增强塑料的最小厚度为罐壁总厚度。

6.2.13.2　在任何情况下，罐体最小厚度应不小于6.2.13.1的规定，该最小厚度不包含材料厚度负偏差、腐蚀裕量以及加工制造过程中的工艺减薄量。

6.2.14　**封头的厚度**

6.2.14.1　封头的厚度应不小于相应罐体的厚度。

6.2.14.2　椭圆形封头的计算厚度按式(4)计算：

$$\delta = \frac{K p_c D_i}{2[\sigma]^t \phi} \qquad \cdots\cdots(4)$$

式中：

δ——封头计算厚度，单位为毫米(mm)；

p_c——计算压力，单位为兆帕(MPa)；

D_i——封头内直径，单位为毫米(mm)；

$[\sigma]^t$——设计温度下封头材料许用应力，单位为兆帕(MPa)；

ϕ——焊接接头系数，若采用非焊接工艺制造封头时，取ϕ=1.0；

K——形状系数，按式(5)计算：

$$K = \frac{1}{6}\left[2 + \left(\frac{D_i}{2h_i}\right)^2\right] \qquad \cdots\cdots(5)$$

式中：

h_i——为封头内壁曲面高度，单位为毫米(mm)，当$\frac{D_i}{2h_i}=2$时，为标准椭圆形封头。

6.2.14.3　其他形式的封头计算厚度按HG/T 20640或HG/T 20696相应部分的规定计算确定。

6.2.15　**罐体设计厚度**

6.2.15.1　塑料罐体设计厚度应取下列情况的较大值：

a）罐体计算厚度与腐蚀裕量之和；

b）罐体最小厚度与腐蚀裕量之和。

6.2.15.2　玻璃纤维增强塑料罐体设计厚度应取下列情况的较大值：

a）罐体计算厚度与罐壁内衬层和外表面层厚度之和；

b）罐体最小厚度。

6.2.16 **罐体隔仓板、防波板的设置**

6.2.16.1 为满足罐体外压稳定性要求，当罐体的隔仓板、防波板、外部或内部加强圈等作为加强件使用时，其设置应满足下列要求：

加强件的垂直截面，连同罐体的有效加强段，其组合截面抗弯刚度(EI)应不小于式(6)的计算结果：

$$EI \geqslant 16.48 D_o^3 L_s \qquad \cdots\cdots (6)$$

式中：

EI——组合截面抗弯刚度，单位为牛顿每平方毫米(N/mm^2)；

D_o——罐体外直径，单位为毫米(mm)；

L_s——相邻加强部件间距离或加强部件到封头高度三分之一处的距离，取两者中较大值，单位为米(m)。

6.2.16.2 隔仓板、防波板的设置至少应满足下列条件之一：

a) 塑料罐体内相邻二个加强部件之间的距离不超过 1 000 mm，玻璃纤维增强塑料罐体内相邻二个加强部件之间的距离不超过 1 500 mm，并应与罐体支座位置相对应；

b) 相邻二个隔仓板或防波板之间隔开的罐体几何容积应符合下列要求：

——塑料罐体不大于 3 m^3；

——玻璃纤维增强塑料罐体不大于 4 m^3。

6.2.16.3 隔仓板或防波板的厚度任何情况下不应小于罐体壁厚。

6.2.16.4 防波板有效面积应大于罐体横截面积的 40%，且上部弓形面积小于罐体横截面积的 20%。

6.2.16.5 防波板设置应考虑方便操作或检修人员进出。

6.2.16.6 隔仓板、防波板与罐体的连接应牢固可靠。

6.2.17 **人孔设置**

6.2.17.1 罐体至少应设置一个人孔，一般设置在罐体顶部。

6.2.17.2 人孔宜采用公称直径不小于 450 mm 的圆孔或 500 mm×350 mm 的椭圆孔。

6.2.17.3 对多仓罐体，人孔设置还应考虑操作、检修人员方便进出各仓。

6.2.18 **支座载荷及局部应力校核**

a) 罐体支座应有足够的刚度和强度，且能承受不小于纵向 $2mg$、垂直向下 $2mg$、横向 $1mg$、垂直向上 $1mg$ 惯性力的作用(其中 m 为罐体、附件与装运介质的质量之和)；

b) 罐体与支座的连接部位应进行局部应力校核，罐体的局部应力应不大于罐体材料许用应力的 1.25 倍。

6.2.19 **耐压试验**

6.2.19.1 罐体耐压试验一般采用液压试验。

6.2.19.2 罐体耐压试验压力为罐体的计算压力。

6.2.20 **其他要求**

6.2.20.1 罐体上部的部件应设置保护装置。保护装置可设置为加强环或保护顶盖、横向或纵向构件等。

6.2.20.2 保温层的设置不应妨碍装卸系统和附件的正常工作及维修。

6.3 **连接设计要求**

6.3.1 罐体与底盘连接应采用鞍形支座。鞍形支座对应的圆心包角应不小于 120°。

6.3.2 鞍形支座应采用金属板材。

6.3.3 鞍形支座的制作改造应符合相应底盘改装手册的要求。设计时应避免上装部分的布置对底盘车架造成集中载荷，并尽可能将其转化为均布载荷，以改善受力状况。

6.3.4 当车架需加长时，加长部分用材料应考虑其可焊性。

6.3.5 应避免在车架应力集中的区域内进行钻孔或焊接。

6.3.6 罐体纵向中心平面与底盘纵向中心平面之间的最大偏移量应不大于6 mm。

6.3.7 在罐体和支座之间应设置橡胶衬垫材料，其宽度应大于鞍形支座与罐体接触的垫板宽度。

6.3.8 鞍形支座与罐体连接用抱箍应采用金属板材。抱箍应具有足够的强度。

6.3.9 罐体与抱箍间应设置橡胶衬垫，其宽度应大于抱箍的宽度，其厚度应不小于5 mm。

6.3.10 支座、抱箍及连接件应作防腐处理。

6.3.11 抱箍与支座间的连接应符合下列要求：

a) 采用螺栓连接；

b) 应有可调节张紧程度的间隙；

c) 连接应牢固、可靠；

d) 连接用螺栓的性能等级应不低于8.8级。

6.3.12 应设置防止罐体纵向窜动的装置。

6.4 安全附件和承压元件

6.4.1 一般要求

6.4.1.1 通气装置、紧急切断装置、液位测量装置等安全附件应符合相应国家标准或行业标准。安全附件应有相应资质的单位生产，且有产品质量证明文件。

6.4.1.2 装卸阀门、装卸软管及胶管等承压元件应符合相应国家标准或行业标准，且有产品合格证书和质量证明文件。

6.4.1.3 安全附件和承压元件应按装运介质特性设置，与装运介质接触的材料应与介质相容。

6.4.2 通气装置设置

6.4.2.1 罐体顶部的前、后部位应至少各设置一个通气装置，其通径应不小于25 mm。

6.4.2.2 通气装置应能防止任何异物的进入，出口应向下，且比顶部装卸口至少高100 mm。

6.4.2.3 装卸状态时通气装置应处于全开状态，非装卸状态时通气装置应处于闭合状态。

6.4.3 紧急切断装置

6.4.3.1 紧急切断装置一般由内置切断阀、远程控制系统及操纵机构等组成，紧急切断装置应动作灵活、性能可靠、便于检修，其操纵机构应可靠并联接到罐体外部。

6.4.3.2 内置切断阀的设置应尽可能靠近罐体的底部，不应兼作它用。非装卸状态时内置切断阀应处于闭合状态。

6.4.3.3 内置切断阀应能防止因任意冲击或意外动作所致的无意识打开。

6.4.3.4 内置切断阀的启闭应方便人员安全操作。

6.4.4 液位测量装置

6.4.4.1 液位测量装置应灵活准确，结构牢固。

6.4.4.2 液位测量装置的安装应牢固、可靠。

6.4.4.3 不应使用玻璃板(管)或其他易碎材料制造。

6.4.4.4 应设置能防止液位测量装置受到意外损伤的保护装置。

6.4.5 装卸软管

6.4.5.1 软管与快装接头的连接应牢固、可靠。

6.4.5.2 软管在承受4倍罐体设计压力时不应破裂。

6.4.5.3 软管应在1.5倍装卸系统最高工作压力下进行气压试验。

6.5 装卸口设置及要求

6.5.1 装卸口的设置位置应根据介质特性确定。

6.5.2 罐体底部装卸口设置应符合下列要求：

a) 应设置三道相互独立，且串联的关闭装置；

b) 第一道阀门应为紧急切断装置；

c) 第二道为外部卸料阀；

d) 第三道为在卸料口处设置的盲法兰或类似的装置，且应有能防止意外打开的功能。

6.5.3 装卸口应设置阀门箱或防碰撞护栏等保护装置，且设置有密封盖或密封式集漏器。

6.6 扶梯、罐顶操作平台及护栏

6.6.1 扶梯应便于攀登，连接牢固，可设在罐体两侧或后部。扶梯宽度应不小于 350 mm，步距应不大于 350 mm，且每级梯板能承受 1 960 N 的载荷。

6.6.2 罐体顶部应设操作平台，平台应具有防滑功能，且在 600 mm×300 mm 的面积上能承受 3 kN 的均布载荷。当罐体顶部距地面高度大于 2 m 时，平台周围应设置固定或可折叠的护栏。

6.6.3 应对扶梯、罐顶操作平台及护栏进行防腐处理。

7 制造

7.1 总则

7.1.1 罐体的制造、检验与验收除符合本章规定外，还应符合设计图样的规定。

7.1.2 玻璃纤维增强塑料罐体的制造人员应经过有关专业培训。

7.1.3 塑料焊接应由经培训考核合格的焊工承担。焊工应熟练掌握焊接工艺，焊接时应遵守焊接工艺规程。焊接结构要求应符合 HG/T 20640 的规定。

7.1.4 罐体的无损检测人员的资质应符合 GB/T 9445 的规定。

7.1.5 玻璃纤维增强塑料罐体和塑料焊接罐体应分别按附录 C 和附录 D 的规定进行工艺评定，评定合格后方可进行制造。

7.1.6 塑料罐体采用滚塑工艺制造时，施工前应编制滚塑工艺指导书，且经验证合格后方可施工。

7.2 塑料焊接罐体要求

7.2.1 封头

7.2.1.1 封头应整体热压成型，成型后不应有裂纹、起泡、分层等缺陷。

7.2.1.2 封头拼接焊缝的布置应按图 1 的规定，其焊缝距封头中心线应小于封头内径 D_i 的 1/4，中间板的宽度应不小于 200 mm，拼板的总块数应不超过 3 块。

单位为毫米

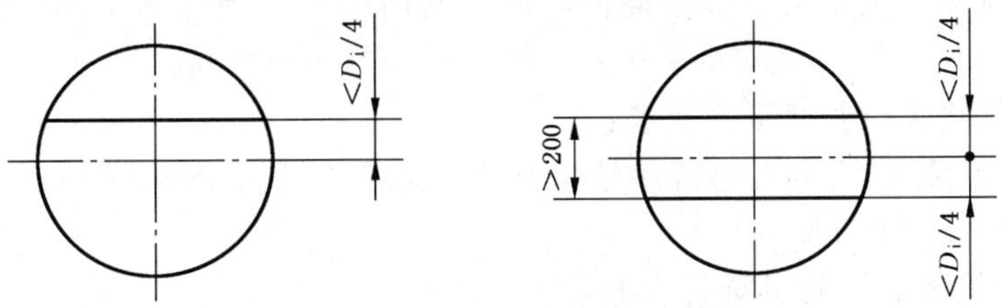

图 1 封头拼接焊缝布置图

7.2.1.3 封头拼接焊缝处不应开孔。

7.2.1.4 出料口等开孔边缘距焊缝中心应不小于 300 mm。

7.2.1.5 封头成形后的几何尺寸偏差应符合 HG/T 20640 的规定。

7.2.2 筒节

7.2.2.1 应采用板材加热模压成形，成形后的壁厚应符合设计图样的规定。

7.2.2.2 纵向对接焊接接头对口错边量 b（见图 2）不大于名义厚度 δ_s 的 10%，且不大于 2 mm。

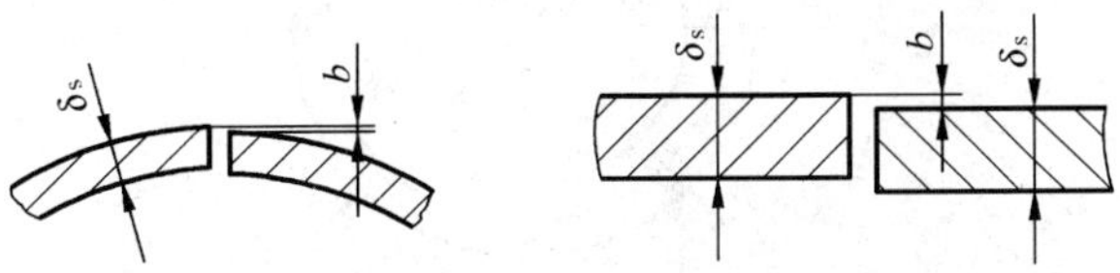

图 2 对接焊接接头对口错边量 b

7.2.2.3 纵向对接焊接接头形成的棱角 E（见图 3）应不大于 $(0.1\delta_s+2)$ mm，且不大于 4 mm，用弦长

等于 $1/6D_i$ 且不小于 300 mm 的内样板或外样板检查。

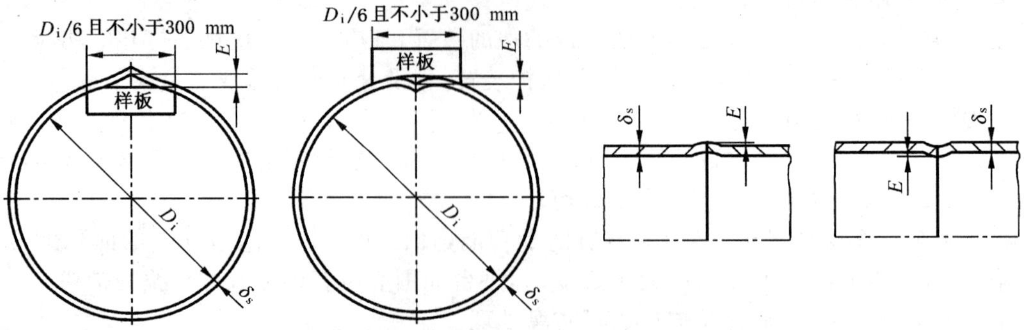

图 3　内样板或外样板检查棱角

7.2.2.4　筒节长度应不小于 200 mm，筒节长度的允许偏差±2 mm。

7.2.2.5　每一筒节只允许一条纵向焊接接头。

7.2.3　组装

7.2.3.1　筒体组装应符合下列要求：

a)　各筒段应自然吻合，不应施加外力强行吻合；

b)　筋板，防波板，隔仓板等附件可与筒节制作时同时焊接；

c)　两筒节组对按下列要求：

1)　轴向组对间隙不大于 3 mm；

2)　环向对接焊接接头对口错边量 b 不大于 $0.1\delta_s$，且不大于 2 mm。

注：δ_s 为筒节中较薄板厚度。

d)　筒节间纵向对接焊接接头应 180°相互错开。

7.2.3.2　筒体直线度除设计图样另有规定外，其允许偏差 ΔL 应不大于 $2L/1\,000$，且不大于 15 mm。

注 1：L 为筒体总长。

注 2：筒体直线检查是在通过中心线的水平和垂直面，即沿圆周 0°、90°、180°、270° 4 个部位拉 ϕ0.5 mm 的细钢丝测量，测量的位置离筒体纵向对接焊接接头不小于 100 mm，当筒体厚度不同时，计算直线度时应减去厚度差。

7.2.3.3　筒体纵向对接焊接接头不应布置在筒体横截面中心与筒体最低点连接半径的左右各 20°范围内。

7.2.3.4　封头与筒体组装应符合下列要求：

a)　封头与筒体组装时，环向对接焊接接头对口错边量 b 不大于 $0.1\delta_s$，且不大于 2 mm；

注：δ_s 为两者中较薄板厚度。

b)　封头与筒体组装的轴向组对间隙不大于 3 mm。

7.2.3.5　接管法兰组装应符合下列要求：

a)　接管法兰的螺栓孔应对称地分布在筒体轴线的两侧，跨中布置（见图 4），有特殊要求的应在设计图样中注明；

图 4　接管法兰组装

b） 法兰端面与内孔开孔表面应垂直，垂直度偏差不大于法兰名义厚度的1%，且不大于0.2 mm；

c） 筒体上的接管应避开筒体焊缝组装，接管外壁与筒体焊缝距离应不小于50 mm。

7.2.4 焊接

7.2.4.1 焊接环境应符合下列要求：

a） 焊接环境温度应在10 ℃～30 ℃之间；

b） 焊接宜在室内进行；

c） 不宜在刮风、下雨、下雪的现场露天焊接，若需施焊时应有防护措施。

7.2.4.2 焊接接头质量应符合下列要求：

a） 焊接接头应整齐美观，表面不应有过烧、脱焊现象；

b） 焊接时焊条排列均匀，焊缝截面不应有空洞，焊接时焊条起点和终点不应落在同处；

c） 对接焊接接头余高 e_1 或 e_2（见图5）应不大于2.5 mm±0.5 mm；

d） 角接接头的焊脚，在图样无规定时，取焊件中较薄者之厚度。角接接头与母材应呈平滑过渡；

e） 焊接接头表面不应有裂纹、气孔等缺陷；

f） 罐体焊接接头不允许咬边。

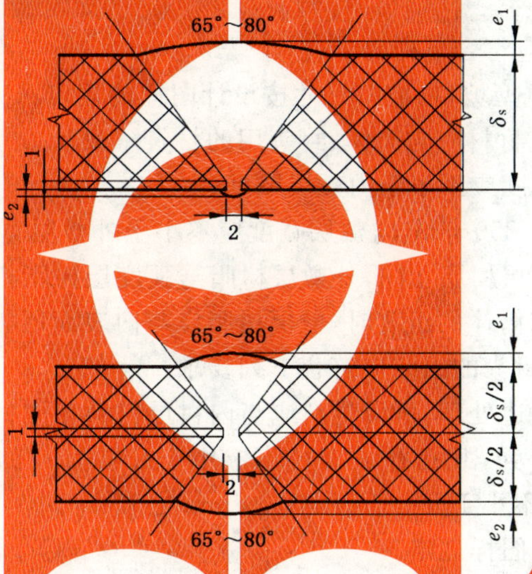

图5 对接焊接接头的余高 e_1、e_2

7.2.4.3 不合格的焊接接头应进行返修，返修次数不应超过一次。焊接接头的返修次数、部位、返修情况应记入产品质量证明书。

7.2.5 热处理

7.2.5.1 塑料焊接罐体及所有与罐体连接的附件焊接且经检验合格后，应进行焊后整体消除应力热处理。

7.2.5.2 塑料焊接罐体应根据塑料牌号、厚度制定热处理工艺。热处理工艺应包括加热方式、进出炉温度、升降温速率、保温温度及偏差、保温时间等参数。

7.2.5.3 热处理炉应具有完好的温控仪表及记录仪，热处理记录应记入产品质量证明书。

7.2.5.4 热处理应在罐体耐压试验前进行。

7.3 滚塑罐体制造要求

7.3.1 罐体尺寸偏差应满足下列要求：

a） 圆形筒体的内径允许偏差为±1%内径，且不大于50 mm，圆筒内表面的圆度允许偏差为圆筒内径的±1%；

b） 椭圆形筒体的长短轴允许偏差为±1%长短轴；

c） 罐体总长度（两封头间的距离）允许偏差为±1%总长度。

7.3.2 树脂添加剂应不对制品的力学性能产生明显的不利影响。

7.3.3 模具内表面应均匀地涂覆脱模剂，且在模具表面形成均匀面层。脱模剂应在产品成型温度下不融入产品中而影响产品质量。

7.3.4 根据产品的大小合理控制加热温度和加热时间。

7.3.5 选用合理的冷却方式和冷却速度。冷却时应先空气强制风冷，再进行水冷或完全采用风冷。冷却速度不宜过快而造成过大的变形。

7.3.6 罐体外观质量经检验符合设计图样要求后，方可进行罐体配件的安装。

7.4 玻璃纤维增强塑料罐体制造要求

7.4.1 基本要求

7.4.1.1 罐体的筒体及封头的制造、检验除满足本节规定外，还应符合设计图样的要求。

7.4.1.2 罐体制造前应进行罐体的铺层工艺设计。

7.4.1.3 筒体强度层的缠绕角度应不大于60°。

7.4.1.4 封头成型时，表面毡、短切原丝毡、无碱喷射纱及无捻粗纱布铺放时，层间接缝应错开，宽度应不小于60 mm，搭接宽为30 mm。树脂质量含量不低于40%。

7.4.2 组装

7.4.2.1 筒体与封头的组装应符合下列要求：

a) 组装连接部位应有V型坡口，坡口尺寸按设计图样的规定；

b) 组装连接部位的填充材料应与筒体、封头用的材料一致；

c) 组装部位的外敷层厚度应不小于内敷层厚度；

d) 外敷层宽度应不小于250 mm，内敷层宽度应不小于外敷层宽度的3/4；

e) 内敷层树脂与内表面层树脂相同，外敷层树脂与强度层树脂相同。

7.4.2.2 防波板、隔仓板等与筒体的组装时，敷层树脂应与内表面层树脂相同。

7.4.2.3 法兰接管与筒体或封头的组装应符合下列要求：

a) 开孔断面处应进行封边处理，所用材料应与内衬层材料相同；

b) 开孔均用层合结构补强，开孔补强直径不应小于开孔直径的两倍；当开孔直径小于150 mm时，开孔补强直径应不小于开孔直径与150 mm之和；

c) 开孔补强厚度按设计图样规定。

7.4.3 罐体形状尺寸和表面质量

7.4.3.1 筒体形状尺寸应符合下列要求：

a) 圆形筒体的内径允许偏差为±1%，且不大于50 mm，圆筒内表面的圆度公差为圆筒内径的±1%；

b) 椭圆形筒体的长短轴公差为±1%长短轴；

c) 罐体总长度(两封头间的距离)允许偏差为±1%总长度；

d) 罐体成形后最小厚度不应小于名义厚度的80%，且不小于设计厚度。

7.4.3.2 内外表面应符合下列要求：

a) 罐体内外表面应平整光滑，色泽均匀无泛白，纤维充分浸透树脂，无夹杂物，无纤维外露；

b) 不允许有层间分层、脱层、树脂瘤、裂纹等缺陷。

7.4.3.3 罐体内外表面在任取300 mm×300 mm面积内，最大直径为4 mm的气泡不应超过5个。

7.4.3.4 罐体表面的巴氏硬度应不小于40。

7.5 无损检测

7.5.1 罐体形状、尺寸和外观质量经检查合格后方可进行无损检测。

7.5.2 塑料焊接罐体的对接焊接接头应进行局部射线检测，检测长度应不少于每条焊接接头长度的10%，且应包括所有对接接头的交叉部位。

7.5.3 滚塑罐体应进行超声检测，超声检测应按下列要求进行：

a) 采用聚焦探头按间距不大于 100 mm 的平行线进行罐体表面扫查；

b) 检测面积不少于罐体表面积的 10%，且应包括封头顶部、封头圆弧过渡区、人孔接管、人孔法兰及罐体壁厚突变部位。

7.5.4 罐体的人孔、接管、凸缘等处的焊接接头，应按设计图样的规定进行渗透检测。

7.5.5 局部射线检测的焊接接头发现超标缺陷时，应在该缺陷两端的延伸部位增加检查长度，增加的长度应不小于该焊接接头长度的 10%。若仍有超标缺陷，则对该焊接接头做 100%的射线检测。

7.5.6 罐体本体超声检测发现超标缺陷时，应在该缺陷的延伸部位各增加宽度为 200 mm 的检查范围，若仍有超标缺陷，则对该罐体做 100%的超声检测。

7.5.7 无损检测发现超标缺陷时，应进行修磨及必要的补焊或返修，并对该部位采用原检测方法重新进行检测，直至合格。

7.5.8 罐体本体、焊接接头的射线、超声和渗透检测应符合附录 F 的规定，其合格级别应符合下列要求：

a) 不允许存在裂纹及未焊合、未焊透类缺陷存在；

b) 局部射线检测的，合格级别应不低于Ⅲ级；

c) 超声检测的，合格级别应不低于Ⅲ级；

d) 渗透检测的，合格级别应不低于Ⅲ级。

8 试验方法

8.1 一般要求

8.1.1 罐体制造完成后应按设计图样的要求进行耐压试验。

8.1.2 罐体的耐压试验可在与罐车底盘或半挂车车架连接安装前进行，试验时罐体的支承条件应与底盘或半挂车车架的设计支撑相同。

8.2 耐压试验

8.2.1 基本要求

8.2.1.1 需热处理的罐体，耐压试验应在热处理后进行。

8.2.1.2 对有保温层的罐体，应在保温层安装前进行耐压试验。

8.2.1.3 耐压试验时，应采用两个量程相同且经过校验合格的压力表。压力表的精度应不低于 2.5 级，表盘直径应不小于 150 mm，压力表的量程以试验压力的 2 倍为宜，应不小于试验压力的 1.5 倍，且应不大于试验压力的 4 倍。

8.2.1.4 耐压试验一般采用液压试验。

8.2.2 液压试验

8.2.2.1 试验液体一般用水。必要时，可采用不会导致发生危险的其他液体。

8.2.2.2 罐体液压试验时，试验液体温度应不低于罐体材料无延性转变温度加 20 ℃。

8.2.2.3 罐体充液时，应将罐内气体排尽，并应保持罐体外表面干燥。试验时压力应缓慢上升，达到试验压力后，保压时间不少于 30 min，然后降至设计压力，保压足够时间进行检查。检查期间的压力应保持不变，不应采用加压的方式维持压力不变，也不应带压紧固螺栓或向受压元件施加外力。

8.2.2.4 液压试验中，罐体应以无渗漏、无可见的变形、无异常的响声为合格。

8.2.2.5 液压试验合格后，应排尽罐内液体并使之干燥，且罐内无积液和杂物。

8.2.2.6 液压试验时可同时进行罐体内容积的测定。

8.3 罐体力学性能检验

滚塑工艺制造的罐体应进行拉伸性能检验。试样应用人孔处割下的板材制作。试样尺寸和试验方法应符合 GB/T 1040.2 的规定。

8.3.1 玻璃纤维增强塑料罐体的力学性能检验

8.3.1.1 筒体应进行环向和轴向的拉伸强度的试验。试样应用罐体人孔处割下的板材，且保留结构层的材料制作。试样尺寸和试验方法应符合 GB/T 1447 的规定。

8.3.1.2 按照封头结构层铺层要求，制作一块样板，按 GB/T 1447 的要求进行封头的环向和轴向拉伸强度试验。

8.4 安全附件试验

8.4.1 对装卸软管应进行气压试验，保压 5 min 不应泄漏。

8.4.2 其他安全附件应按本部分第 6 章和相应标准的要求进行安全附件性能试验。

8.5 其他检查

8.5.1 外观和尺寸检验

8.5.1.1 采用目视的方法应进行罐体外观质量、内表面质量检查。

8.5.1.2 采用钢尺及直尺进行罐体外廓尺寸的测量。

8.5.1.3 采用游标卡尺或超声波检测仪进行罐壁厚度测量。

9 检验规则

罐体应逐台检验合格后方可出厂，出厂检验项目应符合表 9 的规定。

表 9 出厂检验项目

序号	检验项目	技术要求	试验方法
1	外观质量检测	第 10 章及设计图样	8.5
2	外形尺寸检测	设计图样	8.5
3	罐壁厚度	设计图样	8.5
4	耐压试验	6.2.19 及设计图样	8.2
5	装卸软管气压试验	6.4.5	8.4
6	安全附件性能试验	6.4	8.4
7	滚塑聚乙烯罐体力学性能	表 1	8.3
8	玻璃纤维增强塑料罐体环向和轴向拉伸强度	表 5 或设计图样	8.3
9	玻璃纤维增强塑料封头环向和轴向拉伸强度	表 6 或设计图样	8.3

10 涂装与标志标识

10.1 涂装

10.1.1 非金属罐体的外表面可不涂装，非金属材料本色应为浅色或不与环形标志带混淆的其他颜色。

10.1.2 当罐体需要涂装时，涂装要求如下：

a) 油漆应色泽鲜明、分界整齐，无裂纹、起泡、发粘，无皱皮、脱漆、污痕等劣化现象出现；

b) 涂料不应侵蚀罐体非金属材料，且不被装运介质腐蚀；

c) 罐体外表面涂层颜色应符合 10.1.1 的规定。

10.1.3 罐体附件中的碳钢或低合金钢表面均应进行防腐处理，合格后方可涂装。

10.2 标志

罐车的标志除应符合 GB 13392 的规定外，还应满足下列要求：

a) 罐体应有一条沿通过罐体中心线的水平面与罐体外表面的交线对称均匀粘贴的环形橙色反光带，反光带宽度不小于 150 mm；

b) 罐车应按 GB 16735 的规定，标志识别代码(VIN)。

10.3 标识

10.3.1 应在罐体两侧显著位置安装罐体的产品铭牌，其型式和安装要求应符合 GB/T 18411 的规定，铭牌内容应符合 GB 7258 的规定。

10.3.2 按 GA 406 的规定安装罐车车身反光标识。

10.3.3 罐体两侧后部色带的上方喷涂装运介质的名称，字高不小于 200 mm，字体为仿宋体，字体颜色符合下列要求：

a) 腐蚀性介质：黑色；

b) 毒性程度为中度或轻度危害介质：黄色；

c) 其余介质：蓝色。

11 贮存和运输

11.1 如长期存放时，罐车应停放在防潮、通风和具有消防设施的专用场地。

11.2 贮存的罐车应按产品说明书进行定期维护与保养。

11.3 罐体运输时，应加强保护，均匀垫放和捆扎，注意防火。

12 出厂文件

12.1 罐车出厂时，制造单位至少应向用户提供下列技术文件和资料：

a) 产品质量证明书；

b) 产品竣工图；

c) 产品使用说明书；

d) 产品合格证；

e) 罐体产品安全性能监督检验证书；

f) 罐体安全附件质量证明书。

12.2 罐体产品质量证明书应至少包含下列内容：

a) 外观及几何尺寸检查报告；

b) 材质证明报告；

c) 无损检测报告；

d) 热处理报告(塑料焊接罐体)；

e) 耐压试验报告；

f) 气密性试验报告。

12.3 罐车产品使用说明书除应符合 GB 9969.1 的规定外，还应至少包含下列内容：

a) 主要技术性能参数；

b) 罐体结构与管路图；

c) 安全附件、阀件和仪表的型号和说明；

d) 操作规程、最大允许充装质量的控制要求；

e) 使用注意事项，包括装卸料和储运过程中的注意事项；

f) 维护和保养要求；

g) 常见故障的排除方法；

h) 备品和备件清单。

13 定期检验

13.1 罐体定期检验的单位及检验人员应取得主管部门规定的资格，并应对检验的结果负责。

13.2 罐体的定期检验应至少包含下列内容：

a） 罐体质量技术档案资料审查；

b） 检查罐体外表面，有无腐蚀、磨损、龟裂、凹陷、变形、泄漏及其他可能影响运输安全性的问题；

c） 检查罐体内表面有无明显的损伤、龟裂、分层、腐蚀等问题；

d） 检查罐体内隔仓板或防波板、加强圈是否明显移位、与罐体连接失效等可能影响运输安全性的问题；

e） 罐体与底盘或半挂车车架连接部位的检查；

f） 罐体壁厚测量；

g） 检查管路、阀门、装卸软管、垫圈等，有无腐蚀、泄漏等影响装卸及运输安全的问题；

h） 必要时进行焊接接头的无损检测；

i） 罐体安全附件及承压件的检查；

j） 检查紧急切断装置，不应出现腐蚀变形及其他可能影响正常使用的缺陷；遥控关闭装置应能正常使用；

k） 罐体表面漆色、铭牌和标志检查。

13.3 罐体定期检验的记录和结果应存档保存。影响运输安全性的内外表面问题应作出可靠的处理。

附　录　A
（资料性附录）
非金属罐体适用的常见液体危险货物介质

表 A.1　非金属罐体适用的常见液体危险货物介质

GB 12268 编号	介质名称和说明	质量百分数 %	介质的类别，项别	危险程度分类
1789	氢氯酸	＜37	8	腐蚀、中度危害
1791	次氯酸盐溶液		8	腐蚀
1824	氢氧化钠溶液	＜60	8	腐蚀
1830	硫酸，含酸高于 51％	＜100	8	腐蚀
1832	硫酸废液	＜70	8	腐蚀、中度危害
1849	水合硫化钠，含水不低于 30％	＜20	8	腐蚀
1906	淤渣硫酸		8	腐蚀、中度危害
2581	氯化铝溶液		8	腐蚀
2672	氨水，15 ℃时水溶液中的相对密度范围为 0.88～0.957	＜35	8	腐蚀

附 录 B
（资料性附录）
常见液体危险货物介质与罐体材料的相容性

表 B.1 常见液体危险货物介质与罐体材料的相容性

GB 12268 编号	介质名称和说明	质量百分数 %	聚乙烯 温度 ℃		聚氯乙烯 温度 ℃		聚丙烯 温度 ℃		玻璃纤维增强塑料 温度 ℃	
			25	50	25	50	25	50	25	50
1789	氢氯酸	＜37	︾	√	︾	√	︾	√	︾	√
1791	次氯酸盐溶液		√	○	√	○	√	○	√	×
1824	氢氧化钠溶液	＜30	︾	︾	√	√	√	√	√	√
		30～40	√	√	√	√	√	√	√	√
		50～60					√	√	√	√
1830	硫酸，含酸高于 51%	＜65	√	√	√	√	√	√	√	√
		65～75	√	○	√	○	√	○	√	○
		75～100	○	○	○	○	○	○	○	○
1832	硫酸废液	＜70	√	○	√	○	√	○	√	○
1849	水合硫化钠，含水不低于 30%	10								
		20								
1906	淤渣硫酸		√	√	√	√	√	√	√	√
2581	氯化铝溶液								√	
2672	氨水，水溶液在 15 ℃ 时中的相对密度范围为 0.88～0.975	10	√		√		√	√	√	○
		＜35	√				√	√	○	

注 1：本表腐蚀性能仅供设计选材时参考，详细的腐蚀数据可查有关的腐蚀性能手册或根据试验数据确定。

注 2：本表符号说明（耐腐蚀情况、腐蚀速率）如下：

︾—优良，＜ 0.05，mm/年；

√—良好，0.05～0.5，mm/年；

○—可用，但腐蚀较重，0.5～1.5，mm/年；

×—不适用，腐蚀严重，＞1.5，mm/年。

附　录　C
（资料性附录）
玻璃纤维增强塑料罐体粘接工艺评定

C.1　总则

C.1.1　粘接工艺的评定程序一般为：拟定粘接工艺指导书、制取试件和试样、检验试件和试样、测定试样性能是否具有所要求的使用性能、提出评定报告对拟定的手糊成型和粘接工艺指导书进行评定。

C.1.2　手糊成型和粘接的试样应由本单位技术熟练的粘接操作人员制作，粘接操作人员不应聘用外单位人员。

C.2　评定规则

C.2.1　评定手糊成型工艺时，采用手糊成型试件；评定对接粘接工艺时，采用对接粘接试件。试件形式见图C.1。

C.2.2　对接粘接试件评定合格的粘接工艺亦适用于角粘接和罐口装配粘接工艺。

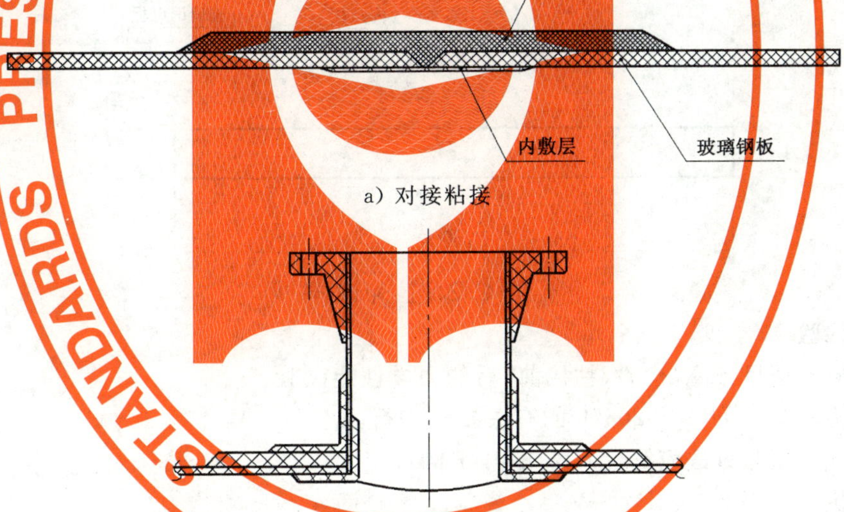

a）对接粘接

b）罐口装配粘接

图 C.1　对接粘接、罐口装配粘接试样

C.2.3　评定合格的手糊平板工艺适用于罐体、封头的制作。

C.2.4　评定合格的平板接口粘接工艺适用于罐体接缝连接，也适用于罐体内件板连接和管口装配。

C.2.5　评定原则

C.2.5.1　粘接工艺因素分为重要因素和次要因素。

C.2.5.2　重要因素是指影响粘接接头拉伸强度的粘接工艺因素。属下情况之一的为粘接工艺的重要因素：

a）　玻璃纤维种类、玻璃纤维表面处理剂种类的改变；

b）　树脂类型、树脂性能的改变；

c）　玻璃纤维含量、玻璃纤维铺层结构的改变。

C.2.5.3　次要因素是指对要求测定的力学性能无明显影响的粘接工艺因素。属下情况之一的为粘接工艺的次要因素：

a） 固化剂类型、固化剂性能的改变；

b） 模具材质、脱模剂及脱模方法；

c） 固化工艺的改变。

C.2.5.4 当改变任何一个重要因素应重新评定粘接工艺。

C.2.5.5 当变更次要因素时不需重新评定粘接工艺，但应重新编制粘接工艺指导书。

C.3 试验要求和结果评价

C.3.1 试件的制备

C.3.1.1 母材、粘接材料、坡口和试件的粘接应符合粘接工艺指导书的要求。

C.3.1.2 试件的数量和尺寸应满足 GB/T 1447 的要求。

C.3.1.3 玻璃纤维增强塑料板接缝的补强层用材料与玻璃纤维增强塑料母板用材料相同，试样尺寸按图 C.2 的规定。

单位为毫米

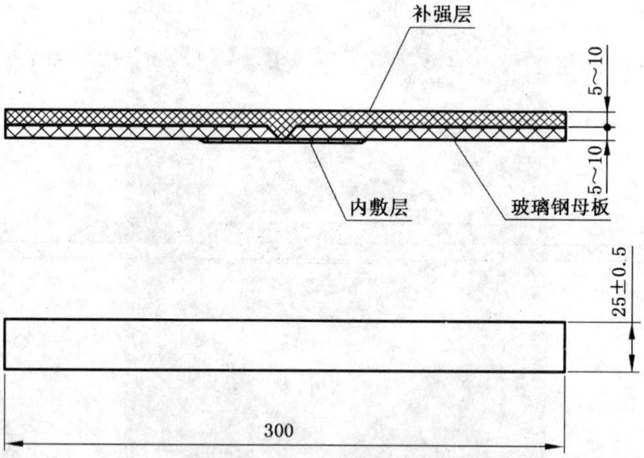

图 C.2 拉伸试样

C.3.2 试件的检验

C.3.2.1 试件检验项目：外观检验、粘接前、后的力学性能试验。

C.3.2.2 外观检验可按 HG/T 20696 的有关要求进行。

C.3.2.3 拉伸强度试验方法应符合 GB/T 1447 的规定。

C.3.3 结果评价

C.3.3.1 每个粘接接头拉伸强度最低值应不低于粘结前母材的拉伸强度值。

C.3.3.2 每个手糊玻璃纤维增强塑料板试样的拉伸强度应不低于设计和标准规定的拉伸强度最低值。

附　录　D
（资料性附录）
塑料焊接罐体焊接工艺评定

D.1　总则

D.1.1　焊接工艺评定应以可靠的母材焊接性能为依据，且在产品焊接前完成。

D.1.2　焊接工艺评定程序一般为：拟定焊接工艺指导书、制取试件和试样、检验试件和试样、测定焊接接头是否具有所要求的使用性能；提出评定报告对拟定的焊接工艺指导书进行评定。

D.1.3　焊接工艺评定用设备、仪表应处于正常工作状态，母材、焊接材料应符合相应国家标准或行业标准的规定，由本单位技能熟练的焊接人员使用本单位焊接设备焊接试件。

D.2　对接焊接接头、角接焊接接头焊接工艺评定规则

D.2.1　评定对接焊接接头焊接工艺时，采用对接焊接接头试件。对接焊接接头试件评定合格的焊接工艺亦适用于角接焊接接头。评定非受压角接焊接接头焊接工艺时，可仅采用角接焊接接头试件。试件形式示意如图 D.1。

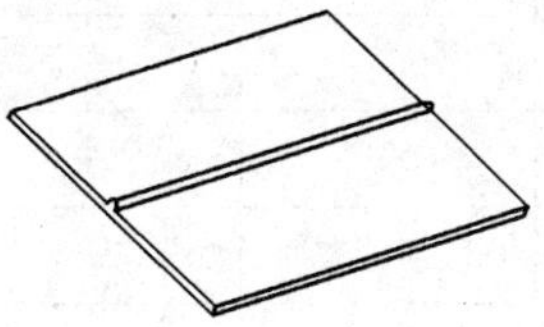

1）板材对接焊缝试件

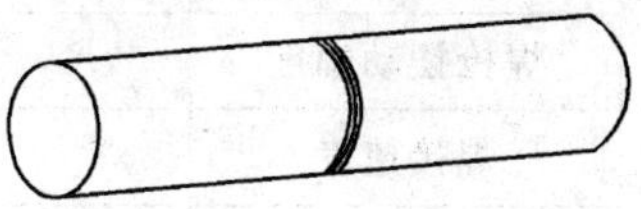

2）管材对接焊缝试件

a）对接焊缝试件

1）板材角焊缝试件

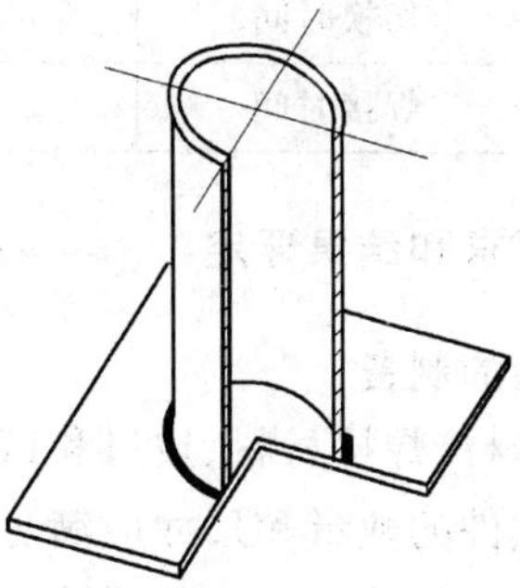

2）管与板材角焊缝试件

b）角焊缝试件

图 D.1　焊接工艺评定试件形式

D.2.1.1　板材对接焊接接头试件评定合格的焊接工艺适用于管材的对接焊接接头，反之亦可。

D.2.1.2　管与板角接焊接接头试件评定合格的焊接工艺适用于板材的角接焊接接头，反之亦可。

D.2.2　焊接工艺因素分为重要因素和次要因素。

D.2.2.1　重要因素是指影响焊接接头抗拉强度和弯曲性能的焊接工艺因素。

D.2.2.2　次要因素是指对要求测定的力学性能无明显影响的焊接工艺因素。

D.2.3　评定规则

D.2.3.1　焊接方法

D.2.3.1.1　改变焊接方法，需重新评定。

D.2.3.1.2　各种焊接方法的焊接工艺评定重要因素和次要因素见表 D.1。

D.2.3.1.3 当变更任何一个重要因素时应重新评定焊接工艺。

D.2.3.1.4 当变更次要因素时不需重新评定焊接工艺，但应重新编制焊接工艺指导书。

D.2.3.1.5 当同一种焊接接头使用两种或两种以上焊接方法或重要因素不同的焊接工艺时，可按每种焊接方法或焊接工艺分别进行评定；亦可使用两种或两种以上焊接方法、焊接工艺焊接试件，进行综合评定。综合评定合格后用于焊件时，可以采用其中一种或几种焊接方法、焊接工艺，但应保证其重要因素不变，按相关条款确定每种焊接方法或焊接工艺适用于焊件厚度的有效范围。

表 D.1 各种焊接方法的焊接工艺评定因素

类别	焊接条件	重要因素			次要因素		
		热风焊	挤塑焊	热板焊	热风焊	挤塑焊	热板焊
接头	坡口形式	—	—	○	○	○	—
填充材料	焊条直径	—	—	—	○	○	—
热效应	热风流量	○	—	—	—	○	—
	热风温度	○	○	—	—	—	—
	热板温度	—	—	○	—	—	—
电特性	电压值	—	—	—	○	○	○
技术措施	焊条与母材夹角	○	—	—	—	—	—
	焊枪摆动幅度	—	—	—	○	—	—
	焊接速度	○	○	—	—	—	—
	焊接压力	—	—	○	—	—	—
	加热时间	—	—	○	—	—	—
	加热压力	○	—	—	—	—	—
	切换时间	○	—	—	—	—	—
	焊接时间	○	—	—	—	—	—

D.3 试验要求和结果评定

D.3.1 试件的制备

D.3.1.1 母材、焊接材料、坡口和试件的焊接应符合焊接工艺指导书的要求。

D.3.1.2 试件的数量和尺寸应满足制备试样的要求。

D.3.1.3 对接焊接接头试件尺寸、试件厚度应充分考虑适用于焊件厚度的有效范围。

D.3.1.4 角接焊接接头试件尺寸

D.3.1.4.1 板材角接焊接接头试件尺寸应符合表 D.2 和图 D.2。

表 D.2 板材角接焊接接头试件尺寸

单位为毫米

翼板厚度 T_1	腹板厚度 T_2
≤20	T_1
>20	≤T_1，但不小于 20

D.3.1.4.2 管材角接焊接接头试件，可用管-板或管-管试件。如图 D.1 所示。

D.3.2 对接焊接接头试件和试样的检验

D.3.2.1 试件检验项目：外观检查、焊接前、后的力学性能检验。

D.3.2.2 外观检查可按 HG/T 20640 进行。

D.3.2.3 焊接接头试样和母材试样的数量应分别大于5个。

D.3.2.4 试样型式可参考图D.2，试样尺寸可参考表D.3。

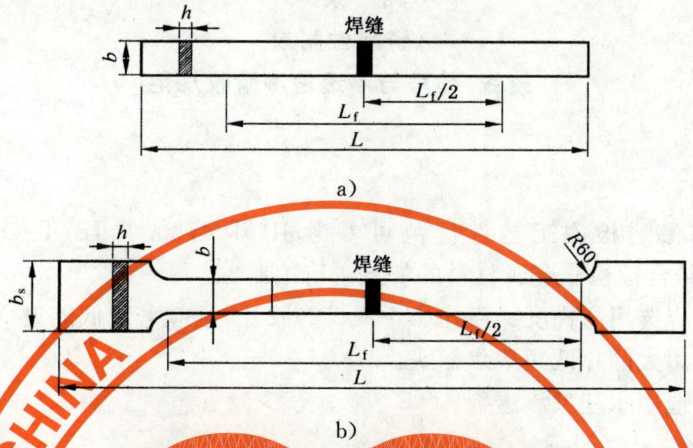

图D.2 对接焊接接头的拉伸试样

表D.3 拉伸试样的尺寸

单位为毫米

厚度 h	试样 a			试样 b			
	b	L_f	L	b	L	b_s	L_f
≤10	15	120	≥170	10	≥170	20	125
>20	30	120	≥300	30	≥300	40	125
>20	1.5h	200	≥400	1.5h	≥400	80	200

D.3.2.5 拉伸试验速率可参考表D.4。

表D.4 几种常用塑料拉伸试验的推荐速率

单位为毫米每分钟

塑料品种	拉伸速率
聚乙烯	50
聚丙烯	20
聚氯乙稀	10

D.3.2.6 焊接接头的合格指标为短时焊接强度系数，且应不小于表D.5中列出的最小值。

表D.5 典型塑料品种的最小焊接接头强度系数 f_z

焊接方法	焊接接头强度系数 f_z[a] 的许用下限值		
	聚乙烯	聚丙烯	聚氯乙稀
热板焊	0.9	0.9	0.9
挤塑焊	0.8	0.8	—
热风焊	0.8	0.8	0.8

[a] 焊接接头强度系数 f_z = 焊缝拉伸强度/母材拉伸强度。

附 录 E
（资料性附录）
射线、超声与渗透检测验收规范

E.1 总则

E.1.1 射线、超声与渗透检测工艺性规范可参考 JB/T 4730.1、JB/T 4730.2、JB/T 4730.3 和 JB/T 4730.5 的要求，结合被检非金属材料的特点进行编制。

E.1.2 射线照相检测应选用高梯度噪声比（$T1$ 或 $T2$）胶片，且应采用低能量 X 射线透照。

E.1.3 超声检测应选用大晶片低频聚焦探头。

E.1.4 渗透检测剂应选用水基型渗透剂。

E.2 焊接接头射线检测质量分级

E.2.1 焊接接头射线检测圆形缺陷（长宽比不大于 3 的缺陷）质量分级见表 E.1。

表 E.1 各级别对接接头允许的圆形缺陷最多点数

级 别	评定区（10 mm×10 mm） 母材公称厚度 T mm			
	≤5	5＜T≤10	10＜T≤20	＞20
Ⅰ	3	4	5	6
Ⅱ	10	14	18	21
Ⅲ	21	28	35	42
Ⅳ	缺陷点数大于Ⅲ级或缺陷长径大于 2/3T 或缺陷长径大于 10			
注：当母材公称厚度不同时，取较薄板的厚度。				

E.2.2 焊接接头射线检测条形缺陷（长宽比大于 3 的缺陷）质量分级见表 E.2。

表 E.2 各级别对接接头允许的条形缺陷长度

级别	单个条形缺陷最大长度 L mm	一组单个条形缺陷累计最大长度 L mm
Ⅰ	不允许	
Ⅱ	≤T/3（最小可为 4）且≤20	在长度为 12T 的任意选定条形缺陷评定区内，相邻间距不超过 6L 的任一组条形缺陷的累计长度应不超过 T，但最小可为 4
Ⅲ	≤2T/3（最小可为 4）且≤30	在长度为 6T 的任意选定条形缺陷评定区内，相邻间距不超过 3L 的任一组条形缺陷的累计长度应不超过 T，但最小可为 6
Ⅳ	大于Ⅲ级	
注 1：L 为该组条形缺陷中最长缺陷本身的长度，T 为母材公称厚度，当母材公称厚度不同时取较薄板的厚度值。 注 2：条形缺陷评定区是指与焊缝方向平行的、具有 4 mm 宽度的矩形区。		

E.3 罐体超声检测质量分级

E.3.1 缺陷的测定

以工件无缺陷部位第一次底波高度调整至满刻度的 100%，作为基准灵敏度，发现下列情况应作为缺陷：

a) 缺陷第一次反射波(G1)大于或等于满刻度的30%；

b) 底面第一次反射波(B1)波高低于满刻度的30%。

E.3.2 缺陷的评定见表E.3。

表 E.3 罐体超声检测质量分级

等级	单个缺陷指示长度 mm	单个缺陷指示面积 cm^2	在任一1 m×1 m检测面积内存在的缺陷面积百分比 %	以下单个缺陷指示面积不计 cm^2
Ⅰ	<80	<25	≤3	<9
Ⅱ	<100	<50	≤5	<15
Ⅲ	<120	<100	≤10	<25
Ⅳ	<150	<100	≤10	<25
Ⅴ	超过Ⅳ级者			

E.4 渗透检测质量分级

E.4.1 长度与宽度之比大于3的缺陷显示，按线性缺陷处理；长度与宽度之比小于或等于3的缺陷显示，按圆形缺陷处理。

E.4.2 渗透检测质量分级见表E.4。

表 E.4 渗透检测质量分级

等级	线性缺陷 mm	圆形缺陷(评定框尺寸35 mm×100 mm) mm
Ⅰ	不允许	d≤1.5，且在评定框内少于或等于1个
Ⅱ	不允许	d≤4.5，且在评定框内少于或等于4个
Ⅲ	L≤4	d≤8，且在评定框内少于或等于6个
Ⅳ	大于Ⅲ级者	
注：L为线性缺陷长度，d为圆形缺陷在任何方向上的最大尺寸。		